U0217021

普通高等教育“十二五”土木工程系列规划教材

工程制图与CAD

主　编　李　伟　王晓初

副主编　梁振宇　王本刚　王雅琴

参　编　赵中华　魏雪梅　张明月　田　悦　王　雪

主　审　朱浮声

机 械 工 业 出 版 社

本书以 AutoCAD 2013 中文版为基础，结合工学各专业的绘图特点，从实用的角度出发，全面而详细地介绍各专业工程制图的标准以及如何应用 AutoCAD 2013 中文版进行专业绘图。全书共分为工程制图标准、AutoCAD 2013 绘图软件、专业工程图绘制三大部分，主要包括：工程制图的基本知识、建筑与结构施工图、道路工程图、桥涵与隧道工程图、建筑设备施工图、水利工程图、AutoCAD 2013 安装与设置、二维绘图命令及其应用、二维图形编辑、文字与尺寸标注、表格与图块、三维图形绘制、图形输出和打印、绘制建筑工程图、绘制道路工程图、绘制桥涵与隧道工程图、绘制建筑设备施工图、绘制水利工程图。

本书可作为高等院校土木工程、道路桥梁与渡河工程、给水排水工程、建筑环境与设备等专业的本科教材，也可作为建设管理、设计、施工、监理等单位工程技术人员的参考用书。

图书在版编目（CIP）数据

工程制图与 CAD/李伟，王晓初主编．—北京：机械工业出版社，2015.8
（2023.9 重印）
普通高等教育“十二五”土木工程系列规划教材
ISBN 978-7-111-51175-5

Ⅰ.①工…　Ⅱ.①李…②王…　Ⅲ.①工程制图—AutoCAD 软件—高等学校—教材　Ⅳ.①TB237

中国版本图书馆 CIP 数据核字（2015）第 189313 号

机械工业出版社（北京市百万庄大街 22 号　邮政编码 100037）

策划编辑：马军平　责任编辑：马军平
版式设计：霍永明　责任校对：张晓蓉
封面设计：张　静　责任印制：李　昂
北京捷迅佳彩印刷有限公司印刷

2023 年 9 月第 1 版第 4 次印刷
184mm×260mm · 23.25 印张 · 632 千字
标准书号：ISBN 978-7-111-51175-5
定价：49.80 元

凡购本书，如有缺页、倒页、脱页，由本社发行部调换

电话服务
服务咨询热线：010-88379833
读者购书热线：010-88379649

网络服务
机 工 官 网：www.cmpbook.com
机 工 官 博：weibo.com/cmp1952
教育服务网：www.cmpedu.com
金 书 网：www.golden-book.com

前　言

图纸是工程师的“语言”。因此，识图、绘图能力是工程技术人员必须具备的基本技能之一。工程制图与 CAD 是系统介绍工程图识图和绘图基础知识和方法的专业必修基础课程之一。

本书在编写中，以培养面向施工设计第一线的高素质技能型人才为目标，内容取舍以实用、实际、实效为原则，精讲细练，对各知识点和技能点进行着重叙述。以实例为依托，从基础绘图开始通过绘图环境的设置、绘图工具的使用，到二维、三维工程图的布局与输出，详述了完整的工程绘图与设计过程。为了配合学习，各章节均设置了相关上机操作练习题，突出本书的基础性和实用性，且各章内容具有连贯性，帮助读者更好地通过实际操作及时掌握每章的内容。

全书分工程制图标准、AutoCAD 2013 绘图软件、专业工程图绘制三大部分。全书共 18 章，第 3、4 章由沈阳大学王晓初、李伟编写；第 14 章由吉林农业科技学院王本刚编写；第 5、6、17、18 章由沈阳大学王雅琴编写；第 1、2 章由沈阳大学梁振宇编写；第 7、8 章由沈阳城市建设学院张明月编写；第 9、10、13 章由沈阳城市建设学院赵中华编写；第 11、12 章由沈阳城市建设学院田悦编写；第 15、16 章由吉林农业科技学院王雪、魏雪梅编写。全书由李伟和王晓初主编，李伟统稿。

东北大学朱浮声教授审阅了书稿，并提出了许多宝贵的意见和建议，在此深表感谢。

沈阳大学研究生黄振、张凯、赵延明为本书的文字录入、图形绘制及校对做了大量工作，在此深表感谢。

本书在编写过程中，参考了有关的标准、规范、教材和论著等，在此向有关编著者表示衷心的感谢！因各种条件所限，未能与有关编著者取得联系，引用与理解不当之处，敬请谅解！

本书涉及的内容跨度较大、专业门类较多，限于编者的技术和业务水平，疏漏之处在所难免，不妥之处恳请各位专家和读者批评指正。

编　者

目　录

第2篇 AutoCAD 2013 绘图软件

第3篇 专业工程图绘制

第3篇 专业工程图绘制

第1篇　工程制图标准

第1章　工程制图的基本知识

1.1　图幅

图纸的幅面是指图纸尺寸规格的大小，图框是指在图纸上绘图范围的界线。图框的基本尺寸分为五种，即A0、A1、A2、A3和A4。图纸幅面及图框尺寸应符合表1-1的规定及图1-1的格式。从表1-1可以看出，A1幅面是A0幅面的对裁，A2幅面是A1幅面的对裁，其余类推。同一项工程的图纸，不宜多于两种幅面。

表1-1　幅面及图框尺寸　　（单位：mm）

尺寸＼幅面	A0	A1	A2	A3	A4
$b \times l$	841×1189	594×841	420×594	297×420	210×297
c	10			5	
a	25				

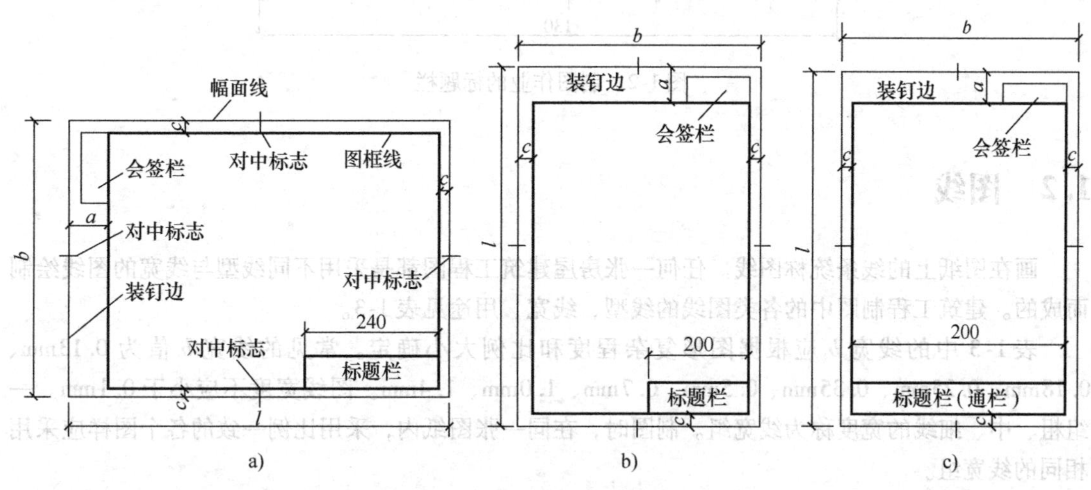

图1-1　图框的格式
a）A0～A3横式幅面　b）A0～A3立式幅面　c）A4立式幅面

一般A0～A3图纸宜横式使用，必要时也可立式使用。如果图纸幅面不够，可将图纸长边加长，短边不得加长。图纸长边加长后的尺寸应符合表1-2的规定。

表 1-2 图纸长边加长尺寸 （单位：mm）

幅面代号	长边尺寸	长边加长后的尺寸
A0	1189	1486、1635、1783、1932、2080、2230、2378
A1	841	1051、1261、1471、1682、1892、2102
A2	594	743、891、1041、1189、1338、1486、1635、1783、1932、2080
A3	420	630、841、1051、1261、1471、1682、1892

注：有特殊需要的图纸，可采用 $b \times l$ 为 841mm×891mm 与 1189mm×1261mm 的幅面。

GB/T 50001—2010《房屋建筑制图统一标准》对图纸标题栏（简称图标）和会签栏的尺寸、格式和内容都有规定：

1）横式使用的图纸，应按图 1-1a 的形式布置。

2）立式使用的图纸，应按图 1-1b 及图 1-1c 的形式布置。

3）标题栏要根据工程需要、单位特点确定尺寸、格式及分区。签字区包含实名列和签名列。涉外工程的标题栏各项主要内容的中文下方应有译文，设计单位上方或左方，应加“中华人民共和国”字样。

4）会签栏是指工程建设图纸上由会签人员填写其代表的有关专业、姓名、日期等的一个表格。不需要会签的图纸，可不设会签栏。

对于在校学习阶段学生的制图作业，建议采用图 1-2 所示的标题栏，不设会签栏。

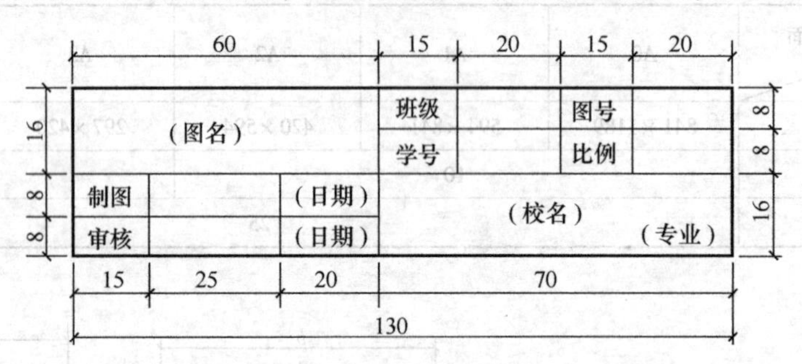

图 1-2 制图作业的标题栏

1.2 图线

画在图纸上的线条统称图线。任何一张房屋建筑工程图都是采用不同线型与线宽的图线绘制而成的。建筑工程制图中的各类图线的线型、线宽、用途见表 1-3。

表 1-3 中的线宽 b 应根据图形复杂程度和比例大小确定。常见的线宽 b 值为 0.13mm、0.18mm、0.25mm、0.35mm、0.5mm、0.7mm、1.0mm、1.4mm。图线宽度不应小于 0.1mm。一组粗、中、细线的宽度称为线宽组。制图时，在同一张图纸内，采用比例一致的各个图样应采用相同的线宽组。

画线时应注意以下几点：

1）同一张图纸内，相同比例的各图样，应选用相同的线宽粗。

2）相互平行的图例线，其净间隙或线中间隙不宜小于 0.2mm。

3）虚线、单点长画线和双点长画线的线段长度及间隔应各自相等。

4）图线不得与文字、数字或符号重叠、混淆，不可避免时，应首先保证文字的清晰。

5）虚线与虚线、单（双）点长画线与单（双）点长画线、虚线或单（双）点长画线与其他线相交时，应交于画线处。

6）虚线为实线的延长线时，不得与实线相接。

表1-3 图线

名称		线型	线宽	用途
实线	粗	————	b	主要可见轮廓线
	中粗	————	$0.7b$	可见轮廓线
	中	————	$0.5b$	可见轮廓线、尺寸线、变更云线
	细	————	$0.25b$	图例填充线、家具线
虚线	粗	- - - - - -	b	见各专业制图标准
	中粗	- - - - - -	$0.7b$	不可见轮廓线
	中	- - - - - -	$0.5b$	不可见轮廓线、图例线
	细	- - - - - -	$0.25b$	图例填充线、家具线
单点长画线	粗	—·—·—	b	见各专业制图标准
	中	—·—·—	$0.5b$	见各专业制图标准
	细	—·—·—	$0.25b$	中心线、对称线、轴线等
双点长画线	粗	—··—··—	b	见各专业制图标准
	细	—··—··—	$0.25b$	假想轮廓线、成型前原始轮廓线
折断线		—\/\—	$0.25b$	断开界线
波浪线		～～～	$0.25b$	断开界线

1.3 字体

房屋建筑工程图中有各种符号、字母代号、尺寸数字和文字说明等。各种汉字、数字、字母等必须做到笔画清晰、字体端正、排列整齐、间隔均匀。

1. 汉字

房屋建筑工程图中的汉字应采用国家公布的简化汉字，并写成长仿宋体。汉字的字高应不小于3.5mm。在图纸上书写汉字时，应画好字格，然后从左向右、从上向下横行水平书写。长仿宋字的书写要领是：横平竖直，注意起落，填满方格，结构匀称。长仿宋字的基本笔画与字体结构见表1-4和表1-5。

表 1-4　长仿宋字的基本笔画

笔画	点	横	竖	撇	捺	挑	折	钩
形状								
运笔								

表 1-5　长仿宋字的结构特点

字体	梁	板	门	窗
结构				
说明	上下等分	左小右大	缩格书写	上小下大

字体的高度代表字体的号数（见表 1-6），应从下列系列中选用：3.5mm、5mm、7mm、10mm、14mm、20mm。字体的高宽比为$\sqrt{2}:1$，字距为字高的 1/4。

表 1-6　长仿宋字体的规格　（单位：mm）

字高	20	14	10	7	5	3.5
字宽	14	10	7	5	3.5	2.5

2. 数字和字母

数字和字母有正体与斜体两种。斜体字应与水平线成 75°。数字和字母的字高 h 应不小于 2.5mm，小写字母的高度应为大写字母高度 h 的 7/10，字母间距为 $h/5$，上下行的净基准间距最小为 $3h/2$，如图 1-3 所示。

图 1-3　字体示例

1.4　比例

比例的大小是指图形和实物相对应的线性尺寸比值的大小。比值大于 1 的比例，称为放大比例，如 10:1；比值小于 1 的比例，称为缩小比例，如 1:100。房屋建筑工程图中常采用缩小比例。无论采用何种比例绘图，图纸上标注的尺寸，都是所绘物体的实际尺寸，而不是图形的尺寸。

建筑工程图中所用的比例，应根据图样的用途与被绘对象的复杂程度从表1-7中选用，并应优先选用表中的常用比例。

表1-7　绘图所用的比例

常用比例	1∶1、1∶2、1∶5、1∶10、1∶20、1∶30、1∶50、1∶100、1∶150、1∶200、1∶500、1∶1000、1∶2000
可用比例	1∶3、1∶4、1∶6、1∶15、1∶25、1∶40、1∶60、1∶80、1∶250、1∶300、1∶400、1∶600、1∶5000、1∶10000、1∶20000、1∶50000、1∶100000、1∶200000

比例应标注在图名的右侧，字的底线应取平齐，比例的字高应比图名字高小一号或两号。如图1-4所示。一般情况下，一个图样应选用一种比例。根据专业制图需要，同一图样可选用两种比例。在特殊情况下也可自选比例，这时除应注出绘图比例外，还必须在适当位置绘制出相应的比例尺。

平面图　1:100　　⑤ 1:10

图1-4　比例的注写

1.5　尺寸标注

房屋建筑工程图中，除了画出建筑物及其各部分的形状外，还必须准确、详尽和清晰地标注尺寸，以确定其大小，作为施工时的依据。

1. 尺寸界线、尺寸线及尺寸起止符号

尺寸标注一般由尺寸界线、尺寸线、尺寸起止符号和尺寸数字组成，如图1-5a所示。尺寸界线应用细实线绘制，一般应与被标注长度垂直，其一端应离开图样的轮廓线不小于2mm，另一端宜超出尺寸线2~3mm，如图1-5b所示。必要时可利用图样轮廓线作为尺寸界线。尺寸线也应用细实线绘制，且与被标注线段平行，不得超出尺寸界线，也不能用其他图线代替或与其他图线重合。尺寸起止符号一般用中实线的斜短线绘制，其倾斜的方向应与尺寸界线成顺时针45°角，长度宜为2~3mm。半径、直径、角度、弧长的尺寸起止符号宜用箭头表示，箭头的画法如图1-5c所示。

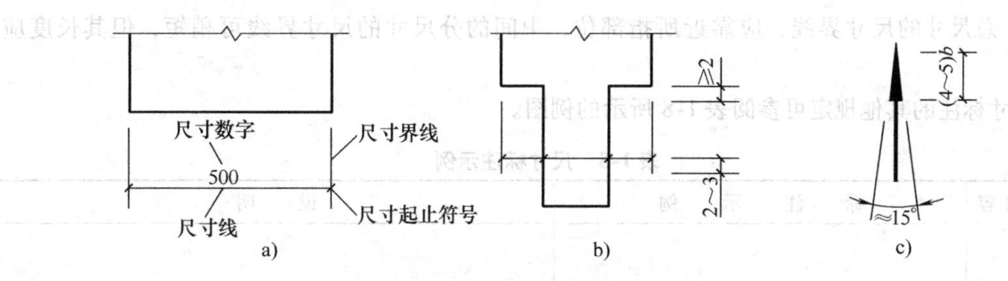

图1-5　尺寸的组成

a）尺寸四要素　b）、c）尺寸线、尺寸界线与尺寸起止符号

2. 尺寸数字

房屋建筑工程图中标注的尺寸数字是建筑物及其各部分的实际尺寸。除标高及总平面图以米（m）为单位外，其他均以毫米（mm）为单位，图上尺寸都不再标注单位。

尺寸数字的方向应按图1-6a的规定标注；若尺寸数字在30°斜线区内，宜按图1-6a阴影中的形式标注。

为保证图上的尺寸数字清晰，任何图线不得穿过尺寸数字。不可避免时，应将图线断开，如

图 1-6b 左侧标注所示。尺寸数字应依其读数方向写在尺寸线的上方中部，如图 1-6b 右侧标注所示。

如没有足够的标注位置，最外面的数字可注写在尺寸界线的外侧，中间相邻的尺寸数字可错开注写，也可引出注写，如图 1-6c 所示。

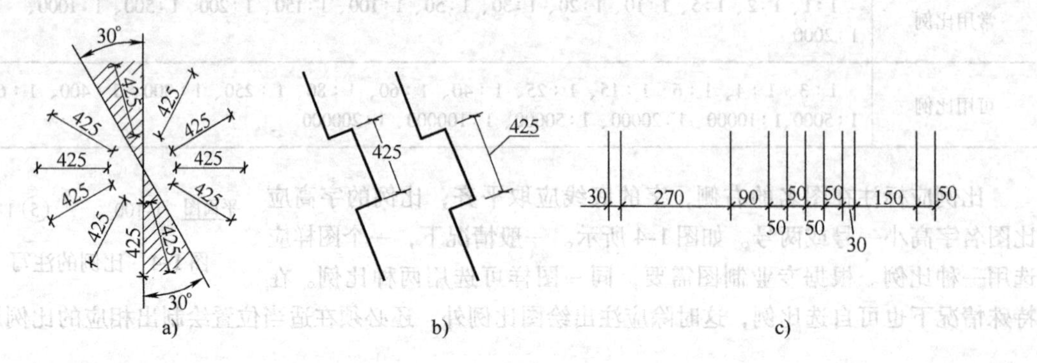

图 1-6 尺寸数字的注写方向

3. 尺寸的排列与布置

尺寸的排列与布置应注意以下几点（如图 1-7）：

1）尺寸宜注写在图样轮廓线以外，不宜与图线、文字及符号相交。必要时，也可标注在图样轮廓线以内。

2）互相平行的尺寸线，应从被标注的图样轮廓线由近向远整齐排列，小尺寸在里面，大尺寸在外面。小尺寸距图样轮廓线距离不小于 10mm，平行排列的尺寸线的间距宜为7 ~ 10mm。

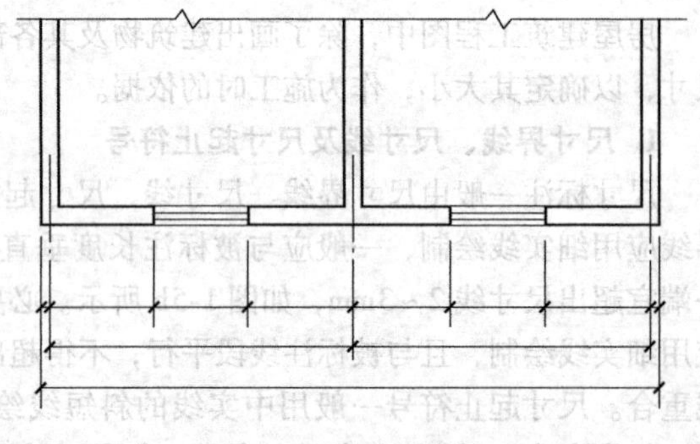

图 1-7 尺寸的布置

3）总尺寸的尺寸界线，应靠近所指部位，中间的分尺寸的尺寸界线可稍短，但其长度应相等。

尺寸标注的其他规定可参阅表 1-8 所示的例图。

表 1-8 尺寸标注示例

标注内容	标注示例	说明
半径	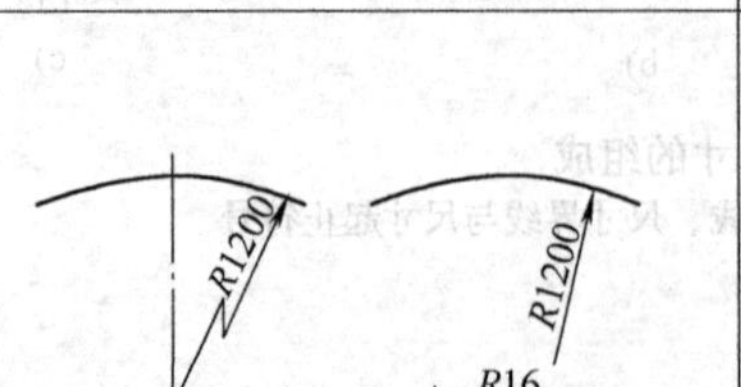 R1200 R1200 R16 R16 R20 R12 R8	半圆或小于半圆的圆弧应标注半径，如左下方的例图所示。标注半径的尺寸线应一端从圆心开始，另一端画箭头指向圆弧，半径数字前应加注符号“*R*” 较大圆弧的半径，可按上方两个例图的形式标注；较小圆弧的半径，可按右下方四个例图的形式标注

（续）

标注内容	标　注　示　例	说　　明
直　径	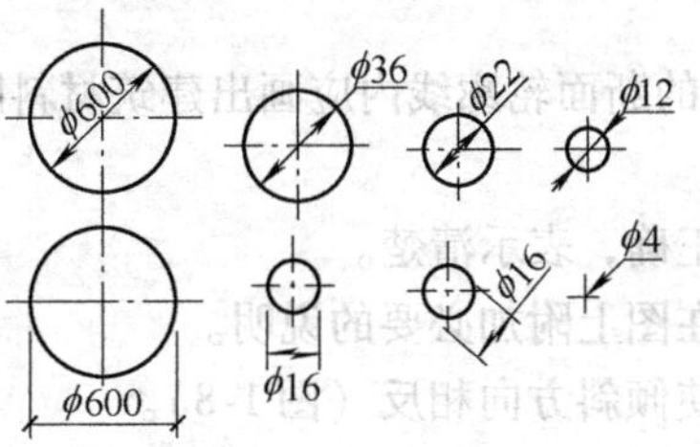 ϕ600 ϕ36 ϕ22 ϕ12 ϕ4 ϕ16 ϕ16 ϕ600	圆及大于半圆的圆弧应标注直径，如左侧两个例图所示，并在直径数字前加注符号“ϕ”。在圆内标注的直径尺寸线应通过圆心，两端画箭头指至圆弧 较小圆的直径尺寸，可标注在圆外，如右侧六个例图所示
薄板厚度	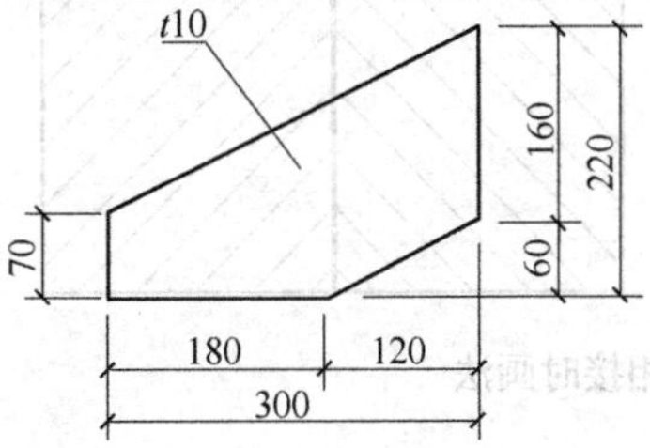 t10 160 220 70 60 180 120 300	应在厚度数字前加注符号“t”
正方形	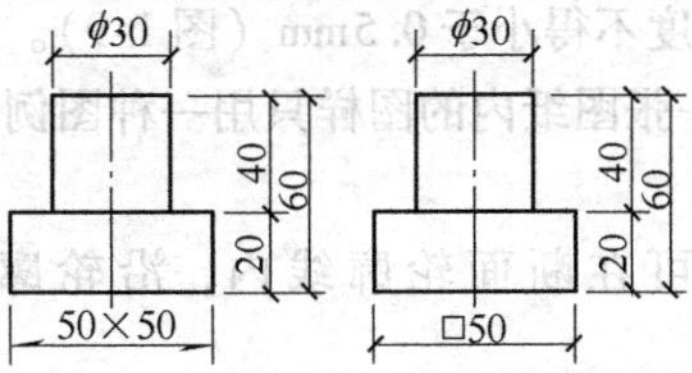 ϕ30 ϕ30 40 60 20 40 60 20 50×50 □50	在正方形的侧面标注该正方形的尺寸，可用“边长×边长”标注，也可在边长数字前加正方形符号“□”
连续排列的等长尺寸	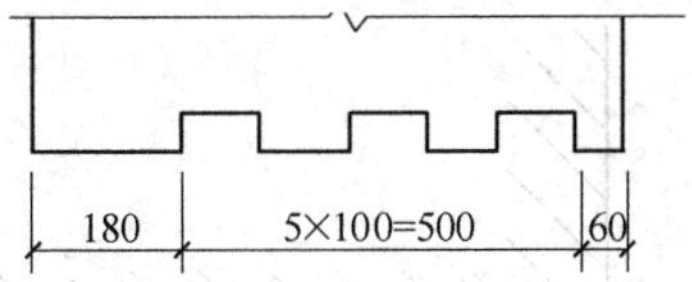 180 5×100=500 60	可用“等长尺寸×个数=总长”的形式标注
坡　度	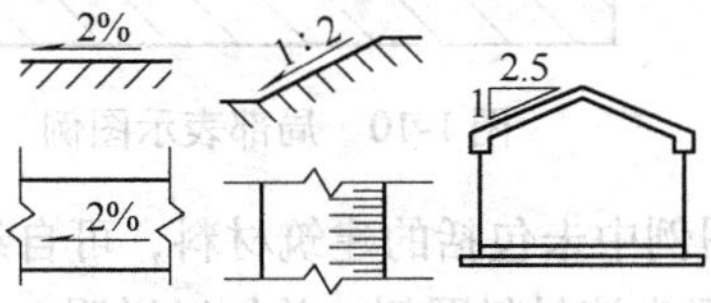 2% 1:2 2.5 1 2%	标注坡度时，在坡度数字下应加注坡度符号，坡度符号为单面箭头，一般指向下坡方向 坡度也可用直角三角形形式标注，如右侧的例图所示 图中在坡面高的一侧水平边上所画的垂直于水平边的长短相间的等距细实线，称为示坡线，也可用它来表示坡面
相同要素	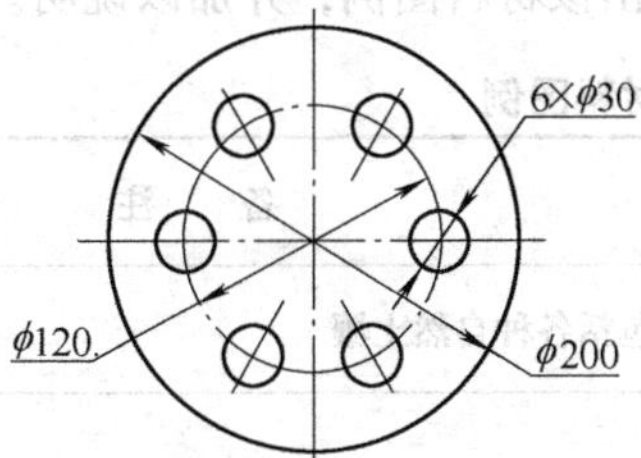 6×ϕ30 ϕ120 ϕ200	当构配件内的构造要素（如孔、槽等）相同时，可仅标注其中一个要素的尺寸及个数
角度、弧长与弦长	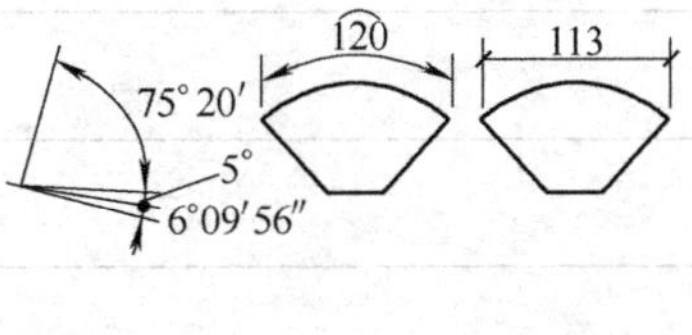 75°20′ 5° 6°09′56″ 120 113	如左方的例图所示，角度的尺寸线是圆弧，圆心是角顶，角边是尺寸界线。尺寸起止符号用箭头；如没有足够的位置画箭头，可用圆点代替。角度的数字应水平方向注写 如中间例图所示，标注弧长时，尺寸线为同心圆弧，尺寸界线垂直于该圆弧的弦，起止符号用箭头，弧长数字上方加圆弧符号 如右方的例图所示，圆弧的弦长的尺寸线应平行于弦，尺寸界线垂直于弦

1.6 常用图例

当建筑物或建筑配件被剖切时，通常在图样中的断面轮廓线内应画出建筑材料图例，绘图时可根据图样大小而定，并应注意以下事项：

1）图例线应间隔均匀，疏密适度，做到图例正确，表示清楚。

2）不同品种的同类材料使用同一图例时，应在图上附加必要的说明。

3）两个相邻的图例相接时，图例线宜错开或使倾斜方向相反（图1-8）。

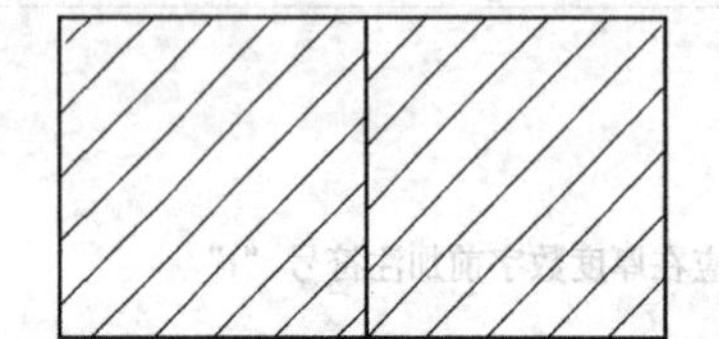
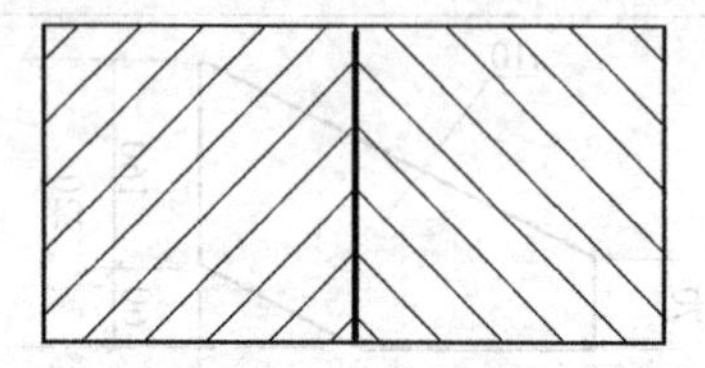

图1-8 相同图例相接时画法

4）两个相邻的涂黑图例间应留有空隙。其净宽度不得小于0.5mm（图1-9）。

下列情况时可不加图例，但应加文字说明：①一张图纸内的图样只用一种图例时；②图形较小无法画除建筑材料图例时。

如果要画出的建筑材料图例面积过大时，可在断面轮廓线内，沿轮廓线作局部表示(图1-10)。

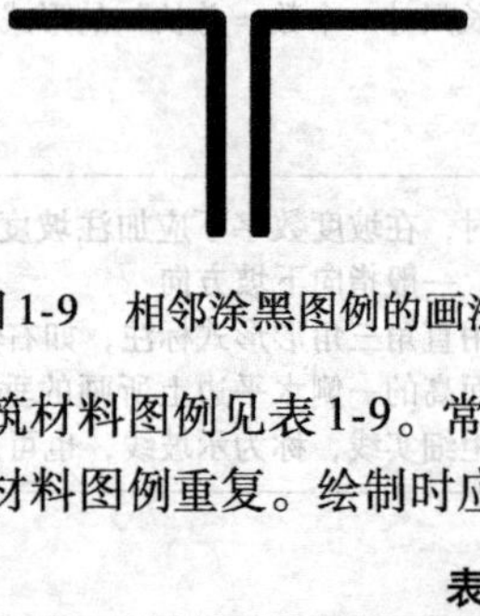

图1-9 相邻涂黑图例的画法

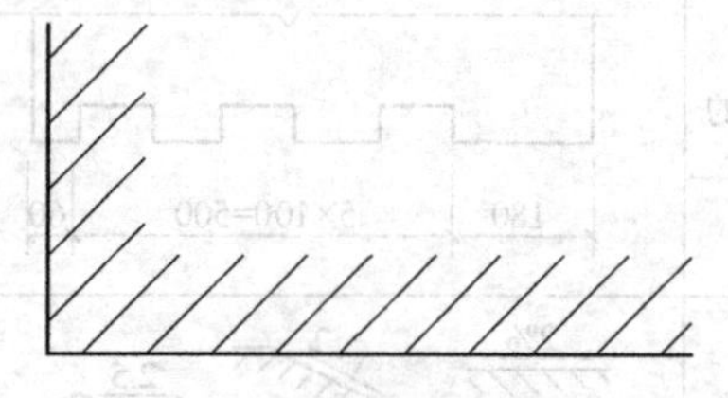

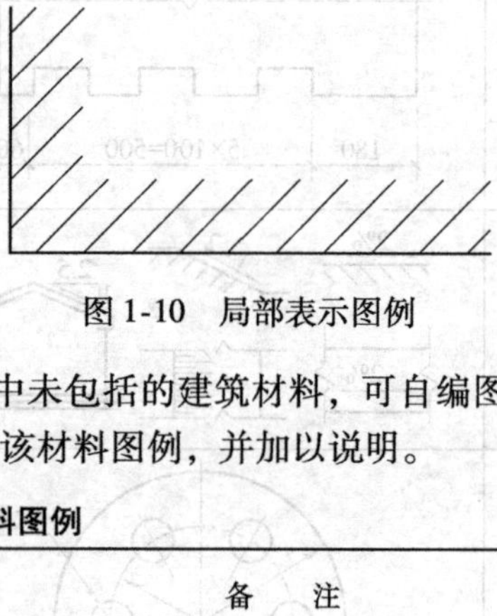

图1-10 局部表示图例

常用的建筑材料图例见表1-9。常用建筑材料图例中未包括的建筑材料，可自编图例，但不得与常用建筑材料图例重复。绘制时应在适当位置画出该材料图例，并加以说明。

表1-9 常用建筑材料图例

序号	名称	图例	备注
1	自然土壤		包括各种自然土壤
2	夯实土壤	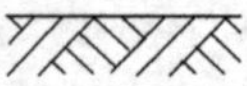	
3	砂、灰土	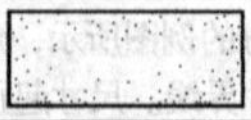	靠近轮廓线绘较密的点
4	砂砾石、碎砖三合土	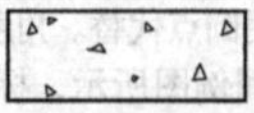	
5	石材		
6	毛石		

（续）

序 号	名 称	图 例	备 注
7	普通砖	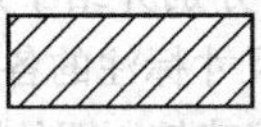	包括实心砖、多孔砖、砌块等砌体。断面较窄不易绘出图例线时，可涂红，并在图纸备注中加注说明，画出该材料图例
8	耐火砖	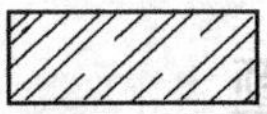	包括耐酸砖等砌体
9	空心砖		指非承重砖砌体
10	饰面砖		包括铺地砖、马赛克、陶瓷锦砖、人造大理石等
11	焦渣、矿渣	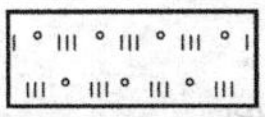	包括与水泥、石灰等混合而成的材料
12	混凝土	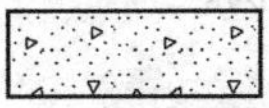	1. 本图例指能承重的混凝土及钢筋混凝土 2. 包括各种强度等级、骨料、添加剂的混凝土 3. 在剖面图上画出钢筋时，不画图例线 4. 断面图形小，不易画出图例线时，可涂黑
13	钢筋混凝土		
14	多孔材料	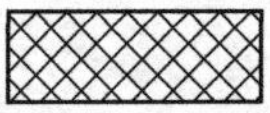	包括水泥珍珠岩、沥青珍珠岩、泡沫混凝土、非承重加气混凝土、软木、蛭石制品等
15	纤维材料	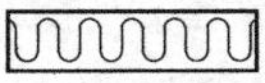	包括矿棉、岩棉、玻璃棉、麻丝、木丝板、纤维板等
16	泡沫塑料材料	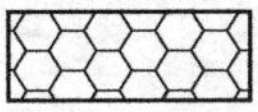	包括聚苯乙烯、聚乙烯、聚氨酯等多孔聚合物类材料
17	木材	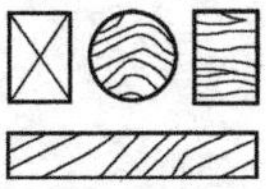	1. 上图为横断面，上左图为垫木、木砖或木龙骨 2. 下图为纵断面
18	胶合板	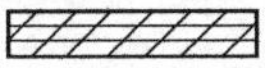	应注明为×层胶合板
19	石膏板	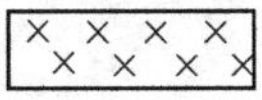	包括圆孔、方孔石膏板、防水石膏板等
20	金属	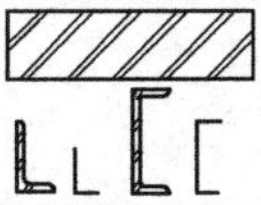	1. 包括各种金属 2. 图形小时，可涂黑
21	网状材料		1. 包括金属、塑料网状材料 2. 应注明具体材料名称
22	液体	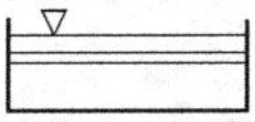	应注明具体液体名称
23	玻璃		包括平板玻璃、磨砂玻璃、夹丝玻璃、钢化玻璃、中空玻璃、加层玻璃、镀膜玻璃等
24	橡胶		
25	塑料	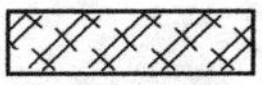	包括各种软、硬塑料及有机玻璃等
26	防水材料		构造层次多或比例大时，采用上面的图例
27	粉刷	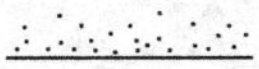	本图例采用较稀的点

注：1、2、5、7、8、13、14、17、18、20、24、25 图例中的斜线、短斜线、交叉线等均为45°。

小 结

本章根据GB/T 50001—2010《房屋建筑制图统一标准》分别介绍了建筑图纸图幅的大小、图线的选取、字体的要求、绘制建筑图时使用的绘图比例、建筑构件尺寸标注的各种类型，以及常用的建筑材料图例。对建筑制图的基础知识进行了详细的说明，为刚开始学习建筑制图的同学提供了制图标准。

思考题与习题

1-1 建筑图纸常用的图幅有哪几种？

1-2 折断线在建筑图纸中表示什么含义？

1-3 建筑图纸画线时有哪些注意事项？

1-4 建筑图纸绘制时的常用比例有哪些？

1-5 请绘制出夯实土壤、混凝土和钢筋混凝土的材料图例。

第2章 建筑与结构施工图

2.1 概述

2.1.1 房屋的组成

房屋按使用功能分为民用建筑、工业建筑和农业建筑。除单层工业厂房外，各种不同功能的房屋一般都由基础、墙（柱）、楼地面、屋面、楼梯和门窗六大部分组成，如图2-1所示。

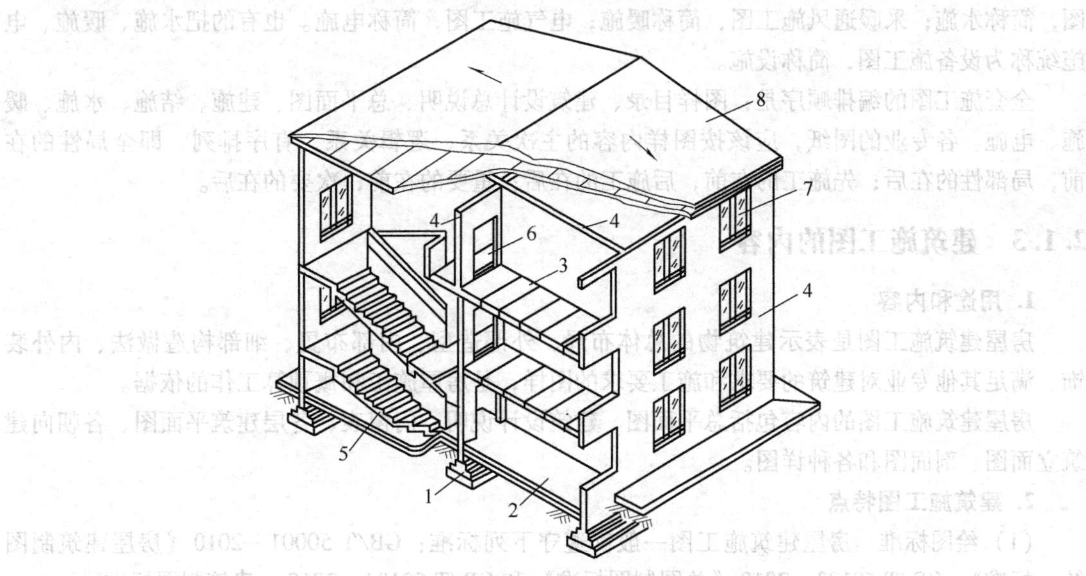

图2-1 房屋的基本组成

1—基础 2—地坪层 3—楼板层 4—墙体 5—楼梯 6—门 7—窗 8—屋顶

（1）基础 房屋底部与地基接触的承重结构，它的作用是把房屋上部的荷载传给地基。因此，基础必须坚固、稳定、可靠。

（2）墙或柱 墙是建筑物的承重构件和围护构件。作为承重构件，墙承受着建筑物由屋顶或楼板层传来的荷载，并将这些荷载传给基础；作为围护构件，外墙起着抵御自然界各种因素对室内侵袭的作用，内墙起着分隔空间、组成房间、隔声、遮挡视线以及保证室内环境舒适的作用。柱是框架或排架结构的主要承重构件，和承重墙一样承受屋顶和楼板层及起重机（吊车）传来的荷载，它必须具有足够的强度和刚度。

（3）楼板层或地坪层 楼板层是水平方向的承重结构，并用来分隔楼层之间的空间。它支撑着人和家具设备的荷载，并将这些荷载传递给墙或柱，它应有足够的强度和刚度及隔声、防火、防水、防潮等功能。地坪层是指房屋底层之地坪，地坪层应具有均匀传力、防潮、坚固、耐磨、易清洁等性能。

（4）楼梯 楼梯是房屋的垂直交通工具，供人们上下楼层和发生紧急事故时人流疏散之用。楼梯应有足够的通行能力，并做到坚固和安全。

(5) 屋顶　屋顶是房屋顶部的围护构件，抵抗风、雨、雪的侵袭和太阳辐射热的影响。屋顶又是房屋的承重结构，承受风、雪和施工期间的各种荷载。屋顶应坚固耐久、不渗漏和保暖隔热。

(6) 门窗　门的主要功能是交通和分隔房间；窗的主要功能则是通风和采光，同时还具有分隔和围护作用。门窗应考虑防水和热工要求。

2.1.2　房屋建造过程及施工图组成

每一项房屋建筑工程的建造都要经过下列程序：编制工程设计任务书→选择建设用地→场地勘测→设计→施工→设备安装→工程验收→交付使用和回访总结。其中设计工作是重要环节，具有较强的政策性和综合性。

一套完整的施工图通常有：建筑施工图，简称建施；结构施工图，简称结施；给水排水施工图，简称水施；采暖通风施工图，简称暖施；电气施工图，简称电施。也有的把水施、暖施、电施统称为设备施工图，简称设施。

全套施工图的编排顺序是：图样目录、建筑设计总说明、总平面图、建施、结施、水施、暖施、电施。各专业的图纸，应该按图样内容的主次关系、逻辑关系，有序排列，即全局性的在前，局部性的在后；先施工的在前，后施工的在后；重要的在前，次要的在后。

2.1.3　建筑施工图的内容

1. 用途和内容

房屋建筑施工图是表示建筑物的总体布局、外部造型、内部布置、细部构造做法、内外装饰、满足其他专业对建筑的要求和施工要求的图样，是房屋施工和概预算工作的依据。

房屋建筑施工图的内容包括总平面图、建筑设计说明、门窗表、各层建筑平面图、各朝向建筑立面图、剖面图和各种详图。

2. 建筑施工图特点

(1) 绘图标准　房屋建筑施工图一般都遵守下列标准：GB/T 50001—2010《房屋建筑制图统一标准》、GB/T 50103—2010《总图制图标准》和GB/T 50104—2010《建筑制图标准》。

(2) 比例　房屋建筑施工图中一般都用缩小比例来绘制施工图，根据房屋的大小和选用的图纸幅面，按《建筑制图标准》中的比例选用。

(3) 图线　《房屋建筑制图统一标准》《总图制图标准》和《建筑制图标准》对图线的使用都有明确的规定，总的原则是剖切面的截交线和房屋立面图中的外轮廓线用粗实线，次要的轮廓线用中粗线，其他线一律用细线；可见部分用实线，不可见部分用虚线。

(4) 图例　由于建筑的总平面图和平面图、立面图、剖面图的比例较小，图样不可能按实际投影画出，各专业对其图例都有明确的规定。总平面图部分常用图例见表2-1，全部图例可参看《总图制图标准》，构造及配件图例可参看《建筑制图标准》。

2.1.4　标准图与标准图集

为了加快设计和施工速度，提高设计与施工质量，把建筑工程中常用的、大量性的构件和配件按统一模数、不同规格设计出系列施工图，供设计部门、施工企业选用，这样的图称为标准图。标准图装订成册后，就称为标准图集或通用图集。

标准图（集）的适用范围为：经国家部、委批准的，可在全国范围内使用；经各省、市、自治区有关部门批准的，一般可在相应地区范围内使用。

表2-1　总平面图常用图例（部分）

名　称	图　例	说　明
新建建筑物	X= Y= ① 12F/2D H=59.00m	新建建筑物以粗实线表示与室外地坪相接处±0.00外墙定位轮廓线 建筑物一般以±0.00高度处的外墙定位轴线交叉点坐标定位。轴线用细实线表示，并标明轴线号 根据不同设计阶段标注建筑编号，地上、地下层数，建筑高度，建筑出入口位置（两种表示方法均可，但同一图纸采用一种表示方法） 地下建筑物以粗虚线表示其轮廓 建筑上部（±0.00以上）外挑建筑用细实线表示 建筑物上部连廊用细虚线表示并标注位置
原有建筑物		用细实线表示
计划扩建的预留地或建筑物		用中粗虚线表示
拆除的建筑物		用细实线表示
建筑物下面的通道		
散状材料露天堆场		需要时可注明材料名称
其他材料露天堆场或露天作业场		
铺砌场地		
敞棚或敞廊		
围墙及大门		
烟囱		实线为烟囱下部直径，虚线为基础，必要时可注写烟囱高度和上、下口直径
挡土墙	5.00 1.50	挡土墙根据不同设计阶段的需要标注 墙顶标高 墙底标高
测量坐标	X=105.00 Y=425.00	

（续）

名　称	图　例	说　明
建筑坐标	A=105.00 B=425.00	
方格网交叉点坐标	-0.50　77.85 77.35	“77.85”为原地面标高 “77.35”为设计标高 “-0.50”为施工高度 “-”表示挖方，“+”表示填方
填挖边坡		
台阶及无障碍坡道	1. 2.	1. 表示台阶（级数仅为示意） 2. 表示无障碍坡道

标准图集有两种，一种是整幢建筑的标准设计（定型设计）图集；另一种是目前大量使用的建筑构、配件标准图集，以代号“G”（或“结”）表示建筑构件图集，以代号“J”（或“建”）表示建筑配件图集。除建筑、结构标准图集外，还有给水排水、电气设备、道路桥梁等方面的标准图。

2.2 建筑施工图

2.2.1 建筑设计说明

在施工图的编排中，通常将图样目录作为整套施工图的首页，见表2-2，将建筑设计说明作为第二页。若整个建筑施工图不是很复杂时，可将建筑设计说明和图样目录等编排在同一张施工图内。

表 2-2　图样目录

编　号	内　容	图　幅
建施—01	建筑设计说明、图样目录、标准图目录	A1
建施—02	构造做法表、门窗表	A1
建施—03	一层平面图、二层平面图、1—1剖面图、2—2剖面图	A1
建施—04	屋面排水示意图、①—⑥立面图、Ⓐ—Ⓓ立面图、⑥—①立面图、Ⓓ—Ⓐ立面图	A1
建施—05	1#、2#卫生间详图，楼梯详图，节点详图	A1

建筑设计说明的内容根据建筑物的复杂程度有多有少，无论内容多少，必须说明设计依据、建筑规模、建筑物标高、装修做法和对施工的要求等。下面以“建筑设计说明”为例，介绍读图方法。

（1）设计依据　包括政府的有关批文，这些批文主要有两个方面的内容，一是立项，二是规划许可证等。

（2）建筑规模　主要包括占地面积和建筑面积，这是设计出来的图是否满足规划部门要求的依据。占地面积是指建筑物底层外墙皮以内所有面积之和；建筑面积是指建筑物外墙皮以内各层面积之和。

（3）标高　房屋建筑中，规范规定用标高表示建筑物的高度。标高分为相对标高和绝对标高两种。以建筑物底层室内地面为零点的标高称为相对标高；以青岛黄海平均海平面的高度为零点的标高称为绝对标高。建筑设计说明中原则上要说明相对标高与绝对标高的关系，例如“相对标高±0.000相当于绝对标高50.550m”，说明该建筑物底层室内地面设计在比海平面高50.550m的水平面上。

（4）做法　用于表达各部分的装修装饰做法，包括地面、楼面、墙面等。

（5）施工要求　包含两个方面的内容，一是要严格执行施工验收规范中的规定，二是对图中的不详之处进行补充说明。如施工图设计说明规定“施工中如遇问题请及时与设计院联系解决”，这说明施工单位对图中不详之处不能擅自处理，应与设计单位联系，共同研究解决。

2.2.2　建筑平面图

1. 建筑平面图的形成

建筑平面图的形成是假想用一个水平剖切平面沿门窗洞口将房屋剖切开，移去剖切平面及其以上部分，将余下的部分按正投影的原理投射在水平投影面上，这样得到的图形称为平面图，如图2-2所示。平面图主要用来表示房屋的平面布置情况，反映了房屋的平面形状、大小和房间的布置，墙或柱的位置、大小、厚度和材料，门窗的类型和位置等情况。平面图是施工图中最重要的图形之一，如图2-3所示。

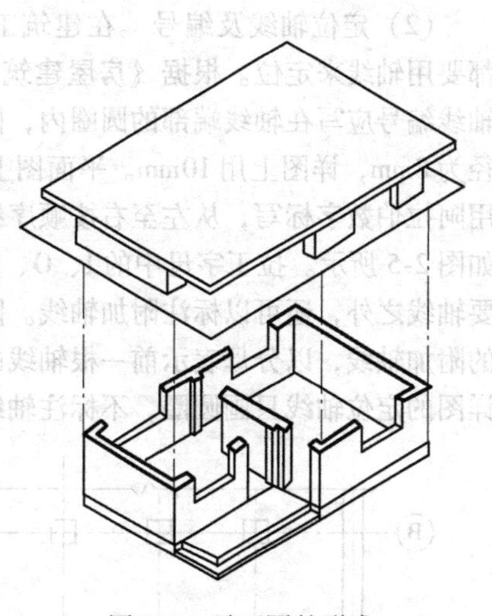

图2-2　平面图的形成

2. 建筑平面图的内容

建筑平面图包括平面图、标准层平面图、顶层平面图和屋顶平面图。底层平面图是指沿底层门窗洞口剖切开得到的平面图（又称首层平面图或一层平面图），二层平面图是指沿二层门窗洞口剖切开得到的平面图。在多层和高层建筑中，往往中间几层剖开后的图形是一样的，就只需要画一个平面图作为代表层，将这一个作为代表层的平面图称为标准层平面

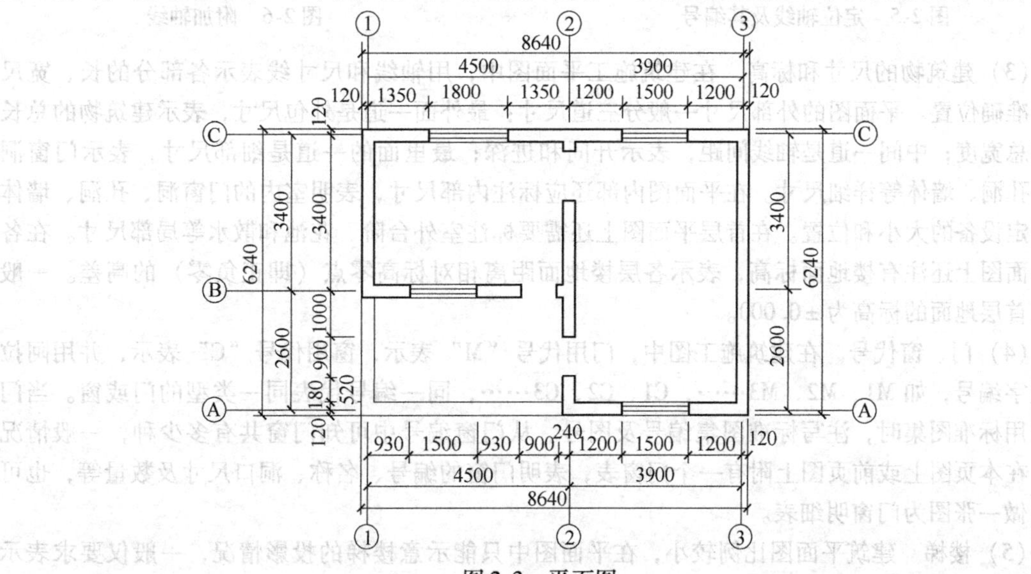

图2-3　平面图

图。顶层平面图是指沿最上一层的门窗洞口剖切开得到的平面图。将房屋直接从上向下进行投射得到的平面图称为屋顶平面图。

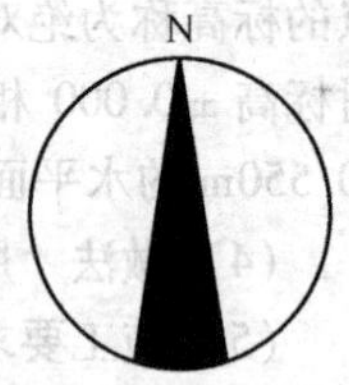

图 2-4　指北针

（1）朝向及建筑物内部布置　在建筑施工图的底层平面图上应画出指北针，借以判断建筑物的朝向。指北针的画法在《房屋建筑制图统一标准》中规定用细线绘制，形状如图 2-4 所示。指北针圆的直径为 24mm，尾部宽为 3mm，指针指向北方，标记为“北”或“N”（国内工程注“北”，涉外工程注“N”）。若需要放大指北针直径，指针尾部宽度应根据直径按比例放大。剖面图的剖切符号也应标注在底层平面图中。建筑物的内部布置应包括各种房间的分布及相互关系，以及入口、走道、楼梯的位置等，一般平面图中均应注明房间的名称和门、窗编号。

（2）定位轴线及编号　在建筑工程施工图中，凡是主要的承重构件如墙、柱、梁的位置，都要用轴线来定位。根据《房屋建筑制图统一标准》的规定，定位轴线用细单点长画线绘制。轴线编号应写在轴线端部的圆圈内，圆圈的圆心应在轴线的延长线上或延长线的折线上，圆圈直径为 8mm，详图上用 10mm。平面图上定位轴线的编号宜标注在图样的下方及左侧。横向编号应用阿拉伯数字标写，从左至右按顺序编号；纵向编号应用大写拉丁字母，从下至上按顺序编号，如图 2-5 所示。拉丁字母中的 I、O、Z 不能用于轴线编号，以避免与 1、0、2 混淆。除了标注主要轴线之外，还可以标注附加轴线。附加轴线编号用分数表示，如图 2-6a 所示。两根轴线之间的附加轴线，以分母表示前一根轴线的编号，分子表示附加轴线的编号，如图 2-6b 所示。通用详图的定位轴线只画圆圈，不标注轴线号。

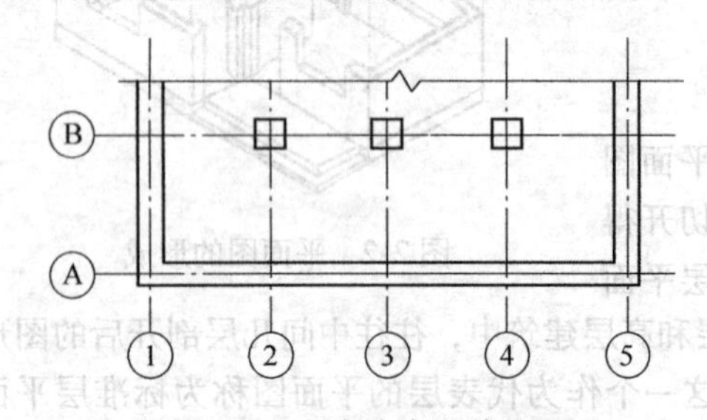

图 2-5　定位轴线及其编号

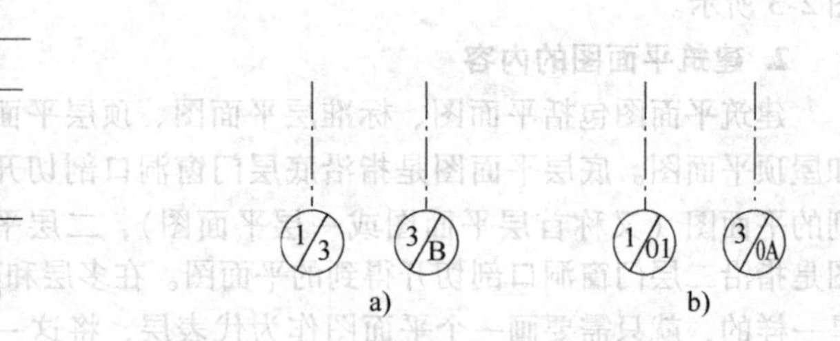

图 2-6　附加轴线

（3）建筑物的尺寸和标高　在建筑施工平面图中，用轴线和尺寸线表示各部分的长、宽尺寸和准确位置。平面图的外部尺寸一般分三道尺寸：最外面一道是外包尺寸，表示建筑物的总长度和总宽度；中间一道是轴线间距，表示开间和进深；最里面的一道是细部尺寸，表示门窗洞口、孔洞、墙体等详细尺寸。在平面图内部还应标注内部尺寸，表明室内的门窗洞、孔洞、墙体及固定设备的大小和位置。在首层平面图上还需要标注室外台阶、花池和散水等局部尺寸。在各层平面图上还注有楼地面标高，表示各层楼地面距离相对标高零点（即正负零）的高差。一般规定首层地面的标高为 ±0.000。

（4）门、窗代号　在建筑施工图中，门用代号“M”表示，窗用代号“C”表示，并用阿拉伯数字编号，如 M1、M2、M3……，C1、C2、C3……，同一编号代表同一类型的门或窗。当门窗采用标准图集时，注写标准图集编号及图号。从门窗编号中可知门窗共有多少种，一般情况下，在本页图上或前页图上附有一个门窗表，表明门窗的编号、名称、洞口尺寸及数量等，也可专门做一张图为门窗明细表。

（5）楼梯　建筑平面图比例较小，在平面图中只能示意楼梯的投影情况，一般仅要求表示出楼梯在建筑中的平面位置、开间和进深大小，楼梯的上下方向及上一层楼的步数。楼梯的细部会在楼梯详图中标明。

（6）附属设施　除上述内容外，根据不同的使用要求，在建筑物的内部还设有壁柜、吊柜、厨房设备、卫生间设备等，在建筑物外部还设有花池、散水、台阶、雨水管等附属设施。附属设施只能在平面图中表示出平面位置，具体做法应查阅相应的详图或标准图集。

2.2.3　建筑立面图

1. 建筑立面图的形成

一般建筑物都有前、后、左、右四个面。表示建筑物外墙面特征的正投影图称为立面图，如图2-7所示。其中，表示建筑物正立面特征的正投影图称为正立面图；表示建筑物背立面特征的正投影图称为背立面图；表示建筑物侧立面特征的正投影图称为侧立面图，侧立面图又分左侧立面图和右侧立面图。也可按房屋的朝向来命名，如南立面图、北立面图、东立面图、西立面图等。目前建筑立面图常按两端定位轴线编号来确定，如①—⑥立面图和Ⓐ—Ⓓ立面图等，如2-8所示。

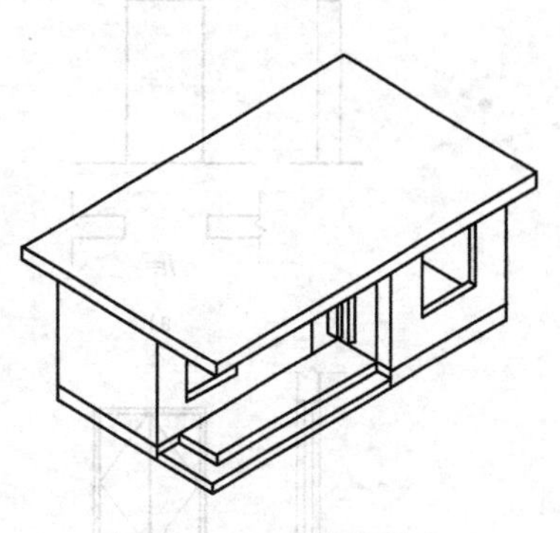

图2-7　立面图的形成

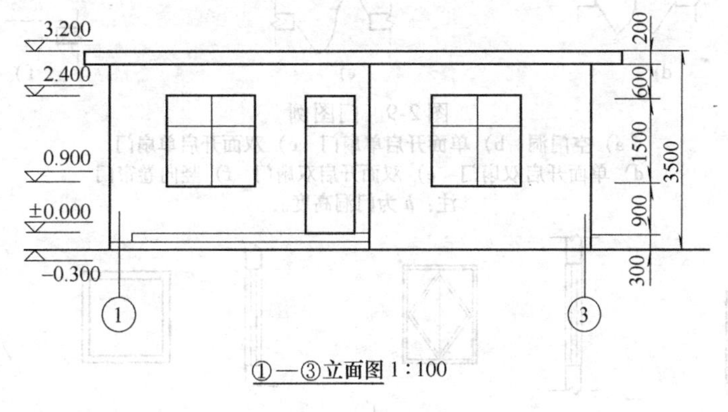

图2-8　立面图

2. 建筑立面图的内容

（1）图名与比例　图名可按立面的主次、朝向、轴线来命名，比例应与建筑平面图所用比例一致。

（2）定位轴线　在建筑立面图中只画出两端的轴线并注出其编号，编号应与建筑平面图该立面两端的轴线编号一致，以便与建筑平面图对照阅读，从中确认立面的方位。

（3）图线　为使建筑立面图清晰和美观，一般立面图的外形轮廓线用粗线表示；门窗、阳台、雨篷等主要部分的轮廓线用中粗实线表示；其他如门窗扇、墙面分格线等均用细实线表示。

（4）尺寸标注及文字说明　沿立面图高度方向标注三道尺寸，即细部尺寸、层高及总高度。

1）最里面一道是细部尺寸，表示室内外地面高差、防潮层位置、窗下墙高度、门窗洞口高度、洞口顶面到上一层楼面的高度、女儿墙或挑檐板高度。

2）层高中间一道表示层高尺寸，即上下相邻两层楼地面之间的距离。

3）最外面一道表示建筑物总高，即从建筑物室外地坪至女儿墙（或至檐口）的距离。

4）标高标注房屋主要部位的相对标高，如室外地坪、室内地面、各层楼面、檐口、女儿墙、雨篷等。

5）说明索引符号及必要的文字说明。

（5）图例　由于立面图的比例小，因此立面图上的门窗应按图例立面式样表示，并画出开启方向。开启线以人站在门窗外侧看，细实线表示外开，细虚线表示内开，线条相交一侧为合页安装边。相同类型的门窗只画出一两个完整图形，其余的只需画出单线图，如图 2-9 和图 2-10 所示。

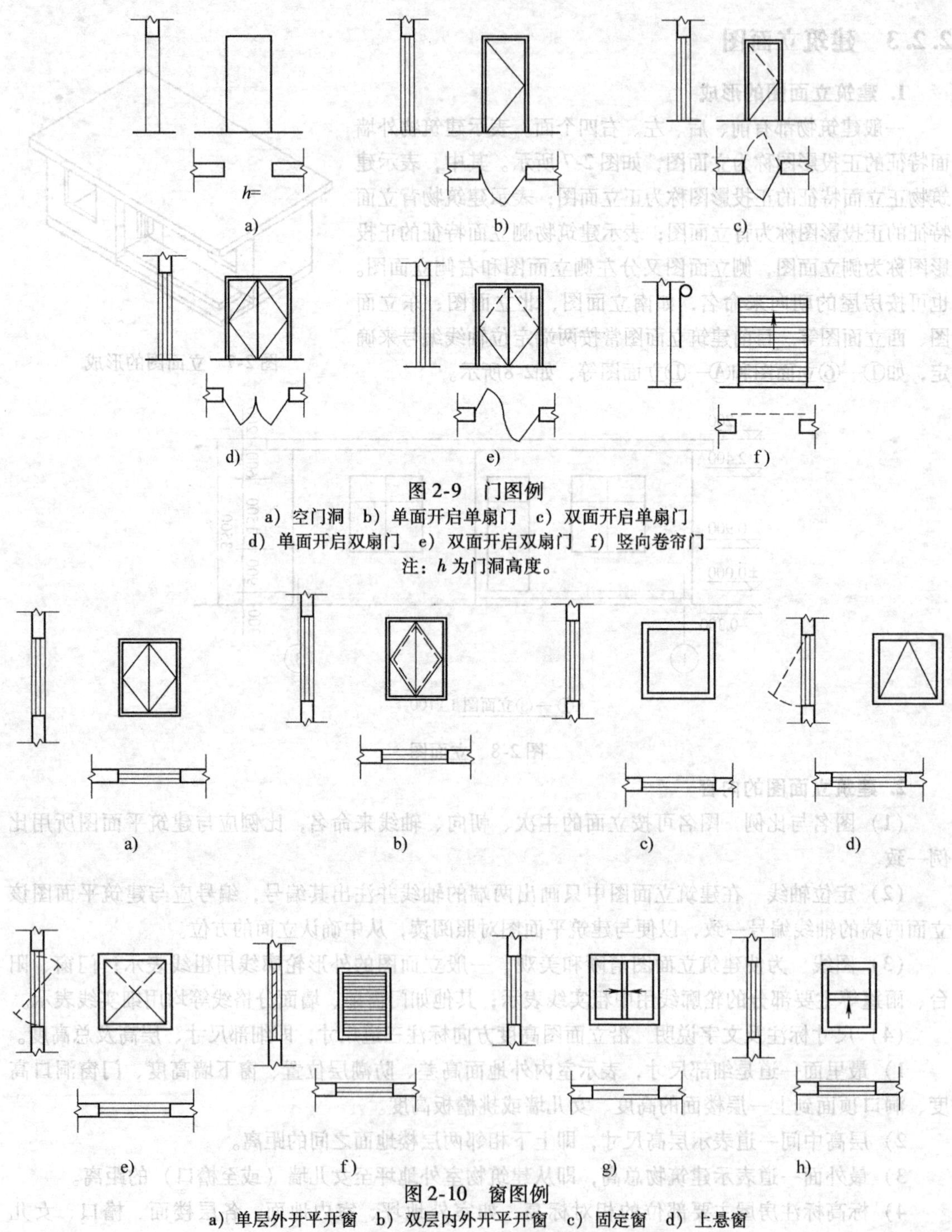

图 2-9　门图例

a）空门洞　b）单面开启单扇门　c）双面开启单扇门
d）单面开启双扇门　e）双面开启双扇门　f）竖向卷帘门
注：h 为门洞高度。

图 2-10　窗图例

a）单层外开平开窗　b）双层内外开平开窗　c）固定窗　d）上悬窗
e）中悬窗　f）百叶窗　g）单层推拉窗　h）上推窗

（6）标高　在总平面图、平面图、立面图和剖面图上，经常用标高符号表示某一部位的高度。各图上所用标高符号应采用图 2-11a 所示形式以细实线绘制。图 2-11b 所示为具体的画法。标高数值以 m 为单位，一般注至小数点后三位数（总平面图中为两位数）。如同一位置表示几个不同标高时，数字可按图 2-11d 的形式注写。在建筑施工图中的标高数字表示其相对于零点标高的数值。如标高前有“－”，表示该处低于零点标高；如数字前没有符号，表示该处高于零点标高。

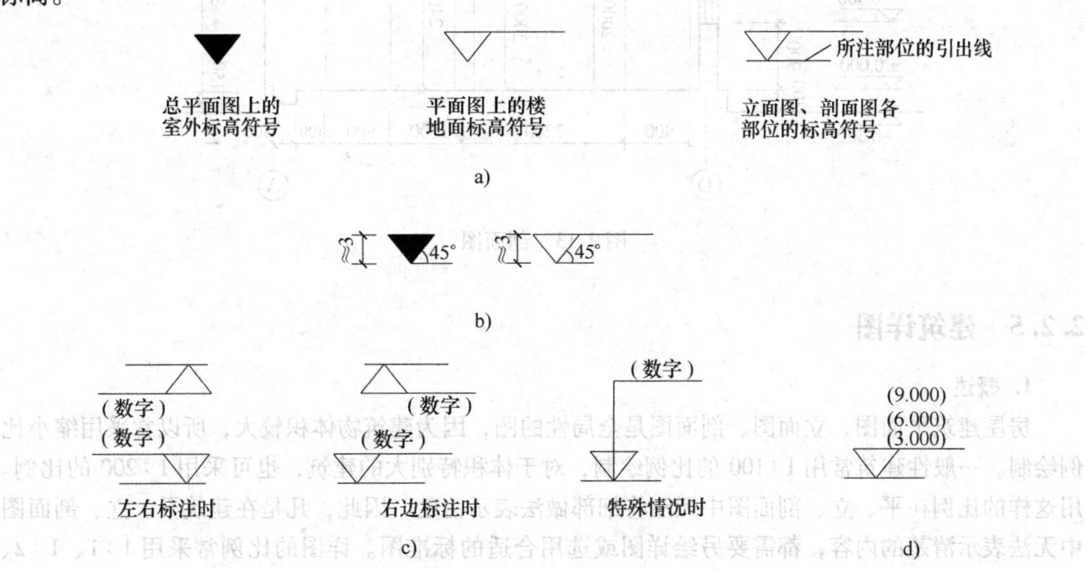

图 2-11　建筑标高符号

a）标高符号形式　b）具体画法　c）立面和剖面图上标高符号　d）多层标高的标注

2.2.4　建筑剖面图

1. 建筑剖面图的形成

剖面图是指房屋的垂直剖面图。假想用一个正立投影面或侧立投影面的平行面将房屋剖切开，移去剖切平面与观察者之间的部分，将剩下部分按正投影的原理投射到与剖切平面平行的投影面上，得到的图形称为剖面图，如图 2-12 所示。用侧立投影面的平行面进行剖切，得到的剖面图称为横剖面图，如图 2-13 所示；用正立投影面的平行面进行剖切，得到的剖面图称为纵剖面图。

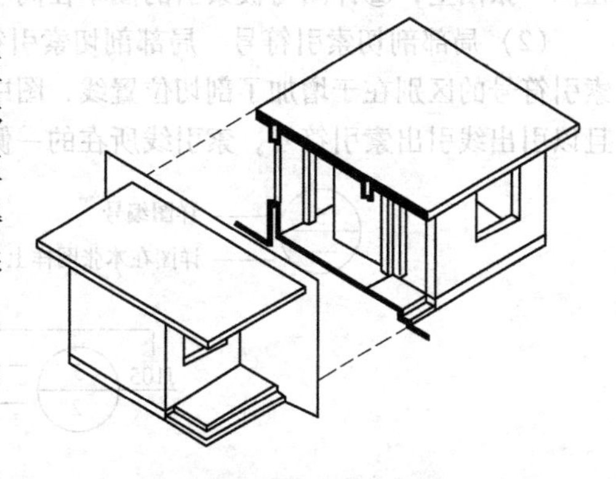

图 2-12　剖面图的形成

2. 建筑剖面图的内容

剖面图的识读主要包括以下几点内容：

1）结合底层平面图识读，对应剖面图与平面图的相互关系，建立起房屋内部的空间概念。

2）结合建筑设计说明或材料做法表，查阅地面、楼面、墙面、顶棚的装修做法。

3）查阅各部位的高度。

4）结合屋顶平面图识读，了解屋面坡度、屋面防水、女儿墙泛水、屋面保温、隔热等的做法。

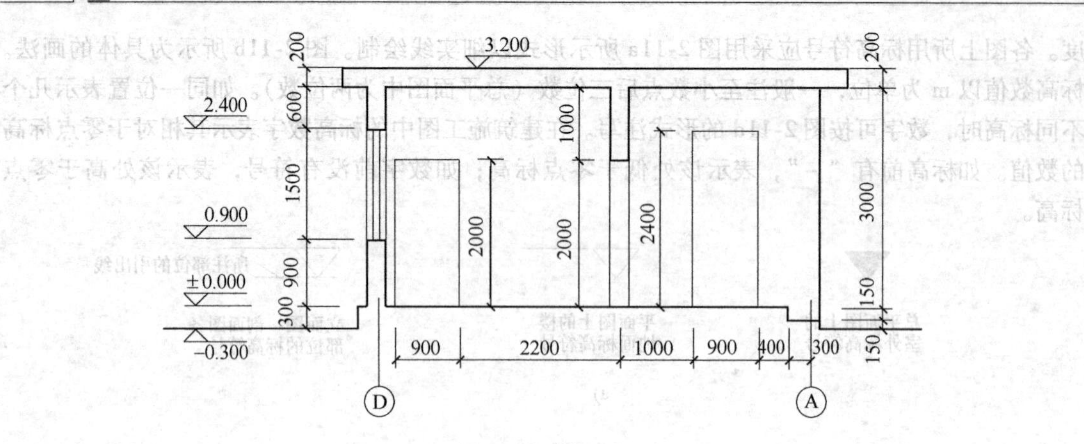

图2-13 剖面图

2.2.5 建筑详图

1. 概述

房屋建筑平面图、立面图、剖面图是全局性的图，因为建筑物体积较大，所以常采用缩小比例绘制。一般性建筑常用1:100的比例绘制，对于体积特别大的建筑，也可采用1:200的比例。用这样的比例在平、立、剖面图中无法将细部做法表示清楚，因此，凡是在建筑平、立、剖面图中无法表示清楚的内容，都需要另绘详图或选用合适的标准图。详图的比例常采用1:1、1:2、1:5、1:10、1:20、1:50几种。详图与平、立、剖面图的关系是用索引符号联系的。索引符号的圆圈及直径均应以细实线绘制，圆的直径应为10mm。索引符号的引出线沿水平直径方向延长，并指向被索引的部位。索引符号有详图索引符号、局部剖切索引符号和详图符号三种。

（1）详图索引符号　详图索引符号如图2-14a所示，分以下三种类型：①详图与被索引的图在同一张图上；②详图与被索引的图不在同一张图上；③详图采用标准图。

（2）局部剖切索引符号　局部剖切索引符号如图2-14b所示，用于索引剖面详图，它与详图索引符号的区别在于增加了剖切位置线，图中用粗短线表示。在剖切的部位绘制剖切位置线，并且以引出线引出索引符号，索引线所在的一侧为剖视方向。

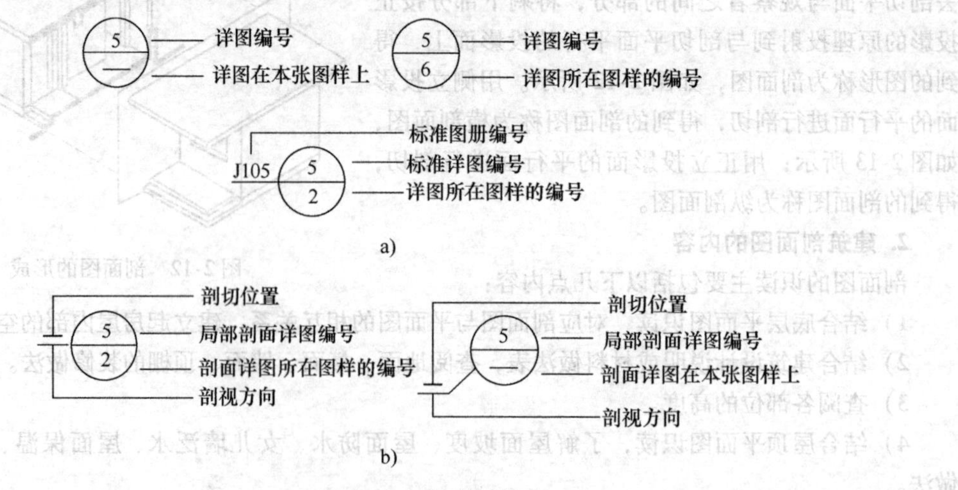

图2-14 索引符号
a）详图索引符号　b）局部剖切索引符号

（3）详图符号 索引出的详图画好之后，应在详图下方编上号，称为详图符号。详图符号的圆，其直径为14mm，以粗实线绘制，如图2-15所示。

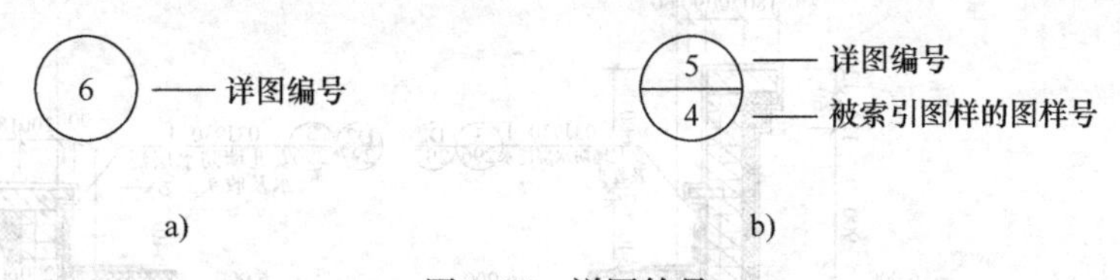

图2-15 详图符号

a）详图与索引图在同一张图内 b）详图与索引图不在同一张图内

2. 墙身剖面详图

墙身剖面详图实际上是墙身的局部放大图，详尽地表达了墙身从基础到屋顶的各主要节点的构造和做法。画图时常将各节点剖面图连在一起，中间用折断线断开，各个节点详图都分别注明详图符号和比例。

（1）墙身剖面详图的内容 墙身剖面详图一般包括檐口节点、窗台节点、窗顶节点、勒脚和明沟节点、屋面雨水口节点、散水节点等，如图2-16所示。

1）檐口节点剖面详图。檐口节点剖面详图主要表达顶层窗过梁、屋顶（根据实际情况画出它的构造与构配件，如屋架或屋面梁、屋面板、室内顶棚、天沟、雨水口、雨水管和水斗、架空隔热层、女儿墙）等的构造和做法。

2）窗台节点剖面详图。窗台节点剖面详图主要表达窗台的构造以及外墙面的做法。

3）窗顶节点剖面详图。窗顶节点剖面详图主要表达窗顶过梁处的构造，内、外墙面的做法，以及楼面层的构造情况。

4）勒脚和明沟节点剖面详图。勒脚和明沟节点剖面详图主要表达外墙脚处的勒脚和明沟的做法，以及室内底层地面的构造情况。

5）屋面雨水口节点剖面详图。屋面雨水口节点剖面详图主要表达屋面上流入天沟板槽内雨水穿过女儿墙，流到墙外雨水管的构造和做法。

6）散水节点剖面详图。散水的作用是将墙脚附近的雨水排泄到离墙脚一定距离的室外地坪的自然土壤中去，以保护外墙的墙基免受雨水的侵蚀。散水节点剖面详图主要表达散水在外墙墙脚处的构造和做法，以及室内地面的构造情况。

（2）墙身剖面详图的识读方法

1）掌握墙身剖面图所表示的范围。读图时应结合首层平面图所标注的索引符号，了解该墙身剖面图是哪条轴上的墙。

2）掌握图中的分层表示方法，如图中地面的做法是采用分层表示方法，画图时文字注写的顺序是与图形的顺序对应的。这种表示方法常用于地面、楼面、屋面和墙面等装修做法。

3）掌握构件与墙体的关系。楼板与墙体的关系一般有靠墙和压墙两种。图2-17所示为靠墙，说明该墙为非承重墙。

4）结合建筑设计说明或材料做法表阅读，掌握细部的构造做法。

5）表明门窗立口与墙身的关系。在建筑工程中，门窗框的立口有三种方式，即平内墙面、居墙中、平外墙面。图2-16中门窗立口采用的是居墙中的方法。

6）表明各部位的细部装修及防水防潮做法。如图中的排水沟、散水、防潮层、窗台、窗檐、天沟等的细部做法。

（3）注意事项

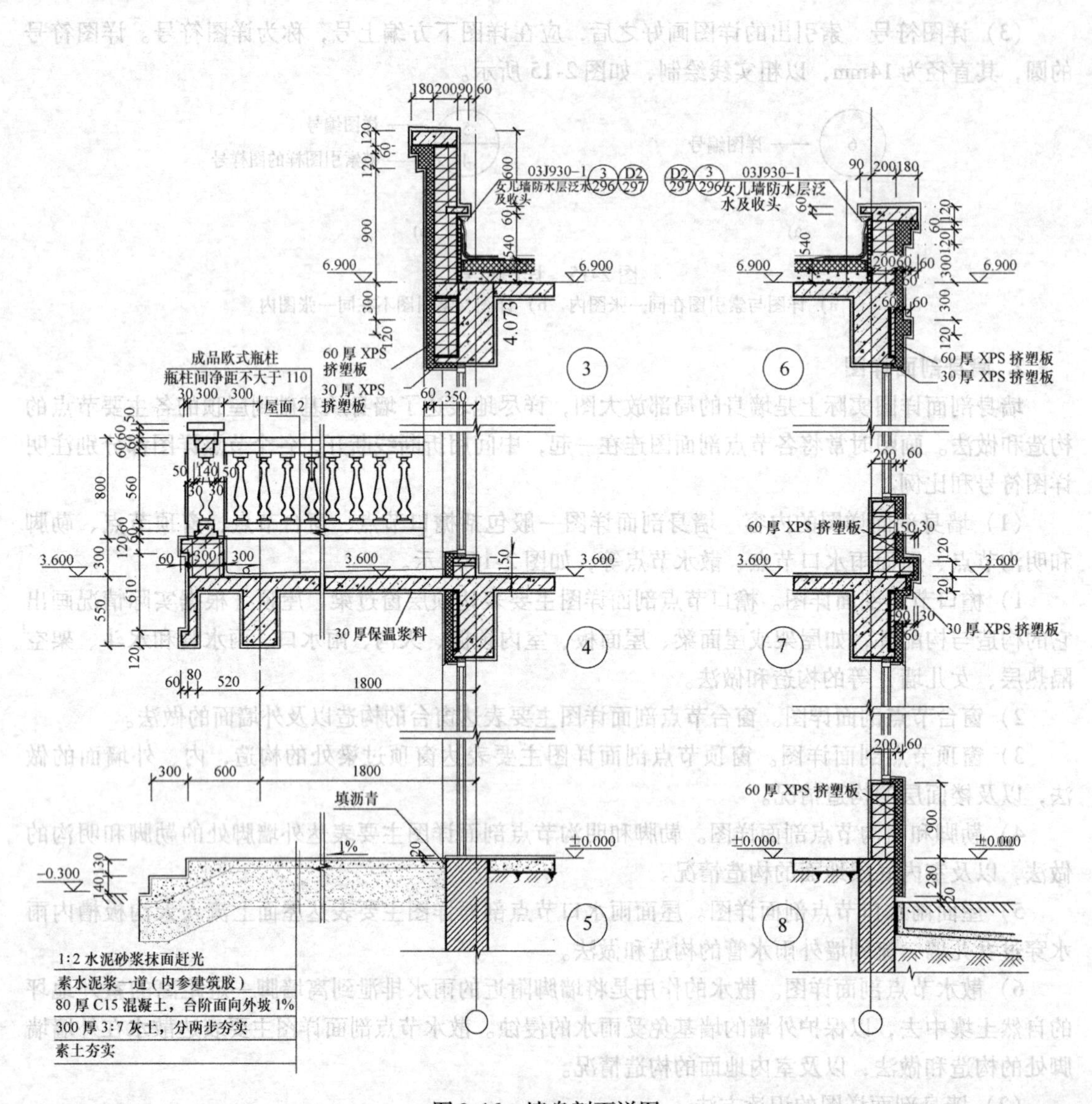

图2-16 墙身剖面详图

1）在±0.000或防潮层以下的墙称为基础墙，施工做法应以基础图为准。在±0.000或防潮层以上的墙，施工做法以建筑施工图为准，并注意连接关系及防潮层的做法。

2）地面、楼面、屋面、散水、勒脚、女儿墙、天沟等的细部做法应结合建筑设计说明或材料做法表阅读。

3）注意建筑标高与结构标高的区别，如图2-17所示。

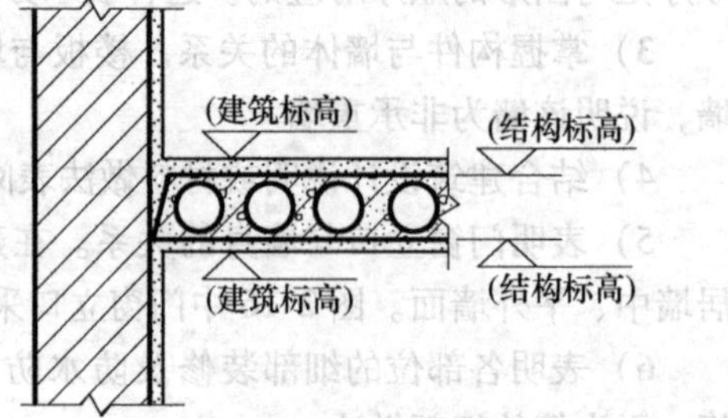

图2-17 建筑标高和结构标高的区别

3. 楼梯详图

（1）楼梯的组成部分 楼梯一般由楼梯段、平台、栏杆（栏板）和扶手三部分组成，如图2-18

所示。

1）楼梯段指两平台之间的倾斜构件。它由斜梁或板及若干踏步组成，踏步分踏面和踢面。

2）平台指两楼梯段之间的水平构件。根据位置不同又有楼层平台和中间平台之分，中间平台又称休息平台。

3）栏杆（栏板）和扶手栏杆和扶手设在楼梯段及平台悬空的一侧，起安全防护作用。栏杆一般用金属材料制作，扶手一般由金属材料、硬杂木或塑料等制作。

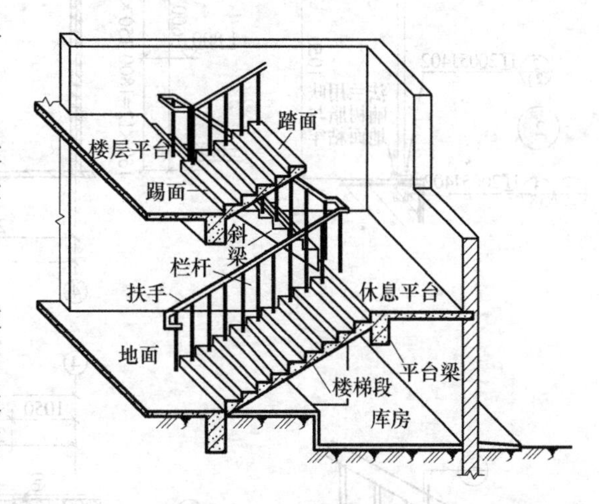

图2-18　楼梯的组成

（2）楼梯详图的主要内容　要将楼梯在施工图中表示清楚，一般要有三个部分的内容，即楼梯平面图，楼梯剖面图，踏步、栏杆、扶手详图等。下面以图2-19为例，介绍楼梯详图的主要内容。

1）楼梯平面图。楼梯平面图的绘制同建筑平面图一样，是假想用一水平剖切平面在该层往上行的第一个楼梯段中剖切开，移去剖切平面以上的部分，将余下的部分按正投影的原理投射在水平投影面上得到的图形。楼梯平面图是房屋平面图中楼梯间部分的局部放大。图2-19中楼梯平面图采用1:50比例绘制。楼梯平面图一般包括底层平面图、标准层平面图和顶层平面图三种。

这里需要说明的是，按假想的剖切面将楼梯剖切开，其折断线应平行于踏步，但为了与踏步的投影区分开来，《建筑制图标准》规定，该处的折断线为斜线。

楼梯平面图用轴线编号表明楼梯间在平面图中的位置，应注明楼梯间的开间和进深尺寸、楼梯跑（段）数、每跑梯段的宽度、踏步数、每一步的宽度、休息平台的平面尺寸及标高等。

2）楼梯剖面图。楼梯剖面图是假想用一铅垂剖切平面通过各层的一个楼梯段将楼梯剖切开来，向另一个未剖切到的楼梯段方向进行水平投影所绘制的剖面图。如图2-19中的楼梯剖面图。楼梯剖面图的作用是完整、清楚地表明各层梯段及休息平台的相互关系，楼梯的踏步数、踏步面的宽度及踢面高度，各种构件的搭接方法，楼梯栏杆（板）的形式及高度，楼梯间各层门窗洞口的标高及尺寸。

3）踏步、栏杆（板）及扶手详图。踏步的尺寸一般在绘制楼梯剖面图或详图时都要注明，如图2-19中的楼梯剖面详图，踏面的宽度为280mm，踢面的高度为150mm。楼梯间踏步的装修若无特别说明，一般与地面的做法相同。在公共场所，楼梯踏面一般要设置防滑条，可通过绘制详图表示或选用图集注写的方法。栏杆和扶手的做法一般均采用图集注写的方法。若在图集中无法找到相同的构造图时，则需要绘制详图表示。

（3）楼梯详图的识读方法

1）查明轴线编号，了解楼梯在建筑中的平面位置和上、下方向。

2）查明楼梯各部位的尺寸，包括楼梯间的大小、楼梯段的大小、踏面的宽度、休息平台的平面尺寸等。

3）按照平面图上标注的剖切位置及投射方向，结合剖面图阅读楼梯各部位的高度，包括地面、休息平台、楼面的标高，以及踢面、楼梯间门窗洞口、栏杆、扶手的高度等。

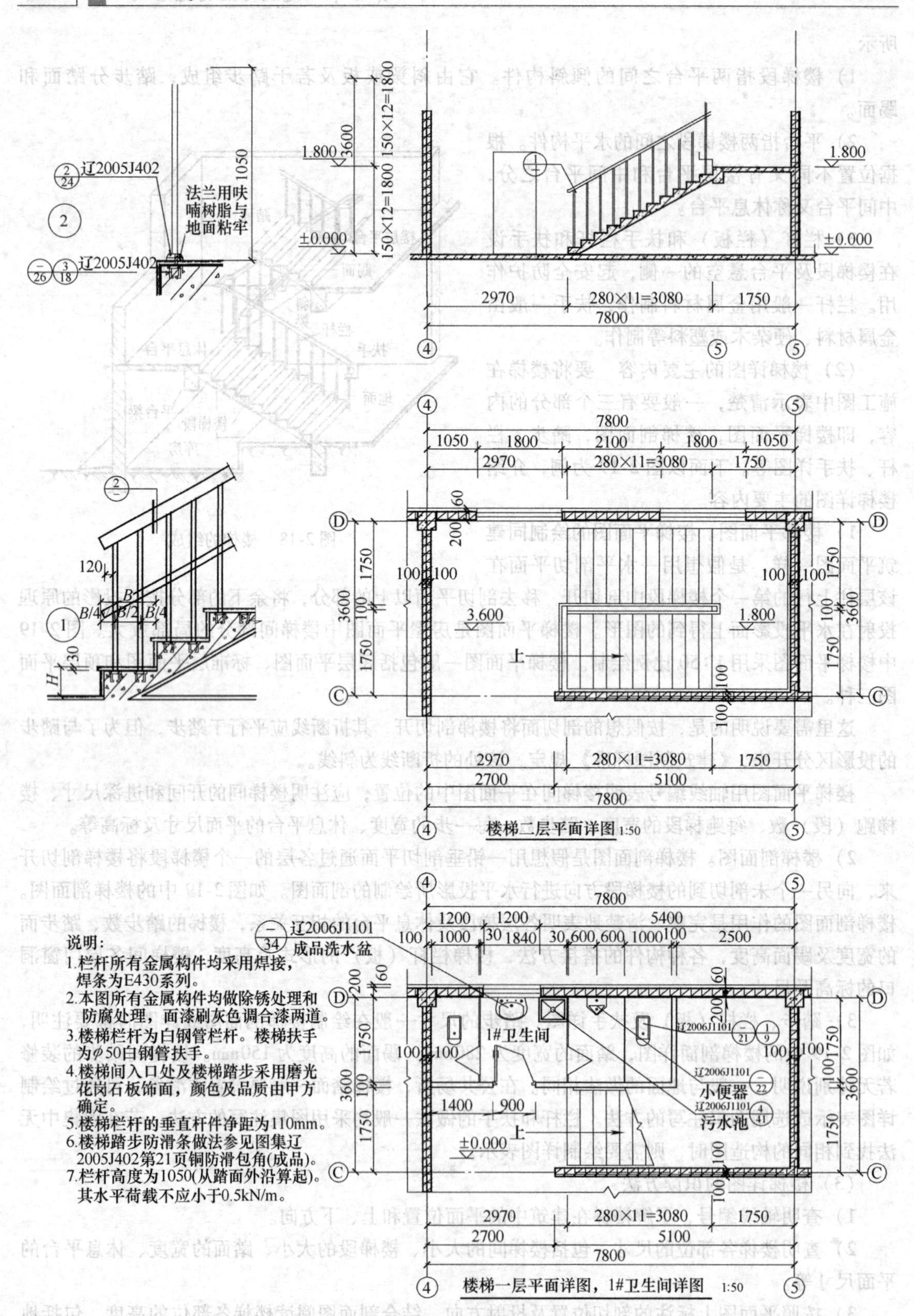
辽2005J402
法兰用呋
喃树脂与
地面粘牢
辽2005J402
1050
1.800
3600
±0.000
150×12=1800
150×12=1800
1.800
±0.000
2970
280×11=3080
1750
7800
120
B
B/4
B/2
B/4
H
30
7800
1050
1800
2100
1800
1050
2970
280×11=3080
1750
3.600
1.800
上
2970
280×11=3080
1750
2700
5100
7800
楼梯二层平面详图 1:50
7800
1200
1200
5400
1000
30
1840
30
600
600
1000
100
2500
辽2006J1101
成品洗水盆
1#卫生间
辽2006J1101
辽2006J1101
小便器
辽2006J1101
污水池
1400
900
±0.000
上
2970
280×11=3080
1750
2700
5100
7800
楼梯一层平面详图，1#卫生间详图 1:50
说明：
1.栏杆所有金属构件均采用焊接，焊条为E430系列。
2.本图所有金属构件均做除锈处理和防腐处理，面漆刷灰色调合漆两道。
3.楼梯栏杆为白钢管栏杆。楼梯扶手为φ50白钢管扶手。
4.楼梯间入口处及楼梯踏步采用磨光花岗石板饰面，颜色及品质由甲方确定。
5.楼梯栏杆的垂直杆件净距为110mm。
6.楼梯踏步防滑条做法参见图集辽2005J402第21页铜防滑包角(成品)。
7.栏杆高度为1050(从踏面外沿算起)。其水平荷载不应小于0.5kN/m。

图 2-19 楼梯详图

2.3 结构施工图

2.3.1 概述

房屋的结构施工图是根据房屋建筑中的承重构件进行结构设计后画出的图样。结构设计时要根据建筑要求选择结构类型，并进行合理布置，再通过力学计算确定构件的断面形状、大小、材料及构造等。结构施工图必须与建筑施工图密切配合，它们之间不能产生矛盾。

结构施工图与建筑施工图一样，是施工的依据，主要用于放灰线、挖基槽、基础施工、支承模板、配钢筋、浇筑混凝土等施工过程，也是计算工程量、编制预算和施工进度计划的依据。

1. 房屋结构的分类

常见的房屋结构按承重构件的材料可分为：

1）混合结构——墙用砖砌筑，梁、楼板和屋面都是钢筋混凝土构件。

2）钢筋混凝土结构——基础、柱、梁、楼板和屋面都是钢筋混凝土构件。

3）砖木结构——墙用砖砌筑，梁、楼板和屋架都用木料制成。

4）钢结构——承重构件全部为钢材。

5）木结构——承重构件全部为木料。

在房屋建筑结构中，结构的作用是承受重力和传递荷载，一般情况下，外力作用在楼板上，由楼板将荷载传递给墙或梁，由梁传给墙或柱，再由墙或柱传递给基础，最后由基础传递给地基。

2. 结构施工图的内容

结构施工图，简称“结施”，是根据建筑各方面的要求，进行结构选型和构件布置，再通过力学计算，确定房屋各承重构件（图2-20）的材料、形状、大小及内部构造等，并将设计结果绘成图样，以指导施工。

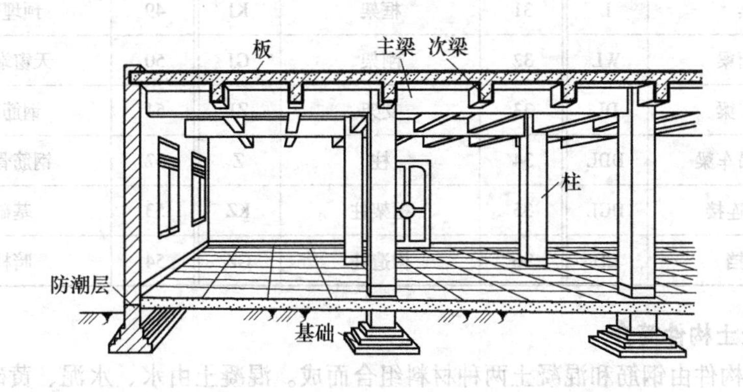

图2-20 钢筋混凝土结构示意图

结构施工图通常包括结构设计说明（对于较小的房屋一般不必单独编写）、基础平面图及基础详图、楼层结构平面图、屋面结构平面图以及结构构件（例如梁、板、柱、楼梯、屋架等）详图。

1）结构设计说明包括抗震设计与防火要求，地基与基础、地下室、钢筋混凝土各种构件、砖砌体、后浇带与施工缝等部分选用的材料类型、规格、强度等级，施工注意事项等。很多设计单位常将上述内容一一详列在一张“结构说明”图上。

2）结构平面图包括基础平面图、楼层结构平面布置图等。

3）屋面结构平面图包括屋面板、天沟板、屋架、天窗架及支撑布置等。

4）构件详图包括梁、板、柱及基础结构详图、楼梯结构详图和屋架结构详图等。

5）其他详图如支撑详图等。结构施工图中常用的构件代号见表2-3。预应力混凝土构件的代号，应在构件代号前加注“Y”，如Y－DL表示预应力混凝土吊车梁。

表2-3 常用构件代号

序号	名称	代号	序号	名称	代号	序号	名称	代号
1	板	B	19	圈梁	QL	37	承台	CT
2	屋面板	WB	20	过梁	GL	38	设备基础	SJ
3	空心板	KB	21	连系梁	LL	39	桩	ZH
4	槽形板	CB	22	基础梁	JL	40	挡土墙	DQ
5	折板	ZB	23	楼梯梁	TL	41	地沟	DG
6	密肋板	MB	24	框架梁	KL	42	柱间支撑	ZC
7	楼梯板	TB	25	框支梁	KZL	43	垂直支撑	CC
8	盖板或沟盖板	GB	26	屋面框架梁	WKL	44	水平支撑	SC
9	挡雨板或檐口板	YB	27	檩条	LT	45	梯	T
10	吊车安全走道板	DB	28	屋架	WJ	46	雨篷	YP
11	墙板	QB	29	托架	TJ	47	阳台	YT
12	天沟板	TGB	30	天窗架	CJ	48	梁垫	LD
13	梁	L	31	框架	KJ	49	预埋件	M-
14	屋面梁	WL	32	刚架	GJ	50	天窗端壁	TD
15	吊车梁	DL	33	支架	ZJ	51	钢筋网	W
16	单轨吊车梁	DDL	34	柱	Z	52	钢筋骨架	G
17	轨道连接	DGL	35	框架柱	KZ	53	基础	J
18	车挡	CD	36	构造柱	GZ	54	暗柱	AZ

3. 钢筋混凝土构件简介

钢筋混凝土构件由钢筋和混凝土两种材料组合而成。混凝土由水、水泥、黄砂、石子按一定比例拌和硬化而成。混凝土抗压强度高，混凝土的抗拉强度一般仅为抗压强度的1/20～1/10。混凝土的强度等级分为C15、C20、C25、C30、C35、C40、C45、C50、C55、C60、C65、C70、C75、C80共十四个等级，数字越大，表示混凝土抗压强度越高。混凝土抗拉强度低，但钢筋具有良好的抗拉强度，而且其与混凝土有良好的粘合力，热膨胀系数与混凝土相近，因此，两者常结合组成钢筋混凝土构件。钢筋混凝土构件有现浇和预制两种。现浇指在建筑工地现场浇制，预制指在预制品工厂先浇制好，然后运到工地进行吊装，有的预制构件也可在工地上预制，然后吊装。

（1）钢筋的分类

1）钢筋按其配置在钢筋混凝土构件中所起的作用的不同，可分为以下几类（图 2-21）：

① 受力筋。承受拉力或压力的钢筋，在梁、板、柱等各种钢筋混凝土构件中都有配置。

② 架立筋。一般只在梁中使用，与受力筋、箍筋一起形成钢筋骨架，用以固定箍筋位置。

③ 箍筋。一般多用于梁和柱内，用以固定受力筋位置，并承受部分斜拉应力。

④ 分布筋。一般用于板内，与受力筋垂直，用以固定受力筋的位置，与受力筋一起构成钢筋网，使力均匀分布给受力筋，并抵抗热胀冷缩引起的变形。

⑤ 构造筋。因构件在构造上的要求或施工安装需要而配置的钢筋。如图 2-22 所示，在支座处于板的顶部所加的构造筋，属于前者；两端的吊环则属于后者。

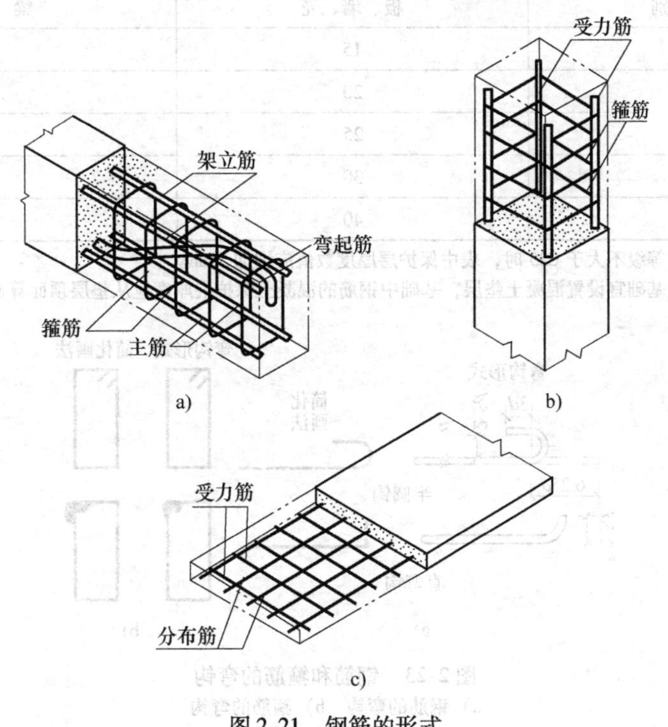

图 2-21　钢筋的形式

a）梁　b）柱　c）板

2）钢筋的种类。热轧钢筋是建筑工程中用量最大的钢筋，主要用于钢筋混凝土和预应力混凝土配筋。钢筋有光圆钢筋和带肋钢筋之分，热轧光圆钢筋的牌号为 HPB300；常用带肋钢筋的牌号有 HRB335、HRB400 和 RRB400 几种。其强度、代号、规格范围见表 2-4。

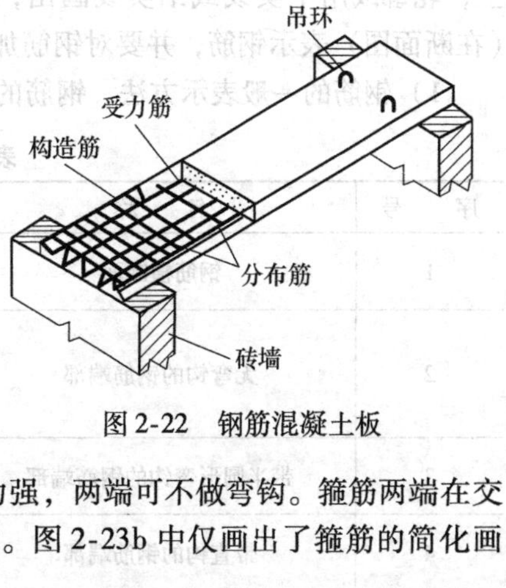

3）保护层和弯钩。钢筋混凝土构件的钢筋不允许外露。为了保护钢筋，防锈、防火和防腐蚀，在钢筋的外边缘与构件表面之间应留有一定厚度的保护层，具体规定见表 2-5。

图 2-22　钢筋混凝土板

为了使钢筋和混凝土具有良好的粘结力，应在光圆钢筋两端做成半圆弯钩或直弯钩；带纹钢筋与混凝土的粘结力强，两端可不做弯钩。箍筋两端在交接处也要做出弯钩。弯钩的常见形式和画法如图 2-23 所示。图 2-23b 中仅画出了箍筋的简化画法，箍筋弯钩的长度一般在两端各伸长 50mm 左右。

表 2-4 普通钢筋的强度、代号及规格

种　类	牌　号	代　号	d/mm	f_{yk}
热轧钢筋	HPB300	Φ	8~20	300
	HRB335	Φ	6~50	335
	HRB400	Φ	6~50	400
	RRB400	$Φ^R$	8~40	400

表 2-5 混凝土保护层的最小厚度 （单位：mm）

环境类别	板、墙、壳	梁、柱、杆
一	15	20
二 a	20	25
二 b	25	35
三 a	30	40
三 b	40	50

注：1. 混凝土强度等级不大于 C25 时，表中保护层厚度数值应增加 5mm。
2. 钢筋混凝土基础宜设置混凝土垫层，基础中钢筋的混凝土保护层厚度应从垫层顶面算起，且不应小于 40mm。

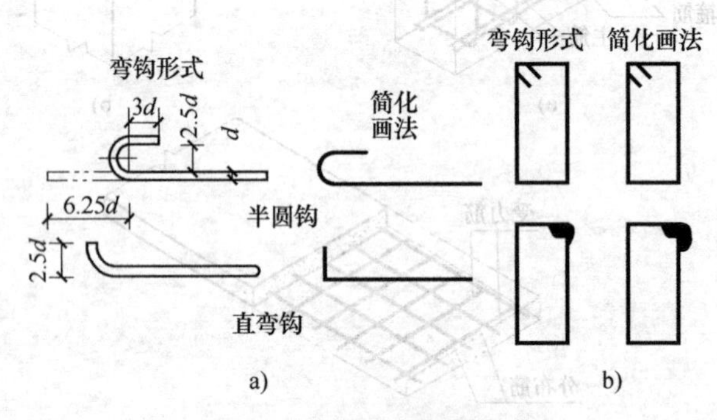

图 2-23 钢筋和箍筋的弯钩
a）钢筋的弯钩 b）箍筋的弯钩

（2）钢筋混凝土结构图的特点 为了突出表示钢筋的配置状况，在构件的立面图和断面图上，轮廓线用中实线或细实线画出，图内不画材料图例，而用粗实线（在立面图）和黑圆点（在断面图）表示钢筋，并要对钢筋加标注说明。

1）钢筋的一般表示方法。钢筋的常用表示方法见表 2-6。

表 2-6 钢筋常用表示方法

序　号	名　称	图　例	说　明
1	钢筋横断面	•	
2	无弯钩的钢筋端部		下图表示长、短钢筋投影重叠时，短钢筋端部用 45° 斜线表示
3	带半圆形弯钩的钢筋端部		
4	带直钩的钢筋端部		

（续）

序　号	名　称	图　例	说　明
5	带丝扣的钢筋端部		
6	无弯钩的钢筋搭接		
7	带半圆形弯钩的钢筋搭接		
8	带直钩的钢筋搭接		

2）钢筋的标注方法。钢筋（或钢丝束）的标注应包括钢筋的编号、数量或间距、代号、直径及所在位置，通常应沿钢筋的长度标注或标注在有关钢筋的引出线上。梁、柱的箍筋和板的分布筋，一般应注出间距，不注数量。对于简单的构件，钢筋可不编号。具体标注方式如图2-24所示。

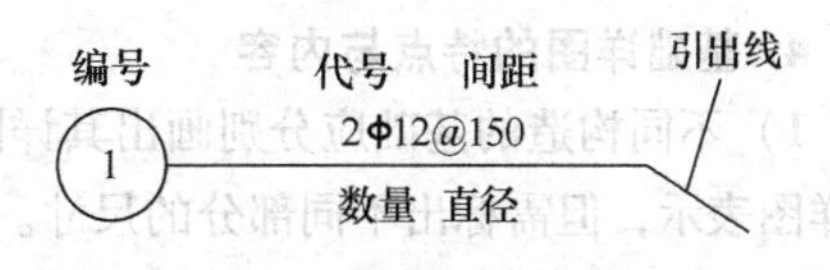

图2-24　钢筋的标注方法

3）当构件纵横向尺寸相差悬殊时，可在同一详图中纵横向选用不同比例。

4）结构图中的构件标高，一般标注出构件底面的结构标高。

5）构件配筋较简单时，可在其模板图的一角用局部剖面的方式绘出其钢筋布置。构件对称时，在同一图中可以一半表示模板，一半表示配筋。

2.3.2　基础图

通常把建筑物地面（±0.000）以下、承受房屋全部荷载的结构称为基础。基础以下称为地基。基础的作用就是将上部荷载均匀地传递给地基。基础常用的形式有条形基础、独立基础和桩基础等。

基础图主要用来表示基础、地沟等的平面布置及基础、地沟等的做法，包括基础平面布置图，基础详图和文字说明三部分。基础图主要用于放灰线、挖基槽、基础施工等，是结构施工图的重要组成部分之一。

1. 基础平面图的形成和绘制

（1）基础平面图的形成　假想用一水平剖切面沿建筑物底层室内地面把整栋建筑物剖开，移去截面以上的建筑物和基础回填土后作水平投影，就得到基础平面图。基础平面图主要表示基础的平面布置以及墙、柱与轴线的关系，为施工放线、开挖基槽或基坑和砌筑基础提供依据。

（2）基础平面图的绘制　在基础图中，绘图的比例、轴线编号及轴线间的尺寸必须与建筑平面图一样。线型的选用惯例是基础墙用粗实线，基础底宽度用细实线，地沟等用细虚线。

2. 基础平面图的特点

1）在基础平面图中，只画出基础墙（或柱）及基础底面的轮廓线，其他细部轮廓线都省略不画。这些细部的形状和尺寸在基础详图中表示。

2）由于基础平面图实际上是水平剖面图，故剖到的基础墙、柱的边线用粗实线画出，基础边线用细实线画出，在基础内留有孔、洞及管沟的位置用细虚线画出。

3）当基础截面形状、尺寸不同时，即基础宽度、墙体厚度、大放脚、基底标高及管沟做法等不同时，均标有不同编号的断面剖切符号，表示画有不同的基础详图。根据断面剖切符号的编号可以查阅基础详图。

4）不同类型的基础、柱分别用代号 J1、J2……和 Z1、Z2……表示。

3. 基础平面图的内容

基础平面图主要表示基础墙、柱、留洞及构件布置等平面位置关系。包括以下内容：

1）图名和比例基础平面图的比例应与建筑平面图相同。常用比例为 1∶100、1∶200。

2）基础平面图应标出与建筑平面图一致的定位轴线及其编号和轴线之间的尺寸。

3）基础的平面布置。基础平面图应反映基础墙、柱、基础底面的形状、大小及基础与轴线的尺寸关系。

4）基础梁的布置与代号。不同形式的基础梁用代号 JL1、JL2……表示。

5）基础的编号、基础断面的剖切位置和编号。

6）施工说明。用文字说明地基承载力及材料强度等级等。

4. 基础详图的特点与内容

1）不同构造的基础应分别画出其详图。当基础构造相同，而仅部分尺寸不同时，也可用一个详图表示，但需标出不同部分的尺寸。基础断面图的边线一般用粗实线画出，断面内应画出材料图例；若是钢筋混凝土基础，则只画出配筋情况，不画出材料图例。

2）图名与比例。

3）轴线及其编号。

4）基础的详细尺寸，基础墙的厚度，基础的宽、高，垫层的厚度等。

5）室内外地面标高及基础底面标高。

6）基础及垫层的材料、强度等级、配筋规格及布置。

7）防潮层、圈梁的做法和位置。

8）施工说明等。

2.3.3 结构平面布置图

结构平面图是假想沿着楼板面将建筑物水平剖开所作的水平剖面图，表示各层梁、板、柱、墙、过梁和圈梁等的平面布置情况，现浇楼板、梁的构造与配筋情况，以及构件之间的结构关系。结构平面图为施工中安装梁、板、柱等各种构件提供依据，同时为现浇构件支模板、绑扎钢筋、浇筑混凝土提供依据。

（1）预制楼板的表达方式　对于预制楼板，用粗实线表示楼层平面轮廓，用细实线表示预制板的铺设，习惯上把楼板下不可见墙体的实线改画为虚线。预制板的布置有以下两种表达形式：

1）在结构单元范围内，按实际投影分块画出楼板，并注写数量及型号。对于预制板的铺设方式相同的单元，用相同的编号如甲、乙等表示，而不一一画出每个单元楼板的布置（图 2-25）。

2）在结构单元范围内，画一条对角线，并沿着对角线方向注明预制板数量及型号（图 2-26）。

（2）现浇楼板的表达方式　对于现浇楼板，用粗实线画出板中的钢筋，每一种钢筋只画一根，同时画出一个重合断面，表示板的形状、厚度和标高（图 2-27）。

楼梯间的结构布置一般不在楼层结构平面图中表示，只用双对角线表示楼梯间。结构平面图的定位轴线必须与建筑平面图一致。对于承重构件布置相同的楼层，只画一个结构平面布置图，称为标准层结构平面布置图。

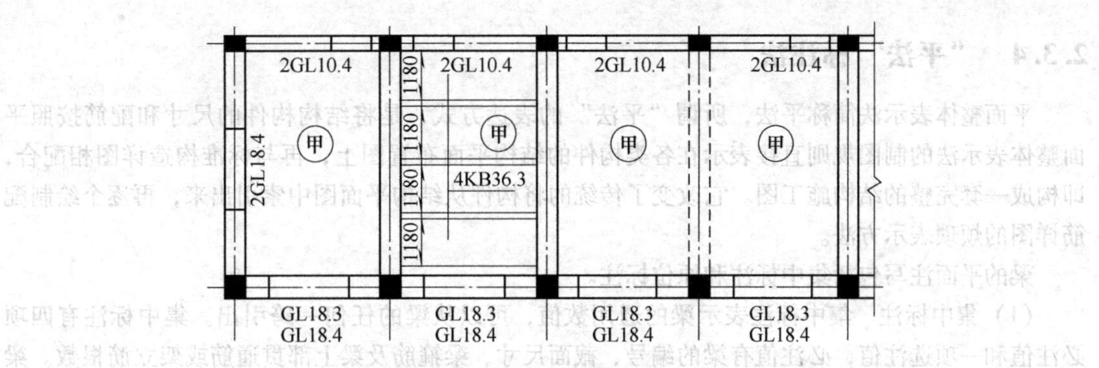

图 2-25　预制板的表达方式之一

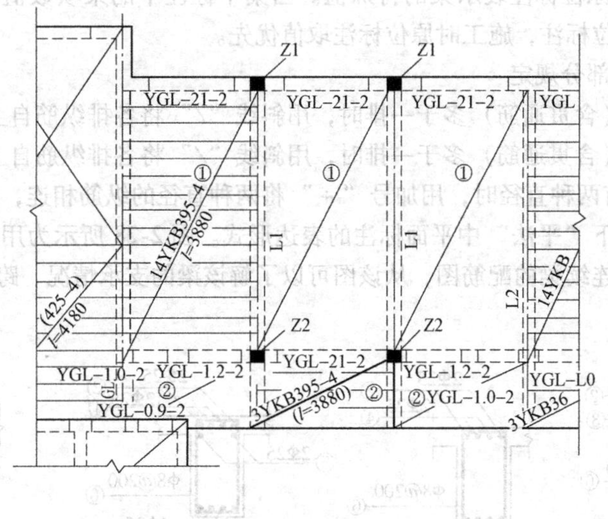

图 2-26　预制板的表达方式之二

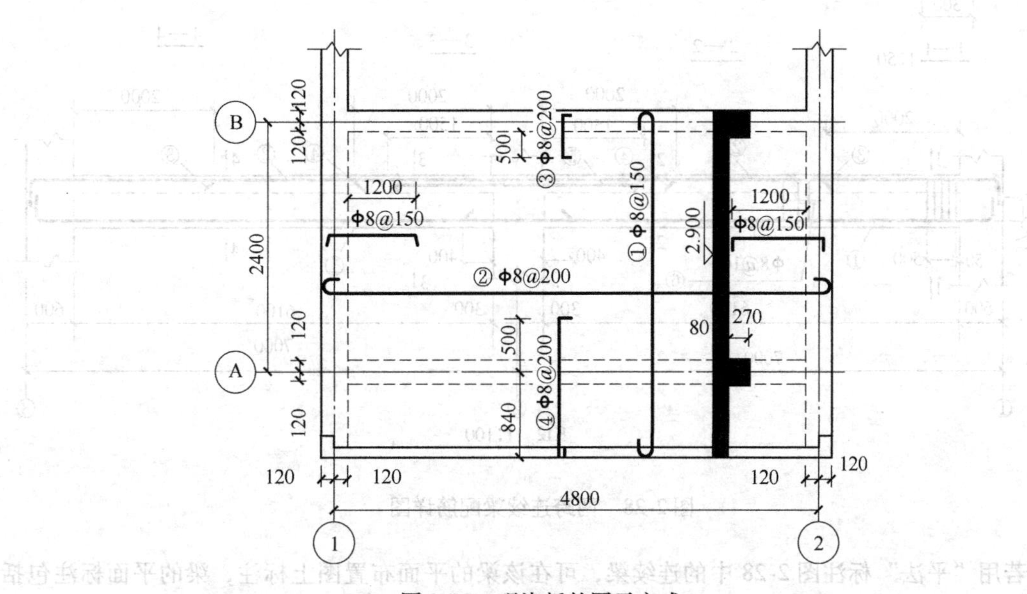

图 2-27　现浇板的图示方式

2.3.4 “平法”标注法

平面整体表示法简称平法，所谓“平法”的表达方式，是将结构构件的尺寸和配筋按照平面整体表示法的制图规则直接表示在各类构件的结构平面布置图上，再与标准构造详图相配合，即构成一套完整的结构施工图。它改变了传统的将构件从结构平面图中索引出来，再逐个绘制配筋详图的烦琐表示方法。

梁的平面注写包括集中标注和原位标注。

（1）集中标注　集中标注表示梁的通用数值，可以从梁的任何一跨引出。集中标注有四项必注值和一项选注值，必注值有梁的编号、截面尺寸、梁箍筋及梁上部贯通筋或架立筋根数。梁顶面标高为选注值，当梁顶面与楼层结构标高有高差时应注写。

（2）原位标注　原位标注表示梁的特殊值。当集中标注中的某项数值不适用于梁的某部位时，则将该项数值原位标注，施工时原位标注取值优先。

（3）原位标注的部分规定

1）梁上部纵筋（含贯通筋）多于一排时，用斜线“/”将各排纵筋自上而下分开。

2）梁下部纵筋（含贯通筋）多于一排时，用斜线“/”将各排纵筋自上而下分开。

3）当同排纵筋有两种直径时，用加号“+”将两种直径的纵筋相连，角筋写在前面。

下面简单介绍一下“平法”中平面标注的表达形式。图2-28所示为用传统表达方式画出的一根两跨钢筋混凝土连续梁的配筋图，从该图可以了解该梁的支承情况、跨度、断面尺寸及各部分钢筋的配置状况。

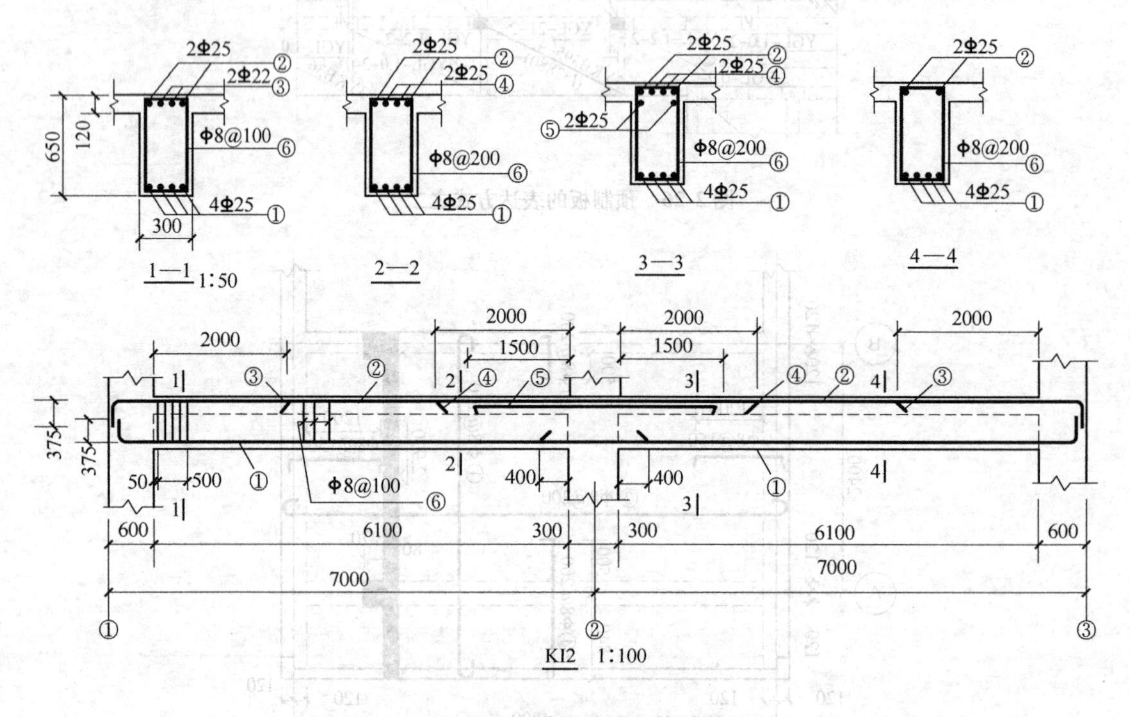

图2-28　两跨连续梁配筋详图

若用“平法”标注图2-28中的连续梁，可在该梁的平面布置图上标注，梁的平面标注包括集中标注和原位标注两部分，如图2-29所示。集中标注表达梁的通用数值，如图2-29中引出线上所标注的四排数字。第一排数字注明梁的编号和断面尺寸：KL2（2）表示这根框架梁（KL）编号为2，共有2跨（括号中的数字2），梁的截面尺寸为300mm×650mm。第二排数字标注箍筋和上部贯通筋（或架立筋）：Φ8@100/200（2）表示箍筋直径为8mm的HPB300级钢筋，加密区间距为100mm，非加密区间距为200mm，均为2肢箍筋（括号中的数字2）。第三排的2Φ25表示梁的上部配有两根直径为25mm的HRB335级贯通钢筋。如果有架立筋，需标注在括号内，例如2Φ22+（2Φ12），表示2根直径为22mm的HRB335级贯通筋和2根直径为12mm的HRB335级架立筋。若梁的上部和下部都配有贯通的钢筋，且各跨配筋相同，可在此处统一标注。例如“3Φ22；3Φ20”，表示上部配置3根直径为22mm的HRB335级贯通筋，下部配置3根直径为20mm的HRB335级贯通筋，两者用“；”分开。集中标注的第四排数字为选注内容，表示梁顶面标高相对于楼层结构标高的高度差，需标写在括号内。梁顶面高于楼层结构标高时，高差为正值（+），反之为负值（-）。图2-29中（-0.050）表示该梁顶面标高比该楼层结构标高低0.05m。

当梁集中标注的某一项数值不适用于该梁的某部位时，则将该项数值在这个部位原位标注。图2-29中左边和右边支座上面标注2Φ25+2Φ22表示该处除了放置集中标注的2根直径为25mm的HRB335级上部贯穿筋，还在上部放置了2根直径为22mm的HRB335级支座钢筋。中间支座上部标注的6Φ25 4/2表示除了2根直径为25mm的HRB335级贯通筋外，还放置了4根直径为25mm的HRB335级中间支座钢筋，由于梁截面宽度的限制，此处钢筋分两排布置，上排为4Φ25，第二排为2Φ25（即4/2）。从图2-29中还可以看出，该连续梁的跨中底部各配有4Φ25的纵筋，且为4根非贯通筋。

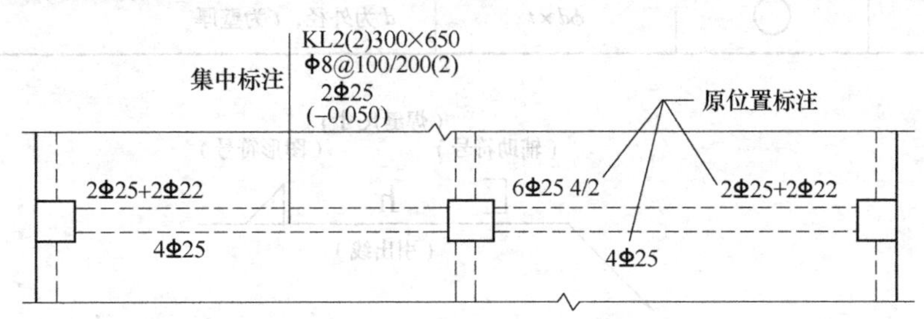

图2-29　梁“平法”标注实例

图2-29中未标注的各类钢筋的长度及伸入支座的长度等尺寸，都由施工单位的工程技术人员查阅标准图集中的标准构造详图来对照确定，此处不再叙述。

2.3.5　钢结构图

钢结构具有重量轻、塑性和韧性好、制造简便、易于工业化生产和施工安装周期短等特点，因此被广泛应用于工业厂房、高层建筑和大跨度建筑当中。近年来成为发展比较迅速的建筑结构形式之一。

1. 型钢的形式

型钢常见的种类和标注方法见表2-7。

2. 钢材的连接方式

（1）焊接　通过加压、加热或者两者共用的方法使钢材连接在一起的金属加工方法称为焊接。在钢结构施工图中，要标注清楚焊缝的位置、焊缝的形式和尺寸。焊缝一般采用焊缝代号来标注，焊缝代号由带箭头的引出线、辅助符号、焊缝尺寸和图形符号组成，如图2-30所示。

表2-7 型钢的常用标注方法

名称	截面	标注	说明
等边角钢		$b\times t$	b为肢宽，t为肢厚
不等边角钢		$B\times b\times t$	B为长肢宽，b为短肢宽，t为肢厚
工字钢		N Q N	轻型工字钢加注Q字，N为工字钢型号
槽钢		N Q N	轻型槽钢加注Q字，N为槽钢型号
方钢	b	□b	
钢板		$\frac{-b\times t}{l}$	
圆钢		ϕd	
钢管		$\phi d\times t$	d为外径，t为壁厚

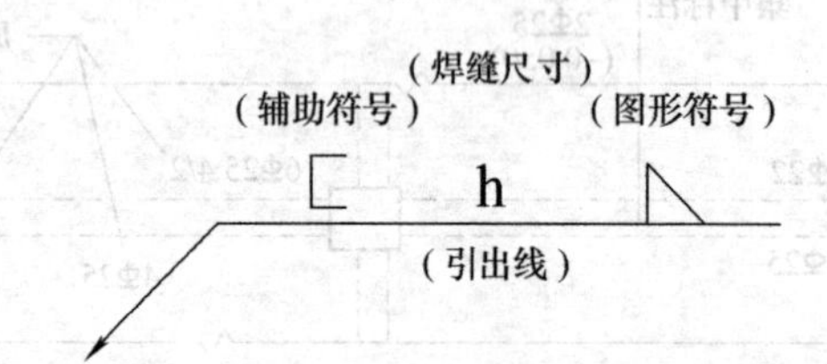

图2-30 焊缝代号

常用的焊缝辅助符号和图形符号见表2-8。

表2-8 常用的焊缝辅助符号和图形符号

符号名称	表示形式	标注方式	焊缝名称	焊缝形式	图形符号
四面围焊			V形焊缝		
三面围焊			单边V形焊缝		
现场焊接			I形焊缝		
尾部符号			角焊缝		

（2）螺栓连接 钢结构螺栓连接具有施工方便、操作简易、结构简单等特点。其连接方法的简化图见表2-9。

表2-9 螺栓连接的表示方法

名 称	图 例	说 明
永久螺栓	M φ	1. 细“+”表示螺栓定位线 2. M表示螺栓型号 3. φ表示螺栓孔直径 4. d表示膨胀螺栓、电焊铆钉直径 5. 采用引出线标注螺栓时，横线上标注螺栓规格，横线下标注螺栓孔直径
安装螺栓	M φ	
胀锚螺栓	 d	
圆形螺栓孔	φ	
长圆形螺栓孔	 φ b	

3. 钢结构的尺寸标注

由于钢结构的加工和连接要求较高，因此其标注也要准确、清晰、完整。钢结构常见的标注方法见表2-10。

表2-10 常见的钢结构标注方法

标注类型	说 明
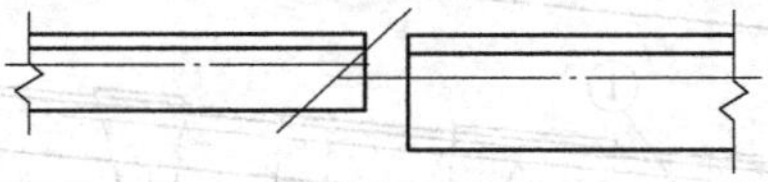	两构件的两条重心靠得很近时，应在交汇处各自向外错开
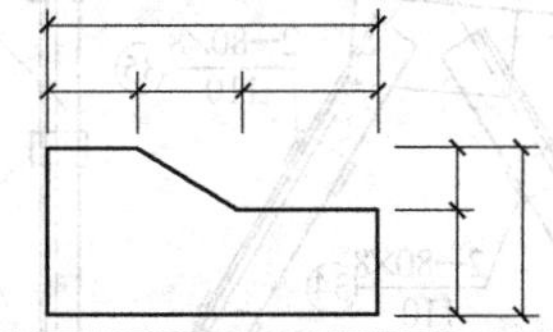	切割的板材，应标注各线段的长度及位置
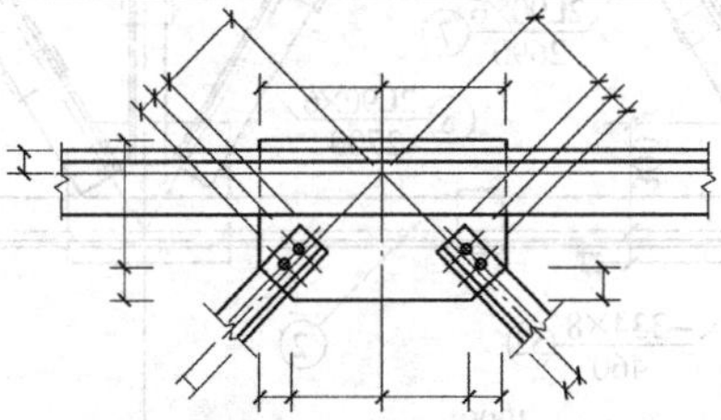	节点尺寸应注明节点板的尺寸和各杆件螺栓孔中心，以及杆件端部至几何中心交点的距离
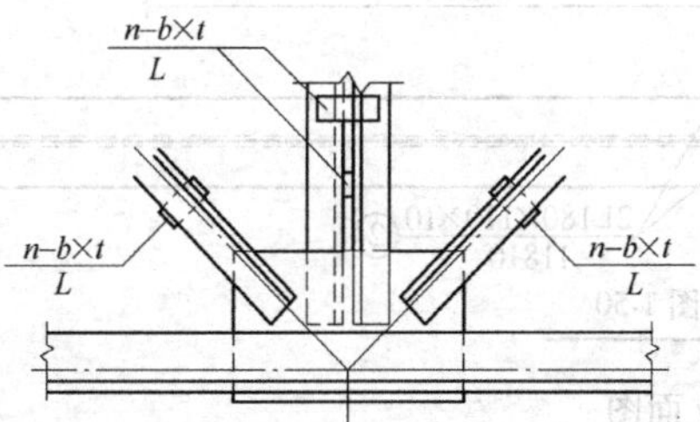 n−b×t / L	双型钢组合截面的构件，应注明连接板的数量及尺寸。引出线上方标注数量、宽度和厚度；下方标注长度

4. 钢结构图实例

下面以某一厂房的钢屋架为例介绍钢结构图的具体内容。图 2-31 所示为该钢屋架的简图，其用中实线进行绘制，一般绘图比例较小。图 2-31 表明了该屋架在厂房中的具体位置，即位于Ⓐ轴和Ⓑ轴之间。此外，该图还表明了屋架的跨度、高度及各个节点之间杆件的长度等。

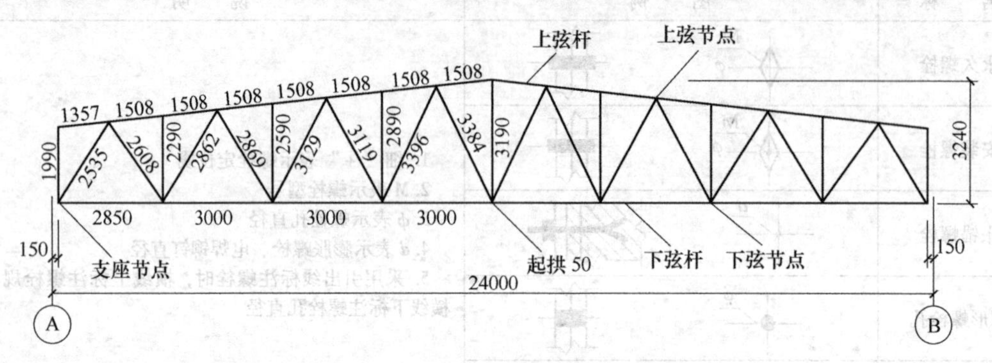

图 2-31 某厂房钢屋架简图

图 2-32 为上述钢屋架的立面图，其中杆件和节点板的轮廓使用中实线绘制，其余部分用细实线绘制。由于钢屋架的跨度和高度尺寸较大，而杆件的截面尺寸较小，所以钢屋架立面图通常采用不同的比例绘制，杆件和节点用较大的比例，屋架的轴线使用较小的比例。图 2-32 中的屋架轴线采用 1∶50 的比例绘制，而杆件和节点采用 1∶25 的比例绘制。

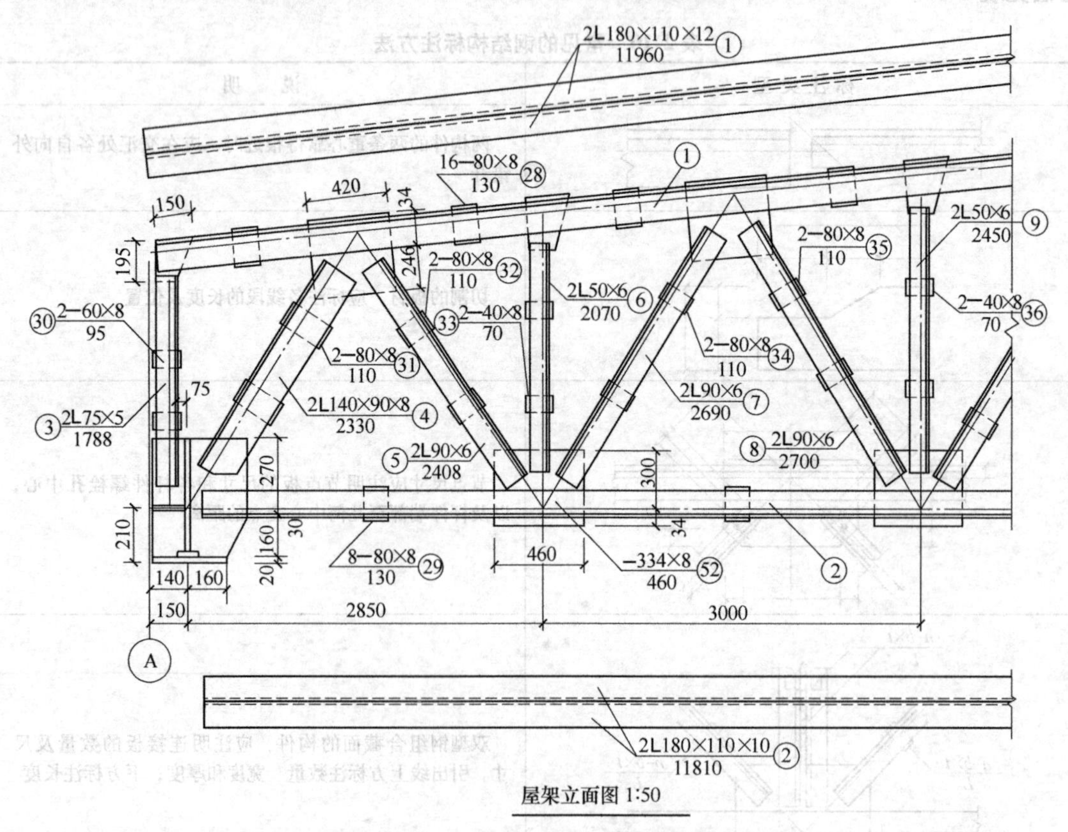

图 2-32 钢屋架立面图

图 2-32 中钢屋架图由三部分组成，钢屋架上、下弦杆的垂直投影图位于上、下两侧，钢屋架的立面图位于中间。从该图可以看出，上弦杆①的标注为$\frac{2L180\times110\times12}{11960}$，其含义为上弦杆由两根不等边角钢组成，长肢宽 180mm，短肢宽 110mm，肢厚 12mm，上弦杆的长度为 11960mm。上弦杆角钢之间连接板㉘的标注为$\frac{16-80\times8}{130}$，其含义为上弦角钢之间的连接板有 16 块，每块连接板的长度为 130mm，宽度为 80mm，厚度为 8mm。下弦杆②的标注为$\frac{2L180\times110\times10}{11810}$，表明下弦杆由两根不等边角钢组成，长肢宽 180mm，短肢宽 110mm，肢厚 10mm，上弦杆的长度为 11810mm。上弦杆角钢之间连接板㉙的标注为$\frac{8-80\times8}{130}$，其含义为下弦角钢之间的连接板有 8 块，每块连接板的长度为 130mm，宽度为 80mm，厚度为 8mm。

竖杆③的标注为$\frac{2L75\times5}{1788}$，表明竖杆由两根等边角钢组成，肢宽为 75mm，肢厚为 5mm，长度为 1788mm。该竖杆之间连接板㉚的标注为$\frac{2-60\times8}{95}$，其含义为竖杆之间的连接板有 2 块，长度为 95mm，宽度为 60mm，厚度为 8mm。斜杆④的标注为$\frac{2L140\times90\times8}{2330}$，说明该斜杆由两根不等边角钢组成，长肢宽 140mm，短肢宽 90mm，肢厚 8mm，斜杆的长度为 2330mm。该斜杆之间连接板㉛的标注为$\frac{2-80\times8}{110}$，表明该斜杆由 2 块扁钢焊接在一起，长度为 110mm，宽度为 80mm，厚度为 8mm。斜杆⑤的标注为$\frac{2L90\times6}{2408}$，其含义为该斜杆由两根等边角钢组成，肢宽 90mm，肢厚 6mm，斜杆的长度为 2408mm。该斜杆之间连接板㉜的标注为$\frac{2-80\times8}{110}$，说明该斜杆的连接板由 2 块扁钢组成，长度为 110mm，宽度为 80mm，厚度为 8mm。竖杆⑥的标注为$\frac{2L50\times6}{2070}$，表明该竖杆由两根等边角钢组成，肢宽 50mm，肢厚 6mm，竖杆的长度为 2070mm。该竖杆之间连接板㉝的标注为$\frac{2-40\times8}{70}$，其含义为该斜杆由 2 块扁钢焊接在一起，长度为 70mm，宽度为 40mm，厚度为 8mm。其他杆件的标注含义同上。

图 2-33 为钢屋架的节点 2 详图，其详细地表达了该节点的构件尺寸、焊缝规格等内容。从

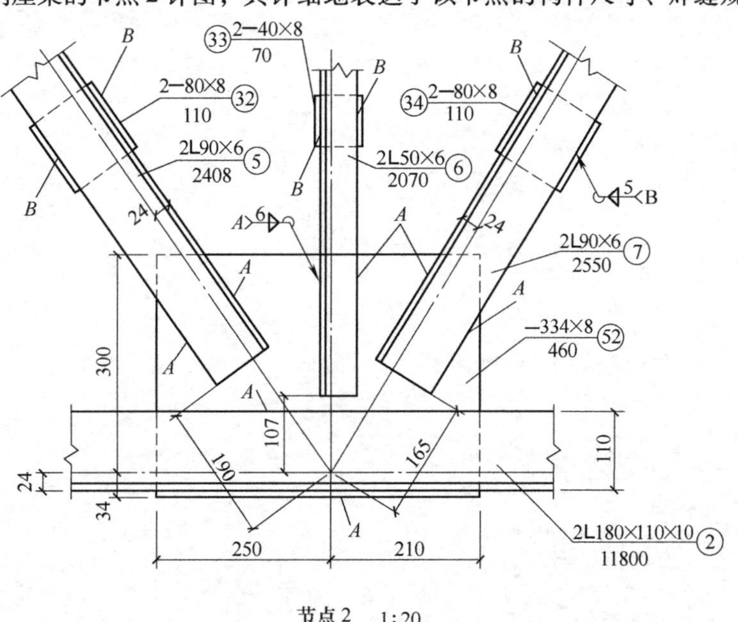

节点 2　1∶20

图 2-33　节点 2 详图

图中可以看出，节点2是通过在节点板㊿上焊接下弦杆②、斜杆⑤、竖杆⑥和斜杆⑦而成。下弦杆②由2根不等边角钢组成，其几何尺寸为180mm×110mm×10mm；斜杆⑤、竖杆⑥和斜杆⑦都是由2根等边角钢组成，几何尺寸分别为90mm×6mm、50mm×6mm和90mm×6mm。节点板㊿的标注为$\frac{-334\times8}{460}$，表明节点板的长度为460mm，宽度为334mm，厚度为8mm。

该详图中还注明了各杆件在此节点的定位尺寸，斜杆⑤、竖杆⑥和斜杆⑦在节点②处的定位尺寸分别为190mm、107mm和165mm。节点板㊿距轴线的定位尺寸分别为250mm、210mm、300mm和34mm。此外，在图2-33中还对焊缝进行了标注。根据焊缝的高度不同，焊缝共分为A和B两类。竖杆⑥上的焊缝标注为A>6◁▷↰，表示A类焊缝的高度为6mm，双面焊角焊缝；“四分之三圆”表示相同焊缝，即其他标注A类焊缝处的形式都相同。斜杆⑦上的焊缝标注为↳◁▷5<B，表示B类焊缝的高度为5mm，双面焊角焊缝，其他标注B类焊缝处的形式都相同。

小　结

本章主要介绍了建筑施工图和结构施工图两部分内容。建筑施工图部分主要讲述了建筑设计说明、建筑平面图、建筑立面图、剖面图和建筑详图等方面的内容，着重介绍了建筑施工图的用途、特点和内容。结构施工图部分主要讲述了基础图、结构平面布置图和钢结构图等方面的内容，并介绍了“平法”标注，通过实例介绍了如果进行钢筋混凝土结构图和钢结构图的识图。

思考题与习题

2-1　建筑施工图包括哪些内容？

2-2　建筑剖面图是如何形成的？

2-3　建筑详图的常用绘制比例有哪些？

2-4　钢筋混凝土结构图的“平法”标注包含哪些内容？

2-5　钢结构立面图具有哪些绘制要求？

第 3 章　道路工程图

3.1 概述

道路（图 3-1）是一种供车辆行驶和行人步行的空间带状构造物，由各种各样的构造物组成。根据各构造物的特点和用途，道路工程一般包括路基工程、防护与加固工程、排水工程、路面工程、隧道工程、桥梁工程、涵洞工程、交通安全设施和绿化工程等。

本章主要参照的制图标准如下：GB 50162—1992《道路工程制图标准》（简称“国标”）、GB/T 50001—2010《房屋建筑制图统一标准》、JTG D20—2006《公路路线设计规范》（简称“规范”）、JTG D30—2004《公路路基设计规范》。

由于道路工程的组成复杂、长宽高三向尺寸相差悬殊、线形受地形起伏影响大、涉及学科广，道路工程的图示方法与其他土木工程图样不完全相同，它主要是由路线工程图、路面结构图、排水系统图、防护工程图等组成。

图 3-1　公路景观图

3.2　道路路线工程图

道路路线是一条空间曲线，我们一般所说的路线，是指道路中线的空间位置。道路的路线工程图一般包括路线平面图、路线纵断面图和路基横断面图。三者既要相互配合，更要与地形、地物、环境、景观相协调。

3.2.1　路线平面图

路线平面图是设计文件的重要组成部分，是从上向下投影得到的水平投影图。它综合反映了路线的平面位置和所经地区的地形、地物等，还可以反映出沿线的各种结构物如挡土墙、边坡、排水结构、桥涵等的具体位置以及与周围环境、地形、地物的关系。它是设计人员对路线设计意图的总体体现。

路线平面图主要包括以下内容：①沿线的地形、地物情况；②道路交点和转点位置、里程桩标注、沿线各类控制桩位置及有关数据；③路线所经地段的地名、重要地理位置情况标注；④各类结构物设计成果的标注；⑤若图中包含弯道，应包括曲线要素表和导线、交点坐标表；⑥有关说明。

由于道路是修筑在大地表面一段狭长地带上的，其竖向起落和平面弯曲情况都与地形紧密相关，因此，路线平面图采用在地形图上进行设计绘制的方法。

路线平面图示例如图3-2所示。

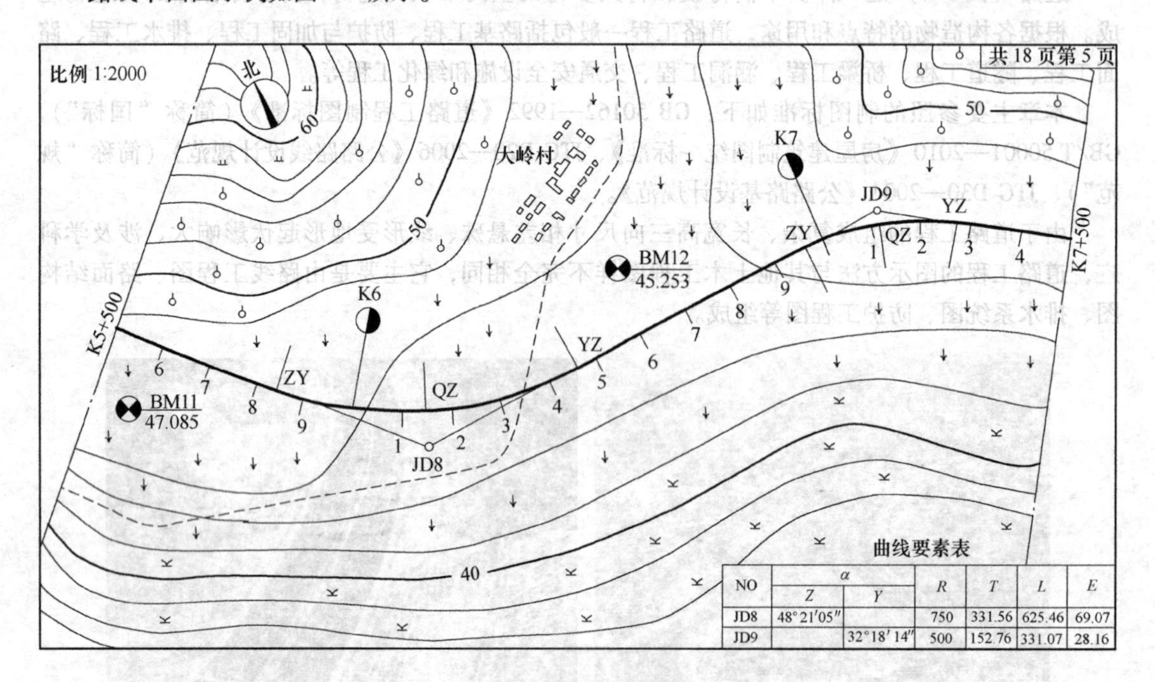

NO	α		R	T	L	E
	Z	Y				
JD8	48°21′05″		750	331.56	625.46	69.07
JD9		32°18′14″	500	152.76	331.07	28.16

图3-2 某公路平面图

1. 地形、地物部分

（1）比例 道路路线工程图的地形图是经过勘测绘制而成的，根据地形的起伏采取相应的比例。一般而言路线平面图所用比例较小，通常在城镇区采用1∶500或1∶1000；山岭重丘区采用1∶2000，山岭微丘和平原区采用1∶5000或1∶10000。图3-2比例为1∶2000。

（2）方位与走向 为了表示道路所在地区的方位和路线走向，在路线平面图上应画出指北针或测量坐标网。同时，指北针和测量坐标网都是拼接图样的主要依据。

（3）地形 平面图中地形主要是用等高线表示，本图中每两根等高线之间的高差为2m，每隔四条等高线就有一条线型较宽的等高线，并标注标高数值，称为计曲线。根据图中等高线的疏密可以看出某一地区的地势高低起伏情况。

（4）地物 平面图中地面上出现的河流、房屋、水库、道路、桥梁、铁路、农田、电力线和植被等地物都是按规定图例绘制的。常见地物表示图例见表3-1。

（5）水准点 沿路线附近每隔一段距离，就在图中标有水准点的位置，用于路线的标高测量。

表3-1 常见地物表示图例

名 称	图 例	名 称	图 例	名 称	图 例
房屋	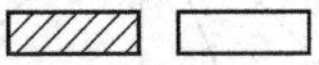	铁路		涵洞	
桥梁	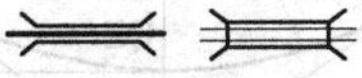	隧道	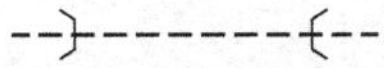	小路	
堤坝	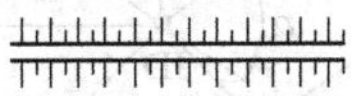	河流		水库鱼塘	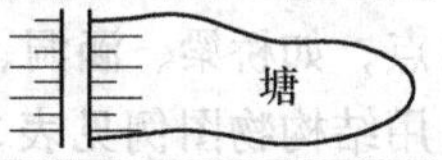 塘
渡船		防护网		防护栏	
草地		旱地		果树	
高压电力线		低压电力线		隔离墩	
水稻田	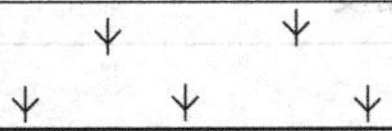	养护机构	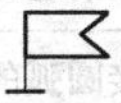	管理机构	

2. 路线部分

（1）图线　一般情况下平面图的比例较小，为了清晰表明各种道路用线情况，分别用不同粗细的线宽来表示。具体见表3-2。

表3-2　常用道路图线与线宽对照表

图线名称	线　宽	用　途	图线名称	线　宽	用　途
加粗粗实线	$1.4b\sim2.0b$	路中心线（不显示路宽）	细单点长画线	$0.25b$	路中心线（显示路宽）
细实线	$0.25b$	中央分隔带边缘线、导线、边坡线、引出线和原有道路边线	中单点长画线	$0.50b$	用地界线
粗实线	b	路基边缘线	粗双点长画线	b	规划红线

注：b 为标准线宽。

（2）里程桩　道路路线的总长度和各段之间的长度用里程桩号表示。里程桩号的标注应从路线的起点标至终点，规定按左小右大的顺序进行编号。里程桩分为公里桩和百米桩两种。

1）公里桩　宜标注在路线前进方向的左侧，用符号“◐”表示桩位，用“K”后附数字表示其公里数，如“K13”表示距离起点13km。

2）百米桩　宜标注在路线前进方向的右侧，用垂直于路线的细短线和“1”至“9”数字表示，数字写在短细线的端部，字头朝上。例如在K13桩的前方的“5”，表示桩号为K13+500，说明该点距路线起点为13500m。

（3）平曲线　道路路线在平面上是由直线段和曲线段组成的，在路线的转折处应设平曲线。最常见的、较简单的平曲线为圆曲线，其基本的几何要素如图3-3所示，各符号含义见表3-3。

在路线平面图中，转折处应标写交角点代号并依次编号，如JD6表示第6个交角点。还要标注出曲线段的起点ZY、中点QZ、终点YZ的位置，为了将路线上各段平曲线的几何要素值表示清楚，一般还应在图中的适当位置列出平曲线要素表，如图3-2右下角的“曲线要素表”。

3. 沿线构造物和控制点

在平面图上还须标示出道路沿线的构造物和控制点，如桥梁、涵洞、三角点和水准点等。道路工程常用结构物图例见表3-1，结合此表可从路线平面图上读到道路沿线结构物的位置、类型和分布情况以及控制点的坐标和高程。

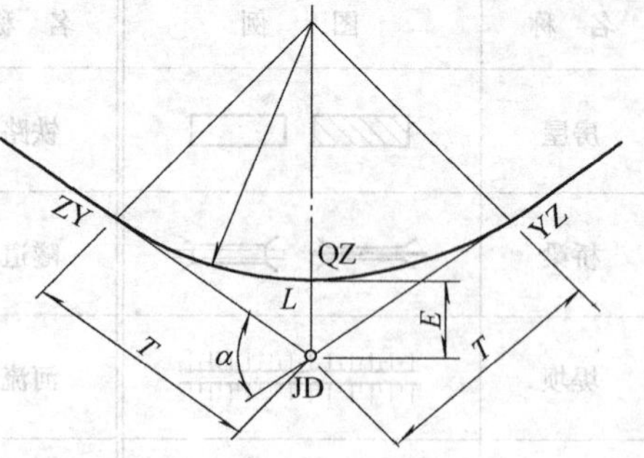

图3-3 平曲线几何要素

表3-3 平曲线各要素含义

符号	名称	含义
JD	交角点	导线的交点，路线的两直线段的理论交点
α	转折角	路线前进时向左 α_z 或向右 α_y 偏转的角度
R	平曲线半径	连接圆弧的半径长度
T	切线长	切点与交角点之间的长度
E	外距	曲线中点到交角点的距离
L	曲线长	圆曲线两切点之间的弧长
ZY	直圆点	圆曲线与其前面直线的切点
QZ	曲中点	曲线的中心点
YZ	圆直点	圆曲线与其后面直线的切点

尺寸标注说明：

1）《道路工程制图标准》规定的尺寸标注方法与《房屋建筑制图统一标准》的规定基本相同，尺寸起止符号可以采用由尺寸界线顺时针转45°的斜短线表示，半径、直径、角度、弧长的尺寸起止符号用箭头表示。但《道路工程制图标准》规定，尺寸起止符号宜用单边箭头表示，箭头在尺寸线右边时，应标注在尺寸线之上，反之，应标注在尺寸线之下；半径、直径、角度、弧长的尺寸起止符号也可用单边箭头表示，在半径、直径的尺寸数字前，应标注 r 或 R、d 或 D。

2）道路工程图中的尺寸单位有如下规定：线路的里程桩号以km为单位；钢筋直径及钢结构尺寸以mm为单位；其余均以cm为单位。当不按以上规定时，应在图中予以说明。

4. 绘制路线平面图的注意事项

1）“国标”规定，以加粗实线绘制路线设计线，以加粗虚线表示比较线。

2）路线平面图应从左向右绘制，桩号按左小右大编排。

3）平面图的地物图例，应朝上或向北绘制；每张图纸的右上角应有角标（也可用表格形式），注明图样序号及总张数；在最后一张图样的右下角绘制标题栏。

4）由于道路路线较长，不可能将整个路线平面图画在同一张图内，因此需分段绘制在若干张图上，使用时再将各张图拼接起来，如图3-4所示。路线分段应在直线部分取整数桩号断开，断开的两端均应以点画线垂直于路线画出接图线。相邻图样拼接时，路线中心要对齐，所接图线要重合，并以正北方向为准。

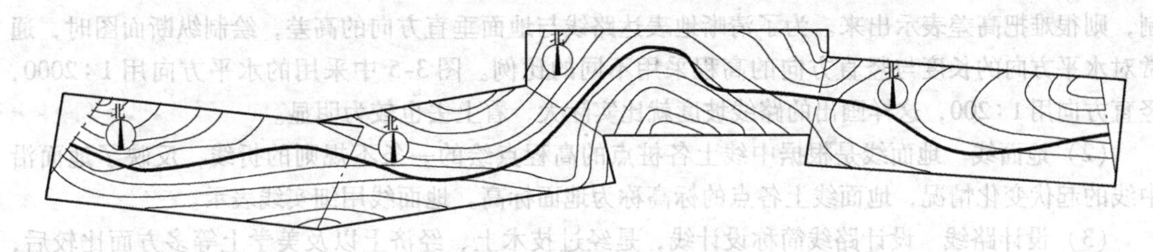

图 3-4 路线平面图的拼接

3.2.2 路线纵断面图

路线纵断面图是沿道路中线竖向剖切然后展开的剖面，它反映了道路中线原地面的起伏情况、路线设计的纵坡情况以及地质和沿线构造物的概况等。路线纵断面图是一条有起伏的空间线。

路线纵断面图包括高程标尺、图样和测设数据表三部分内容。“国标”第 3.2.1 条规定，图样应画在图幅上部，测设数据应布置在图幅下部，高程标尺应布置在测设表上方左侧，如图 3-5 所示。

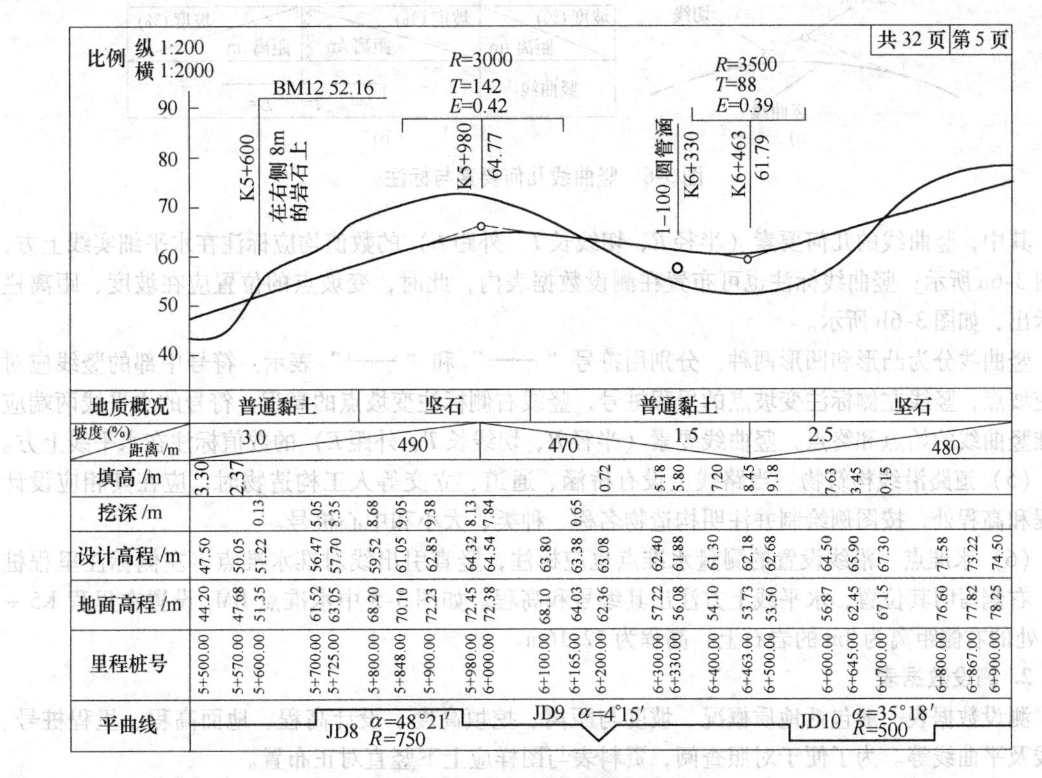

图 3-5 某公路路线纵断面图

1. 图示要点

因为路线纵断面图是采用沿路中心线垂直剖切并展开后投影所形成的图样，所以它的长度就是路线的长度。图中水平方向表示长度，竖直方向表示高程。

(1) 比例 由于路线与地面竖直方向的高差比水平方向的长度小很多，如果用同一比例绘制，则很难把高差表示出来。为了清晰地表达路线与地面垂直方向的高差，绘制纵断面图时，通常对水平方向的长度与竖直方向的高程采用不同的比例。图3-5中采用的水平方向用1∶2000，竖直方向用1∶200，这样画出的路线坡度就比实际大，看上去也较为明显。

（2）地面线　地面线是根据中线上各桩点的高程点绘的一条不规则的折线，反映了地面沿中线的起伏变化情况，地面线上各点的标高称为地面标高。地面线用细实线表示。

（3）设计路线　设计路线简称设计线，是经过技术上、经济上以及美学上等多方面比较后，定出的一条具有规则形状的几何线，反映了道路路线的起伏变化情况，设计线上各点的高程通常是指路基边缘的设计高程。设计线用粗实线表示。设计高程与原地面高程之差即为填挖高度。

（4）竖曲线　设计线是由直线和竖曲线组成的，为了便于车辆行驶，按技术标准的规定，在设计线纵坡变更处应设置竖曲线。竖曲线的几何要素与标注如图3-6所示。

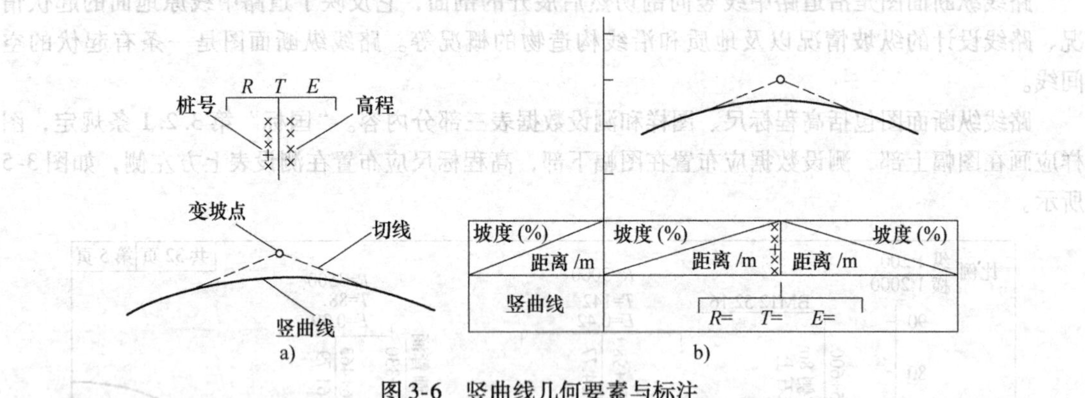

图3-6　竖曲线几何要素与标注

其中，竖曲线的几何要素（半径R、切线长T、外距E）的数值均应标注在水平细实线上方，如图3-6a所示；竖曲线标注也可布置在测设数据表内，此时，变坡点的位置应在坡度、距离栏内示出，如图3-6b所示。

竖曲线分为凸形和凹形两种，分别用符号“┌┴┐”和“└┬┘”表示。符号中部的竖线应对准变坡点，竖线左侧标注变坡点的里程桩号，竖线右侧标注变坡点的高程。符号的水平线两端应对准竖曲线的始点和终点，竖曲线要素（半径R、切线长T、外距E）的数值标注在水平线上方。

（5）道路沿线构筑物　当路线上设有桥涵、通道、立交等人工构造物时，应在其相应设计里程和高程处，按图例绘制并注明构造物名称、种类、大小和中心桩号。

（6）水准点　沿线设置的测量水准点也应标注，竖直引出线对准水准点，左侧标注里程桩号，右侧写明其位置，水平线上方注出其编号和高程。如图3-5中水准点BM_{12}设置在里程K5+600处的右侧距离为8m的岩石上，高程为52.16m。

2. 测设数据表

测设数据表一般包括地质概况、坡度与距离、挖填高度、设计高程、地面高程、里程桩号、直线及平曲线等。为了便于对照查阅，资料表与图样应上下竖直对正布置。

（1）地质概况　根据实测资料，在图中注出沿线各段的地质情况，为设计、施工提供资料。图3-5中反映的地质概况为普通黏土和坚石。

（2）坡度与距离　标注设计线各段的纵向坡度和水平长度距离。表格中的对角线表示坡度方向，“╱”表示上坡，“╲”表示下坡；对角线上方数字表示坡度，下方数字表示坡长，坡长以米为单位。如图3-5中第一栏的标注“3.0/490”，表示按路线前进方向是上坡，坡度为3.0%，路线长度为490m。

(3) 高程　表中有设计高程和地面高程两栏，它们应和图样互相对应，分别表示设计线和地面线上各点（桩号）的高程。

(4) 填挖高度　设计线在地面线下方时需要挖土，设计线在地面线上方时需要填土，挖或填的高度值应是各点（桩号）对应的设计高程与地面高程之差的绝对值。如图3-5中第一栏的设计高程为47.50m，地面高程为44.20m，其填土高度则为3.30m。

(5) 里程桩号　沿线各点的桩号是按测量的里程数值填入的，单位为米，桩号从左向右排列。在平曲线的起点、中点、终点和桥涵中心点等处可设置加桩。

(6) 平曲线　为了表示该路段的平面线型，通常在表中画出平曲线的示意图。以“——”表示直线段；以“/‾‾\”和“__/”或“┌┐”和“└┘”四种图例表示曲线段，其中前两种表示设置缓和曲线的情况，后两种表示不设缓和曲线的情况，图样的凹凸表示曲线的转向，上凸表示右转曲线，下凹表示左转曲线。

路线纵断面图和路线平面图一般安排在两张图上，由于高等级公路的平曲线半径较大，路线平面图与纵断面图长度相差不大，就可以放在一张图上，阅读时便于互相对照。

3. 绘制路线纵断面图注意事项

1）图3-5中左侧纵坐标表示高程标尺，横坐标表示里程桩。

2）纵断面图的比例中竖向比例比横向比例扩大10倍，纵断面的纵横比例一般在第一张图的注释中说明。

3）里程桩号图从左向右按桩号大小绘出，设计线用粗实线，地面线用细实线，地下水位应采用细长点画线及水位符号表示；地下水位测点可仅用水位符号表示，如图3-7所示。

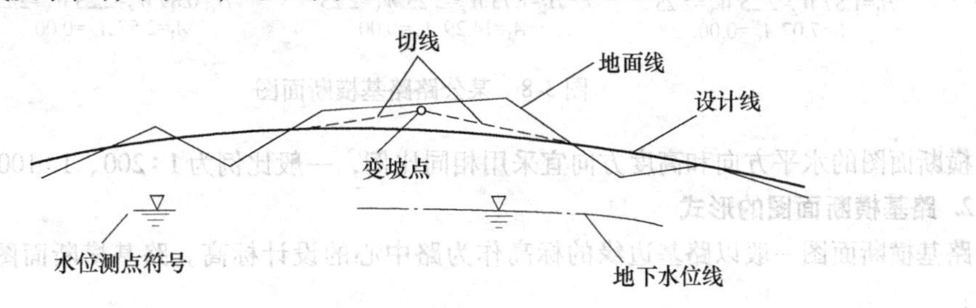

图3-7　道路设计线

4）变坡点一般用直径为2mm的中粗线圆圈表示；切线一般用细虚线表示；竖曲线一般用粗实线表示。

5）纵断面图的标题栏绘在最后一张图或每张图下方，注明路线名称、纵向比例、横向比例等。每张图的右上角应有角标，注明图样序号及总张数。

3.2.3　路基横断面图

横断面设计是路线设计的重要组成部分，它和纵断面设计、平面设计相互影响，所以在设计中应将平、纵、横三个方面结合起来综合考虑，反复比较和调整后，才能达到各元素之间的协调一致，做到组成合理、用地节省、工程经济和有利于环境保护。

公路横断面设计主要是根据交通性质、交通量、行车速度，结合地形、地物、气候、土壤等条件，充分考虑安全要求，进行道路行车道、中间带、紧急停车带、路肩、附加车道等的布置，确定其几何尺寸，并进行必要的结构设计以保证道路的强度和稳定性。

在公路沿线设置的中心桩号处，根据测量资料和设计要求顺次画出路基横断面图，它主要用来计算土石方数量，并作为路基施工时的依据。

1. 路基横断面图的形成

路基横断面图是假想用垂直于道路中线的平面剖切得到的。在路线每一中心桩处假设用一平面垂直于设计中心线进行剖切，画出剖切面与地面的交线；再根据填挖高度和规定的路基宽度和边坡，画出路基横断面设计线，即成为路基横断面图，如图 3-8 所示。

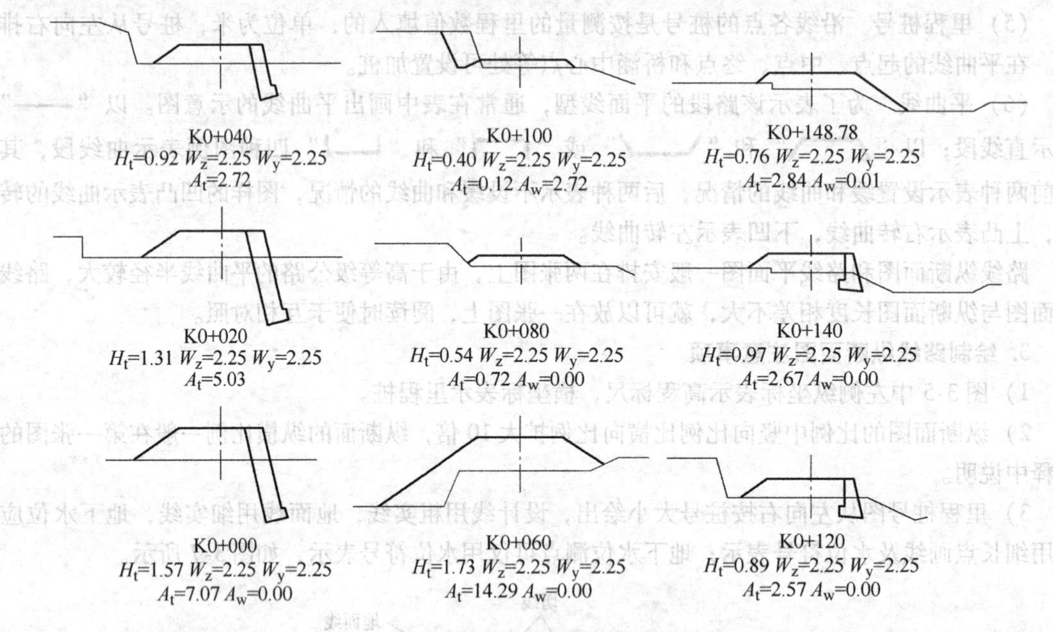

图 3-8　某公路路基横断面图

横断面图的水平方向和高度方向宜采用相同比例，一般比例为 1∶200、1∶100 或 1∶500。

2. 路基横断面图的形式

路基横断面图一般以路基边缘的标高作为路中心的设计标高。路基横断面图的基本形式有三种：

（1）填方路基（路堤）　整个路基全为填土区称为路堤。填土高度等于设计标高减去地面标高，填方边坡一般为 1∶1.5。在图样下方标注里程桩号，图样右侧标注中心线处的填方高度 H_t（m）以及该断面的填方面积 A_t（m^2），如图 3-9a 所示。

（2）挖方路基（路堑）　整个路基全为挖土区称为路堑。挖土深度等于地面标高减去设计标高。挖方边坡一般为 1∶1。在图样下方标注里程桩号，图样右侧标注中心线处的挖土深度 H_w（m）以及该断面的填方面积 A_w（m^2），如图 3-9b 所示。

（3）半填半挖路基　路基断面一部分为填土区，一部分为挖土区。同样是在图样下方标注里程桩号，图样右侧标注中心线处的填（或挖）方高度以及该断面的填方面积和或挖方面积，如图 3-9c 所示。

在同一张图内绘制的路基横断面图，应按里程桩号顺序排列，从图的左下方开始，先由下而上、再自左向右排列，如图 3-10 所示。每张图右上角应有角标，注明图样的序号和总张数。

3. 绘制路基横断面图的注意事项

1）在路基横断面图中，路面线、路肩线、边坡线、护坡线均用粗实线表示，路面厚度用中粗实线表示，原有地面线用细实线表示，路中心线用细单点画线表示，如图 3-11 所示。

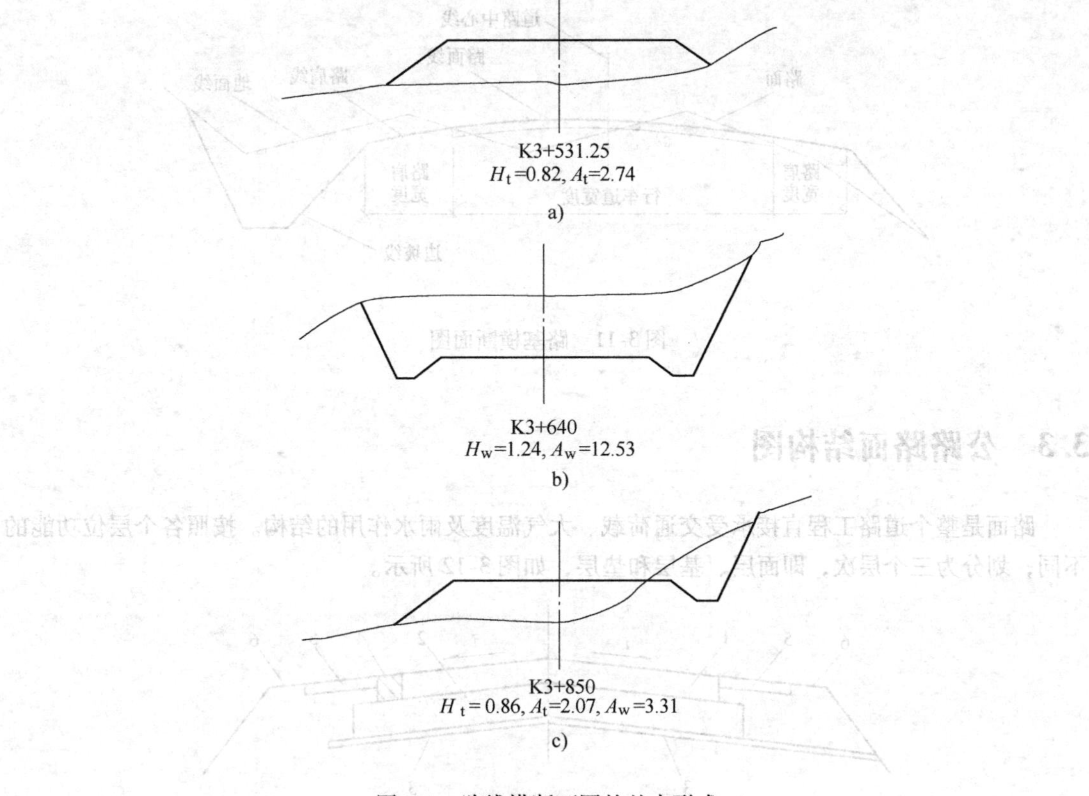

图 3-9　路线横断面图的基本形式
a）填方路基　b）挖方路基　c）半填半挖路基

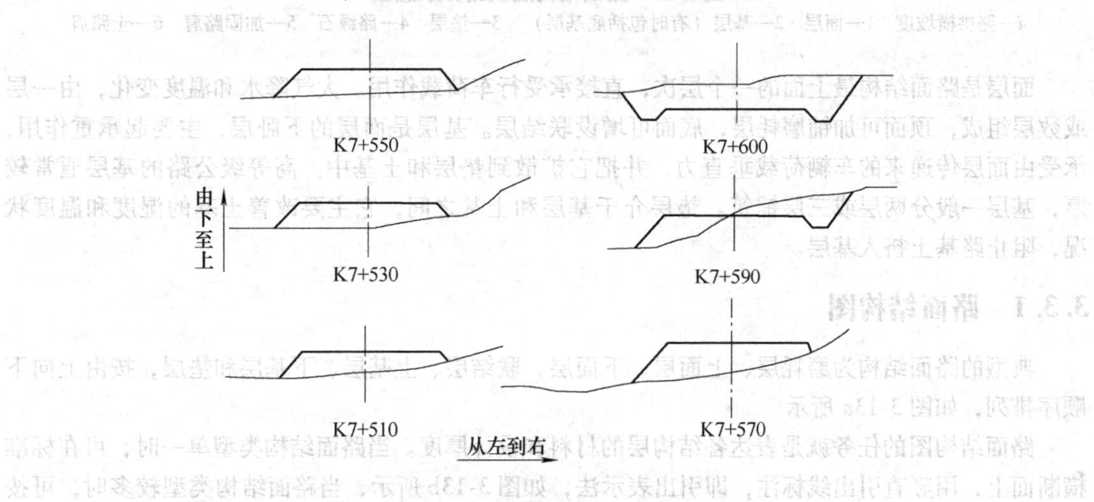

图 3-10　路线横断面图的排列

2）在同一张图内绘制的路基横断面图，应按里程桩号顺序排列，从图的左下方开始，先由下而上，再自左向右排列，如图 3-8 所示。

3）在每张路基横断面图的右上角的角标中应写明图样序号及总张数，在最后一张图的右下角绘制标题栏。

4）绘图比例应在图中注释说明。

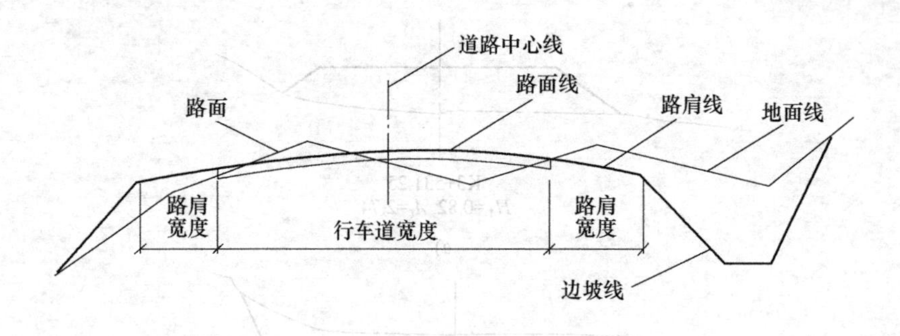

图3-11 路基横断面图

3.3 公路路面结构图

路面是整个道路工程直接承受交通荷载、大气温度及雨水作用的结构。按照各个层位功能的不同，划分为三个层次，即面层、基层和垫层，如图3-12所示。

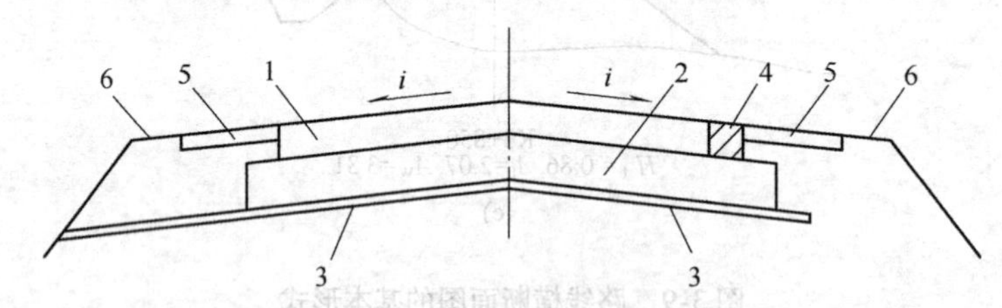

图3-12 路面结构层次划分示意图

i—路拱横坡度 1—面层 2—基层（有时包括底基层） 3—垫层 4—路缘石 5—加固路肩 6—土路肩

面层是路面结构最上面的一个层次，直接承受行车荷载作用、大气降水和温度变化，由一层或数层组成，顶面可加铺磨耗层，底面可增设联结层。基层是面层的下卧层，主要起承重作用，承受由面层传递来的车辆荷载垂直力，并把它扩散到垫层和土基中。高等级公路的基层通常较厚，基层一般分两层或三层铺筑。垫层介于基层和土基之间，它主要改善土基的湿度和温度状况，阻止路基土挤入基层。

3.3.1 路面结构图

典型的路面结构为磨耗层、上面层、下面层、联结层、上基层、下基层和垫层，按由上向下顺序排列，如图3-13a所示。

路面结构图的任务就是表达各结构层的材料和设计厚度。当路面结构类型单一时，可在标准横断面上，用竖直引出线标注，即引出表示法，如图3-13b所示，当路面结构类型较多时，可按各路段不同的结构分别绘制路面结构图，并标明材料符号（或名称）及厚度，即断面表示法，如图3-13c所示。

3.3.2 路拱大样图

路拱是为了利于路面横向排水，将路面做成中间高两边低的拱形，其形式一般有抛物线形、直线接抛物线形、折线形、双曲线形等。路拱大样图的任务就是表达清楚路面横向的形状。为了清晰地表达路拱的形状，应按垂直向比例大于水平向比例的方法绘制路拱大样图，如图3-14所示。

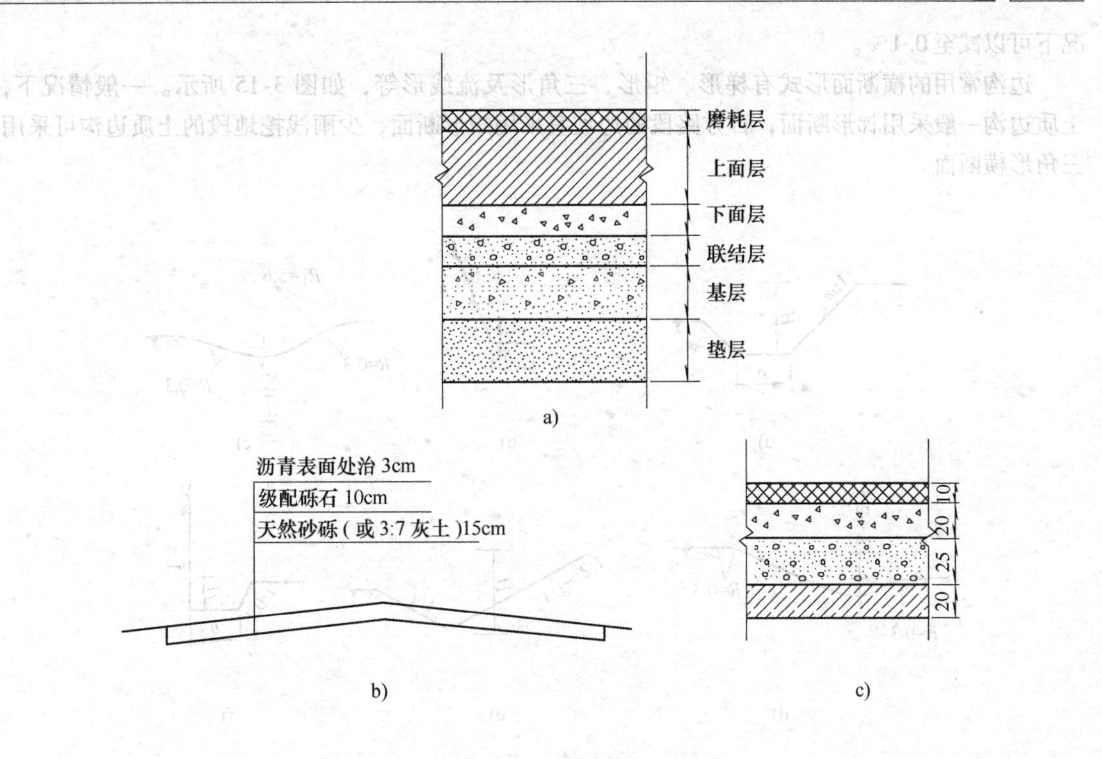

图 3-13 路面结构图
a）路面结构图 b）引出表示法 c）断面表示法

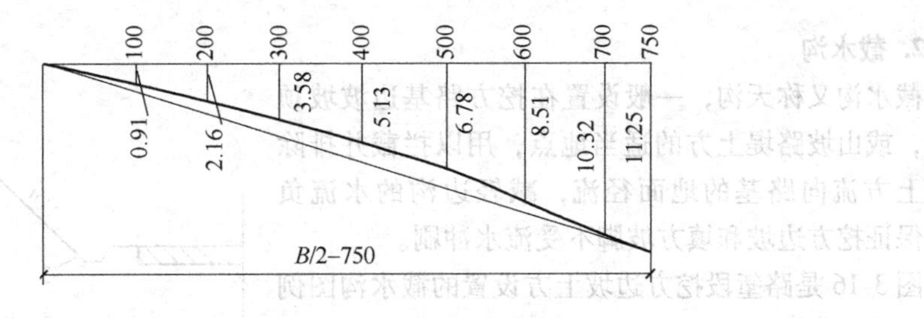

图 3-14 路拱大样图（尺寸单位：cm）

3.4 排水系统及防护工程图

水是路基产生各种病害和变形的主要外因之一，在路基设计中应充分予以重视，因地制宜地采取各种排水措施。道路排水系统分为地面排水系统和地下排水系统，地面排水系统由边沟、截水沟、排水沟、跌水与急流槽、倒虹吸与渡水槽等组成；地下排水系统由明沟、暗沟、渗沟及渗井等组成。

3.4.1 常用地面排水设备

1. 边沟

边沟设置在挖方路段的路肩外侧或低路堤的坡脚外，多与路中线平行，用于汇集和排除路基范围内和流向路基的少量地面水。边沟的纵坡宜与路线纵坡相一致，并不宜小于0.3%，困难情况下可以减至0.1%。

边沟常用的横断面形式有梯形、矩形、三角形及流线形等，如图3-15所示。一般情况下，土质边沟一般采用梯形断面，石方路段的边坡宜采用矩形断面，少雨浅挖地段的土质边沟可采用三角形横断面。

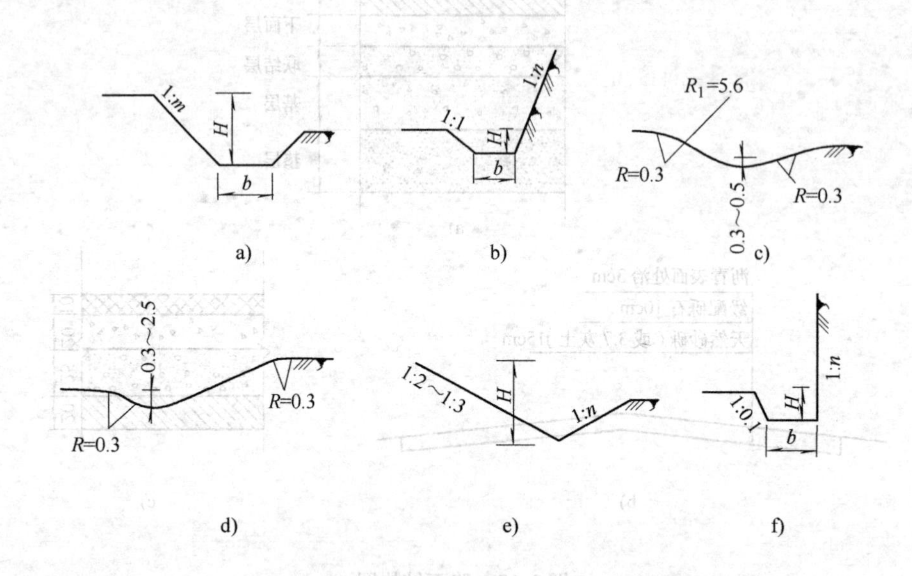

图3-15 边沟的横断面形式示意图（尺寸单位：m）
a)、b）梯形 c)、d）流线形 e）三角形 f）矩形

2. 截水沟

截水沟又称天沟，一般设置在挖方路基边坡坡顶以外，或山坡路堤上方的适当地点，用以拦截并排除路基上方流向路基的地面径流，减轻边沟的水流负担，保证挖方边坡和填方坡脚不受流水冲刷。

图3-16是路堑段挖方边坡上方设置的截水沟图例之一，图中距离 d 一般应大于5.0m，地质不良地段可取10.0m或更大。截水沟下方一侧，可堆置挖沟的土方，要求做成顶部向沟倾斜2%的土台。

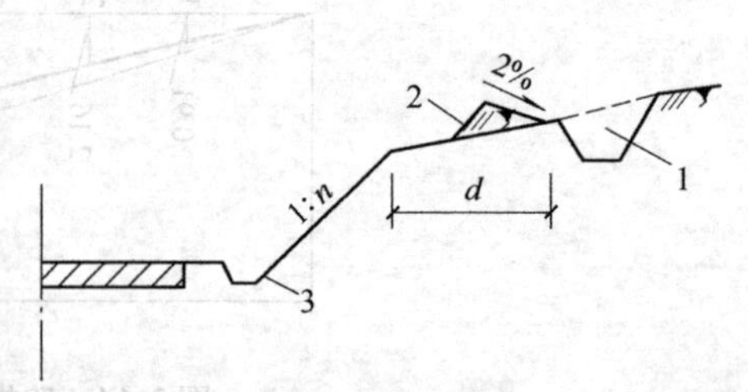

图3-16 挖方路段截水沟的示意图
1—截水沟 2—土台 3—边沟

山坡填方路段可能遭到上方水流的破坏作用，此时必须设截水沟，以拦截山坡水流保护路堤，如图3-17所示。截水沟与坡脚之间，要有不小于

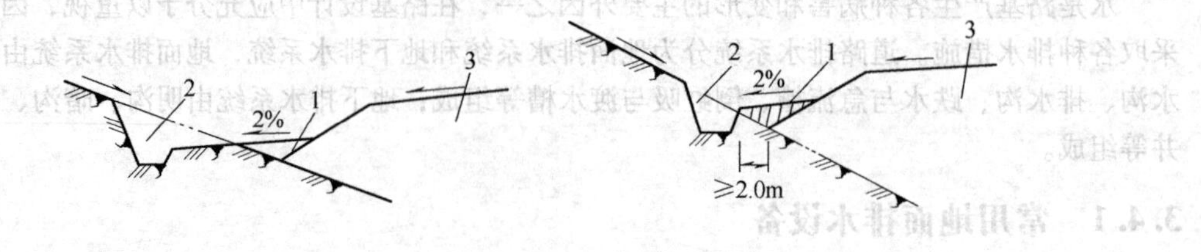

图3-17 填方路段截水沟的示意图
1—土台 2—截水沟 3—路堤

2.0m的间距，并做成2%的向沟倾斜横坡，确保路堤不受水害。截水沟的横断面形式一般为梯形，沟的边坡坡度应根据岩土条件而定，一般取1∶1.0～1∶1.5，沟底宽度b不小于0.5m，沟深h按设计流量而定，亦不应小于0.5m。截水沟沟底应具有0.5%以上的纵坡，长度以200～500m为宜。

3. 排水沟

当路线受到多段沟渠或水道影响时，为保护路基不受水害，可以设置排水沟，其主要用途是将路基范围内各种水源的水流，引至桥涵或路基范围以外的指定地点。

排水沟的位置，必须结合地形条件，离路基尽可能远些，距路基坡脚不宜小于2m，平面上应力求直捷，转弯时亦应做成弧形，连续长度宜短，一般不超过500m。

排水沟的横断面，一般采用梯形，尺寸大小应经过水力水文计算确定。用于边沟、截水沟及取土坑出水口的排水沟，横断面尺寸根据设计流量确定，底宽与深度不宜小于0.5m，土沟的边坡坡度为1∶1～1∶1.5。

排水沟水流注入其他沟渠或水道时，通常应使排水沟与原水道两者成锐角相交，交角不大于45°，有条件时可用半径$R=10b$（b为沟顶宽）的圆曲线朝下游与其他水道相接，如图3-18所示。排水沟应具有合适的纵坡，以保证水流畅通，一般情况下，可取0.5%～1.0%，且不小于0.3%，亦不宜大于3.0%。若纵坡大于3%，应采取相应的加固措施。

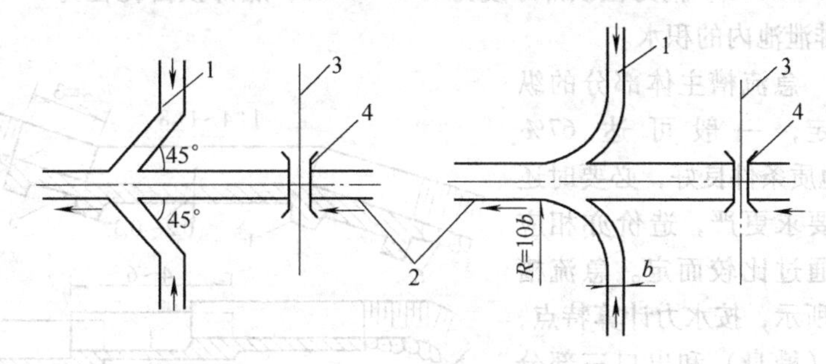

图3-18　沟渠连接示意图

1—排水沟　2—其他渠道　3—路基中心线　4—桥涵

4. 跌水和急流槽

跌水与急流槽是路基地面排水沟渠的特殊形式，用于陡坡地段。跌水适用于排水沟渠连接处，由于水位落差较大，需要消能或改变水流方向；急流槽的纵坡，比跌水的平均纵坡更陡，结构的坚固稳定性要求更高，是山区公路回头曲线沟通上下线路基排水及沟渠出水口的一种常见排水设施。

（1）跌水　跌水的构造，有单级和多级之分，沟底有等宽和变宽之别。图3-19表示路基边沟水流通过涵洞排泄时采用的单级跌水。较长陡坡地段的沟渠，为减缓水流速度，可采用多级跌水，如图3-20所示。多级跌水底宽和每级长度，可以采用各自相等的对称形，也可根据实地需要，做成变宽或不等长度与高度。

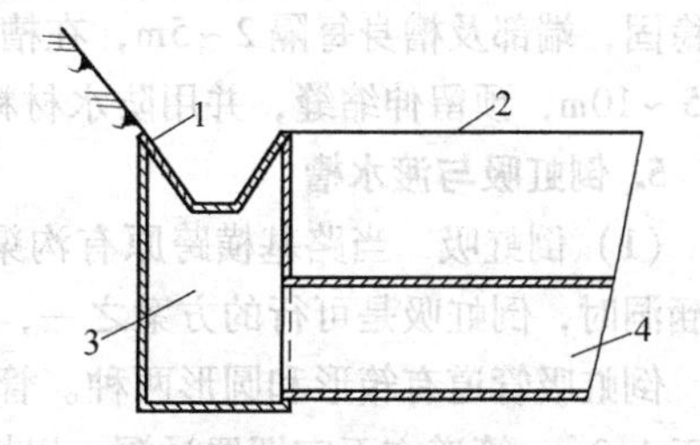

图3-19　边沟与涵洞单级跌水连接图

1—边沟　2—路基　3—跌水井　4—涵洞

按照水力计算特点，跌水的基本构造可分为进水口、消力池和出水口三个组成部分，如图3-21所示。各个组成部分的尺寸，由水力计算而定。

1）一般情况下，如果地质条件良好，地下水位较低，设计流量小于2.0m^3/s，跌水台阶

（护墙）高度 p 最大不超过2.0m。常用的简易多级跌水，台高0.4～0.5m，护墙用石砌或混凝土结构，墙基埋置深度为水深的1.0～1.2倍，并不小于1.0m，且应深入冰冻线以下，石砌墙厚0.25～0.30m。

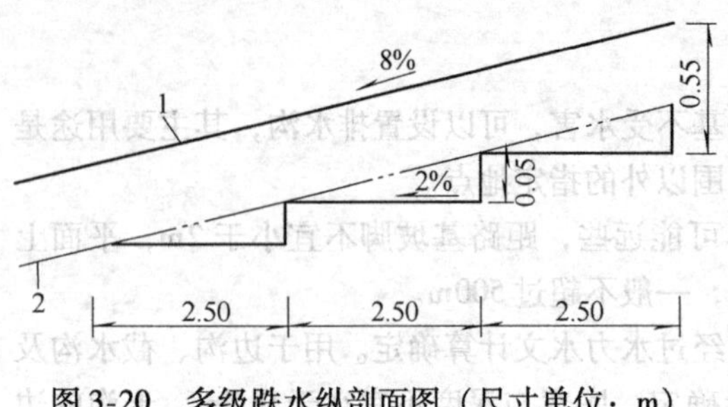

图3-20 多级跌水纵剖面图（尺寸单位：m）
1—沟顶线 2—沟底线

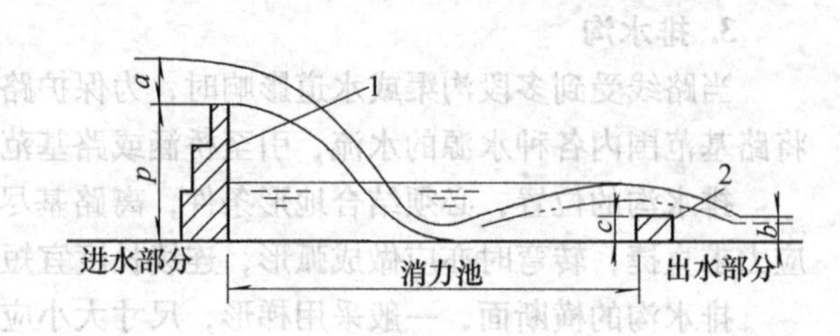

图3-21 跌水构造示意图
1—护墙 2—消力槛

2）消力池起消能作用，要求底部具有1%～2%的纵坡，底厚0.30～0.35m，壁高应比计算水深至少大0.20m，壁厚与护墙高度相仿。

3）消力池末端设有消力槛，槛高 c 依计算而定，要求低于池内水深，为护墙高度的1/5～1/4，一般取 $c=15\sim20$cm。消力槛顶部厚度为0.3～0.4m，底部预留孔径为5～10cm的泄水孔，以利水流中断时排泄池内的积水。

（2）急流槽 急流槽主体部分的纵坡依地形而定，一般可达67%（1∶1.5），如果地质条件良好，必要时还可更陡，但结构要求更严，造价亦相应提高，设计时应通过比较而定。急流槽的构造如图3-22所示，按水力计算特点，亦由进口、主槽（槽身）和出口三部分组成。

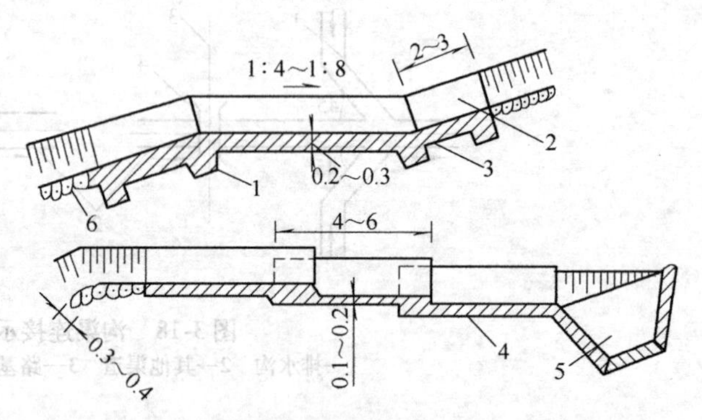

图3-22 急流槽构造示意图（尺寸单位：m）
1—耳墙 2—消力池 3—混凝土槽底 4—钢筋混凝土槽底 5—横向沟渠 6—砌石护底

急流槽的进出口与主槽连接处，因沟槽横断面不同，为了能平顺衔接，可设过渡段，出口部分设有消力池。各个部分的尺寸，依水力计算而定。对于设计流量不超过1.0m³/s、槽底倾斜为1∶1～1∶1.5的小型结构，可参照图3-22。急流槽的基础必须稳固，端部及槽身每隔2～5m，在槽底设耳墙埋入地面以下。槽身较长时，宜分段砌筑，每段长5～10m，预留伸缩缝，并用防水材料填缝。

5. 倒虹吸与渡水槽

（1）倒虹吸 当路基横跨原有沟渠，且沟渠水位高于路基设计高程，不能按正常条件下设置涵洞时，倒虹吸是可行的方案之一，图3-23是其布置图式的一种。

倒虹吸管道有箱形和圆形两种。管道的孔径为0.5～1.5m，管道附近的路基填土厚度一般不小于1.0m，管道亦不宜埋置过深，以填土高度不超过3.0m为宜。

为减少堵塞现象，设计时要求管道内的水流速度不小于1.5m/s，并在进口处设置沉沙池和拦泥栅，如图3-24所示。倒虹吸管进口处所设的沉沙池，位于原沟渠与管道之间的过渡段，厚0.3～0.4m（砌石），或0.25～0.30m（混凝土），池的容量以不溢水为度。

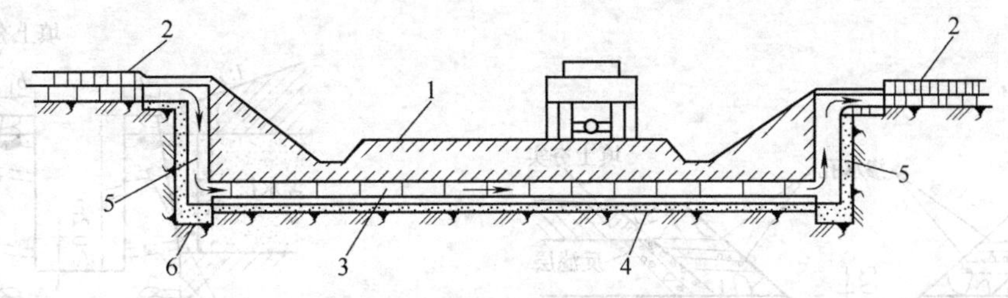

图3-23 竖井式倒虹吸布置图

1—路基 2—原沟渠 3—洞身 4—垫层 5—竖井 6—沉淀池

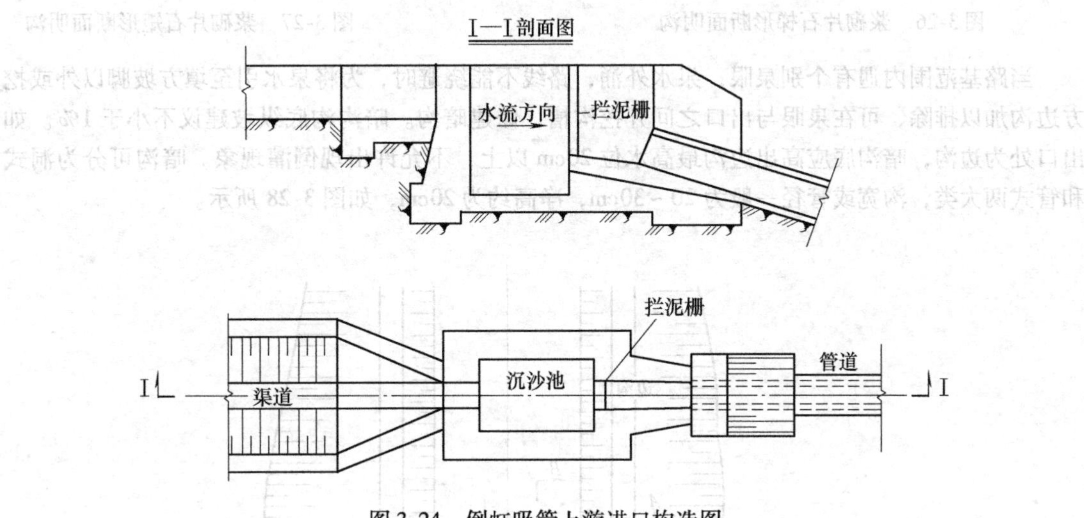

图3-24 倒虹吸管上游进口构造图

(2) 渡水槽 渡水槽相当于渡水桥，原水道与路基设计高程相差较大，如果路基两侧地形有利，或当地确有必要，可设简易桥梁，架设水槽或管道，从路基上部跨越，以沟通路基两侧的水流。渡水槽由进出水口、槽身和下部支承三部分组成，其中进（出）口段的构造，如图3-25所示。

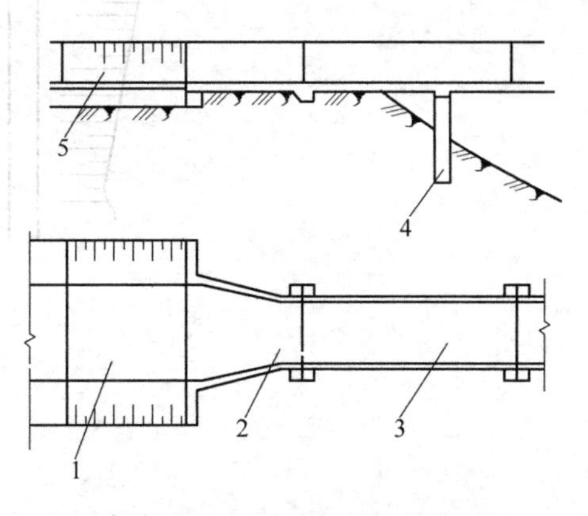

图3-25 渡水槽进出口段的构造

1—沟渠 2—过渡段 3—主槽

4—支撑 5—防渗加固段

3.4.2 常用地下排水设备

1. 明沟

明沟用于排除路基及边坡土体的上层滞水或埋藏很浅的潜水和地下承压水，通常有梯形断面和矩形槽式断面两种。梯形断面明沟如图3-26所示，一般适用于地下水埋藏很浅的潜水和承压水，深度仅为1~2m。矩形槽式断面明沟如图3-27所示，一般用于处理地下水埋藏相对较深，或者地质不良、水沟边坡容易发生滑塌的地方，其深度可达3m。明沟用处很广，施工简便，养护容易，造价低廉，是排除地下水的较好措施。

2. 暗沟

暗沟，又称盲沟，是设在地面以下引导水流的沟渠，用于排除泉水和地下集中水流，无渗水和汇水作用。

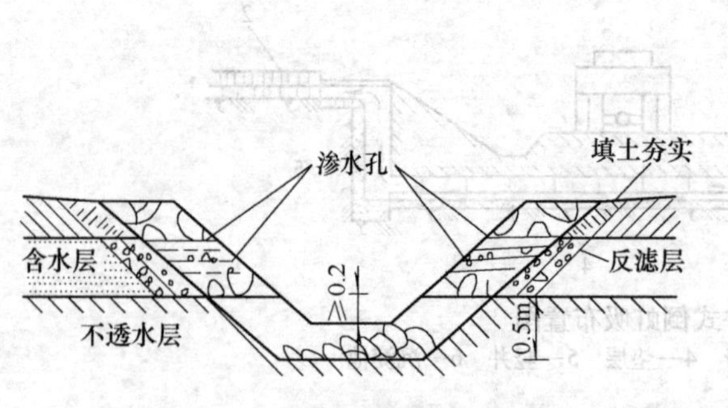

图3-26 浆砌片石梯形断面明沟

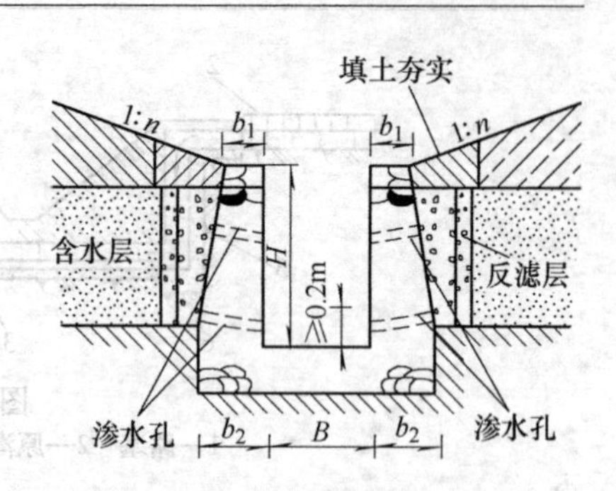

图3-27 浆砌片石矩形断面明沟

当路基范围内遇有个别泉眼，泉水外涌，路线不能绕避时，为将泉水引至填方坡脚以外或挖方边沟加以排除，可在泉眼与出口之间开挖沟槽，修建暗沟。暗沟沟底纵坡建议不小于1%。如出口处为边沟，暗沟底应高出边沟最高水位20cm以上，不允许出现倒灌现象。暗沟可分为洞式和管式两大类，沟宽或管径一般为20～30cm，净高约为20cm，如图3-28所示。

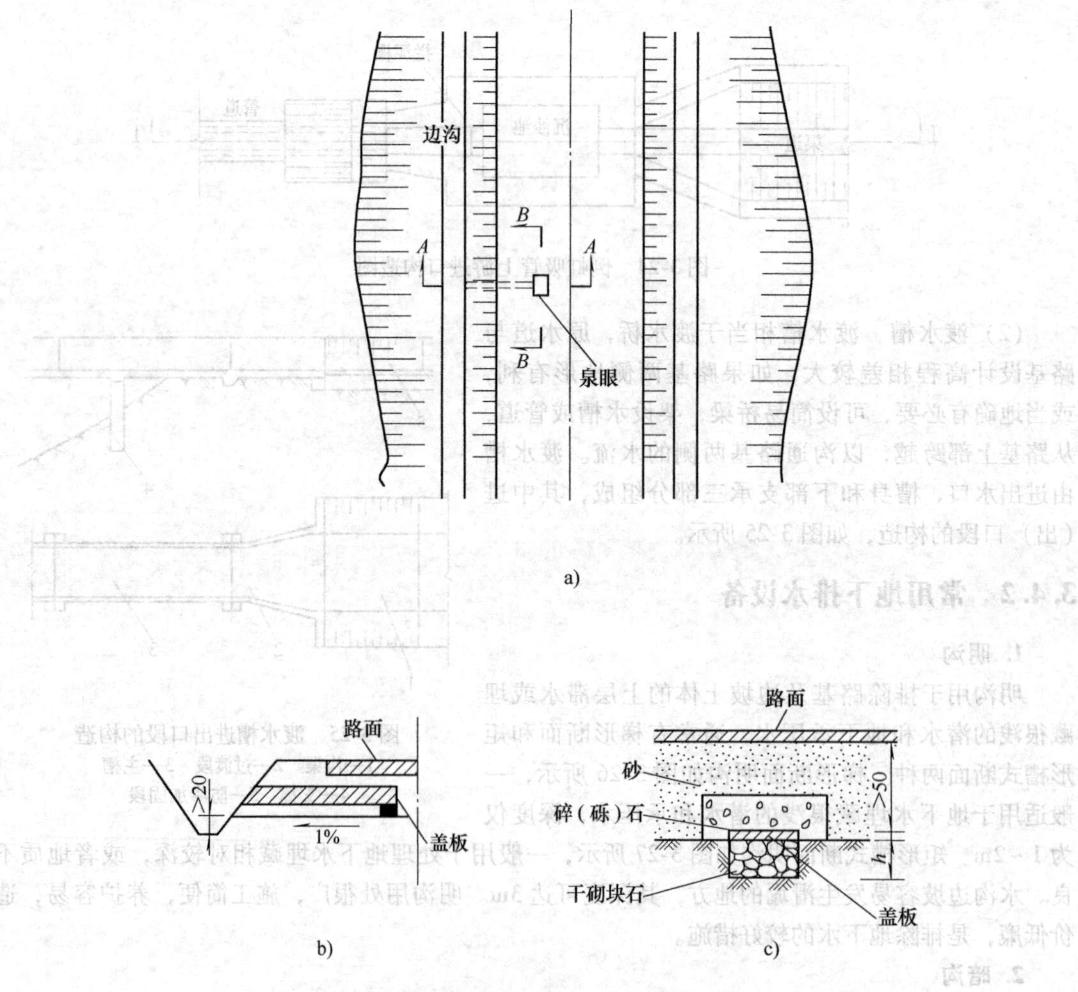

图3-28 暗沟布置及构造图（尺寸单位：cm）
a）平面图 b）A—A剖面图 c）B—B剖面图

3. 渗沟

渗沟是以渗透的方式来吸收降低地下水位，汇集和拦截流向路基的地下水，并通过沟底通道将水排到路基范围以外的指定地点，使路基上部保持干燥，不致因地下水成害。根据地下水位分布情况，渗沟可设在边沟、路肩、路基中线以下或路基上侧山坡适当位置。渗沟由碎（砾）石或管（洞）排水层、反滤层和封闭层组成。按排水层的形式，渗沟可分为盲沟式、洞式和管式三种，如图3-29所示。

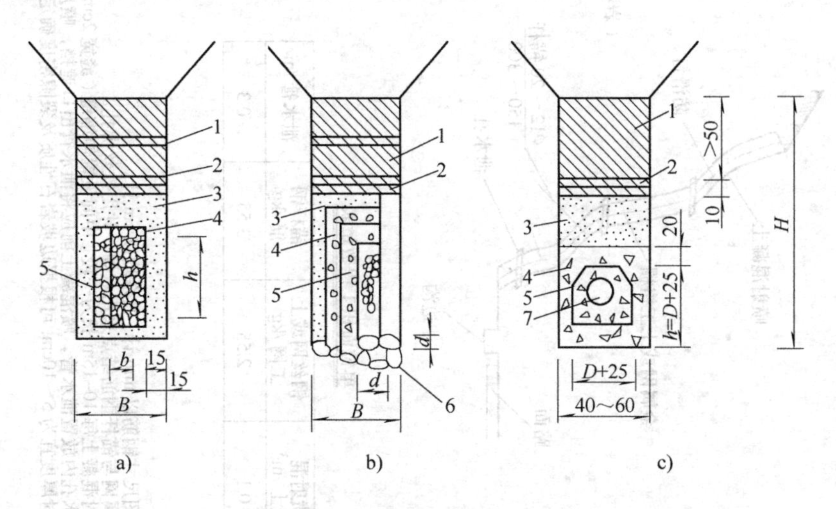

图3-29 渗沟结构形式（尺寸单位：cm）
a）盲沟式 b）洞式 c）管式
1—黏土夯实 2—防渗土工布 3—粗砂 4—石屑 5—碎石 6—浆砌片石沟洞 7—预制混凝土管

4. 渗井

渗井是将排不出的地表水或边沟水渗到地下水层中而设置的用透水材料填筑的竖井，是设置于地面以下的排水沟渠。渗井上部为集水结构，下部为排水结构，如图3-30所示。从图中可以看出，渗井属于立式（竖向）排水设备，井内由中心向四周按层次分别填入由粗到细的砂石材料，粗料渗水，细料反滤。

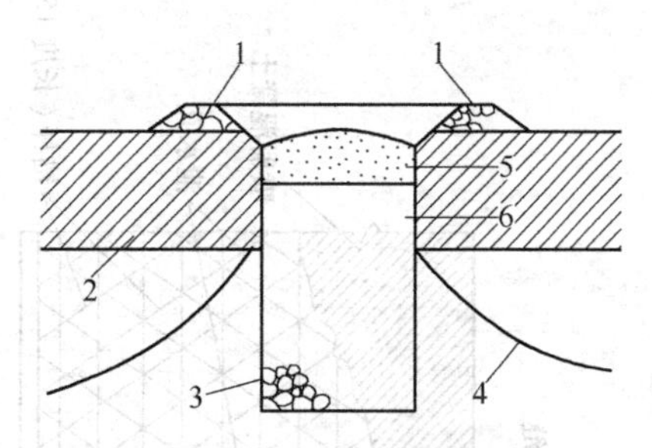

图3-30 渗井构造图
1—防护土堤 2—不透水层 3—碎（砾）石 4—渗透扩散曲线 5—粗砂 6—砾石

渗井的平面布置以及孔径与渗水量按水力计算而定，一般为直径1.0～1.5m的圆柱形。亦可是边长为1.0～1.5m的方形。

3.4.3 路基防护工程

路基防护工程是防治路基病害、保证路基稳定、改善环境景观、保护生态平衡的重要设施，主要类型为坡面防护和沿河路堤冲刷防护两种。

图3-31是某道路边坡防护设计图，图中包括平、立面图及锚杆大样图，工程数量表，附注三部分内容。平、立面图及锚杆大样图表达了护坡的结构形式、尺寸和材料，工程数量表中表达了护坡所用各种材料的数量，附注说明了图中尺寸单位和技术要求。

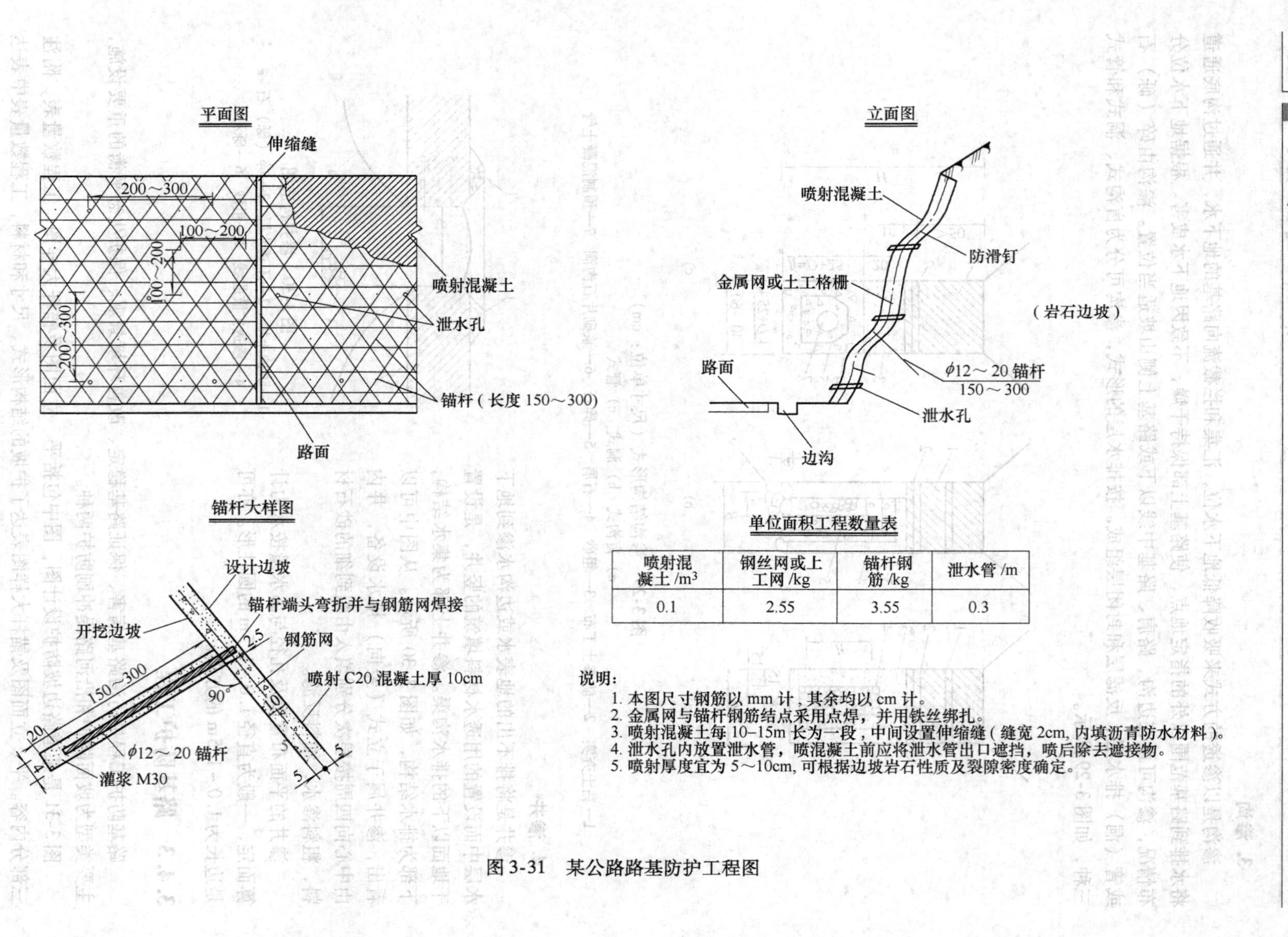

喷射混凝土 /m³	钢丝网或土工网 /kg	锚杆钢筋 /kg	泄水管 /m
0.1	2.55	3.55	0.3

说明：
1. 本图尺寸钢筋以mm计，其余均以cm计。
2. 金属网与锚杆钢筋结点采用点焊，并用铁丝绑扎。
3. 喷射混凝土每10–15m长为一段，中间设置伸缩缝（缝宽2cm, 内填沥青防水材料）。
4. 泄水孔内放置泄水管，喷混凝土前应将泄水管出口遮挡，喷后除去遮接物。
5. 喷射厚度宜为5～10cm, 可根据边坡岩石性质及裂隙密度确定。

图3-31　某公路路基防护工程图

小　　结

道路是一种供车辆行驶和行人步行的空间带状构造物。道路工程的图示方法与一般工程图样不完全相同。参照国家相关标准，本章主要介绍了道路路线工程图、公路路面结构图、排水系统及防护工程图的基本读图方法。通过本章的学习可以掌握道路工程图的基本知识，为绘制和识读道路工程施工图打好基础。

思考题与习题

3-1　道路路线工程图包含哪些内容？其图示方法有何特点？

3-2　道路路线工程图包含哪些图样？其作用是什么？

3-3　什么是路线平面图、路线纵断面图、路基横断面图？

3-4　路线纵断面图由哪几部分组成？

3-5　常用地面与地下排水系统包括哪些排水设备？

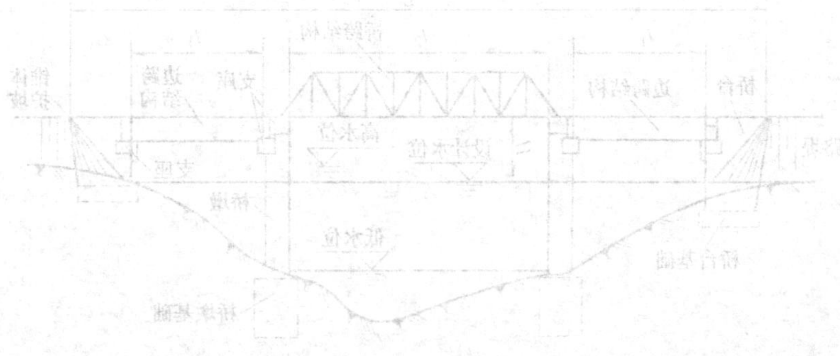

第 4 章　桥涵与隧道工程图

当道路路线通过江河、山谷或与其他路线（公路或铁路）立体交叉时，需要修筑桥梁以保证路线畅通，车辆行驶正常。在山岭地区修筑道路时，为了减少土石方数量，保证车辆平稳行驶和缩短里程要求，可考虑修筑隧道。

桥梁与隧道是交通网上十分重要的环节，如图 4-1 所示，直接影响当地的社会进步、经济发展和文化交流。良好的交通设施、完善的交通网络是现代文明的重要标志之一。

图 4-1　桥隧景观图

4.1　桥梁工程图

4.1.1　桥梁概述

1. 桥梁基本组成

桥梁的组成与桥梁的结构体系有关。常见的梁式桥主要由上部结构和下部结构两部分组成，如图 4-2 所示。在桥跨和墩台之间还设有支座，用于连接和传力。除此之外，还有路堤、挡墙、护坡、导流堤、检查设备、台阶扶梯及导航装置等附属设施。

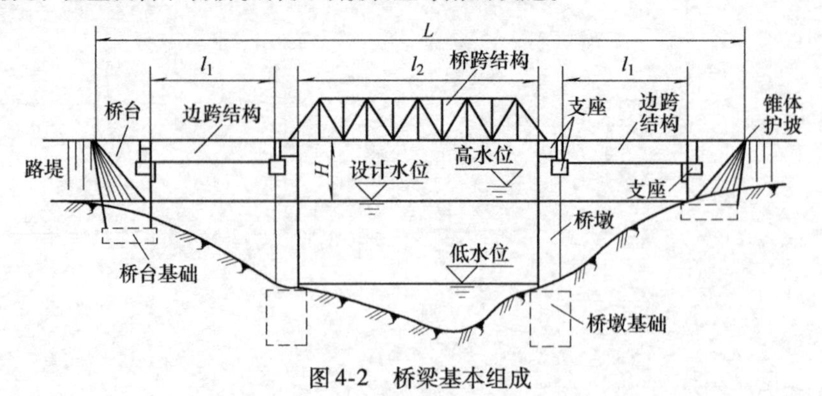

图 4-2　桥梁基本组成

（1）上部结构　桥梁位于支座以上的部分称为上部结构，它包括桥跨结构（也叫承重结构）

和桥面系。桥跨是桥梁中直接承受桥上交通荷载并架空的结构部分；桥面是承重结构以上的各部分（指公路桥的行车道铺装，铁路桥的道渣、枕木、钢轨，排水防水系统，人行道，安全带，路缘石，栏杆，照明或电力装置，伸缩缝等）。

1）承重结构。因桥型不同而各有名称，梁式桥的承重部分称为主梁，拱桥的承重部分称为拱圈，刚架桥的承重部分称为刚架。

2）桥面系。通常由桥面铺装、防水和排水设施、人行道（或安全带）、栏杆（或护栏）、侧缘石、灯柱及伸缩缝等构成，如图4-3所示。

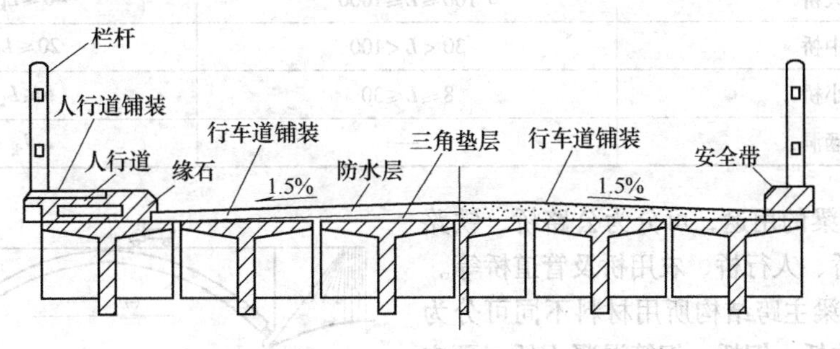

图4-3 桥面系构造示意图

上部结构与桥墩、桥台之间一般设有支座，上部结构的荷载通过支座传递给桥墩、桥台，支座还要保证上部结构能产生一定的变位。

（2）下部结构 桥梁位于支座以下的部分称为下部结构，也叫支承结构。它包括桥墩、桥台及墩台的基础，基础位于墩台的最下部分，承受墩台传递的全部荷载（包括交通荷载和结构自重）并将其传递给地基的结构物。地基是承受由基础传递的荷载而产生变形的各层土层（包括岩层）。

（3）正桥与引桥 桥梁跨越主要障碍物（或通航河道）的结构称为正桥；连接正桥和路堤的桥梁区段称为引桥；在正桥和引桥的分界处，有时还会设置桥头建筑——桥头堡。正桥跨度大，基础深，是整个桥梁工程的重点；引桥一般跨度较小，基础也浅。

（4）水位 河流中的水位是变动的，在枯水季节河流中的最低水位称为低水位；洪峰季节河流中的最高水位称为高水位；桥梁设计中按规定的设计洪水频率计算所得的高水位称为设计水位；能保持船舶正常航行的水位称为通航水位。

（5）跨度 跨度也叫跨径，是表征桥梁技术水平的重要指标，它表示桥梁的跨越能力。把多跨桥梁的最大跨度称为主跨。桥跨结构两支座间的距离 l_1 称为计算跨径，用于结构分析计算；把设计洪水位线上两相邻墩台间的水平净距 l_0 称为桥梁净跨径，各孔净跨径之和称为总跨径（$\sum l_0$），它反映的是桥梁的泄洪能力。

（6）桥梁全长（L） JTG D60—2004《公路桥涵设计通用规范》规定：有桥台的桥梁为两岸桥台侧墙或八字墙尾端间的距离；无桥台的桥梁为桥面系长度。

（7）高度 跨河桥桥面与低水位之间的距离，或跨线桥桥面与桥下线路路面之间的距离称为桥梁高度；设计洪水位或设计通航水位与桥跨结构最下缘的高差 H 称为桥下净空高度，应大于通航或排洪要求的最小数值。桥面到桥跨结构最下缘的高差 h 称为桥梁的建筑高度，应小于在桥梁定线中所要求的允许建筑高度；公路定线中确定的桥面高程对通航净空顶部高程之差称为允许建筑高度。

2. 桥梁分类

桥梁有许多分类方式，人们通常根据桥梁的结构形式、所用材料、所跨越的障碍及其用途、跨径大小等对桥梁进行分类。

1）根据桥梁单孔跨径、多孔跨径总长的不同，桥梁可分为特大桥、大桥、中桥、小桥以及涵洞，见表4-1。

表4-1 桥梁按单孔跨径、多孔跨径总长分类

桥梁分类	多孔跨径总长 L/m	单孔跨径 L_k/m
特大桥	$L>1000$	$L_k>150$
大桥	$100\leq L\leq 1000$	$40\leq L_k<150$
中桥	$30<L<100$	$20\leq L_k<40$
小桥	$8\leq L\leq 30$	$5\leq L_k<20$
涵洞	—	$L_k<5$

2）根据桥梁的用途，可分为公路桥、铁路桥、公铁两用桥、人行桥、农用桥及管道桥等。

3）根据桥梁主跨结构所用材料不同可分为木桥、砌体结构桥、钢桥、钢筋混凝土桥、预应力混凝土桥和钢—混凝土组合桥等。

4）根据桥面在桥跨结构中的位置，桥梁可分为上承式、中承式和下承式桥。桥面布置在桥跨结构上面为上承式桥，布置在中间为中承式桥，布置在下面为下承式桥，如图4-4所示。

5）根据桥梁跨越的障碍物，可分为跨河桥、跨谷桥、跨线桥、地道桥、立交桥、旱桥等。

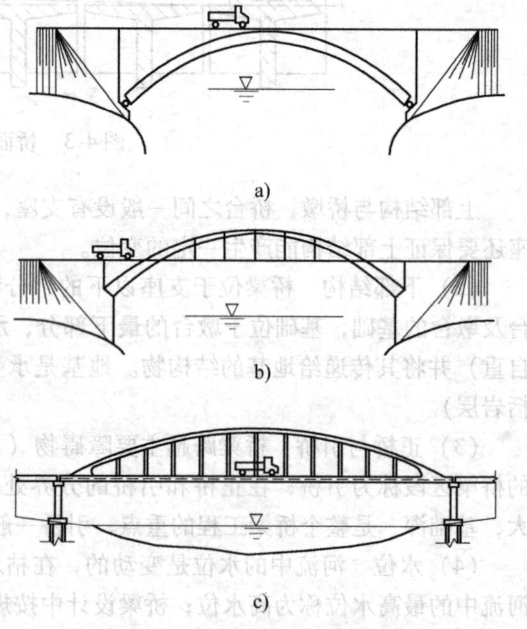

图4-4 桥梁按行车道位置划分

a）上承式桥 b）中承式桥 c）下承式桥

3. 桥梁工程图

桥梁的类型很多，构造组成也各有不同，但是桥梁工程图的图示方法基本相同。桥梁工程图一般是由桥位平面图、桥位地质断面图、桥梁总体布置图、构件结构图（构件详图）等组成，前三者是控制桥梁位置、地质情况及桥梁结构系统的主要图样。

4.1.2 钢筋混凝土结构图

目前钢筋混凝土桥梁结构应用较为广泛，故先行介绍有关钢筋混凝土的基本知识及钢筋混凝土的图示特点，为学习桥梁工程图打好基础。

为了把钢筋混凝土结构图表达清楚，需要画出钢筋混凝土结构图（简称钢筋结构图）。钢筋结构图主要表达构件内部钢筋的布置情况，是钢筋断料、加工、绑扎、焊接和检验的重要依据，它应包括钢筋布置图、钢筋编号、尺寸、规格、根数、钢筋成型图和钢筋数量表及技术说明等。

1. 配筋图

配筋图主要表明各种钢筋的配置，是绑扎或焊接钢筋骨架的依据。为此，应根据结构特点选用基本投影。对于梁、柱等长条形构件，一般选用一个立面图和几个断面图，如图4-5所示；对

于钢筋混凝土板，则一般采用一个平面图或一个平面图和一个立面图，如图4-6所示。

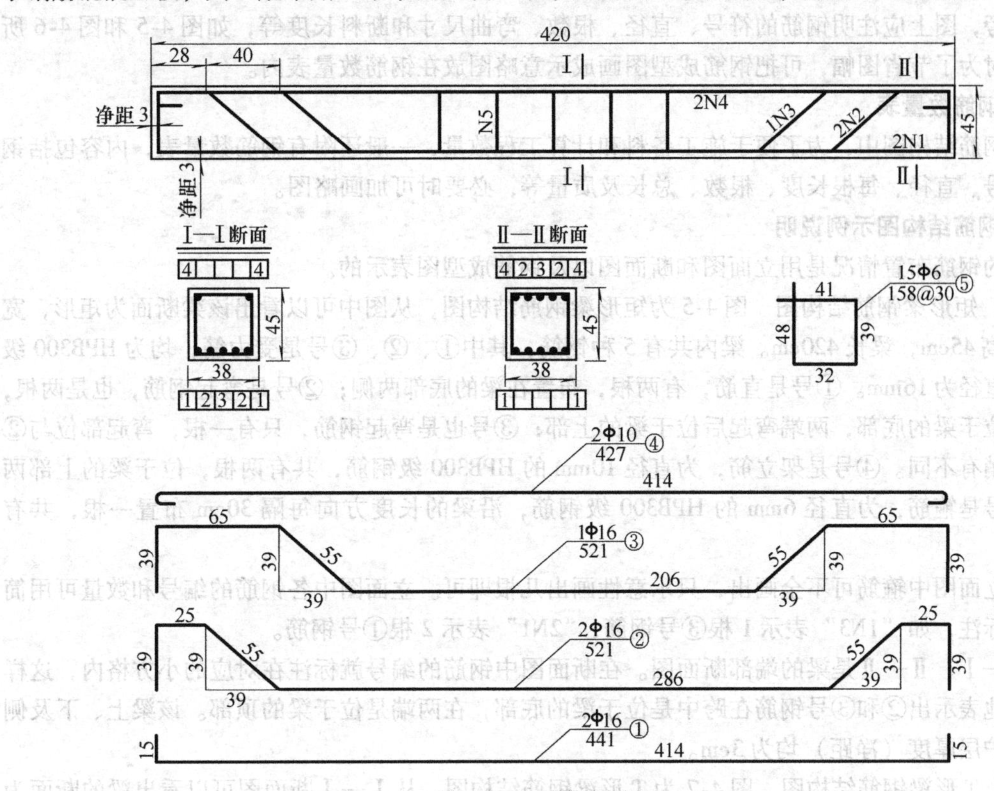

图4-5　矩形梁配筋图

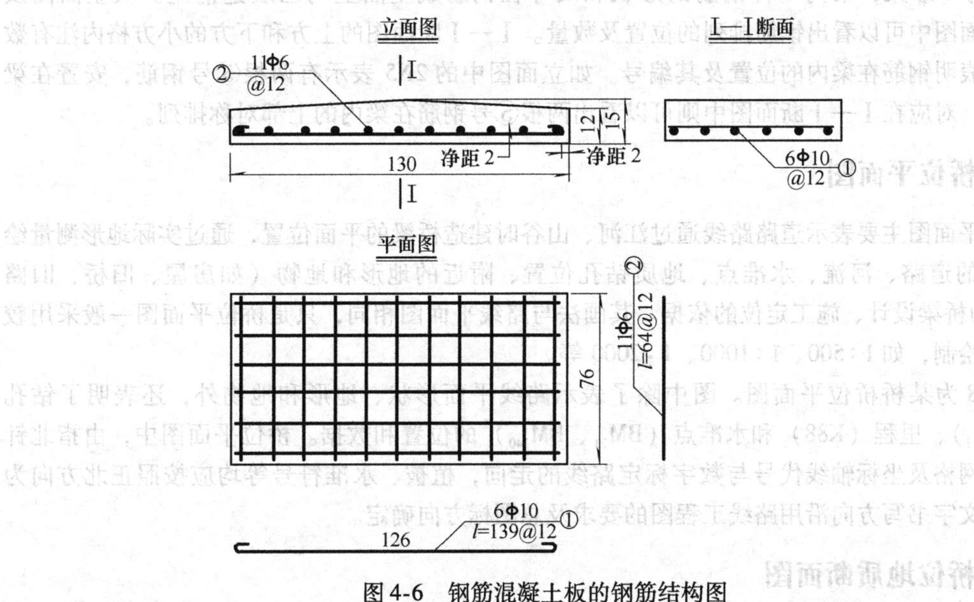

图4-6　钢筋混凝土板的钢筋结构图

2. 钢筋成型图

钢筋成型图是表示每根钢筋形状和尺寸的图样，是钢筋成型加工的依据。因此，在钢筋结构图中，为了能充分表明钢筋的形状以便配料和施工，还必须画出每种钢筋加工成型图（钢筋详图)，而且主要钢筋应尽可能与配筋图中同类型的钢筋保持对齐关系，长度尺寸可直接注写在各段钢筋旁，图上应注明钢筋的符号、直径、根数、弯曲尺寸和断料长度等，如图 4-5 和图 4-6 所示。有时为了节省图幅，可把钢筋成型图画成示意略图放在钢筋数量表内。

3. 钢筋数量表

在钢筋结构图中，为了便于施工备料和计算工程数量，一般还附有钢筋数量表，内容包括钢筋的编号、直径、每根长度、根数、总长及质量等，必要时可加画略图。

4. 钢筋结构图示例说明

梁的钢筋布置情况是用立面图和断面图以及钢筋成型图表示的。

(1) 矩形梁钢筋结构图　图 4-5 为矩形梁钢筋结构图，从图中可以看出该梁断面为矩形，宽 38cm，高 45cm，梁长 420cm。梁内共有 5 种钢筋，其中①、②、③号是受力筋，均为 HPB300 级钢筋，直径为 16mm。①号是直筋，有两根，布置在梁的底部两侧；②号是弯起钢筋，也是两根，在跨中位于梁的底部，两端弯起后位于梁的上部；③号也是弯起钢筋，只有一根，弯起部位与②号钢筋稍有不同。④号是架立筋，为直径 10mm 的 HPB300 级钢筋，共有两根，位于梁的上部两侧；⑤号是箍筋，为直径 6mm 的 HPB300 级钢筋，沿梁的长度方向每隔 30cm 布置一根，共有 15 根。

在立面图中箍筋可不全画出，只示意性画出几根即可。立面图中各钢筋的编号和数量可用简略形式标注，如“1N3”表示 1 根③号钢筋，“2N1”表示 2 根①号钢筋。

Ⅰ—Ⅰ、Ⅱ—Ⅱ是梁的端部断面图。在断面图中钢筋的编号就标注在对应的小方格内，这样就清楚地表示出②和③号钢筋在跨中是位于梁的底部，在两端是位于梁的顶部。该梁上、下及侧面的保护层厚度（净距）均为 3cm。

(2) T 形梁钢筋结构图　图 4-7 为 T 形梁钢筋结构图，从Ⅰ—Ⅰ断面图可以看出梁的断面为 T 形，称为 T 形梁，梁内 6 种钢筋的形状和尺寸在钢筋成型图上均已表达清楚。从立面图及Ⅰ—Ⅰ断面图中可以看出钢筋排列的位置及数量。Ⅰ—Ⅰ断面图的上方和下方的小方格内注有数字，用以表明钢筋在梁内的位置及其编号。如立面图中的 2N5 表示有两根⑤号钢筋，安置在梁内的上部，对应在Ⅰ—Ⅰ断面图中则可以看出两根⑤号钢筋在梁内的上部对称排列。

4.1.3 桥位平面图

桥位平面图主要表示道路路线通过江河、山谷时建造桥梁的平面位置，通过实际地形测量绘出桥位处的道路、河流、水准点、地质钻孔位置、附近的地形和地物（如房屋、旧桥、旧路等)，作为桥梁设计、施工定位的依据。其画法与路线平面图相同，只是桥位平面图一般采用较小的比例绘制，如 1:500、1:1000、1:2000 等。

图 4-8 为某桥桥位平面图。图中除了表示路线平面形状、地形和地物外，还表明了钻孔（ZK_1、ZK_2)、里程（K88）和水准点（BM_{31}、BM_{140}）的位置和数据。桥位平面图中，由指北针或以坐标网格及坐标轴线代号与数字标定路线的走向，植被、水准符号等均应按照正北方向为准，图中文字书写方向沿用路线工程图的要求及总图标方向确定。

4.1.4 桥位地质断面图

桥位地质断面图是根据水文调查和地质勘探所得的资料绘制出桥位处河床位置的地质断面图，包括河床断面线、最高水位线、常水位线和最低水位线，以此作为设计桥梁、桥台、桥墩和计算土石方工程数量的依据。地质断面图为了明显表示地质和河床深度的变化情况，特意把地形高度的比例与水平方向的比例放大数倍画出。

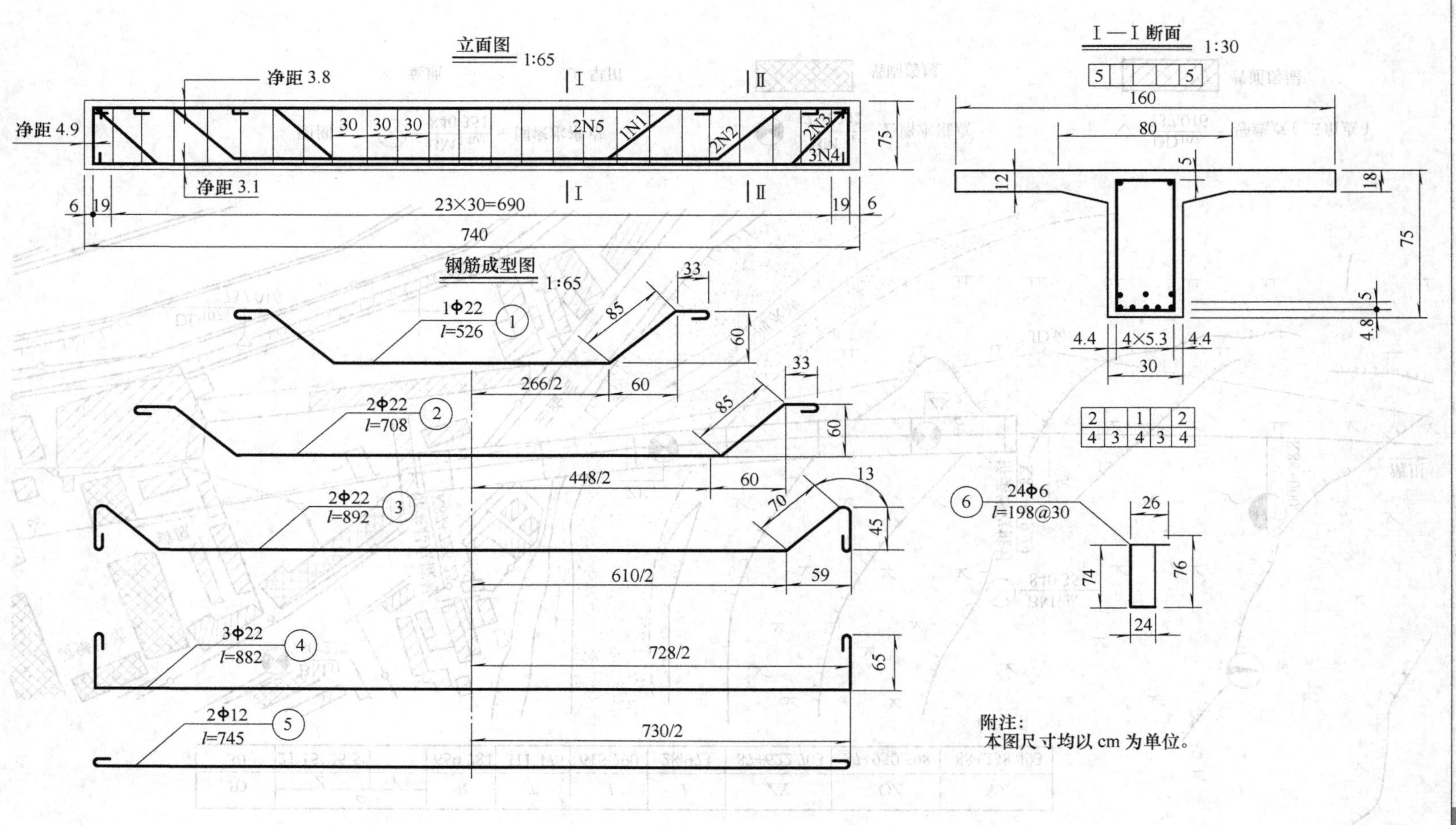

图 4-7　T 形梁钢筋结构图

JD	α		R	T	L	E	ZY	QZ	YZ
	Z	Y							
30	21°15′25.5″		659.784	311.476	615.790	28.973	87+622.703	87+950.598	88+238.493

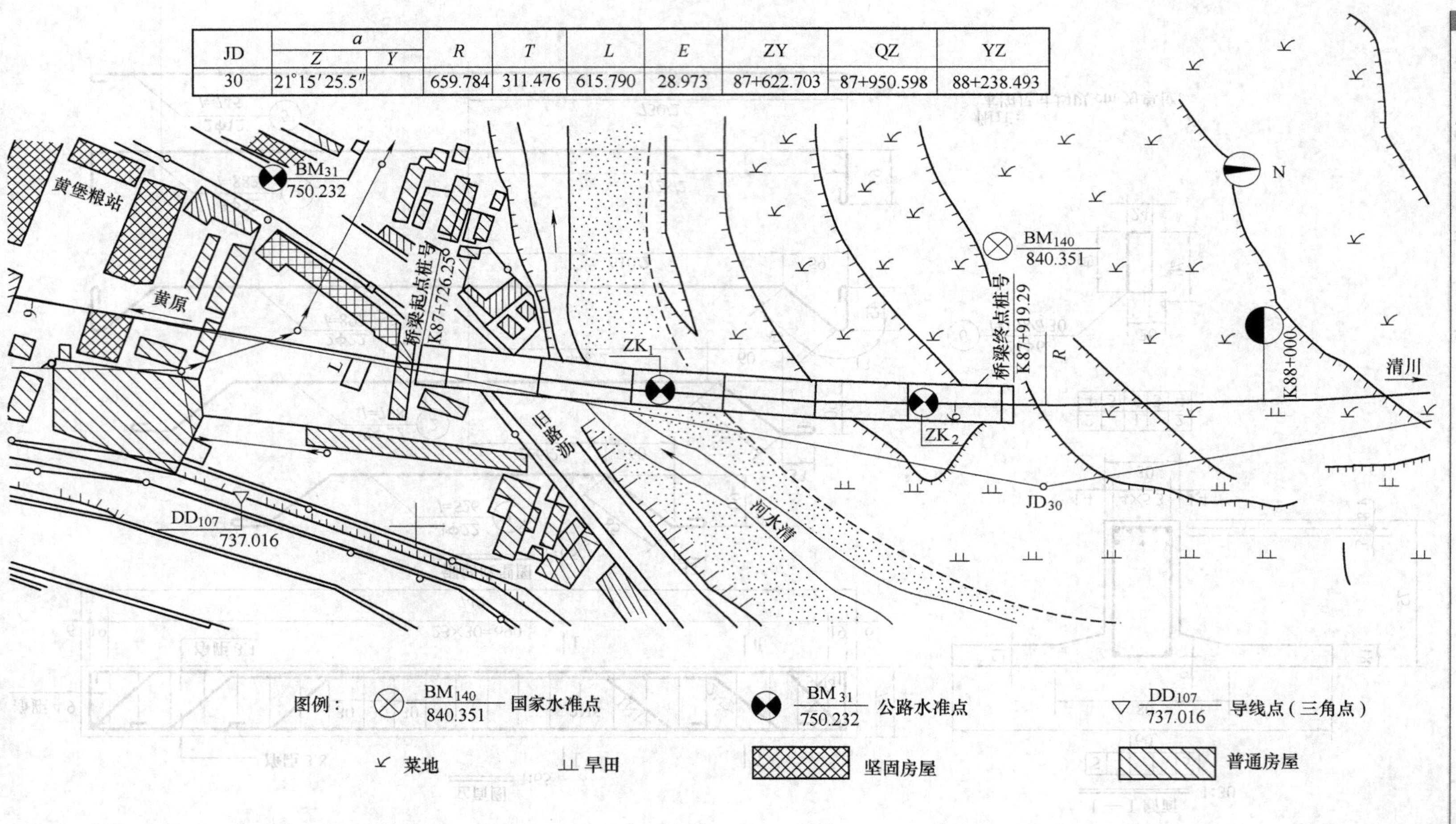

图 4-8 某桥桥位平面图

图4-9为某桥桥位地质断面图，由图可以看出该桥位地形高度的比例采用1∶500，水平方向的比例采用1∶2000。图中还画出了ZK_1、ZK_2两个钻孔的位置，并在图中标出了钻孔的有关数据。

4.1.5 桥梁总体布置图

桥梁总体布置图是表达桥梁上部结构、下部结构和附属结构等三部分组成情况的总图。主要表明桥梁的形式、跨径、孔数、总体尺寸、各主要构件的相互位置关系、桥梁各部分的标高、材料数量以及有关的说明等，作为施工时确定墩台位置、安装构件和控制标高的依据。一般由立面图、平面图和剖面图组成。

图4-10为某桥的总体布置图，采用1∶200绘图比例。该桥为三孔钢筋混凝土空心板简支梁桥，总长度34.90m，总宽度14m，中孔跨径13m，两边孔跨径10m。桥中设有两个柱式桥墩，两端为重力式混凝土桥台，桥台和桥墩的基础均采用钢筋混凝土预制打入桩。上部承重构件为钢筋混凝土空心板梁。

1. 立面图

桥梁一般是左右对称的，所以立面图常常是由半立面和半纵剖面合成的。由图4-10可知，左半立面图为左侧桥台、1#桥墩、板梁、人行道栏杆等主要部分的外形视图；右半纵剖面图是沿桥梁中心线纵向剖开而得到的，2#桥墩、右侧桥台、板梁和桥面均应按剖开绘制。由图4-10还可以看到河床的断面形状，在半立面图中，河床断面线以下的结构如桥台、桩等用虚线绘制，在半剖面图中地下的结构均用实线绘制。

由于预制桩打入到地下较深的位置，不必全部画出，为了节省图幅，可以采用断开画法。图4-10中还标出了桥梁各重要部位如桥面、梁底、桥墩、桥台、桩尖等处的高程，以及常水位（即常年平均水位）。

2. 平面图

桥梁的平面图按“长对正”配置在立面图的下方，常采用对称画法，即对称形体以对称符号为界，一半画外形图，一半画剖面图。

由图4-10可知，左半平面图是从上向下投影得到的桥面水平投影，主要画出了车行道、人行道、栏杆等的位置。由所注尺寸可知，桥面车行道净宽为10m，两边人行道宽各为2m；右半部采用的是剖切画法（或分层揭开画法），假想把上部结构移去后，画出了2#桥墩和右侧桥台的平面形状和位置。桥墩中的虚线圆是立柱的投影，桥台中的虚线正方形是下面方桩的投影。

3. 横剖面图

由图4-10中立面图所标注的剖切位置可以看出，Ⅰ—Ⅰ剖面是在中跨位置剖切的，Ⅱ—Ⅱ剖面是在边跨位置剖切的，桥梁的横剖面图是左半部Ⅰ—Ⅰ剖面和右半部Ⅱ—Ⅱ剖面拼成的。

桥梁中跨和边跨部分的上部结构相同，桥面总宽度为14m，是由10块钢筋混凝土空心板拼接而成，图中由于板的断面形状太小，没有画出其材料符号。

在Ⅰ—Ⅰ剖面图中画出了桥墩各部分，包括墩帽、立柱、承台、桩等的投影；在Ⅱ—Ⅱ剖面图中画出了桥台各部分，包括台帽、台身、承台、桩等的投影。

4.1.6 构件大样图

由于桥梁的总体布置图比例较小，不可能把桥梁各构件详细地表达清楚，因此，单凭总体布置图是不能施工的，还应该另画图样，采用较大的比例将各个构件的形状、构造、尺寸都完整地表达出来，这种图样称为构件详图或构件大样图，简称构件图。

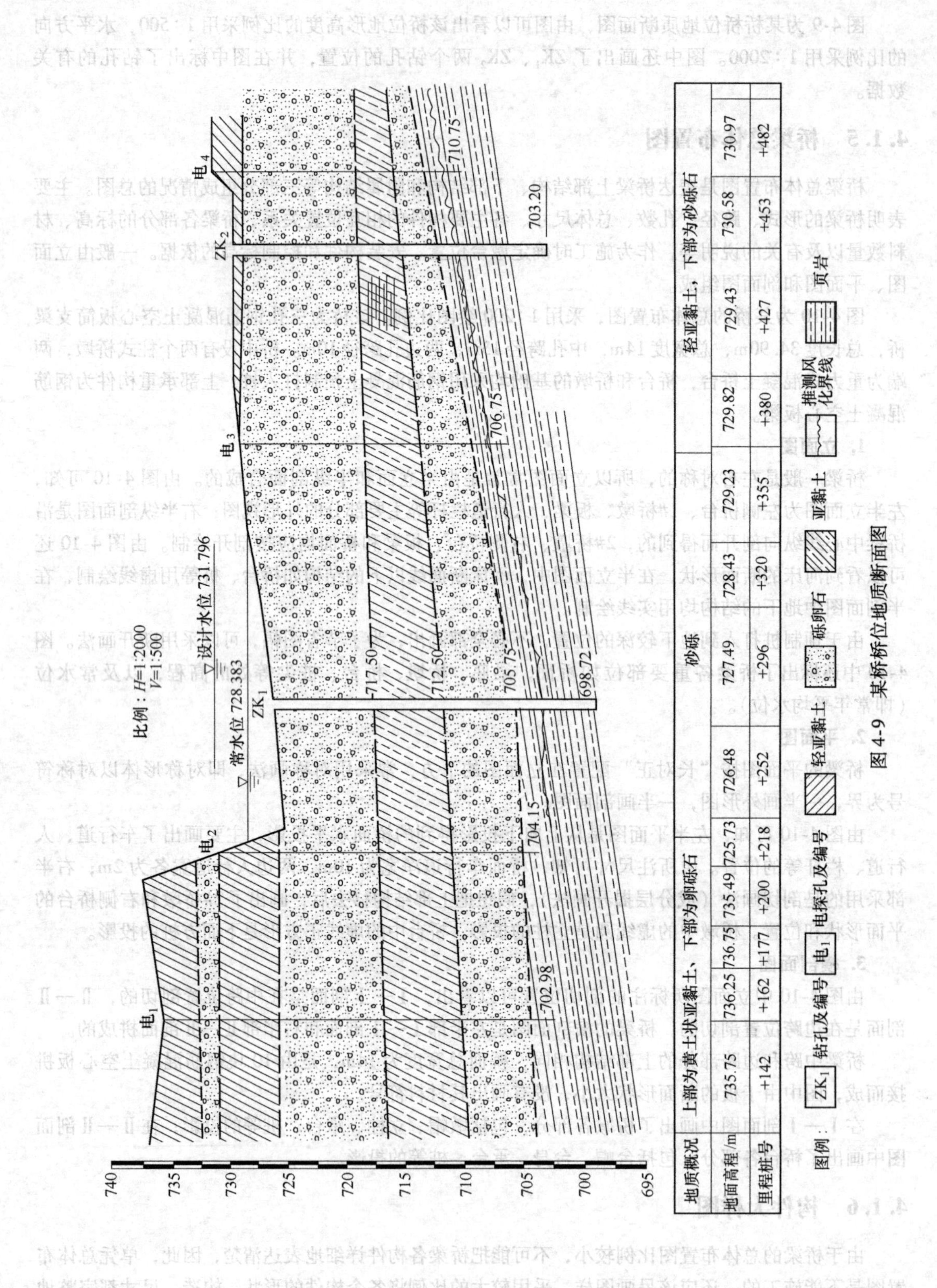

图 4-9 某桥桥位地质断面图

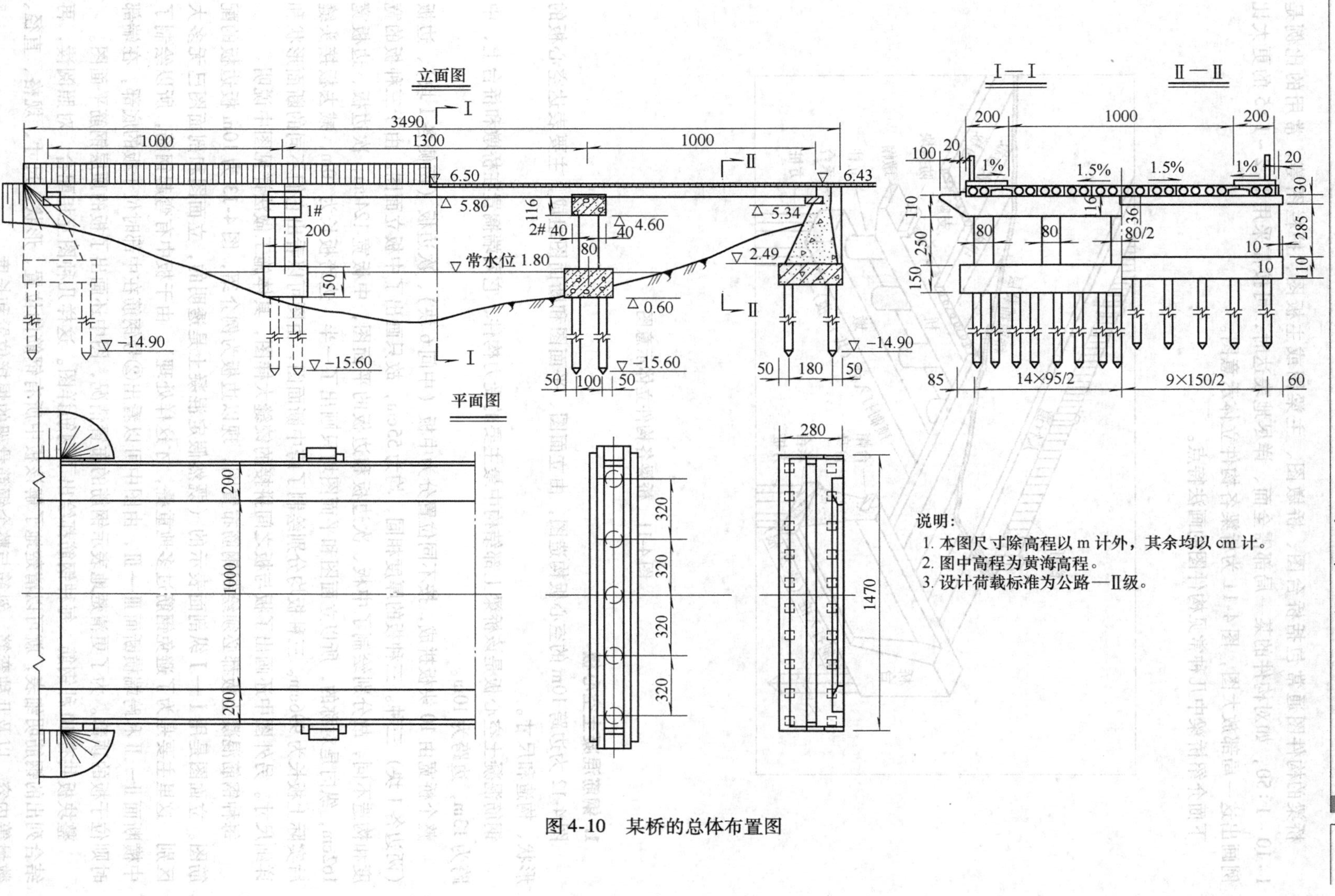

图4-10　某桥的总体布置图

桥梁的构件图通常包括桥台图、桥墩图、主梁图或主板图、护栏图等，常用的比例是1∶10～1∶50，如对构件的某一局部需全面、详尽地表达时，可按需采用1∶2～1∶5的更大比例画出这一局部放大图，图4-11为桥梁各构件立体示意图。

下面介绍桥梁中几种常见构件图的画法特点。

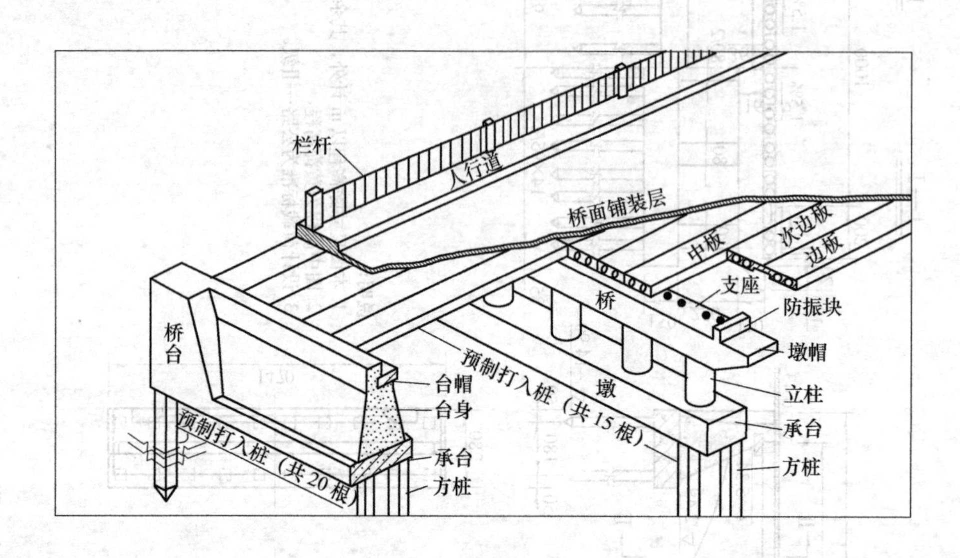

图4-11 桥梁各构件立体示意图

1. 钢筋混凝土空心板

图4-12为边跨10m的空心板构造图，由立面图、平面图和断面图组成，主要表达空心板的形状、构造和尺寸。

钢筋混凝土空心板是该桥梁上部结构中最主要的受力构件，它两端搁置在桥墩和桥台上，中跨为13m，边跨为10m。

整个桥宽由10块板拼成，按不同位置分为中板（中间6块）、次边板（两侧各1块）、边板（两边各1块）三种。三种板的厚度相同，均为55cm，故只画出了中板立面图。由于三种板的宽度和构造不同，故分别绘制了中板、次边板和边板的平面图，中板宽124cm，次边板、边板宽162cm，纵向是对称的，所以立面图和平面图均只画出了一半，边跨板长为10m，减去板接头缝后实际上板长为996cm。三种板均分别绘制了跨中断面图，由图可以看出它们不同的断面形状和详细尺寸。另外图中还画出了板与板之间拼接的铰缝大样图，具体施工做法详见图中说明。

每种钢筋混凝土板都必须绘制钢筋布置图，现以边板为例介绍，图4-13为10m板边板的配筋图。立面图是用Ⅰ—Ⅰ纵剖面表示的（既然假定混凝土是透明的，立面图和剖面图已无多大区别，这里主要是为了避免钢筋过多地重叠，才这样处理）。由于板中有弯起钢筋，所以绘制了中横断面Ⅱ—Ⅱ和跨端横断面Ⅲ—Ⅲ，由图中可以看出②号钢筋在中部时位于板的底部，在端部时则位于板的顶部。为了更清楚地表示钢筋的布置情况，图中还画出了板的顶层钢筋平面图。

整块板共有10种钢筋，每种钢筋都绘出了钢筋详图。这样几种图互相配合，对照阅读，再结合列出的钢筋明细表，就可以清楚地了解该板中所有钢筋的位置、形状、尺寸、规格、直径、数量等内容，以及几种弯筋、斜筋与整个钢筋骨架的焊接位置和长度。

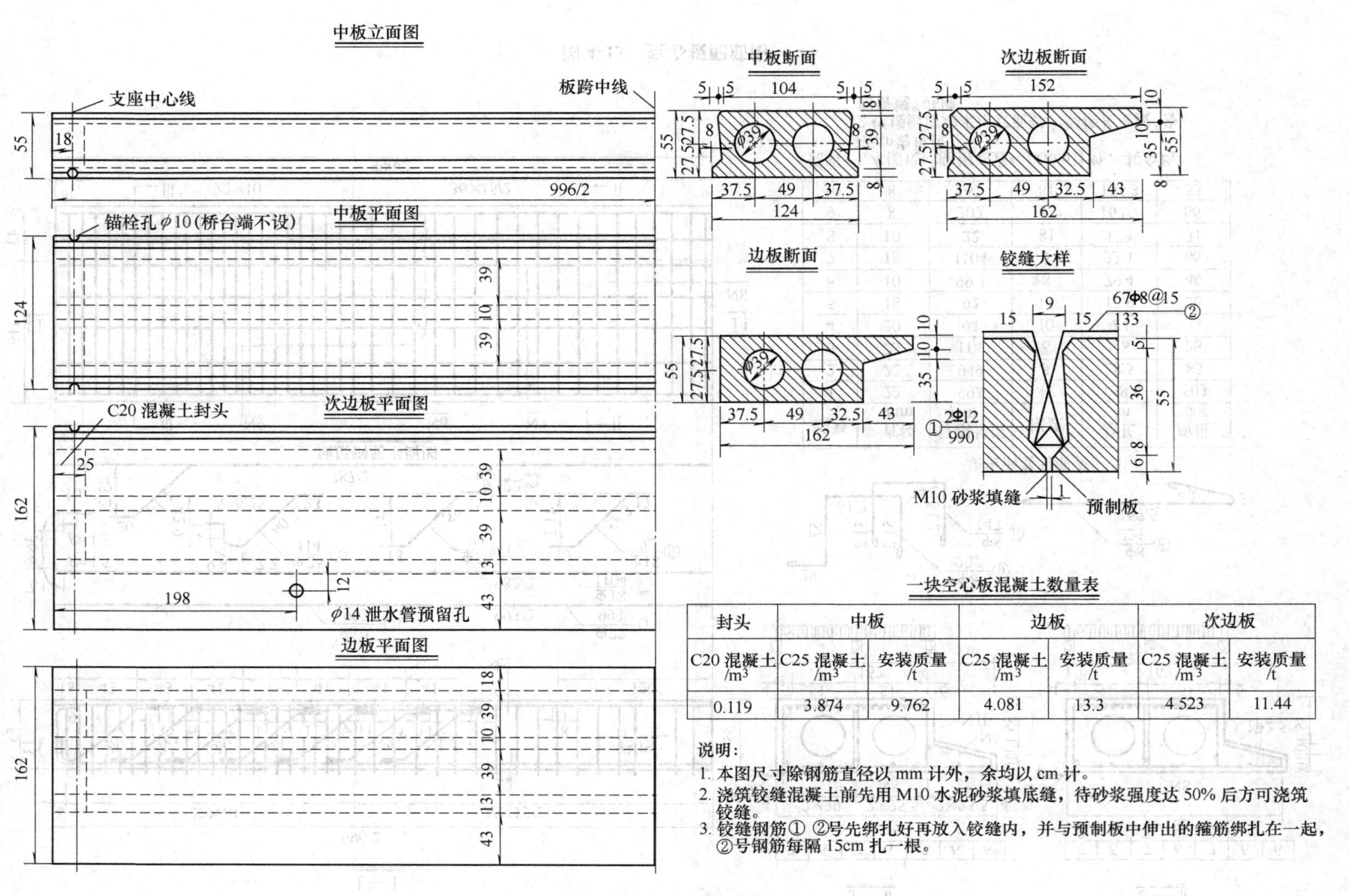

一块空心板混凝土数量表

封头	中板		边板		次边板	
C20 混凝土/m^3	C25 混凝土/m^3	安装质量/t	C25 混凝土/m^3	安装质量/t	C25 混凝土/m^3	安装质量/t
0.119	3.874	9.762	4.081	13.3	4.523	11.44

说明:

1. 本图尺寸除钢筋直径以 mm 计外，余均以 cm 计。
2. 浇筑铰缝混凝土前先用 M10 水泥砂浆填底缝，待砂浆强度达 50% 后方可浇筑铰缝。
3. 铰缝钢筋① ②号先绑扎好再放入铰缝内，并与预制板中伸出的箍筋绑扎在一起，②号钢筋每隔 15cm 扎一根。

图 4-12　空心板构造图

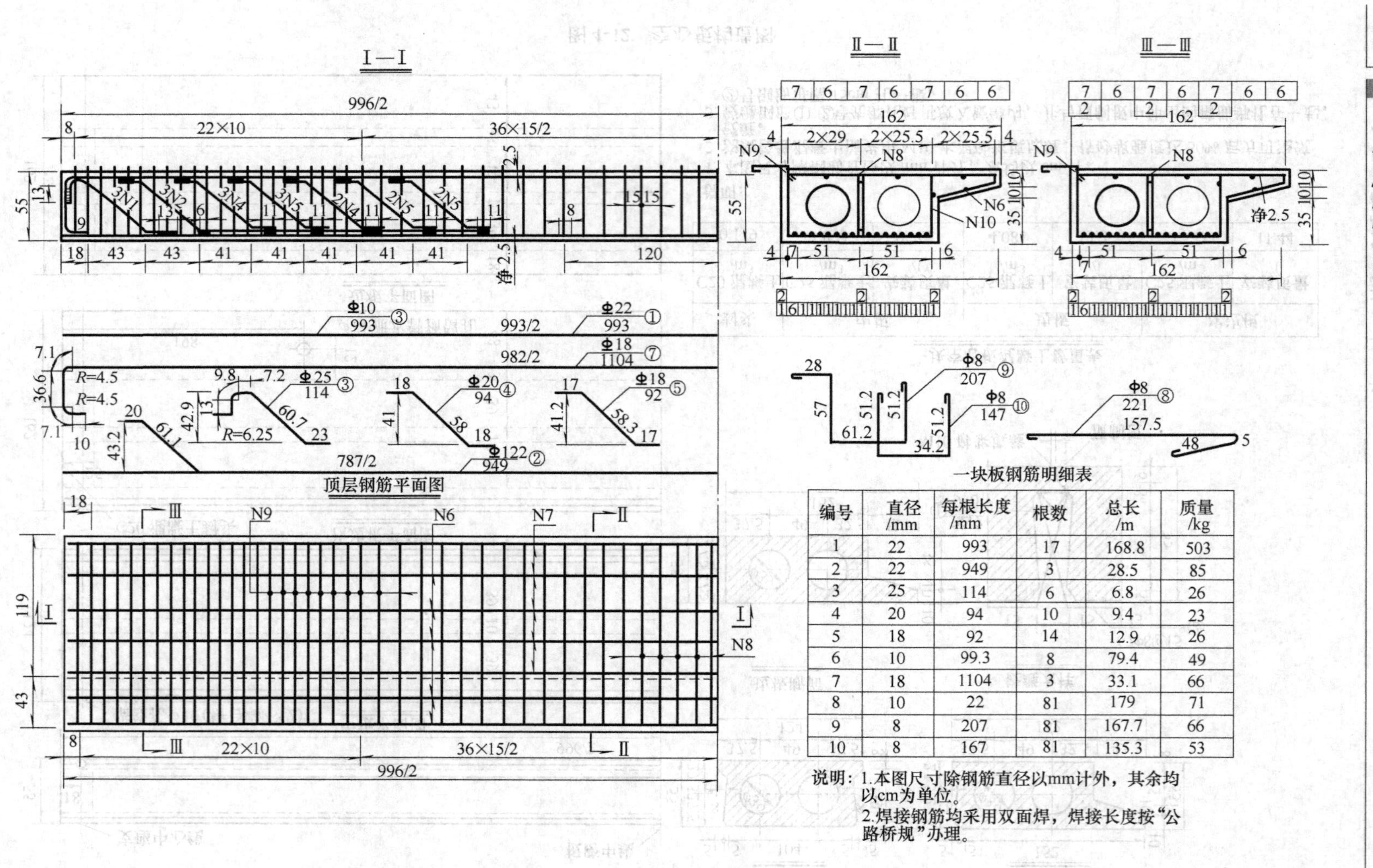

一块板钢筋明细表

编号	直径/mm	每根长度/mm	根数	总长/m	质量/kg
1	22	993	17	168.8	503
2	22	949	3	28.5	85
3	25	114	6	6.8	26
4	20	94	10	9.4	23
5	18	92	14	12.9	26
6	10	99.3	8	79.4	49
7	18	1104	3	33.1	66
8	10	22	81	179	71
9	8	207	81	167.7	66
10	8	167	81	135.3	53

说明：1.本图尺寸除钢筋直径以mm计外，其余均以cm为单位。
2.焊接钢筋均采用双面焊，焊接长度按“公路桥规”办理。

图4-13 空心板配筋图

2. 桥墩图

图4-14为某桥桥墩构造图，主要表达桥墩各部分的形状和尺寸。图中主要绘制了桥墩的立面图、侧面图和Ⅰ—Ⅰ剖面图，由于桥墩是左右对称的，故立面图和剖面图均只画出一半。

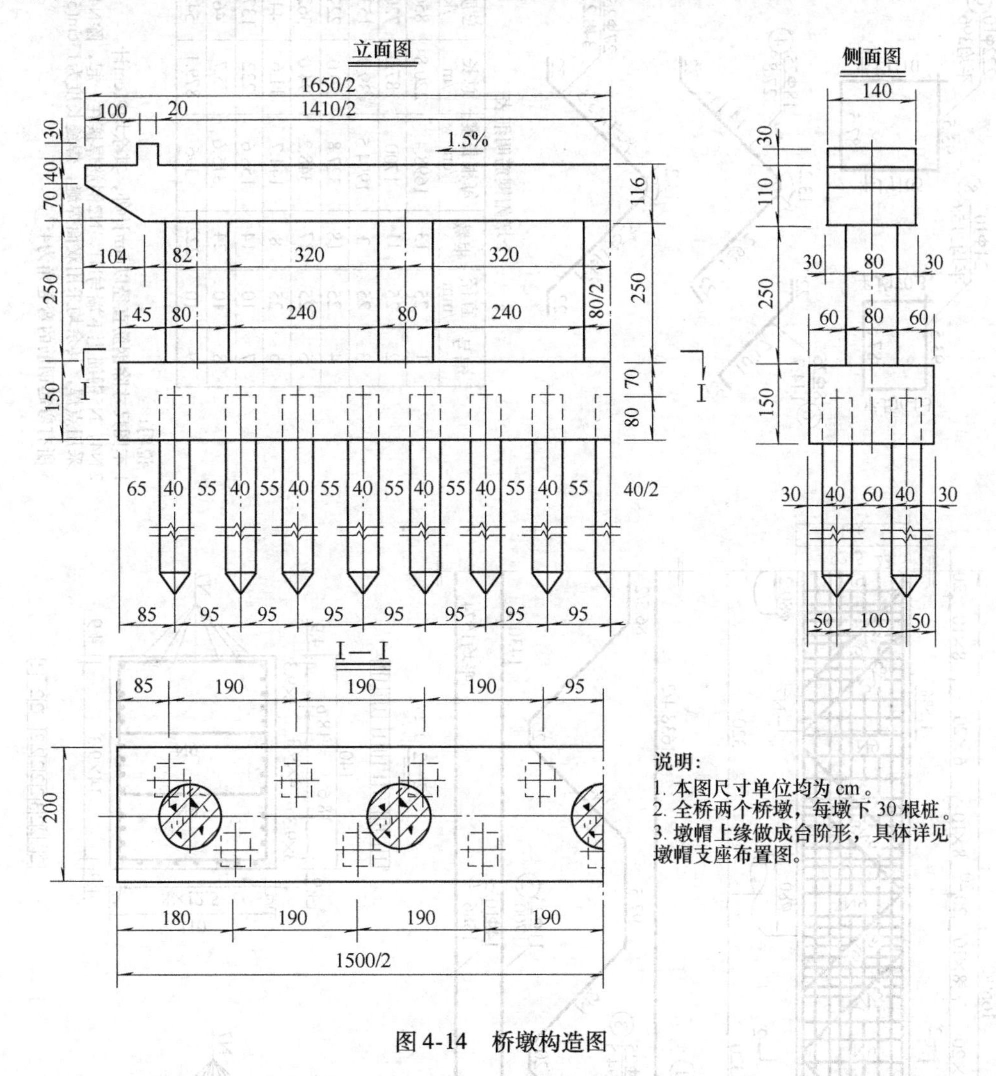

图4-14　桥墩构造图

由图中可以看出，桥墩是由墩帽、立柱、承台和基桩组成的。根据图中标注的剖切位置可以看出，Ⅰ—Ⅰ剖面图实质为承台平面图，承台为长方体，长1500cm，宽200cm，高150cm。承台下的基桩分两排交错（呈梅花形）布置，施工时先将预制桩打入地基，下端到达设计深度（标高）后，再浇筑承台，桩的上端深入承台内部80cm，在立面图中这一段用虚线绘制。承台上有5根圆形立柱，直径为80cm，高为250cm，立柱上面是墩帽，墩帽的全长为1650cm，宽为140cm，高度在中部为116cm、在两端为110cm，有一定的坡度，目的是使桥面形成1.5%的横坡。墩帽的两端各有一个20cm×30cm的抗震挡块，是为防止空心板移动而设置的。墩帽上的支座，详见支座布置图。

桥墩的各部分均是钢筋混凝土结构，需要绘制钢筋布置图。图4-15为桥墩墩帽的配筋图，由立面图、1—1和2—2横断面图以及钢筋详图组成。

立面图比例为1∶30，由于墩帽内钢筋较多，所以横断面图的比例更大，采用1∶20。

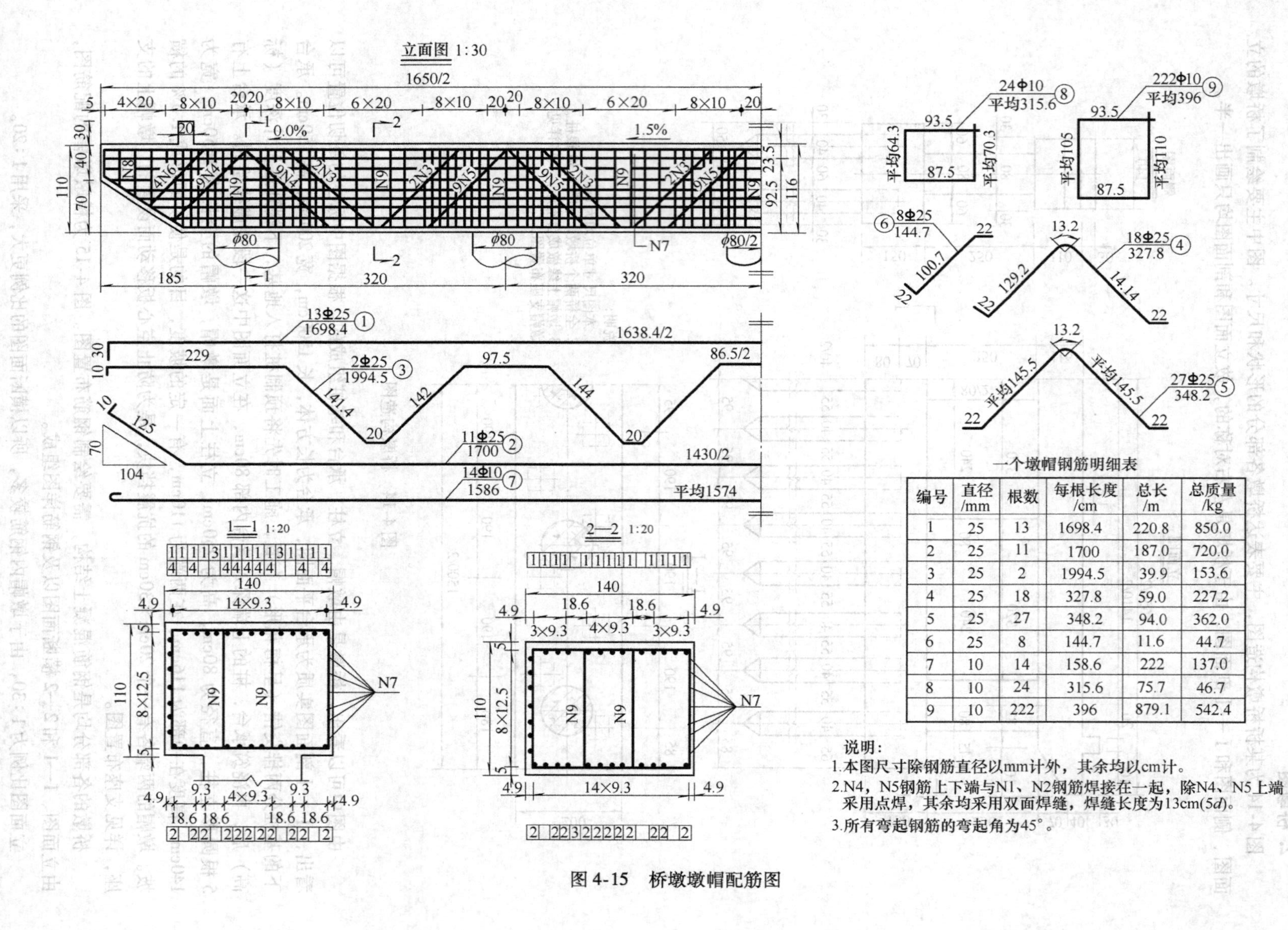

一个墩帽钢筋明细表

编号	直径/mm	根数	每根长度/cm	总长/m	总质量/kg
1	25	13	1698.4	220.8	850.0
2	25	11	1700	187.0	720.0
3	25	2	1994.5	39.9	153.6
4	25	18	327.8	59.0	227.2
5	25	27	348.2	94.0	362.0
6	25	8	144.7	11.6	44.7
7	10	14	158.6	222	137.0
8	10	24	315.6	75.7	46.7
9	10	222	396	879.1	542.4

说明：

1.本图尺寸除钢筋直径以mm计外，其余均以cm计。

2.N4、N5钢筋上下端与N1、N2钢筋焊接在一起，除N4、N5上端采用点焊，其余均采用双面焊缝，焊缝长度为13cm(5d)。

3.所有弯起钢筋的弯起角为45°。

图 4-15　桥墩墩帽配筋图

墩帽内共配有9种钢筋：在顶层有13根①号钢筋；在底层有11根②号钢筋；③号弯起钢筋有2根；④、⑤、⑥号是加强斜筋；⑧号箍筋布置在墩帽的两端，且尺寸依截面的变化而变化；⑨号箍筋分布在墩帽的中部，间隔为10cm或20cm，立面图中标出了具体位置；为了增强墩帽的刚度，在两侧各布置了7根⑦号腰筋。由于篇幅所限，桥墩其他部分如立柱、承台等的配筋图略。

3. 桥台图

桥台属于桥梁的下部结构，主要支承上部的板梁，并承受路堤填土的水平推力。我国公路桥梁桥台的形式主要有实体式桥台（又称重力式桥台）、埋置式桥台、轻型桥台、组合式桥台等。

图4-16为重力式混凝土桥台的构造图，主要用平面图、剖面图和侧面图来表达。该桥台由台帽、台身、侧墙、承台和基桩组成。

图中桥台的立面图用Ⅰ—Ⅰ剖面图代替，既可表示出桥台的内部构造，又可画出材料图例，该桥台的台身和侧墙均用C30混凝土浇筑而成，台帽和承台的材料为钢筋混凝土。

桥台的长为280cm，高为493cm，宽度为1470cm。由于宽度尺寸较大且对称，所以平面图只画出了一半。

侧面图由台前和台后两个方向的视图各取一半拼成，所谓台前，是指桥台面对河流的一侧，

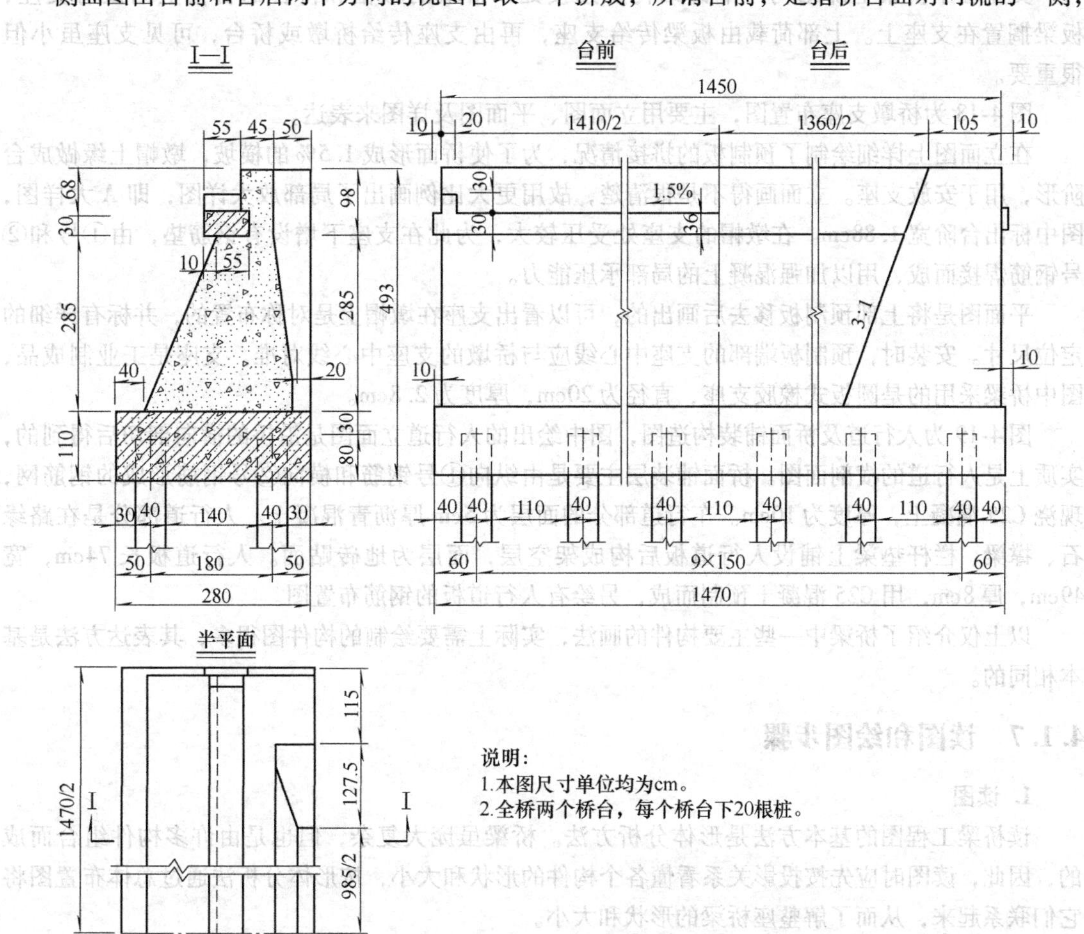

图4-16　桥台构造图

台后则是桥台面对路堤填土的一侧。

为了节省图幅，平面图和侧面图中都采用了断开画法。桥台下的基桩分两排对齐布置，排距为180cm，桩距为150cm，每个桥台有20根桩。

4. 桥墩基桩钢筋构造图

图4-17为预制桩的配筋图，主要用立面图和断面图及钢筋详图来表达。由于桩的长度尺寸较大，为了布图的方便一般将桩水平放置，断面图可画成中断断面或移出断面。

由图中可以看出，桩截面为正方形（40cm×40cm），桩的总长为17m，分上下两节。上节桩长为8m，下节桩长为9m。上节桩内布置的主筋为8根①号钢筋，桩顶端有钢筋网1和钢筋网2共三层，在接头端预埋4根⑩号钢筋；下节桩内的主筋为4根②号钢筋和4根③号钢筋，一直通过桩尖部位，⑥号钢筋为桩尖部位的螺旋形钢筋。④和⑤号为大小两种方形箍筋，套叠在一起放置，每种箍筋沿桩长度方向有三种间距，④号箍筋从两端到中央的间距依次为5cm、10cm、20cm，⑤号箍筋从两端到中央的间距分别为10cm、20cm、40cm，具体位置详见标注。画出的Ⅰ—Ⅰ剖面图实际上是桩尖视图，主要表示桩尖部的形状及⑦号钢筋与②号钢筋的位置。桩接头处的构造需另配详图，这里未示出。

5. 支座布置图

支座位于桥梁上部结构与下部结构的连接处，桥墩的墩帽和桥台的台帽上均设有支座，板梁搁置在支座上。上部荷载由板梁传给支座，再由支座传给桥墩或桥台，可见支座虽小但很重要。

图4-18为桥墩支座布置图，主要用立面图、平面图及详图来表达。

在立面图上详细绘制了预制板的拼接情况，为了使桥面形成1.5%的横坡，墩帽上缘做成台阶形，用于安放支座。立面画得不是很清楚，故用更大比例画出了局部放大详图，即A大样图，图中标出台阶宽1.88cm。在墩帽的支座处受压较大，为此在支座下增设有钢筋垫，由①号和②号钢筋焊接而成，用以加强混凝土上的局部承压能力。

平面图是将上部预制板移去后画出的，可以看出支座在墩帽上是对称布置的，并标有详细的定位尺寸。安装时，预制板端部的支座中心线应与桥墩的支座中心线对准。支座是工业制成品，图中桥梁采用的是圆板式橡胶支座，直径为20cm，厚度为2.8cm。

图4-19为人行道及桥面铺装构造图，图中绘出的人行道立面图是沿桥的横向剖切后得到的，实质上是人行道的横剖面图。桥面铺装层主要是由纵向①号钢筋和横向②号钢筋形成的钢筋网，现浇C25混凝土，厚度为10cm。车行道部分的面层为5cm厚沥青混凝土。人行道部分是在路缘石、撑梁、栏杆垫梁上铺设人行道板后构成架空层，面层为地砖贴面。人行道板长74cm，宽49cm，厚8cm，用C25混凝土预制而成，另绘有人行道板的钢筋布置图。

以上仅介绍了桥梁中一些主要构件的画法，实际上需要绘制的构件图很多，其表达方法是基本相同的。

4.1.7 读图和绘图步骤

1. 读图

读桥梁工程图的基本方法是形体分析方法。桥梁虽庞大复杂，但也是由许多构件组合而成的，因此，读图时应先按投影关系看懂各个构件的形状和大小，按形体分析法通过总体布置图将它们联系起来，从而了解整座桥梁的形状和大小。

阅读桥梁工程图的步骤如下：

（1）先读图纸的标题栏和说明，了解桥梁的名称、桥型、主要技术指标等。

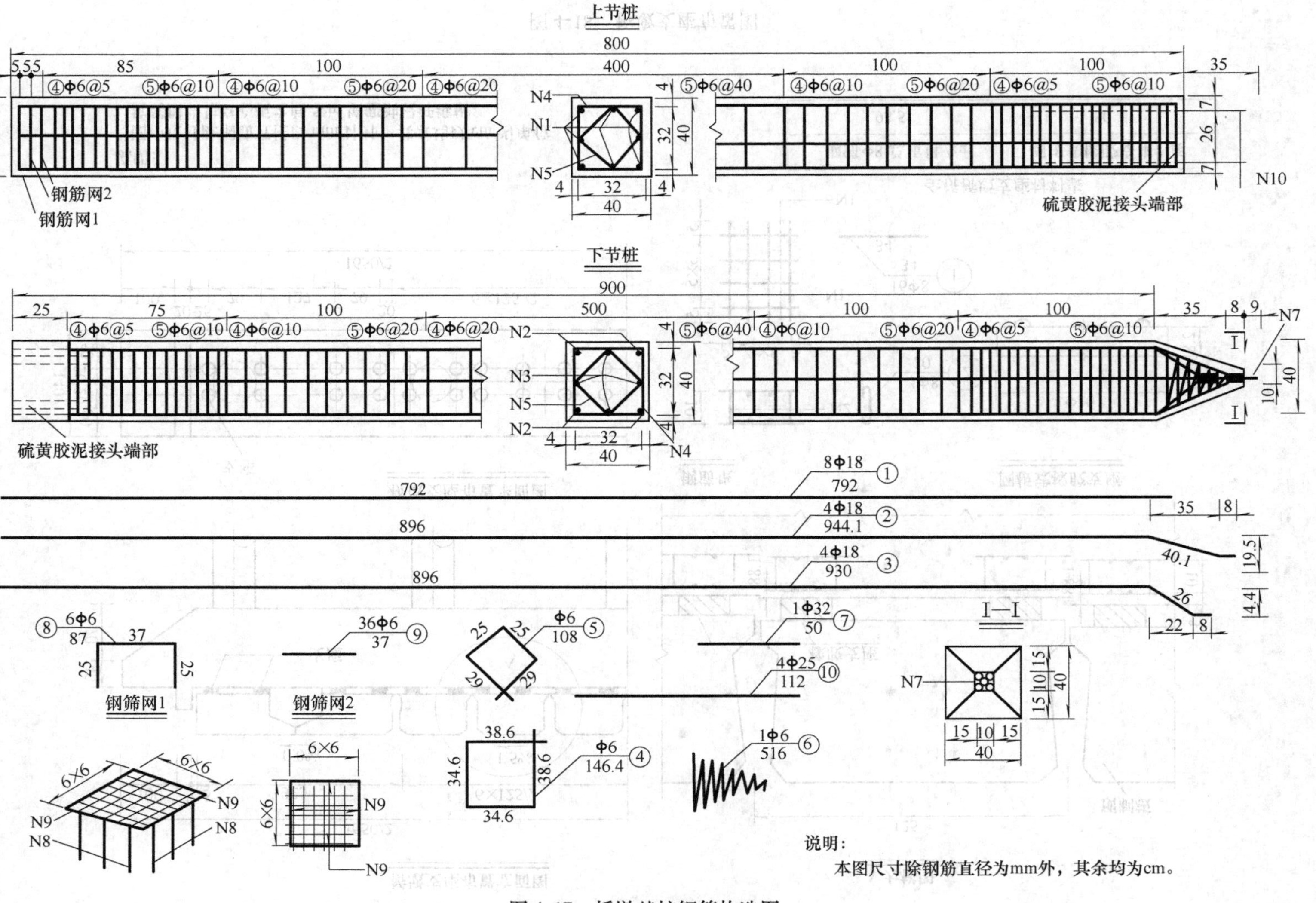

说明：

本图尺寸除钢筋直径为mm外，其余均为cm。

图 4-17　桥墩基桩钢筋构造图

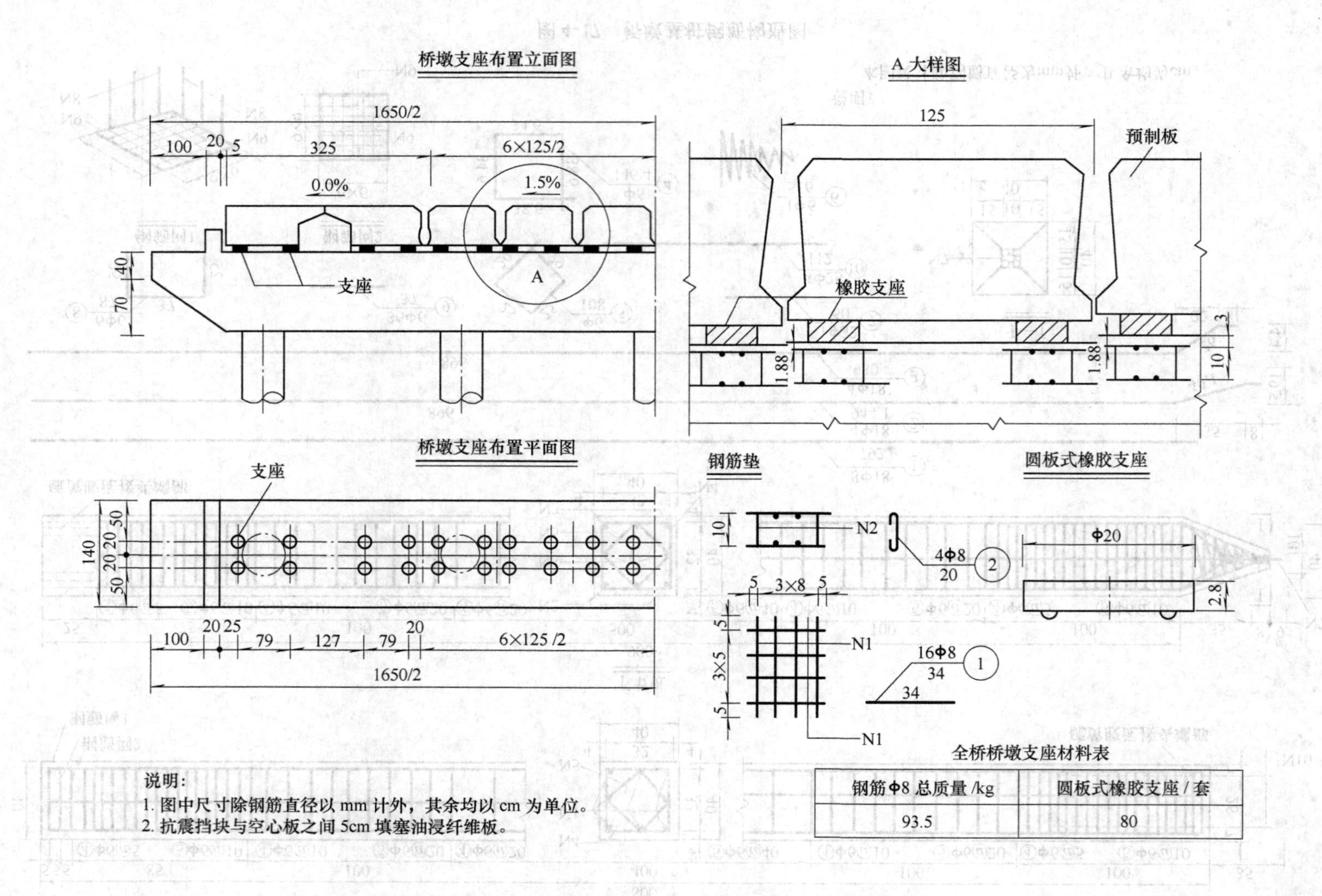

说明：
1. 图中尺寸除钢筋直径以mm计外，其余均以cm为单位。
2. 抗震挡块与空心板之间5cm填塞油浸纤维板。

全桥桥墩支座材料表

钢筋Φ8总质量/kg	圆板式橡胶支座/套
93.5	80

图4-18 桥墩支座布置图

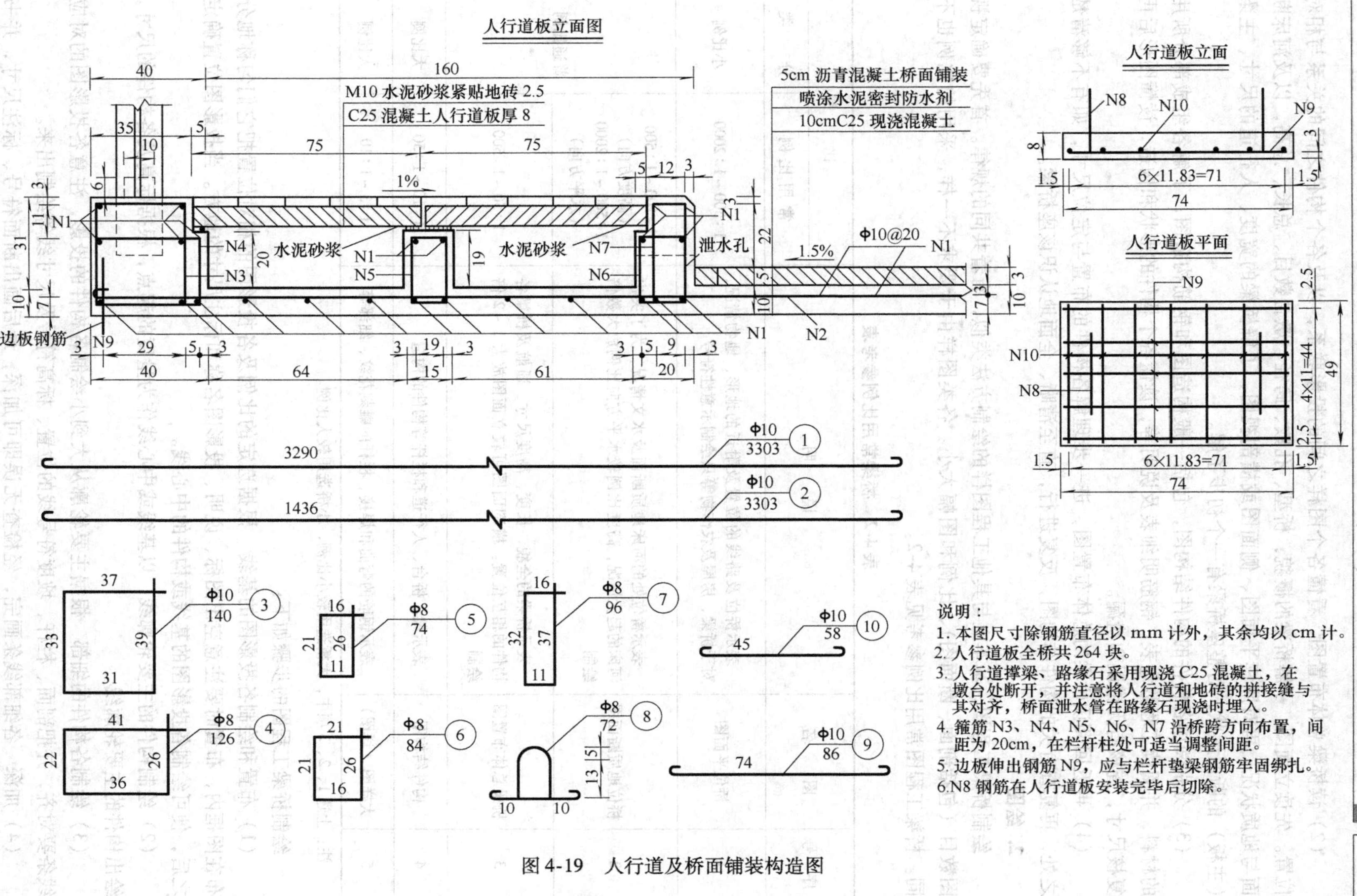

图 4-19 人行道及桥面铺装构造图

（2）读桥梁总体布置图，看懂各个图样之间的投影联系，以及各个构件之间的关系与相对位置。先读立面图，了解桥梁的概貌：桥型、孔数、跨径、墩台数目、总长、总高，以及河床断面与地质状况；再对照读平面图、侧面图或横剖视图，了解桥梁的宽度、人行道的尺寸、主梁（主板）的断面形状，对整座桥梁有一个初步了解。

（3）分别阅读各构件的构件结构图，包括一般构造图和钢筋构造图，了解各组成部分所用的材料，并阅读工程数量表、钢筋明细表及说明等，读懂各个构件的形状和构造，读懂图形后再复核尺寸，查核有无错误和遗漏。

（4）再返回阅读桥梁的总体布置图，进一步理解各构件的布置与定位尺寸，如有不够清楚之处，再复查有关的构件结构图，反复进行，直至清晰、全面地认识该座桥梁。

2. 绘图

绘制桥梁工程图，基本上与其他工程图样的绘制方法类似，有着共同的规律。首先要确定视图数目（包括剖面、断面图）、比例和图幅大小。各类图样由于要求不一样，采用的比例也不同。桥梁工程图常用比例参考见表4-2。

表4-2　桥梁常用比例参考表

序号	图名	说明	比例	
			常用比例	分类
1	桥位平面图	表示桥位及路线的位置及附近的地形、地物情况，对于桥梁、房屋及农作物等只绘制示意性符号	1∶500～1∶2000	小比例
2	桥位地质断面图	表示桥位处的河床地质断面及水文情况，为了突出河床的起伏情况，高度比例较水平方向比例放大数倍绘制	1∶100～1∶500（高度方向） 1∶500～1∶2000（水平方向）	普通比例
3	桥梁总体布置图	表示桥梁的全貌、长度、高度尺寸，通航及桥梁各构件的相互位置。横剖面图可较立面图放大1～2倍绘制	1∶50～1∶500	普通比例
4	构件结构图	表示梁、桥台、人行道和栏杆等构件的构造	1∶10～1∶50	大比例
5	大样图（详图）	表示钢筋的弯曲和焊接、栏杆的雕刻花纹、细部等	1∶3～1∶10	大比例

注：上述1、2、3项中，大桥选用较小比例，小桥选用较大比例。

绘制桥梁工程图的步骤如下：

（1）布置和绘制各投影图的基线　根据选定的比例及各投影图的相对位置把它们匀称地分布在图框内，布置时要注意空出图标、说明、投影图名称和标注尺寸的地方。当投影图位置确定之后，便可绘制各投影图的基线或构件的中心线。

（2）绘制构件的主要轮廓线　以基线或中心线作为量度的起点，根据标高及各构件的尺寸，绘出构件的主要轮廓线。

（3）绘制各构件的细部　根据主要轮廓从大到小绘制各构件的投影，注意各投影图的对应线条要对齐，并把剖面、栏杆、坡度符号线的位置、标高符号及尺寸线等绘制出来。

（4）加深　各细部线条画完，经检查无误即可加深，最后画出断面符号、标注尺寸，并书写文字等。

4.2 涵洞工程图

4.2.1 涵洞概述

现在的道路设计中，一般情况下山区道路的每条自然沟渠或者平原区道路的每条排水或灌溉沟渠均要设置涵洞，全封闭、全互通、固定进出口和分车道分向行驶的高等级公路要增加的涵洞则更多，使得涵洞的数量在整个道路工程中占有很大的比例。

涵洞是宣泄小量水流的工程构筑物，它与桥梁的主要区别在于跨径的大小和填土的高度。根据 JTGB 01—2014《公路工程技术标准》中的规定，凡是单孔跨径小于 5m，多孔跨径总长小于 8m，以及圆管涵、箱涵，不论其管径或跨径大小、孔数多少均称为涵洞。涵洞顶上一般有较厚的填土（洞顶填土大于 50cm），填土不仅可以保持路面的连续性，而且分散了汽车荷载的集中压力，并减少对涵洞的冲击力。

1. 涵洞的分类

1）按构造形式可分为圆管涵、拱涵、箱涵、盖板涵等，工程上多用此种分类方法。

2）按建筑材料可分为钢筋混凝土涵、混凝土涵、砖涵、石涵、木涵、金属涵等。

3）按洞身断面形状可分为圆形、拱形、梯形、矩形等。

4）按孔数可分为单孔、双孔、多孔等。

5）按洞口形式可分为一字式（端墙式）、八字式（翼墙式）、领圈式、走廊式等。

6）按洞顶有无覆盖土可分为明涵和暗涵（洞顶填土大于 50cm）等。

2. 涵洞的组成

涵洞是由洞口、洞身和基础三部分组成的排水构造物。图 4-20 为石拱涵洞的立体示意图，从图中可以了解涵洞部分的名称、位置和构造。

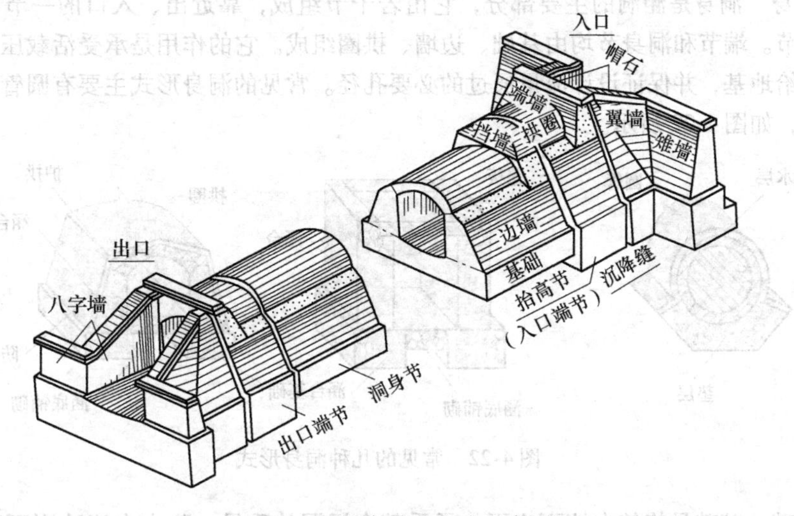

图 4-20 涵洞各部分组成示意图

（1）洞口 洞口包括端墙、翼墙或护坡、截水墙和缘石等部分，是洞身、路基、河道三者的连接，主要是保护涵洞基础和两侧路基免受冲刷，使水流顺畅。位于涵洞上游侧的洞口称入水口，位于涵洞下游侧的洞口称出水口，一般入水口和出水口常采用相同的形式。

常见的洞口形式主要有八字式、端墙式、锥坡式、直墙式、扭坡式、平头式、走廊式、流线型式等，如图4-21所示。设计时应根据实地情况选择上下游洞口的形式与洞身组合使用。

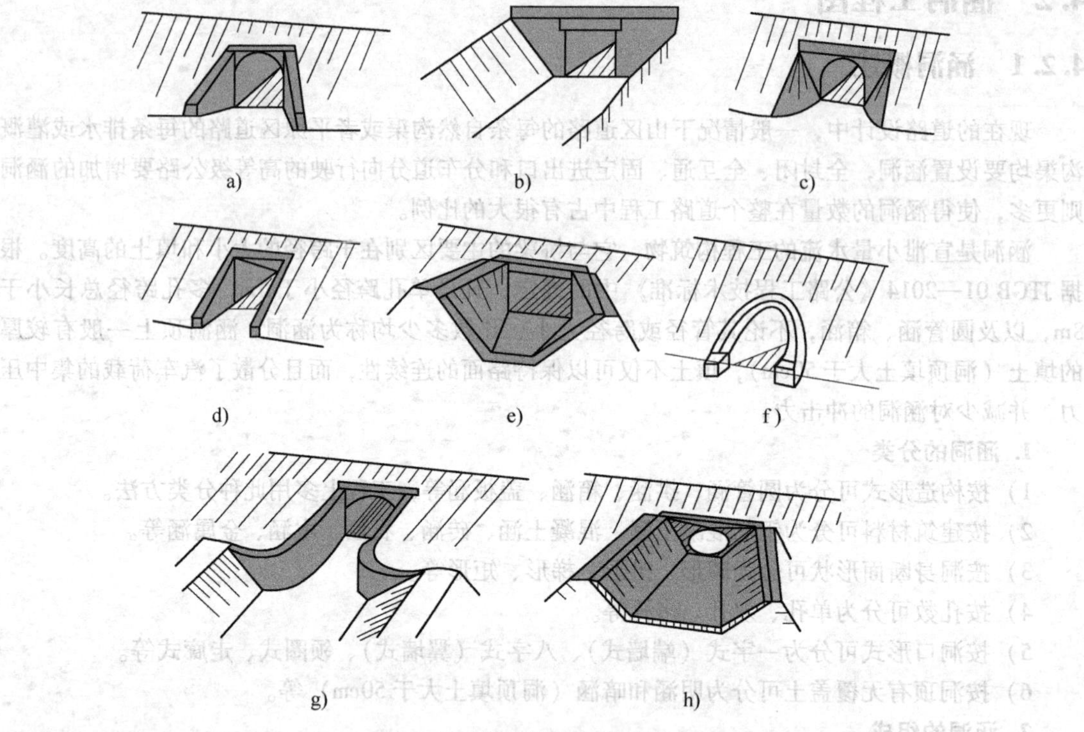

图4-21 常见的几种洞口形式

a）八字式 b）端墙式 c）锥坡式 d）直墙式 e）扭坡式 f）平头式 g）走廊式 h）流线式

（2）洞身 洞身是涵洞的主要部分，它由若干节组成，靠近出、入口的一节叫端节，中间的称为洞身节。端节和洞身节均由基础、边墙、拱圈组成。它的作用是承受活载压力和土压力等并将其传递给地基，并保证设计流量通过的必要孔径。常见的洞身形式主要有圆管涵、拱涵、箱涵、盖板涵，如图4-22所示。

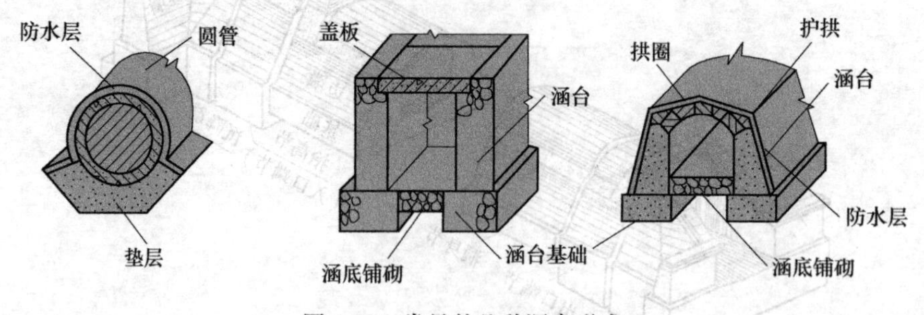

图4-22 常见的几种洞身形式

（3）基础 基础是修筑在地面之下，承受整个涵洞的重量，防止水流冲刷而造成的沉陷和坍塌，保证涵洞的稳定和牢固。

4.2.2 涵洞工程图

1. 涵洞工程图图示特点

涵洞是窄而长的构筑物，它从路面下方横穿过道路，埋置于路基土层中。用图示表达时，一般是不考虑涵洞上方的覆土，或者假想土层是透明的，再进行投影。尽管涵洞的种类很多，但图示方法和表达内容基本相同。

涵洞工程图主要由平面图、纵剖面图、洞口立面图（侧面图）、横断面图及详图组成。

因为涵洞比桥梁小得多，所以涵洞工程图采用的比例一般比桥梁工程图要大。现以常用的圆管涵、盖板涵和拱涵为例介绍涵洞的一般构造图，具体说明涵洞工程图的图示特点和表达方法。

2. 圆管涵

图4-23为圆管涵立体图，图4-24为圆管涵构造图。由图4-24可以看出，该涵洞出入水洞口均为端墙式，洞口两侧由20cm干砌片石锥形护坡组成，锥形护坡坡度为1∶1.5，涵洞洞底设计流水坡度为1%，涵洞总长为1335cm。由于构造对称，只绘制了该涵洞的半纵剖面图、半平面图和洞口立面图。

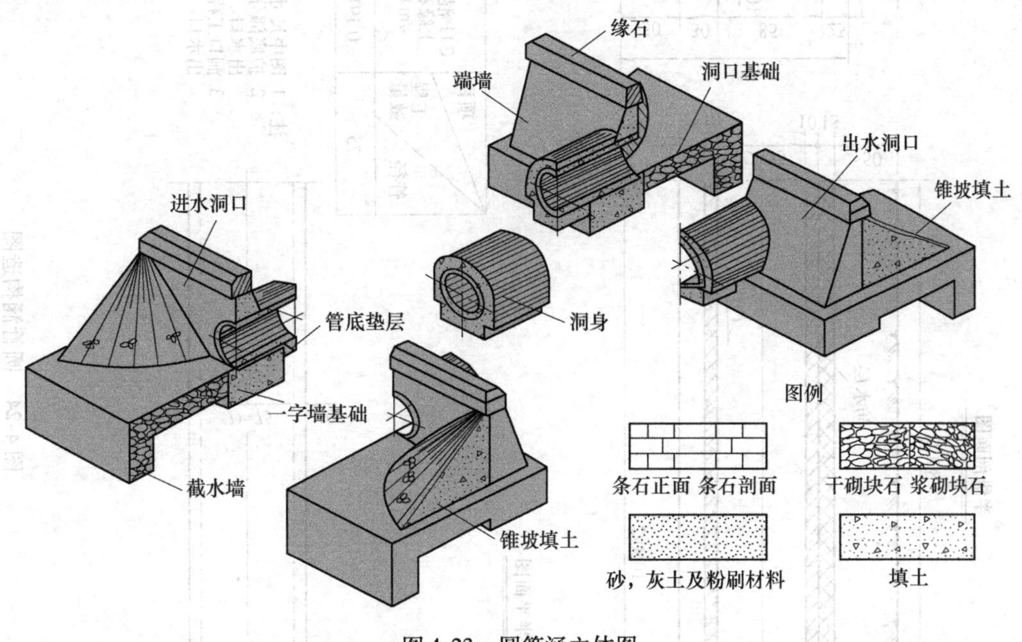

图4-23 圆管涵立体图

（1）半纵剖面图 由图4-24可知，该涵洞左右基本对称，以对称中心线为分界线，布置图中只绘制半纵剖面图。从图中可以看出，洞口由基础、端墙、缘石，以及30cm厚的浆砌片石铺砌，20cm干砌片石锥形护坡组成。基础顶面与洞口铺砌的顶面平齐。涵洞的圆管内径75cm，壁厚10cm，管长1060cm，圆管的端部嵌于端墙墙身内，管内圆孔与洞口铺砌顶面相切；在圆管下铺砌20cm浆砌片石，圆管外壁设15cm厚的防水层。涵上路基覆土厚度大于50cm。按构造要求，圆管应纵向分节，图中未示出。

（2）半平面图 平面图与半纵剖面图相配合，也只绘制一半。图中将涵顶覆土作透明处理，但绘出了路基边缘线，并以示坡线表示路基边坡。半平面图中着重表达了洞口基础、端墙、缘石和护坡的平面形状和尺寸，以及管径尺寸与管壁厚度。

（3）侧面图 侧面图又称洞口正面图，主要表示管涵孔径和壁厚、洞口缘石和端墙的侧面形状及尺寸、锥形护坡的坡度等。为了使图形清晰起见，把土壤作为透明体处理，并且某些虚线未予画出。

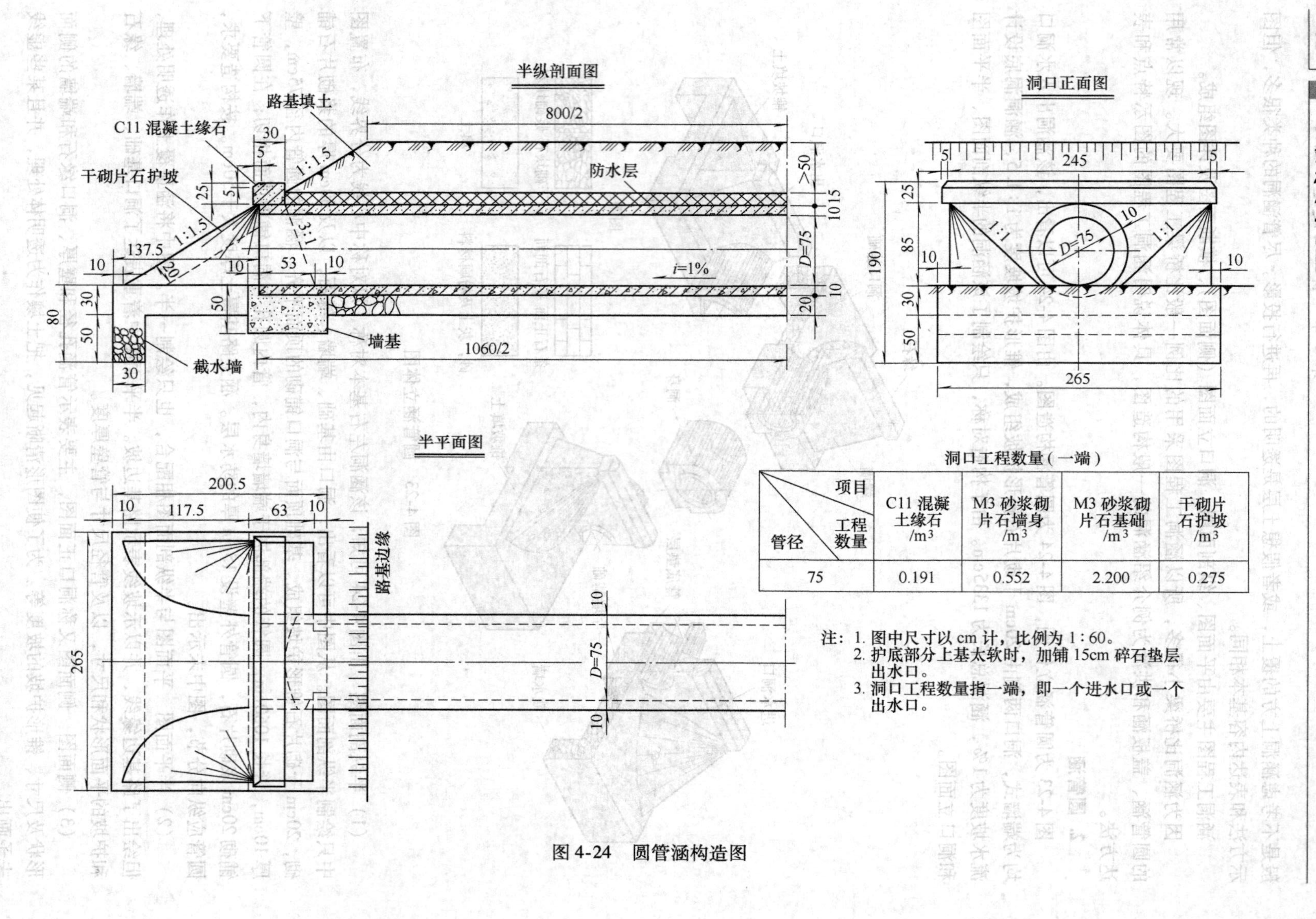

洞口工程数量（一端）

管径 \ 项目 / 工程数量	C11 混凝土缘石 /m³	M3 砂浆砌片石墙身 /m³	M3 砂浆砌片石基础 /m³	干砌片石护坡 /m³
75	0.191	0.552	2.200	0.275

图 4-24 圆管涵构造图

3. 盖板涵

图4-25为盖板涵立体图。图4-26为涵洞工程图。由图4-26可以看出，洞口两侧为八字翼墙，洞高120cm，洞宽100cm，总长1382cm。采用平面图、纵剖面图、洞口立面图和三个横断面图。

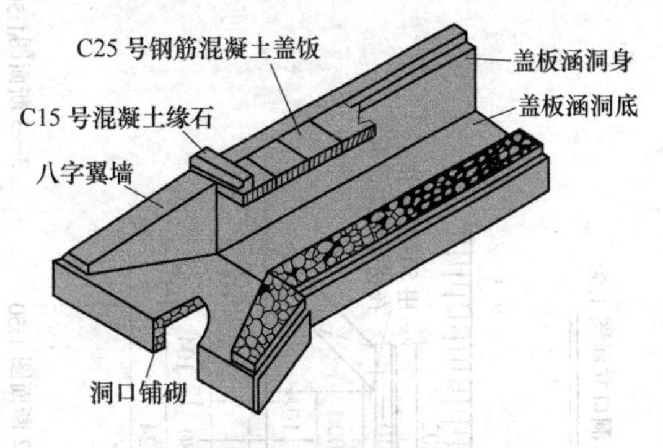

图4-25 盖板涵立体图

（1）平面图 平面图表达了涵洞的墙身厚度、八字翼墙和缘石的位置、涵身的长度、洞口的平面形状和尺寸以及墙身和翼墙的材料等。由于涵洞前后对称，平面图采用了半剖面画法。为了详尽表达翼墙的构造，以便于施工，在图中该部分的1—1和2—2位置进行了剖切，并另绘制了1—1和2—2断面图来表示该位置翼墙墙身和基础的尺寸、墙背坡度以及材料等情况。平面图中还绘制了洞身上部钢筋混凝土盖板之间的分缝线，每块盖板长140cm，宽80cm，厚14cm。

（2）纵剖面图 由于涵洞出入洞口一样，左右基本对称，所以只画半纵剖面图，并在对称中心线上用对称符号表示。图中涵洞是从左向右以水流方向纵向剖切所得，表示了洞身、洞口、路基以及它们之间的相互关系。由于剖切平面是前后对称面，所以省略了剖切符号。洞顶上部为路基填土，边坡比例为1∶1.5。洞口设八字翼墙，坡度与路基边坡相同；洞身全长11.2m，设计流水坡度1%，洞高120cm，盖板厚14cm，填土厚90cm。从图中还可看出有关的尺寸，如缘石的断面为30cm×25cm等。

（3）洞口立面图 实际上就是左侧立面图，反映了涵洞口的基本形式，缘石、盖板、翼墙、截水墙、基础等的相互关系，宽度和高度尺寸反映各个构件的大小和相对位置。

（4）洞身断面图 实际上就是洞身的横断面图，表示了涵洞洞身的细部构造以及盖板的宽度尺寸，尤其是清晰表达了该涵洞的特征尺寸，涵洞净宽100cm，净高120cm，如图4-26中3—3断面所示。

4. 石拱涵

石拱涵由主拱圈、涵台、台墙基础、洞口侧墙及八字翼墙等组成。也常用纵剖面图、平面图、洞口正面图、洞身断面图等来表达其构造。

图4-27为石拱涵立体图，图4-28为石拱涵工程图。由图4-28可以看出，石拱涵的洞身长3888cm，涵洞总长5533cm，净跨径 $L_0=400$cm，矢高 $f_0=248$cm，矢跨比 $f_0/L_0=248/400\approx 1:1.7$。路基宽度为700cm，路基覆土厚1072cm。

（1）纵断面图 本图沿涵洞纵向轴线进行全剖，表达洞身的内部结构。涵顶覆土厚1072cm，锥体护坡纵向坡度为1∶1.5，与路基边坡相同；入水口涵底标高1142.56m，涵底中心标高1142.27m，出水口涵底标高1141.97m；设计流水坡度1.5%，洞底采用10cm厚砂砾垫层、30cm厚5#浆砌片石铺砌；上游洞口铺砌长804cm、下游洞口铺砌长841cm、截水墙深150cm。

（2）平面图 为突出表示涵洞部分，采用折断线截去涵洞两侧适当位置以外的部分，绘出路基边缘线及示坡线。涵位中心桩号处路基中线高程为1158.47m。四道沉降缝把洞身分成5段，每段洞身尺寸均在平面图中明确表示。图4-28中还表达了锥坡的平面投影形状。

（3）侧面图 本图为洞口正面图，反映出洞高和净跨径，同时反映出缘石、拱圈、护拱、锥体护坡、基础等的相对位置和它们的侧面形状及尺寸。

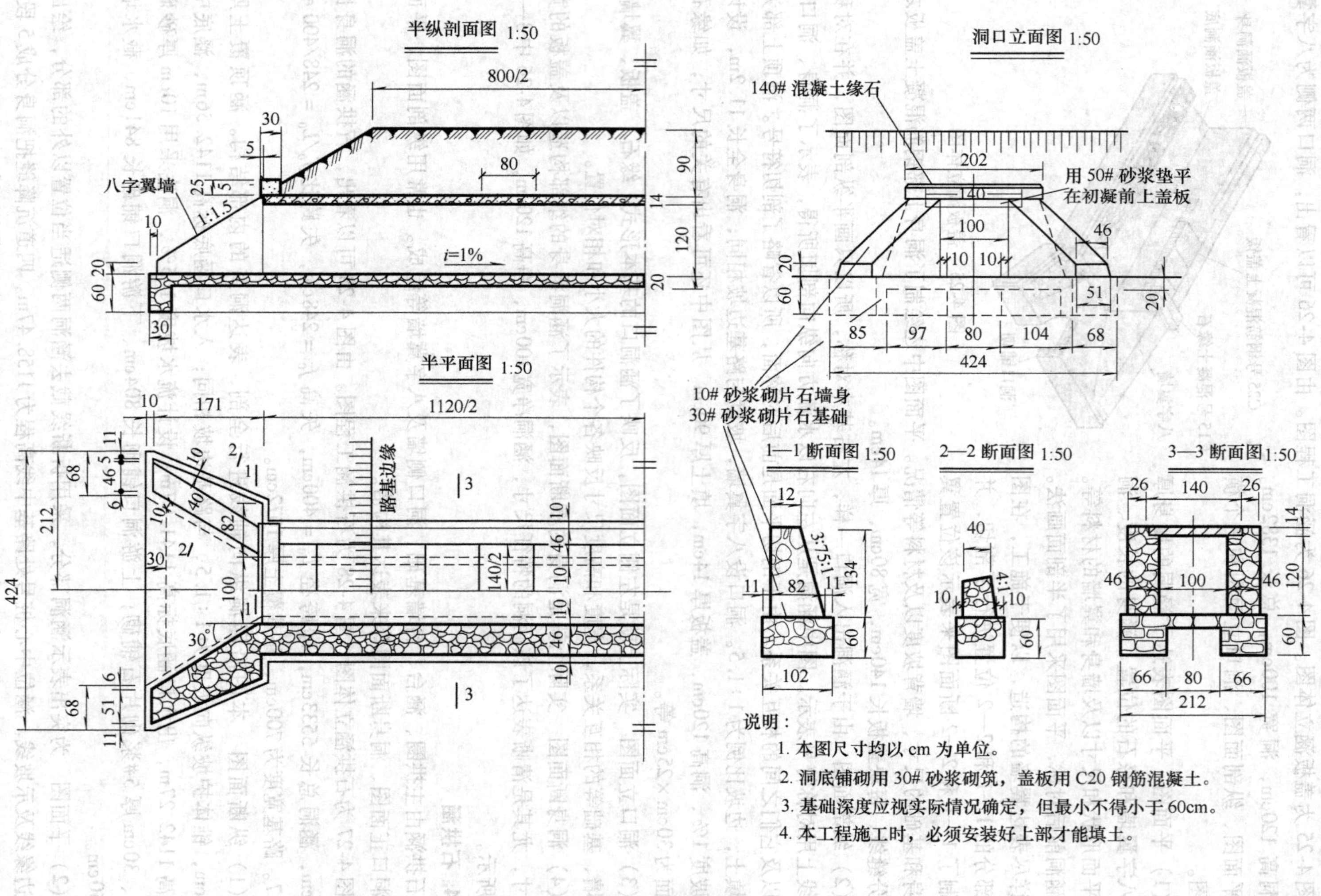
半纵剖面图 1:50
八字翼墙
i=1%
洞口立面图 1:50
140# 混凝土缘石
用 50# 砂浆垫平
在初凝前上盖板
半平面图 1:50
路基边缘
10# 砂浆砌片石墙身
30# 砂浆砌片石基础
1—1 断面图 1:50
2—2 断面图 1:50
3—3 断面图 1:50
说明：
1. 本图尺寸均以 cm 为单位。
2. 洞底铺砌用 30# 砂浆砌筑，盖板用 C20 钢筋混凝土。
3. 基础深度应视实际情况确定，但最小不得小于 60cm。
4. 本工程施工时，必须安装好上部才能填土。

图 4-26　盖板涵工程图

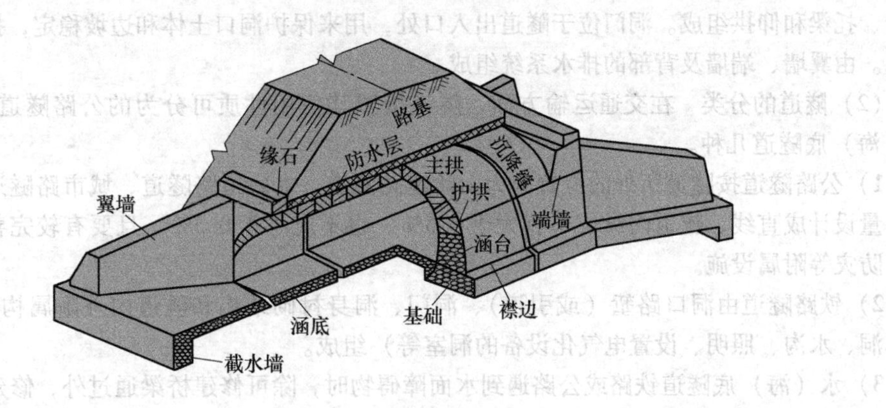

图4-27　石拱涵立体图

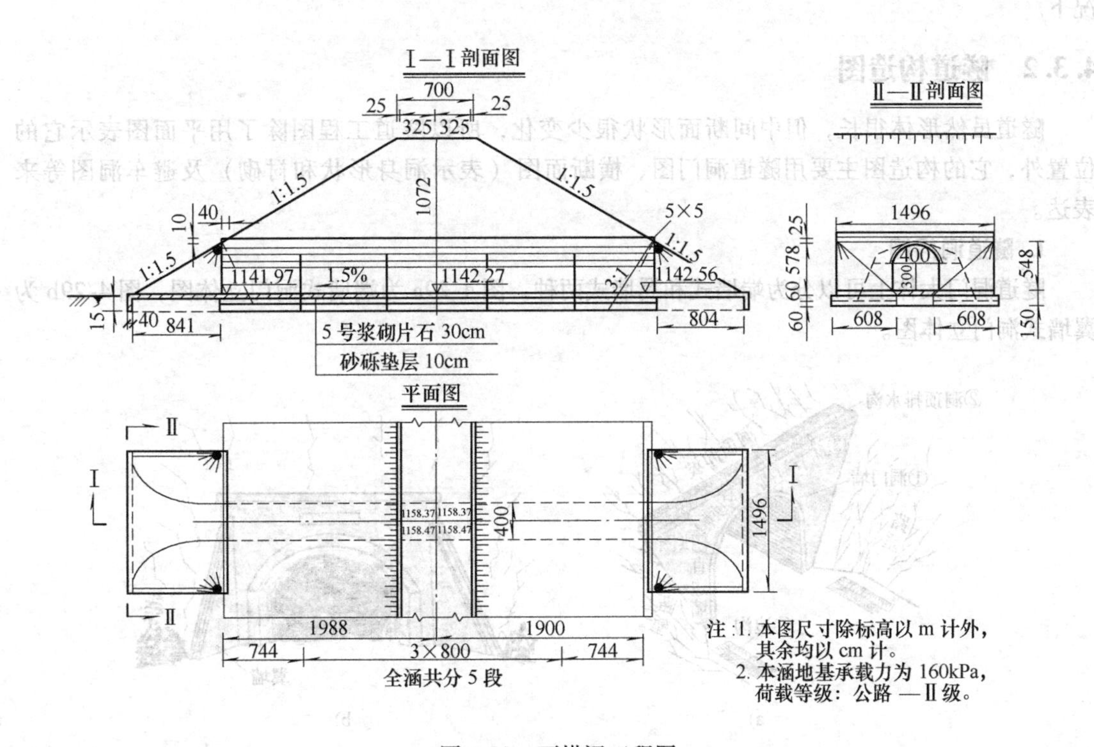

图4-28　石拱涵工程图

4.3　隧道工程图

4.3.1　隧道概述

隧道是修筑在岩体、土体或水底，两端有出入口的、供车辆、行人、水流及管线等通过的通道。虽然隧道是交通运输线路穿越障碍最为有效的一种方法，但是由于其造价昂贵，穿越地质条件复杂多变，工程定位、设计、施工方法随时要作相应调整。

（1）隧道的组成　隧道结构主要包括洞身、衬砌和洞门三个部分。洞身是隧道结构的主体部分。衬砌是承受地层压力，维持岩体稳定，阻止坑道周围地层变形的永久性支撑物。由拱圈、边墙、托梁和仰拱组成。洞门位于隧道出入口处，用来保护洞口土体和边坡稳定，排除仰坡流下的水。由翼墙、端墙及背部的排水系统组成。

（2）隧道的分类　在交通运输方面，隧道按照其使用性质可分为的公路隧道、铁路隧道、水（海）底隧道几种。

1）公路隧道按隧道所处的位置分为山岭道路隧道、水底道路隧道、城市路隧道。道路隧道要尽量设计成直线，隧道内纵坡不宜大于3.5%，也不应小于0.3%。且要有较完善的通风、照明、防灾等附属设施。

2）铁路隧道由洞口路堑（或引道）、洞门、洞身衬砌结构和隧道内外附属构筑物（道床、避车洞、水沟、照明、设置电气化设备的洞室等）组成。

3）水（海）底隧道铁路或公路遇到水面障碍物时，除可修建桥梁通过外，修建水底隧道可能是最佳方案，尤其是在水面宽、航运繁忙、通过巨型船只较多、不宜建造高桥和长引桥的情况下。

4.3.2　隧道构造图

隧道虽然形体很长，但中间断面形状很少变化，所以隧道工程图除了用平面图表示它的位置外，它的构造图主要用隧道洞门图、横断面图（表示洞身形状和衬砌）及避车洞图等来表达。

1. 隧道洞门图

隧道洞门大体上可以分为端墙式和翼墙式两种。图4-29a为端墙式洞门立体图，图4-29b为翼墙式洞门立体图。

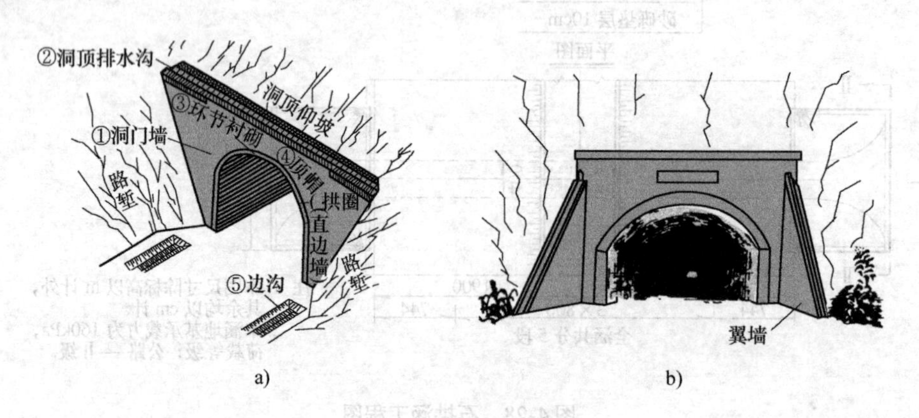

图4-29　隧道洞门立体图
a）端墙式　b）翼墙式

图4-30为端墙式隧道洞门三面投影图。

（1）正立面图　即立面图，是洞门的正立面投影，不论洞门是否左右对称均应绘全。正立面图反映出洞门墙的式样，洞门墙上面高出的部分称为顶帽，同时也表示出洞口衬砌断面类型，它是由两个不同半径（$R=385$cm 和 $R=585$cm）的三段圆弧和两直边墙组成，拱圈厚度为45cm。洞口净空尺寸高为740cm，宽为790cm；洞门墙的上面有一条从左往右方向倾斜的虚线，并注有 $i=0.02$ 的箭头，这表明洞门顶部有坡度为2%的排水沟，用箭头表示流水方向。其他虚线反映了洞门墙和隧道底面的不可见轮廓线，它们被洞门前面两侧路堑边坡和公路路面遮住，所以用虚线表示。

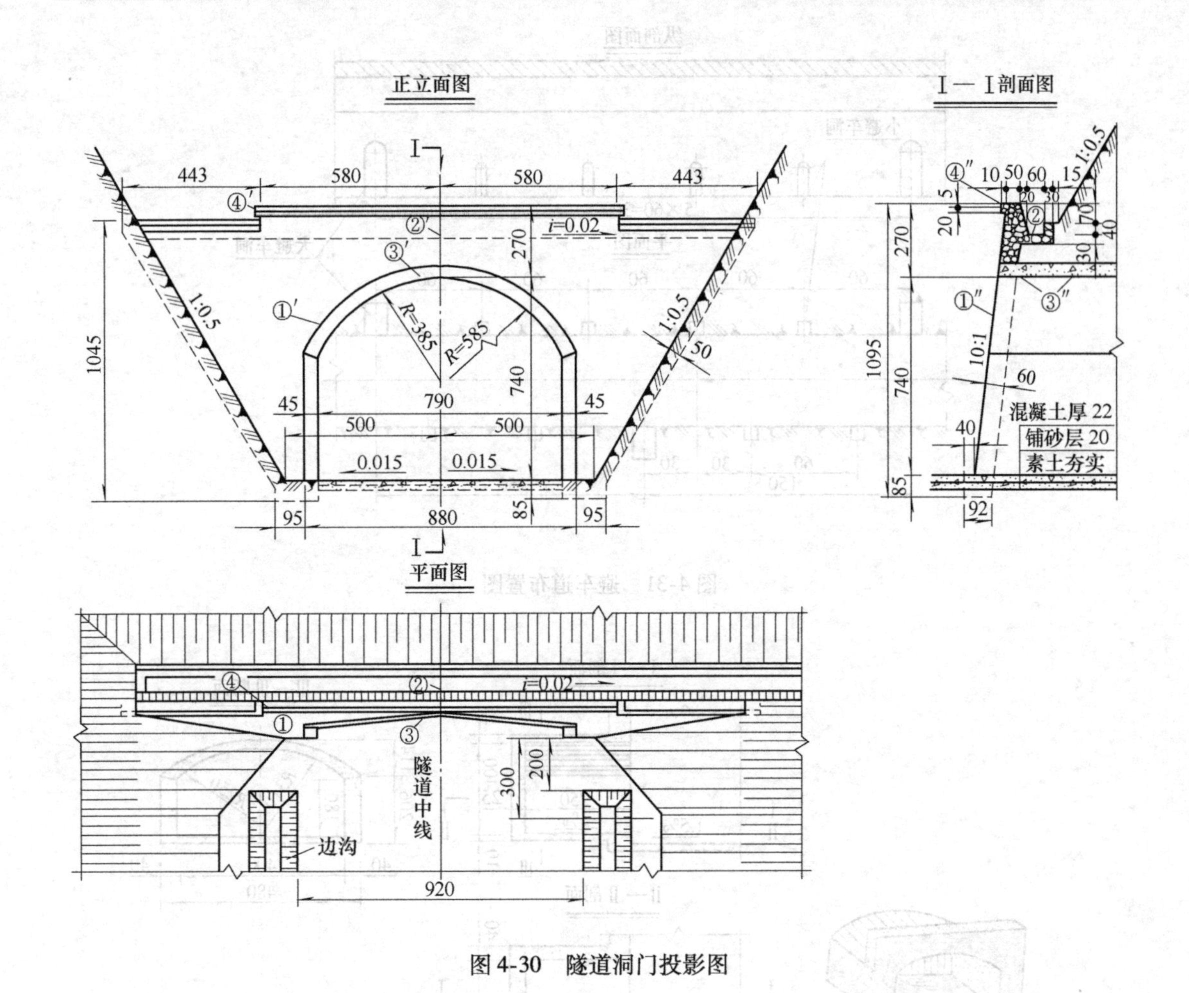

图4-30 隧道洞门投影图

(2) 平面图 仅绘出洞门外露部分的投影，平面图表示了洞门墙顶帽的宽度、洞顶排水沟的构造及洞门口外两边沟的位置（边沟断面未示出）。

(3) Ⅰ—Ⅰ剖面图 仅绘出靠近洞口的一小段，由图4-30可以看到，洞门墙倾斜坡度为10∶1，洞门墙厚度为60cm，还可以看到排水沟的断面形状、拱圈厚度及材料断面符号等。

为了读图方便，图4-30还在三个投影图上对不同的构件分别用数字标明，如洞门墙为①′、①、①″，洞顶排水沟为②′、②、②″，拱圈为③′、③、③″，顶帽为④′、④、④″等。

2. 避车洞图

避车洞有大、小两种，是供行人和隧道维修人员及维修小车避让来往车辆而设置的，它们沿路线方向交错设置在隧道两侧的边墙上。通常小避车洞每隔30m设置一个，大避车洞则每隔150m设置一个，为了表示大、小避车洞的相互位置，采用位置布置图来表示。

如图4-31所示，由于这种布置图图形比较简单，为了节省图幅，纵横方向可采用不同比例，纵方向常采用1∶2000，横方向采用1∶200等比例。

大小避车洞构造形状类似，只是构造尺寸不同而已。图4-32a为大避车洞立体图，图4-32b为大避车洞详图，洞内底面两边做成斜坡供排水用。

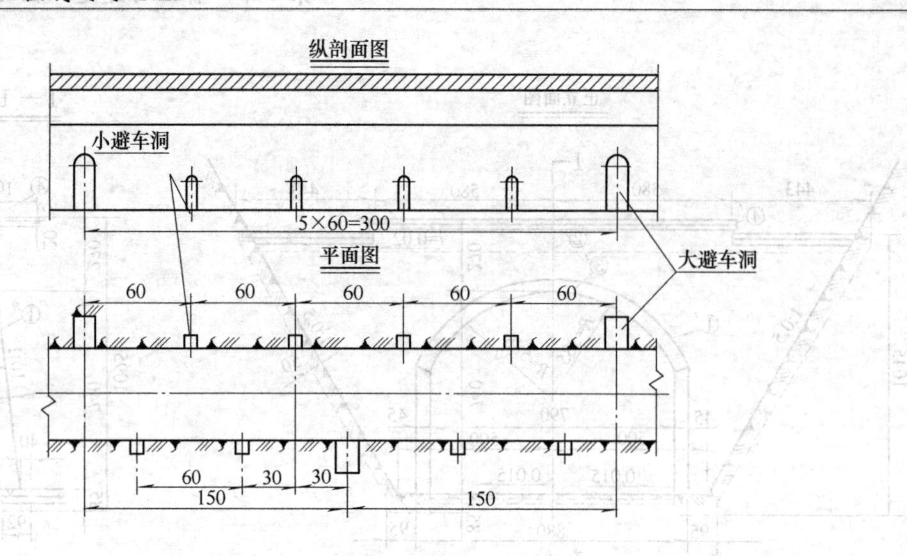

图4-31　避车道布置图

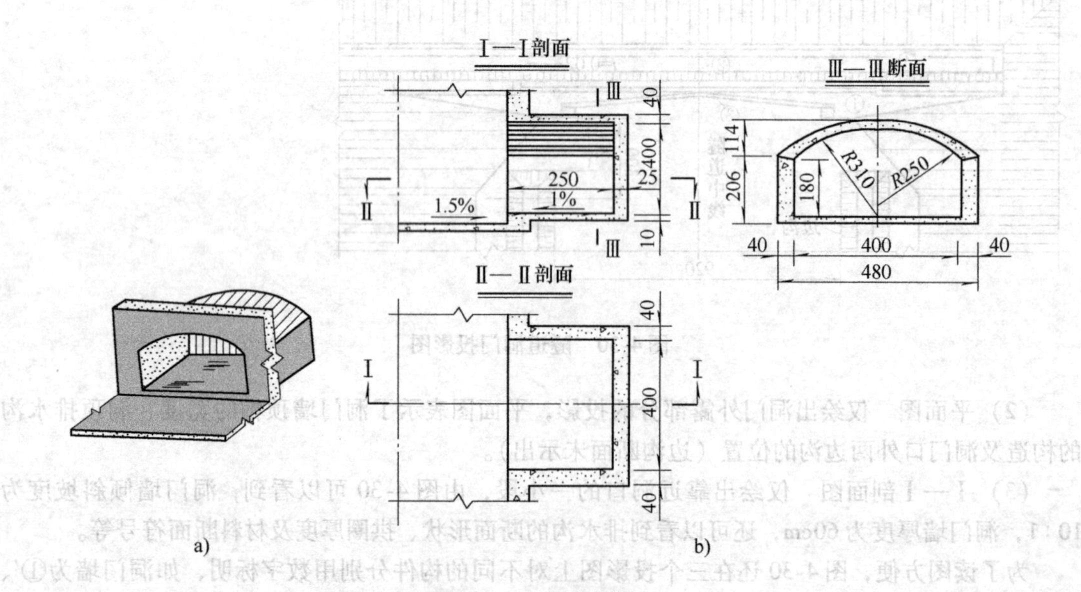

图4-32　大避车洞
a）立体图　b）详图

小　结

桥涵与隧道是道路工程中跨路过河、穿山越岭必不可少的工程构筑物，在交通运输路线中发挥着不可替代的作用。本章主要介绍了桥涵与隧道的基本知识；桥梁、涵洞、隧道工程图中主要图样的图示特点与内容；桥梁工程图的读图和绘图步骤。

思考题与习题

4-1　简述桥梁的基本组成。

4-2　钢筋混凝土结构图的图示特点是什么？

4-3　一般桥梁工程图由哪些图样组成？

4-4　简述桥梁工程图的读图和绘图步骤。

4-5　涵洞工程图如何分类？其主要组成部分有哪些？

4-6　涵洞工程图的图示特点是什么？

4-7　隧道构造图的主要内容有哪些？

第5章 建筑设备施工图

5.1 概述

建筑设备工程是指安装在建筑物内的给排水管道、电气线路、燃气管道、采暖空调管道以及相应的设施、装置。现代的工业建筑和民用建筑是多学科的综合体，建筑设备工程在现代建筑中占有举足轻重的地位。

本章主要参照的制图标准如下：GB/T 50106—2010《建筑给水排水制图标准》、GB/T 50114—2010《暖通空调制图标准》、GB/T 50786—2012《建筑电气制图标准》、《房屋建筑制图统一标准》。

建筑设备施工图一般由平面图、系统图、详图及文字说明等组成，一般在已有的建筑施工图上绘制。建筑设备的种类很多，对应的设备施工图也是多种类型，常见的有给水排水施工图、供暖通风设备施工图、燃气设备施工图、建筑电气设备施工图等。本章主要介绍常见设备施工图的制图标准、方法、绘制特点以及施工图的识读等内容。

5.2 建筑给水排水工程施工图

给水排水工程施工图包括室内给水排水施工图和室外给水排水施工图两部分。室内给水排水施工图主要表示建筑物内卫生间等用水房间的卫生器具、给排水管道、附件类型及安装方式等；室外给水排水施工图主要表示一个区域的给水排水管网的布置情况。给水排水制图遵守《建筑给水排水制图标准》，并结合《房屋建筑制图统一标准》以及国家有关强制性标准的规定。

5.2.1 建筑给水排水系统的分类

1. 建筑给水系统的分类

建筑给水系统是供应建筑内部和小区范围内的生活用水、生产用水和消防用水的系统，它包括建筑内部给水与小区给水系统。建筑内部的给水系统是将城镇给水管网或自备水源给水管网的水引入室内，经配水管送至生活、生产和消防用水设备，并满足各用水点对水量、水压和水质要求的冷水供应系统。它与小区给水系统是以给水引入管上的阀门井或水表井为界。建筑内部给水系统按用途可分为生活给水系统、生产给水系统、消防给水系统。

生活给水系统是为住宅、公共建筑和工业企业内人员提供饮用水和生活用水（淋浴、洗涤及冲厕、洗地等用水）的供水系统。生活给水系统又可以分为单一给水系统和分质给水系统。单一给水系统其水质必须符合现行的《生活饮用水卫生标准》，该水的水质必须确保居民终生饮用安全。分质给水系统按照不同的水质标准分为符合《饮用净水水质标准》的直接饮用水系统，符合《生活饮用水卫生标准》的生活用水系统，符合《生活杂用水水质标准》的杂用水系统（中水系统）。

生产给水系统是工业建筑或公共建筑在生产过程中使用的给水系统，供给生产设备冷却，原料和产品的洗涤，以及各类产品制造过程中所需的生产用水或生产原料。生产用水对水质、水量、水压及可靠性等方面的要求应按生产工艺设计要求确定。生产给水系统又可分为直流水系统、循环给水系统、复用水给水系统。生产给水系统应优先设置循环或重复利用给水系统，并应利用其余压。

消防给水系统是供给以水灭火的各类消防设备用水的供水系统。根据GB 50016—2014《建筑设计防火规范》的规定，对某些多层或高层民用建筑、大型公共建筑、某些生产车间和库房等，必须设置消防给水系统。消防用水对水质要求不高，但必须按照《建筑设计防火规范》要求保证供给足够的水量和水压。

上述三种基本给水系统，根据建筑情况、对供水的要求及室外给水管网条件等，经过技术经济比较，可以分别设置独立的给水系统，也可以设置两种或三种合并的共用系统。共用系统有生活—生产—消防共用系统、生活—消防共用系统、生产—消防共用系统等。

建筑物内的给水系统如图5-1所示。

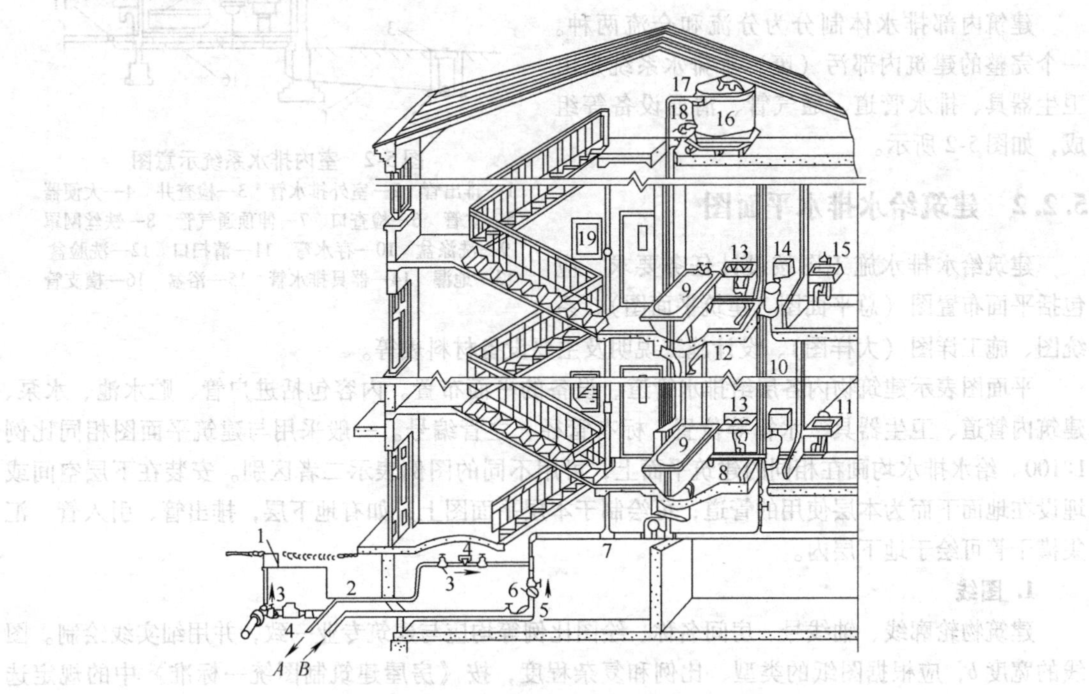

图5-1 建筑物内给水系统

1—阀门井 2—引入管 3—闸阀 4—水表 5—水泵 6—逆止阀
7—干管 8—支管 9—浴盆 10—立管 11—水龙头 12—淋浴器
13—洗脸盆 14—大便器 15—洗涤盆 16—水箱 17—进水管 18—出水管
19—消水栓 A—入贮水池 B—来自贮水池

2. 建筑排水系统的分类

建筑物排水系统的任务是将人们在建筑内部的日常生活和工业生产中产生的污（废）水及降落在屋面上的雨（雪）水迅速收集后排到室外，使室内保持清洁卫生，并为污水处理和综合利用提供便利的条件。按系统收集的污废水类型不同，建筑物排水系统分为生活排水系统、工业废水排水系统、雨（雪）水排水系统三类。

生活排水系统用来收集排除居住建筑、公共建筑及工厂生活中的人们日常生活所产生的污（废）水。通常将生活排水系统分为两个系统来设置：冲洗便器的生活污水，含有大量有机杂质和细菌，污染严重，由生活污水排水系统收集排除到室外，再排入化粪池进行局部处理，然后再排入室外排水系统；沐浴和洗涤废水，污染程度较轻，几乎不含固体杂质，由生活废水排水系统收集直接排除到室外排水系统，或者作为中水系统中较好的中水水源。

工业废水排水系统的任务是排除工艺生产中产生的污（废）水。生产污水污染较重的，需要经过处理，达到排放标准后才能排入室外排水系统；生产废水污染较轻的，可直接排放，或经简单处理后重复利用。

雨（雪）水排水系统用以收集排除降落在建筑屋面上的雨水和融化的雪水。降雨初期，雨中含有从屋面冲刷下来的灰尘，污染程度轻，可直接排放。

建筑内部排水体制分为分流和合流两种。一个完整的建筑内部污（废）水排水系统是由卫生器具、排水管道、通气管、清通设备等组成，如图 5-2 所示。

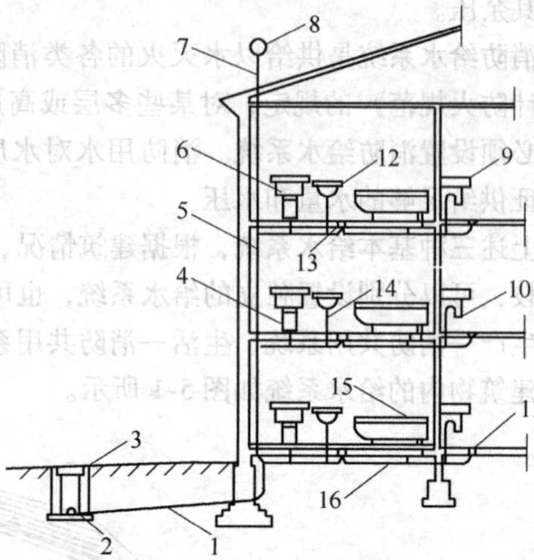

图 5-2 室内排水系统示意图

1—排出管 2—室外排水管 3—检查井 4—大便器 5—立管 6—检查口 7—伸顶通气管 8—铁丝网罩 9—洗涤盆 10—存水弯 11—清扫口 12—洗脸盆 13—地漏 14—器具排水管 15—浴盆 16—横支管

5.2.2 建筑给水排水平面图

建筑给水排水施工图按设计任务要求，应包括平面布置图（总平面图、建筑平面图）、系统图、施工详图（大样图）、设计施工说明及主要设备材料表等。

平面图表示建筑物内各层给排水管道、设备的平面布置。内容包括进户管、贮水池、水泵、建筑内管道、卫生器具、水箱等位置，标有管径、立管编号。一般采用与建筑平面图相同比例 1:100。给水排水均画在相同的建筑平面上，可用不同的图例表示二者区别。安装在下层空间或埋设在地面下而为本层使用的管道，可绘制于本层平面图上；如有地下层，排出管、引入管、汇集横干管可绘于地下层内。

1. 图线

建筑物轮廓线、轴线号、房间名称、绘图比例等均应与建筑专业一致，并用细实线绘制。图线的宽度 b，应根据图纸的类型、比例和复杂程度，按《房屋建筑制图统一标准》中的规定选用，线宽 b 宜为 0.7mm 或 1.0mm。常用的各种线型宜符合表 5-1 的规定。

表 5-1 常用线型

名称	线型	线宽	用途
粗实线	——	b	新设计的各种排水和其他重力流管线
粗虚线	— — — —	b	新设计的各种排水和其他重力流管线的不可见轮廓线
中粗实线	——	$0.7b$	新设计的各种给水和其他压力流管线；原有的各种排水和其他压力流管线
中粗虚线	— — — —	$0.7b$	新设计的各种给水和其他压力流管线及原有的各种排水和其他重力流管线的不可见轮廓线
中实线	——	$0.50b$	给水排水设备，零（附）件的可见轮廓线；总图中新建的建（构）筑物的可见轮廓线；原有的各种给水和其他压力流管线
中虚线	— — — —	$0.50b$	给水排水设备，零（附）件的不可见轮廓线；总图中新建的建（构）筑物的不可见轮廓线；原有的各种给水和其他压力流管线不可见轮廓线

（续）

名 称	线 型	线 宽	用 途
细实线	————————	0.25b	建筑的可见轮廓线；总图中原有的建筑物和构筑物的可见轮廓线；制图中的各种标注线
细虚线	— — — — —	0.25b	建筑的不可见轮廓线；总图中原有的建筑物和构筑物的不可见轮廓线
单点长画线	——·——·—	0.25b	中心线、定位轴线
折断线	——⁄\\——	0.25b	断开界线
波浪线	～～～	0.25b	平面图中水面线；局部构造层次范围线；保温范围示意线

2. 图例

各类管道、用水器具及设备、消火栓、喷洒头、雨水斗、阀门、附件、立管位置等应按图例以正投影法绘制在平面图上，线型按规定执行，见表5-2。

表5-2 常用图例

名 称	图 例	名 称	图 例
生活给水管	—— J ——	检查口	
污水管	—— W ——	清扫口	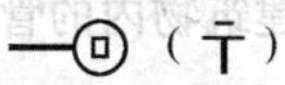 （T）
通气管	—— T ——	圆形地漏	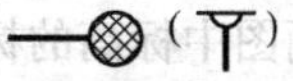 （T）
雨水管	—— Y ——	浴盆	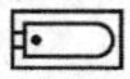
水表		洗脸盆	
截止阀	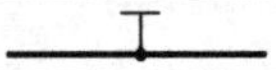	蹲式大便器	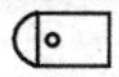
闸阀		坐式大便器	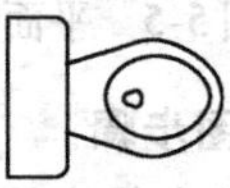
止回阀		洗涤盆	
蝶阀	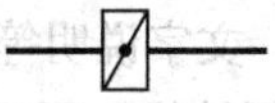	立式小便器	
自闭冲洗阀		室外水表井	
雨水斗	 （ ）	矩形化粪池	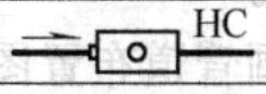 HC
存水弯	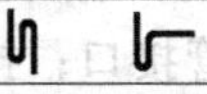	圆形化粪池	 YC
消火栓	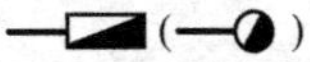 （ ）	阀门井（检查井）	

注：卫生设备图例也可以建筑专业资料图为准。

3. 管道的编号

平面图中的立管应按管道类别和代号自左至右分别进行编号，且各楼层相一致；消火栓可根据需要分层自左至右按顺序编号；

1）当建筑物的给水引入管或排水排出管的数量超过一根时，应进行编号，编号方法如图5-3所示。

2）建筑物内穿过楼层的立管，其数量超过一根时，应进行标号，编号方法如图5-4所示。

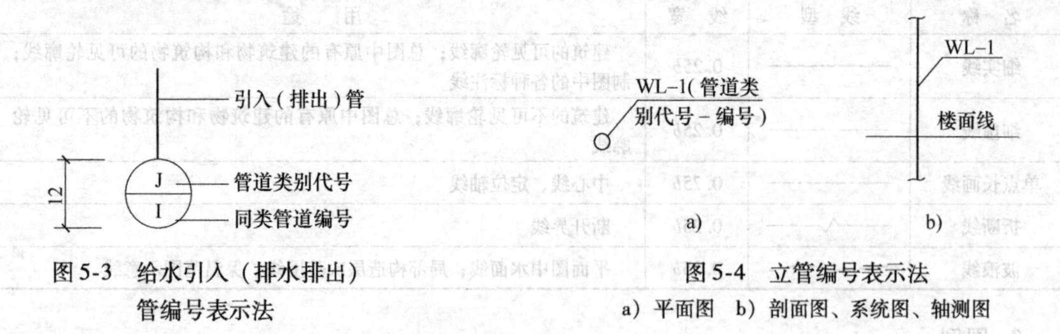

图5-3　给水引入（排水排出）管编号表示法

图5-4　立管编号表示法
a）平面图　b）剖面图、系统图、轴测图

3）在总图中，当同种给水排水附属构筑物的数量超过一个时，应进行编号，并应符合下列规定：编号方法应采用构筑物代号加编号表示；给水构筑物的编号顺序宜从水源到干管，再从干管到支管，最后到用户；排水构筑物的编号顺序宜从上游到下游，先干管后支管。

4. 标高

1）引入管、排出管应注明与建筑轴线的定位尺寸、穿建筑外墙标高、防水套管形式；

2）地面层（±0.000）平面图应在图幅右上方按规定绘制指北针；

3）建筑物内的管道也可按本层建筑地面的标高加管道安装高度的方式标注管道标高，标注方法为 $H+\times.\times\times$，H 表示本层建筑地面标高。

平面图中标高的标注方法如图5-5和图5-6所示。

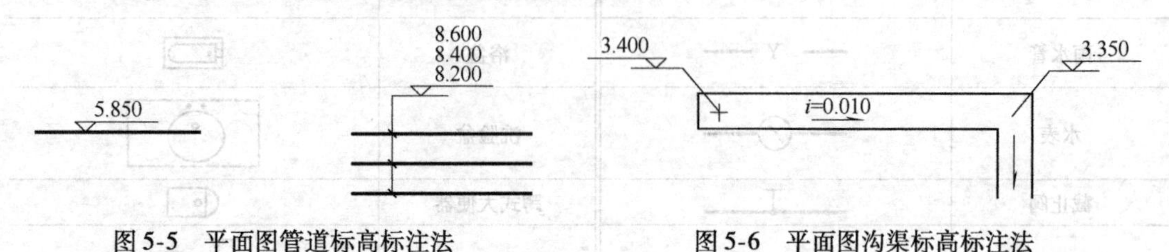

图5-5　平面图管道标高标注法

图5-6　平面图沟渠标高标注法

5. 绘图步骤

室内给水排水管道平面图的绘图步骤一般为：

1）先画底层管道平面图，再画各楼层管道平面图。

2）在画每一层管道平面图时，先抄绘房屋平面图和卫生洁具平面图（因这都已在建筑平面图上布置好），再画管道布置，最后标注有关尺寸、标高、文字说明等。

3）抄绘房屋平面图的步骤与画建筑平面图一样，先画轴线，再画墙身和门窗洞，最后画其他构配件。

4）画管道布置图时，先画立管，再画引入管和排水管，最后按水流方向画出横支管和附件。给水管一般画至各设备的放水龙头或冲洗水箱的支管接口；排水管一般画至各设备的污（废）水的排泄口。

5.2.3　建筑给水排水系统图

1. 系统图的组成

系统图又称轴测图、透视图，用斜等轴测图画法表示系统的空间位置以及各层间、前后左右间的关系。系统图上标有立管编号、管段直径、管道标高、坡度、设备标高等，其比例与平面图相同。给水轴测图和排水轴测图应分别表示。一张给水轴测图往往表示一幢建筑内全部给水设备系统，而排水轴测图分系统分别画，一个系统指与检查井连接的一根排出管上的全部管系。如果其中某几个系统相同，可用一个系统代表，但要注明系统的名称。

2. 图示特点

1）多层建筑、中高层建筑和高层建筑的管道以立管为主要表示对象，按管道类别分别绘制立管系统图。

2）以平面图左端立管为起点，顺时针自左向右按编号依次顺序均匀排列，不按比例绘制。

3）横管以首根立管为起点，按平面图的连接顺序，水平方向在所在层与立管相连接，如水平呈环状管网，绘两条平行线并于两端封闭。

4）立管上的引出管在该层水平绘出，如支管上的用水或排水器具另有详图时，其支管可在分户水表后断掉，并注明详图图号。

5）楼地面线、层高相同时应等距离绘制，夹层、跃层、同层升降部分应以楼层线反映，在图的左端注明楼层层数和建筑标高。

6）管道阀门及附件（过滤器、除垢器、检查口、通气帽、支架等）、各种设备及构筑物（水池、水箱、仪表等）均应示意绘出。

7）引入管、排水管均应标出所穿建筑外墙的轴线号、引入管和排水管编号、建筑室内地面线与室外地面线，并标出相应的标高，轴测图中，管道标高应按图 5-7 的方式标注。

8）系统图应标注管径、控制点标高或距楼层面垂直尺度、立管和系统编号，并应与平面图一致。管径的标注方法应符合下列规定：单根管道时，管径应按图 5-8 的方式标注；多根管道时，管径应按图 5-9 的方式标注。

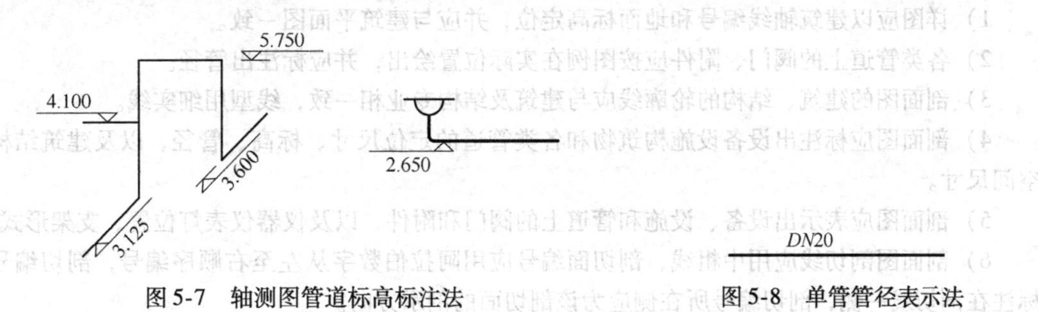

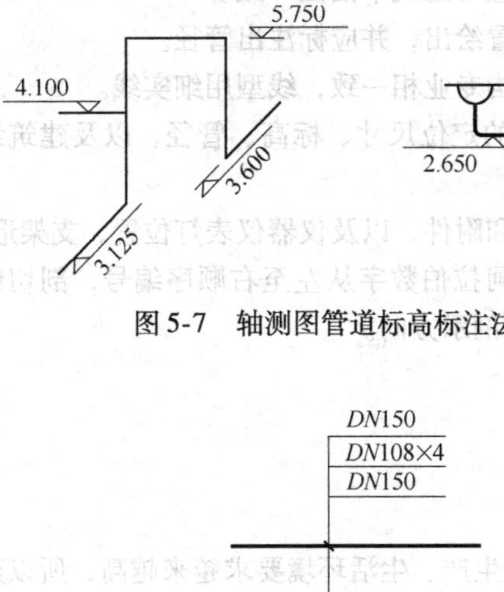

5.750
4.100
3.600
3.125
2.650

图 5-7 轴测图管道标高标注法

*DN*20

图 5-8 单管管径表示法

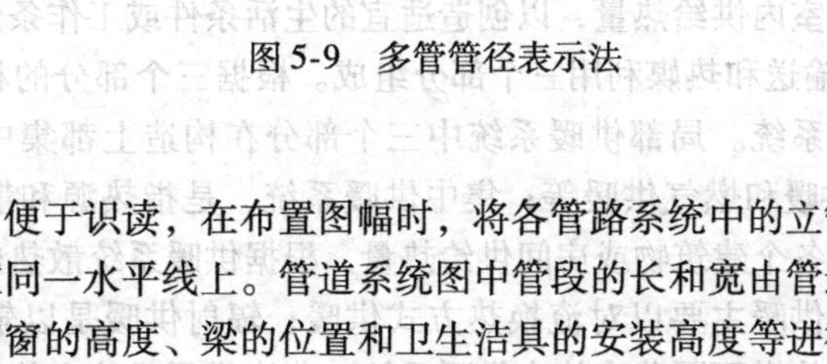

*DN*150
*DN*108×4
*DN*150
*DN*108×4
*DN*150
*DN*150

图 5-9 多管管径表示法

3. 绘图步骤

为了使图面整齐，便于识读，在布置图幅时，将各管路系统中的立管穿越相应楼层的楼地面线，如有可能尽量画在同一水平线上。管道系统图中管段的长和宽由管道平面图中量取，高度则应根据房屋的层高、门窗的高度、梁的位置和卫生洁具的安装高度等进行设计定线。

管道系统图的绘图步骤如下：

1）先画系统的立管，定出各层的楼地面线、屋面线；再画给水引入管及屋面水箱的管路或排水管系中接画排出横管、窨井及立管上的检查口和网罩等。

2）从立管上引出各横向的连接管段，并画出给水管系的截止阀、放水龙头、连接支管、冲洗水箱等或排水管系中的承接支管、存水弯等。

3）画墙、梁等的位置。

4）注写各管段的公称直径、坡度、标高、冲洗水箱的容积等数据。

5.2.4 给水排水详图

1. 详图的组成

详图表示有关设备管件的制作尺寸和材料，以及有关节点的详细构造和安装要求。当平面图、系统图中因受图面比例影响而表达不完善或无法表达时，必须绘制施工详图。详图中应尽量详细注明尺寸，不应以比例代尺寸。施工详图首先应采用标准图、通用施工详图，如卫生器具安装、排水检查井、阀门井、水表井、雨水检查井、局部污水处理构筑物等，均有各种施工标准图。

室内给排水详图包括节点图、大样图、标准图，主要是管道节点、水表、消火栓、水加热器、卫生器具、套管、开水炉、排水设备、管道支架的安装图及卫生间大样图等，图中注明了详细尺寸，可供安装时直接使用。

2. 图示特点

1）详图应以建筑轴线编号和地面标高定位，并应与建筑平面图一致。

2）各类管道上的阀门、附件应按图例在实际位置绘出，并应标注出管径。

3）剖面图的建筑、结构的轮廓线应与建筑及结构专业相一致，线型用细实线。

4）剖面图应标注出设备设施构筑物和各类管道的定位尺寸、标高、管径，以及建筑结构的空间尺寸。

5）剖面图应表示出设备、设施和管道上的阀门和附件，以及仪器仪表灯位置、支架形式。

6）剖面图剖切线应用中粗线，剖切面编号应用阿拉伯数字从左至右顺序编号，剖切编号应标注在剖切线一侧，剖切编号所在侧应为该剖切面的剖示方向。

5.3 供暖、通风系统施工图

5.3.1 概述

随着国民经济的发展，人们对居住和工作地点的生产、生活环境要求越来越高，所以建筑物的供暖、通风就显得日益重要。

1. 供暖系统

供暖是用人工方法向室内供给热量，以创造适宜的生活条件或工作条件的技术。供暖系统由热媒制备（热源）、热媒输送和热媒利用三个部分组成。根据三个部分的相互位置不同又可分为局部供暖系统和集中供暖系统。局部供暖系统中三个部分在构造上都集中在一起，如烟气供暖（火炉、火坑等）、电热供暖和燃气供暖等；集中供暖系统，是指热源和散热设备分别设置，用热媒管道连接，由热源向各个建筑物或房间供给热量。根据供暖系统散热的方式不同，可分为对流供暖和辐射供暖。对流供暖主要以对流换热方式供暖；辐射供暖是以辐射传热为主的供暖方式。集中供暖系统按所用热媒不同分为热水供暖系统、蒸汽供暖系统和热风供暖系统。

2. 通风系统

通风就是把室内被污染的空气直接或净化后排至室外，把新鲜空气补充进来，从而保持室内的空气环境符合卫生标准并满足生产工艺的要求。

不同类型的建筑对室内空气环境要求不尽相同，因而通风装置在不同场合的具体任务及结构形式也完全不一样。工业通风主要是对生产中出现的粉尘、高温、高湿及有害气体等进行控制，从而保持一个良好的生产工作环境。建筑物内通风按照通风系统的通风动力不同，可分为自然通风和机械通风。自然通风是利用房间内外冷热空气的密度差异和房间迎风面、背风面的风压高低来进行空气交换的；机械通风是使用通风设备向厂房（房间）内送入或排出一定数量的空气。

5.3.2 室内供暖系统施工图

供暖系统施工图主要包括供暖系统平面图、供暖系统轴测图、详图、设计施工说明和设备材料明细表等。

1. 室内供暖系统平面图

室内供暖系统平面图表示建筑物各层供暖管道与设备的平面布置以及它们之间的相互关系。图示内容主要包括：

1）总立管、水平干管的位置、走向，立管编号，干管坡度及各管段的管径。

2）散热器（一般用小长方形表示）的安装位置、类型、片数及安装方式。各种类型的散热器规格和数量标注方法如下：①柱型、长翼型散热器只注数量（片数）；②圆翼型散热器应注根数、排数，如3×2（每排根数×排数）；③光管散热器应注管径、长度、排数，如$D108 \times 200 \times 4$［管径（mm）×管长（mm）×排数］；④闭式散热器应注长度、排数，如1.0×2［长度（m）×排数］。平面图中散热器与供水（供汽）、回水（凝结水）管道的连接按图5-10所示方式绘制。

3）干管上的阀门、固定支座的安装位置与型号。

4）膨胀水箱、集气罐、排气阀等设备的位置、型号及其与管道的连接情况。

5）引入口的位置，供回水总管的走向、位置及采用的标准图号（或详图号），回水干管的位置，室内管沟（包括过门地沟）的位置和主要尺寸，管道支座的设置位置。

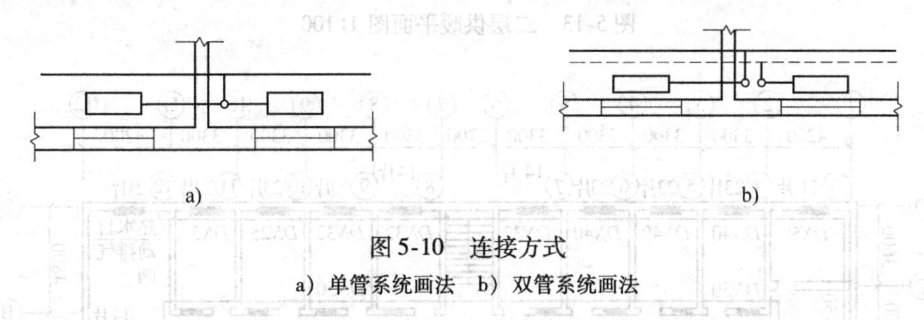

图5-10 连接方式

a）单管系统画法 b）双管系统画法

6）采暖系统编号、入口编号由系统代号和顺序号组成。室内采暖系统代号“N”，其画法如图5-11所示，其中图5-11b为系统分支画法。

7）建筑物的平面布置应注明轴线、房间主要尺寸、指北针，必要时应注明

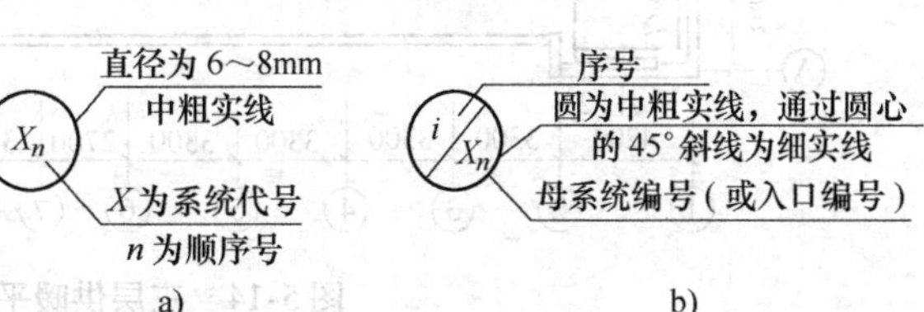

图5-11 系统代号

房间名称、各房间分布、门窗和楼梯间位置等。在图上应注明轴线编号、外墙总长尺寸、地面及楼板标高等与采暖系统施工安装有关的尺寸。

8）平面图的数量。多层供暖平面图要求分层绘制，但管道和散热设备布置相同的楼层平面图只需绘制一个平面图。一般需绘制底层平面图、标准层平面图和顶层平面图。

图5-12～图5-14分别为某住宅底层、一层和二层供暖平面图。

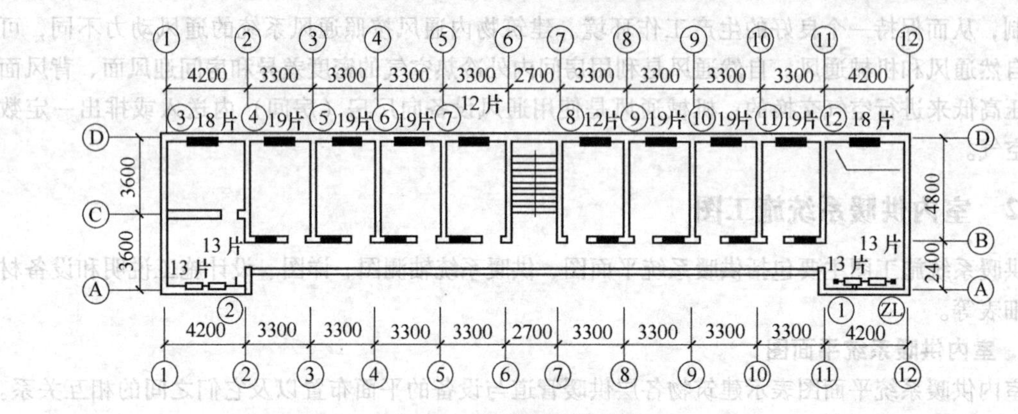

图5-12　底层供暖平面图 1∶100

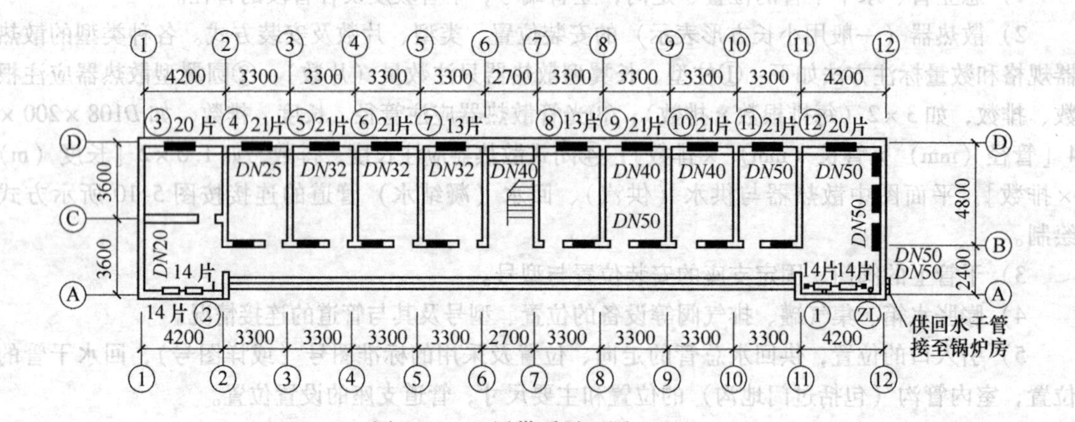

图5-13　二层供暖平面图 1∶100

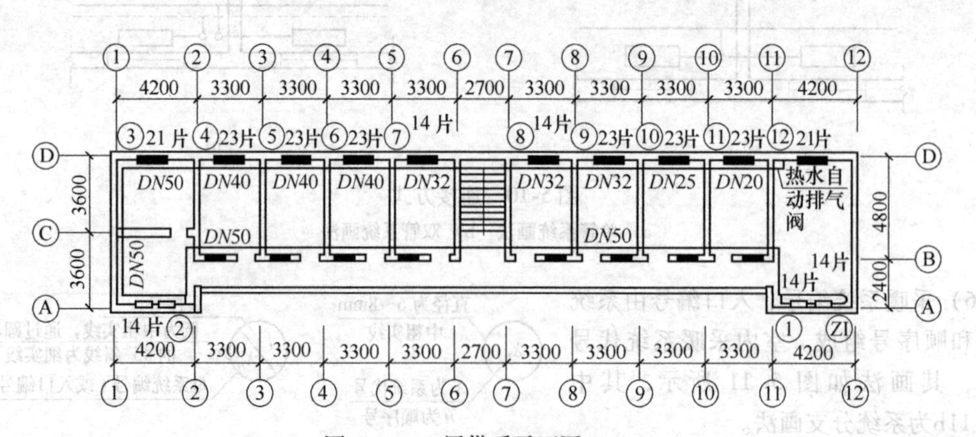

图5-14　三层供暖平面图 1∶100

2. 室内供暖系统轴测图

室内供暖系统轴测图是表示供暖系统的空间布置情况，散热器与管道的空间连接形式，设备、管道附件等空间关系的立体图。轴测图自入口起，应将干、立支管及散热器、阀门等系统配件全部绘出，包括立管编号、管道标高、各管段管径、水平干管坡度、散热器的片数以及集气罐、膨胀水箱、各种阀件的位置和型号规格等，如图5-15所示。

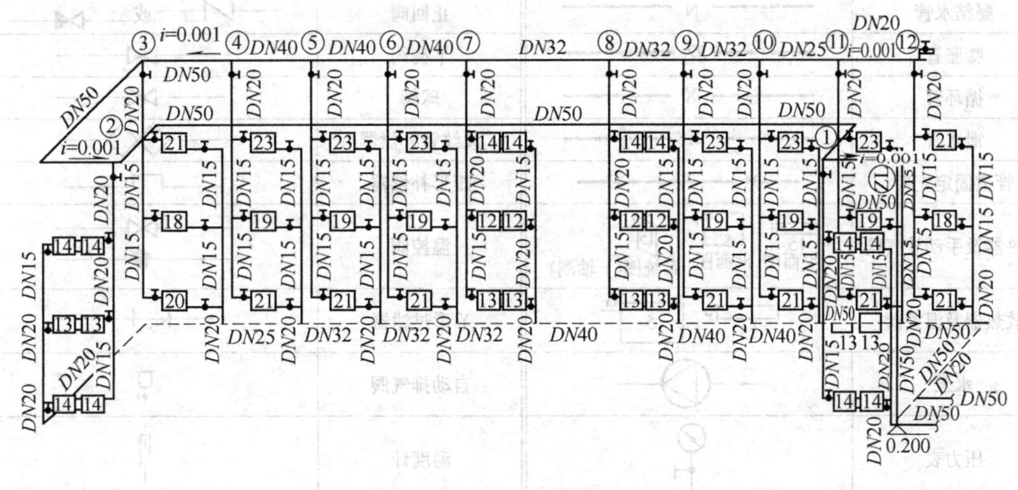

图5-15 供暖系统图 1∶100

1）比例。轴测图应按45°或60°轴测投影绘制，宜采用与相对应的平面图相同的比例绘制。

2）图线。供暖系统图宜用单线图绘制。

3）从室外引入管开始，绘制总立管、供暖干管。干管的位置、走向应与平面图一致。

4）在供水干管上，按照平面图的立管位置和编号绘制立管，并根据建筑剖面图的楼层地面标高等尺寸确定立管的高度尺寸，并在立管上绘制出楼、地面标高线。

5）绘制各楼层的散热器，并连接所有散热器的立管和支管。

6）按规定对系统图进行编号，并标注散热器的数量。柱形、圆翼形散热器的数量应注在散热器内，如图5-16所示；光管式、串片式散热器的规格及数量应注在散热器的上方，如图5-17所示。

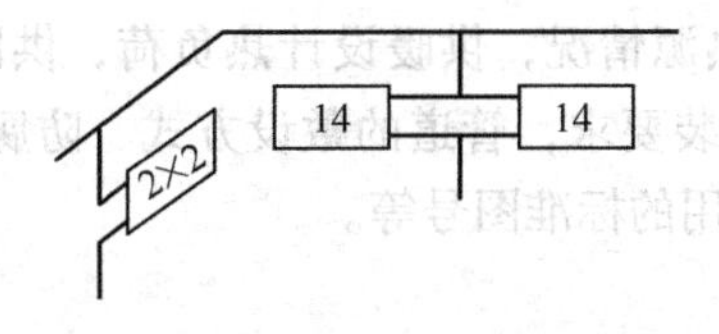

图5-16 柱形、圆翼形散热器画法

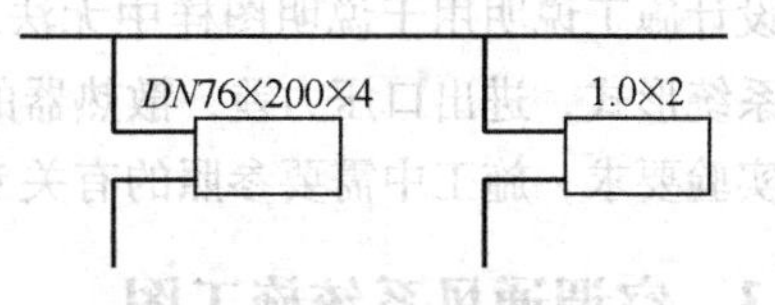

图5-17 光管式、串片式散热器画法

7）绘制回水管道。绘制回水管道时，双管系统应从回水支管画起，单管系统则从立管末端画起，顺序画出回水干管直到回水总管。

8）标注尺寸和文字，包括各层楼层地面的标高，管道的标高、管径和坡度，立管的编号及散热器的规格和数量等。

9）绘制图例，如管道系统上的阀门、排气阀和管道中的固定支点等，表5-3为常用图例。

表5-3 供暖系统施工图常用图例

名称	图例	名称	图例
供暖供水管		截止阀	
供暖回水管		闸阀	
饱和蒸汽管	ZB	蝶阀	或
凝结水管	N	止回阀	或
膨胀管	PZ	平衡阀	
循环管	X	球阀	
泄水管	XS	波纹管补偿器	
管道固定支架		矩形补偿器	
散热器及手动放气阀	1 15 平面图 15 剖面图 15 系统图(y轴测)	温控阀	
散热器及温控阀	15 15	Y形过滤器	
水泵		自动排气阀	
压力表		温度计	

3. 供暖系统详图

在供暖平面图和系统图上表达不清楚、用文字也无法说明的地方，可用详图画出。详图是局部放大比例的施工图，因此也叫大样图。它能表示采暖系统节点与设备的详细构造及安装尺寸要求，例如，一般供暖系统入口处管道的交叉连接复杂，因此需要另画一张比例比较大的详图。它包括节点图、大样图和标准图。详图常用的绘图比例是1∶10～1∶50。

（1）节点图　能清楚地表示某一部分采暖管道的详细结构和尺寸，但管道仍然用单线条表示，只是将比例放大，使人能看清楚。

（2）大样图　管道用双线图表示，看上去有真实感。

（3）标准图　它是具有通用性质的详图，一般由国家或有关部委出版标准图案，作为国家标准或部标准的一部分颁发。

4. 供暖系统施工设计说明

设计施工说明用于说明图样中无法表达的内容，如热源情况，供暖设计热负荷，供回水温度，系统形式，进出口压力差，散热器的种类、形式及安装要求，管道的敷设方式、防腐保温、水压实验要求，施工中需要参照的有关专业施工图号或采用的标准图号等。

5.3.3　空调通风系统施工图

空调通风工程施工图主要由文字部分和图部分组成。文字部分主要包括图样目录、设计施工说明、设备及主要材料表。图部分包括基本图和详图。基本图包括空调通风系统的平面图、剖面图、轴测图、原理图等。详图包括系统中某局部或部件的放大图、加工图等。通风系统施工图由通风系统平面图、剖面图、系统轴测图、详图、设计施工说明、设备及材料表等内容组成。

1. 通风系统平面图

通风系统平面图主要表示建筑物及设备的平面布局，管路的走向分布及其管径、标高、坡度、坡向等数据。它包括系统平面图、冷冻机房平面图、空调机房平面图等。平面图应采用正投影法绘制，所绘制的系统平面图应包括安装需要的所有平面定位尺寸，如图 5-18 所示。

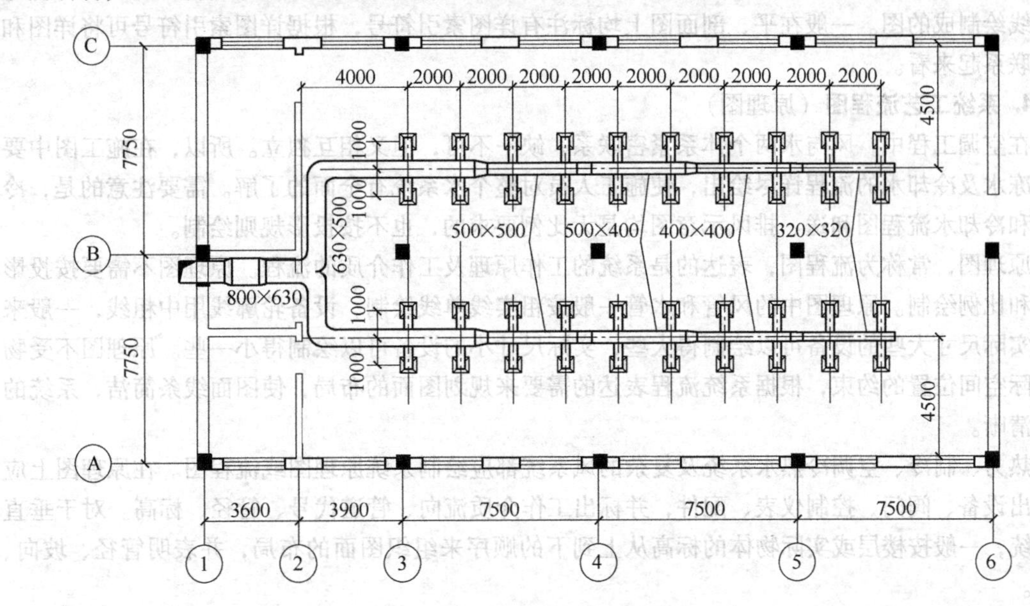

图 5-18 某厂房通风系统平面图 1∶100

2. 系统轴测图

系统轴测图是以轴测投影绘出的管路系统的单线条立体图。图中反映管线的分布情况，并将管线、部件及附属设备之间的相对位置的空间关系表达出来，此外，图中还注明管线、部件及附属设备的标高和有关尺寸，如图 5-19 所示。

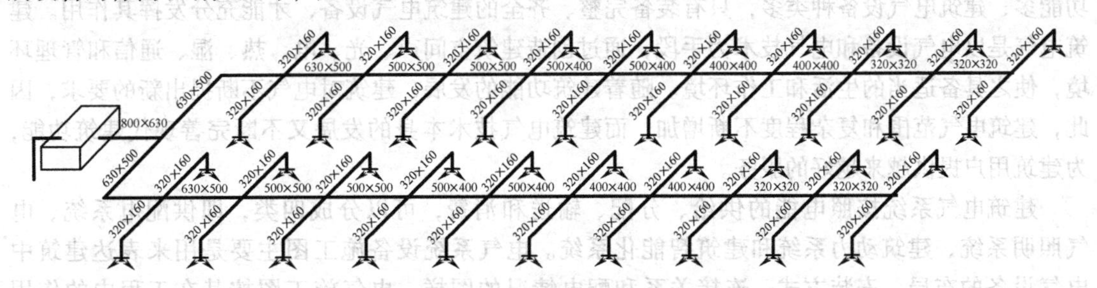

图 5-19 某厂房系统轴测图 1∶100

轴测图一般采用 45°正面斜轴测投影法绘制，用单线按比例绘制，其比例应与平面图相符，特殊情况除外；轴测图上包括该系统中设备和配件的型号、尺寸、定位尺寸、数量以及连接设备之间的管道在空间的曲折、交叉、走向和尺寸、定位尺寸等。系统轴测图还应注明出该系统的编号。

一般将室内输配系统与冷热源机房分开绘制，而室内输配系统又根据介质分类分为风系统和水系统，水系统一般用单线绘制，风系统可用单线也可用双线绘制。

图 5-18 和图 5-19 为某厂房通风系统平面图和系统轴测图。图中表明了系统管路的空间走向，可以看出风机后水平总管分成两路水平支管，每条水平支管分别有 10 条 320mm × 160mm 的水平支管，并且在垂直方向上连接有 200mm × 200mm 的百叶风口。平面图表明了风管、风口和设备的平面布局。

3. 空调通风系统详图

详图是为了详细表明平、剖面图中局部管件和部件的制作、安装工艺，将此部分单独放大，用双线绘制成的图。一般在平、剖面图上均标注有详图索引符号，根据详图索引符号可将详图和总图联系起来看。

4. 系统工艺流程图（原理图）

在空调工程中，风与水两个体系紧密联系，缺一不可，但又相互独立。所以，在施工图中要将冷冻水及冷却水的流程详尽绘出，使施工人员对整个水系统有全面的了解。需要注意的是，冷冻水和冷却水流程图和送、排风示意图均是无比例要求的，也不按投影规则绘制。

原理图，常称为流程图，表达的是系统的工作原理及工作介质的流程。原理图不需要按投影规则和比例绘制。原理图中的风管和水管一般按粗实线单线绘制，设备轮廓线用中粗线，一般来说，实际尺寸大些的设备可以绘制得大些，实际尺寸小的设备可以绘制得小一些。原理图不受物体实际空间位置的约束，根据系统流程表达的需要来规划图面的布局，使图面线条简洁，系统的流程清晰。

热力、制冷、空调冷热水系统及复杂的风系统都应绘制系统原理图或流程图。在原理图上应绘制出设备、阀门、控制仪表、配件，并标出工作介质流向、管道代号、管径、标高。对于垂直式系统，一般按楼层或实际物体的标高从上到下的顺序来组织图面的布局，并表明管径、坡向、标高。

5.4 建筑电气设备施工图

5.4.1 电气施工图的组成

建筑电气是建筑工程的基本组成之一，任何建筑都需要完善的电气设施。现代建筑面积大、功能多，建筑电气设备种类多，只有装备完整、齐全的建筑电气设备，才能充分发挥其作用。建筑电气是以电气设备和电气技术为手段，通过创造建筑空间声、光、电、热、湿、通信和管理环境，使之具备适当的生活和工作环境。随着建筑功能的发展，建筑对电气不断提出新的要求，因此，建筑电气范围和复杂程度不断增加，而建筑电气技术本身的发展又不断完善现代建筑功能，为建筑用户提供越来越好的服务。

建筑电气系统按照电能的供给、分配、输送和消费，可以分成四类，即供配电系统、电气照明系统、建筑动力系统和建筑智能化系统。电气系统设备施工图主要是用来表达建筑中电气设备的布局、安装方式、连接关系和配电情况的图样。电气施工图按其在工程中的作用不同可分为变配电施工图、配电线路施工图、动力及照明施工图、火灾自动报警消防施工图、有线电视系统施工图、通信电话系统施工图、宽带网施工图、有线广播施工图和建筑防雷接地施工图等。

一套完整的电气施工图主要包括以下内容：目录、电气设计说明、电气系统图、电气平面图、设备控制图、设备安装大样图（详图）、安装接线图、设备材料表等，本节主要介绍室内照明施工图的有关内容。

5.4.2 室内照明平面图

1. 平面图的组成

平面图是表现该项工程各种电气设备与线路平面布置的总图，也是进行电气安装施工的重要依据。室内照明平面图主要表达电源进户线、照明配电箱、照明器具的安装位置，导线的规格、型号、根数、走向及其敷设方式，灯具的型号、规格以及安装方式、安装高度等的图样。它是照明施工的主要依据。

2. 室内照明平面图的图示内容

1）电源进户线的位置、导线的型号、规格、数量、引入方法。

2）照明配电箱的型号、规格、数量、安装位置、安装标高，配电箱的电气系统。

3）照明线路的配线方式，敷设的位置，线路的走向，导线的型号、规格及根数，导线的连接方法。

4）灯具的类型、功率、安装位置、安装方式和安装标高。

5）开关的类型、安装位置、离地高度。

6）插座及其他电器的类型、容量、安装位置和安装标高等。

7）电气照明施工图中包含大量的电气符号，包括图形符号、文字符号等，电气照明施工图的常用电气图例见表 5-4。

表 5-4　电气照明常用图例

名　称	图　例	名　称	图　例
单极开关		灯的通用符号	⊗
单极开关（暗装）		单相插座	
双极开关		单相插座（暗装）	
双极开关（暗装）		带保护极的单相插座	
三极开关		带保护极的单相插座（暗装）	
三极开关（暗装）		带保护极的三相插座	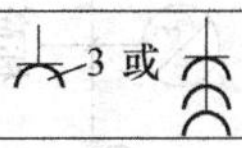 3 或
单极限时开关	t	带保护极的三相插座（暗装）	
单极双控开关		熔断丝	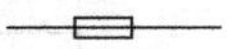
双极双控开关	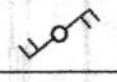	配电箱	
天棚灯		荧光灯	

8）电气系统设备施工图按电路的表示方法可以分为多线表示法和单线表示法。多线表示法是指每根导线在图样中用一条线表示；单线表示法是指并在一起的两根或两根以上的导线，在图样中只用一条线表示。在同一图样中，必要时可以将多线表示法和单线表示法组合起来使用，在需要表达复杂连接的地方使用多线表示法，在比较简单的地方使用单线表示法。在用单线表示法绘制的电气施工平面图上，一根线条表示多条走向相同的线路，而在线条上划上若干短斜线表示导线根数（一般用于 3 根导线），或者在一根短斜线旁标注数字表示导线根数（一般用于 3 根以上的导线），对于 2 根相同走向的导线则通常不标注根数。

图 5-20 和图 5-21 为首层和二至六层室内照明平面图。从首层平面图可知，电源电压为 380/220V，电源从北面楼梯口处引入，埋地暗敷，进户线标高为 -1.5m。电源线由主配电箱向南引入首层住户室内分配电箱，在楼梯东南角有一向上引线的图形符号，表明向二～六层供电的导线在此处沿墙暗敷引向上一层（AL3～AL11）。各层住宅内的分配电箱（AL1～AL12）嵌入墙内暗装，离地 1.8m。每套住宅的配电箱引出四个回路：两路控制室内照明，两路控制插座。客厅内设有一花吊灯，餐厅内装有一日光灯，用一安装在大门一侧的双联开关分别控制。三个卧室分

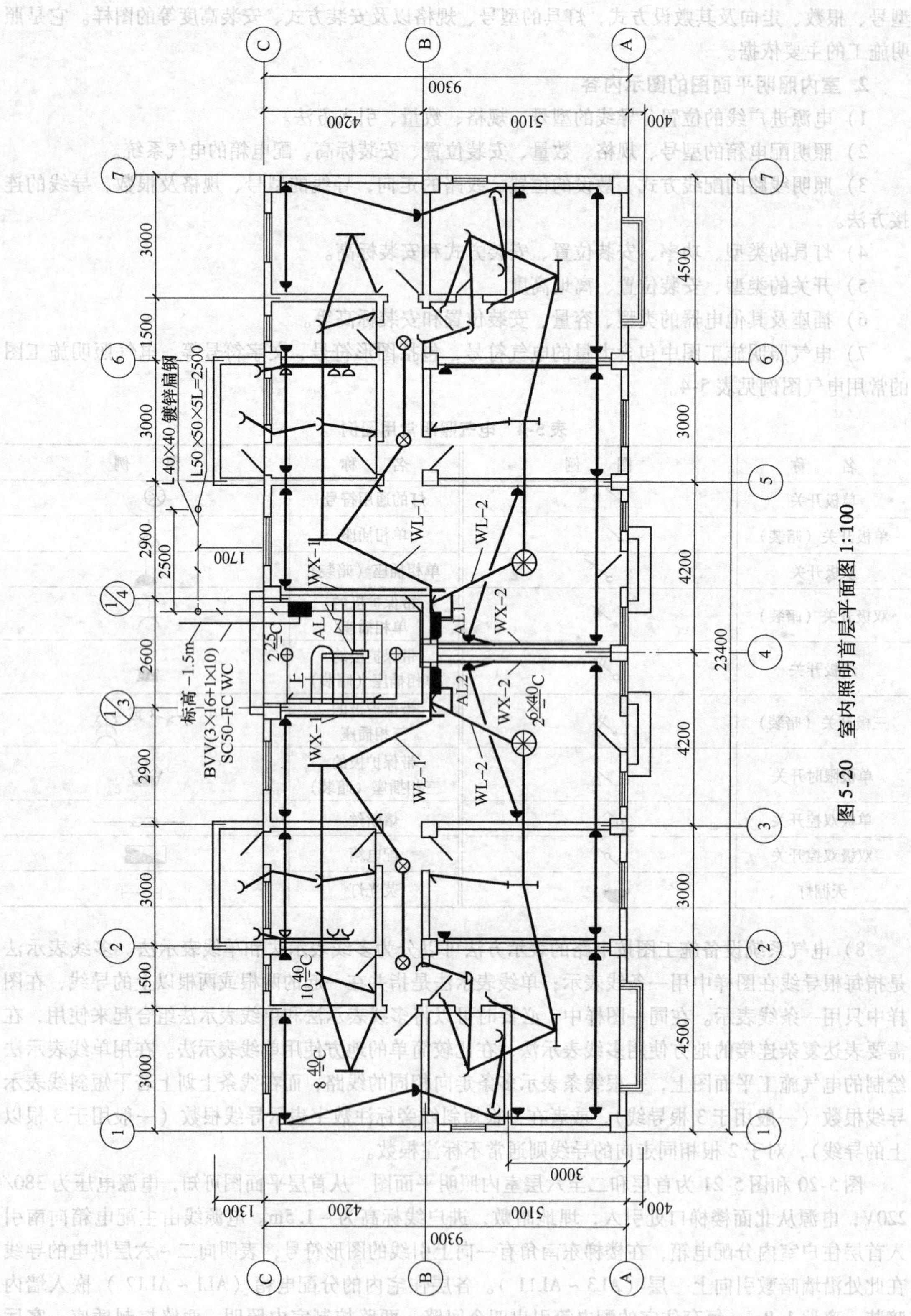

图 5-20 室内照明首层平面图 1:100

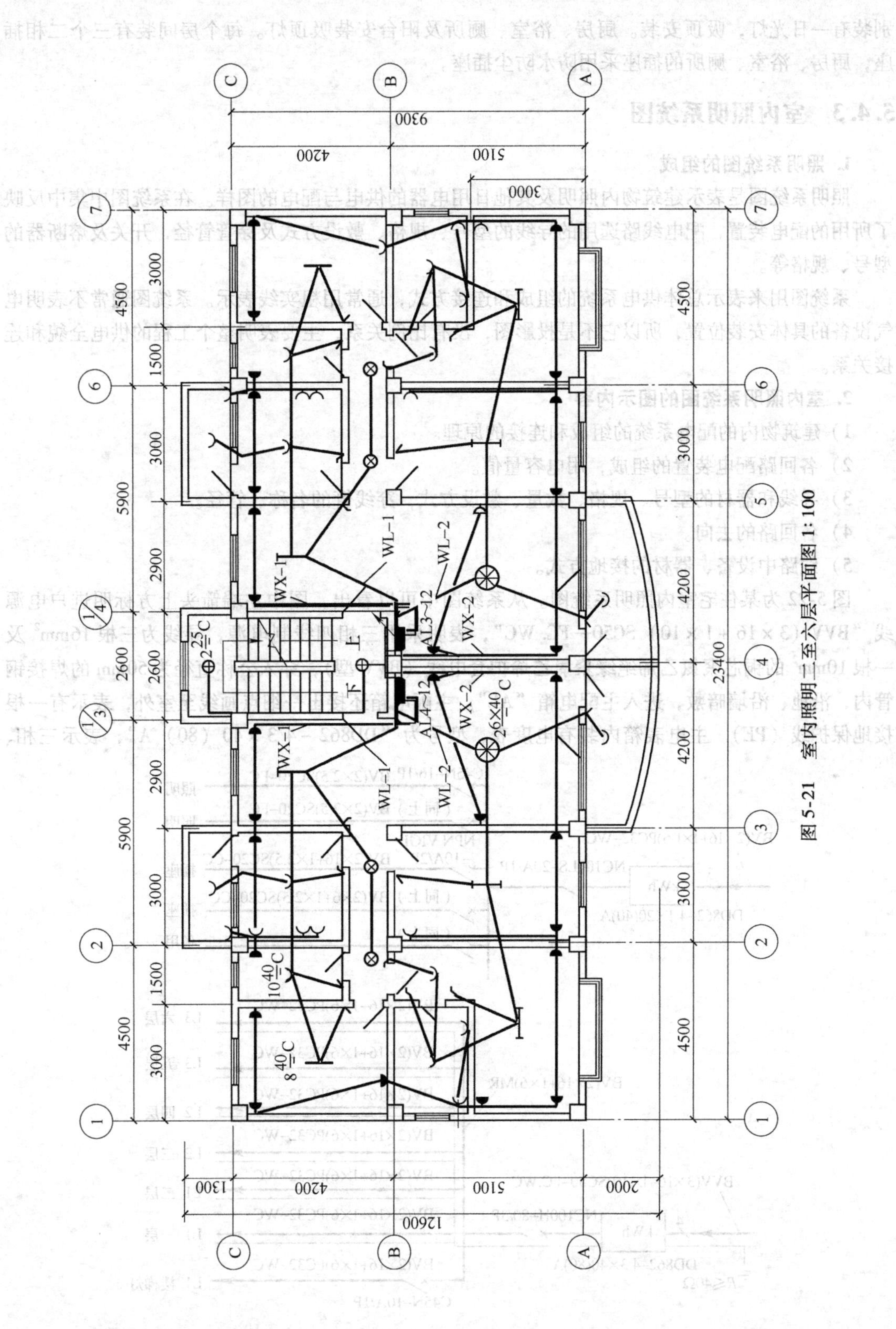

图5-21 室内照明二至六层平面图 1:100

别装有一日光灯，吸顶安装。厨房、浴室、厕所及阳台安装吸顶灯。每个房间装有三个二相插座，厨房、浴室、厕所的插座采用防水防尘插座。

5.4.3 室内照明系统图

1. 照明系统图的组成

照明系统图是表示建筑物内照明及其他日用电器的供电与配电的图样。在系统图中集中反映了所用的配电装置，配电线路选用的导线的型号、规格、敷设方式及穿管管径，开关及熔断器的型号、规格等。

系统图用来表示总体供电系统的组成和连接方式，通常用粗实线表示。系统图通常不表明电气设备的具体安装位置，所以它不是投影图，没有比例关系，主要表明整个工程的供电全貌和连接关系。

2. 室内照明系统图的图示内容

1）建筑物内的配电系统的组成和连接的原理。

2）各回路配电装置的组成，用电容量值。

3）导线和器材的型号、规格、数量、敷设方式，穿线管的名称、管径。

4）各回路的去向。

5）线路中设备、器材的接地方式。

图5-22为某住宅室内照明系统图。从系统图中可以看出，图中左端箭头上方标明进户电源线“BVV（3×16+1×10）SC50—FC. WC”，表明采用三相四线制电源，导线为三根16mm² 及一根10mm² 的铜芯聚氯乙烯绝缘聚氯乙烯护套电线（BVV型），穿入公称直径为50mm的焊接钢管内，沿地、沿墙暗敷，进入主配电箱“AL”。主配电箱还接出一细点画线至室外，表示有一根接地保护线（PE）。主电表箱内装有电度表，型号为“DD862-4 3×40（80）A”，表示三相、

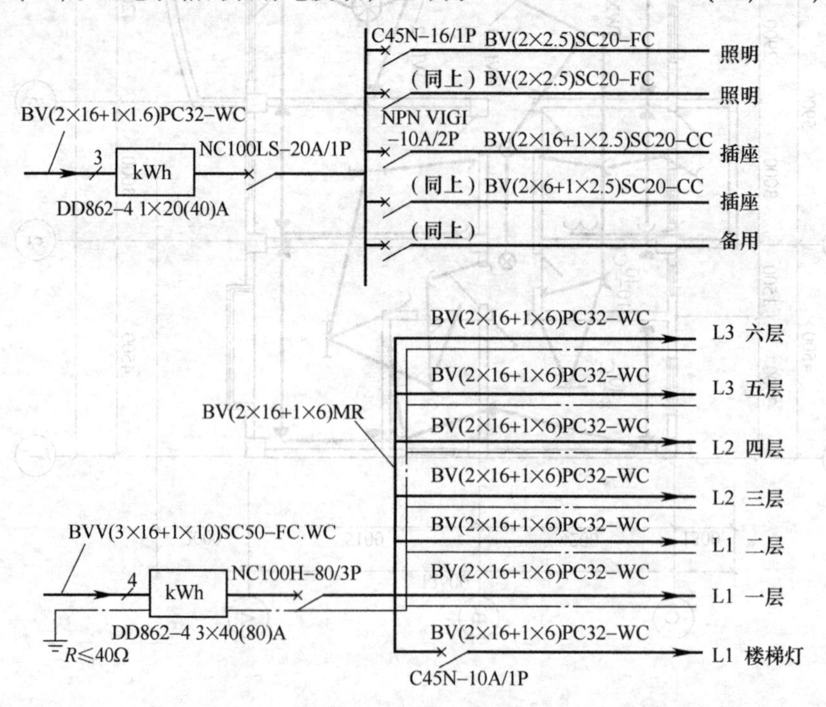

图5-22　室内照明系统图 1:100

电流为40（80）A。电表后接一照明、动力保护型断路器，型号为“NC100H”，允许电流为80A。由主配电箱再向上接出干线向二～六层供电，线路上标有“BV（2×16 + 1×6）PC32 - WC”，表明导线为两根16mm² 及一根6mm² 的铜芯聚氯乙烯绝缘电线（BV型），穿入公称直径为32mm的聚氯乙烯硬质管内，沿墙暗敷。分配电箱共12个（AL1—AL12）。各层分配电箱内均有一“NC100LS - 20A/1P”型照明保护型断路器，然后分四个回路。其中两个照明回路均有型号为“C45N - 16/1P”单极过流保护型断路器，两个插座回路有型号为“NPN VIGI - 10A/2P”过流、漏电保护的单极断路器。主电表箱还接出一路为楼梯灯供电，该回路上接有照明过流保护型断路器，型号为“C45N - 10A/1P”。

为使各相线路负载比较均匀，每两层的供电回路接在不同的电源相序上，使每一相电源向建筑物的两层供电回路供电。

小　结

建筑给排水、供暖、空调通风、建筑供配电、建筑照明系统等建筑设备是现代建筑设备的重要内容。本章参照国家相关标准，主要介绍了建筑给排水施工图、供暖通风设备施工图、电气设备施工图的基本知识、图示内容和特点。通过本章的学习可以掌握建筑设备施工图的制图标准和方法，为绘制和识读建筑设备施工图打好基础。

思考题与习题

5-1　简述建筑给水排水系统的分类。

5-2　简述建筑给水排水系统图的图示内容。

5-3　简述供暖系统平面图中各种类型散热器规格和数量的标注方法。

5-4　简述空调通风系统施工图的组成。

5-5　电气系统施工图中什么是单线表示法？什么是双线表示法？

第6章　水利工程图

6.1 概述

为利用或控制自然界的水资源而修建的工程设施称为水工建筑物。一项水利工程，常从综合利用水资源出发，同时修建若干个不同作用的建筑物，这种建筑物群称为水利枢纽，如图6-1为典型的水利工程。该枢纽主要由拦河坝、发电站、泄水闸、冲沙闸等建筑物组成。相关规范有SL 73.1—2013《水利水电工程制图标准基础制图》、SL 73.2—2013《水利水电工程制图标准水工建筑图》、SL 73.3—2013《水利水电工程制图标准勘测图》、SL 73.4—2013《水利水电工程制图标准水力机械图》、SL 73.5—2013《水利水电工程制图标准电气图》。

按照设计要求，用于指导水利工程及水工建筑物施工过程的施工组织、施工程序及施工方法等内容的图样，称为施工图。施工图包括施工总体布置图、分区工程布置图和分期布置图。例如，反映施工场地布置的施工总平面布置图；反映施工导流方法的导流布置图；反映建筑物基础开挖和料场的开挖图；反映混凝土分期分块的浇筑图等。

图6-1　水利工程图

6.1.1　水利工程图的分类

水利工程的建造通常包括勘测、规划、设计、施工和验收等五个阶段，每个阶段都要绘制相应的图样。图样的基本类型有工程规划图、枢纽布置图、建筑结构图、水工施工图、竣工图。

1. 工程规划图

工程规划图主要表达水利工程的位置及周围环境（河流、交通、重要建筑物和居民点等），并配合图表说明该项工程的主要服务对象及其内容。这种图表示的范围大，绘制的比例小，一般为1∶5000～1∶10 000，甚至更小，建筑物多采用图例示出其位置、种类和作用，如图6-2所示。

2. 枢纽布置图

枢纽布置图是将整个水利枢纽的主要建筑物的平面图形，按其平面位置画在地形图上。枢纽布置图反映出各建筑物的大致轮廓及其相对位置，是各建筑物定位、施工放样、土石方施工及绘

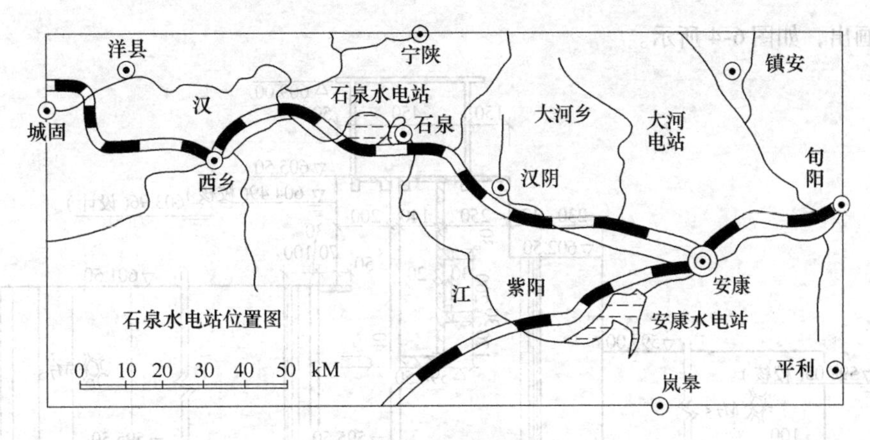

图6-2 工程规划图

制施工总平面图的依据。

这种图必须画在地形图上，一般情况下，可将它布置在立面图的下（或上）方，也可将它单独绘制在一张图纸上，图示比例多为1∶200～1∶2000。各建筑物结构上的次要轮廓线和细部构造一般用图例示出它们的位置、种类和作用。图中只标建筑物的外形轮廓尺寸及定位尺寸，主要的控制高程，填、挖方的坡度等，如图6-3所示。

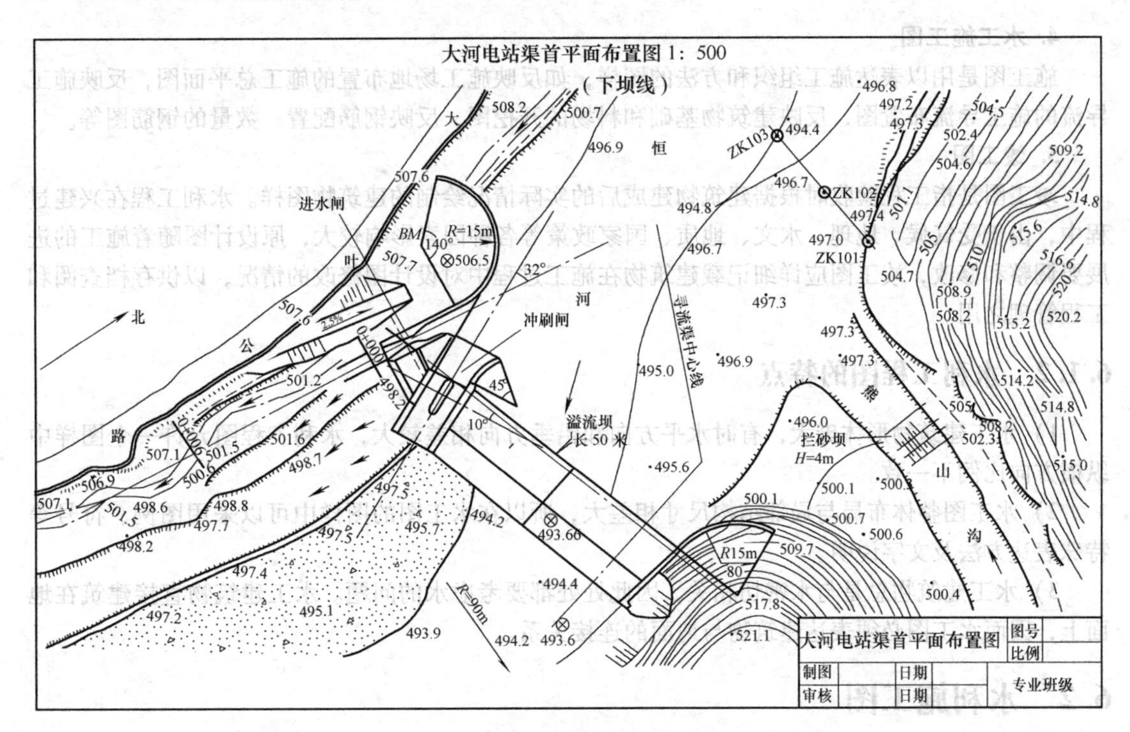

图6-3 枢纽布置图

3. 建筑结构图

建筑结构图是以某一功能建筑物为表达对象的工程图，用于表达枢纽中某一建筑物的形状、大小、材料以及与地基和其他建筑物的连接方式，包括结构布置图、分部和细部的构造图。建筑结构图中由于图形比例太小而无法清楚表达的局部结构，可采用大于原图形的比例将这些部位和结构单独画出，如图6-4所示。

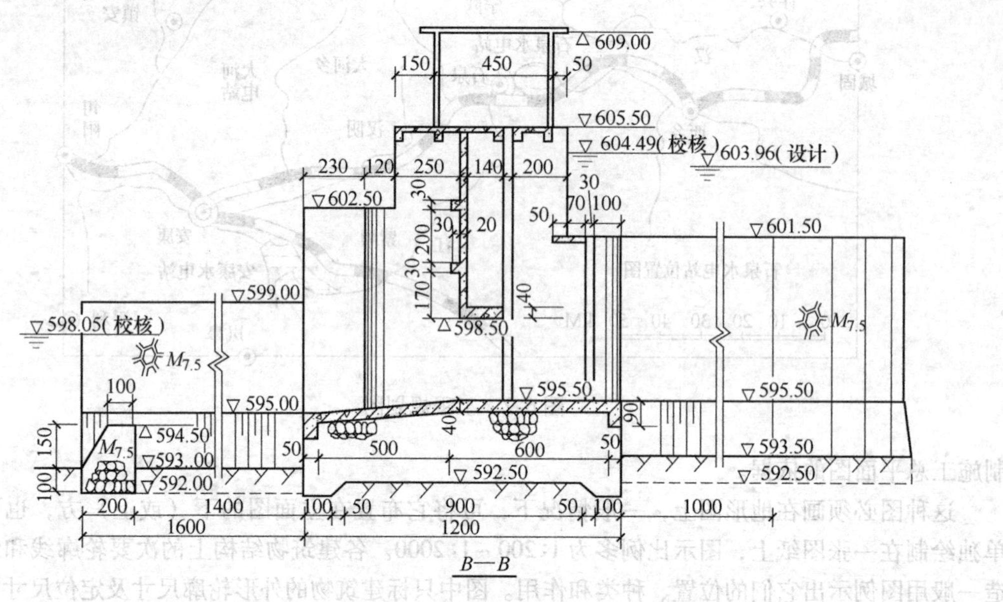

图6-4 建筑结构图

4. 水工施工图

施工图是用以表达施工组织和方法的图样，如反映施工场地布置的施工总平面图，反映施工导流的施工导流布置图，反映建筑物基础和料场的开挖图，反映钢筋配置、数量的钢筋图等。

5. 竣工图

竣工图是指工程验收时根据建筑物建成后的实际情况绘制的建筑物图样。水利工程在兴建过程中，由于受气候、地理、水文、地质、国家政策等各种因素影响较大，原设计图随着施工的进展要调整和修改，竣工图应详细记载建筑物在施工过程中对设计图修改的情况，以供存档查阅和工程管理之用。

6.1.2 水利工程图的特点

1）水工建筑物形体庞大，有时水平方向和铅垂方向相差较大，水利工程图允许一个图样中纵横方向比例不一致。

2）水工图整体布局与局部结构尺寸相差大，所以在水工图的图样中可以采用图例、符号等特殊表达方法及文字说明。

3）水工建筑物总是与水密切相关，因此处处都要考虑水的问题。水工建筑物直接建筑在地面上，因而水工图必须表达建筑物与地面的连接关系。

6.2 水利施工图

6.2.1 水利施工图的组成

水工图常用的是正视图、俯视图及左、右视图。视图一般应按投影关系配置，由于水工建筑物较庞大，某一视图也可单占一张图纸。无论怎样配置，均要在视图的中上方标注图名，并在图名下画一粗实线，其长度应与图名等长。对于河流，规定视向顺水流方向，左边称左岸，右边称右岸。视图中习惯使水流自上而下或自左而右。一般来说视向顺水流方向时，称上游立面图；逆水流方向称下游立面图。

1. 平面图

建筑物的俯视图在水工图中称平面图。常见的平面图有枢纽布置图和单一建筑物的平面图。平面图主要用来表达水利工程的平面布置，建筑物水平投影的形状、大小及各组成部分的相互位置关系，剖视、断面的剖切位置、投影方向和剖切面名称等，如图6-5所示。

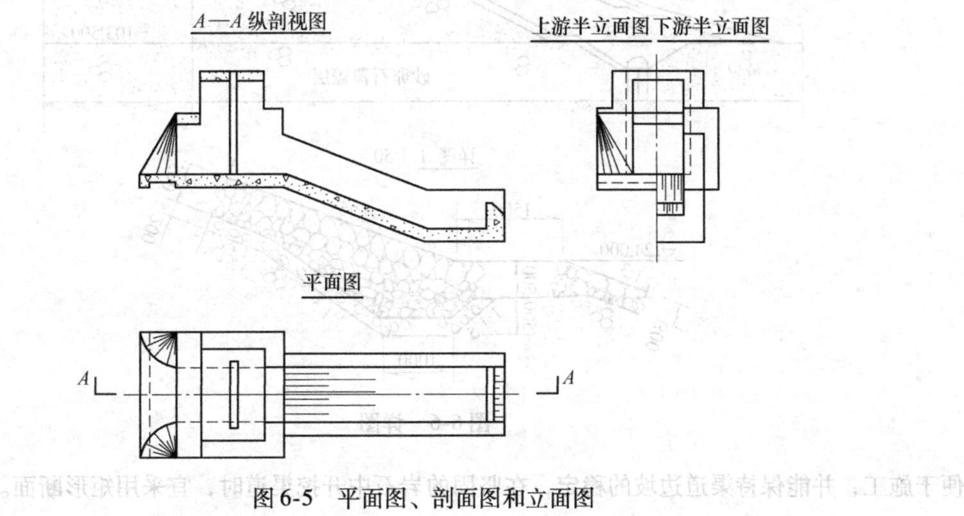

图6-5 平面图、剖面图和立面图

2. 立面图

建筑物的主视图、后视图、左视图、右视图是反映高度的视图，在水工图中称为立面图。立面图的名称与水流方向有关，观察者顺水流方向观察建筑物得到的视图，称为上游立面图；观察者逆水流方向观察建筑物得到的视图，称为下游立面图。立面图主要表达建筑物的外部形状，如图6-5所示。

3. 剖视图、断面图

剖切平面平行于建筑物轴线或顺水流方向所得的视图，称为纵剖视图，如图6-5中的*A—A*纵剖视图。剖切平面垂直于建筑物轴线或顺水流方向所得的视图，称为横剖视图。剖视图主要用来表达建筑物的内部结构形状和各组成部分的相互位置关系，建筑物主要高程和主要水位，地形、地质和建筑材料及工作情况等。断面图的作用主要是表达建筑物某一组成部分的断面形状、尺寸、构造及其所采用的材料。

4. 详图

将物体的部分结构用大于原图的比例画出的图样称为详图。其主要用来表达建筑物的某些细部结构形状、大小及所用材料。详图可以根据需要画成视图、剖视图或断面图，它与放大部分的表达方式无关。详图一般应标注图名代号，其标注的形式为：把被放大部分在原图上用细实线小圆圈圈住，并标注字母，在相应的详图下面用相同字母标注图名、比例，如图6-6所示。

6.2.2 典型的水工建筑物

1. 渠道

灌溉渠道一般可分为干、支、斗、农、毛五级，构成渠道系统。其中前四级为固定渠道，后者多为临时性渠道。一般干、支渠主要起输水作用，称为输水渠道；斗农渠主要起配水作用，称为配水渠道。图6-7为渠道平面图，图6-8为渠道横断面图，渠道的横断面形状一般采用梯形，

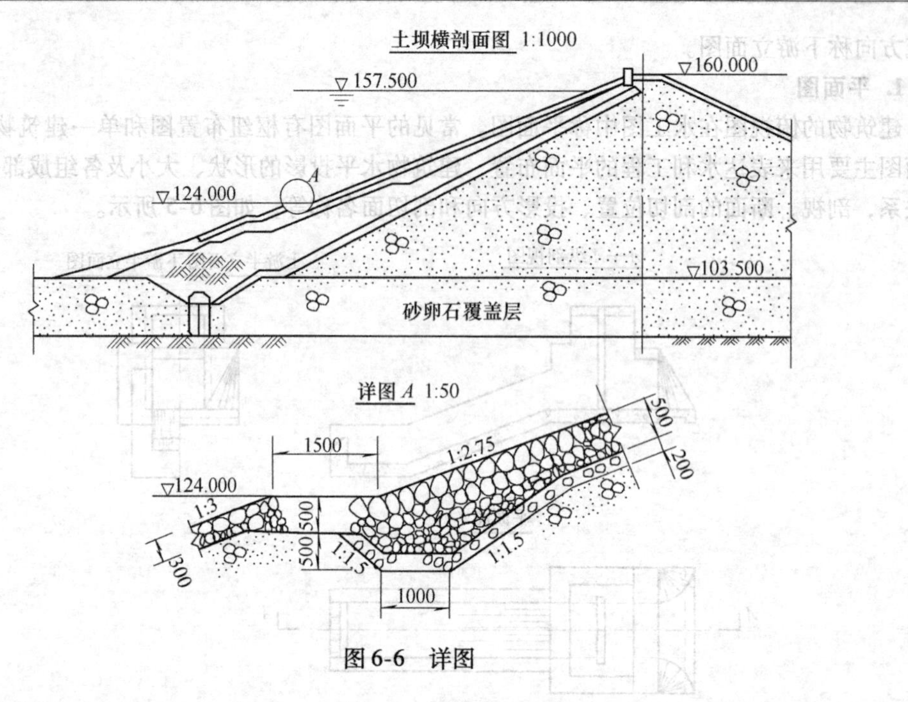

图6-6 详图

便于施工，并能保持渠道边坡的稳定，在坚固的岩石中开挖渠道时，宜采用矩形断面。

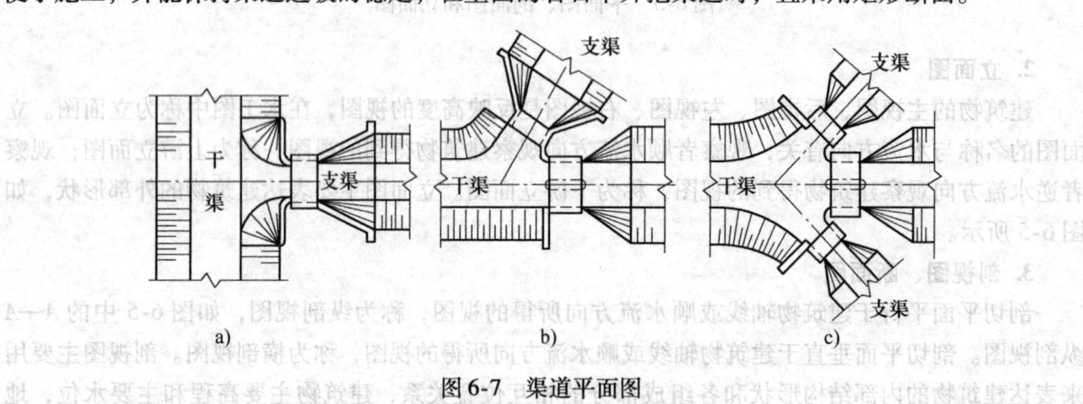

图6-7 渠道平面图

2. 大坝

大坝的类型很多，根据筑坝材料可分为土石坝、混凝土坝、浆砌石坝、钢筋混凝土坝、木坝、钢坝、橡胶坝等；按照构造特点分为重力坝、拱坝、支墩坝；按照是否泄水分为非溢流坝和溢流坝。此外还可以由两种或多种坝构成混合坝型。常见的主要坝型有混凝土坝和土石坝两大类，土石坝又称为当地材料坝。前一类主要有重力坝、拱坝和支墩坝；后一类有均质坝、心墙坝和面板堆石坝等。图6-9为几种土石坝的示意图。

3. 水闸

水闸按照担负的任务分为节制闸、进水闸、排水闸、分洪闸、挡潮闸、冲沙闸和排冰闸等；按照闸室结构分为开敞式和涵洞式；按照操作闸门的动力分为机械操作闸门和水力操作闸门。

水闸由闸室段、上游连接段和下游连接段组成。闸室是水闸的主体，闸室分别与上下游连接段和两岸或其他建筑物连接。闸门用来挡水和控制过闸流量，闸墩用以分隔闸孔和支承闸门、工作桥等。底板是闸室的基础，将闸室上部结构的重量和荷载向地基传递，兼有防渗和防冲作用。

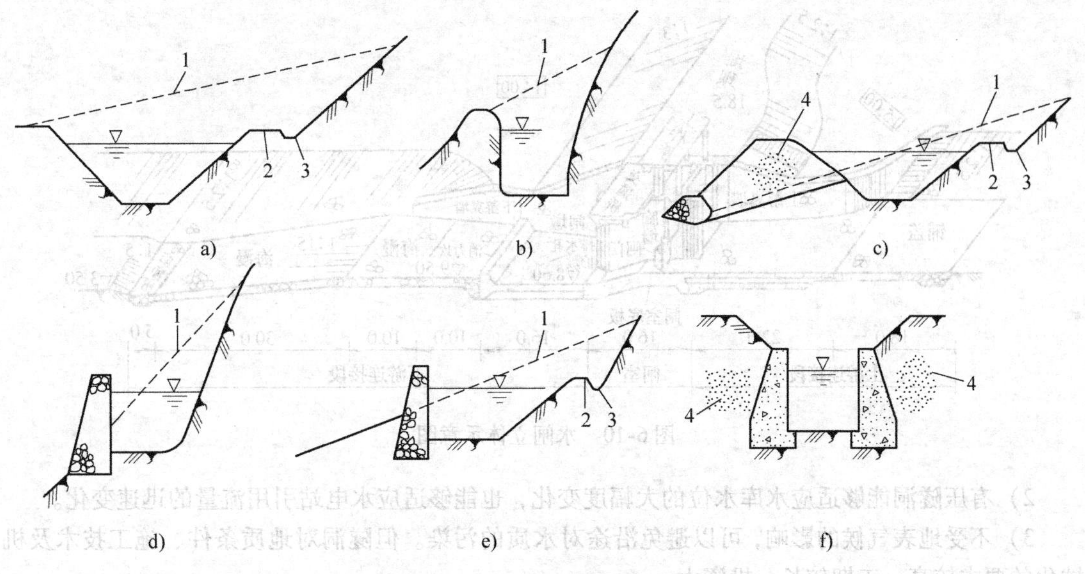

图6-8 渠道断面图

a)、c)、e)、f) 土基 b)、d) 岩基

1—原地面线 2—马道 3—排水沟 4—填方体

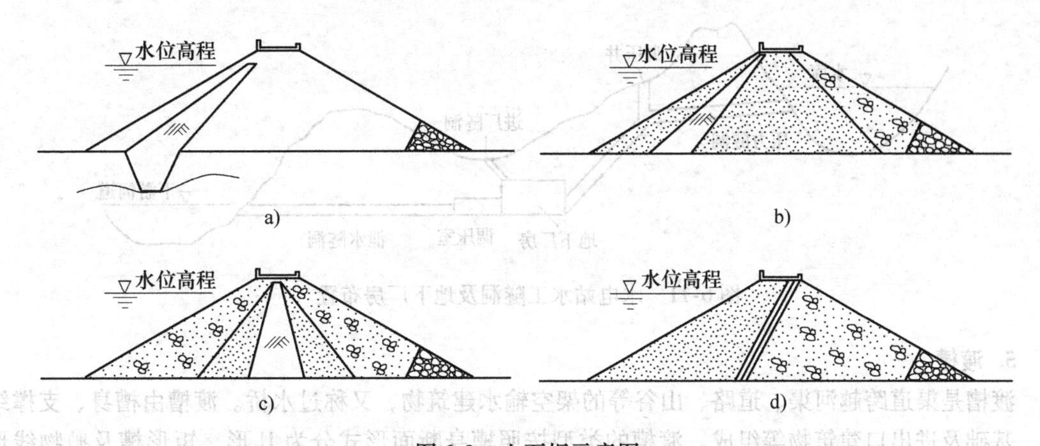

图6-9 土石坝示意图

a) 黏土斜墙坝 b) 多种土质坝 c) 多种土质心墙坝 d) 土石混合坝

上游连接段用以引导水流平顺地进入闸室，延长闸基和两岸的渗径长度，确保渗透水流沿两岸和闸基的抗渗稳定性。下游连接段用以引导出闸水流均匀扩散，消除水流剩余功能，防止水流对河床和岸坡的冲刷，图6-10为土基上水闸立体示意图。

4. 水工隧洞

水工隧洞按照用途可分为泄洪洞、引水洞、排沙洞、放空洞、导流洞。按照洞内水流状态可分为有压隧洞和无压隧洞。一般来说隧洞可以设计成有压的，也可设计成无压的，还可设计成前段有压后段是无压的。但应注意的是在同一段内，应避免出现时而有压时而无压的明满流交替现象，以防止引起振动、空蚀等不利流态。按流速可分为高流速隧洞（洞内水流速度大于16m/s）和低流速隧洞（洞内水流速度小于16m/s）。

隧洞与渠道相比具有以下优点：

1）可以采用较短的路线，可以避开沿线地表不利的地形及地质条件。

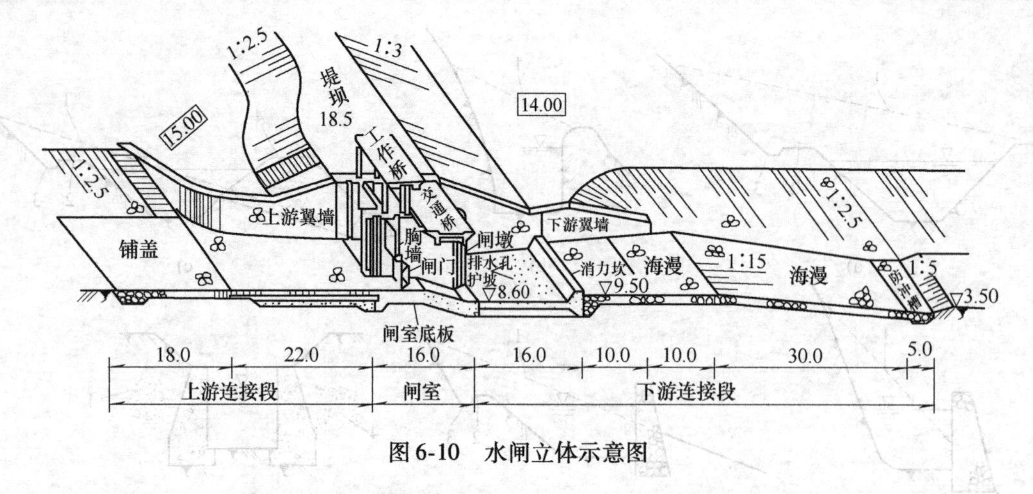

图6-10 水闸立体示意图

2）有压隧洞能够适应水库水位的大幅度变化，也能够适应水电站引用流量的迅速变化。

3）不受地表气候的影响，可以避免沿途对水质的污染。但隧洞对地质条件、施工技术及机械化的要求较高，工期较长，投资大。

隧洞建筑物一般包括进口建筑物、洞身和出口建筑物三个主要部分。此外水电站厂房也可设置在地下和隧洞连接，如图6-11所示。

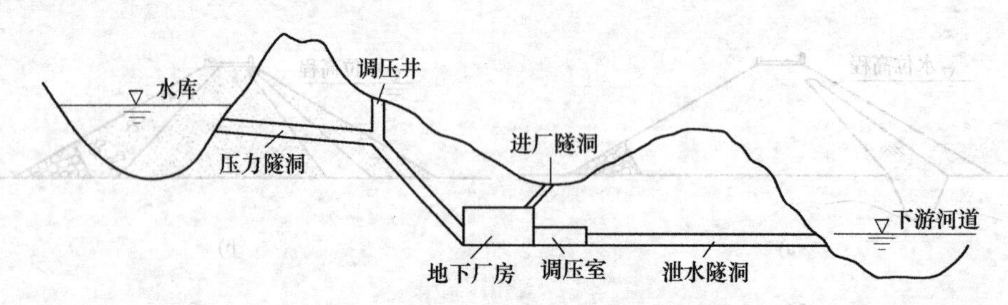

图6-11 水电站水工隧洞及地下厂房布置

5. 渡槽

渡槽是渠道跨越河渠、道路、山谷等的架空输水建筑物，又称过水桥。渡槽由槽身、支撑结构、基础及进出口建筑物等组成。渡槽的类型按照槽身断面形式分为U形、矩形槽及抛物线形槽等，如图6-12所示；按照支承结构分为梁式渡槽、拱式渡槽和桁架式渡槽等，如图6-13所示；按照所用材料分为木渡槽、砖石渡槽、混凝土渡槽、钢筋混凝土渡槽和钢丝网水泥渡槽等；按照施工方法分为现浇整体式、预制装配式和预应力渡槽。

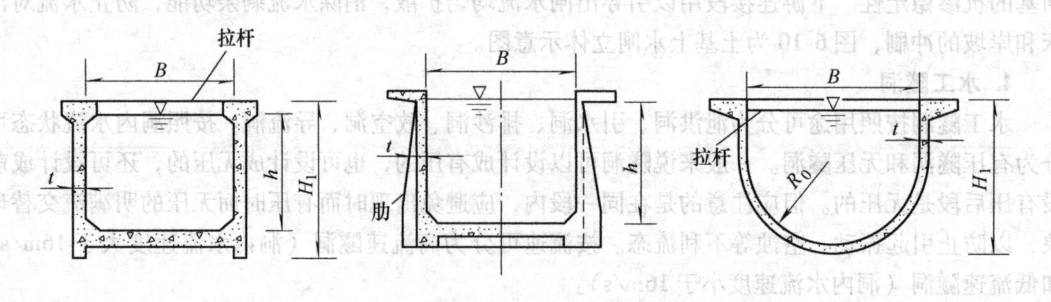

图6-12 矩形及U形槽身横断面形式

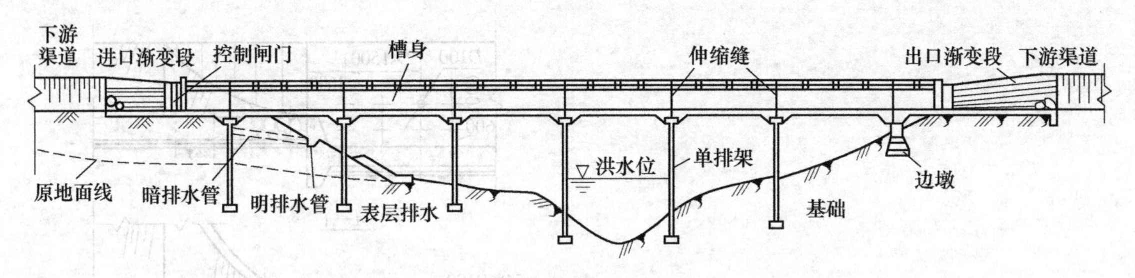

图6-13　梁式渡槽纵剖面图

6.3　水利工程图的表达方法

6.3.1　水工图的规定画法

1. 展开画法

当构件、建筑物的轴线（或中心线）为曲线时，可以将曲线展开成直线后，绘制成视图、剖视图和剖面图。这时，应在图名后加注“展开”二字，或写成“展视图”，如图6-14和图6-15所示。

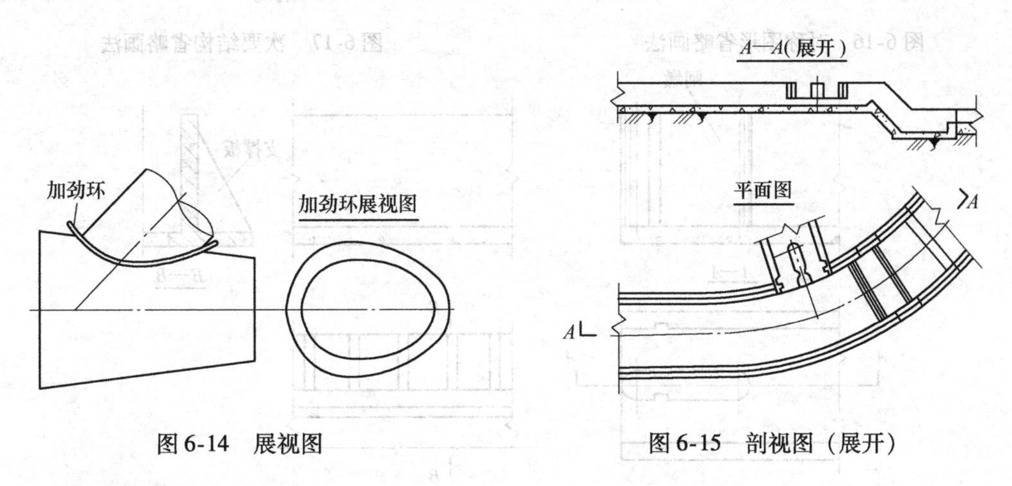

图6-14　展视图　　　　图6-15　剖视图（展开）

2. 简化画法

简化画法就是通过省略重复投影、重复要素、重复图形等达到使图样简化的图示方法。水工图中常用的省略画法有：

1）当图形对称时，可以只画对称轴的一侧或四分之一的视图，但必须在对称线上的两端画出对称符号，或画出略大于一半并以波浪线为界线的视图。图形的对称符号应按图6-16所示用细实线绘制。

2）对于图样中的一些小结构，当其规律地分布时，可以简化绘制，如图6-17所示消力池底板的排水孔只画出1个圆孔，其余只画出中心线表示位置。

3. 不剖画法

对于构件支撑板、薄壁和实心的轴、柱、梁、杆等，当剖切平面平行其轴线或中心线时，这些结构按不剖绘制，用粗实线将它与其相邻部分分开，如图6-18中*A*—*A*剖视图中的闸墩和*B*—*B*断面图中的支撑板。

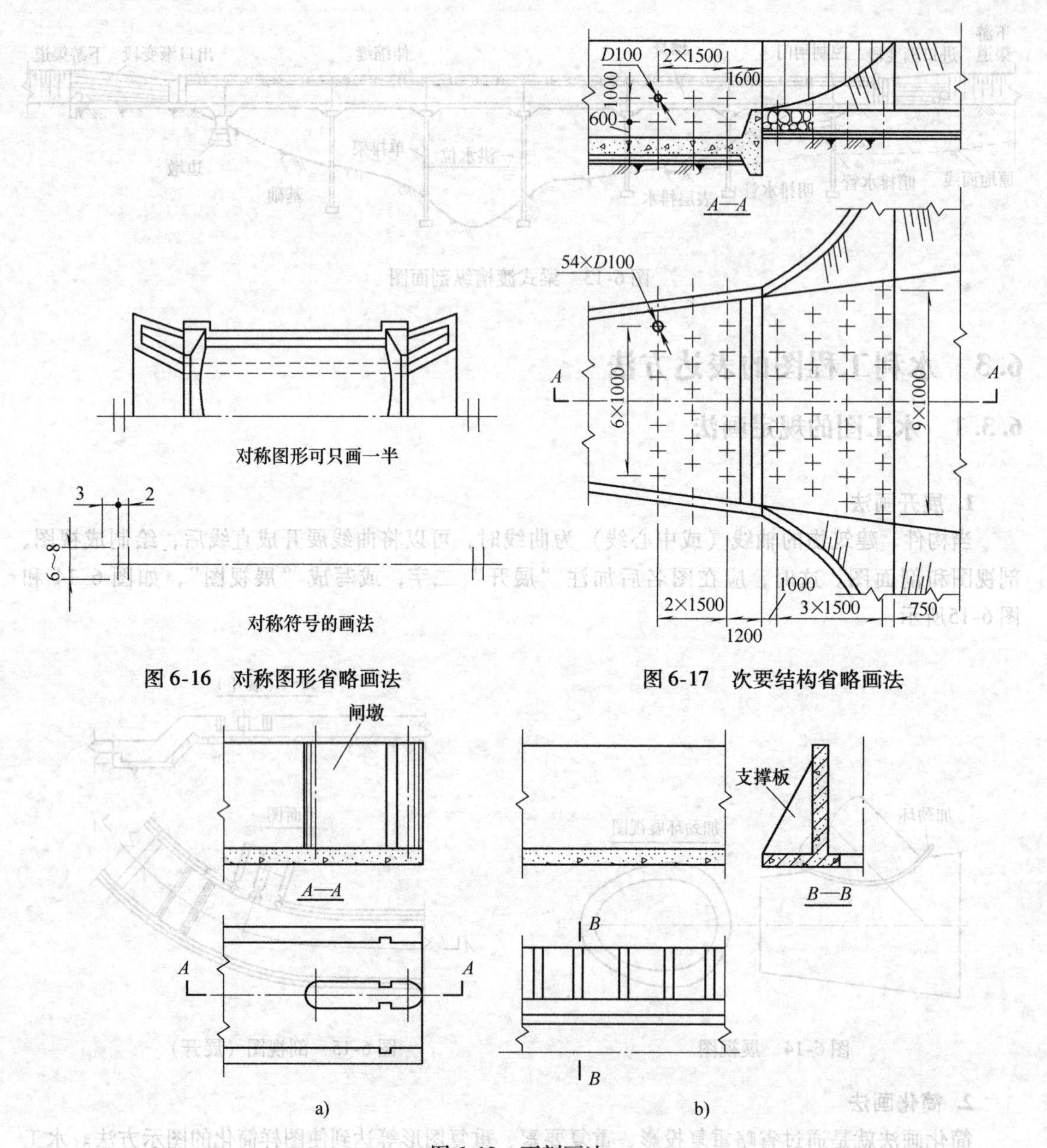

图6-16 对称图形省略画法

图6-17 次要结构省略画法

图6-18 不剖画法

a）闸墩按不剖绘制 b）支撑板按不剖绘制

4. 拆卸画法

当视图、剖视图中所要表达的结构被另外的结构或填土遮挡时，可假想将其拆掉或掀掉，然后再进行投影，如图6-19所示平面图中，对称线上半部一部分桥面板及胸墙被假想拆卸，填土被假想掀掉。

5. 合成视图

对称或基本对称的图形，可将两个相反方向的视图或剖视图或剖面各画对称的一半，并以对称线为界，合成一个图形，如图6-19中*B—B*和*C—C*合成剖视图，图6-20中闸门的上、下游合成立视图，*D—D*及*E—E*合成剖视图。

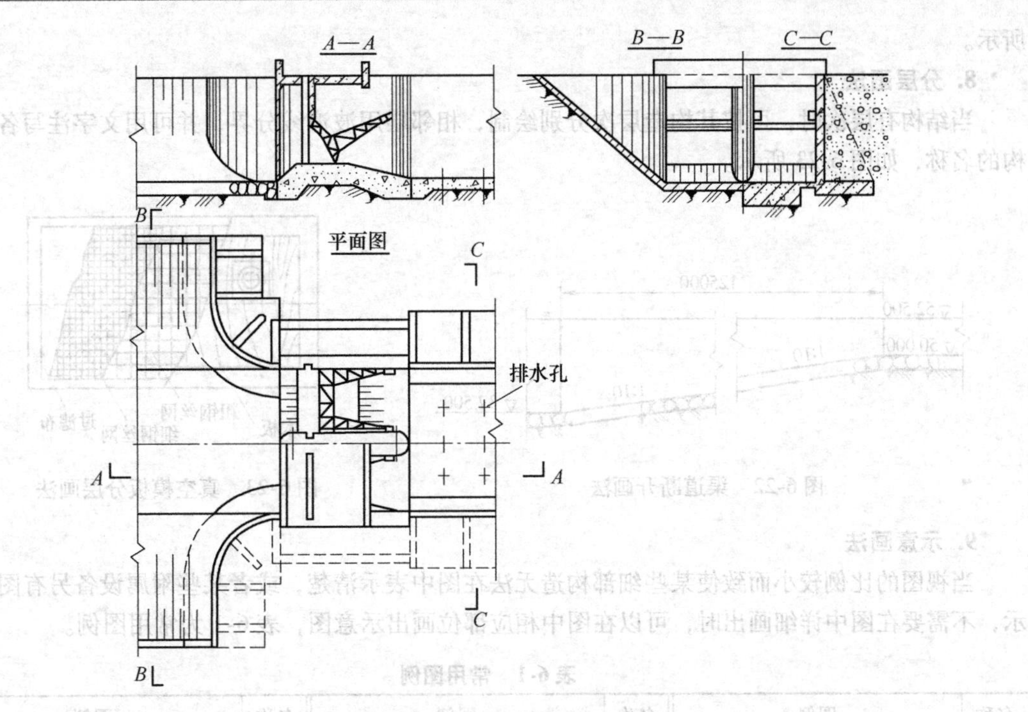

图6-19 水闸拆卸画法和合成视图

6. 连接画法

较长的图形允许将其分成两部分绘制，再用连接符号表示相连，并用大写字母编号，如图6-21所示。

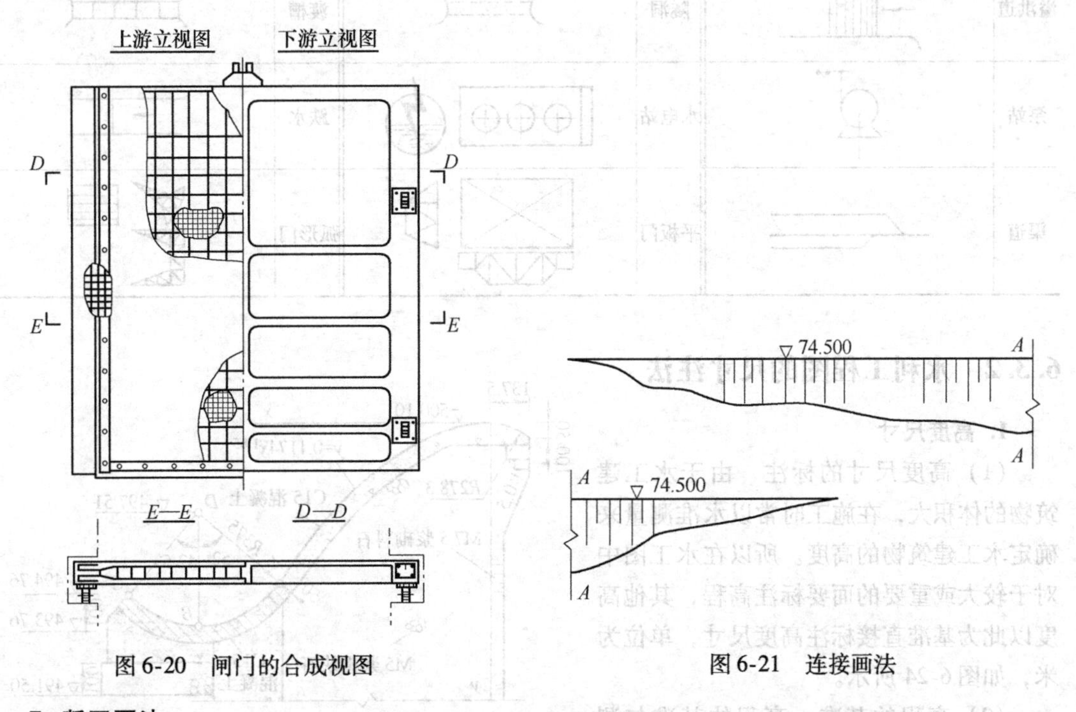

图6-20 闸门的合成视图

图6-21 连接画法

7. 断开画法

较长的图形，当沿长度方向的形状为一致或按一定的规律变化时，可以断开绘制，如图6-22

所示。

8. 分层画法

当结构有层次时，可按其构造层次分别绘制，相邻层用波浪线分界，并可用文字注写各层结构的名称，如图6-23所示。

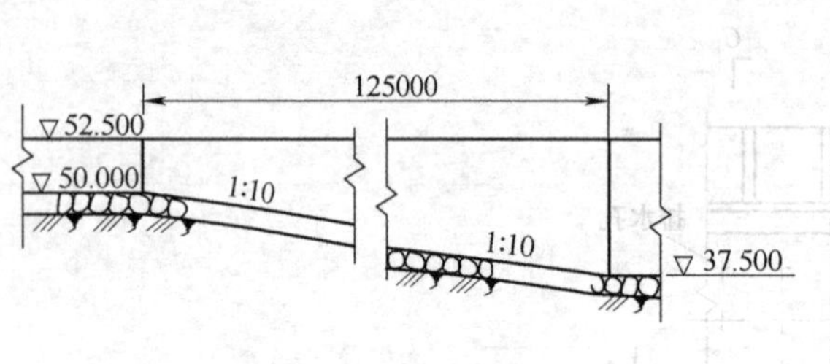

图6-22　渠道断开画法

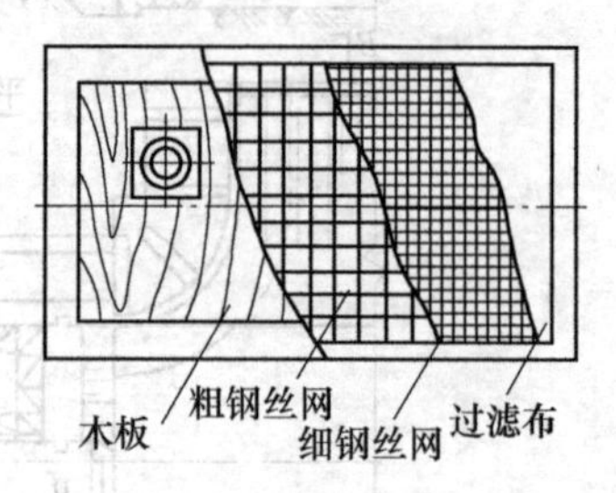

图6-23　真空模板分层画法

9. 示意画法

当视图的比例较小而致使某些细部构造无法在图中表示清楚，或者某些附属设备另有图样表示，不需要在图中详细画出时，可以在图中相应部位画出示意图，表6-1为常用图例。

表6-1　常用图例

名称	图例	名称	图例	名称	图例
水库		土石坝		混凝土坝	
溢洪道		隧洞		渡槽	
泵站		水电站		跌水	
渠道		平板门		弧形门	

6.3.2　水利工程图的尺寸注法

1. 高度尺寸

（1）高度尺寸的标注　由于水工建筑物的体积大，在施工时常以水准测量来确定水工建筑物的高度。所以在水工图中对于较大或重要的面要标注高程，其他高度以此为基准直接标注高度尺寸，单位为米，如图6-24所示。

（2）高程的基准　高程的基准与测量的基准一致，以统一规定的青岛市黄海

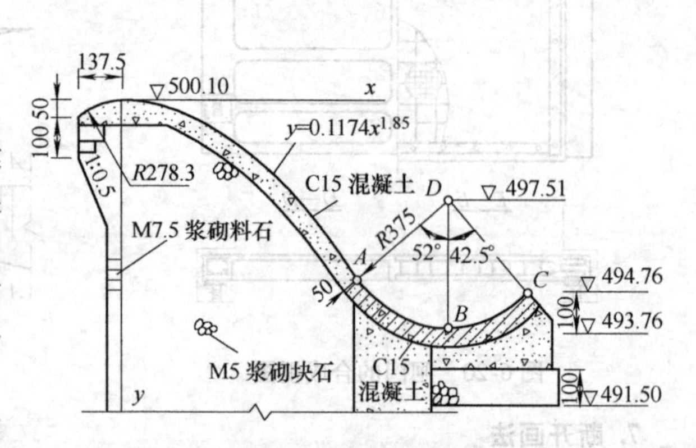

图6-24　高度尺寸标注方法

海平面为基准。有时为了施工方便，也采用某工程临时控制点、建筑物的底面、较重要的面为基准或辅助基准。

2. 水平尺寸

（1）水平尺寸的标注　对于长度和宽度差别不大的建筑物，选定水平方向的基准面后，可按组合体、剖视图、断面图的规定标注尺寸。对河道、渠道、隧洞、堤坝等长形的建筑物，沿轴线的长度用“桩号”的方法标注水平尺寸，标注形式为km ± m，km为公里数，m为米数。起点桩号为0 + 00. 000，顺水流向，起点上游为负，下游为正；横水流向，起点左侧为负，右侧为正。例如，“0 + 043”表示该点距起点之后43m的桩号，“0 – 500”表示该点在起点之前500m。桩号数字一般垂直于轴线方向注写，且标注在轴线的同一侧，当轴线为折线时，转折点处的桩号数字应重复标注。当同一图中几种建筑物均采用“桩号”标注时，可在桩号数字之前加注文字以示区别。平面轴线为曲线时，桩号应该径向设置，桩号数字应按弧长计算。桩号数字的注写如图6-25所示。

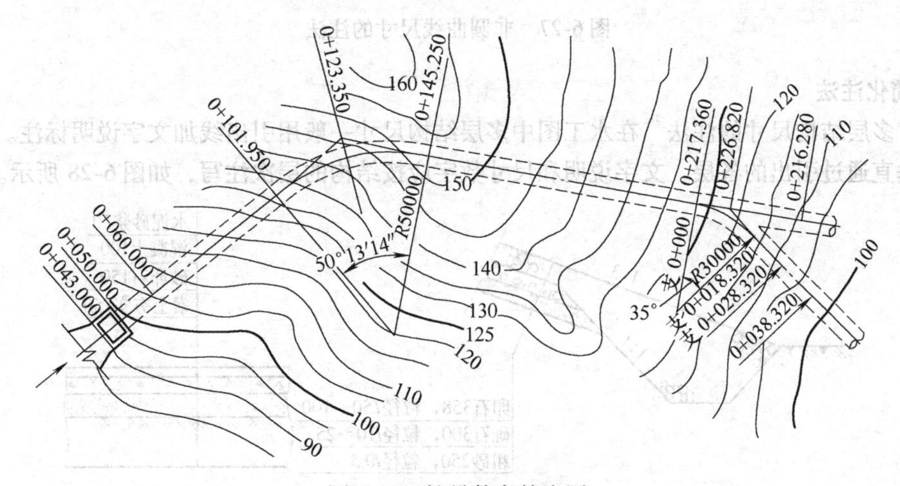

图6-25　桩号数字的注写

（2）水平尺寸的基准　水平尺寸一般以建筑物对称线、轴线为基准，不对称时就以水平方向较重要的面为基准。河道、渠道、隧洞、堤坝等以建筑物的进口即轴线的始点为起点桩号。

3. 曲线尺寸

（1）连接圆弧尺寸的注法　连接圆弧需标出圆心、半径、圆心角、切点、端点的尺寸，对于圆心、切点、端点，除标注尺寸外，还应注上高程和桩号。在直径尺寸数字前加注“ϕ”或“D”；在圆弧半径尺寸数字前加注“R”；在球面直径数字前加注“$S\phi$”，球面半径数字前加注“SR”，如图6-26所示。

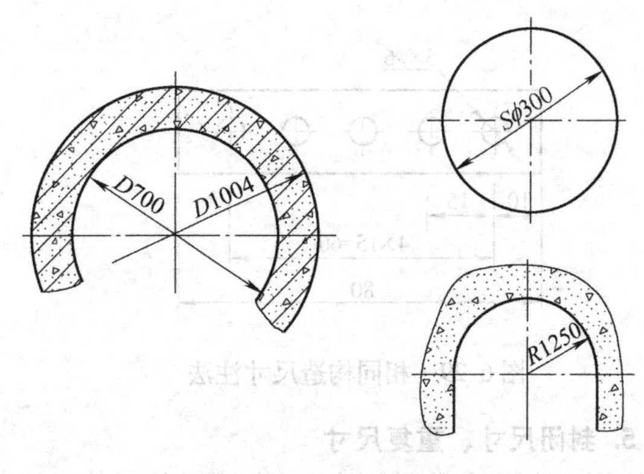

图6-26　圆直径注法

（2）非圆曲线尺寸的注法　非圆曲线尺寸的注法一般是在图中给出曲线方程式，画出方程的坐标轴，并在图附近列表给出曲线上一系列点的坐标值，如图6-27所示。

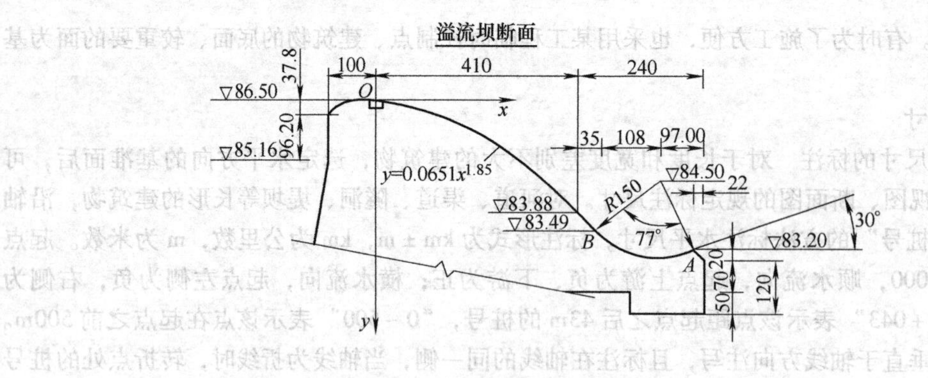

溢流坝面坐标值表

x	1	2	3	4	5	6	7	8	9	10	11
y	0.062	0.235	0.496	0.846	1.270	1.790	2.315	3.040	3.790	5.490	6.475

图 6-27　非圆曲线尺寸的注法

4. 简化注法

(1) 多层结构尺寸的注法　在水工图中多层结构尺寸一般用引出线加文字说明标注。其引出线必须垂直通过引出的各层，文字说明和尺寸数字应按结构的层次注写，如图 6-28 所示。

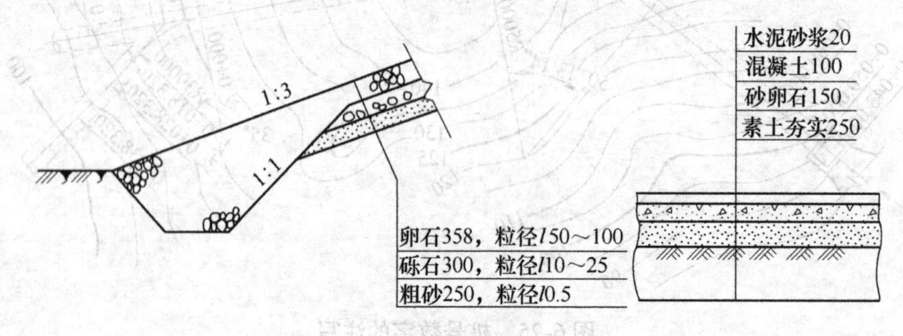

图 6-28　多层结构尺寸的注法

(2) 均布构造尺寸的注法　以冒水孔尺寸标注为例，在水工图中均匀分布的相同构件或构造的尺寸标注方法如图 6-29 和图 6-30 所示。

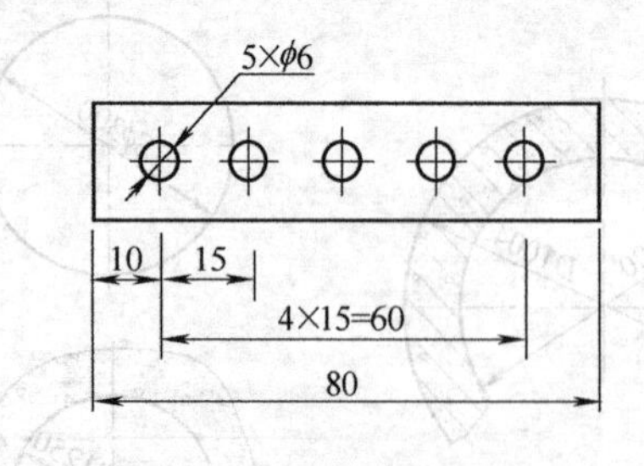

图 6-29　相同构造尺寸注法

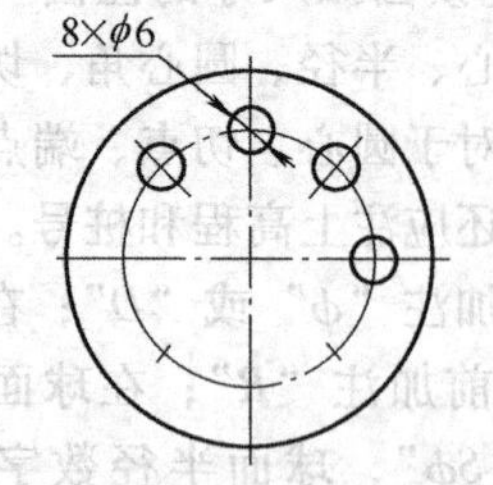

图 6-30　均布构造尺寸注法

5. 封闭尺寸、重复尺寸

图中既标注各分段尺寸，又标注总体尺寸时就形成了封闭尺寸链，既标注高程，又标注高度尺寸就会产生重复尺寸。由于建筑物的施工精度没有机械加工要求那样高，且建筑物庞大，各视图往往不在一张图样上，为了适合仪器测量、施工丈量，便于看图和施工，必要时可标注封闭尺寸和重复尺寸，但要仔细校对和核实，防止尺寸之间出现矛盾和差错。

小　结

一项水利工程，常从综合利用水资源出发同时修建若干个不同作用的建筑物，这种建筑物群称为水利枢纽。本章以《水利水电工程制图标准 基础制图》为依据，主要介绍了水利工程图的分类、典型的水工建筑、水利工程图的表达方法和尺寸标注方法。通过本章的学习，读者可以对水利工程图有个充分的了解，并掌握水利工程图的基本画法，为绘制和识读水利工程图打好基础。

思考题与习题

6-1　试述水利工程图的分类和特点。

6-2　水利工程图的规定画法和习惯方法有哪些？

6-3　典型的水工构筑物有哪些？

6-4　试述水平尺寸的标注方法。

6-5　试述曲线尺寸的标注方法。

第2篇　AutoCAD 2013 绘图软件

第7章　AutoCAD 2013 安装与设置

7.1　AutoCAD 2013 安装

AutoCAD 2013 软件包以光盘形式提供，光盘中有名为 setup. exe 的安装文件。双击 setup. exe 文件（将 AutoCAD 2013 安装盘放入 CD-ROM 后一般会自动执行 setup. exe 文件），首先弹出图 7-1 所示的初始化界面。

图 7-1　初始化界面

此时单击“安装 在此计算机上安装”项，即可进行相应的安装操作，直至软件安装完毕。需要说明的是，安装 AutoCAD 2013 时，用户应根据提示信息和需要进行必要的操作。

7.2　AutoCAD 2013 基本操作

本节介绍 AutoCAD 2013 基本操作，包括 AutoCAD 2013 启动、界面介绍、文件操作以及 AutoCAD 2013 的退出和命令输入方法等。

7.2.1 AutoCAD 2013 启动

安装 AutoCAD 2013 后，系统会自动在 Windows 桌面上生成对应的快捷方式图标，双击该快捷键方式图标，即可启动 AutoCAD 2013。

与启动其他应用程序一样，也可以通过 Windows 资源管理器、Windows 任务栏上的按钮等启动 AutoCAD 2013。

启动的方法有以下两种：

1）在“开始”菜单中选择“所有程序”→“Autodesk”→“AutoCAD 2013”命令后，启动 AutoCAD。

2）双击桌面上的快捷图标，启动 AutoCAD 软件，即可进入 AutoCAD 2013 的工作界面。

7.2.2 界面介绍

AutoCAD 2013 的工作界面有 AutoCAD 经典、草图与诠释、三维建模和三维基础 4 种形式。切换工作界面的方法之一是单击状态栏（位于绘图界面的最下面一栏）上的“切换工作空间”按钮，AutoCAD 弹出对应的菜单，如图 7-2 所示，从中选择对应的绘图工作空间即可。

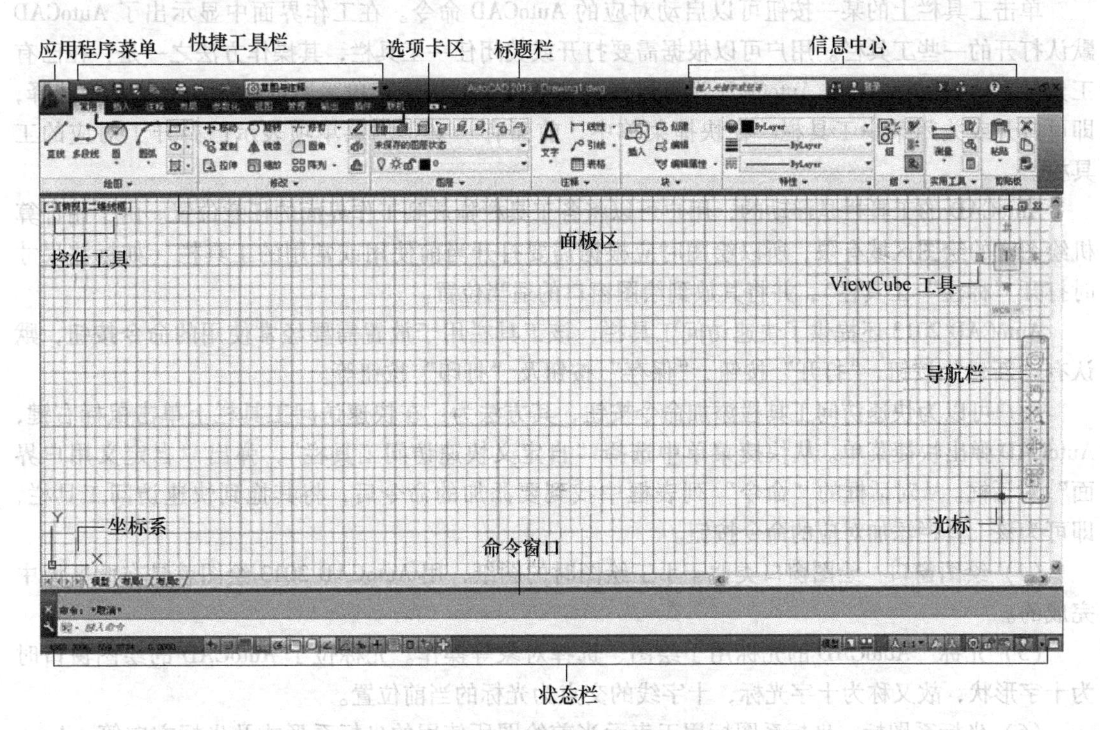

图 7-2 AutoCAD 2013 的工作界面

AutoCAD 2013 的经典工作界面给出了较为详细的注释。

AutoCAD 2013 的工作界面由标题栏、菜单栏、多个工具栏、绘图窗口、光标、坐标系图标、模型/布局选项卡、命令窗口（又称为命令行窗口）、状态栏、滚动条和菜单浏览器等组成。下面简要介绍它们的功能。

（1）标题栏　标题栏位于工作界面的最上方，其功能与其他 Windows 应用程序类似，用于显示AutoCAD 2013的程序图标以及当前所操作图形文件的名称。位于标题栏右上角的按钮用于实现AutoCAD 2013窗口的最小化、最大化和关闭操作。

（2）菜单栏　菜单栏是AutoCAD 2013的主菜单，利用菜单能够执行AutoCAD的大部分命令。单击菜单栏中的某一项，可以打开对应的下拉菜单。下拉菜单具有以下特点：

1）右侧有符号“▷”的菜单项，表示它还有子菜单。

2）右侧有符号“...”的菜单项，被单击后将显示出一个对话框。例如，单击“绘图”菜单中的“表格”项，会显示出“插入表格”对话框，该对话框用于插入表格时的相应设置。

3）单击右侧没有任何标识的菜单项，会执行对应的AutoCAD命令。

AutoCAD 2013还提供快捷菜单，用于快速执行AutoCAD的常用操作，单击鼠标右键可打开。当前的操作不同或光标所处的位置不同时，单击鼠标右键后打开的快捷菜单也不用。

（3）工具栏　AutoCAD 2013提供了50多个工具栏，每个工具栏上有一些命令按钮。将光标放到命令按钮上稍做停留，AutoCAD会弹出工具提示（即文字提示标签），以说明该按钮的功能及对应的绘图命令。

工具栏中，右下角有小黑三角形的按钮，可以引出一个包含相关命令的弹出工具栏。将光标放在这样的按钮上，单击鼠标左键，即可显示出弹出工具栏。例如，单击“标准”工具栏的“窗口缩放”按钮可弹出工具栏。

单击工具栏上的某一按钮可以启动对应的AutoCAD命令。在工作界面中显示出了AutoCAD默认打开的一些工具栏。用户可以根据需要打开或关闭任一工具栏，其操作方法之一是：在已有工具栏上单击鼠标右键，AutoCAD弹出列有工具栏目录的快捷菜单。通过在此快捷菜单中选择，即可打开或关闭某一工具栏。在快捷菜单中，前面有“√”的菜单项表示已打开了对应的工具栏。

AutoCAD的工具栏是浮动的，用户可以将各工具栏拖放到工作界面的任意位置。由于用计算机绘图时的绘图区域有限，所以绘图时应根据需要打开当前使用或常用的工具栏（如标注尺寸时打开“标注”工具栏），并将其放到绘图窗口的适当位置。

AutoCAD 2013还提供了快速访问工具栏，该工具栏用于放置需要经常使用的命令按钮，默认有“新建”按钮、“打开”按钮、“保存”按钮及“打印”按钮等。

用户可以为快速访问工具栏添加命令按钮，其方法为：在快速访问工具栏上单击鼠标右键，AutoCAD弹出快捷菜单。从快捷菜单中选择“自定义快速访问工具栏”，弹出“自定义用户界面”对话框。从对话框的“命令”列表框中找到要添加的命令后，将其拖到快速访问工具栏，即可为该工具栏添加对应的命令按钮。

（4）绘图窗口　绘图窗口类似于手工绘图时的图纸，用AutoCAD 2013绘图就是在此区域中完成的。

（5）光标　AutoCAD的光标用于绘图、选择对象等操作。光标位于AutoCAD的绘图窗口时为十字形状，故又称为十字光标，十字线的交点为光标的当前位置。

（6）坐标系图标　坐标系图标用于表示当前绘图所使用的坐标系形式及坐标方向等。AutoCAD提供了世界坐标系（World Coordinate System，WCS）和用户坐标系（User Coordinate System，UCS）两种坐标系。世界坐标系为默认坐标系，且默认时水平方向向右为X轴正方向，垂直向上方向为Y轴正方向。

（7）模型/布局选项卡　模型/布局选项卡用于实现模型空间与图纸空间的切换。

（8）命令窗口　命令窗口是AutoCAD显示用户从键盘键入的命令和AutoCAD提示信息的地方。默认设置下，AutoCAD在命令窗口保留所执行的最后3行命令或提示信息。可以通过拖曳窗口边框的方式改变命令窗口的大小，使其显示多于3行或少于3行的信息。

用户可以隐藏命令窗口，隐藏方法为：单击菜单“工具”→“命令行”，AutoCAD 弹出“命令行-关闭窗口”对话框。单击对话框中的“是”按钮，即可隐藏命令窗口。隐藏命令窗口后，可以通过单击菜单项“工具”→“命令行”再显示出命令窗口。

(9) 状态栏　状态栏用于显示或设置当前绘图状态。位于状态栏上最左边的一组数字反映当前光标的坐标值，其余按钮从左到右分别表示当前是否启用了推断约束、捕捉模式、栅格显示、正交模式、极轴追踪、对象捕捉、三维对象捕捉、对象捕捉追踪、允许/禁止动态 UCS、动态输入，以及是否按设置的线宽显示图形等。单击某一按钮实现启用或关闭对应功能的切换，按钮为蓝颜色时表示启用对应的功能，为灰颜色时则表示关闭该功能。本书后续章节将陆续介绍这些按钮的功能与使用。

(10) 菜单浏览器　AutoCAD 2013 提供有菜单浏览器。单击此菜单浏览器，AutoCAD 会将浏览器展开，利用其可以执行 AutoCAD 的相应命令。

(11) ViewCube　利用该工具可以方便地将视图按不同的方位显示。AutoCAD 默认打开 ViewCube，但对于二维绘图而言，此功能的作用不大。

7.2.3 文件操作

文件管理是软件操作的基础，包括新建文件、打开文件、保存文件、查找文件和输出文件。

1. 新建文件

新建 AutoCAD 图形文件的方式有两种，第一种是软件启动之后将会自动新建一个名称为“Drawing1. dwg”的默认文件；第二种是启动软件之后重新创建一个图形文件。

2. 打开文件

AutoCAD 文件的打开方式主要有以下三种

(1) 双击“. dwg”文件打开　在磁盘中找到要打开的文件，使用鼠标双击该文件，即可打开文件。

(2) 使用鼠标右键快捷菜单打开　在磁盘中找到要打开的文件，使用鼠标右键单击文件，接着在弹出的菜单中选择“打开方式”→“AutoCAD Application”命令。

(3) 调用“打开”命令　调用菜单栏中的“文件”→“打开”命令，打开指定文件。

3. 保存文件

保存的作用是将内存中的文件写入磁盘，以避免信息因为断电、关机或死机而丢失。在 AutoCAD 中，可以使用多种方式将所绘制的图形存入磁盘。

(1) 保存　这种方式主要针对第一次保存的文件，或者已经存在但被修改后的文件。

(2) 另存为　这种保存方式可以另设路径或文件名保存文件，比如修改了原来存在的文件后，同时想保留原文件时，就可以选择这种方式把修改后的文件另存一份。

4. 查找文件

查找文件可以按照名称、类型、位置以及创建时间等方式查找。在“选择文件”对话框中的“工具”按钮的下拉菜单中调用“查找”命令，打开“查找”对话框。在默认打开的“名称和位置”选项卡中，可以通过名称、类型、级查找范围搜索图形文件。单击“浏览”按钮，即可在“浏览文件夹”对话框中指定路径查找所需文件。

5. 输出文件

输出图形文件是将 AutoCAD 文件转换为其他格式进行保存，以方便在其他软件中使用。执行“文件”→“输出”菜单命令，打开“输出数据”对话框，选择输出路径和输出类型，单击

“保存”即可输出完成文件。

7.2.4 退出 AutoCAD 2013

退出 AutoCAD 2013 的方法有以下 4 种：

1）单击“应用程序”菜单按钮，在弹出的菜单中单击“退出 AutoCAD”按钮。

2）单击标题栏中的“关闭”按钮，或在标题栏的空白位置单击鼠标右键，在弹出的下拉菜单中选择“关闭”选项。

3）在命令行中输入 QUIT 命令，按〈Enter〉键确定。

4）使用快捷键〈Alt + F4〉也可以退出 AutoCAD 2013。

7.2.5 AutoCAD 2013 命令输入方法

AutoCAD 的每一个命令行都存在一个命令提示符“:”。提示符前面是提示用户下一步将要进行什么操作的信息，后面则是用户根据提示输入的命令或参数。

（1）通过键盘输入命令　当命令窗口中当前提示为“命令:”时，表示当前处于命令接收状态。此时通过键盘键入某一命令后按〈Enter〉键或空格键，即可执行对应命令，系统会给出提示或弹出对话框，要求用户执行对应的后续操作。

（2）通过菜单执行命令　单击下拉菜单或菜单浏览器中的菜单项，可以执行对应的 AutoCAD 命令。

（3）通过工具栏执行命令　单击工具栏上的按钮，可以执行对应的 AutoCAD 命令。

（4）重复执行命令　当执行完某一命令后，如果需要重复执行该命令，除可以通过上述 3 种方式外，还可以使用以下方式：

1）直接按键盘上的〈Enter〉键或空格键。

2）使光标位于绘图窗口，单击鼠标右键，AutoCAD 会弹出快捷菜单，并在菜单的第一行显示出重复执行上一次所执行的命令，选择此菜单项可以重复执行对应的命令。

7.2.6 图形查看

在 AutoCAD 中，AutoCAD 图形文件的扩展名为“. dwg”。图形文件管理一般包括创建新文件、打开已有的图形文件、保存文件、加密文件及关闭图形文件等。以下分别介绍各种图形文件的管理操作。

1. 新建图形文件

在 AutoCAD 2013 中，创建新图形文件的方法有以下 4 种：

1）在命令行中输入 NEW 或 QNEW 命令，按〈Enter〉键确定。

2）单击“应用程序”菜单按钮，在弹出的菜单中选择“新建”→“图形”菜单命令。

3）单击快速访问工具栏中的“新建”按钮。

4）选择菜单栏中的“新建”→“图形”命令。

执行“新建”命令后，会弹出“选择样板”对话框。选择对应的样板后（初学者一般选择样板文件 acadiso. dwt 即可），单击“打开”按钮，就会以对应的样板为模拟建立新图形。

2. 打开图形文件

在 AutoCAD 2013 中，打开已有图形文件的方法有以下 5 种：

1）单击“应用程序”按钮，在弹出的菜单栏中选择“打开”→“图形”命令。

2）选择菜单栏中的“文件”→“打开”命令。

3）单击快速访问工具栏中的“打开”按钮。

4）在命令行中输入 OPEN 命令，按〈Enter〉键确定。

5）使用快捷键〈Ctrl + O〉。

执行“打开”命令后，会弹出“选择文件”对话框。从中选择要打开的图形文件，然后单击“打开”按钮即可打开该图形文件。

3. 保存图形文件

在 AutoCAD 2013 中，将所绘图形以文件形式存入磁盘的方法有以下 6 种：

1）选择菜单栏中的“文件”→“保存”命令。

2）单击“应用程序”按钮，在弹出的菜单中选择“保存”。

3）单击“应用程序”按钮，在弹出的菜单中选择“另存为”选项（将当前图形以新的名称保存）。

4）单击快速访问工具栏中的“保存”按钮。

5）在命令行中输入 QSAVE 命令，按〈Enter〉键确定。

6）使用快捷键〈Ctrl + S〉。

执行“另存为”命令后，会弹出“图形另存为”对话框，需要用户确定文件的保存位置及文件名。

4. 加密保护绘图数据

在 AutoCAD 2013 中，保存文件时可以使用密码保护功能，对文件进行加密保护。

选择菜单栏中的“文件”→“保存”或“文件”→“另存为”命令后，会弹出“图形另存为”对话框。在该对话框中单击“工具”按钮，在弹出的菜单中选择“安全选项”命令，弹出“安全选项”对话框，在该对话框中输入密码或短语即可。

5. 关闭图形文件

绘图结束后，需要退出 AutoCAD 2013 时，可以使用以下 4 种方法：

1）选择菜单栏中的“文件”→“关闭”命令。

2）单击标题栏右侧的“关闭”按钮。

3）在绘图窗口中单击“关闭”按钮。

4）在命令行中输入 CLOSE 命令，按〈Enter〉键确定。

执行“关闭”命令后，如果当前图形没有保存，系统将弹出 AutoCAD 警告对话框，询问是否保存文件。此时，单击“是”按钮或直接按〈Enter〉键，可以保存当前图形文件并将其关闭；单击“否”按钮，可以关闭当前图形文件但不保存；单击“取消”按钮，取消关闭当前图形文件的操作，既不保存也不关闭。

7.3 AutoCAD 2013 坐标系使用

7.3.1 世界坐标系

当开始绘制一幅新图时，AutoCAD 会自动地将当前坐标系设置为世界坐标系（WCS）。它包X 轴和 Y 轴，如果在 3D 空间工作则还有一个 Z 轴。WCS 坐标轴的交汇处显示一个“□”形标记，其原点位于图形窗口的左下角，所有的位移都是相对于该原点计算的，并且沿 X 轴向右及沿 Y 轴向上的位移被规定为正向。AutoCAD 2013 工作界面内的图标就是世界坐标系的图标。

7.3.2 用户坐标系

在 AutoCAD 2013 中，为了能够更好地辅助绘图，用户经常需要修改坐标系的原点和方向，这时世界坐标系将变为用户坐标系，即 UCS。

UCS 的 X、Y、Z 轴以及原点方向都可以移动或旋转，甚至可以依赖于图形中某个特定的对象。尽管用户坐标系中 3 个轴之间依然互相垂直，但是在方向及位置上却有更大的灵活性。另外，UCS 没有“□”形标记。

1. 启动方法

AutoCAD 2013 提供的 UCS 命令可以帮助用户制定自己需要的用户坐标系。启动 UCS 命令的方法有以下几种：

1）选择菜单栏中的“工具”→“新建 UCS（W）”命令，如图 7-3 所示。

2）单击“UCS”工具栏中的“UCS”按钮，如图 7-4 所示。

3）在命令行中输入“ucs”后按〈Enter〉键。

4）在“功能区”选项板中选择“视图”选项卡，在“坐标”面板中单击“世界”按钮或“UCS”按钮。

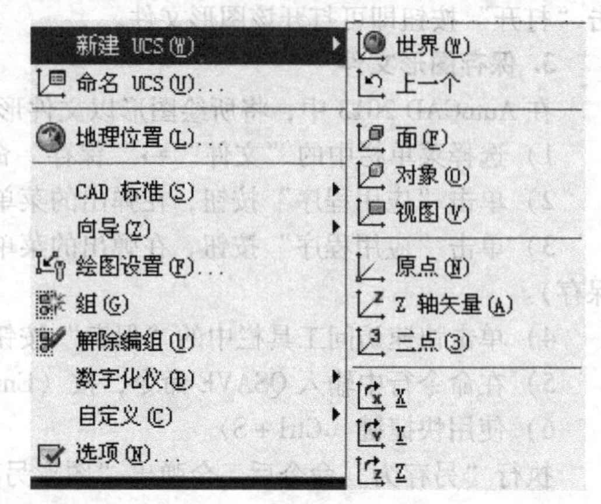

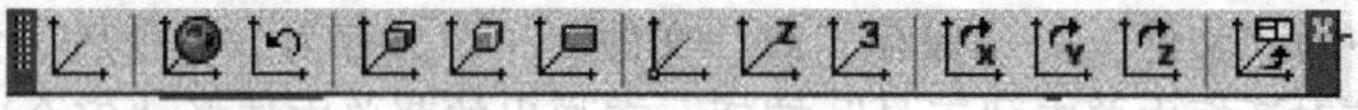

图 7-3 “新建 UCS”菜单

图 7-4 “UCS”工具栏

2. “UCS”工具栏中常用的按钮的含义

（1）UCS 单击该按钮，命令行操作如下：

指定 UCS 的原点或 [面（F）/命名（NA）/对象（OB）/上一个（P）/视图（V）/世界（W）/X/Y/Z/Z 轴（ZA）] <世界>

该命令行中各选项与“UCS”工具栏中各按钮相对应。

（2）世界 该按钮用来切换回模型或视图的世界坐标系，即 WCS 坐标系。

（3）上一个 UCS 单击“上一个 UCS”按钮，可通过使用上一个 UCS 确定坐标系，它相当于绘图中的撤销操作，可返回上一个绘图状态。但区别在于，该操作仅返回上一个 UCS 状态，其他图形保持更改后的效果。

（4）面 UCS 该按钮主要用于重合新用户坐标系的 XY 平面与所选实体的一个面。在模型中选取实体面或选取面的一个边界，此面被亮显，按〈Enter〉键即可重合该面与新建 UCS 的 XY 平面。

（5）对象 该按钮通过选择一个对象，定义一个新的坐标系，坐标轴的方向取决于所选对象的类型。当选择一个对象时，新坐标系的原点将放置在创建该对象时定义的第一点上，X 轴的方向为从原点指向创建该对象时定义的第二点，Z 轴方向自动保持与 XY 平面垂直。

（6）视图 该按钮可使新坐标系的 XY 平面与当前视图方向垂直，Z 轴与 XY 面垂直，而原点保持不变。通常情况下，该工具主要用于标注文字，当文字需要与当前屏幕而非与对象平行时用此方式比较简单。

（7）原点 该按钮是系统默认的 UCS 坐标的创建方法，主要用于修改当前用户坐标系的原点位置。其坐标轴方向与上一个坐标相同，而由它定义的坐标系将以新坐标存在。在“UCS”

工具栏中单击“UCS”按钮，然后利用状态栏中的“对象捕捉”功能，捕捉模型上的一点，按〈Enter〉键结束操作。

(8) Z 轴矢量 该工具是通过指定一点作为坐标原点，指定一个方向作为 Z 轴的正方向，从而定义新的用户坐标系。此时，系统将根据 Z 轴方向自动设置 X 轴、Y 轴的方向。

(9) 三点 该方式是创建 UCS 坐标系的最简单、最常用的一种方法，只需选取三个点就可确定新坐标系的原点、X 轴与 Y 轴的方向。指定的原点是坐标旋转时的基准点，再选取一点作为 X 轴的正方向即可，而 Y 轴的正方向实际上已经确定。当确定 X 轴与 Y 轴的方向后，Z 轴的方向将自动设置为与 XY 平面垂直。

(10) X/Y/Z 轴 该方式是通过将当前 UCS 坐标绕 X 轴、Y 轴或 Z 轴旋转一定的角度，从而生成新的用户坐标系。它可以通过指定两个点或输入一个角度值来确定所需要的角度。

3. 命令操作与选项说明

命令：_UCS

当前 UCS 名称：*世界*

指定 UCS 的原点或 [面 (F) /命名 (NA) /对象 (OB) /上一个 (P) /视图 (V) /世界 (W) /X/Y/Z/Z 轴 (ZA)] <世界>：

该提示行中各个选项的含义如下。

1) 指定 UCS 的原点：使用一点、两点或三点定义一个新的 UCS。如果指定单个点，当前 UCS 的原点将会移动而不会更改 X、Y 和 Z 轴的方向。

2) 面 (F)：将 UCS 与三维实体的选定面对齐。要选择一个面，在此面的边界内或面的边上单击，被选中的面将亮显，UCS 的 X 轴将与找到的第一个面上的最近的边对齐。

3) 命名 (NA)：按名称保存并恢复通常使用的 UCS 方向。

4) 对象 (OB)：根据选定三维对象定义新的坐标系。新建 UCS 的拉伸方向 (Z 轴正方向) 与选定对象的拉伸方向相同。

5) 上一个 (P)：恢复上一个 UCS。程序会保留在图纸空间中创建的最后 10 个坐标系和在模型空间中创建的最后 10 个坐标系。重复该选项将逐步返回一个集或其他集，这取决于哪一空间是当前空间。

6) 视图 (V)：以垂直于观察方向 (平行于屏幕) 的平面为 XY 平面，建立新的坐标系。UCS 原点保持不变。

7) 世界 (W)：将当前用户坐标系设置为世界坐标系。WCS 是所有用户坐标系的基准，不能被重新定义。

8) X/Y/Z：绕指定轴旋转当前 UCS。

9) Z 轴 (ZA)：用指定的 Z 轴正半轴定义 UCS。

4. 命名 UCS

在 AutoCAD2013 中有 3 种方法可以调动“命名 UCS”命令。

1) 选择菜单栏中的“工具”→“命名 UCS (U)”命令，弹出图 7-5 所示对话框。

2) 在“功能区”选项板中选择“视图”选项卡，在“坐标”面板中单击“命名 UCS”按钮。

3) 在命令行中输入“ucsman”后按〈Enter〉键确认。

7.3.3 坐标

在 AutoCAD 2013 中，点的坐标可以使用绝对直角坐标、绝对极坐标、相对直坐标系和相对

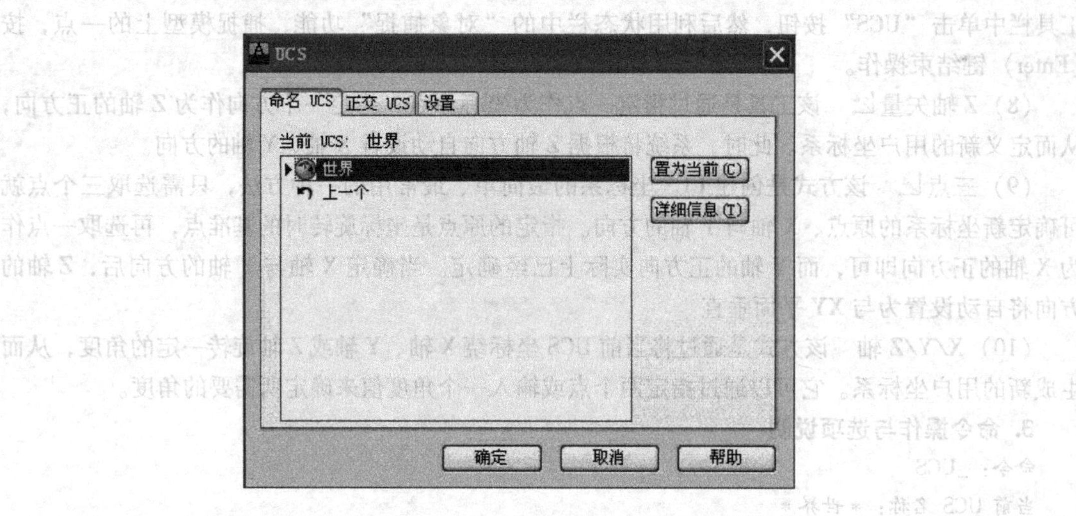

图 7-5 “UCS”对话框“命名 UCS”选项卡

极坐标 4 种方法表示。在输入点的坐标时要注意以下几点。

1）绝对直角坐标是相对于当前坐标系原点（0，0）或（0，0，0）的坐标。可以使用分数、小数或科学记数等形式表示点的 X、Y、Z 坐标值，坐标间用逗号隔开，如（6.0，5.4）、（6.3，2.0，3.4）等。

2）绝对极坐标也是从点（0，0）或（0，0，0）出发的位移，但它给定的是距离和角度。其中距离和角度用“<”分开，且规定 X 轴正向为 0，Y 轴正向为 90，如（8.03<64）、(6<30)等。

3）相对直角坐标系和绝对极坐标是指相对于某一点的 X 轴和 Y 轴位移，或距离和角度。它的表示方法是在绝对坐标表达式的前面加“@”号，如@2，3 和@6<30。其中，相对极坐标中的角度是新点和上一点连线与 X 轴的夹角。

在 AutoCAD 2013 中，坐标的显示方式有以下 3 种，它取决于所选择的方式和程序中运行的命令。

1）显示上一个拾取点的绝对坐标。只有在一个新的点被拾取时显示才会更新，但是从键盘输入一个点并不会改变该显示方式。

1976.9732，1600.5950，0.0000

2）绝对坐标。显示光标的绝对坐标，其值是持续更新的。该方式下的坐标显示是打开的，为默认方式。

221.4775，-103.9435，0.0000

3）相对极坐标。当选择该方式时，如果当前处在拾取点状态，系统将显示光标所在位置相对于上一个点的距离和角度。当离开拾取点状态时，系统将恢复到绝对光标。该方式显示的是一个相对极坐标。

842.9417<301，0.0000

7.4 AutoCAD 2013 绘图设置

7.4.1 设置图形单位

尺寸是衡量物体大小的标准。AutoCAD 作为一款非常专业的设计软件，对工作单位的要求非常高。通过修改 AutoCAD 的工作单位，可方便不同领域的辅助设计。

1. 调用方法

调用 UNITS 命令可以修改当前文档的长度单位、角度单位、零角度方向等内容。启动该命令的方式有：

（1）菜单栏　执行“格式”→“单位”命令。

（2）命令行　在命令行输入 UNITS（或 UN）并按〈Enter〉键。

2. 命令操作与选项说明

执行以上任意一种操作后，将打开“图形单位”对话框，在该对话框中，可以设置坐标、长度、精度、角度的单位值，其中各选项的含义如下：

（1）长度　用于设置长度单位的类型和精度。

（2）角度　用于控制角度单位的类型和精度。“顺时针”复选框用于控制角度增量的正负方向。

（3）光源　用于指定光标强度的单位。

（4）“方向”按钮　单击该按钮，将打开“方向控制”对话框，可控制角度的起点和测量方向。默认的起点角度为零度，方向为正东。如果单击“其他”按钮，则可以通过单击“拾取角度”按钮，切换到图形窗口中，拾取两个点来确定基准角度零度的方向。

7.4.2　设置图形界限

为了使绘制的图形不超过用户工作区域，需要设置图形界限以标明边界。在此之前，需要启用状态栏中的“栅格”功能，只有这样才能清楚地查看图形界限的设置效果。栅格所显示的区域即用户设置的图形界限区域。

7.4.3　图层的使用

图层是用 AutoCAD 绘图时的常用工具之一，也是与手工绘图区别的地方。

1. 图层的特点

可以将图层想象成一些没有厚度且相互重叠在一起的透明薄片，用户可以在不同的图层上绘图。

AutoCAD 的图层有以下特点：

1）用户可以在一幅图中指定任意数量的图层。AutoCAD 对图层的数量没有限制，对各图层上的对象数量也没有任何限制。

2）每一个图层有一个名字。每当开始绘制一幅新图形时，AutoCAD 自动创建一个名为 0 的图层，这是 AutoCAD 的默认图层，其余图层需用户定义。

3）图层有颜色、线型以及线宽等特性。一般情况下，同一图层上的对象应具有相同的颜色、线型和线宽，这样做便于管理图形对象、提高绘图效率，可以根据需要改变图层的颜色、线型以及线宽等特性。

4）虽然 AutoCAD 允许建立多个图层，但用户只能在当前图层上绘图。因此，如果要在某一图层上绘图，必须将该图层设为当前层。

5）各图层具有相同的坐标系、图形界限、显示缩放倍数，可以对位于不同图层上的对象同时进行编辑操作（如移动、复制等）。

6）可以对各图层进行打开、关闭、冻结、解冻、锁定与解锁等操作，以决定各图层的可见性与可操作性（后面将介绍它们的具体含义）。

2. 创建、管理图层

（1）调用方法

1）命令：LAYER。

2）菜单：“格式”→“图层”。

3）工具栏：“图层”→“图层特性管理器”。

（2）命令操作与选项说明

执行 LAYER 命令，AutoCAD 弹出“图层特性管理器”窗口，如图 7-6 所示。窗口中有树状图窗格（位于窗口左侧的大矩形框）、列表视图窗格（位于窗口右侧的大矩形框）以及多个按钮等。下面介绍对话框中主要项的功能。

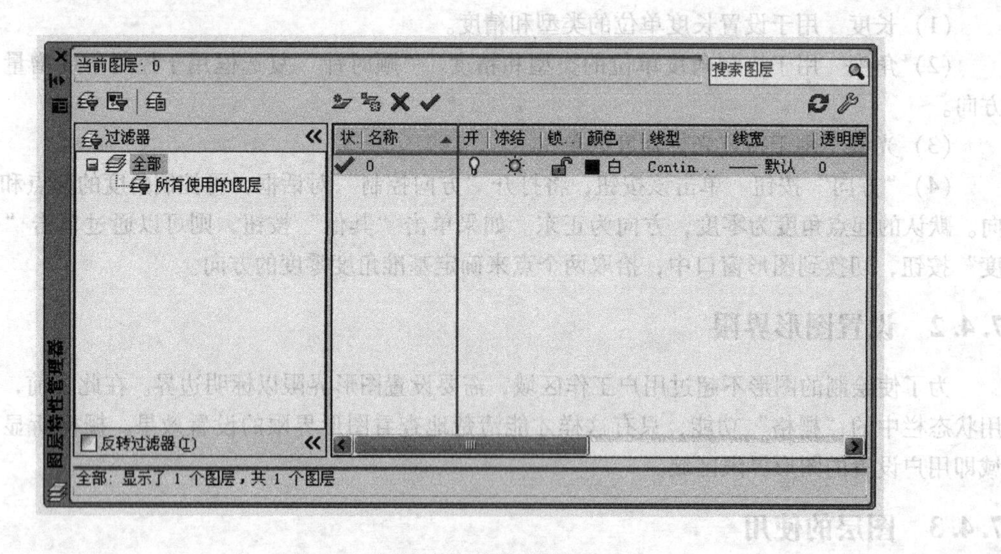

图 7-6 “图层特性管理器”窗口

1）树状图窗格。树状图窗格显示图形中图层和过滤器的层次结构列表。顶层节点“全部”可以显示图形中的所有图层。“所有使用的图层”过滤器是只读过滤器。用户可以通过管理器中的“新建特性过滤器”按钮等创建过滤器，以便在列表视图窗格中显示满足过滤条件的图层。

2）列表视图窗口。列表视图窗格内的列表显示满足过滤条件的已有图层（或新建图层）及相关设置。窗格中的第一行为标题行，与各标题对应的列的含义如下：

①“状态”列。通过图标显示图层的当前状态。当图标为√时，该图层为当前层。

②“开”列。显示图层打开还是关闭。如果图层被打开，可以在显示器上显示或在绘图仪上绘出该图层上的图形。被关闭的图层仍然是图形的一部分，但关闭图层上的图形并不显示出来，也不能通过绘图仪输出到图纸。用户可以根据需要打开或关闭图层。在列表视图窗格中，与“开”对应的列是小灯泡图标。通过单击小灯泡图标可以实现打开或关闭图层的切换。如果灯泡颜色是黄色，表示对应图层是打开层；如果是灰色，则表示对应图层是关闭层。“图层 2”是关闭的图层，其他图层则是打开图层。如果要关闭当前层，AutoCAD 会显示出对应的提示信息，警告正在关闭当前图层。很显然，关闭当前图层后，所绘图形均不能显示出来。

③“冻结”列。显示图层是冻结还是解冻。如果图层被冻结，该图层上的图形对象不能被显示出来，不能输出到图纸，而且也不参与图形之间的运算。被解冻的图层正好相反。从可见性来说，冻结图层与关闭图层是相同的，但冻结图层上的对象不参与处理过程中的运算，关闭图层上的对象则要参与运算。所以，在复杂图形中，冻结不需要的图层可以加快系统重新生成图形的速

度。在列表视图窗格中，与“冻结”对应的列是太阳或雪花状图标。太阳表示对应的图层没有冻结，雪花则表示图层被冻结。单击这些图标可以实现图层冻结与解冻的切换。用户不能冻结当前图层，也不能将冻结图层设为当前层。

④“锁定”列。显示图层是锁定还是解锁。锁定图层后并不影响该图层上图形对象的显示，即锁定图层上的图形仍可以显示出来（但图形颜色亮度会降低），但用户不能改变锁定图层上的对象，不能对其进行编辑操作。如果锁定图层是当前层，用户仍可在该图层上绘图。在列表视图窗格中，与“锁定”对应的列是关闭或打开的小锁图标。锁打开表示该图层是非锁定层，锁关闭则表示对应图层是锁定层，单击这些图标可以实现图层锁定与解锁的切换。

⑤“颜色”列。说明图层的颜色。与“颜色”对应的列上的各小图标的颜色反映了对应图层的颜色，同时还在图标的右侧显示出颜色的名称。如果要改变某一图层的颜色，单击对应的图标，AutoCAD 会弹出“选择颜色”对话框，从中选择即可。所谓图层的颜色，是指当在某图层上绘图时，将绘图颜色设为随层（默认设置）时所绘出的图形对象的颜色。

⑥“线型”列。说明图层的线型。图层的线型，是指在某图层上绘图时，将绘图线型设为随层（默认设置）时绘出的图形对象所采用的线型。不同的图层可以设成不同的线型，也可以设成相同的线型。如果要改变某一图层的线型，单击该图层的原有线型名称，系统会弹出“选择线型”对话框，从中选择即可。如果在“选择线型”对话框中没有列出需要的线型，应单击“加载”按钮，通过弹出的“加载或重载线型”对话框选择线型文件，并加载所需要的线型。

AutoCAD 将线型保存在线型文件中。线型文件的扩展名是“. lin”。AutoCAD 2013 提供了线型文件 acadiso. lin 等，文件中定义了 40 余种标准线型，供用户选择。这些线型的名称及格式见表 4-1。可以看出，AutoCAD 的主要线型有 3 种类型：DIVIDE、DIVIDE2、DIEIDEX2。在这 3 种类型中，第一种线型是标准形式，第二种线型的比例是第一种线型的一半，第三种线型的比例则是第一种线型的 2 倍。

⑦“线宽”列。说明图层的线宽。图层的线宽，是指在某图层上绘图时，将绘图线宽设为随层（默认设置）时绘出的图形对象的线条宽度（即默认线宽）。如果要改变某一图层的线宽，单击该图层上的对应项，AutoCAD 会弹出“线宽”对话框，从中选择即可。不同的图层可以设成不同的线宽，也可以设成相同的线宽。

⑧“打印样式”列。修改与选中图层相关的打印样式。

3. “图层”工具栏

（1）“图层特性管理器”按钮　此按钮用于打开图层特性管理器，以便用户进行相关的操作。

（2）图层控制下拉列表框　此下拉列表中列有当前满足过滤条件的已有图层及其图层状态。用户可以通过该列表方便地将某图层设为当前层，设置方法是：直接从列表中单击对应的图层名。可以将指定的图层设成打开或关闭、冻结或解冻、锁定或解锁等状态，设置时在下拉列表中单击对应的图标即可，不需要再打开“图层特性管理器”对话框进行设置。此外，还可以利用列表方便地为图形对象更改图层。更改方法为：选中要更改图层的图形对象，在图层控制下拉列表中选择对应的图层项，然后按〈Esc〉键。

（3）“将对象的图层置为当前”按钮　此按钮用于将指定对象所在图层置为当前层。单击该按钮，系统提示：

选择将使其图层成为当前图层的对象：

在该提示下选择对应的图形对象，即可将该对象所在的图层置为当前层。

7.4.4 栅格与捕捉

1. 栅格功能

如果启用了栅格功能，可以在绘图窗口内显示出按指定的行间距和列间距均匀分布的栅格线。这些栅格线可以用于表示绘图时的坐标位置，与坐标纸的作用类似，但 AutoCAD 不会将这些栅格线打印到图纸上。

(1) 设置栅格间距　利用图 7-7 所示的“捕捉和栅格”选项卡可以设置栅格间距。在该选项卡中，“启用栅格（F9）（S）”复选框用于确定是否显示栅格，选中复选框就显示，否则不显示；在“栅格间距”选项组中，“栅格 X 轴间距（P）”和“栅格 Y 轴间距（C）”文本框分别用于确定栅格线沿 X 方向和沿 Y 方向的间距（它们的值可以相等，也可以不等），即显示栅格线的列间距和行间距，在对应的文本框中输入数值即可。可以将栅格线间距设为 0，当距离为 0 时，表示显示栅格线之间的距离与捕捉设置中的对应距离相等。在这样的设置下，如果同时启用捕捉和栅格功能，移动光标时，光标会正好落在各栅格线上。

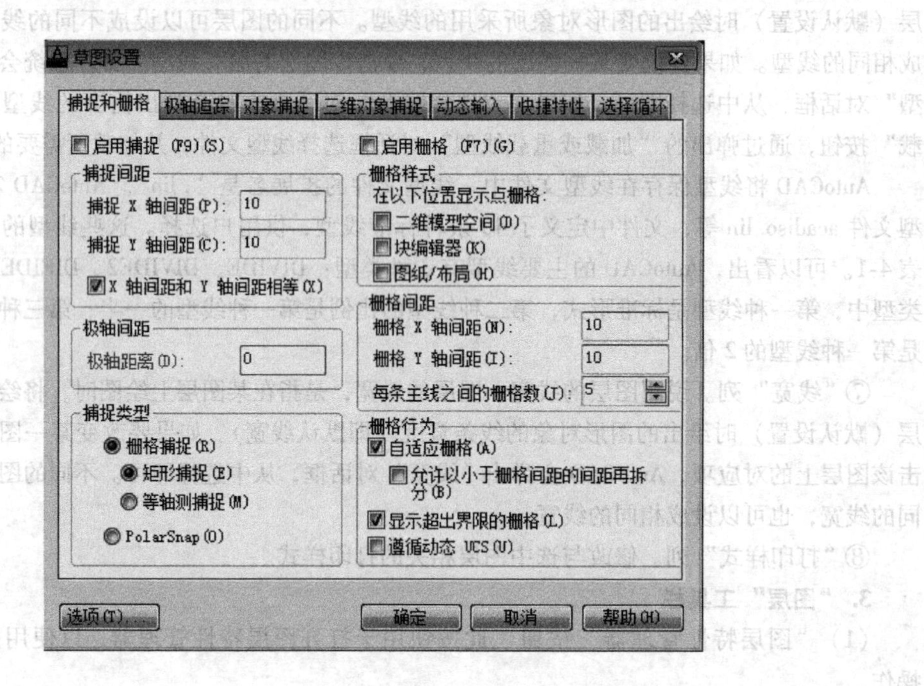

图 7-7　“捕捉和栅格”选项卡

(2) 启用栅格功能　可以通过以下操作实现是否启用栅格功能的切换。

1) 通过“捕捉和栅格”选项卡中的“启用栅格（F7）（G）”复选框设置。

2) 单击状态栏上的（栅格显示）按钮。按钮变蓝时启用栅格功能，即在绘图窗口内显示出栅格；按钮变灰则关闭栅格的显示。

3) 按〈F7〉键。

4) 执行 GRID 命令。执行 GRID 命令后，在给出的提示下执行“开（ON）”选项可以启用栅格功能，执行“关（OFF）”选项则不显示栅格。

5) 在状态栏上的“栅格显示”按钮上单击鼠标右键，从弹出的快捷菜单中选择“启用”项。“启用”项前面有符号表示启用栅格功能，否则关闭栅格功能。

（3）栅格行为设置　在“捕捉和栅格”选项卡的“栅格行为”选项组中，如果选中“自适应栅格（A）”复选框，当缩小图形的显示时，会自动改变栅格的密度，以使栅格不至于太密；如果选中“允许以小于栅格间距的间距再拆分（B）”复选框，当放大图形的显示时，可以再添加一些栅格线；如果选中“显示超出界限的栅格（L）”复选框，AutoCAD 会在整个绘图界限中显示栅格，否则只在由 LIMITS 命令设置的绘图界限中显示栅格。

2. 捕捉模式

如果启用了捕捉模式，可以使光标按指定的步距移动。利用该功能，在某些情况下能够提高绘图的效率与准确性。

（1）设置捕捉间距　设置捕捉间距，就是设置光标的移动步距。利用 AutoCAD 2013 提供的“草图设置”对话框中的“捕捉和栅格”选项卡可以进行该设置。

1）打开“草图设置”对话框的命令是 DSETTINGS。

2）通过菜单“工具”→“绘图设置”。

3）或在状态栏上的“捕捉模式”按钮处单击鼠标右键，从弹出的快捷菜单中选择“设置”。

对应的“捕捉和栅格”选项卡中，“启用捕捉（F9）（S）”复选框用于确定是否启用捕捉功能。在“捕捉间距”选项组中，“捕捉 X 轴间距（P）”和“捕捉 Y 轴间距（C）”文本框分别用于确定光标沿 X 方向和 Y 方向移动的间距，它们的值可以相等，也可以不等。

（2）启用捕捉　用户可以通过以下方式实现是否启用捕捉功能的切换。

1）通过“捕捉和栅格”选项卡中的“启用捕捉（F9）（S）”复选框来设置。

2）单击状态栏上的“捕捉模式”按钮。按钮变蓝时启用捕捉功能，否则关闭捕捉功能。

3）按〈F9〉键。

4）执行 SNAP 命令。执行 SNAP 命令后，在给出的提示下执行“开（ON）”选项可以启用捕捉功能，执行“关（OFF）”选项则关闭捕捉功能。

5）在状态栏上的“捕捉模式”按钮上单击鼠标右键，从弹出的快捷菜单中选择“启用栅格捕捉”项。

（3）设置捕捉类型　“捕捉和栅格”选项卡中，“捕捉类型”选项组用于确定捕捉的类型，即采用“栅格捕捉（R）”还是“PolarSnap（O）”（极轴捕捉）。如果选用“栅格捕捉（R）”，当选中“矩形捕捉（E）”单选按钮时，会将捕捉方式设为矩形捕捉模式，即光标要沿 X 和 Y 方向移动；而当选中“等轴测捕捉（M）”单选按钮时，可以将捕捉方式设置成等轴测捕捉模式。

如果选中了“PolarSnap”单选按钮，在启用捕捉功能并启用极轴追踪或对象捕捉追踪功能后，如果指定了一点，光标将沿极轴角或对象捕捉追踪角度方向捕捉，使光标沿指定的方向按指定的步距移动。启用极轴捕捉后，可以通过“极轴距离”文本框设置极轴捕捉时的光标移动步距。

7.4.5　正交

利用正交功能，可以方便地绘制出与当前坐标系的 X 轴或 Y 轴平行的直线。

读者也许有这样的感觉，当通过鼠标指定端点的方式绘制水平线或垂直线时，虽然在指定另一端点时十分小心，但绘出的线仍可能是斜线（虽然倾斜程度很小）。利用正交功能，则可以轻松地绘出水平线或垂直线。

实现正交功能启用与否的命令是 ORTHO。但实际上，可以通过以下操作快速实现正交模式启用与关闭间的切换。

1）单击状态栏上的“正交模式”按钮。按钮变蓝时启用正交模式，否则关闭正交模式。

2）按〈F8〉键。

3）在状态栏上的“正交模式”按钮上单击鼠标右键，弹出快捷菜单，通过菜单中的“启用”项设置即可。“启用”项前面有“√”符号表示启用正交功能，否则关闭正交功能。

启用正交模式后，绘直线时，当指定线的起点并移动光标确定线的另一端点时，引出的橡皮筋线已不再是这两点之间的连线，而是从起点向两条光标十字线引出的两条垂直线中较长的那段线，此时单击鼠标左键，该橡皮筋线就变成所绘直线。在系统默认坐标系设置下，在正交模式绘出的直线通常是水平线或垂直线。

如果关闭正交模式，当指定直线的起点并通过移动光标的方式确定直线的另一端点时，引出的橡皮筋线又恢复成起始点与光标点处的连线。此时单击鼠标左键，该橡皮筋线就变成所绘直线。

小 结

本章介绍了 AutoCAD 2013 的安装、启动与退出，以及 AutoCAD 2013 坐标系使用和绘图设置等，这些都是在学习具体绘图方法之前首先需要了解的，从而为今后图形的设计和绘制打下坚实的基础。

思考题与习题

7-1 以不同的方式启动 AutoCAD 2013。熟悉 AutoCAD 2013 的工作界面，练习打开/关闭各工具栏及调整工具栏的位置等操作。

7-2 AutoCAD 2013 提供了众多的图形文件，试通过这些图形练习打开图形、保存图形、换名保存图形等操作。

7-3 通过 AutoCAD 2013 帮助中的用户手册了解 AutoCAD 2013 的用户界面，并通过命令参考了解 AutoCAD 2013 提供的绘图命令和系统变量。

第8章　二维绘图命令及其应用

任何二维图形都是由点、直线、圆、圆弧和矩形等基本图形元素组成的，只有熟练掌握了这些基本元素的绘制方法，才能绘制出各种复杂的图形。本章介绍 AutoCAD 2013 中二维图形的绘图命令及其应用。

8.1　点、直线及折线图形的绘制

8.1.1　绘制点

在工程制图中，点主要用于定位，如标注孔、轴中心的位置等，还有一类为等分点，用于等分图形对象。理论上，点是没有大小的图形对象。但是为了能在图纸上准确地表示点的位置，可有用特定的符号来表示点。在 AutoCAD 中，这种符号称为点样式。通常需要先设置好点样式，然后再用该样式画点。

1. 设置点样式

从理论上来说，点是没有长度和大小的图形对象。在 AutoCAD 中，系统默认情况下绘制的点显示为一个圆点，很难看见，我们可以为点设置显示样式，使其可见。

调用“点样式”命令的方法如下：

(1) 菜单栏　调用“格式”→“点样式”命令。

(2) 命令行　在命令行输入 DDPTYPE 并按〈Enter〉键确认。

调用该命令后，系统将弹出“点样式”对话框，在该对话框中，除了可以选择点样式之外，还可以在“点大小”文本框中设置点的大小。

2. 绘制单点

绘制单点就是调用一次命令只能指定一个点。

调用“单点”命令的方式如下：

(1) 菜单栏　调用“绘图”→“点”→“单点”命令。

(2) 命令行　在命令行输入 POINT（或 PO）并按〈Enter〉键确认。

3. 绘制多点

绘制多点是指调用一次命令后可以连续指定多个点，直到按〈Esc〉键结束命令为止。调用“多点”命令的方式如下：

(1) 菜单栏　调用“绘图”→“点”→“多点”命令。

(2) 命令行　单击“绘图”工具栏中的“多点”按钮。

4. 等分点

等分点用于等分直线、圆、多边形等图形对象。绘制等分点有定数等分和定距等分两种方法。定数等分方式需要输入等分的总段数，而系统自动计算每段的长度。定距等分方式是输入等分后每一段的长度，系统自动计算出需要等分的总段数。

8.1.2　绘制直线

直线对象可以是一条线段，也可以是一系列线段，但每条线段都是独立的直线对象。如果要将一系列直线绘制成一个对象，可以使用多段线。

1. 直线的绘制方法

直线的绘制是通过确定直线的起点和终点来完成的。可以连续绘制首尾相连的一系列直线，上一段直线的终点将自动成为下一段的起点。所有直线绘制完成后，按〈Enter〉键结束命令。调用绘制直线命令的方式有以下三种：

（1）菜单栏 调用"绘图"→"直线"命令。

（2）工具栏 单击"绘图"工具栏中的"直线"按钮。

（3）命令行 在命令行输入 LINE（或 L）并按〈Enter〉键确认。

2. 用 LINE 命令绘制直线

命令：line↙

指定第一点：(用鼠标确定起始点 1)

指定下一点或［放弃（U）］：(用间接距离给定第 2 点)

指定下一点或［闭合（C）/放弃（U）］：(用相对直角坐标给定第 3 点)

指定下一点或［闭合（C）/放弃（U）］：(按〈Enter〉键结束命令)

上述命令操作完成，在最后一次出现提示行"指定下一点或［闭合（C）/放弃（U）］："时，若选择"C"项，则图形首尾封闭并结束命令。用户可以通过鼠标或键盘来决定线段的起点和终点。AutoCAD 允许以上一条线段的终点为起点，另外确定点为终点，这样一直下去，只有按〈Enter〉键或〈Esc〉键，才能终止命令。

8.1.3 绘制多段线

多段线又称多义线，是 AutoCAD 中常用的一种复合图形对象。使用多段线命令可以生成由若干条直线和曲线首尾连接形成的复合线实体。多段线是由直线段、圆弧段构成且可以有宽度的图形对象。

与使用"直线"命令绘制首尾相连的多条直线不同，使用"多段线"命令绘制的图形是一个整体，单击时会选择整个图形，不能分别选择编辑，而使用"直线"命令绘制的图形的各线段是彼此独立的不同图形对象，可以分别选择编辑。其次，调用"直线"命令绘制的直线只有唯一的线宽值，而多段线可以设置渐变的线宽值，也就是说同一线段的不同位置可以具有不同的线宽值。

最重要的一点是，在三维建模过程中，调用"直线"命令生成的闭合多边形是一个线框模型，沿法线拉伸只能生成表面模型。

1. 调用方法

（1）菜单栏 调用"绘图"→"多段线"命令。

（2）工具栏 单击"绘图"工具栏中的"多段线"按钮。

（3）命令行 在命令行输入 PLINE（PL）并按〈Enter〉键确认。

组成多段线的线段可以是直线，也可以是圆弧，两者可以联用。需要绘制直线时，选择"直线"备选项；而绘制圆弧时，可选择"圆弧"备选项。绘制圆弧时，该圆弧自动与上一段直线（或圆弧）相切，因此只需确定圆弧的终点就可以了。

2. 设置多段线线宽

多段线的一大特点是，需在命令行中选择"半宽"或"宽度"备选项。其中，半宽值为宽度值的一半。设置线宽时，先输入线段起点的线宽，再输入线段终点的线宽。如果线段起点和终点的线宽相等，那么线段的线宽是均匀的；如果起点和终点线宽不相等，那么将产生由起点线宽到终点线宽的渐变。

箭头是工程制图中的常用图件，多段线具有在同一线段中产生宽度渐变的特点，因此我国的国家标准规定的箭头样式可以调用“多段线”命令来绘制。

8.1.4 绘制矩形

矩形就是通常所说的长方形，是通过输入矩形的任意两个对角点位置确定的。在 AutoCAD 中绘制矩形可以为其设置倒角、圆角，以及宽度和厚度值。

1. 调用方法

（1）菜单栏　调用“绘制”→“矩形”命令。

（2）工具栏　单击“绘图”工具栏中的“矩形”按钮。

（3）命令行　在命令行中输入 RECTANG（或 REC）并按〈Enter〉键确认。

2. 命令操作及选项说明

命令：rectang↙

指定第一个角点或［倒角（C）/标高（E）/圆角（F）/厚度（T）/宽度（W）］：

选项说明

（1）指定第一个角点　默认项。执行该默认项，即指定矩形的一角点位置后，系统提示：

指定另一个角点或［面积（A）/尺寸（D）/旋转（R）］：

1）“指定另一个角点”是指定矩形中与第一角点成对角关系的另一角点位置。确定该点后，系统绘制出对应的矩形。

2）“面积（A）”是根据面积绘制矩形。执行该选项，系统提示：

输入以当前单位计算的矩形面积：（输入所绘矩形的面积值后按〈Enter〉键）

计算矩形面积时依据［长度（L）/宽度（W）］〈长度〉：（利用“长度（L）”或“宽度（W）”选项确定的矩形的长或宽，确定后，系统按指定的面积和对应的边长等绘制出矩形）

3）“尺寸（D）”是根据矩形的长和宽绘制矩形。执行该选项，系统提示：

指定矩形的长度：（输入矩形的长度值后按〈Enter〉键）

指定矩形的宽度：（输入矩形的宽度值后按〈Enter〉键）

指定另一个角点或［面积（A）/尺寸（D）/旋转（R）］：（拖曳鼠标确定所绘矩形的另一角点相对于第一角点的位置，确定后单击鼠标左键，系统按指定的长和宽绘出矩形）

4）“旋转（R）”是绘制按指定倾斜角度放置的矩形。执行该选项，系统提示：

指定旋转角度或［拾取点（P）］：（输入旋转角度值后按〈Enter〉键，或通过“拾取点（P）”选项确定角度）

指定另一个角点或［面积（A）/尺寸（D）/旋转（R）］：（执行某一选项绘制矩形）

（2）倒角（C）　设置矩形的倒角尺寸，使所绘矩形在各角点处按指定的尺寸倒角。执行该选项，系统提示：

指定矩形的第一个倒角距离：（输入矩形的第一个倒角距离值后按〈Enter〉键）

指定矩形的第二个倒角距离：（输入矩形的第二个倒角距离值后按〈Enter〉键）

指定第一个角点或［倒角（C）/标高（E）/圆角（F）/厚度（T）/宽度（W）］：（指定矩形的角点位置来绘制矩形或进行其他设置）

（3）标高（E）　设置矩形的绘图高度，即所绘矩形的平面与当前坐标系的 XY 面之间的距离。此功能一般用于三维绘图。执行该选项，系统提示：

指定矩形的标高：（输入高度值）

指定第一个角点或［倒角（C）/标高（E）/圆角（F）/厚度（T）/宽度（W）］：（指定矩形的角点

位置绘制矩形或进行其他设置)

(4) 圆角(F) 设置矩形在角点处的圆角半径,使所绘矩形在各角点处均按此半径绘制圆角。执行该操作,系统提示:

指定矩形的圆角半径:(输入圆角半径值后按〈Enter〉键)

指定第一个角点或[倒角(C)/标高(E)/圆角(F)/厚度(T)/宽度(W)]:(指定矩形的角点位置绘制矩形或进行其他设置)

(5) 厚度(T) 设置矩形的绘图厚度,即矩形沿Z轴方向的厚度尺寸,使所绘矩形沿当前坐标系的Z方向具有一定的厚度,此功能一般用于三维绘图。执行该选项,系统提示:

指定矩形的厚度:(输入厚度值后按〈Enter〉键)

指定第一个角点或[倒角(C)/标高(E)/圆角(F)/厚度(T)/宽度(W)]:(指定矩形的角点位置绘制矩形或进行其他设置)

(6) 宽度(W) 设置矩形的线宽,使所绘矩形的各边具有宽度。执行该选项,系统提示:

指定矩形的线宽:(输入宽度值)

指定第一个角点或[倒角(C)/标高(E)/圆角(F)/厚度(T)/宽度(W)]:(指定矩形的角点位置绘制矩形或进行其他设置)

当绘制有特殊要求的矩形时(如有倒角或圆角要求等),一般应首先进行对应的设置,然后再确定矩形角点位置。

8.1.5 绘制正多边形

由三条或三条以上长度相等的线段首尾相接形成的多边形称为正多边形,多边形的边数范围在3~1024之间。

1. 调用方法

(1) 菜单栏 调用"绘图"→"正多边形"命令。

(2) 工具栏 单击"绘图"工具栏下的"正多边形"按钮。

(3) 命令行 在命令行输入POLYGON(或POL)并按〈Enter〉键确认。

在AutoCAD中绘制一个正多边形,需要指点其边数、位置和大小三个参数。正多边形通常有唯一的外接圆和内切圆。外接/内切圆的圆心决定了正多边形的位置。正多边形的边长或者外接/内切圆的半径决定了正多边形的大小。

2. 正多边形绘制方法

根据边数、位置和大小三个参数的不同,有下列几种绘制正多边形的方法。

(1) 内接于圆多边形 内接于圆多边形绘制的方法主要是通过输入正多边形的边数、外接圆的圆心和半径来画正多边形,且正多边形的所有顶点都在此圆周上。

命令:polygon↙

输入边的数目〈4〉:5

指定正多边形的中心点或[边(E)]:(指定多边形的中心点)

输入选项[内接圆于(I)/外切于圆(C)]〈I〉:↙

指定圆的半径:20↙

(2) 外切于圆多边形 绘制外切于圆的正多边形,主要是通过输入正多边形的边数、内切圆的圆心位置和内切圆的半径来完成。其中,内切圆的半径也是正多边形中心点到各边中点的距离。

命令:polygon↙

输入边的数目〈4〉:5↙

指定正多边形的中心点或［边（E）］:（指定多边形的中心点）

输入选项［内接圆于（I）/外切于圆（C）］〈I〉: c↙

指定圆的半径: 20↙

8.2 曲线图形的绘制

8.2.1 绘制圆

圆是工程制图中最常见的一类基本图形对象，常用来表示柱、孔、轴等基本构件。调用“圆”命令的方法如下：

（1）菜单栏 调用“绘图”→“圆”命令，在子菜单中选择相应的绘图命令。

（2）工具栏 单击“绘图”工具栏中的“圆”按钮。

（3）命令行 在命令行输入 CIRCLE（或 C）并按〈Enter〉键确认。

1. 圆心、半径方式画圆

调用“绘图”→“圆”→“圆心、半径”命令，或者在命令行输入简写命令“C”，启动“圆”命令。

2. 圆心、直径方式画圆

调用“绘图”→“圆”→“圆心、直径”命令，或者在命令行输入“C”，启动“圆”命令。

3. 两点画圆

通过两点（2P）绘制圆，实际上是以这两点的连线为直径，以两点连线的中心为圆心画圆。调用“绘图”→“圆”→“两点”命令，或者在命令行输入“C”，启动“圆”命令。

4. 三点画圆

通过三点（3P）绘制圆，实际上是绘制这三点确定的三角形的唯一的外接圆。调用“绘图”→“圆”→“三点”命令，或者在命令行输入“C”，启动“圆”命令。

5. 相切、相切、半径画圆

如果已经存在两个图形对象，再确定圆的半径值，就可以绘制出与这两个对象相切的公切圆。使用这种方法时，AutoCAD 会自动捕捉到已知图形对象的切点。

绘制与已知直线 L 和已知圆 C 相切且半径为 100mm 的圆，可以调用“绘图”→“圆”→“相切、相切、半径”命令，或者在命令行输入“C”，启动“圆”命令。

6. 相切、相切、相切画圆

调用“绘图”→“圆”→“相切、相切、相切”命令，可以绘制出与已知的三个圆形对象相切的公切圆。命令调用过程中，AutoCAD 会自动捕捉到已知图形对象的切点。

8.2.2 绘制圆弧

圆弧是与其等半径的圆的一部分，在机械或建筑工程中，许多构件的外轮廓是由平滑弧段构成的。

调用“圆弧”命令的方式如下：

（1）菜单栏 调用“绘图”→“圆弧”命令。

（2）工具栏 单击“绘图”工具栏中的“圆弧”按钮。

（3）命令行 在命令行输入 ARC（或 A）并按〈Enter〉键确认。

绘制圆弧的方法有多种，通常是选择指定三点，即起点、圆弧起点和终点，还可以指定圆弧的角度、半径和弦长。弦指的是圆弧的两个端点之间的直线段。一般情况下，AutoCAD 将按逆时针方向绘制圆弧。

1. 三点画弧

通过输入弧段的起点、中间任意一点和终点画弧。

2. 起点、圆心、终点画弧

调用“绘图”→“圆弧”→“起点、圆心、端点”命令，通过输入弧段的起点、弧所在圆的圆心和圆弧终点画弧。

3. 起点、圆心、角度画弧

通过输入弧的起点、弧所在圆的圆心和弧所对应的圆的圆心角度，可以确定唯一的弧。

4. 起点、圆心、弦长画弧

通过确定弧的起点、弧所在圆的圆心点和弧所对应的弦长，可以确定唯一的弧。

5. 起点、终点、切向画弧

调用“绘图”→“圆弧”→“起点、端点、方向”命令，通过确定弧的起点、终点，指定起点处弧段的切线方向，可以确定唯一的弧。

8.2.3 绘制椭圆、椭圆弧

1. 调用方法

(1) 菜单栏 “绘图”→“椭圆”命令。

(2) 工具栏 “绘图”→“椭圆”按钮。

(3) 命令行 ELLIPSE。

2. 命令操作与选项说明

执行 ELLIPSE 命令，系统提示：

指定椭圆的轴端点或 [圆弧 (A) /中心点 (C)]：

(1) 指定圆弧的轴端点 根据椭圆某一轴上的两个端点位置等参数绘制椭圆，此选项为默认项。执行“指定椭圆的轴端点”选项，即指定椭圆上某一条轴的端点位置，系统提示：

指定轴的另一个端点：(指定同一轴上的另一端点位置)

指定另一条半轴长度或 [旋转 (R)]：

在此提示下如果输入椭圆另一轴的半长度值后按〈Enter〉键，即执行默认项，系统绘制出对应的椭圆。如果执行“旋转 (R)”选项，系统提示：

指定绕长轴旋转的角度：

在此提示下输入角度值后按〈Enter〉键，系统绘制出椭圆，该椭圆是经过已确定两点且以这两点之间的距离为直径的圆，绕所确定椭圆轴旋转指定角度后得到的投影椭圆。

通过菜单“绘图”→“椭圆”→“轴、端点”可以实现上述方式的椭圆绘制。

(2) 中心点 (C) 根据椭圆的中心点位置绘制椭圆。执行该选项，系统提示：

指定椭圆的中心点：(确定椭圆的中心位置)

指定轴的端点：(确定椭圆某一轴的一端点位置)

指定另一条半轴长度或 [旋转 (R)]：(输入另一轴的半长，或通过“旋转 (R)”选项确定椭圆)

通过菜单“绘图”→“椭圆”→“圆心”可以实现上述方式的椭圆绘制。

(3) 圆弧 (A) 绘制椭圆弧。执行该选项，系统提示：

指定椭圆弧的轴端点或 [中心点 (C)]：

在此提示下的操作与前面介绍的绘制椭圆的过程完全相同，用于确定椭圆的形状。确认椭圆的形状后，系统提示：

指定起始角度或［参数（P）］：

1）指定起始角度。通过确定椭圆弧的起始角（椭圆中心与椭圆第一轴端点之间的连线方向为椭圆的0°方向）绘制椭圆弧，为默认项。执行该选项，即输入椭圆弧的起始角度值后按〈Enter〉键，系统提示：

指定终止角度或［参数（P）/包含角度（I）］：

其中，“指定终止角度”选项要求用户根据椭圆弧的终止角确定椭圆弧的另一端点位置；“包含角度（I）”选项将根据椭圆弧的包含角确定椭圆弧；“参数（P）”选项将通过参数确定椭圆弧另一个端点的位置，该选项的执行方式与执行选项“参数（P）”后的操作相同。

2）参数（P）。通过指定的参数绘制椭圆弧。执行该选项，系统提示：

指定起始参数或［角度（A）］：

其中，“角度（A）”选项可以切换到通过角度确定椭圆弧的方式。如果在提示下输入参数，即响应默认项“指定起始参数”，系统按下面的公式确定椭圆弧的起始角P（n）：

$$P(n) = c + a \times \cos(n) + b \times \sin(n)$$

式中，n是用户输入的参数；c是椭圆弧的半焦距；a和b分别是椭圆长轴和短轴的半轴长。

输入起始参数后，系统提示：

指定终止参数或［角度（A）/包含角度（I）］：

在此提示下可以通过“角度（A）”选项确定椭圆弧的另一端点位置，或通过“包含角度（I）”选项确定椭圆弧的包含角。如果利用“指定终止参数”默认项给出椭圆弧的另一个参数，系统仍用前面介绍的公式确定椭圆弧的另一端点位置。

通过菜单“绘图”→“椭圆”→“圆弧”或“绘图”工具栏“椭圆弧”按钮可以实现对应的椭圆弧绘制。

8.2.4 绘制圆环

圆环实际上也是一种多段线，可以有任意的内径与外径。如果内径与外径相等，则圆环就是一个普通的圆；如果内径为0，则圆环就是一个实心圆。

1. 调用方法

（1）菜单栏　调用“绘图”→“圆环”菜单命令。

（2）命令行　在命令行输入DONUT（或DO）并按〈Enter〉键确认。

2. 命令操作与选项说明

1）执行DOUNT命令，系统提示：

指定圆环的内径：（输入圆环的内径后按〈Enter〉键）

指定圆环的外径：（输入圆环的外径后按〈Enter〉键）

指定圆环的中心点或〈退出〉：（指定圆环的中心点位置）

指定圆环的中心点或〈退出〉：↙（或继续指定圆环的中心点位置绘圆环）

2）利用命令FILL设置是否填充圆环。执行FILL命令，系统提示：

输入模式［开（ON）/关（OFF）］：

“开（ON）”选项使填充有效；“关（OFF）”选项则关闭填充模式，即不填充。

3）利用系统变量FILLMODE设置是否填充圆环。在“命令：”提示下输入FILLMODE后按〈Enter〉键，系统提示：

输入FILLMODE的新值：

用0响应表示关闭填充模式，即不填充；用1响应则启用填充模式，即填充。

8.3 图案填充

在建筑制图和机械制图中，经常要使用“图案填充”命令创建特定的图案，对其剖面或某个区域进行填充标识。AutoCAD中提供了多种标准的填充图案和渐变样式，还可以根据需要自定义图案和渐变样式。此外，也可以通过填充工具控制图案的疏密、剖面线段及倾斜角度。

1. 调用方法

图案填充的各操作都在“图案填充和渐变色”对话框中进行，打开该对话框的方法如下：

(1) 菜单栏　调用“绘图”→“图案填充”命令。

(2) 工具栏　单击“绘图”工具栏上的“图案填充”按钮

(3) 命令行　在命令行输入BHATCH（或H）并按〈Enter〉键确认。

2. “图案填充”选项卡（图8-1）说明

(1) “类型和图案”选项组　此选项组用于指定填充图案的类型和图案。

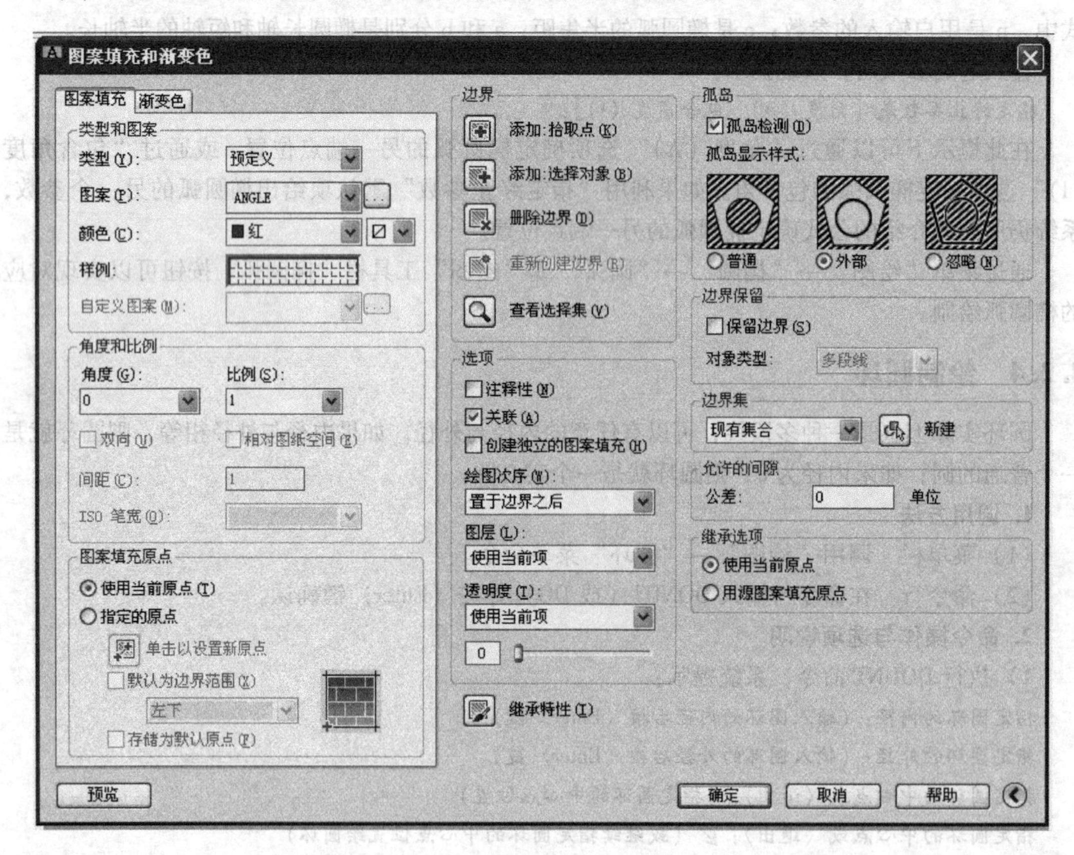

图8-1 “图案填充”选项卡设置

1) “类型（Y）”下拉列表框。用于设置图案的类型。列表中有“预定义”“用户定义”“自定义”3种选择。“预定义”图案是系统提供的图案，这些图案存储在图案文件“acadiso. pat”中（图案文件的扩展名为. pat）；用户定义的图案由一组平行线或相互垂直的两组平行线（即双向线，又称交叉线）组成，其线型采用图形中的当前线型；自定义图案表示将使用在自定义的图案文件（用户可以单独定义图案文件）中定义的图案。

2)“图案（P)”下拉列表框。列表中列出了有效的预定义图案，供用户选择。只有在“类型”下拉列表框中选择了“预定义”项时，“图案”下拉列表框才有效。用户可以直接通过下拉列表选择图案，也可以单击列表框右侧的按钮，从弹出的“填充图案选项板”对话框中选择图案。

①“样例”框。显示所选定图案的预览图像。单击该按钮，也会弹出“填充图案选项板”对话框，用于选择图案。

②“自定义图案（M)”下拉列表框。列表中列出了可用的自定义图案，供用户选择。只有在“类型”下拉列表框中选择了“自定义”项，“自定义图案”下拉列表框才有效。

(2)“角度和比例”选项组　此选项组用于指定图案填充时的填充角度和比例。

1)“角度（G)”下拉列表框。指定填充图案时的图案旋转角度，用户可以直接输入角度值，也可以从对应的下拉列表中选择。

2)“比例（S)”下拉列表框。指定填充图案时的图案比例值，即放大或缩小预定义或自定义的图案。用户可以直接输入比例值，也可以从对应的下拉列表中选择。

3)“间距（C)”文本框、“双向（U)”复选框。当图案填充类型采用“用户定义”时，可以通过“间距（C)”文本框设置填充平行线之间的距离；通过“双向（U)”复选框确定填充线是一组平行线，还是相互垂直的两组平行线（选中复选框为相互垂直的两组平行线，否则为一组平行线）。

(3)“图案填充原点”选项组　此选项组用于确定生成填充图案时的起始位置。因为某些填充图案（如砖块图案）需要与图案填充边界上的某一点对齐。该选项组中，“使用当前原点(T)”单选按钮表示将使用存储在系统变量 HPORIGINMODE 填充原点，此时从对应的选择项中选择即可。

(4)“边界”选项组　用于确定填充边界。

1)“添加：拾取点（K)”按钮。根据围绕指定点所构成的封闭区域的现有对象来确定边界。单击该按钮，系统临时切换到绘图屏幕，并提示：

拾取内部点或［选择对象（S）/删除边界（B)]：

此时在希望填充的封闭区域内任意拾取一点，系统会自动确定出包围该点的封闭填充边界，同时以虚线形式显示这些边界（如果设置了允许间隙，实际的填充边界则可以不封闭）。指定填充边界后按〈Enter〉键，系统返回到“图案填充和渐变色”对话框。

当给出“拾取内部点或［选择对象（S）/删除边界（B)]:”提示时，还可以通过“选择对象(S)”选项来选择作为填充边界的对象；通过“删除边界（B)”选项取消已选择的填充边界。

2)“添加：选择对象（B)”按钮。根据构成封闭区域的选定对象来确定边界。单击该按钮，系统临时切换到绘图屏幕并提示：

选择对象或［拾取内部点（K）/删除边界（B)]：

此时可以直接选择作为填充边界的对象，还可以通过“拾取内部点（K)”选项以拾取点的方式确定对象，通过“删除边界（B)”选项取消已选择的填充边界。确定了填充边界后按〈Enter〉键，系统返回“图案填充和渐变色”对话框。

3)“删除边界（D)”按钮。从已确定的填充边界中取消某些边界对象。单击该按钮，系统临时切换到绘图屏幕，并提示：

选择对象或［添加边界（A)]：

此时可以选择要删除的对象，也可以通过“添加边界（A）”选项确定新边界。取消或添加填充边界后按〈Enter〉键，系统返回“图案填充和渐变色”对话框。

4）“重新创建边界（R）”按钮。围绕选定的填充图案或填充对象创建多段线或面域，并使其与填充的图案对象相关联（可选）。单击该按钮，系统临时切换到绘图屏幕，并提示：

输入边界对象类型［面域（R）/多段线（P）］〈当前〉：

从提示中执行某一选项后，系统继续提示：

要重新关联图案填充与新边界吗？［是（Y）/否（N）］

此提示咨询用户是否将新边界与填充的图案建立关联，从中选择即可。

5）“查看选择集（V）”按钮。查看所选择的填充边界。单击该按钮，系统临时切换到绘图屏幕，将已选择的填充边界以虚线形式显示，同时提示：

按〈Enter〉或单击鼠标右键返回到对话框

响应此提示后，即按〈Enter〉键或单击鼠标右键后，系统返回到“边界图案填充”对话框。

（5）“选项”选项组　此选项组用于控制几个常用的图案填充设置。

1）“注释性（N）”复选框。指定所填充的图案是否为注释性图案。

2）“关联（A）”复选框。控制所填充的图案与填充边界是否建立关联关系。一旦建立了关联，当通过编辑命令修改填充边界后，对应的填充图案会给予更新，以便与边界相适应。

3）“创建独立的图案填充（H）”复选框。控制当同时指定了几个独立的闭合边界时，是通过它们创建单一的图案填充对象（即在各个填充区域的填充图案属于一个对象），还是创建多个图案填充对象。选中复选框表示创建多个图案填充，否则创建单一的图案填充对象。

4）“绘图次序（W）”下拉列表框。为填充图案指定绘图次序。填充的图案可以放在所有其他对象之后、所有其他对象之前、图案填充边界之后或图案填充边界之前等。

5）“图层（L）”下拉列表框。在指定的图层绘制新填充的图案对象，从下拉列表中选择即可，其中“使用当前项”表示采用默认图层。

6）“透明度（T）”下拉列表框。设置新填充图案对象的透明程度，从下拉列表中选择即可，其中“使用当前项”表示采用默认的对象透明度设置。

（6）“继承特性（I）”按钮　选中图形中已有的填充图案作为当前填充图案。单击此按钮，系统临时切换到绘图屏幕，并提示：

选择图案填充对象：（选择某一填充图案）

拾取内部点或［选择对象（S）/删除边界（B）］：（通过拾取内部点或其他方式确定填充边界。如果在此之前确定了填充区域，则没有该提示）

拾取内部点或［选择对象（S）/删除边界（B）］：

在此提示下可以继续确定填充边界。如果按〈Enter〉键，系统返回到“图案填充和渐变色”对话框。

（7）“孤岛”选项组　当存在“孤岛”时确定图案的填充方式。填充图案时，系统将位于填充区域内的封闭区域称为孤岛。当以拾取点的方式确定填充边界后，系统会自动确定出包围该点的封闭填充边界，同时还会自动确定出对应的孤岛边界。“孤岛检测（D）”复选框用于确定是否进行孤单检测以及孤岛检测的方式，选中该复选框表示要进行孤岛检测。系统对孤岛的填充方式有“普通”“外部”和“忽略”3种选择。位于“孤岛检测”复选框下面的3个图像按钮形象地说明了他们的填充效果。

1）“普通”填充方式的填充过程为：系统从最外部边界向内填充，遇到与之相交的内部边界时断开填充线，再遇到下一个内部边界时继续填充。

2）“外部”填充方式的填充过程为：系统从最外部边界向内填充，遇到与之相交的内部边界时断开填充线，不再继续填充。

3）“忽略”填充方式的填充过程为：系统忽略外边界内的对象，所有内部结构均要被填充图案覆盖。

（8）“边界保留”选项组　用于指定是否将填充边界保留为对象。如果保留，还可以确定对象的类型。其中，“保留边界（S）”复选框表示将根据图案的填充边界再创建一个边界对象，并将它们添加到图形中，“对象类型”下拉列表框用于控制新边界对象的类型，可以通过下拉列表在“面域”或“多段线”之间选择。

（9）“边界集”选项组　当以拾取点的方式确定填充边界时，该选项组用于定义使系统确定填充边界的对象集，即系统将根据哪些对象来确定填充边界。

（10）“允许的间隙”选项　AutoCAD 2013 允许将实际上并没有完全封闭的边界用做填充边界。如果在“公差”文本框中指定了值，该值就是系统确定填充边界时可以忽略的最大间隙，即如果边界有间隙，且各间隙均小于或等于设置的允许值，那么这些间隙均会被忽略，系统将对应的边界视为封闭边界。

如果在“公差”文本框中指定了值（允许值为0~5000），当通过“添加：拾取点”按钮指定的填充边界为非封闭边界且边间隙小于或等于设定的值时，AutoCAD 会弹出的“开放边界警告”对话框。

此时用户可以根据需要选择“继续填充此区域”或“不填充此区域”，而后根据提示继续操作，也可以单击“取消”按钮，返回到“图案填充和渐变色”对话框。

（11）“继承选项”选项组　当利用“继承特性”按钮创建图案填充时，控制图案填充原点的位置。“使用当前原点”单选按钮表示将使用当前的图案填充原点设置进行填充。“用源图案填充的原点”单选按钮表示将使用源图案填充的图案填充原点进行填充。

3. “渐变色”选项卡（图8-2）**说明**

单击“图案填充和渐变色”对话框中的“渐变色”标签，系统切换到“渐变色”选项卡。该选项卡用于以渐变方式进行填充。其中，“单色（O）”和“双色（T）”两个单选按钮用于确定是以一种颜色填充，还是以两种颜色填充。单击位于“单色（O）”单选按钮下方的按钮，系统弹出“选择颜色”对话框，用来确定填充颜色。当以一种颜色填充时，可以利用位于“双色（T）”单选按钮下方的滑块调整填充颜色的浓淡度。当以两种颜色填充时，位于“双色（T）”单选按钮下方的滑块变成与其左侧相同颜色的颜色框和按钮，用于确定另一种颜色。位于选项卡左侧中间位置的9个图像按钮用于确定填充方式。此外，还可以通过“居中（C）”复选框指定是否采用对称形式的渐变配置，通过“角度（L）”从下拉列表框确

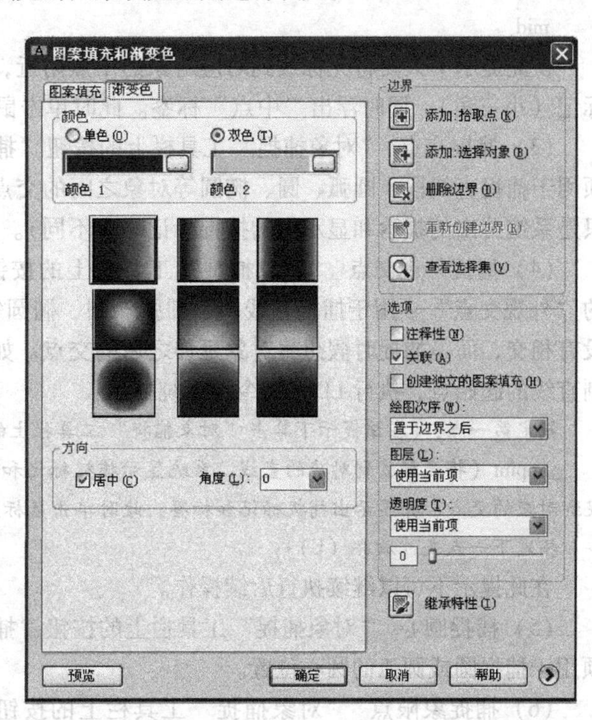

图8-2　“渐变色”选项卡设置

定以渐变方式填充时的旋转角度。

8.4 画法几何与图形捕捉应用

8.4.1 使用对象捕捉

使用对象捕捉功能，在绘图过程中可以快速、准确地确定一些特殊点，如圆心、端点、中点、切点、交点及垂足等。可以通过“对象捕捉”工具栏和对象捕捉菜单（按下〈Shift〉键或〈Ctrl〉键后单击鼠标右键可以弹出此快捷菜单）启用对象捕捉功能。

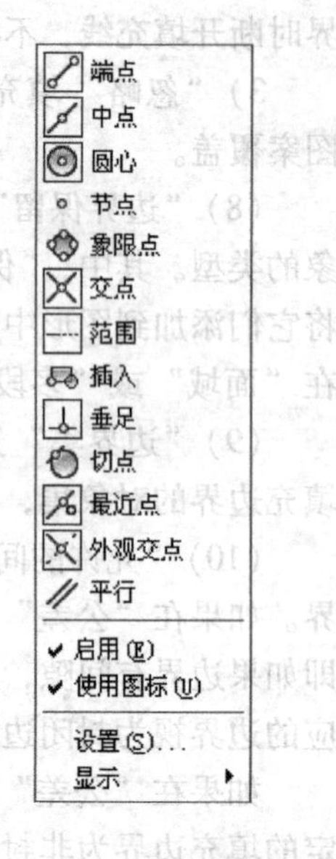

图 8-3 “对象捕捉”快捷菜单

工具栏上的各按钮图标以及对象捕捉菜单中的各菜单项，直观、形象地说明了对应的对象捕捉功能，如图 8-3 所示。

（1）捕捉端点 “对象捕捉”工具栏上的按钮“捕捉到端点”和对象捕捉菜单中的“端点”项用于捕捉直线段、圆弧等对象上离光标最近的端点。当系统提示用户指定点的位置且用户此时希望指定端点时，单击按钮（捕捉到端点）或选择对应的菜单项，系统提示：

_endp

在此提示下只要将光标放到对应的对象上并接近其端点位置，系统会自动捕捉到端点（称其为磁吸），并显示出捕捉标记（小方框），同时浮出“端点”标签（又称为自动捕捉工具提示）。此时单击鼠标左键，即可确定出对应的端点。

（2）捕捉中点 “对象捕捉”工具栏上的按钮“捕捉到中点”和对象捕捉菜单中的“中点”项用于捕捉直线段、圆弧等对象的中点。当系统提示用户指定点的位置且用户希望指定中点时，单击按钮或选择对应的菜单项，系统提示：

_mid

在此提示下只要将光标放到对应对象的中点附近，系统会自动捕捉到该中点，并显示出捕捉标记（小三角），同时浮出“中点”标签。此时单击鼠标左键，即可确定出对应的中点。

（3）捕捉交点 “对象捕捉”工具栏上的按钮“捕捉到交点”和对象捕捉菜单中的“交点”项用于捕捉直线段、圆弧、圆、椭圆等对象之间的交点（操作过程与前面介绍的捕捉操作类似，只是系统给出的提示和显示出的捕捉标记略有不同）。

（4）捕捉外观交点 “对象捕捉”工具栏上的按钮“捕捉到外观交点”和对象捕捉菜单中的“外观交点”项用于捕捉直线段、圆弧、圆、椭圆等对象之间的外观交点，即对象本身之间没有相交，而是捕捉时假想将对象延伸之后的交点。如果希望将直线延伸后与圆的交点作为新绘制直线的起始点，执行 LINE 命令，系统提示：

指定第一点：（在该提示下单击“对象捕捉”工具栏上的按钮，表示将确定外观交点）

_appint（将光标放到对应的直线，系统显示捕捉标记和对应的标签，并将光标放到圆上，系统自动捕捉到对应的交点，并显示出捕捉标记和标签，此时单击鼠标左键即可）

指定下一点或 [放弃（U）]：

在此提示下可以继续执行后续操作。

（5）捕捉圆心 “对象捕捉”工具栏上的按钮“捕捉到圆心”和对象捕捉菜单中的“圆心”项用于捕捉圆或圆弧的圆心位置。

（6）捕捉象限点 “对象捕捉”工具栏上的按钮“捕捉到象限点”和对象捕捉菜单中的“象限点”项用于捕捉圆、圆弧、椭圆、椭圆弧上离光标最近的象限点，即圆或圆弧上位于 0°、

90°、180°或270°位置的点，椭圆或椭圆弧上两轴线与椭圆或椭圆弧的交点。

（7）捕捉切点　“对象捕捉”工具栏上的按钮“捕捉到切点”和对象捕捉菜单中的“切点”项用于捕捉圆、圆弧或椭圆等对象的切点。

（8）捕捉垂足　“对象捕捉”工具栏上的按钮“捕捉到垂足”和对象捕捉菜单中的“垂足”项用于捕捉对象之间的正交点。

（9）捕捉平行线　“对象捕捉”工具栏上的按钮“捕捉到平行线”和对象捕捉菜单中的“平行线”项用于确定与已有直线平行的线。执行 LINE 命令，系统提示：

指定第一点：（确定直线的起始点）

指定下一点或［（U）］：（单击“对象捕捉”工具栏上的按钮）

_par

将光标放到平行直线上，系统显示出捕捉标记和对应的标签。然后，向左上方拖曳鼠标，当橡皮筋与已有直线近似平行时，系统显示出辅助捕捉线，并显示对应的标签。此时输入 180 后按〈Enter〉键或空格键，系统提示：

指定下一点或［放弃（U）］：↙

至此完成平行线的绘制，而后可继续进行其他操作。

（10）捕捉插入点　“对象捕捉”工具栏上的按钮“捕捉到插入点”和对象捕捉菜单中的“插入点”项用于捕捉文字、属性和块等对象的定义点或插入点。

（11）捕捉节点　“对象捕捉”工具栏上的按钮“捕捉到节点”和对象捕捉菜单中的“节点”项用于捕捉节点，即用 POINT、DIVIDE 和 MEASURE 命令绘制的点。

（12）捕捉最近点　“对象捕捉”工具栏上的按钮“捕捉到最近点”和对象捕捉菜单中的“最近点”项用于捕捉图形对象上与光标最接近的点。

（13）临时追踪点“对象捕捉”工具栏上的按钮“临时追踪点”和对象捕捉菜单中的“临时追踪点”项用于确定临时追踪点。

（14）相对于已有点确定特殊点“对象捕捉”工具栏上的按钮“捕捉自”和对象捕捉菜单中的“自”项用于相对于指定的点确定另一点。

8.4.2　使用自动对象捕捉

自动对象捕捉是使系统自动捕捉到圆心、端点及中点这样的特殊点。绘图时，可能需要频繁地捕捉一些相同类型的特殊点，此时如果用前一节介绍的对象捕捉方式来确定这些点，需要频繁地单击“对象捕捉”工具栏上的对应按钮或单击对应的快捷菜单项来执行操作，较浪费时间。为避免出现这样的问题，系统提供了自动对象捕捉功能。自动对象捕捉又称为隐含对象捕捉。

单击菜单项“工具”→“绘图设置”，从弹出的“草图设置”对话框中选择“对象捕捉”选项卡，或者在状态栏上的“对象捕捉”按钮上单击鼠标右键，从弹出的快捷菜单中单击“设置”项，也可以弹出“对象捕捉”选项卡，如图 8-4 所示。

在该选项卡中，可以通过“对象捕捉模式”选项组中的各复选框确定自动对象捕捉的捕捉模式，即确定使系统自动捕捉到的点。“启用对象捕捉（F3）（O）”复选框用于确定是否启用自动对象捕捉功能，“启用对象捕捉追踪（F11）（K）”复选框则用于确定是否启用对象捕捉追踪功能。

此外，在状态栏上的“对象捕捉”按钮上单击鼠标右键，弹出对应的快捷菜单。利用该菜单可以快速设置自动对象捕捉的捕捉模式。菜单中，如果捕捉图标有一个外方框，如图中的“端点（E）”“圆心（C）”和“交点（I）”项，表示启用了对应的捕捉功能。

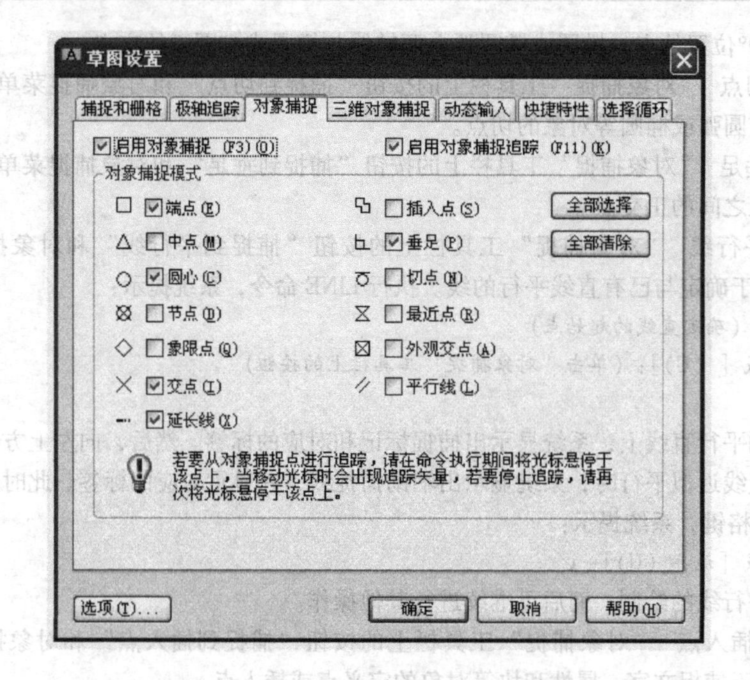

图 8-4 “对象捕捉”选项卡设置

用系统绘图时，经常会出现这样的情况：当系统提示确定点时，用户可能希望通过鼠标来拾取屏幕上的某一点，但由于拾取点与某些图形对象距离很近，因而得到的点并不是所拾取的那一点，而是已有对象上的某一特殊点，如端点、中点、圆心等。造成这种结果的原因是启用了自动对象捕捉功能，使系统自动捕捉到默认捕捉点。如果单击状态栏上的“对象捕捉”按钮关闭自动对象捕捉功能，就可以避免上述情况的发生。因此，在绘图时，一般会根据绘图需要不断地单击状态栏上的“对象捕捉”按钮，以便启用或关闭自动对象捕捉功能。

小　结

本章介绍了 AutoCAD 2013 的各种二维图形的绘图命令，包括点、线和各种二维基本平面图形的绘制命令，以及图案填充和图形捕捉等。

二维图形是一切图形的基础。在二维图形中，点、直线、圆、圆弧、矩形、多边形等都是最基本的内容。只有熟练掌握二维图形的绘制工作，才能在绘制复杂图形时做到轻车熟路。

思考题与习题

8-1　练习绘制简单的二维图形，并将绘制的图形填充。

8-2　利用捕捉和栅格功能绘制图形。

第9章　二维图形编辑

二维图形编辑就是使用编辑命令对图形对象进行删除、复制、移动、旋转、放缩等操作的过程。在 AutoCAD 中绘制的所有图形都是可编辑的对象，复杂的图形往往不是一次完成的，而要通过不断的调整来达到满意的结果。本章重点介绍 AutoCAD 2013 的二维图形编辑功能，利用 AutoCAD 2013 提供的“修改”工具栏可以执行 AutoCAD 的编辑命令，只有结合本章介绍的二维图形编辑以及后面章节介绍的相关功能，才能够用 AutoCAD 高效、准确地绘制工程图。

9.1　对象的选取

在 AutoCAD 2013 中创建的每个几何图形都是一个 AutoCAD 对象类型。AutoCAD 对象类型具有很多形式，直线、圆、点、标注、文字、3D 实体等都是对象。

在 AutoCAD 2013 中，选取对象是一个非常重要的环节，执行任何编辑命令都必须选择对象或先选择对象再执行编辑命令，会频繁使用选择命令。为提高绘图的效率，AutoCAD 提供了多种选择对象的方法。本节介绍 AutoCAD 的对象选择模式和常用的对象选择方法。

9.1.1　选取对象的模式

AutoCAD 有两种选择对象模式，即添加模式和扣除模式。

当系统提示“选择对象:”时，用户选择对象后，系统一般还会继续给出提示“选择对象:”，即允许用户继续选择要操作的对象，而且选择后这些对象均以虚线形式显示（称其为亮显），表示它们被选中。我们将这种模式称为添加模式，在此模式下选择的对象均被添加到选择集中。

当选择一些对象后，发现某些对象被选错了，需要从选择集中去除，这时就应采用扣除模式。扣除模式是指将选中的对象移出选择集，在画面上体现为：原来以虚线形式显示的被选中对象又恢复成正常显示，即退出选择集。

9.1.2　选取对象的方法

1. 选择单个对象

选择单个对象时，只需将光标移动到要选择的对象上，单击即可选中此对象。当选择彼此接近或重叠的对象时，可以使用循环选择对象的方法进行选择，把光标移动到重叠的对象上，按住〈Shift〉键并连续按〈空格〉键，可以在相邻的对象之间循环，单击后可选择对象。

2. 选择多个对象

当需要选择的对象较多时，可以使用窗口选择的方法。窗口选择主要是从第一点向对角点的方向拖动光标，确定选择的对象，选中的区域的背景颜色将更改。窗口选择法包括矩形窗口选择和交叉窗口选择两种，其操作方法如下：

（1）矩形窗口的选择　从左向右拖动十字光标，以选择完全位于矩形中的对象。

1）在图形左上方单击并将十字光标沿右下方拖动（或者图形左下方单击并将十字光标沿右上方拖动），将所选取的图形框在一个矩形内，如图 9-1a 所示。

2）再次单击，形成选择框，这时所有出现在矩形框内的对象都将被选取，该矩形框称为选择窗口。选择框呈实线显示，被选择框完全包容的对象将被选择，而位于窗口以外以及与窗口边界相交的对象不会被选中，如图9-1b所示。

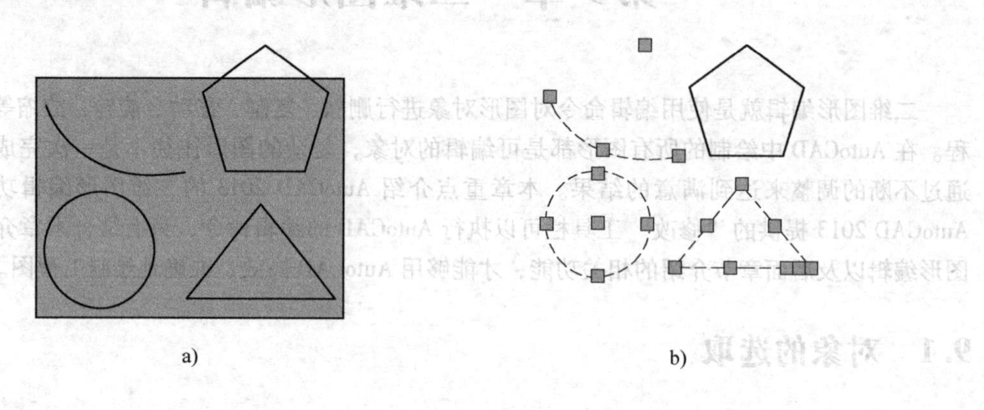

图9-1 矩形窗口选择图示例

a）选定的对象 b）结果

（2）交叉窗口选择 从右向左拖动十字光标，以选择矩形窗口包围的或相交的对象。交叉窗口选择与窗口选择的操作方式类似，不同的是鼠标指针的移动方向不同，从右下方开始向左上方或从右上方向左下方移动形成选择框，选择框呈虚线，此时只要与交叉窗口相交或者被交叉窗口包容的对象都将被选中，如图9-2所示。

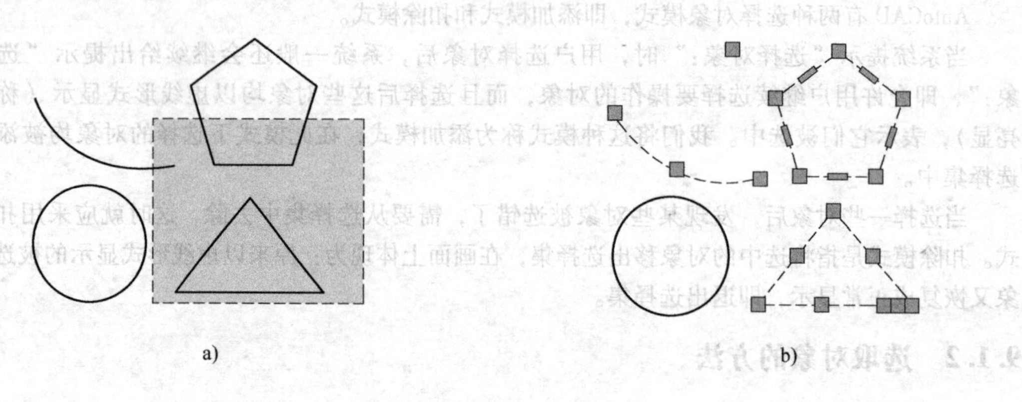

图9-2 交叉窗口选择图示例

a）选定的对象 b）结果

说明：矩形窗口选择时，选择窗呈蓝色实矩形框；交叉窗口选择时，选择窗呈绿色虚矩形框。

9.2 常用编辑命令

AutoCAD中有丰富的图形编辑命令，如删除、复制、镜像、阵列、移动、旋转、放缩、修剪、延伸、倒角、圆角、偏移、分解等，如图9-3所示。本节介绍这些编辑命令的具体操作，使用户在图形绘制过程中能够做到得心应手。

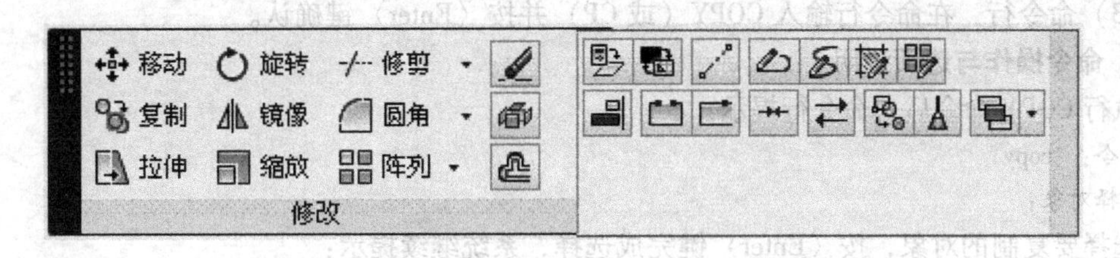

图 9-3　“修改”工具栏

9.2.1　删除

在 AutoCAD 中，可以使用“删除”命令删除选中的对象。

1. 调用方法

（1）菜单栏　选择菜单栏中的“修改”→“删除”命令。

（2）工具栏　在“功能区”选项板中选择“常用”选项卡，在“修改”面板中单击“删除”按钮。

（3）命令行　在命令行输入“ERASE（或 E）”，并按〈Enter〉键确认。

（4）〈Delete〉键　选中要删除的对象后，直接按〈Delete〉键，也可以删除对象。

2. 命令操作

执行 ERASE 命令后，命令行提示：

命令：_erase

选择对象：

选择要删除的对象，按〈Enter〉键完成选择，删除后的图形如图 9-4 所示。

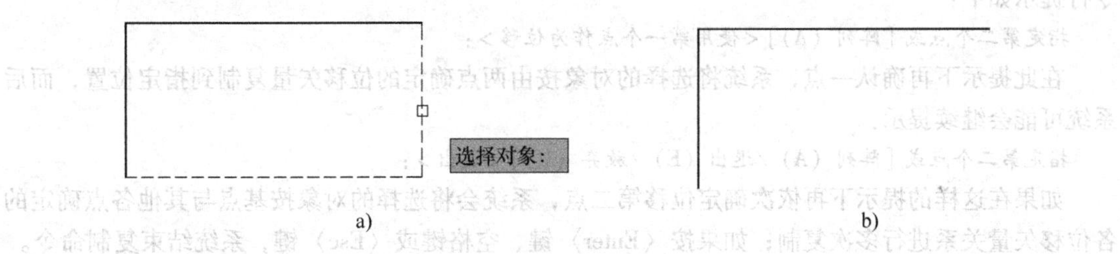

图 9-4　图形删除示例

a）已有图形　b）删除结果

注意：执行 OOPS 命令，可以恢复最后一次使用〈删除〉命令删除的对象。如果要连续向前恢复被删除的对象，则需要使用取消命令 UNDO。

9.2.2　复制

该命令是将指定的对象复制到指定的位置，当需要绘制多个相同形状的图形时可以使用此命令，即先绘制出其中一个图形，再利用复制的方式得到其他几个图形。

1. 调用方法

（1）菜单栏　选择菜单栏中的“修改”→“复制”命令。

（2）工具栏　在“功能区”选项板中选择“常用”选项卡，在“修改”面板中单击“复制”按钮。

（3）命令行　在命令行输入 COPY（或 CP）并按〈Enter〉键确认。

2. 命令操作与选项说明

执行 COPY 命令后，命令行提示：

命令：_copy

选择对象：

选择要复制的对象，按〈Enter〉键完成选择，系统继续提示：

指定基点或［位移(D)/模式(O)］<位移>：

指定第二个点或［阵列(A)］<使用第一个点作为位移>：

指定第二个点或［阵列(A)/退出(E)/放弃(U)］<退出>：

复制后的图形如图 9-5 所示。

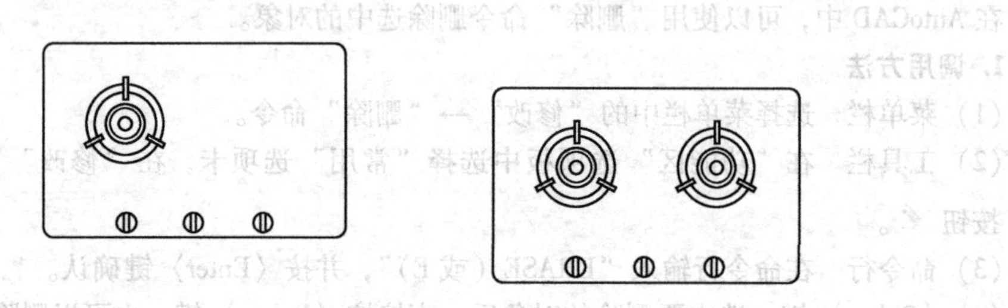
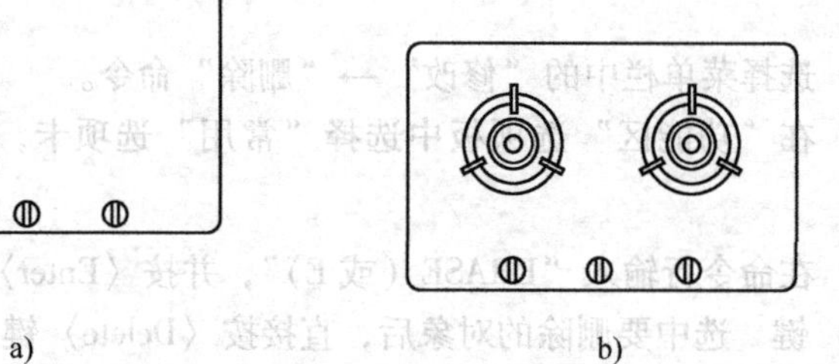

图 9-5　图形复制示例

a）已有图形　b）复制结果

（1）指定基点　确定复制基点为默认项。执行该默认项，指定一点作为复制的基点后，命令行提示如下：

指定第二个点或［阵列（A）］<使用第一个点作为位移>：

在此提示下再确认一点，系统将选择的对象按由两点确定的位移矢量复制到指定位置，而后系统可能会继续提示：

指定第二个点或［阵列（A）/退出（E）/放弃（U）］<退出>：

如果在这样的提示下再依次确定位移第二点，系统会将选择的对象按基点与其他各点确定的各位移矢量关系进行多次复制；如果按〈Enter〉键、空格键或〈Esc〉键，系统结束复制命令。

执行 COPY 命令并指定基点后，如果在“指定第二个点或［阵列（A）］<使用第一个点作为位移>：”提示下直接按〈Enter〉键或空格键，系统会将该基点的各坐标分量作为位移矢量复制对象，而后结束复制命令。

（2）位移（D）　根据位移量复制对象。执行该选项，系统提示：

指定位移：

如果在此提示下输入位移量（如输入“10，20，30”，它表示 X、Y、Z 三个坐标方向的位移量分别为 10、20、30）后按〈Enter〉键，系统将按此位移量复制所选对象。

提示：当用 AutoCAD 在一幅图中绘制多个相同的图形时，可以先绘制出一个图形，然后通过复制的方法得到其他图形。

（3）模式（O）　确定复制的模式。执行该选项，系统提示：

输入复制模式选项［单个（S）/多个（M）］<多个>：

其中“单个（S）”选项表示执行 COPY 命令后只能对选择的对象执行一次复制，而“多个（M）”选项表示可以多次复制，系统默认为“多个（M）”。

注意：用剪贴板复制图形对象的时候，和最后插入点重合的点的坐标是剪贴板中该图形对象坐标的最小值。因此，插入点可能并不在该图形上，从而影响了插入的准确性。

9.2.3 镜像

在实际绘图过程中，对称图形是经常可见的，系统提供了镜像命令，可以先绘制对称图形的公共部分，然后镜像出另一对称部分。

1. 调用方法

（1）菜单栏 选择菜单栏中的“修改”→“镜像”命令。

（2）工具栏 在“功能区”选项板中选择“常用”选项卡，在“修改”面板中单击“镜像”按钮。

（3）命令行 在命令行输入 MIRROR（或 MI）并按〈Enter〉键确认。

提示：镜像功能特别适合绘制对称图形。

2. 命令操作与选项说明

执行 MIRROR 命令后，命令行提示：

命令：_mirror

选择对象：

在此提示下选择要镜像的图形对象，按〈Enter〉键结束选择，系统继续提示：

指定镜像线的第一点：

指定镜像线的第二点：

要删除源对象吗？[是（Y）/否（N）]<N>：

选择默认项按〈Enter〉键，系统镜像所选对象，并保留该对象；若输入“Y”响应，系统在镜像所选对象的同时，将该对象删除，不删除原对象的镜像操作，如图 9-6 所示。

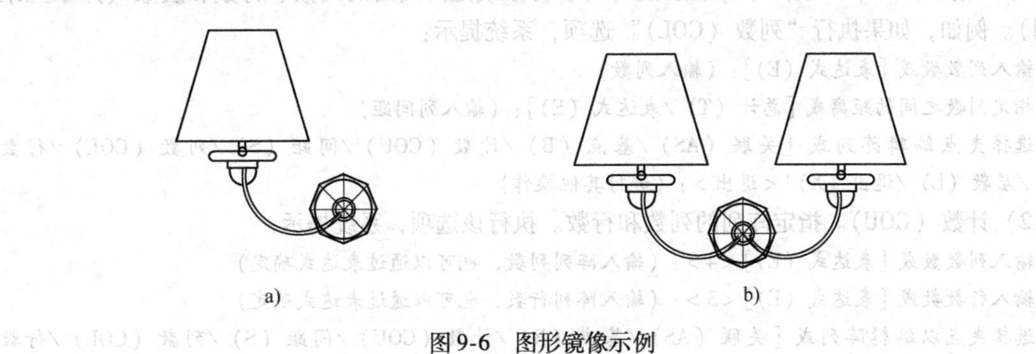

图 9-6 图形镜像示例

a）已有图形 b）镜像结果

注意：AutoCAD 也可以对文本进行镜像，但是应该注意变量 Mirrtext 的设置。当系统变量 Mirrtext 的值为 1 时，文本的位置和顺序全部镜像；当系统变量 Mirrtext 的值为 0 时，只是镜像文本的位置，文字不反向。如图 9-7 所示。

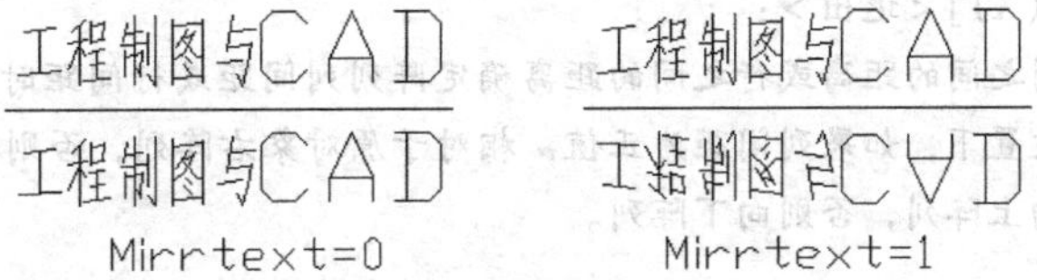

图 9-7 文本镜像示例

9.2.4 阵列

AutoCAD 2013 提供了矩形阵列、路径阵列、环形阵列 3 种阵列方式。

1. 矩形阵列

矩形阵列对象是指将选定的对象以矩形方式进行多重复制，如图 9-8 所示。

（1）调用方法

1）菜单栏　选择菜单栏中的“修改”→“阵列”→“矩形阵列”命令。

2）工具栏　在“功能区”选项板中选择“常用”选项卡，在“修改”面板中单击“阵列”按钮。

3）命令行　在命令行输入 ARRAYRECT 并按〈Enter〉键确认。

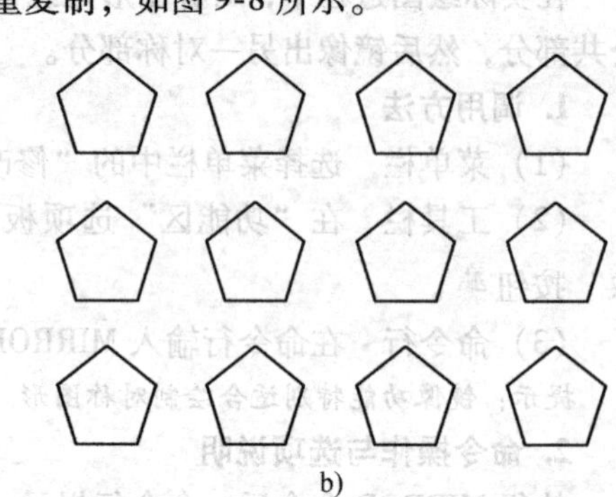

图 9-8　矩形阵列示例

a）已有图形　b）矩形阵列结果

（2）命令操作　执行 ARRAYRECT 命令后，命令行提示如下：

命令：_arrayrect

选择对象：（选择要阵列的对象）

选择对象：↙（也可以继续选择阵列对象）

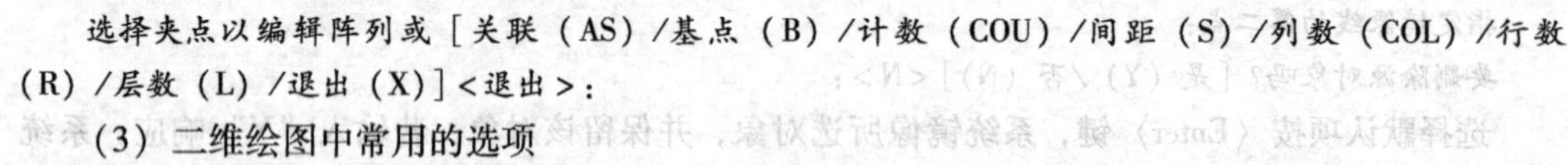

选择夹点以编辑阵列或［关联（AS）/基点（B）/计数（COU）/间距（S）/列数（COL）/行数（R）/层数（L）/退出（X）］<退出>：

（3）二维绘图中常用的选项

1）列数（COL）、行数（R）、层数（L）。分别确定阵列时的列数、行数和层数（用于三维阵列）。例如，如果执行“列数（COL）”选项，系统提示：

输入列数数或［表达式（E）］：（输入列数）

指定列数之间的距离或［总计（T）/表达式（E）］：（输入列间距）

选择夹点编辑阵列或［关联（AS）/基点（B）/计数（COU）/间距（S）/列数（COL）/行数（R）/层数（L）/退出（X）］<退出>：（进行其他操作）

2）计数（COU）。指定阵列的列数和行数。执行该选项，系统提示：

输入列数数或［表达式（E）］<4>：（输入阵列列数，也可以通过表达式确定）

输入行数数或［表达式（E）］<3>：（输入阵列行数，也可以通过表达式确定）

选择夹点以编辑阵列或［关联（AS）/基点（B）/计数（COU）/间距（S）/列数（COL）/行数（R）/层数（L）/退出（X）］<退出>：

3）间距（S）。用于确定行间距和列间距。执行该选项，系统提示：

指定列之间的距离或［单位单元（U）］：（输入阵列的列间距）

指定行之间的距离：（输入阵列的行间距）

选择夹点以编辑阵列或［关联（AS）/基点（B）/计数（COU）/间距（S）/列数（COL）/行数（R）/层数（L）/退出（X）］<退出>：

提示：当通过指定列之间的距离或行之间的距离确定阵列列间距或行间距时，距离值可正、可负，其含义为，在默认坐标系设置下，如果列间距为正值，相对于原对象右阵列，否则向左阵列；如果行间距为正值，则相对于原对象向上阵列，否则向下阵列。

2. 路径阵列

路径阵列对象是指将选定的对象按所选路径方式进行多重复制，如图 9-9 所示。

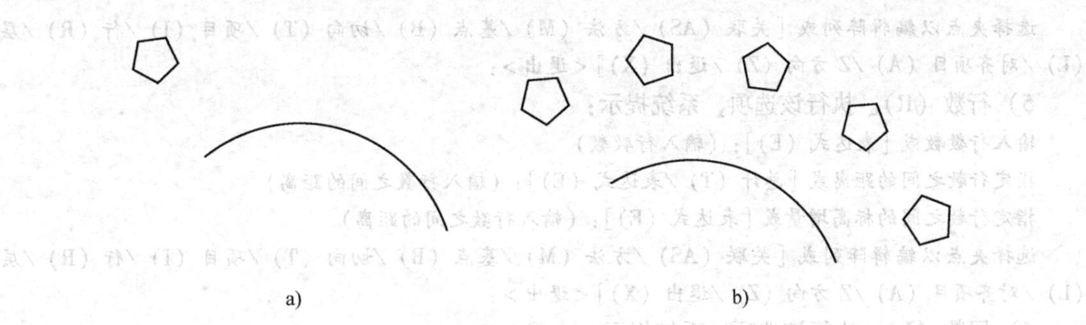

图9-9 路径阵列示例
a）已有图形 b）路径阵列结果

（1）调用方法

1）菜单栏 选择菜单栏中的“修改”→“阵列”→“路径阵列”命令。

2）工具栏 在“功能区”选项板中选择“常用”选项卡，在“修改”面板中单击“阵列”按钮。

3）命令行 在命令行输入 ARRAYPATH 并按〈Enter〉键确认。

（2）命令操作

执行 ARRAYPATH 命令后，命令行提示如下：

命令：_arraypath
选择对象：（选择要阵列的对象）
选择对象：↙（也可以继续选择阵列对象）
类型 = 路径 关联 = 是
选择路径曲线：
选择夹点以编辑阵列或［关联（AS）/方法（M）/基点（B）/切向（T）/项目（I）/行（R）/层（L）/对齐项目（A）/Z 方向（Z）/退出（X）］<退出>：

（3）二维绘图中常用的选项说明

1）方法（M）。执行该选项，系统提示：

输入路径方法［定数等分（D）/定距等分（M）］：（输入路径方法）
选择夹点以编辑阵列或［关联（AS）/方法（M）/基点（B）/切向（T）/项目（I）/行（R）/层（L）/对齐项目（A）/Z 方向（Z）/退出（X）］<退出>：

2）基点（B）。执行该选项，系统提示：

指定基点或［关键点（K）］ <路径曲线的终点>：（选择基点）
选择夹点以编辑阵列或［关联（AS）/方法（M）/基点（B）/切向（T）/项目（I）/行（R）/层（L）/对齐项目（A）/Z 方向（Z）/退出（X）］<退出>：

3）切向（T）。执行该选项，系统提示：

指定切向矢量的第一个点或［法线（N）］：（选择第一点）
指定切向矢量的第二个点：（选择第二点）
选择夹点以编辑阵列或［关联（AS）/方法（M）/基点（B）/切向（T）/项目（I）/行（R）/层（L）/对齐项目（A）/Z 方向（Z）/退出（X）］<退出>：

4）项目（I）。执行该选项，系统提示：

指定沿路径的项目之间的距离或［表达式（E）］：（输入项目之间的距离）
最大项目数 =（输入目数）
指定项目数或［填写完整路径（F）/表达式（E）］：（输入项目数）

选择夹点以编辑阵列或［关联（AS）/方法（M）/基点（B）/切向（T）/项目（I）/行（R）/层（L）/对齐项目（A）/Z方向（Z）/退出（X）］<退出>：

5）行数（R）。执行该选项，系统提示：

输入行数数或［表达式（E）］：（输入行数数）

指定行数之间的距离或［总计（T）/表达式（E）］：（输入行数之间的距离）

指定行数之间的标高增量或［表达式（E）］：（输入行数之间的距离）

选择夹点以编辑阵列或［关联（AS）/方法（M）/基点（B）/切向（T）/项目（I）/行（R）/层（L）/对齐项目（A）/Z方向（Z）/退出（X）］<退出>：

6）层数（L）。执行该选项，系统提示：

输入层数或［表达式（E）］：（输入层数）

指定 层 之间的距离或［总计（T）/表达式（E）］：（输入层之间的距离）

选择夹点以编辑阵列或［关联（AS）/方法（M）/基点（B）/切向（T）/项目（I）/行（R）/层（L）/对齐项目（A）/Z方向（Z）/退出（X）］<退出>：

3. 环形阵列

环形阵列对象是指将选定的对象按环形方式进行多重复制，如图9-10所示。

（1）调用方法

1）菜单栏　选择菜单栏中的“修改”→“阵列”→“环形阵列”命令。

2）工具栏　在“功能区”选项板中选择“常用”选项卡，在“修改”面板中单击“阵列”按钮。

3）命令行　在命令行输入ARRAYPOLAR并按〈Enter〉键确认。

（2）命令操作

执行ARRAYPOLAR命令后，命令行提示如下：

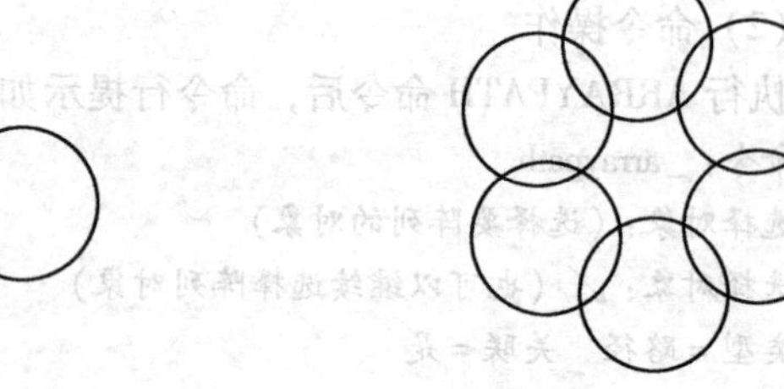

图9-10　环形阵列示例
a）已有图形　b）环形阵列结果

命令：_arraypolar

选择对象：（选择要阵列的对象）

选择对象：↙（也可以继续选择阵列对象）

类型=极轴 关联=是

指定阵列的中心点或［基点（B）/旋转轴（A）］：

选择夹点以编辑阵列或［关联（AS）/基点（B）/项目（I）/项目间角度（A）/填充角度（F）/行（ROW）/层（L）/旋转项目（ROT）/退出（X）］<退出>：

（3）二维绘图中常用的选项说明

1）项目（I）。执行该选项，系统提示：

输入阵列中的项目数或［表达式（E）］：（输入阵列中的项目数）

选择夹点以编辑阵列或［关联（AS）/基点（B）/项目（I）/项目间角度（A）/填充角度（F）/行（ROW）/层（L）/旋转项目（ROT）/退出（X）］<退出>：

2）项目间角度（A）。执行该选项，系统提示：

指定项目间的角度或［表达式（EX）］：（输入项目间的角度）

选择夹点以编辑阵列或［关联（AS）/基点（B）/项目（I）/项目间角度（A）/填充角度（F）/行（ROW）/层（L）/旋转项目（ROT）/退出（X）］<退出>：

3）填充角度（F）。执行该选项，系统提示：

指定填充角度（+=逆时针、-=顺时针）或[表达式（EX）]：(输入填充角度)

选择夹点以编辑阵列或[关联（AS）/基点（B）/项目（I）/项目间角度（A）/填充角度（F）/行（ROW）/层（L）/旋转项目（ROT）/退出（X）]<退出>：

9.2.5 移动

移动命令是将图形从一个位置平移到另一个位置，移动过程中图形的大小、形状和倾斜角度均不变。在调用命令的过程中，需要确定的参数有需要移动的对象、移动基点和第二点。

1. 调用方法

（1）菜单栏 选择菜单栏中的“修改”→“移动”命令。

（2）工具栏 在“功能区”选项板中选择“常用”选项卡，在“修改”面板中单击“移动”按钮✥。

（3）命令行 在命令行输入 MOVE（或 M）并按〈Enter〉键确认。

2. 命令操作与选项说明

执行 MOVE 命令后，命令行提示如下：

命令：_move

选择对象：(选择要移动的对象)

选择对象：↙（也可以继续选择移动的对象）

指定基点或[位移（D）]<位移>：

指定第二个点或<使用第一个点作为位移>：

在提示下选择要移动的对象，按〈Enter〉键完成选择。移动后的图形如图9-11所示。

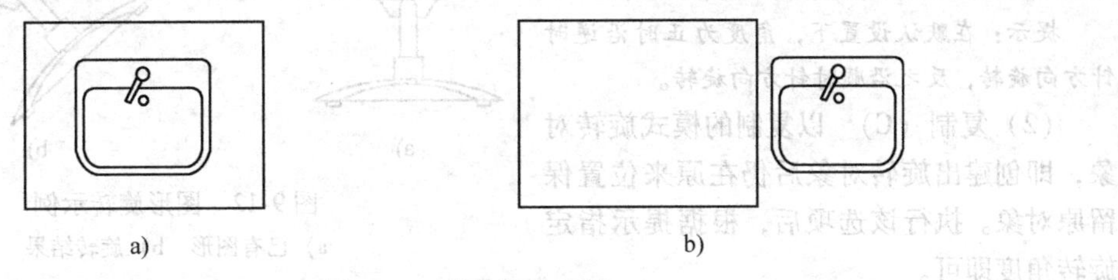

图9-11 图形移动示例

a）已有图形 b）移动结果

（1）指定基点 指定位移基点，为默认项。执行该默认项，即指定一点作为位移基点，系统提示：

指定第二个点或<使用第一个点作为位移>：

在该提示下再指定一点，即执行“指定第二点”选项，系统将选择的对象从当前位置按指定两点确定的位移矢量移动；如果在此提示下直接按〈Enter〉键或空格键，系统则会将指定的第一点的各坐标分量作为位移量来移动对象。

（2）位移（D） 根据位移量移动对象。执行该选项，系统提示：

指定位移：

在此提示下输入移动位移量（如输入“20，30，40”）后按〈Enter〉键，系统将选择的对象按此位移量移动。

9.2.6 旋转

旋转命令是将图形对象绕一个固定的点（基点）旋转一定的角度。在调用命令的过程中，需要确定的参数有旋转对象、旋转基点和旋转角度。逆时针旋转的角度为正值，顺时针旋转的角度为负值。

1. 调用方法

(1) 菜单栏　选择菜单栏中的“修改”→“旋转”命令。

(2) 工具栏　在“功能区”选项板中选择“常用”选项卡，在“修改”面板中单击“旋转”按钮。

(3) 命令行　在命令行输入ROTATE（或RO）并按〈Enter〉键确认。

2. 命令操作与选项说明

执行ROTATE命令后，命令行提示如下：

命令：_rotate

UCS当前的正角方向：ANGDIR=逆时针　ANGBASE=0

选择对象：(选择要旋转的对象)

选择对象：↙（也可以继续选择阵列对象）

指定基点：

指定旋转角度，或[复制（C）/参照（R）]：(输入旋转角度)

在提示下选择要旋转的对象，按〈Enter〉键完成选择。旋转后的图形如图9-12所示。

(1) 指定旋转角度　确定旋转角度，如果直接在“指定旋转角度，或[复制（C）/参照（R）]：”提示下输入角度值后按〈Enter〉键或空格键，即执行默认项，系统将选定的对象绕基点旋转该角度。

提示：在默认设置下，角度为正时沿逆时针方向旋转，反之沿顺时针方向旋转。

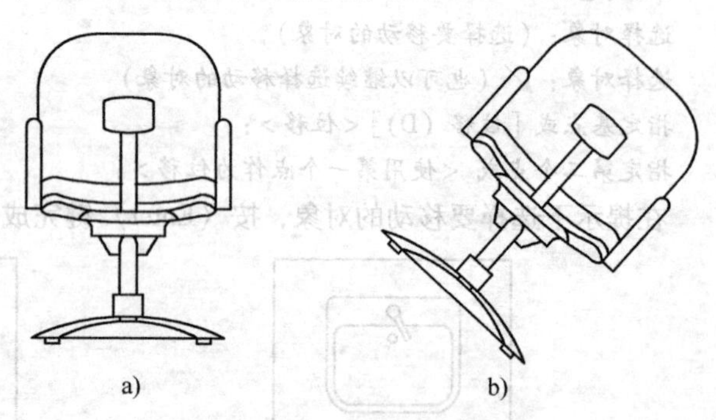

图9-12　图形旋转示例
a) 已有图形　b) 旋转结果

(2) 复制（C）　以复制的模式旋转对象，即创建出旋转对象后仍在原来位置保留原对象。执行该选项后，根据提示指定旋转角度即可。

(3) 参照（R）　以参照方式旋转对象，执行ROTATE命令后，命令行提示如下：

指定参照角：(输入参照方向的角度值后按〈Enter〉键)

指定新角度或[点（P）]：(输入相对于参照方向的新角度，或通过“点（P）”选项确定角度)

执行结果：系统旋转对象，且实际转角=输入的新角度-参照角度。

9.2.7 缩放

缩放命令是将已有的图形对象以基点为参照，进行等比例缩放，它可以调整对象的大小，使其在一个方向上按要求增大或缩小一定的比例。在调用命令的过程中，需要确定的参数有缩放对象、基点和比例因子。比例因子也就是缩小或放大的比例值，比例因子大于1，放大图形，反之则缩小图形。

1. 调用方法

(1) 菜单栏　选择菜单栏中的“修改”→“缩放”命令。

(2) 工具栏　在“功能区”选项板中选择“常用”选项卡，在“修改”面板中单击“缩放”按钮。

（3）命令行　在命令行输入 SCALE（或 SC）并按〈Enter〉键确认。

2. 命令操作与选项说明

执行 SCALE 命令后，命令行提示如下：

命令：_scale
选择对象：（选择要缩放的对象）
选择对象：↙（也可以继续选择缩放对象）
指定基点：
指定比例因子或［复制（C）/参照（R）］：（指定比例因子或输入其他选项继续）

在提示下选择要缩放的对象，按〈Enter〉键完成选择，缩放后的图形如图 9-13 所示。

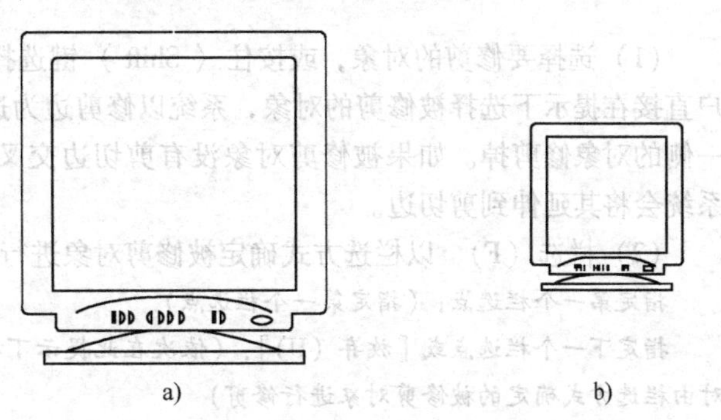

图 9-13　缩放图形示例
a）已有图形　b）0.5 的比例因子缩放结果

（1）指定比例因子　确定缩放比例因子，为默认项。若执行该默认项，即输入比例因子后按〈Enter〉键，系统将对象按该比例相对于基点放大或缩小，且 0 < 比例因子 < 1 时缩小对象，比例因子 > 1 时放大对象。

（2）复制（C）　以复制的形式进行缩放，即创建出缩小或放大的对象后仍在原来位置保留原对象。执行该选项后，根据提示指定缩放比例因子即可。

（3）参照（R）　以参照方式缩放对象。执行 SCALE 命令后，命令行提示如下：

指定参照长度：（输入参照长度的值）
指定新的长度或［点（P）］：（输入新长度值或利用"点（P）"选项确定新值）

执行结果：系统根据参照长度与新长度的值自动计算比例因子（比例因子 = 新长度值/参考长度值），然后按该比例缩放对应的对象。

9.2.8　修剪

在绘图过程中，出现一些多余的边线时，可以使用修剪命令将其修剪整齐。修剪命令可以将直线、圆弧、圆、多段线、射线及样条曲线等对象沿指定的剪切边界修剪掉一部分。

1. 调用方法

（1）菜单栏　选择菜单栏中的"修改"→"修剪"命令。

（2）工具栏　在"功能区"选项板中选择"常用"选项卡，在"修改"面板中单击"修剪"按钮 -/-。

（3）命令行　在命令行输入 TRIM 并按〈Enter〉键确认。

2. 命令操作与选项说明

执行 TRIM 命令后，命令行提示如下：

命令：_trim
当前设置：投影 = UCS，边 = 无
选择剪切边...
选择对象或 <全部选择>：（选择剪切边，直线、圆弧、圆、多段线等）
选择对象：↙（也可以继续选择修剪对象）
选择要修剪的对象，或按住〈Shift〉键选择要延伸的对象，或［栏选（F）/窗交（C）/投影（P）/

边（E）/删除（R）/放弃（U）]：

在提示下选择要修剪的对象，按〈Enter〉键完成选择。修剪后的图形如图9-14所示。

图9-14 图形修剪示例

a）已有图形 b）修剪结果

（1）选择要修剪的对象，或按住〈 Shift 〉键选择要延伸的对象 该提示为默认项，如果用户直接在提示下选择被修剪的对象，系统以修剪边为边界，将被修剪对象上位于选择对象拾取点一侧的对象修剪掉。如果被修剪对象没有剪切边交叉，在提示下按下〈Enter〉键后选择对象，系统会将其延伸到剪切边。

（2）栏选（F） 以栏选方式确定被修剪对象进行修剪，执行该选项，系统提示：

指定第一个栏选点：（指定第一个栏选点）

指定下一个栏选点或［放弃（U）］：（依次在此提示下确定各栏选点后按〈Enter〉键，系统用剪切边对由栏选方式确定的被修剪对象进行修剪）

选择要修剪的对象，或按住〈Shift〉键选择要延伸的对象，或［栏选（F）/窗交（C）/投影（P）/边（E）/删除（R）/放弃（U）］：↙（也可以继续选择操作对象，或进行其他选择或设置）

（3）窗交（C） 使与矩形选择窗口边界相交的对象作为被修剪对象进行修剪，执行该选项，系统提示：

指定第一个角点：（确定窗口的第一个角点）

指定对角点：（确定窗口的另一个角点，系统用剪切边对由窗交方式确定的被修剪对象进行修剪）

选择要修剪的对象，或按住〈Shift〉键选择要延伸的对象，或［栏选（F）/窗交（C）/投影（P）/边（E）/删除（R）/放弃（U）］：↙（也可以继续选择操作对象，或进行其他选择或设置）

（4）投影（P） 确定修剪时的操作空间，执行该选项，系统提示：

输入投影选项［无（N）/UCS（U）/视图（V）］<UCS>：

1）无（N）。按实际三维空间的相互关系修剪，即只有在三维空间实际能够相交的对象才能进行修剪或延伸，而不是按它们在平面上的投影关系进行修剪（二维图形一般不存在此问题）。

2）UCS（U）。在当前UCS（UCS，用户坐标系）的XY面上修剪。选择该选项后，可以在当前XY面上按图形的投影关系修剪在三维空间中并不相交的对象（一般用于三维图形）。

3）视图（V）。在当前视图平面（计算机绘图屏幕）上按相交关系修剪（一般用于三维图形）。

（5）边（E） 确定剪切边的隐含延伸模式，执行该选项，系统提示：

输入隐含边延伸模式［延伸（E）/不延伸（N）］<不延伸>：

1）延伸（E）。按延伸模式修剪，即如果剪切边太短，没有与被修剪对象相交，系统会假想地将剪切边延长后进行修剪。

2）不延伸（N）。只按各边的实际相交情况修剪，如果剪切边太短，没有与被修剪对象相交，则不进行修剪。

（6）删除（R） 删除指定的对象，执行该选项，系统提示：

选择要删除的对象或 <退出>：（选择要删除的对象）

选择要删除的对象：↙（也可以继续选择对象，按〈Enter〉键后系统删除选定的对象）

选择要修剪的对象，或按住〈Shift〉键选择要延伸的对象，或［栏选（F）/窗交（C）/投影（P）/边（E）/删除（R）/放弃（U）］：↙（也可以继续进行其他操作）

（7）放弃（U）　取消上一次的操作。

提示：修剪边也可以同时作为被修剪对象。AutoCAD 2013 允许用直线、构造线、射线、圆、圆弧、椭圆、椭圆弧、多段线、样条曲线以及文字等对象作为修剪边来修剪对象。

9.2.9　延伸

与修剪命令相对应，延伸操作是将所选对象延伸到一个固定位置或者边界。可被延伸的对象包括圆弧、椭圆弧、直线、开放的二维多线段和三维多线段以及射线。

1. 调用方法

（1）菜单栏　选择菜单栏中的“修改”→“延伸”命令。

（2）工具栏　在“功能区”选项板中选择“常用”选项卡，在“修改”面板中单击“延伸”按钮--/。

（3）命令行　在命令行输入 EXTEND（或 EX）并按〈Enter〉键确认。

2. 命令操作与选项说明

执行 EXTEND 命令后，命令行提示如下：

命令：_extend

当前设置：投影 = UCS，边 = 无

选择边界的边...

选择对象或 <全部选择>：

选择对象：

选择要延伸的对象，或按住〈Shift〉键选择要修剪的对象，或［栏选（F）/窗交（C）/投影（P）/边（E）/放弃（U）］：

在提示下选择要延伸的对象，按〈Enter〉键完成选择。延伸后的图形如图 9-15 所示。

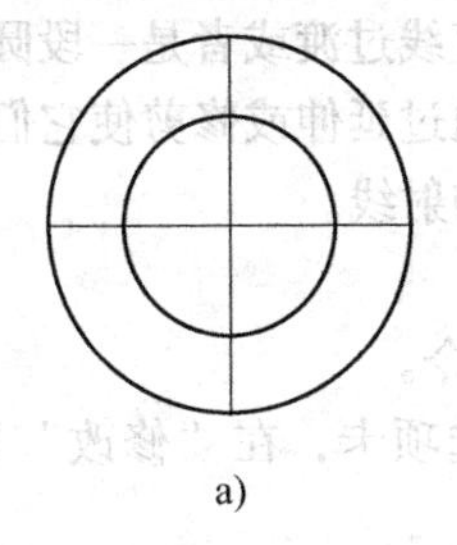

a)

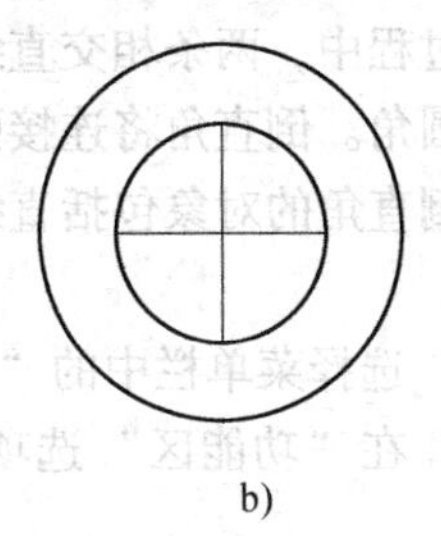

b)

图 9-15　图形延伸示例
a）已有图形　b）修剪结果

（1）选择要延伸的对象　选择对象进行延伸或修剪，为默认项。如果用户直接在提示下选择要延伸的对象，系统把该对象延长到指定的边界边；如果延伸对象与边界边交叉，在提示下按下〈Shift〉键后选择对象，系统则会以边界边作为修切边，将选择对象时所选择一侧的对象修剪掉。

（2）栏选（F）　以栏选方式确定被修剪对象进行修剪，执行该选项，系统提示：

指定第一个栏选点：（指定第一个栏选点）

指定下一个栏选点或［放弃（U）］：（依次在此提示下确定各栏选点后按〈Enter〉键，系统将被延伸

对象延伸到对应的边界边对象)

选择要延伸的对象，或按住〈Shift〉键选择要修剪的对象，或［栏选（F）/窗交（C）/投影（P）/边（E）/删除（R）/放弃（U）］：↙（也可以继续选择操作对象，或进行其他选择或设置）

（3）窗交（C） 使与矩形选择窗口边界相交的对象延伸，执行该选项，系统提示：

指定第一个角点：(确定窗口的第一个角点)

指定对角点：(确定窗口的另一个角点。系统将被延伸对象延伸到对应的边界边对象)

选择要延伸的对象，或按住〈Shift〉键选择要修剪的对象，或［栏选（F）/窗交（C）/投影（P）/边（E）/删除（R）/放弃（U）］：↙（也可以继续选择操作对象，或进行其他选择或设置）

（4）投影（P） 确定延伸时的操作空间，执行该选项，系统提示：

输入投影选项［无（N）/UCS（U）/视图（V）］<UCS>：

1）无（N）。按实际三维关系，而不是投影关系延伸，即只有在三维空间实际能够相交的对象才能够延伸（二维图形的延伸一般不存在此问题）。

2）UCS（U）。在当前UCS（UCS，用户坐标系）的XY面上延伸。选择该选项后，可以在当前XY面上按图形的投影关系延伸在三维空间中并不相交的对象（一般用于三维图形）。

3）视图（V）。在当前视图平面（计算机绘图屏幕）延伸（一般用于三维图形）。

（5）边（E） 确定延伸模式，执行该选项，系统提示：

输入隐含边延伸模式［延伸（E）/不延伸（N）］<不延伸>：

1）延伸（E）。如果边界边太短，被延伸对象延伸后并不能与其相交，系统会自动将边界边延长，使延伸对象延长到与其相交的位置。

2）不延伸（N）。表示按边的实际位置进行延伸，不对边界边进行延长假设。因此，在此设置下，如果边界边太短，有可能不能实现延伸。

（6）放弃（U） 取消上一次的操作。

9.2.10 倒角

在绘制图形过程中，两条相交直线之间的过渡可能是直线过渡或者是一段圆弧连线，这时需要倒直角或者倒圆角。倒直角将连接两个不平行的对象，通过延伸或修剪使它们相交或利用斜线连接。可以使用倒直角的对象包括直线、多段线、构造线和射线。

1. 调用方法

（1）菜单栏 选择菜单栏中的“修改”→“倒角”命令。

（2）工具栏 在“功能区”选项板中选择“常用”选项卡，在“修改”面板中单击“倒角”按钮。

（3）命令行 在命令行输入CHAMFER（或CHA）并按〈Enter〉键确认。

2. 命令操作与选项说明

执行CHAMFER命令后，命令行提示如下：

命令：_chamfer

（“修剪”模式）当前倒角距离1=0.0000，距离2=0.0000

选择第一条直线或［放弃（U）/多段线（P）/距离（D）/角度（A）/修剪（T）/方式（E）/多个（M）］：

提示的第一行说明当前倒角时的修剪模式为“修剪”，即创建倒角的同时要进行修剪，且两边上的倒角距离均为0。倒角示例如图9-16所示。

第二行提示中各选项的含义：

图9-16　创建倒角示例

a）已有图形　b）创建倒角

（1）选择第一条直线　选择进行倒角的第一条直线，为默认项。选择一条直线，即执行默认选项后，系统提示：

选择第二条直线，或按住〈Shift〉键选择直线以应用角点或［距离（D）/角度（A）/方法（M）］：

提示：执行CHAMFER创建倒角时，一般应先利用“距离（D）”“角度（A）”等选项设置倒角尺寸。

在该提示下如果选择另一条直线，系统按当前倒角设置对这两条直线倒角。如果按下〈Shift〉键并选择另一条直线，则可以使这两条直线准确相交，相当于创建距离为0的倒角。

（2）多段线（P）　用于对多段线的所有顶点进行修倒角，执行该选项，系统提示：

选择二维多段线或［距离（D）/角度（A）/方法（M）］：

（3）距离（D）　设置倒角距离，执行该选项，系统提示：

指定第一个倒角距离：（输入第一个倒角距离后按〈Enter〉键）

指定第二个倒角距离：（输入第二个倒角距离后按〈Enter〉键）

确定距离值后，系统会继续给出下面提示，用户进行操作即可：

选择第一条直线或［放弃（U）/多段线（P）/距离（D）/角度（A）/修剪（T）/方式（E）/多个（M）］：

提示：如果将两个倒角距离设成不同的值，那么根据提示依次选择两条倒角直线时，选择的第一条直线将按第一倒角距离倒角，第二条直线将按第二倒角距离倒角。如果将两个倒角距离均设为0，则可以延伸或修剪两条倒角直线，使他们相交于一点。

（4）角度（A）　根据倒角长度和角度来设置倒角尺寸，执行该选项，系统提示：

指定第一条直线的倒角长度：（输入第一个倒角长度值后按〈Enter〉键）

指定第一条直线的倒角角度：（输入第一个倒角角度值后按〈Enter〉键）

倒角长度与倒角角度的含义如图9-17所示。

用户依次输入倒角长度与倒角角度后，系统继续给出下面的提示，用户进行操作即可：

选择第一条直线或［放弃（U）/多段线（P）/距离（D）/角度（A）/修剪（T）/方式（E）/多个（M）］：

倒角长度　用于倒角的第一条直线

倒角角度

用于倒角的第二条直线

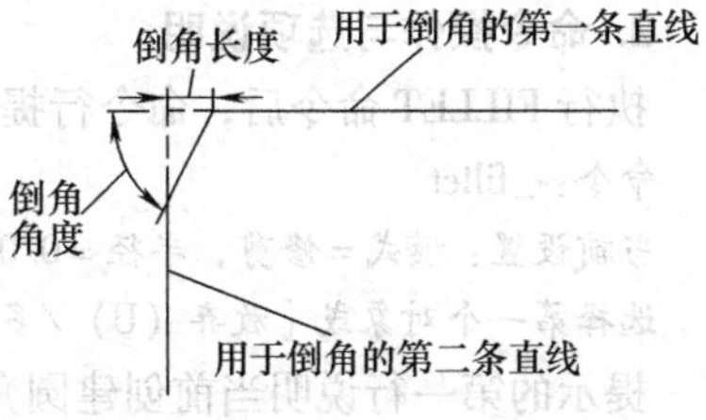

图9-17　倒角长度与倒角角度的含义

（5）修剪（T）　设置倒角的修剪模式，即倒角时是否对倒角边进行修剪。执行该选项，系统提示：

输入修剪模式选项［修剪（T）/不修剪（N）］：

其中，“修剪（T）”选项表示倒角后对倒角边进行修剪，“不修剪（N）”选项表示不进行修剪。它们的效果如图9-18所示。

提示：对相交的两条边倒角且倒角后要修剪倒角边，执行倒角操作后，系统总是保留选择倒角对象时所拾取的那一部分对象。

（6）方式（E）　确定将以何种方式进行倒角（即距离方式或角度方式，分别与“距离（D）”和“角度（A）”选项的设置对应）。执行该选项，系统提示：

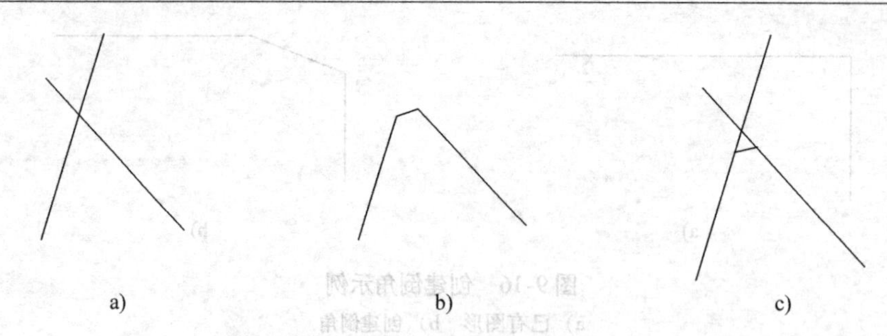

图9-18 创建倒角示例

a）要倒角的直线 b）倒角后修剪 c）倒角后不修剪

输入修剪方法［距离（D）/角度（A）］＜角度＞：

“距离（D）”选项表示将按倒角距离设置进行倒角；“角度（A）”选项表示按倒角长度和倒角角度设置进行倒角。

（7）多个（M） 依次对多条边倒角。执行该选项，并对一对边创建倒角后，系统会继续给出提示（否则结束CHAMFER命令）：

选择第一条直线或［放弃（U）/多段线（P）/距离（D）/角度（A）/修剪（T）/方式（E）/多个（M）］：

此时可以继续进行倒角设置，或继续对其他边创建倒角。

（8）放弃（U） 放弃前一次的操作。

提示：如果因两条直线平行等原因不能创建倒角，系统会给出相应的提示。

9.2.11 圆角

圆角就是通过一个指定半径的圆弧来光滑地连接两个对象。可以倒圆角的对象包括圆弧、圆、椭圆、直线、多段线、样条曲线和构造线等。

1. 调用方法

（1）菜单栏 选择菜单栏中的“修改”→“圆角”菜单命令。

（2）工具栏 在“功能区”选项板中选择“常用”选项卡，在“修改”面板中单击“圆角”按钮。

（3）命令行 在命令行输入FILLET（或F）并按〈Enter〉键确认。

2. 命令操作与选项说明

执行FILLET命令后，命令行提示如下：

命令：_fillet

当前设置：模式＝修剪，半径＝0.0000

选择第一个对象或［放弃（U）/多段线（P）/半径（R）/修剪（T）/多个（M）］：

提示的第一行说明当前创建圆角时的修剪模式为“修剪”，即创建圆角的同时要进行修剪，且圆角半径为0。圆角示例如图9-19所示。

第二行提示中各选项的含义：

（1）选择第一条直线 此提示要求选择用于创建圆角的第一个对象，为默认项。选择后系统提示：

选择第二个对象，或按住〈Shift〉键选择对象以应用角点或［半径（R）］：

在此提示下，如果选择另一条对象，系统按当前设置对它们创建出圆角；如果按下〈Shift〉键并选择相邻的另一对象，则可以使这两对象准确相交，相当于创建0为半径的圆角。

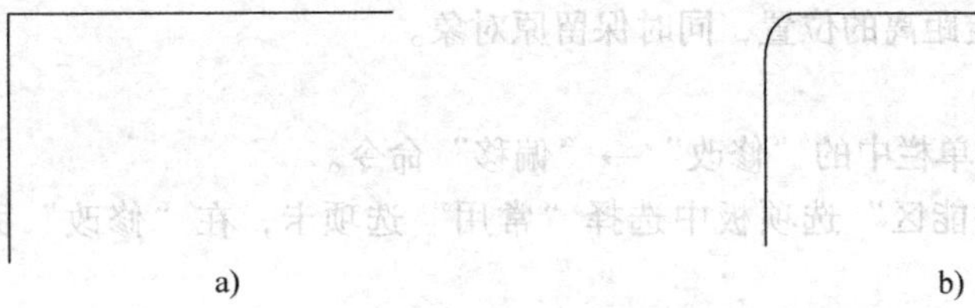

a)　　　　　　　　　　b)

图9-19　创建圆角示例

a）已有图形　b）创建圆角

提示：执行FILLET命令创建圆角时，一般应先利用“半径（R）”选项设置圆角的半径尺寸。

（2）多段线（P）　为二维多段线创建圆角，执行该选项，系统提示：

选择二维多段线或［半径（R）］：

在此提示下选择二维多段线后，系统按当前的设置在多段线各顶点处创建圆角。

（3）半径（R）　设置圆角半径，执行该选项，系统提示：

指定圆角半径：

在此提示下输入圆角半径值并按〈Enter〉键后，系统继续给出下面的提示：

选择第一个对象或［放弃（U）/多段线（P）/半径（R）/修剪（T）/多个（M）］：

提示：如果将圆半径设为零，则创建圆角时系统将延伸或修剪所操作的两个对象，使它们相交（如果能够相交的话）。

（4）修剪（T）　设置创建圆角的修剪模式，即创建圆角后是否对两个对象进行修剪。执行该选项，系统提示：

输入修剪模式选项［修剪（T）/不修剪（N）］：

其中，“修剪（T）”选项表示创建圆角的同时修剪对应的两个对象，“不修剪（N）”选项表示不进行修剪。它们的效果如图9-20所示。

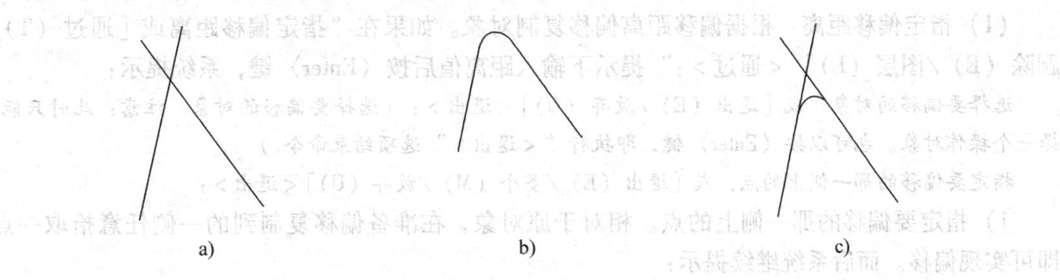

图9-20　创建圆角示例

a）创建圆角的两对象　b）创建圆角后修剪　c）创建圆角后不修剪

提示：对相交对象创建圆角时，如果采用修剪模式，那么在创建圆角之后，系统总是保留选择对象时所拾取的那部分对象。

（5）多个（M）　执行该选项后，当用户对两个对象创建出圆角后，可以继续对其他对象创建圆角，不必重新执行FILLET命令。

（6）放弃（U）　放弃已进行的设置或操作。

提示：系统允许对两条平行线创建圆角，其圆角半径为两平行线之间距离的一半。

9.2.12　偏移

偏移是创建一个选定对象的等距曲线对象，即创建一个与选定对象类型相同的新对象，并把他/它放置在离原对象一定距离的位置，同时保留原对象。

1. 调用方法

（1）菜单栏　选择菜单栏中的“修改”→“偏移”命令。

（2）工具栏　在“功能区”选项板中选择“常用”选项卡，在“修改”面板中单击“偏移”按钮。

（3）命令行　在命令行输入 OFFSET 并按〈Enter〉键确认。

2. 命令操作与选项说明

执行 OFFSET 命令后，命令行提示如下：

命令：_offset

当前设置：删除源 = 否　图层 = 源　OFFSETGAPTYPE = 0

指定偏移距离或［通过（T）/删除（E）/图层（L）］<通过>：

选择要偏移的对象，或［退出（E）/放弃（U）］<退出>：

偏移示例如图 9-21 所示。

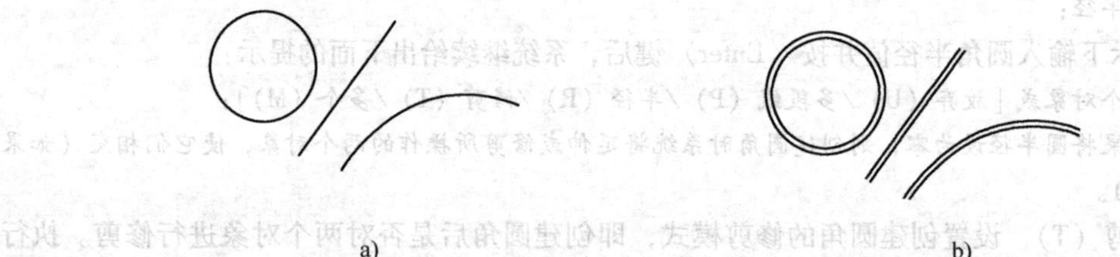
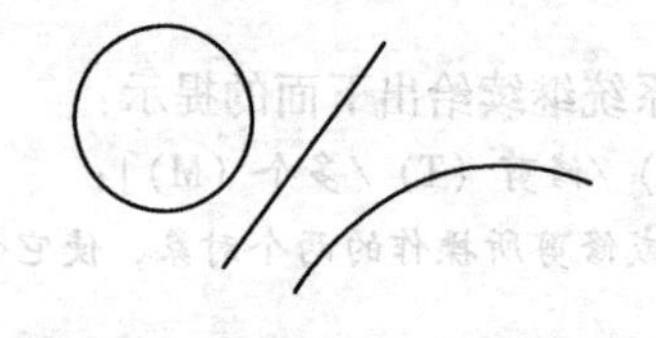

图 9-21　偏移对象示例

a）已有图形　b）偏移结果

第二行提示中各选项的含义：

（1）指定偏移距离　根据偏移距离偏移复制对象。如果在“指定偏移距离或［通过（T）/删除（E）/图层（L）］<通过>：”提示下输入距离值后按〈Enter〉键，系统提示：

选择要偏移的对象，或［退出（E）/放弃（U）］<退出>：（选择要偏移的对象。注意：此时只能选择一个操作对象。也可以按〈Enter〉键，即执行“<退出>”选项结束命令。）

指定要偏移的那一侧上的点，或［退出（E）/多个（M）/放弃（U）］<退出>：

1）指定要偏移的那一侧上的点。相对于原对象，在准备偏移复制到的一侧任意拾取一点，即可实现偏移。而后系统继续提示：

选择要偏移的对象，或［退出（E）/放弃（U）］<退出>：↙（也可以继续选择对象进行偏移）

2）退出（E）。退出 OFFSET 命令。

3）多个（M）。利用当前设置的偏移距离重复进行设置偏移操作。执行该选项，系统提示：

指定要偏移的那一侧上的点，或［退出（E）/放弃（U）］<下一个对象>：（相对于原对象，在要复制到的一侧任意拾取一点，即可实现对应的偏移复制）

指定要偏移的那一侧上的点，或［退出（E）/放弃（U）］<下一个对象>：↙（也可以继续指定偏移位置实现偏移复制操作）

选择要偏移的对象，或［退出（E）/放弃（U）］<退出>：↙

提示：用给定偏移距离的方式偏移复制对象时，距离值必须大于零。

4）放弃（U）。取消前一次操作。

（2）通过（T）　使对象偏移复制后通过指定的点（或对象的延伸线通过该指定点）。执行该选项，即输入 T 后按〈Enter〉键，系统提示：

选择要偏移的对象，或［退出（E）/放弃（U）］<退出>：（选择对象，也可以按〈Enter〉键结束命令）

指定通过点或［退出（E）/多个（M）/放弃（U）］<退出>：（选择新对象要通过的点，即可实现偏移复制）

选择要偏移的对象，或［退出（E）/放弃（U）］<退出>：↙（也可以继续选择对象进行偏移复制）

（3）删除（E）　确定偏移后是否删除原对象，执行该选项，系统提示：

要在偏移后删除源对象吗？［是（Y）/否（N）］<否>：

用户作出对应的选择后，系统提示：

指定偏移距离或［通过（T）/删除（E）/图层（L）］<通过>：

根据提示操作即可。

（4）图层（L）　确定将偏移后得到的对象创建在当前图层还是原对象所在图层。执行“图层（L）”选项，系统提示：

输入偏移对象的图层选项［当前（C）/源（S）］<源>：

提示中，“当前（C）”选项表示将偏移后得到的对象创建在当前图层；“源（S）”选项则表示要将偏移后得到的对象创建在原对象所在图层。用户作出选择后，系统提示：

指定偏移距离或［通过（T）/删除（E）/图层（L）］<通过>：

根据提示操作即可。

9.2.13　分解

分解命令是将某些特殊的对象，分解成多个独立的部分，以便于更具体的编辑。主要用于将复合对象，如矩形、多段线、块等，还原为一般对象。分解后的对象，其颜色、线型和线宽都可能发生改变，如图9-22所示为沙发图例分解前后对比。

该命令可以通过以下方式来调用：

（1）菜单栏　选择菜单栏中的“修改”→“分解”命令。

（2）工具栏　在“功能区”选项板中选择“常用”选项卡，在“修改”面板中单击“分解”按钮。

（3）命令行　在命令行输入EXPLODE（或X）并按〈Enter〉键确认。

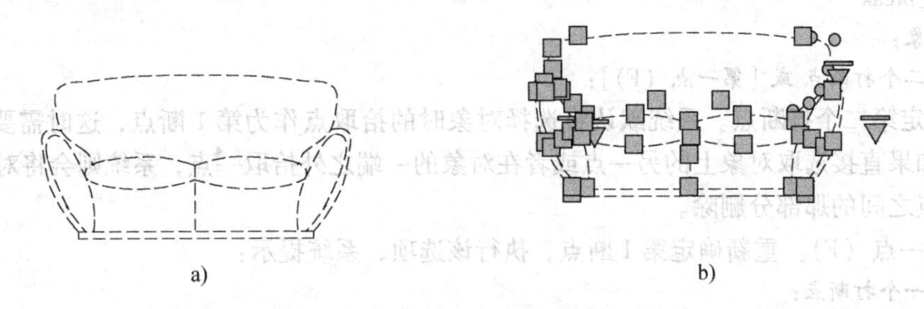

图9-22　图形分解示例

a）分解前　b）分解后

提示：分解命令不能分解用MINSET和外部参照插入的块以及外部参照依赖的块。分解一个包含属性的块将删除属性并重新显示属性定义。

9.3　高级编辑

本节将介绍一些高级编辑功能，其中包括图形的打断、拉伸，多段线的编辑、属性编辑修改以及特性匹配。

9.3.1 打断

使用该命令可以在对象上创建间距，使分开的两部分之间有空间，经常用于为块或文字插入创建空间。可以打断的对象包括直线、圆、圆弧、多段线、椭圆、样条曲线、参照线和射线等，打断对象既可以在一点打断选定对象，也可以在两点之间打断选定对象，如图 9-23 所示为对圆进行打断操作结果。

1. 调用方法

(1) 菜单栏　选择菜单栏中的“修改”→“打断”命令。

(2) 工具栏　在“功能区”选项板中选择“常用”选项卡，在“修改”面板中单击“打断”按钮□或单击“打断于点”按钮□。

(3) 命令行　在命令行输入 BREAK 并按〈Enter〉键确认。

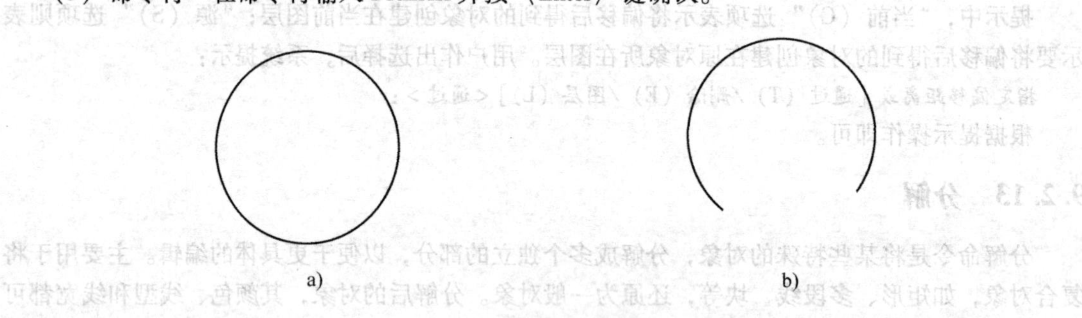

图 9-23　圆形打断示例

a) 原对象　b) 打断后对象

提示：执行 BREAK 命令时，只能用直接拾取的方式选择一个操作对象。

2. 两点打断和单点打断

(1) 两点打断　执行 BREAK 命令后，命令行提示如下：

命令：_break

选择对象：

指定第二个打断点 或 [第一点 (F)]：

1) 指定第二个打断点。系统默认将选择对象时的拾取点作为第 1 断点，这时需要指定第 2 个断点。如果直接选取对象上的另一点或者在对象的一端之外拾取一点，系统则会将对象上位于两个拾取点之间的那部分删除。

2) 第一点 (F)。重新确定第 1 断点，执行该选项，系统提示：

指定第一个打断点：

指定第二个打断点：

系统会将对象上位于两个断点之间的那部分对象删除。对圆弧进行打断功能后，系统沿逆时针方向将从第 1 个断点到第 2 个断点之间的那段圆弧删除。

(2) 单点打断　执行 BREAK 命令后，命令行提示如下：

命令：_break

选择对象：

指定第二个打断点 或 [第一点 (F)]：_F (选择第一个打断点)

指定第一个打断点：

指定第二个打断点：@

上述提示中，只有第2行和第4行需要用户响应，分别选择打断点对象和打断点。第3行和第5行的提示为系统自动响应。因此单点打断是打断命令的一个预定方式，用于将对象从某点断开。

9.3.2 拉伸

拉伸命令是通过沿拉伸路径平移图形夹点的位置，使图形产生拉伸变形的效果。它可以对选择的对象按规定的方向和角度拉伸或缩短，并且使对象形状发生改变。在调用命令过程中，需要确定的参数有拉伸对象、拉伸基点的起点和拉伸位移。拉伸位移决定了拉伸方向和距离。夹点指的是图形对象上的一些特征点，如端点、顶点、中点、中心点等，图形的位置和形状通常是由夹点的位置决定的。

1. 调用方法

(1) 菜单栏 选择菜单栏中的“修改”→“拉伸”命令。

(2) 工具栏 在“功能区”选项板中选择“常用”选项卡，在“修改”面板中单击“拉伸”按钮。

(3) 命令行 在命令行输入STRETCH（或S）并按〈Enter〉键确认。

2. 命令操作与选项说明

执行STRETCH命令后，命令行提示如下：

```
命令：_stretch
以交叉窗口或交叉多边形选择要拉伸的对象...
选择对象：(以交叉窗口或交叉多边形选择要拉伸的对象)
选择对象：(按〈Enter〉键结束对象选择)
指定基点或［位移（D）］<位移>：
指定第二个点或 <使用第一个点作为位移>：<正交 关>
```

上面提示的第二行表示需要用交叉窗口或交叉多边形的方式选择对象。

在“指定基点或［位移（D）］<位移>：”提示下指定拉伸的基点和位移点，然后系统将全部位于选择窗口之内的对象移动，进而将与选择窗口边界相交的对象按规则进行拉伸或压缩。拉伸操作如图9-24所示。

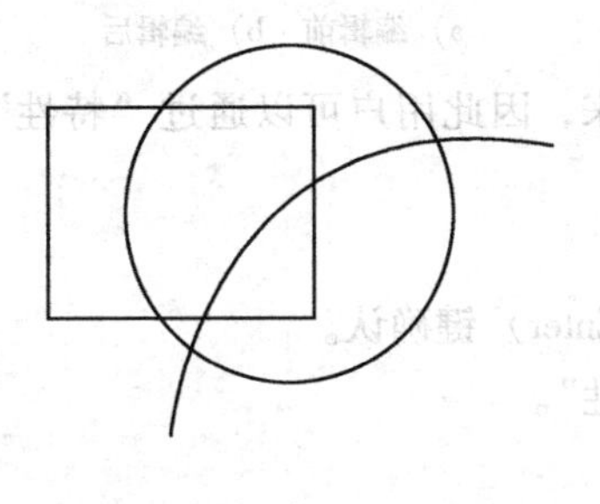

a)

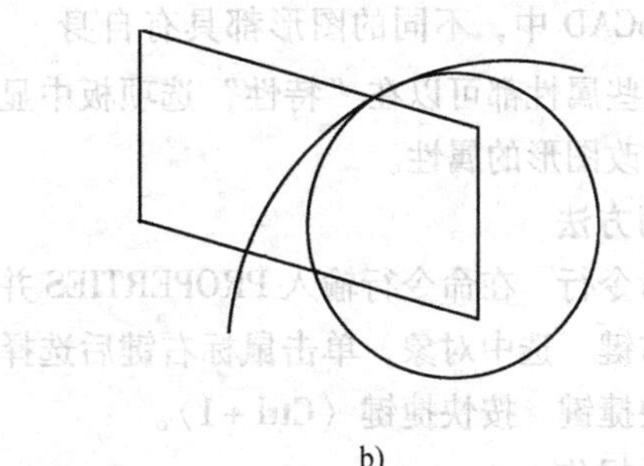

b)

图9-24 图形拉伸示例

a）已有图形 b）拉伸结果

注意：选择对象时，对于直线、圆弧、区域填充和多段线等命令的直线或者圆弧，若其所有部分均在选择窗口内，那么它们将被移动。

如果只有一部分对象在选择窗口内，即对象与选择窗口的边界相交，则有以下拉伸规则：

(1) 直线 位于窗口外的端点不动，位于窗口内的端点移动。

（2）圆弧　与直线类似，但在圆弧改变的过程中圆弧的弦高保持不变，同时由此来调整圆心的位置和圆弧起始角和终止角的大小。

（3）区域填充　与直线一样。

（4）多段线　与直线或者圆弧类似，但多段线两端的宽度、切线方向以及曲线拟合信息均不改变。

（5）其他对象　如果其定义点位于窗口内，对象发生移动，否则不动。其中圆的定义点在圆心，形和块的定义点为插入点，文字和属性定义的定义点为字符串基线的左端点。

9.3.3 编辑多段线

1. 调用方法

创建好多段线之后，可以通过以下几种方法编辑多段线：

（1）菜单栏　选择菜单栏中的“修改”→“编辑多段线”命令。

（2）工具栏　在“功能区”选项板中选择“常用”选项卡，在“修改”面板中单击“编辑多段线”按钮。

（3）命令行　在命令行输入PEDIT并按〈Enter〉键确认。

（4）直接在绘制的多段线对象上双击鼠标左键。

2. 命令操作

执行PEDIT命令后，命令行提示如下：

命令：_pedit

选择多段线或［多条（M）］：

输入选项［闭合（C）/合并（J）/宽度（W）/编辑顶点（E）/拟合（F）/样条曲线（S）/非曲线化（D）/线型生成（L）/反转（R）/放弃（U）］：

编辑多段线的示例如图9-25所示。

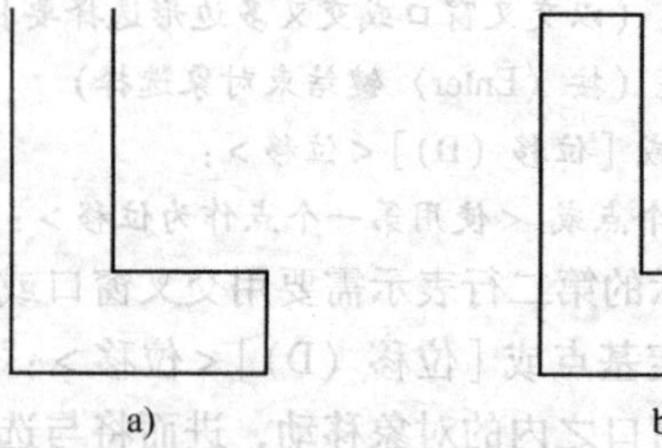

a)　b)

图9-25　编辑多段线示例

a）编辑前　b）编辑后

9.3.4 属性编辑修改

在AutoCAD中，不同的图形都具有自身的属性，这些属性都可以在“特性”选项板中显示出来，因此用户可以通过“特性”选项板中的参数来修改图形的属性。

1. 调用方法

（1）命令行　在命令行输入PROPERTIES并按〈Enter〉键确认。

（2）右键　选中对象，单击鼠标右键后选择“特性”。

（3）快捷键　按快捷键〈Ctrl+1〉。

2. 命令操作

执行PROPERTIES命令后，系统弹出图9-26所示对话框。

该对话框可以修改图形对象的相关属性，包括颜色、线型、线型比例、线宽、透明度等。编辑圆的半径示例如图9-27所示。

9.3.5 特性匹配

特性匹配功能就是将选定图形的属性应用到其他图形上，调用MATCHPROP（特性匹配）命

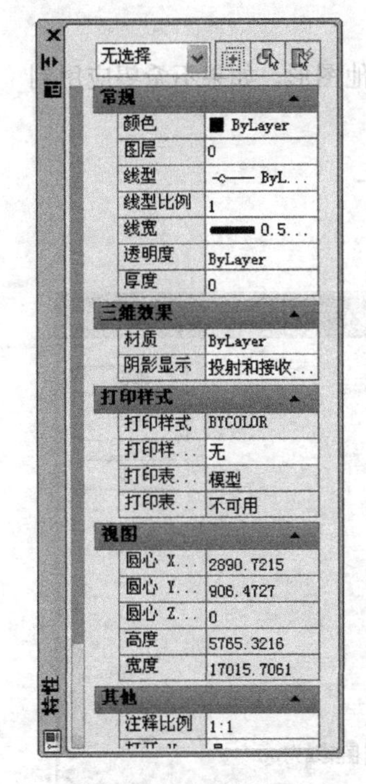

图 9-26　属性编辑框

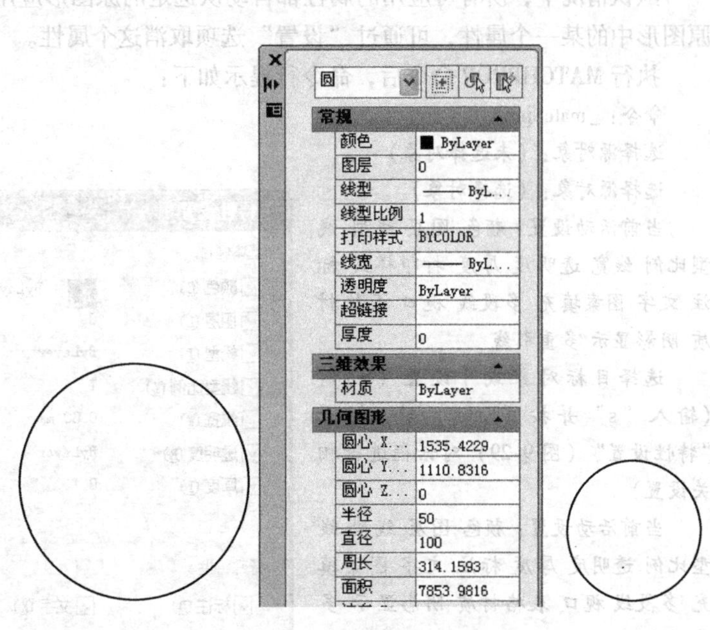

图 9-27　编辑圆的半径示例

令就可以进行图形之间的属性匹配操作。

1. 调用方法

（1）工具栏　在“功能区”选项板中选择“常用”选项卡，在“剪贴板”面板中单击“特性匹配”按钮。

（2）命令行　在命令行输入 MATCHPROP（或 MA）并按〈Enter〉键确认。

2. 匹配所有属性

这种方法就是将一个图形的所有属性应用到其他图形，可以运用的属性包括颜色、图层、线型、线型比例、线宽、打印样式和三维厚度。执行 MATCHPROP 命令后，命令行提示如下：

命令：_matchprop

选择源对象：（选择源对象）

当前活动设置：颜色 图层 线型 线型比例 线宽 透明度 厚度 打印样式 标注 文字 图案填充 多段线 视口 表格材质 阴影显示 多重引线

选择目标对象或［设置（S）］：指定对角点：（选择应用到的其他图形）

选择目标对象或［设置（S）］：（按〈Enter〉键结束命令）

把一个图形的所有属性应用到其他图形，如图 9-28 所示。

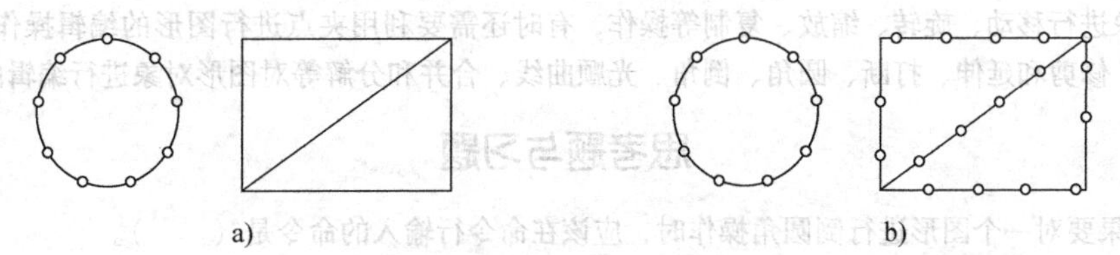

图 9-28　匹配所有属性示

a）原始图形　b）特性匹配结果

3. 匹配指定属性

默认情况下，所有可应用的属性都自动从选定的原图形应用到其他图形。如果不希望应用到原图形中的某一个属性，可通过“设置”选项取消这个属性。

执行 MATCHPROP 命令后，命令行提示如下：

命令：_matchprop

选择源对象：(未选择对象)

选择源对象：(选择对象)

当前活动设置：颜色 图层 线型 线型比例 线宽 透明度 厚度 打印样式 标注 文字 图案填充 多段线 视口 表格材质 阴影显示 多重引线

选择目标对象或［设置（S）］：(输入“s”并按〈Enter〉键，打开“特性设置”（图 9-29）对话框进行相关设置)

当前活动设置：颜色 图层 线型 线型比例 透明度 厚度 标注 文字 图案填充 多段线 视口 表格材质 阴影显示 多重引线

选择目标对象或［设置（S）］：指定对角点：(选择应用到的其他图形)

选择目标对象或［设置（S）］：(按〈Enter〉键结束命令)

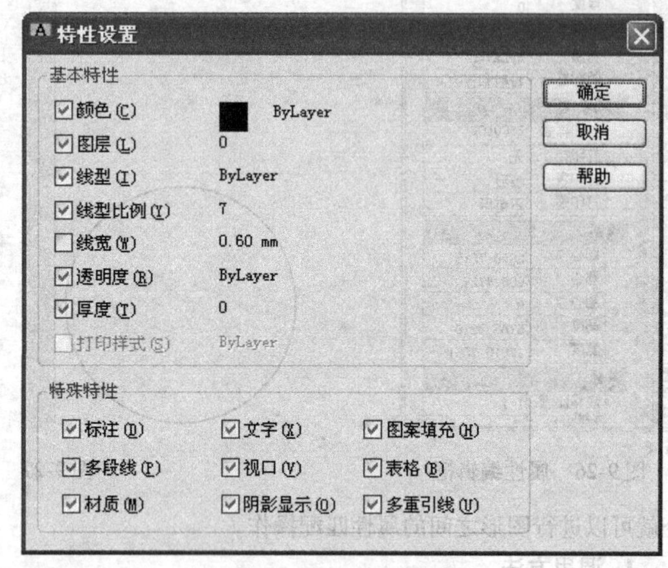

图 9-29 “特性设置”对话框

把一个图形的指定属性应用到其他图形，如图 9-30 所示。

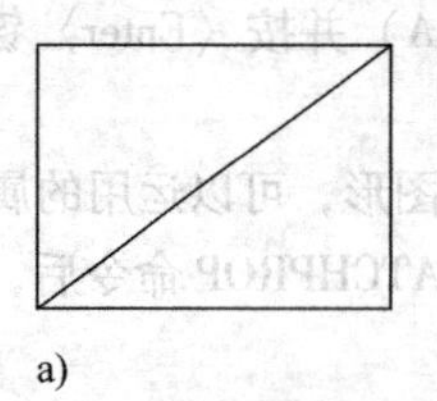

a)

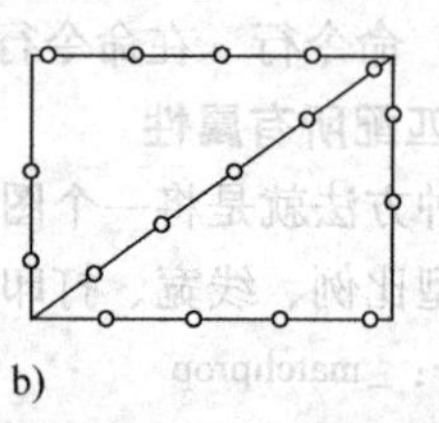

b)

图 9-30 选择性特性匹配示例

a）原始图形 b）选择性特性匹配结果

小 结

在图形的绘制过程中，为了保证所绘图形的准确性，减小重复绘图操作和提高绘图的效率，需要对原有的图形对象进行移动、旋转、缩放、复制等操作，有时还需要利用夹点进行图形的编辑操作。同时本章还介绍阵列、修剪和延伸、打断、圆角、倒角、光顺曲线、合并和分解等对图形对象进行编辑的操作。

思考题与习题

9-1 如果要对一个图形进行倒圆角操作时，应该在命令行输入的命令是（ ）。

A. TRIM B. CHAMFER

C. FILLEL D. OFFEST

9-2 调用拉伸命令拉伸图形时，以下操作不可行的是（ ）。

A. 把正方形拉伸为长方形　　B. 把圆拉伸为椭圆
C. 整体移动圆形　　D. 移动图形的特殊点

9-3 调用拉伸命令拉伸图形时，以下操作不可行的是（　　）。
A. STRETCH　　B. MOVE
C. OFFSET　　D. MIRROR

9-4 下面不能用 TRIM 命令进行修剪的对象是（　　）。
A. 圆弧　　B. 直线
C. 文字　　D. 圆

9-5 利用修剪命令修剪多线段，完成拼花图案（图 9-31a）。
9-6 利用旋转命令使手柄处于水平轴线（图 9-31b）。
9-7 使用矩形阵列命令复制圆形（图 9-31c）。
9-8 使用倒角命令对矩形进行倒角（图 9-31d）。
9-9 使用延伸命令将小圆内的线段延伸至大圆（图 9-31e）。
9-10 使用偏移命令完成梯子横杠的偏移，使横杠向下偏移 200（图 9-31f）。

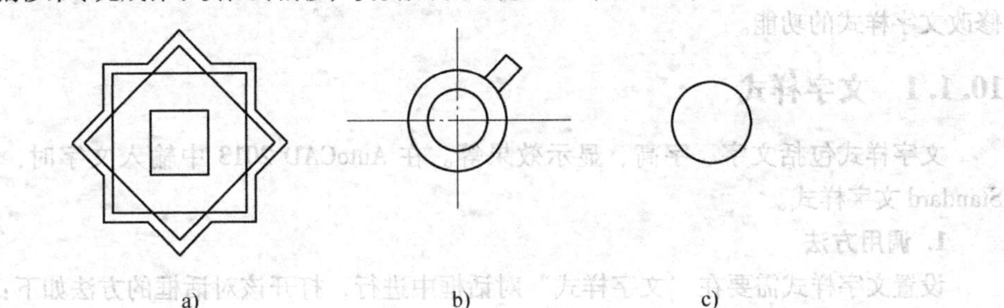

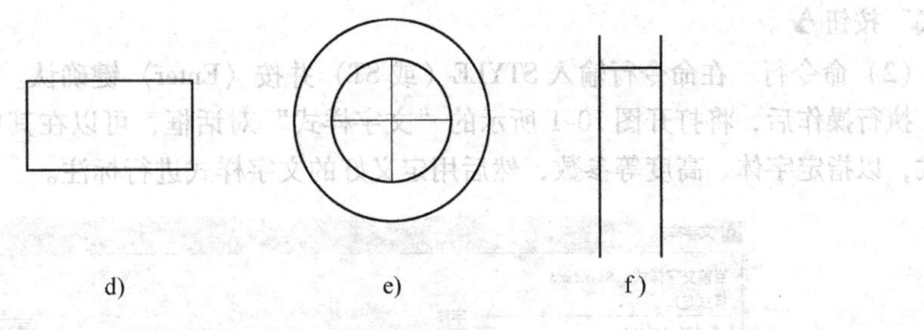

图 9-31 思考题与习题图

第 10 章　文字与尺寸标注

本章主要介绍 AutoCAD 2013 使用文字和尺寸标注功能来对图形内容加以说明，使图样的含义更加清晰，使施工或加工人员对图样一目了然。

10.1　文字

文字是图样中不可缺少的重要组成部分，AutoCAD 2013 有很强的文字处理能力，通常情况下，一个完整的图样中都包含一些文字来标注图样中一些非图形信息，例如，技术条件、备注、标题栏内容以及对图形的说明等。AutoCAD 2013 有编辑文字、标注单行文字和多行文字，以及修改文字样式的功能。

10.1.1　文字样式

文字样式包括文字、字高、显示效果等。在 AutoCAD 2013 中输入文字时，默认使用的是 Standard 文字样式。

1. 调用方法

设置文字样式需要在“文字样式”对话框中进行，打开该对话框的方法如下：

（1）工具栏　在“功能区”选项板中选择“常用”选项卡，在“注释”面板中单击“文字样式”按钮。

（2）命令行　在命令行输入 STYLE（或 ST）并按〈Enter〉键确认。

执行操作后，将打开图 10-1 所示的“文字样式”对话框，可以在其中新建或修改当前文字样式，以指定字体、高度等参数，然后用定义好的文字样式进行标注。

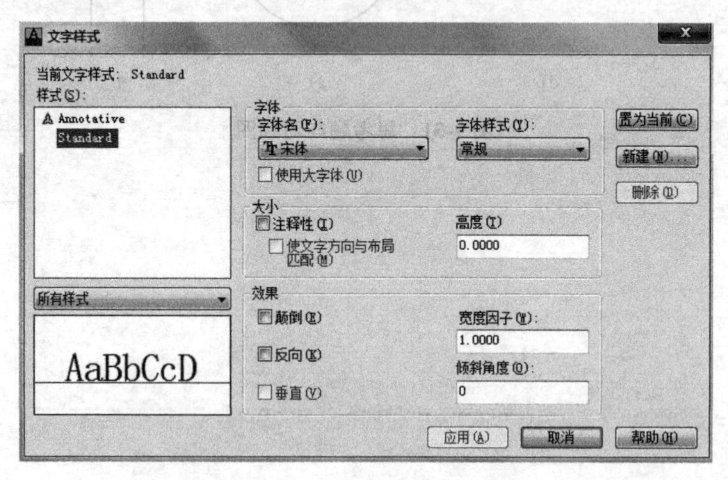

图 10-1　“文字样式”对话框

2. 选项说明

（1）样式（S）　在样式（S）列表框中，列出了已定义过的样式名。选择所需的一个，然后单击“置为当前（C）”按钮，即可将该样式定义为当前样式。

（2）新建（N） 单击“新建（N）”按钮，打开“新建文字样式”对话框，在文本框中输入新的文字样式名，用户通过它可以创建新的文字样式。

（3）字体名（F） 在“字体名（F）”下拉列表中可以看到可以调用的字体，如宋体、黑体和楷体等。如果选中了“使用大字体（U）”复选框，可以分别确定SHX字体和大字体。SHX字体是通过行文件定义的字体（行文件是AutoCAD用于定义字体或符号库的文件，其源文件的扩展名是“.shx”，扩展名是“.shx”的行文件是编译后的文件）。大字体用来指定亚洲语言（包括简、繁体汉语，日语，韩语等）使用的大字体文件。

如果选择了某一SHX字体，且没有选中“使用大字体（U）”复选框，“字体”选项组为图10-2所示的形式。

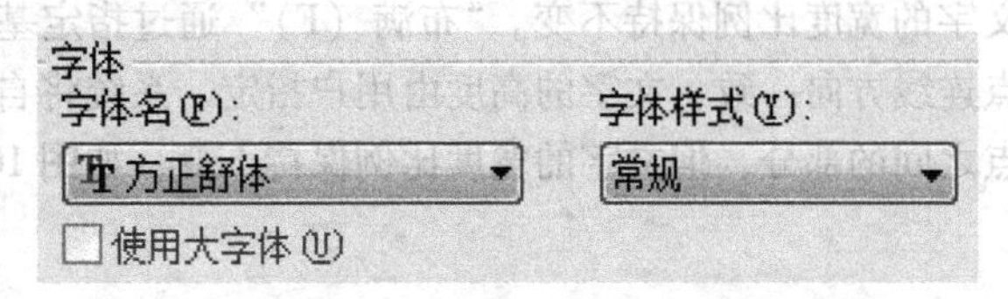

图10-2 “字体”选项组

（4）字体样式（Y） 在该下拉列表中可以选择其他字体样式。

（5）高度（T） 用于设置标注文字的高度，默认值为0。若选取此值，则在标注文本时需要进行文字高度设置。若此值不为0，则在标注文字时不出现“高度:”的提示符，而以此值为高度进行文本标注。建议用户将此处设置默认值0。

（6）颠倒（E） 该选项确定是否将文本文字旋转180°，即倒过来放置。

（7）反向（K） 该选项确定是否将文本以镜像方式标注。

（8）垂直（V） 该选项确定文本是垂直标注还是水平标注，值得注意的是，True Type型字体不能用此功能。

（9）宽度因子（W） 该功能用来设置文字的宽度与高度的比例系数。

（10）倾斜角度（O） 该功能用来设置文字的倾斜角度，该设置是指文本中单个字符的倾斜角度。

10.1.2 标注单行文字

单行文字的每一行都是一个文字对象，可以用来创建内容比较简短的文字对象（如标签等），并且单独进行编辑。

1. 调用方法

（1）工具栏 在“功能区”选项板中选择“注释”选项卡，在“文字”面板中单击“单行文字”按钮 A 单行文字。

（2）命令行 在命令行输入DT（或TEXT或DTEXT）并按〈Enter〉键确认。

2. 命令操作与选项说明

执行DT命令后，命令行提示如下：

```
命令:dt
当前文字样式: “Standard” 文字高度: 2.5000 注释性: 否
指定文字的起点或[对正(J)/样式(S)]:
指定高度 <2.5000>:
指定文字的旋转角度<0>:
```

1）输入文字时，可以用〈Backspace〉键删除已输入的文本。

2）某行文字输入结束后按〈Enter〉键，系统继续提示“输入文字:”，如果继续输入文本，则换行显示；如果不再输入文本而是再按〈Enter〉键，则结束文本的输入。

3）如果在“指定文字的起点或［对正（J）/样式（S）]:”提示下不是给定起点，而是输入“J”，则表示“对正”，这时系统提示：

［对齐(A)/布满(F)/居中(C)/中间(M)/右对齐(R)/左上(TL)/中上(TC)/右上(TR)/左中(ML)/正中(MC)/右中(MR)/左下(BL)/中下(BC)/右下(BR)]:

在该选项中一共有14种文字对齐方式。“对齐（A）”通过指定基线的两个端点来绘制文字，文字的方向与两点连线方向一致，文字的高度将自动调整，以便将文字布满两点之间的部分，但文字的宽度比例保持不变。“布满（F）”通过指定基线的两个端点来绘制文字，文字的方向与两点连线方向一致，文字的高度由用户指定，系统将自动调整文字的宽度比例，以便将文字布满两点之间的部分，但文字的宽度比例保持不变，如图10-3所示。

工程制图与CAD　　工程制图与CAD

“对齐”　　“布满”

图10-3　对正选项中“对齐”和“布满”的区别

4）只有在当前文字样式没有固定高度时系统才提示用户指定文字高度，否则，系统不给出提示，而用样式设置的字样。

5）用户可以连续输入多行文字，每行文字自动放置在上一行文字的下方。但这种情况下，每行文字均是一个对立对象，其效果等同于连续多次使用“单行文字”命令。

6）用户发出TEXT命令后，所有菜单都停用。因此，若用户此时想执行某些透明命令（如缩放），则只能用键盘完成该命令。

注意：在输入文字的过程中，可以随时改变文字的位置。将光标移动到新位置并单击，原标注行结束，标志出现在新确定的位置，而后用户可以在此继续输入文字。

10.1.3　标注多行文字

使用多行文字可以创建较为复杂的文字说明，如图样的技术要求和说明等。在AutoCAD 2013中，多行文字是通过多行文字编辑器来完成的。

1. 调用方法

（1）工具栏　在“功能区”选项板中选择“注释”选项卡，在“文字”面板中单击“多行文字”按钮A 多行文字。

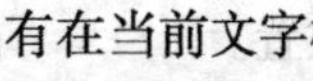

（2）命令行　在命令行输入MTEXT并按〈Enter〉键确认。

2. 命令操作与选项说明

执行MTEXT命令后，在绘图窗口中指定一个用来放置多行文字的矩形区域，这时将打开“文字格式”工具栏和文字输入窗口，利用它们可以设置多行文字的样式、字体及大小等属性，如图10-4所示。

命令:mtext

当前文字样式："Standard"　文字高度：2.5　注释性：否

指定第一角点：

指定对角点或［高度(H)/对正(J)/行距(L)/旋转(R)/样式(S)/宽度(W)/栏(C)］：

1）在“文字输入窗口”上面的文字编辑器中，可以选择设置的文字样式，设置字体、字号、颜色、加粗、斜体字体、加下划线、文字对齐方式等。

图 10-4　文字输入窗口

2）在多行文字的文字输入窗口中，用户可以直接输入多行文字，也可以在文字输入窗口单击鼠标右键，从弹出的快捷菜单中选择“输入文字”命令，将已经在其他文字编辑器中创建的文字内容直接输入到当前图形中。

10.1.4　编辑文字

利用 AutoCAD 2013，用户可以方便地编辑已标注的文字对象。

1. 单行文字编辑

对单行文字编辑主要是修改文字特性和修改文字内容。要修改文字内容可以通过以下方法实现：

1）直接双击文字，此时可以直接在绘图区域修改文字内容。

2）在命令行输入 DDEDIT（或 ED）并按〈Enter〉键确认。

调用以上任意一种操作后，文字将变成可输入状态，如图 10-5 所示。此时可以重新输入需要的文字内容，然后按〈Enter〉键退出即可，如图 10-6 所示。

土木工程制图与CAD

图 10-5　可输入状态

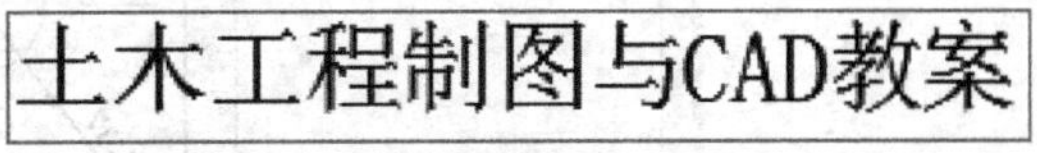

土木工程制图与CAD教案

图 10-6　编辑文字内容

2. 多行文字编辑

对多行文字编辑来说，若要在创建完毕后再次编辑文字，只要双击已经存在的多行文字对象，就可以重新打开文字编辑器，并编辑文字对象，其编辑方式与单行文字相同。在标注的文字出现错输、漏输及多输入的状态下，可以运用上面的方法修改文字的内容。修改文字特性的方法如下：

（1）工具栏　在“功能区”选项板中选择“视图”选项卡，在“选项板”面板中单击“特性”按钮 特性 。

（2）快捷键　按快捷键〈Ctrl+1〉，打开“特性”选项板，如图 10-7 所示。

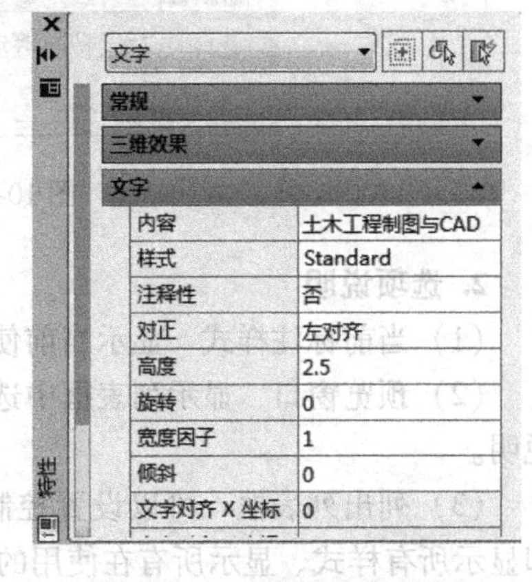

图 10-7　“特性”选项板

10.2　尺寸标注

尺寸标注是 AutoCAD 在图形对象的周围精确地表示长度、角度、说明和注释等图形尺度信息的方式。一张完整的建筑图，工程标注是必不可少的重要内容。

AutoCAD提供了多种尺寸标注类型，包括长度型尺寸标注、直径型尺寸标注、半径型尺寸标注、角度型尺寸标注等。一般来说，用户在对建立的每个图形进行尺寸标注之前，首先为尺寸标注文本建立专门的文字样式，然后，建立尺寸标注样式，最后，进行尺寸标注。

10.2.1 尺寸标注样式

使用标注样式可以控制尺寸标注的格式和外观，建立和强制执行图形的绘制标准，这样做有利于对标注格式及用途进行修改。在AutoCAD 2013中，用户可以利用“标注样式管理器”对话框创建和设置标注样式。

1. 调用方法

（1）工具栏 在“功能区”选项板中选择“常用”选项卡，在“注释”面板中单击“标注样式”命令按钮。

（2）命令行 在命令行输入DIMSTYLE（或DDIM）并按〈Enter〉键确认。

命令执行后，打开“标注样式管理器”对话框，如图10-8所示，利用该对话框及其子对话框，用户可以形象直观地设置尺寸变量，建立尺寸标注格式。

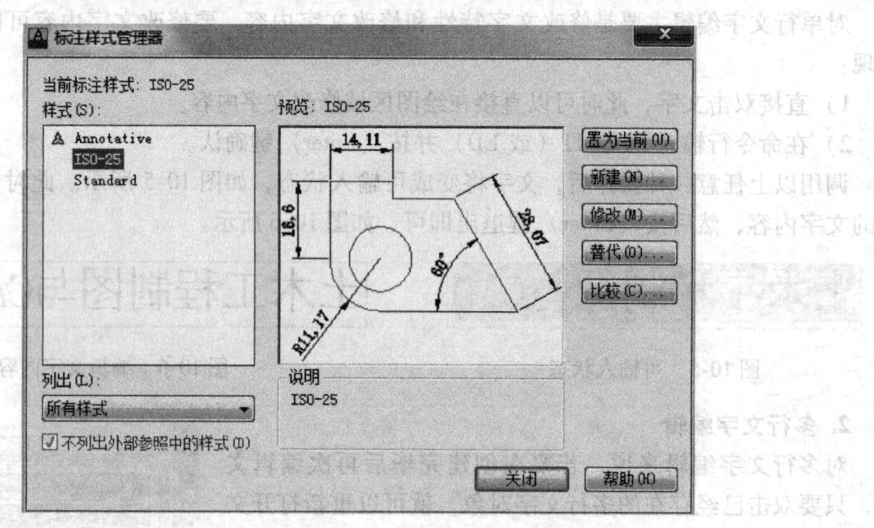

图10-8 “标注样式管理器”对话框

2. 选项说明

（1）当前标注样式 显示当前使用的尺寸标注样式。

（2）预览窗口 显示列表框中选中样式标注的图形效果，“说明”中有对该样式的一些文字说明。

（3）列出列表框 可以设置控制“样式”中显示样式的过滤条件。这里有两个过滤条件，即显示所有样式、显示所有在使用的样式。

（4）新建按钮 建立一个新的尺寸标注样式。

（5）修改按钮 修改已定义的尺寸标注样式。单击该按钮，弹出“修改标注样式”对话框，用以修改在“样式”列表中的尺寸标注样式，如图10-9所示。

（6）代替按钮 覆盖某一尺寸标注样式，即重新创建该尺寸标注样式。

（7）比较按钮 比较两种尺寸标注样式之间的差别。单击该按钮，弹出“比较标注样式”对话框，用来比较已定义过的两种尺寸标注样式之间的差别，如图10-10所示。

图 10-9　“修改标注样式”对话框

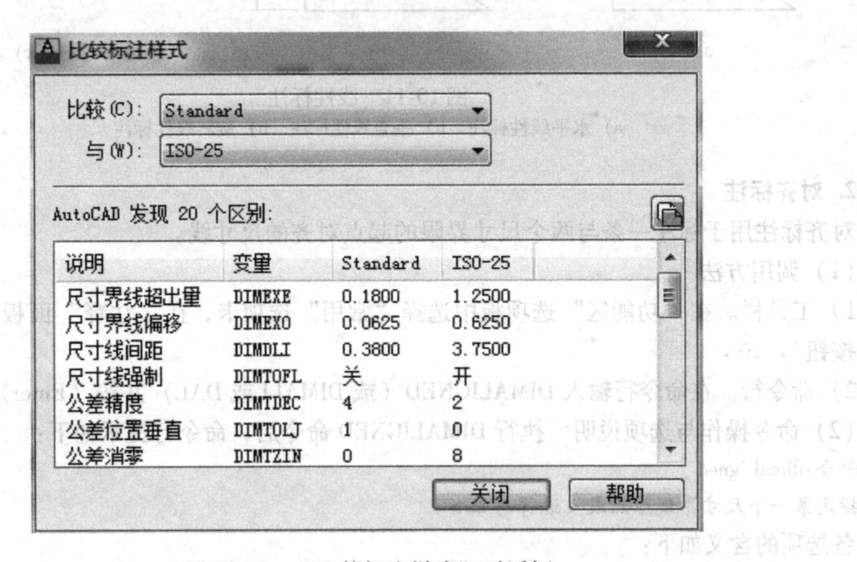

图 10-10　“比较标注样式”对话框

10.2.2　创建尺寸标注

在进行尺寸标注之前，首先要了解常见尺寸标注的类型及标注方式。常见尺寸标注包括线性标注、对齐标注、连续标注、基线标注以及半径和直径标注等。

1. 线性标注

线性标注包括水平标注和垂直标注两种类型。用于标注任意两点之间的距离。

(1) 调用方法

1) 工具栏。在“功能区”选项板中选择“常用”选项卡，在“注释”面板中单击“线性”

按钮 线性。

2）命令行。在命令行输入 DIMLINEAR（或 DIMLIN 或 DLI）并按〈Enter〉键确认。

（2）命令操作与选项说明　执行 DIMLINEAR 命令后，命令行提示如下：

命令：diml inear

指定第一个尺寸界线原点或 <选择对象>：

指定第二条尺寸界线原点：

指定尺寸线位置或[多行文字(M)/文字(T)/角度(A)/水平(H)/垂直(V)/旋转(R)]：

各选项的含义如下：

1）多行文字（M）和文字（T）选项可以通过输入多行文字或单行文字的方式来标注文字。

2）角度（A）选项可以修改标注文字的旋转角度。

3）水平（H）和垂直（V）选项可以标注两点之间的水平和垂直的距离，如图 10-11a、b 所示。

4）旋转（R）选项可以指定尺寸线旋转角度的尺寸标注，如图 10-11c 所示。

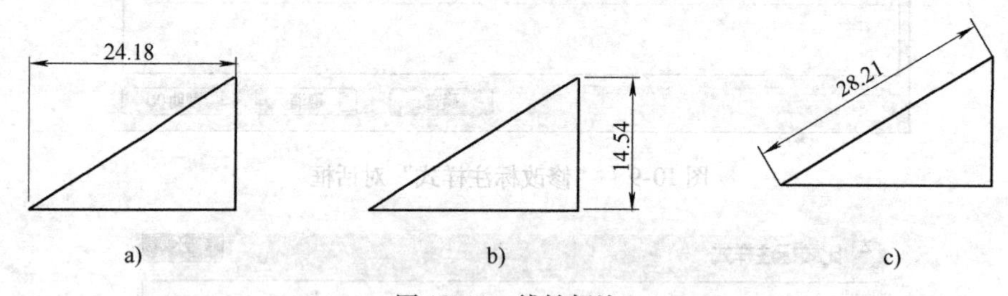

图 10-11　线性标注

a）水平线性标注　b）垂直线性标注　b）旋转线性标注

2. 对齐标注

对齐标注用于标注一条与两个尺寸界限的起点对齐的尺寸线。

（1）调用方法

1）工具栏。在“功能区”选项板中选择“常用”选项卡，在“注释”面板中单击“对齐”命令按钮 对齐。

2）命令行。在命令行输入 DIMALIGNED（或 DIMALI 或 DAL）并按〈Enter〉键确认。

（2）命令操作与选项说明　执行 DIMALIGNED 命令后，命令行提示如下：

命令：dimal igned

指定第一个尺寸界线原点或 <选择对象>：

各选项的含义如下：

1）“指定第一条尺寸界线原点”是确定第一条尺寸界线的起始点，为默认项。确定对应的起始点后，系统提示：

指定第一个尺寸界线原点或 <选择对象>：

指定第二条尺寸界线原点：

指定尺寸线位置或[多行文字(M)/文字(T)/角度(A)]：

2）“选择对象”通过选择对象为其标注尺寸。执行 DIMALIGNED 命令后，如果在“指定第一个尺寸界线原点或 <选择对象>：”提示下直接按〈Enter〉键，系统提示：

选择标注对象：

该提示下要求选择要标注尺寸的图形对象。选择对象后，系统将该对象的两端点作为两条尺寸界线的起始点，并提示：

指定尺寸线位置或[多行文字(M)/文字(T)/角度(A)]:

在该提示下可以直接确定尺寸线的位置，也可以进行其他设置。

3. 连续标注

连续标注是首尾相连的多个标注，又称链式标注或尺寸链，是多个线性尺寸的组合，如图10-12所示。在创建连续标注之前，必须已有线性、对齐或角度标注，只有在它们的基础上才能进行此标注。

(1) 调用方法

1) 工具栏。在“功能区”选项板中选择“注释”选项卡，在“标注”面板中单击“连续”按钮 连续。

2) 命令行。在命令行输入 DIMCONTINUE（或 DCO）并按〈Enter〉键确认。

提示：执行连续标注之前，必须先标注出一个对应的尺寸（称为连续标注基准），以便在连续标注时有共同的尺寸界限。

(2) 命令操作与选项说明　执行 DCO 命令后，命令行提示如下：

指定第二条尺寸界线原点或[放弃(U)/选择(S)]<选择>:

各选项的含义如下：

1) 指定第二条尺寸界线原点。此提示要求确定第二条尺寸界线的起始点，在该提示下确定下一个要标注尺寸的第二条尺寸界线的起始点后，系统按连续标注的方式标出尺寸，即把上一个尺寸的第二条尺寸界线作为新标注尺寸的第一条尺寸界线标出尺寸，标注出全部尺寸后按〈Enter〉键，系统提示：

选择连续标注:

2) 放弃（U）。放弃前一次的标注操作。

3) 选择（S）。该选项用于重新确定连续标注时共用的尺寸界线。执行该选项，系统提示：

选择连续标注:

选择尺寸界线后，系统继续提示：

指定第二条尺寸界线原点或[放弃(U)/选择(S)]<选择>:

在该提示下标注出的下一个尺寸将以新选择的尺寸界线作为新尺寸来标注第一条尺寸界线。

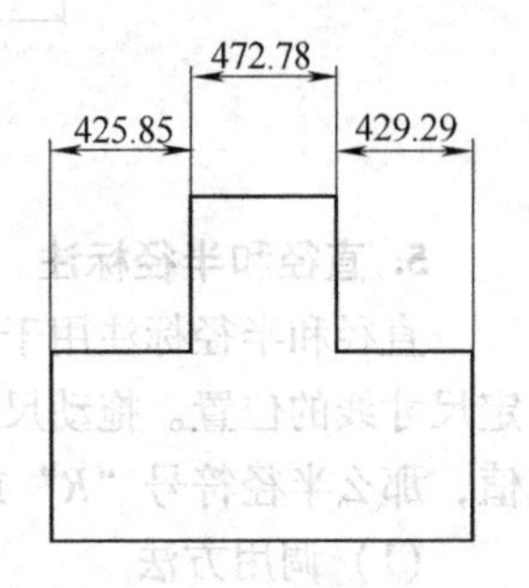

图10-12　连续标注

4. 基线标注

基线标注是以某一延伸线为基准位置，按一定方向标注一系列尺寸，所有尺寸共用一条延伸线（基线）。

(1) 调用方法

1) 工具栏。在“功能区”选项板中选择“注释”选项卡，在“标注”面板中单击“基线”按钮 基线。

2) 命令行。在命令行输入 DIMBASELINE 并按〈Enter〉键确认。

提示：执行基线标注之前，必须先标注出一个对应的尺寸，以便在连续标注时有共同的尺寸界限。

(2) 命令操作与选项说明　执行 DIMBASELINE 命令后，命令行提示如下：

指定第二条尺寸界线原点或[放弃(U)/选择(S)]<选择>:

各选项的含义如下：

1) 指定第二条尺寸界线原点。此提示要求确定第二条尺寸界线的起始点，指定对应的点后，系统以前面标注的第一条尺寸线作为新标注尺寸的第一条尺寸界线（即基线），并自动按标注出对应的尺寸，而后继续提示：

指定第二条尺寸界线原点或 ［放弃(U)/选择(S)］<选择>：

此时可以继续确定其他尺寸的第二条尺寸界线起点位置以标注尺寸。标注出全部尺寸后按〈Enter〉键，系统提示：

选择基准标注：

2）放弃（U）。该选项用于放弃前一次的操作。

3）选择（S）。该选项用于重新确定基准标注时作为基线标注基准的尺寸界线。执行该选项，系统提示：

选择基准标注线：

指定第二条尺寸界线原点或 ［放弃(U)/选择(S)］<选择>：

在该提示下标注出的各尺寸均从新基线引出。图10-13所示是利用基线标注命令完成的各项尺寸标注。

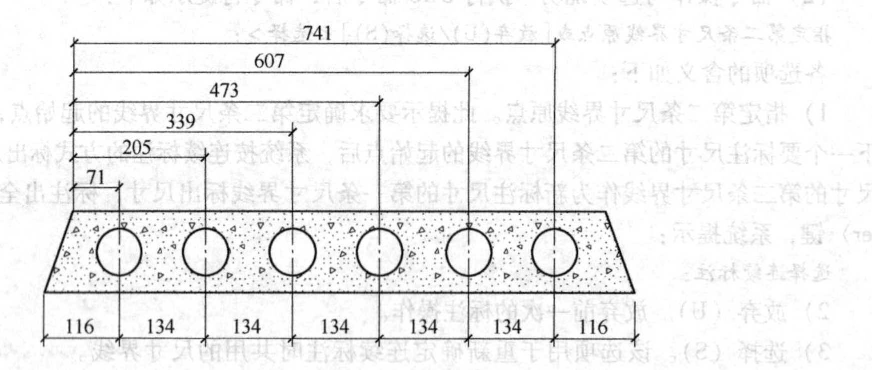

图10-13 基线尺寸标注

5. 直径和半径标注

直径和半径标注用于标注圆或弧的直径和半径。标注时，要选择需要标注的圆或弧，以及确定尺寸线的位置。拖动尺寸线，即可创建直径或半径标注。输入尺寸文字后，如果用系统的默认值，那么半径符号“*R*”或直径符号“ϕ”会自动加注。

（1）调用方法

1）工具栏。在“功能区”选项板中选择“注释”选项卡，在“标注”面板中选择相应的按钮。

2）命令行。在命令行输入 DIMDIAMETER/DIMRADIUS（或 DDI/DRA）并按〈Enter〉键确认。

（2）命令操作与选项说明

1）执行 DIMDIAMETER 命令后，命令行提示如下：

选择圆弧或圆：

指定尺寸线位置或［多行文字(M)/文字(T)/角度(A)］：

若此时用户确定尺寸线的位置，系统则按照实际测量值标注出圆或圆弧的直径。用户也可以选择“［多行文字(M)/文字(T)/角度(A)］”等选项后确定尺寸文字和文字的旋转角度。图10-14所示是通过直径命令完成的各项尺寸标注。

2）执行 DIMRADIUS 命令后，命令行提示如下：

图10-14　直径标注

选择圆弧或圆：

指定尺寸线位置或　[多行文字(M)/文字(T)/角度(A)]：

若此时用户确定尺寸线的位置，AutoCAD则按照实际测量值标注出圆或圆弧的半径。用户也可以选择“[多行文字(M)/文字(T)/角度(A)]”等选项后确定尺寸文字和文字的旋转角度。图10-15所示是通过直径命令完成的各项尺寸标注。

6. 角度标注

角度标注可标注两非平行线间、圆弧及圆上两点间的角度，如图10-16所示。

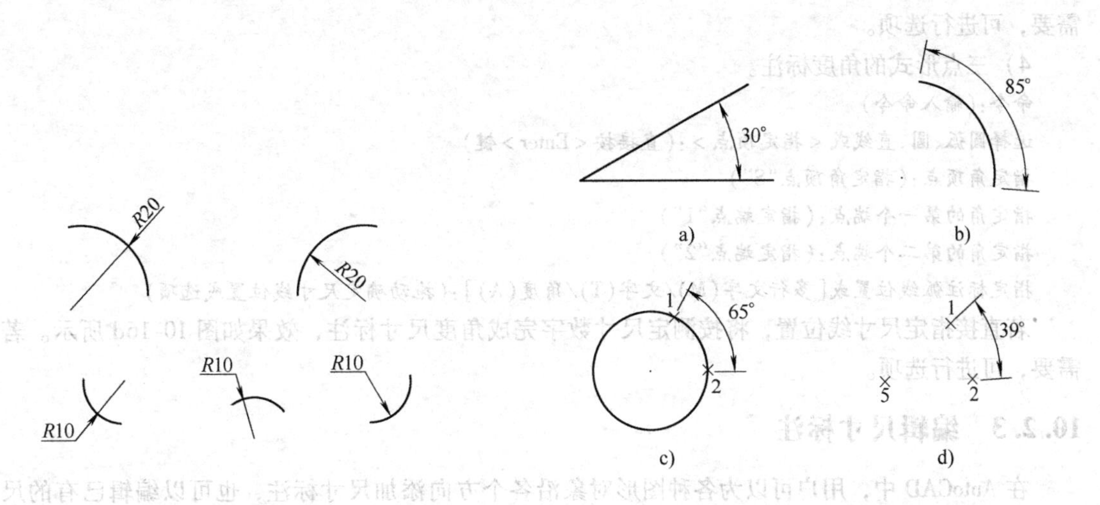

图10-15　半径标注

图10-16　角度尺寸标注示例

（1）调用方法

1）菜单栏：“标注”→“角度”

2）工具栏：“常用”选项卡→“注释”面板→标注下拉列表 角度 按钮或“注释”选项卡→“标注”面板→标注下拉列表 角度 按钮

3）命令行：在命令行输入DIMANGULAR，并按<Enter>键确认。

（2）命令操作与选项说明

1）在两直线间标注角度尺寸。

命令：(输入命令)

选择圆弧、圆、直线或<指定顶点>：(直接选取第一条直线)

选择第二条直线：(直接选取第二条直线)

指定标注弧线位置或[多行文字(M)/文字(T)/角度(A)]：(拖动定尺寸线位置或选项)

效果如图 10-16a 所示。若直接指定尺寸线位置，系统将按测定尺寸数字加上角度符号“°”，完成角度尺寸标注。若需要，可进行选项，各选项含义与线性尺寸标注方式的同类选项相同，但用“多行文字（M）”选项或“文字（T）选项”重新指定尺寸数字时，角度符号“°”需与尺寸数字一起输入。

2）对整段圆弧标注角度尺寸。

命令：(输入命令)

选择圆弧、圆、直线或 <指定顶点>：(选择圆弧上任意一点)

指定标注弧线位置或[多行文字(M)/文字(T)/角度(A)]：(拖动定尺寸线位置或选项)

若直接指定尺寸线位置，将按测定尺寸数字完成尺寸标注，效果如图 10-16b 所示。若需要，可进行选项。

3）对圆上某部分标注角度尺寸。

命令：(输入命令)

选择圆弧、圆、直线或 <指定顶点>：(选择圆上“1”点)

指定角的第二端点：(选择圆上“2”点)

指定标注弧线位置或[多行文字(M)/文字(T)/角度(A)]：(拖动定尺寸线位置或选项)

若直接指定尺寸线位置，将按测定尺寸数字完成角度尺寸标注，效果如图 10-16c 所示。若需要，可进行选项。

4）三点形式的角度标注。

命令：(输入命令)

选择圆弧、圆、直线或 <指定顶点>：(直接按 <Enter> 键)

指定角顶点：(指定角顶点“S”)

指定角的第一个端点：(指定端点“1”)

指定角的第二个端点：(指定端点“2”)

指定标注弧线位置或[多行文字(M)/文字(T)/角度(A)]：(拖动确定尺寸线位置或选项)

若直接指定尺寸线位置，将按测定尺寸数字完成角度尺寸标注，效果如图 10-16d 所示。若需要，可进行选项。

10.2.3 编辑尺寸标注

在 AutoCAD 中，用户可以为各种图形对象沿各个方向添加尺寸标注，也可以编辑已有的尺寸标注，其中包括编辑文字、编辑标注尺寸等。

1. 编辑标注文字

（1）调用方法

1）工具栏。在“功能区”选项板中选择“常用”选项卡，在“注释”面板中单击按钮。

2）命令行。在命令行输入 DIMTEDIT 并按〈Enter〉键确认。

（2）命令操作与选项说明

执行 DIMTEDIT 命令后，命令行提示如下：

选择标注：

为标注文字指定新位置或 [左对齐(L)/右对齐(R)/居中(C)/默认(H)/角度(A)]：

1）为标注文字指定新位置。确定尺寸文字的新位置，为默认项。用户可以通过拖拽鼠标的方式确定尺寸文字的新位置，确定后单击鼠标左键即可。

2）左对齐（L）/右对齐（R）。这两个选项仅对非角度标注起作用。它们分别用于确定将尺寸文字沿尺寸线左对齐还是右对齐。

3）居中（C）。该选项用于将尺寸文字放在尺寸线的中间位置。

4）默认（H）。该选项用于按默认位置、默认方向放置尺寸文字。

5）角度（A）。角度选项可以使尺寸文字旋转一定的角度。

图10-17所示为使用“编辑标注文字”命令编辑标注文字示意图。

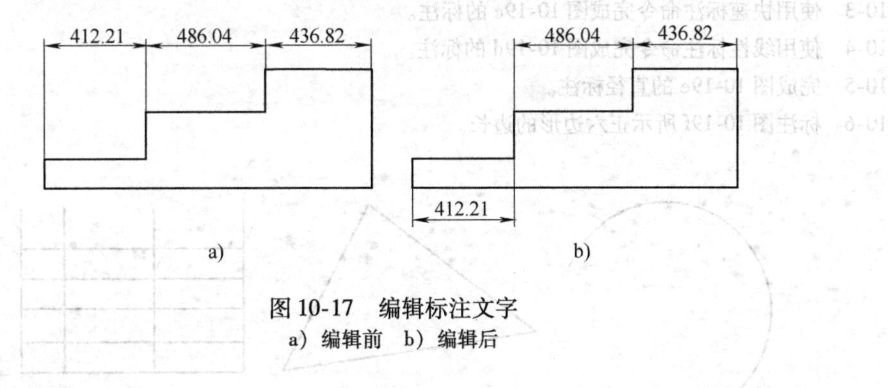

图10-17　编辑标注文字
a）编辑前　b）编辑后

2. 编辑标注尺寸

（1）调用方法

1）工具栏。在“功能区”选项板中选择“常用”选项卡，在“注释”面板中单击按钮。

2）命令行。在命令行输入DIMEDIT并按〈Enter〉键确认。

（2）操作说明　执行DIMEDIT命令后，命令行提示如下：

输入标注编辑类型[默认(H)/新建(N)/旋转(R)/倾斜(O)]<默认>:

1）默认（H）。按默认位置、方向放置尺寸文字。执行该选项，系统提示：

选择对象:

2）新建（N）。修改尺寸文字。执行该选项，系统弹出文字编辑器，通过文字编辑器修改或输入尺寸文字后，单击对话框中“确定”按钮，系统提示：

选择对象:

在此提示下选择已有尺寸对象，即可实现修改。

3）旋转（R）。将尺寸文字旋转指定的角度。执行该选项，系统提示：

指定标注文字的角度:

选择对象:

4）倾斜（O）。使非角度标注的尺寸界线倾斜指定的角度。执行该选项，系统提示：

选择对象:

选择对象:

输入倾斜角度(按〈Enter〉键表示无):

图10-18所示为使用“编辑标注”尺寸命令旋转标注文字示意图。

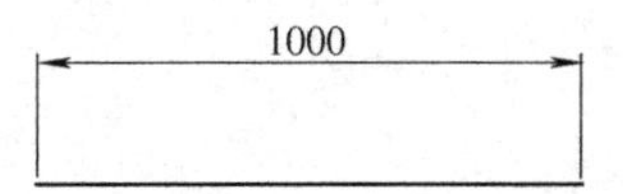

图10-18　编辑标注尺寸

小　　结

本章主要介绍了如何使用“新建标注样式”对话框来定义尺寸样式，以及如何使用尺寸标注样式来组织尺寸标注的方法。从本章中还可以学到线性标注、对齐标注、连续标注、基线标注，以及半径、直径和角度等尺寸标注的方法，以及一些编辑尺寸线和文字的技巧。AutoCAD 2013提供了强大的尺寸标注功能，特别是尺寸关联功能，这样更加方便用户使用，同时也提高了绘图的效率。

思考题与习题

10-1 完成图 10-19a 的半径标注。

10-2 完成图 10-19b 的角度标注。

10-3 使用快速标注命令完成图 10-19c 的标注。

10-4 使用线性标注命令完成图 10-19d 的标注。

10-5 完成图 10-19e 的直径标注。

10-6 标注图 10-19f 所示正六边形的边长。

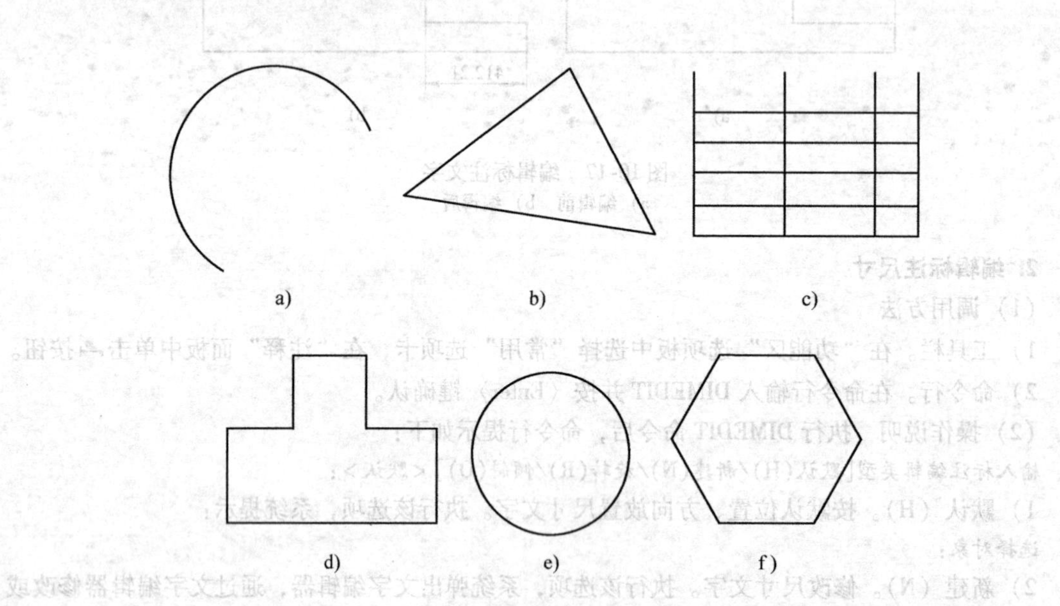

图 10-19 思考题与习题图

第 11 章 表格与图块

本章主要介绍利用 AutoCAD 2013 的表格和块功能创建和编辑表格，绘制复杂和重复的图形。

11.1 表格

11.1.1 表格样式

在 AutoCAD 2013 中，可以使用“表格样式”命令创建表格，在创建表格前，先设置表格的样式，包括表格内的字体、颜色、高度以及表格的行高、行距等。

1. 创建方式

(1) 菜单栏　调用“格式”→“表格样式”命令。

(2) 工具栏　单击“样式”工具栏上的表格样式按钮。

(3) 命令行　输入“TABLESTYLE（或 TS）”命令并按〈Enter〉键确认。

2. 命令操作

执行 TABLESTYLE 命令，系统弹出“表格样式”对话框，如图 11-1 所示。

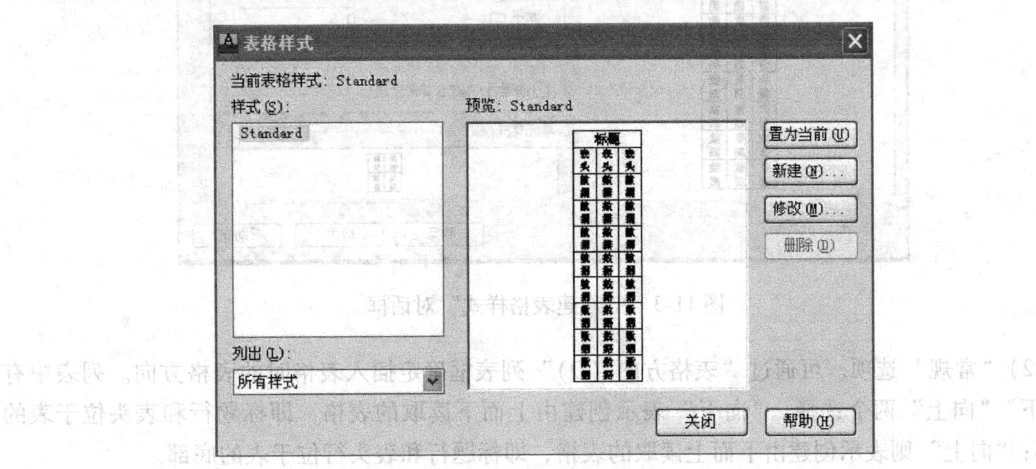

图 11-1　“表格样式”对话框

对话框中，“当前表格样式”标签说明了当前的表格样式；“样式（S）”列表框中列出了满足条件的表格样式（图中只有一个样式，即 Standard，可以通过“列出”下拉列表框确定要列出哪些样式）；“预览”框中显示出表格的预览图像；“置为当前（U）”和“删除（D）”按钮分别用于将在“样式（S）”列表框中的表格样式置为当前样式、删除对应的表格样式；“新建（N）”和“修改（M）”按钮分别用于新建表格样式和修改已有的表格样式。

(1) 新建表格样式　单击“表格样式”对话框中的“新建（N）”按钮，系统弹出“创建新的表格样式”对话框。通过对话框中的“基础样式（S）”下拉列表选择基础样式，并在“新样式名（N）”文本框中输入新样式的名称（如输入“表格 1”），如图 11-2 所示。单击“继续”按钮，系统弹出“新建表格样式”对话框，如图 11-3 所示。

下面介绍对话框中主要选项的功能。

1）“起始表格”选项组。该选项组允许用户指定某已有表格作为新建表格样式的起始表格。单击其中的按钮，系统临时切换到绘图屏幕，并提示：

选择表格：

在此提示下选择某一表格后，系统返回到“新建表格样式”对话框，并在预览框中显示出该表格，在各对应设置中显示出该表格的样式设置。

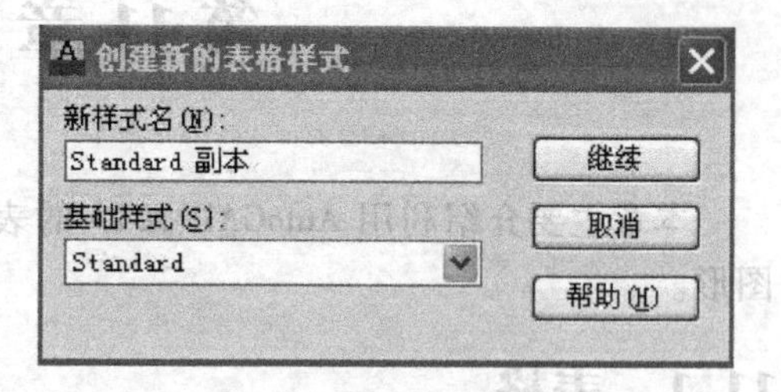

图 11-2 “创建新的表格样式”对话框

通过按钮选择了某一表格后，还可以通过位于该按钮右侧的按钮删除选择的起始表格。

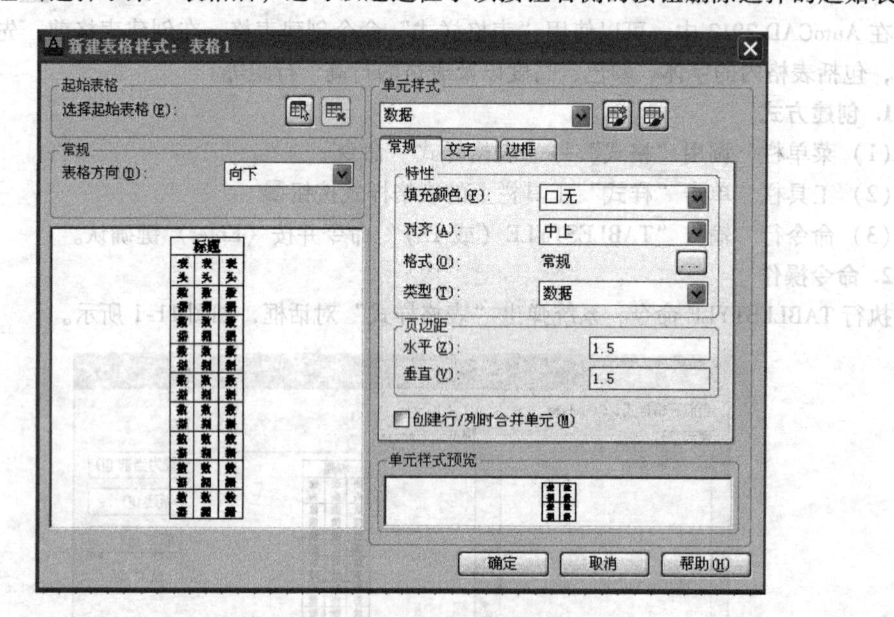

图 11-3 “新建表格样式”对话框

2）“常规”选项。可通过“表格方向（D）”列表框确定插入表格时的表格方向。列表中有“向下”“向上”两个选择。“向下”表示创建由上而下读取的表格，即标题行和表头位于表的顶部；“向上”则表示创建由下而上读取的表格，即标题行和表头行位于表的底部。

3）预览框。预览框用于显示新建表格样式的表格预览图像。

4）“单元样式”选项组。确定单元格的样式。用户可以通过对应的下拉列表确定要设置的对象，即在“数据”“标题”“表头”之间的选择（它们在表格中的位置如图 11-2 所示的预览图像内的对应文字位置）。“单元样式”选项组中，“常规”“文字”“边框”3 个选项卡分别用于设置表格中的基本内容、文字和边框，对应的选项卡如图 11-4a、b、c 所示。其中，“常规”选项卡用于设置基本特性，如文字在单元格中的对齐方式等；“文字”选项卡用于设置文字特性，如文字样式等；“边框”选项卡用于设置表格的边框特性，如边框线宽、线型、边框形式等。用户可以直接在“单元样式预览”框中预览对应单元的样式。

完成表格样式的设置后，单击“确定”按钮，系统返回到图 11-1 所示的“表格样式”对话框，并将新定义的样式显示在“样式（S）”列表框中。单击对话框中的“确定”按钮关闭对话框，完成新表格样式的定义。

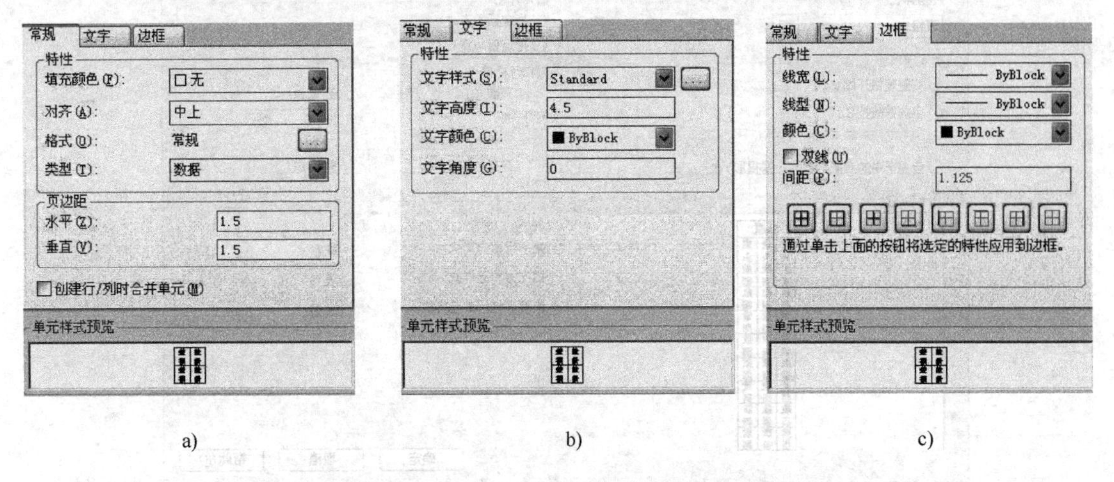

图11-4 “单元样式”选项组中的选项卡
a)“常规”选项卡 b)“文字”选项卡 c)“边框”选项卡

(2) 修改表格样式 在图11-1所示对话框中的“样式（S）”列表框中选中要修改的表格样式，单击“修改”按钮，系统会弹出与图11-3类似的“修改表格样式”对话框，利用此对话框可以修改已有表格的样式。

11.1.2 创建表格

表格样式设置完成后，就可以根据该表格样式创建表格，并输入相应的内容。在创建表格之前，首先应将需要使用的表格样式置为当前。除了上面介绍的通过“表格样式”对话框设置外，还可以在“样式”工具栏的“表格控制”下拉列表框中选择所需的表格样式，如图11-5所示。

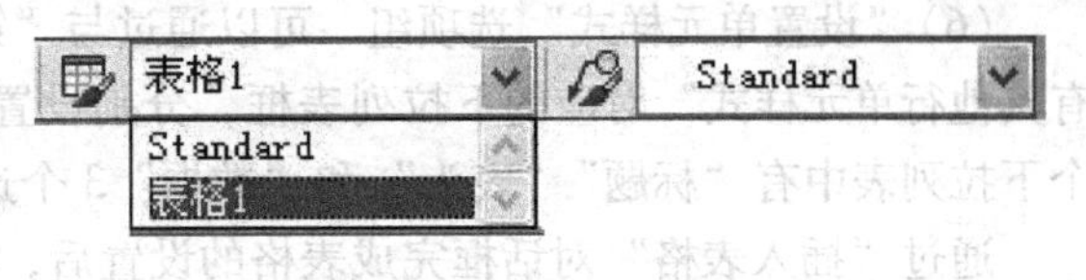

图11-5 “样式”工具栏

1. 创建表格的方法

(1) 菜单栏 调用“绘图”→“表格”菜单命令。

(2) 工具栏 单击“绘图”工具栏上的“表格”工具按钮。

(3) 命令行 在命令行中输入TABLE（TB）并按〈Enter〉键确认。

2. 命令操作

执行TABLE命令，系统弹出“插入表格”对话框，如图11-6所示。

下面介绍对话框中主要选项的功能。

(1)“表格样式”选项 选择所使用的表格样式，通过下拉列表选择即可。

(2)“插入选项”选项组 确定如何为表格填写数据。其中，“从空表格开始（S）”单选按钮表示创建一个空表格，然后填写数据；“自数据链接（L）”单选按钮表示根据已有的Excel数据表创建表格，选中此单选按钮后，可以通过（启动“数据链接管理器”对话框）按钮建立与已有Excel数据表的链接；“自图形中的对象数据（数据提取）（X）”单选按钮可以通过数据提取向导来提取图形中的数据。

(3)“预览（P）”框 预览表格的样式。

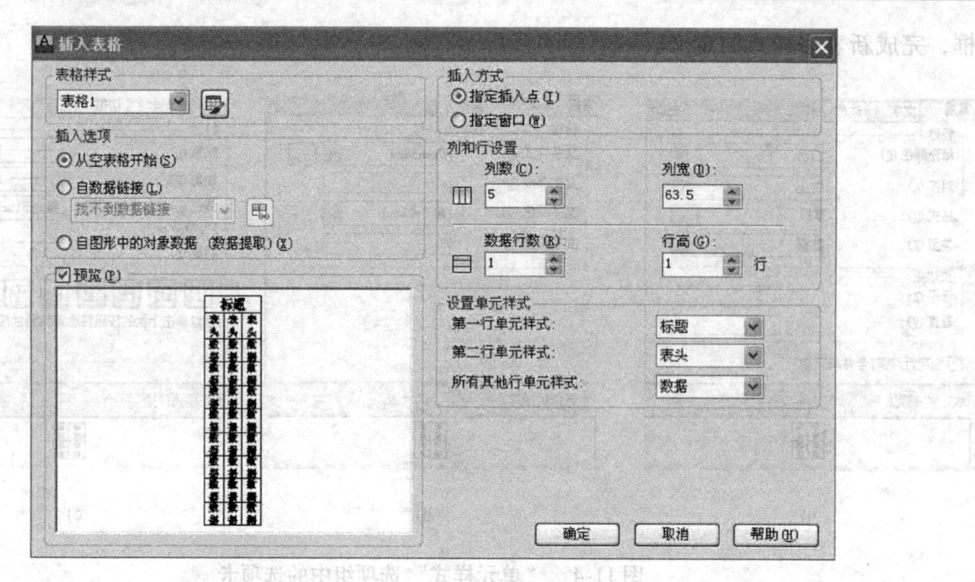

图 11-6 “插入表格”对话框

(4) “插入方式”选项组　确定将表格插入到图形时的插入方式，其中，“指定插入点(I)”单选按钮表示将通过在绘图窗口指定一点作为表格的一角点位置的方式插入表格。如果表格样式将表格的方向（如图 11-3 所示的“表格方向”列表框及其说明）设置为由上而下读取，插入点为表格的左上角点；如果表格样式将表格的方向设置为由下而上读取，则插入点位于表格的左下角点。“指定窗口（W）”单选按钮表示将以窗口的方式确定表格的大小与位置。

(5) “列和行设置”选项组　该选项组用于设置表格中的列数、行数以及列宽和行高。

(6) “设置单元样式”选项组　可以通过与“第一行单元样式”“第二行单元样式”和“所有其他行单元样式”对应的下拉列表框，分别设置第一行、第二行和其他行的单元样式。每一个下拉列表中有“标题”“表头”和“数据”3 个选择。

通过“插入表格”对话框完成表格的设置后，单击“确定”按钮，而后根据提示确定表格的位置，即可将表格插入到图形，且插入后系统弹出“文字格式”工具栏，同时将表格中的第一个单元格亮显，此时就可以直接向表格输入文字，如图 11-7 所示。

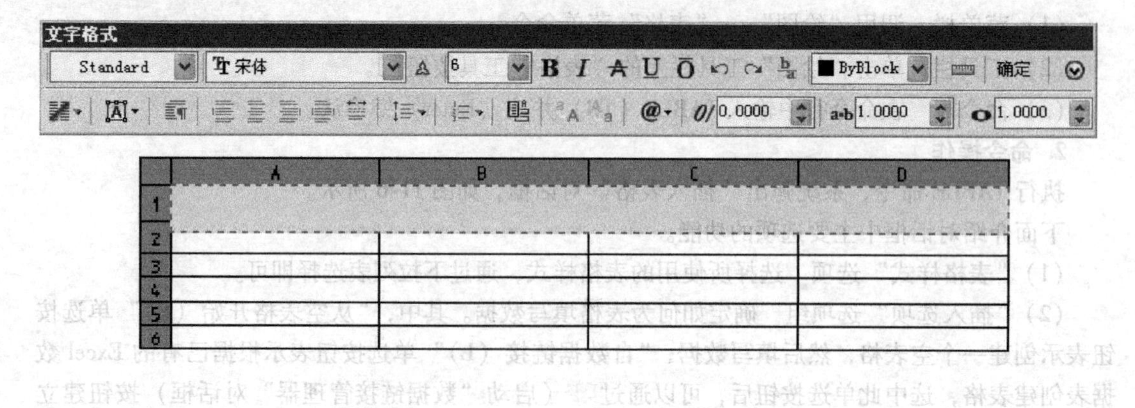

图 11-7 在表格中输入文字的界面

插入文字时，可以利用〈Tab〉键和箭头键一边在各单元格之间切换，一边在各单元格中输入文字。单击“文字格式”工具栏中的“确定”按钮，或在绘图屏幕上任意一点单击鼠标左键，则会关闭“文字格式”工具栏。

11.1.3　编辑表格

使用“插入表格”命令直接创建的表格一般不能满足实际绘图的要求，尤其是当绘制的表格比较复杂时，这时就需要通过编辑命令编辑表格，使其符合绘图要求。

编辑表格的方法：选择整个表格，单击鼠标右键，系统将弹出图 11-8 所示的快捷菜单，可以在其中对表格进行剪切、复制、删除、移动、缩放和旋转等简单操作，也可以均匀调整表格的行、列大小，删除所有特性替代。当选择“输出”命令时，还可以打开“输出数据”对话框，以 csv 格式输出表格中的数据。

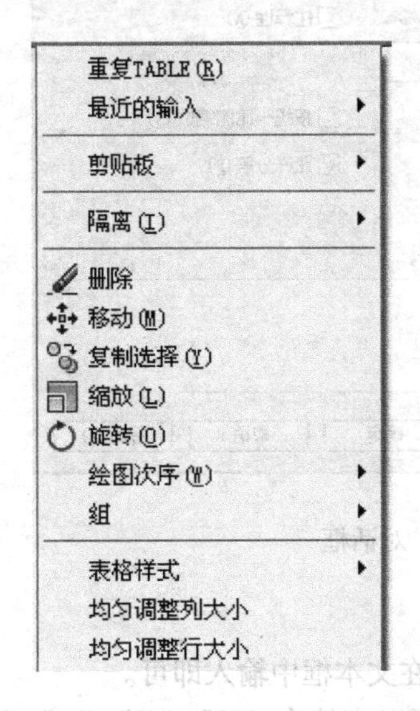

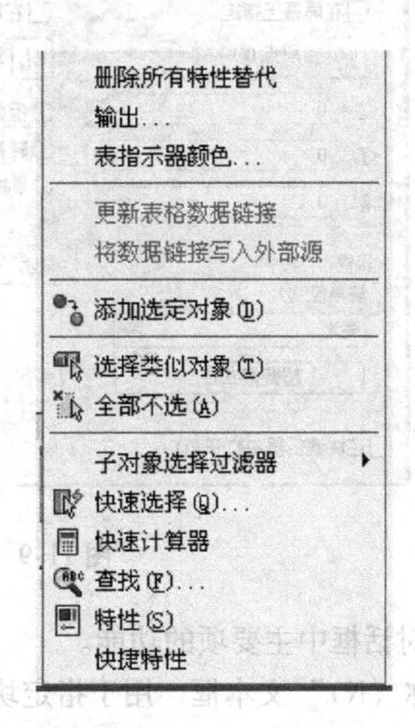

图 11-8　选中整个表格时快捷菜单

11.2　图块

11.2.1　图块的基本知识

块是图形对象的集合，通常用于绘制重复的图形。一旦将一组对象组合成块，就可以根据绘图需要将其多次插入到图形中任意指定的位置，且插入时还可以采用不同的比例和旋转角度。用 AutoCAD 绘图时，常常需要绘制一些形状相同的图形，如果把这些经常需要绘制的图形分别定义成块（也可以说是定义成图形库），需要绘制它们时就可以用插入块的方法实现，即把绘图变成了拼图。这样做既避免了重复性工作，又可以提高绘图的效率。

块分为内部块和外部块两类。

11.2.2　创建图块

图块可以是绘制在几个图层上的不同颜色、线型和线宽特性的对象的组合。尽管块总是在当前图层上，但块参照保存了包含在该块中的对象和原图层、颜色和线型特性的信息。可以控制块中的对象是保留其原特性还是继承当前的图层、颜色、线型或线宽设置。

1. 创建图块的方法

(1) 菜单栏　调用“绘图”→“块”→“创建”命令。

(2) 工具栏　单击“绘图”工具栏中的“创建块”按钮。

(3) 命令行　在命令行中输入“BLOCK（或B）”并按〈Enter〉键确认。

2. 命令操作

执行BLOCK命令，系统弹出“块定义”对话框，如图11-9所示。

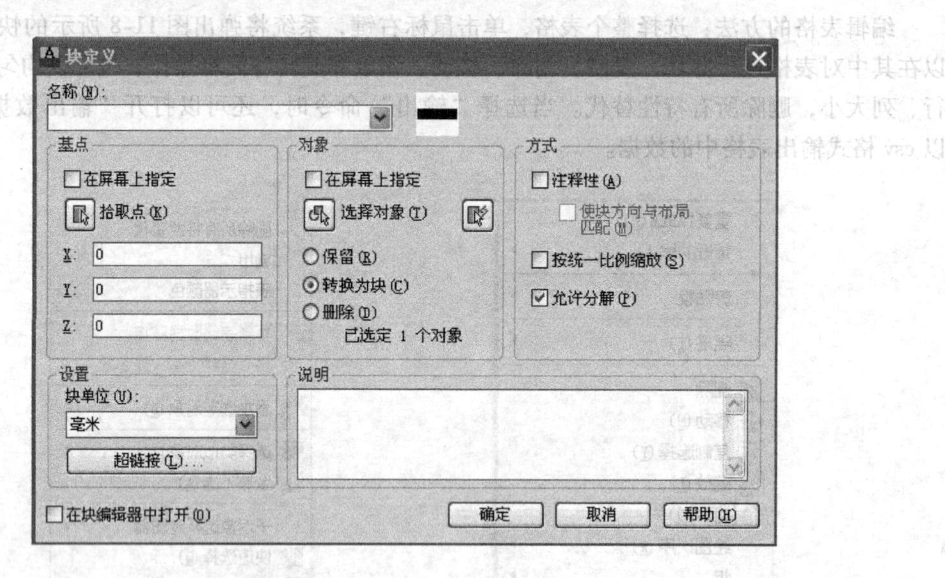

图11-9　“块定义”对话框

下面介绍对话框中主要项的功能。

(1)“名称（N）”文本框　用于指定块的名称，在文本框中输入即可。

(2)“基点”选项组　确定块的插入基点位置。可以直接在“X”“Y”“Z”文本框中输入对应的坐标值；也可以单击“拾取点（K）”按钮，切换到绘图屏幕指定基点；还可以选中“在屏幕上指定”复选框，等关闭对话框后再根据提示指定基点。

(3)“对象”选项组　确定组成块的对象：

1)“在屏幕上指定”复选框。如果选中此复选框，通过对话框完成其他设置后，单击“确定”按钮关闭对话框时，系统会提示用户选择组成块的对象。

2)“选择对象”按钮。选择组成块的对象。单击此按钮，系统临时切换到绘图屏幕，并提示：

选择对象：

在此提示下选择组成块的各对象后按〈Enter〉键，系统返回图11-9所示的“块定义”对话框，同时在“名称（N）”文本框的右侧显示出由所选对象构成的块的预览图标，并在“对象”选项组中的最后一行将“未选定对象”替换为“已选择n个对象”。

3) 快速选择按钮。该按钮用于快速选择满足指定条件的对象。单击此按钮，AutoCAD弹出“快速选择”对话框，用户可通过此对话框确定选择对象的过滤条件，快速选择满足指定条件的对象。

4)“保留（R）”“转换为块（C）”“删除（D）”单选按钮。确定将指定的图形定义成块后，如何处理这些用于定义块的图形。“保留”指保留这些图形，“转换为块”指将对应的图形转换成块，“删除”则表示定义块后删除对应的图形。

(4)“方式”选项组 指定块的设置。

1)“注释性（A）”复选框。指定块是否为注释性对象。

2)“按统一比例缩放（S）”复选框。指定插入块时是按统一的比例缩放，还是沿各坐标轴方向采用不同的缩放比例。

3)“允许分解（P）”复选框。指定插入块后是否可以将其分解，即分解成组成块的各基本对象。

(5)“设置”选项组 指定块的插入单位和超链接。

1)“块单位（U）”下拉列表框。指定插入块时的插入单位，通过对应的下拉列表选择即可。

2)“超链接（L）”按钮。通过“插入超链接”对话框使超链接与块定义相关联。

(6)“说明”文本框 指定块的文字说明部分（如果有的话），在其中输入即可。

(7)“在块编辑器中打开（O）”复选框 确定当单击对话框中的“确定”按钮创建出块后，是否立即在块编辑器中打开当前的块定义。如果打开了块定义，可以对块定义进行编辑。

通过“块定义”对话框完成各设置后，单击“确定”按钮，即可创建出对应的块。

例 11-1 创建图 11-10 所示的粗糙度符号块，块名为“粗糙度”。

操作步骤：

(1) 绘制图形 首先绘制 11-10 所示图形。

(2) 创建块 执行 BLOCK 命令，AutoCAD 弹出“块定义”对话框，从中进行设置，如图 11-11 所示。可以看出，已将块名设为“粗糙度”。捕捉图 11-10 中位于最下方的角点为块的基点。通过“选择对象”按钮选择了组成粗糙度符号的3条直线（通过位于“名称（N）”文本框右侧的图标可以看到这一点），在“说明”框中输入了“粗糙度符号”。

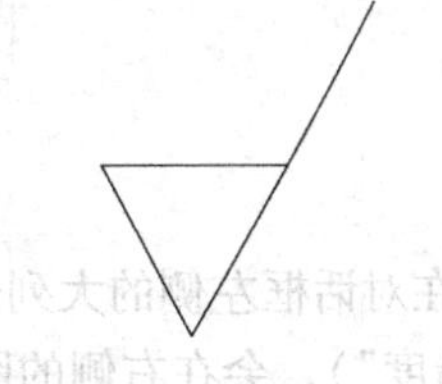

图 11-10 粗糙度符号

单击“确定”按钮，完成块的定义，并且 AutoCAD 将当前图形转换为块（因为在“对象”选项中选择了“转换为块”的选项）。

图 11-11 “块定义”对话框

11.2.3 编辑图块

1. 调用方法

(1) 菜单栏 调用“工具”→“块编辑器”命令。

(2) 工具栏 单击“标准”工具栏中的“块编辑器”按钮。

(3) 命令行 在命令行中输入“BEDIT”并按〈Enter〉键。

2. 命令操作

执行 BEDIT 命令，AutoCAD 弹出“编辑块定义”对话框，如图 11-12 所示。

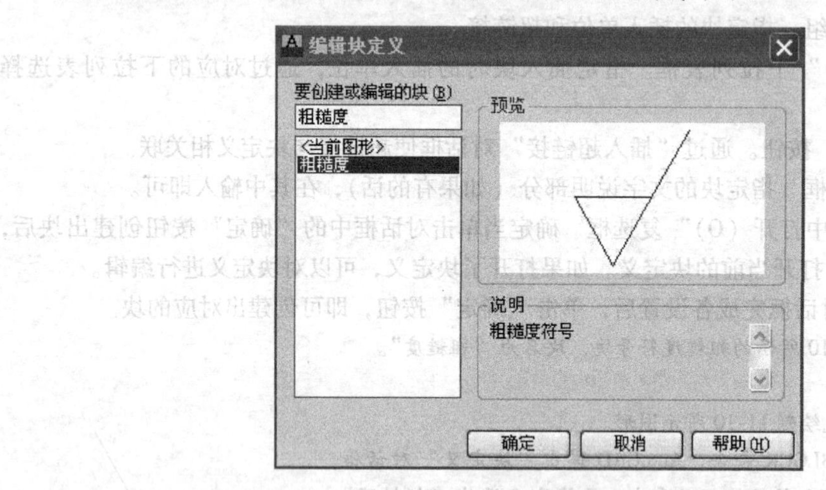

图 11-12 “编辑块定义”对话框

在对话框左侧的大列表框内列出了当前已定义的块的名称，从中选择要编辑的块（如选择“粗糙度”），会在右侧的图像框内显示出块的形状，单击“确定”按钮，系统打开块编辑器，进入块编辑模式，如图 11-13 所示。

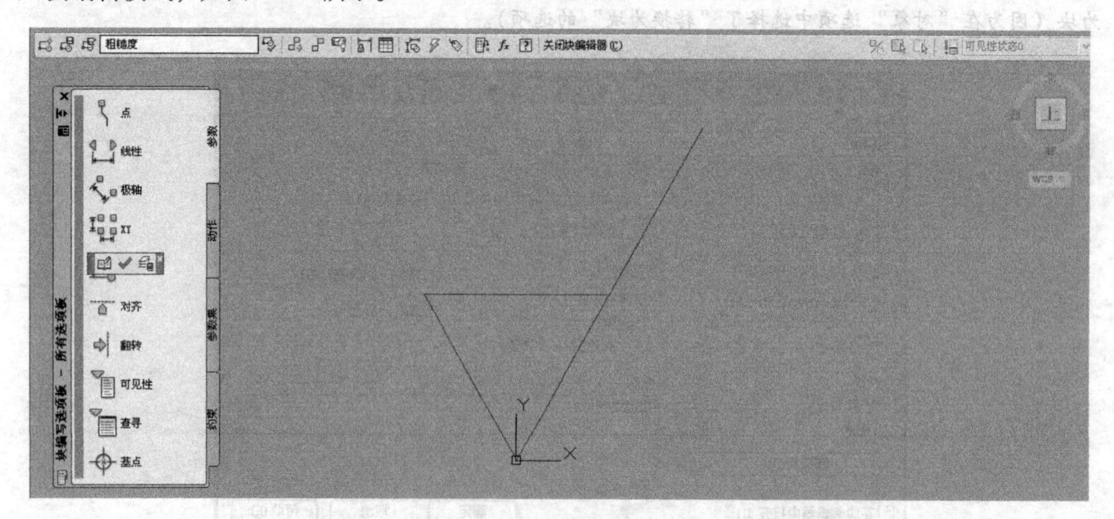

图 11-13 编辑块

此时在块编辑器中显示出要编辑的块，用户可以直接对其进行编辑（如修改形状、大小、绘制新图形等），编辑后单击对应工具栏上的关闭块编辑器(C)按钮，系统显示如图 11-14 所示的对话框，如果单击“将更改保存到 粗糙度”，则会关闭块编辑器，并确定对块定义的修改。

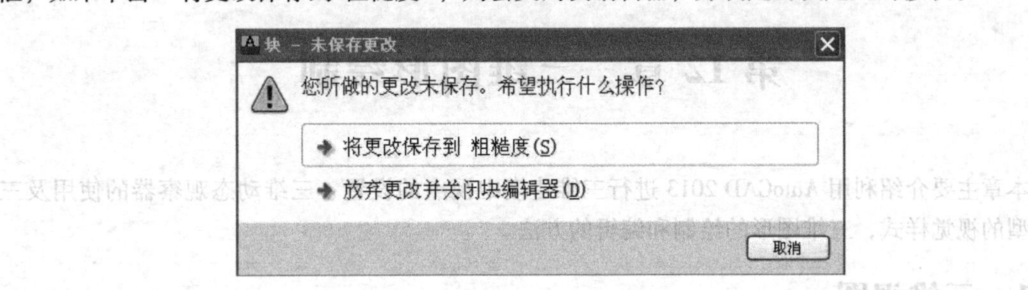

图 11-14 提示信息

小 结

本章主要介绍了 AutoCAD 2013 的表格、图块等功能，并对如何进行表格样式设置、表格的创建与编辑、图块的创建与编辑等内容进行了详细的介绍。

表格在各类制图中的运用非常广泛，使用 AutoCAD 的表格功能，能够自动地创建和编制表格。

块是对象的集合，常用于绘制复杂和重复的图形。利用块功能可以提高绘图的速度，节省储存空间，大大提高了绘图效率。

思考题与习题

11-1 在绘制表格时，如果设置行数为 7 行，那么绘制的表格的实际行数是多少?

11-2 定义表格样式。要求表格样式名为“新表格”，各数据单元的文字取样默认，表格数据均为左对齐。

11-3 用 11-2 题定义的表格样式“新表格”创建 3 列 4 行的表格。

11-4 块与文件的关系是什么?

11-5 绘制一个长方形，并对其定义为“长方形”图块。

第 12 章　三维图形绘制

本章主要介绍利用 AutoCAD 2013 进行三维建模中视点的设置、三维动态观察器的使用及三维模型的视觉样式，三维图形的绘制和编辑的方法。

12.1　三维视图

12.1.1　视点

AutoCAD 2013 提供了多种显示三维图形的方法。在模型空间中，可以从任何方向观察图形，观察图形的方向叫视点。建立三维视图，离不开观察视点的调整，通过不同的视点，可以建立观察立体模型的不同侧面和效果。

1. 调用方法

在 AutoCAD 2013 中有两种方法可以调动“视点”对话框。

（1）菜单栏　选择菜单栏中的“视图”→“三维视图”→“视点”命令。

（2）命令行　在命令行中输入 VPOINT 命令，按〈Enter〉键确定。

2. 命令操作与选项说明

在命令窗口输入命令 VPOINT 后按〈Enter〉键，系统提示：

指定视点或［旋转（R）］<显示指南针和三轴架>：

1）指定视点。指定一点作为视点方向，为默认项。确定视点位置后（可以通过输入坐标轴或用其他方式确定），系统将该点与坐标轴原点的连线方向作为观察方向，并在屏幕上显示出该方向观看图形时的投影。

2）旋转（R）。根据角度确定视点方向。执行该选项，系统提示：

输入 XY 平面中与 X 轴的夹角：（输入视点方向在 XY 平面内的投影与 X 轴正向的夹角后按〈Enter〉键）

输入与 XY 平面的夹角：（输入视点方向与其在 XY 平面上投影之间的夹角后按〈Enter〉键）

3）<显示指南针和三轴架>。根据坐标球和三轴架确定视点。在“指定视点或［旋转（R）］<显示指南针和三轴架>：”提示下直接按〈Enter〉键，即执行“<显示指南针和三轴架>”选项，系统显示出坐标球与三脚架，如图 12-1 所示。

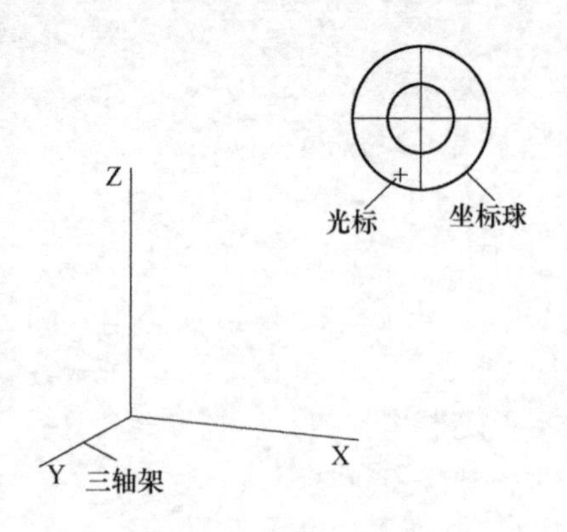

图 12-1　坐标球与三轴架

当出现图 12-1 所示的坐标轴和三轴架时，拖拽鼠标使光标在坐标球范围内移动，三轴架的 X、Y 轴也会绕 Z 轴转动，而且三轴架转动的角度与光标在坐标球上的位置对应。光标位于坐标球的不同位置，对应的视点也不同。

坐标球实际上是球体的俯视投影图，它的中心点为北极（0，0，n），相当于视点位于 Z 轴的正方向；内环为赤道（n，n，0）；整个外环为南极（0，0，－n）。当光标位于内环之间时，相当于视点位于上半球体；当光标位于内环与外环之间时，表示视点位于下半球体。移动光标时，三轴架也随之变化，即视点位置在发生变化。通过移动光标确定了视点的位置后，单击鼠标左键，系统会按该视点显示图形。

12.1.2　三维动态观察器

使用三维动态观察器工具，用户可以从不同的角度、高度和距离查看图形中的对象。AutoCAD 2013 提供了一个观察三维图形的便捷工具——三维动态观察器，如图 12-2 所示。利用三维动态观察器，用户能够以交互方式控制对象的显示。

1. 调用方法

在 AutoCAD 2013 中有 4 种方法可以使用三维动态观察器观察实体。

（1）菜单栏　选择菜单栏中的"视图"→"动态观察"→"受约束的动态观察"命令。

（2）工具栏　选择"工具"→"工具栏"→"AutoCAD"→"动态观察"→调出"动态观察"工具栏，然后单击"动态观察"工具栏中的"受约束的动态观察"按钮。

（3）命令行　在命令行中输入 3DORBIT 命令，按〈Enter〉键确定。

选择"工具"→"工具栏"→"AutoCAD"→"三维导航"→调出"三维导航"工具栏，然后单击"三维导航"工具栏中的"受约束的动态观察"按钮。

图 12-2　"三维动态观察器"工具栏

另外，也可以选择菜单栏中的"视图"→"动态观察器"→"自由动态观察"和"连续动态观察"菜单命令，或单击"动态观察"工具栏中的"自由动态观察器"按钮和"连续动态观察器"按钮，在三维空间动态观察对象。

实施各动态观察时，十字光标的形状是变化的。

2. 选项说明

1）"受约束的动态观察"沿 XY 平面或 Z 轴约束三维动态观察。

2）"自由动态观察"不参照平面，在任意方向上进行动态观察。沿 XY 平面和 Z 轴进行动态观察时，视点不受约束。

3）"连续动态观察"连续地进行动态观察。在要进行连续动态观察移动的方向上单击并拖动，然后释放鼠标，轨道沿该方向继续移动。

12.1.3　视觉样式

AutoCAD 的三维模型可以分别按二维线框、三维线框、三维隐藏、概念以及真实等视觉显示。用户可以控制三维模型的视觉样式，即显示效果。

1. 应用视觉样式

一旦应用了视觉样式或更改了其设置，就可以在视口中查看结果。在 AutoCAD 中，有以下几种默认的视觉样式。

（1）二维线框　显示用直线和曲线表示边界的对象。光栅和 OLE 对象、线型和线宽均可见，如图 12-3 所示。

（2）三维线框　显示直线和曲线表示边界的对象。

（3）三维隐藏　三维隐藏视觉样式又称为消隐，可从屏幕上消除三维线框图中的隐藏线，重生成三维模型时不显示隐藏线，如图 12-4 所示。

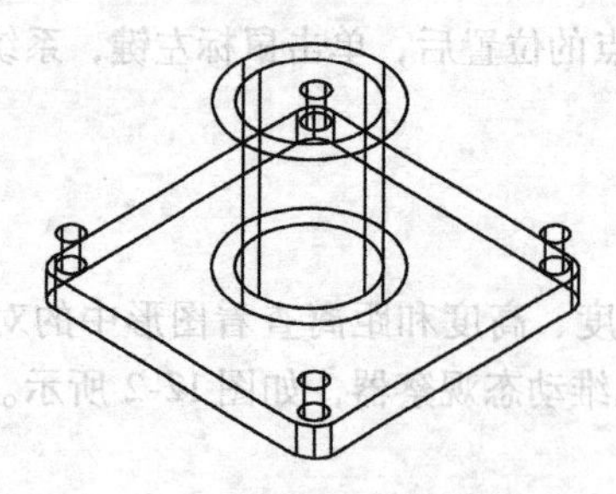
图 12-3 二维线框视觉图样

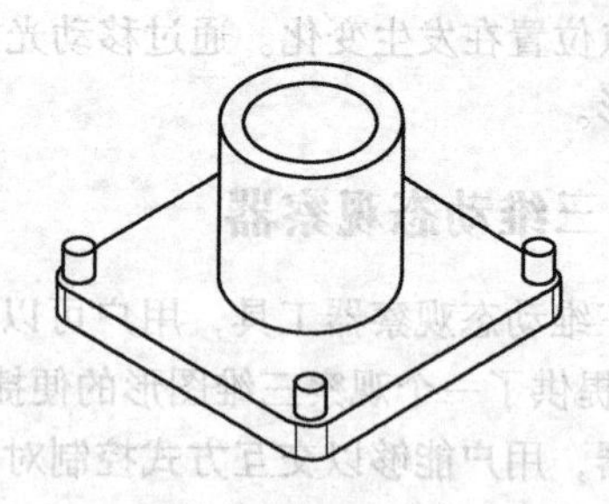
图 12-4 三维隐藏视觉样式

(4) 真实 将模型实现着色，并显示出三维线框，如图 12-5 所示。

(5) 概念 着色多边形平面间的对象，并使对象的边平滑化，如图 12-6 所示。

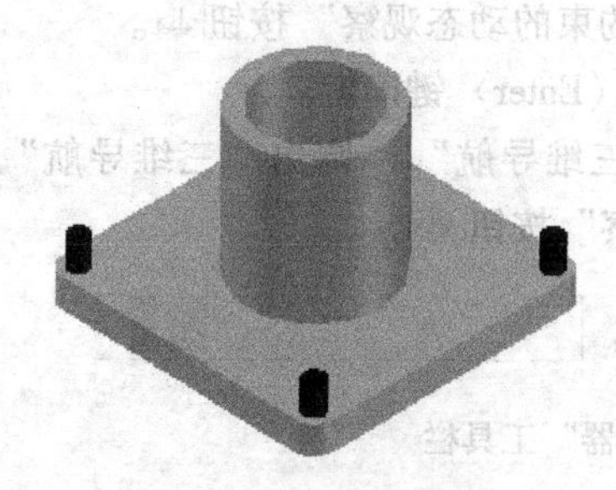
图 12-5 真实视觉图样

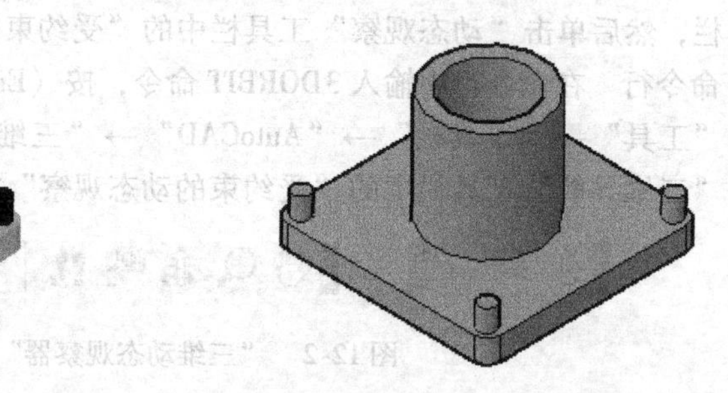
图 12-6 概念视觉样式

(6) 着色 是指将模型着色，如图 12-7 所示。

(7) 带边框平面着色 指将模型着色，并显示出线框，如图 12-8 所示。

图 12-7 着色视觉样式

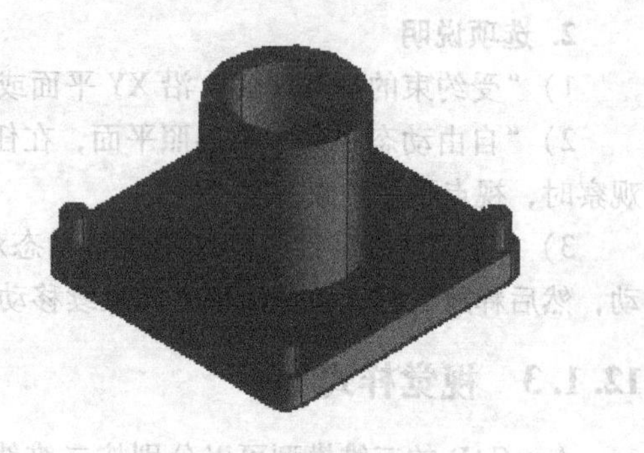
图 12-8 带边框平面着色

(8) 灰度 利用单色面颜色模式形成灰度效果，如图 12-9 所示。

(9) 勾画 利用人工绘图的草图效果显示对象，如图 12-10 所示。

(10) 线框 通过使用直线和曲线表示边界的方式显示对象，如图 12-11 所示。

(11) X 射线 以局部透明度显示对象，如图 12-12 所示。

2. 管理视觉样式

视觉样式管理器用于创建和修改视觉样式，并将视觉样式应用到视口。

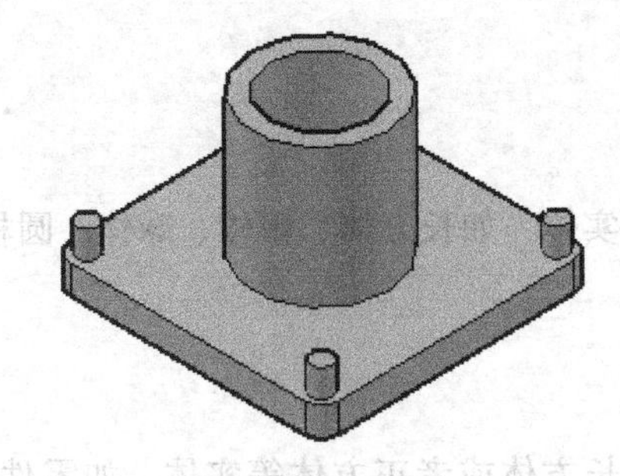

图 12-9　灰度

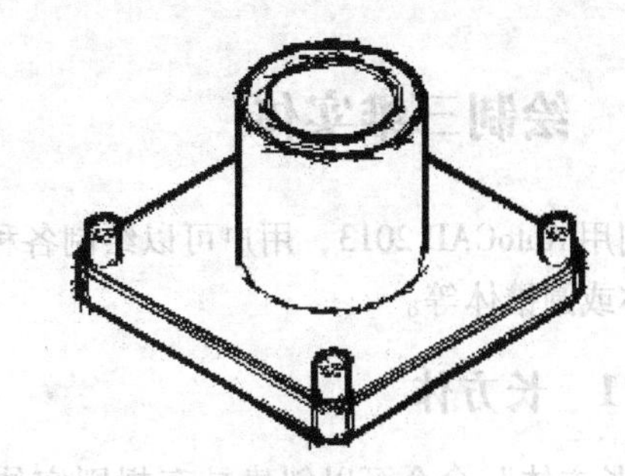

图 12-10　勾画

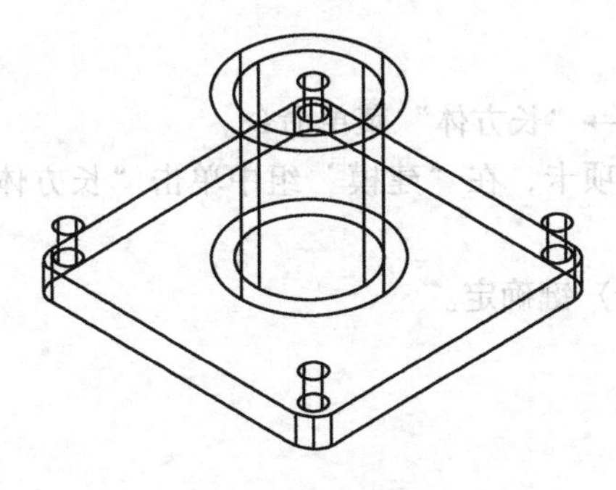

图 12-11　线框

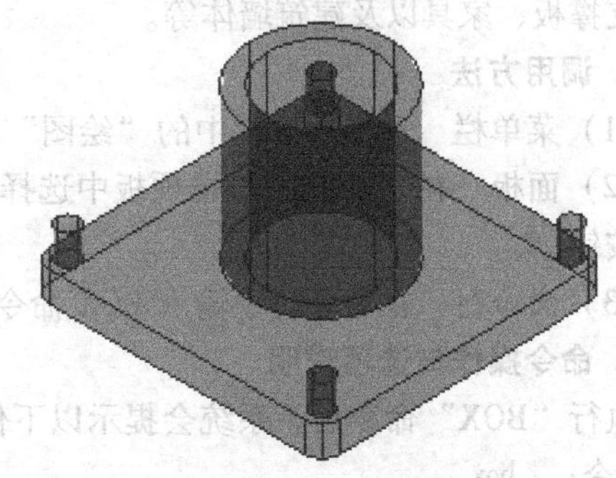

图 12-12　X 射线

在 AutoCAD 2013 中有两种方法可以调动【视觉样式】命令。

1）选择菜单栏中的“工具”→“选择板”→“视觉样式”命令，如图 12-13 所示。

2）在命令行中输入 VISUALSTYLES 后按〈Enter〉键确认。

“视觉样式”面板如图 12-14 所示。

图 12-13　“视觉样式”菜单

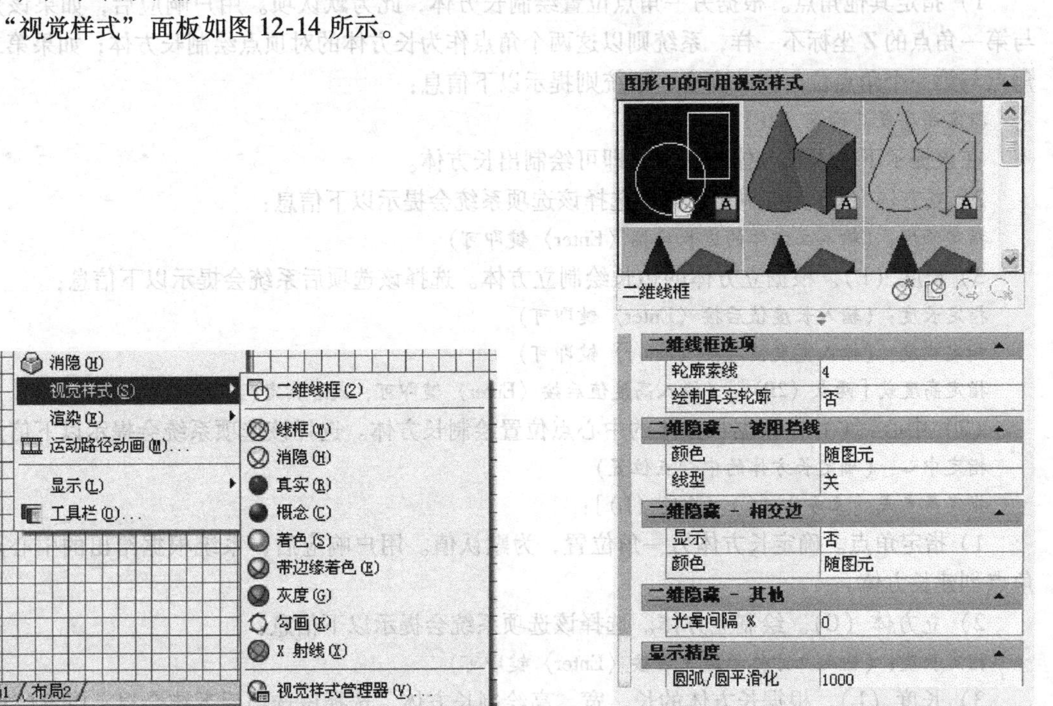

图 12-14　“视觉样式”面板

12.2 绘制三维实体

利用 AutoCAD 2013，用户可以绘制各种形状的基本实体，如长方体、楔体、球体、圆柱体、圆环体或圆锥体等。

12.2.1 长方体

“长方体”命令可以创建具有规则实体模型形状的长方体或者正方体等实体，如零件的底座、支撑板、家具以及建筑墙体等。

1. 调用方法

（1）菜单栏　选择菜单栏中的“绘图”→“建模”→“长方体”菜单命令。

（2）面板　在“功能区”选项板中选择“常用”选项卡，在“建模”组中单击“长方体”命令按钮▢。

（3）命令行　在命令行中输入 BOX 命令，按〈Enter〉键确定。

2. 命令操作与选项说明

执行“BOX”命令后，系统会提示以下信息：

命令：_ box

指定第一个角点或 [中心 (C)]：

（1）指定第一个角点　根据长方体一角点位置绘制长方体，此为默认值，选择该选项系统会提示以下信息：

指定其他角点或 [立方体 (C) /长度 (L)]：

1）指定其他角点。根据另一角点位置绘制长方体，此为默认项。用户响应后，如果该角点与第一角点的 Z 坐标不一样，系统则以这两个角点作为长方体的对顶点绘制长方体；如果第二个角点与第一个角点位于同一高度，系统则提示以下信息：

指定高度或 [两点 (2P)]

在该提示下输入长方体的高度值即可绘制出长方体。

2）立方体 (C)。绘制立方体。选择该选项系统会提示以下信息：

指定长度：(输入立方体的边长后按〈Enter〉键即可)

3）长度 (L)。根据立方体的边长绘制立方体。选择该选项后系统会提示以下信息：

指定长度：(输入长度值后按〈Enter〉键即可)

指定宽度：(输入宽度值后按〈Enter〉键即可)

指定高度或 [两点 (2P)]：(输入高度值后按〈Enter〉键即可，或者指定两点来确定高度)

（2）中心 (C)　根据长方体的中心点位置绘制长方体。选择该选项系统会提示以下信息：

指定中心：(确定长方体的中心点位置)

指定角点或 [立方体 (C) /长度 (L)]：

1）指定角点。确定长方体另一角位置，为默认值。用户响应后，系统根据给出的中心点和角点创建长方体。

2）立方体 (C)。绘制立方体。选择该选项系统会提示以下信息：

指定长度：(输入立方体的边长后按〈Enter〉键即可)

3）长度 (L)。根据长方体的长、宽、高绘制长方体。选择该选项后系统会提示以下信息：

指定长度：(输入长度值后按〈Enter〉键即可)

指定宽度：(输入宽度值后按〈Enter〉键即可)

指定高度或［两点（2P）］:（输入高度度值后按〈Enter〉键即可，或者指定两点来确定高度）

根据长度、宽度和高度绘制长方体时，长、宽、高的方向分别与当前 UCS 的 X、Y、Z 轴方向平行。

系统提示输入长度、宽度以及高度时，输入的值可正、可负。正值表示沿相应坐标轴的正方向绘制长方体，反之则沿坐标轴的负方向绘制长方体。

例 12-1 在“西南等轴测”模式中绘制图 12-15 所示长方体。

操作步骤:

1）调用“视图”→“三维视图”→“西南等轴测”菜单命令，将视图切换到“西南等轴测”模式，坐标轴显示如图 12-16 所示。

2）执行 BOX 命令，AutoCAD 执行如下:

命令: _ box↙（调用“长方体”命令）

指定第一个角点或［中心（C）］:↙（指定第一个点）

指定其他角点或［立方体（C）/长度（L）］: l↙（选择“长度”备选项）

指定长度: 20↙（指定第二个点）

指定宽度: 15↙（指定第三个点）

指定高度或［两点（2P）］: 10↙（指定长方体高度）

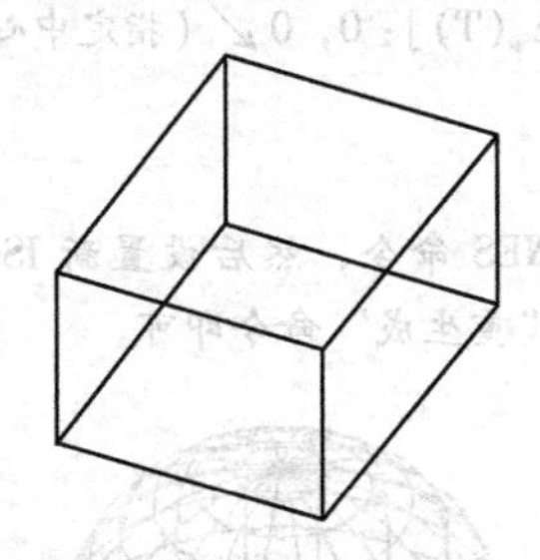

图 12-15 最终结果

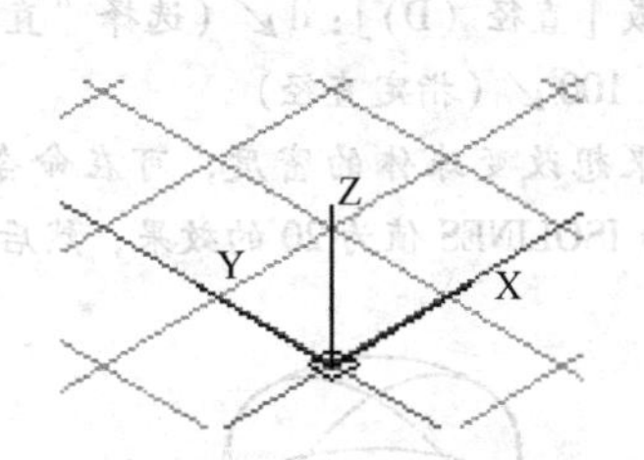

图 12-16 坐标显示

12.2.2 球体

球体是三维空间中，到一个点（即球心）距离相等的所有点集合形成的实体，广泛应用于机械、建筑等建筑图中，如创建建筑物的球形屋顶等。

1. 调用方法

1）选择菜单栏中的“绘图”→“建模”→“球体”命令。

2）在“功能区”选项板中选择“常用”选项卡，在“建模”组中单击“球体”按钮。

3）在命令行中输入 SPHERE 命令，按〈Enter〉键确定。

2. 命令操作与选项说明

执行 SPHERE 命令后，系统会提示以下信息:

命令: _ sphere

指定中心点或［三点（3P）/两点（2P）/切点、切点、半径（T）］:

（1）指定中心点 确定球心位置，为默认项。执行该选项，即指定球心位置后，系统提示:

指定半径或［直径（D）］:（输入球体的半径值，或执行“直径（D）”选项，输入直径值后按〈Enter〉键）

（2）三点（3P） 通过指定球体上某一圆周的三点来创建球体。执行该选项，系统提示:

指定第一点:

指定第二点：

指定第三点：

(3) 两点（2P） 通过指定球体上某一直径的两个端点来创建球体。执行该选项，系统提示：

指定直径的第一个端点：

指定直径的第二个端点：

(4) 切点、切点、半径（T） 创建与已有两对象相切且半径为指定值的球体。这两个对象必须是位于同一平面上的圆弧、圆或直线。执行该选项，系统提示：

指定对象的第一个切点：

指定对象的第二个切点：

指定圆的半径：

用户依次响应即可。

例 12-2 创建球心位于坐标原点、直径为 100mm 的球体（图 12-17）。

操作步骤：

执行 SPHERE 命令，系统会提示：

命令：_ sphere（调用“球体”命令）

指定中心点或［三点（3P）/两点（2P）/切点、切点、半径（T）］：0，0↙（指定中心点）

指定半径或［直径（D）］：d↙（选择“直径”备选项）

指定直径：100↙（指定直径）

提示：如果想改变球体的密度，可在命令行中输入 ISOLINES 命令，然后设置新 ISOLINES 值，如图 12-18所示为 ISOLINES 值为 20 的效果，然后选择“视图”→“重生成”命令即可。

图 12-17 默认情况下绘制的球体

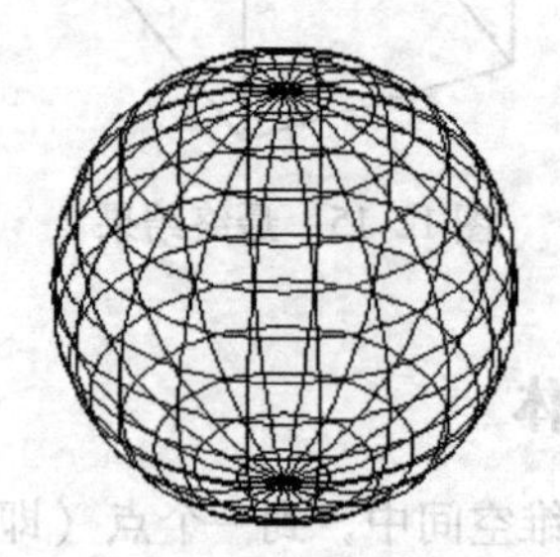

图 12-18 更改变量后绘制的球体

12.2.3 圆柱体

在 AutoCAD 2013 中创建的圆柱体是以面或椭圆为截面形状，沿截面法线方向拉伸所形成的实体。圆柱体经常会用到，例如建筑图形中的各类立柱。

1. 调用方法

(1) 菜单栏 选择菜单栏中的“绘图”→“建模”→“圆柱体”命令。

(2) 命令行 在命令行中输入 CYLINNER 命令，按，〈Enter〉键确定。

(3) 面板 在“功能区”选项板中选择“常用”选项卡，在“建模”组中单击“圆柱体”按钮▢。

2. 命令操作与选项说明

执行 CYLINNER 命令，系统提示：

命令：_ cylinner

指定底面的中心点或［三点（3P）/两点（2P）/切点、切点、半径（T）/椭圆（E）］：

（1）指定底面的中心点　此选项要求确定圆柱体底面的中心点位置，为默认值。用户响应后，系统提示：

指定底面半径或［直径（D）］：（输入圆柱体底面的半径或执行“直径 D”选项，输入直径后按〈Enter〉键）

指定高度或［两点（2P）/轴端点（A）］：

1）指定高度。此提示要求用户指定圆柱体的高度，即根据高度绘制圆柱体，为默认值。用户响应后，即可绘出圆柱体，且圆柱体的两端面与当前的 UCS 的 XY 轴平行。

2）两点（2P）。指定两点，以这两点之间的距离为圆柱体的高度。执行该选项，系统依次提示：

指定第一点：

指定第二点：

3）轴端点（A）。根据圆柱体另一端面上的圆心位置绘制圆柱体。执行该选项，系统提示：

指定轴端点：

此提示要求用户确定圆柱体的另一轴端点，即另一端面上的圆心位置，用户响应后，系统绘制出圆柱体。利用此方法，可以创建沿任意方向放置的圆柱体。

（2）三点（3P）/两点（2P）/切点、切点、半径（T）这 3 个选项分别用于以不同方式确定圆柱体的底面圆，其操作与用 CIRCLE 命令绘制圆相同。确定圆柱体的底面圆后，系统继续提示：

指定高度或［两点（2P）/轴端点（A）］：

（3）椭圆（E）　创建椭圆柱体，即横截面是椭圆的圆柱体。执行该选项，系统提示：

指定第一个轴的端点或［中心（C）］：

此提示要求用户确定椭圆柱体的底面椭圆，其操作过程与用 ELLIPSE 命令绘制椭圆的过程相似。确定了椭圆柱体的底面椭圆后，系统继续提示：

指定高度或［两点（2P）/轴端点（A）］：

按此提示响应即可。

例 12-3　使用 CYLINDER 命令绘制圆柱体（图 12-19）。

操作步骤：

在“功能区”选项板中选择“常用”选项卡，在“建模”面板中单击“圆柱体”命令按钮，绘制一个圆柱体。具体的命令行提示如下：

命令：_cylinder（调用“圆柱体”命令）

指定底面的中心点或［三点（3P）/两点（2P）/切点、切点、半径（T）/椭圆（E）］：↙（指定圆心）

指定底面半径或［直径（D）］：80↙（输入半径）

指定高度或［两点（2P）/轴端点（A）］：130↙（输入高度值）

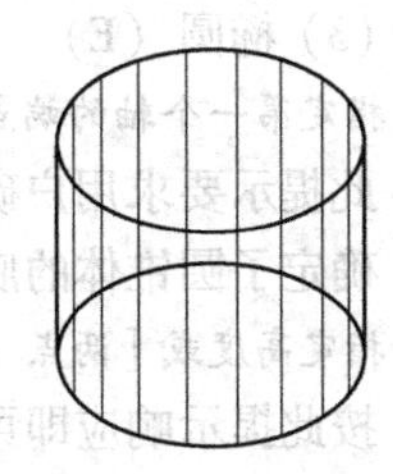

图 12-19　圆柱体

12.2.4　圆锥体

圆锥体常用于创建圆锥形屋顶，绘制圆锥体需要输入的参数有底面圆的圆心和半径、顶面圆的半径和圆锥高度。同样，当圆锥体底面为椭圆时，绘制出的锥体为椭圆锥体。

1. 调用方法

（1）菜单栏　选择菜单栏中的“绘图”→“建模”→“圆锥体”命令。

（2）面板　在“功能区”选项板中选择“常用”选项卡，在“建模”组中单击“圆锥体”

按钮△。

(3) 命令行 在命令行中输入 CONE 命令，按〈Enter〉键确定。

2. 命令操作与选项说明

执行 CONE 命令，系统提示：

指定底面的中心点或［三点（3P）/两点（2P）/切点、切点、半径（T）/椭圆（E）]:

(1) 指定底面的中心点 此选项要求确定圆锥体底面的中心点位置，为默认值。用户响应后，系统提示：

指定底面半径或［直径（D）]:

指定高度或［两点（2P）/轴端点（A）/顶面半径（T）]:

1）指定高度。确定圆锥体的高度，即根据高度绘制圆锥体，为默认值。用户响应后，即可绘出圆锥体，且圆锥体的中心线与当前的 UCS 的 Z 轴平行。

2）两点（2P）。指定两点，以这两点之间的距离为圆锥体的高度。执行该选项，系统依次提示：

指定第一点：

指定第二点：

3）轴端点（A）。根据圆锥体的锥顶点位置绘制圆锥体。执行该选项，系统提示：

指定轴端点：

此提示下确定顶点（轴端点）位置后，系统绘制出圆锥体。利用此方法，可以创建沿任意方向放置的圆锥体。

4）顶面半径（T）。创建圆台。执行该选项，系统提示：

指定顶面半径：(指定顶面半径)

指定高度或［两点（2P）/轴端点（A）]:（响应某一项即可）

(2) 三点（3P）/两点（2P）/切点、切点、半径（T）这 3 个选项分别以不同方式确定圆锥体的底面圆，其操作与用 CIRCLE 命令绘制圆相同。确定圆锥体的底面圆后，系统继续提示：

指定高度或［两点（2P）/轴端点（A）]:

(3) 椭圆（E） 创建椭圆形锥体，即横截面是椭圆的锥体。执行该选项，系统提示：

指定第一个轴的端点或［中心（C）]:

此提示要求用户确定圆锥体的底面椭圆，其操作过程与用 ELLIPSE 命令绘制椭圆的过程相似。确定了圆锥体的底面椭圆后，系统继续提示：

指定高度或［两点（2P）/轴端点（A）]:

按此提示响应即可。

例 12-4 创建图 12-20 所示圆锥体，其中圆锥底面半径是 100mm，高为 150mm。

操作步骤：

执行 CONE 命令，系统提示：

命令：_cone（调用“圆锥体”命令）

指定底面的中心点或［三点（3P）/两点（2P）/切点、切点、半径（T）/椭圆（E）]: ↙（指定底面圆心）

指定底面半径或［直径（D）]：100↙（指定圆锥体底面圆半径）

指定高度或［两点（2P）/轴端点（A）/顶面半径（T）]：150↙（指定圆锥体的高度）

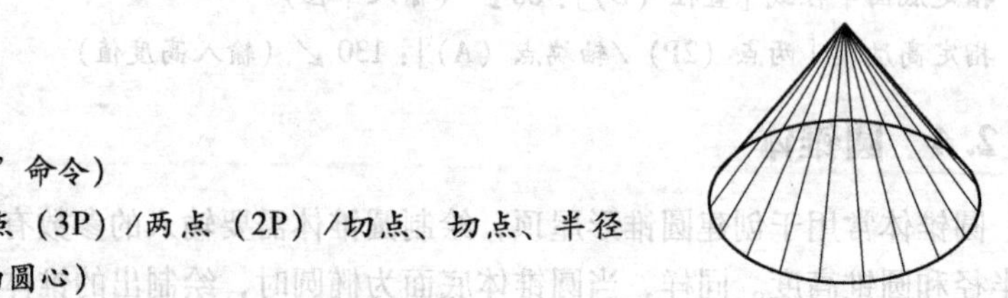

图 12-20 圆锥体

12.2.5 楔体

楔体是长方体沿对角线切成两半后的结果，因此创建楔体和创建长方体的方法是相同的。只要确定底面的长、宽和高，以及底面围绕 Z 轴的旋转角度即可创建需要的楔体。

1. 调用方法

1）在命令行中输入 WEDGE 命令，按〈Enter〉键确定。

2）选择菜单栏中的“绘图”→“建模”→“楔体”命令。

3）在“功能区”选项板中选择“常用”选项卡，在“建模”组中单击“楔体”按钮。

2. 命令提示与选项说明

执行 WEDGE 命令，系统会提示：

命令：_ wedge

指定第一个角点或［中心（C）］：

（1）指定第一个角点　根据楔体的角点位置绘制楔体，此为默认值。选择该选项系统会提示以下信息：

指定其他角点或［立方体（C）/长度（L）］：

1）指定其他角点。根据另一角点位置绘制楔体，此为默认项。与创建长方体类似，用户响应后，即给出另一角点位置后，系统则根据这两个角点创建楔体。

2）立方体（C）。创建两个直角边与宽均相等的楔体。执行该选择，系统提示：

指定长度：（输入长度后按〈Enter〉键即可）

3）长度（L）。按指定的长、宽、高创建楔体。执行该选项，系统提示：

指定长度：（输入长度值后按〈Enter〉键即可）

指定宽度：（输入宽度值后按〈Enter〉键即可）

指定高度或［两点（2P）］：（输入高度度值后按〈Enter〉键即可，或者指定两点来确定高度）

（2）中心（C）　根据指定的中心点位置绘制楔体，此中心点指楔体斜面上的中心点。执行该选项系统会提示以下信息：

指定中心：（确定长方体的中心点位置）

指定角点或［立方体（C）/长度（L）］：

1）指定角点。根据另一角点位置创建楔体，为默认值。用户响应后，即给出另一角点位置后，系统根据给出的中心点和角点创建楔体。

2）立方体（C）。创建两个直角边与宽均相等的楔体，选择该选项系统会提示以下信息：

指定长度：（输入楔体直角边的长度值后按〈Enter〉键即可）

3）长度（L）。根据指定的长、宽、高绘制楔体。选择该选项后系统会提示以下信息：

指定长度：（输入长度值后按〈Enter〉键即可）

指定宽度：（输入宽度值后按〈Enter〉键即可）

指定高度或［两点（2P）］：（输入高度度值后按〈Enter〉键即可，或者指定两点来确定高度）

例 12-5　绘制图 12-21 所示的长、宽、高分别为 150mm、60mm、100mm 的楔体。

操作步骤：

执行 WEDGE 命令，系统提示如下：

命令：_wedge（调用“楔体”命令）

指定第一个角点或［中心（C）］：↙（指定第一个点）

指定其他角点或［立方体（C）/长度（L）］：l↙（选择“长度”备选项）

指定长度：150↙（指定第二个点）

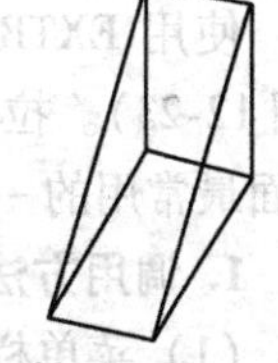

图 12-21　楔体

指定宽度: 60↙ (指定第三个点)

指定高度或 [两点 (2P)]: 100↙ (指定楔体高度)

12.2.6 圆环

圆环命令常用于创建铁环、环形饰品等实体，圆环有两个半径定义，一个是圆环体中心到管道中心的圆环体半径，一个是管道半径。随着管道半径和圆环体半径之间相对大小的变化，圆环体的形状也是不同的。

1. 调用方法

(1) 菜单栏　选择菜单栏中的“绘图”→“建模”→“圆环”命令。

(2) 面板　在“功能区”选项板中选择“常用”选项卡，在“建模”组中单击“圆环”按钮◎。

(3) 命令行　在命令行中输入 TORUS 命令，按〈Enter〉键确定。

2. 命令操作与选项说明

执行 TORUS 命令，系统提示：

指定中心点或 [三点 (3P) /两点 (2P) /切点、切点、半径 (T)]:

(1) 指定中心点　指定圆环体的中心点位置，为默认值。执行该选项，即指定圆环体的中心点位置，用户响应后，系统提示：

指定半径或 [直径 (D)]: (输入圆环体的半径或执行“直径 D”选项，输入直径后按〈Enter〉键)

指定圆管半径或 [两点 (2P) /直径 (D)]: (输入圆管的半径后按〈Enter〉键，或执行“两点 (2P)”“直径 (D)”选项确定直径)

(2) 三点 (3P) /两点 (2P) /切点、切点、半径 (T) 这 3 个选项分别以不同方式确定圆环体的中心线圆，其操作与用 CIRCLE 命令绘制圆相同。确定圆环体的中心线圆后，系统继续提示：

指定圆管半径或 [两点 (2P) /直径 (D)]:

按此提示响应即可。

例 12-6　创建图 12-22 所示半径为 150mm、横截面半径为 50mm 的圆环。

操作步骤：

执行 TORUS 命令，系统提示：

命令: _torus↙ (调用“圆环”命令)

指定中心点或 [三点 (3P) /两点 (2P) /切点、切点、半径 (T)]: ↙ (在绘图区域合适位置取一点)

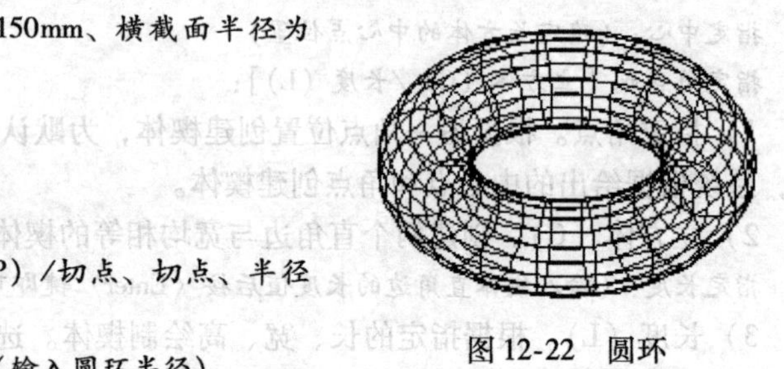

图 12-22　圆环

指定底面半径或 [直径 (D)]: 150↙ (输入圆环半径)

指定圆管半径或 [两点 (2P) /直径 (D)]: 50↙ (输入圆环截面半径)

12.2.7 拉伸

使用 EXTRUDE (拉伸) 命令可以沿指定的高度和路径将二维图形拉伸为三维实体 (图 12-23)。拉伸命令常用于创建楼梯栏杆、管道、异形装饰等物件，是实际工程中创建复杂三维面最常用的一种方法。

1. 调用方法

(1) 菜单栏　选择菜单栏中的“绘图”→“建模”→“拉伸”命令。

(2) 面板　在“功能区”选项板中选择“常用”选项卡，在“建模”组中单击“拉伸”按钮。

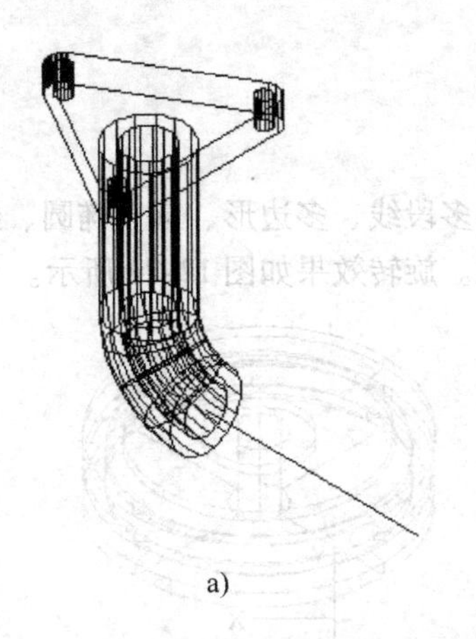
a)

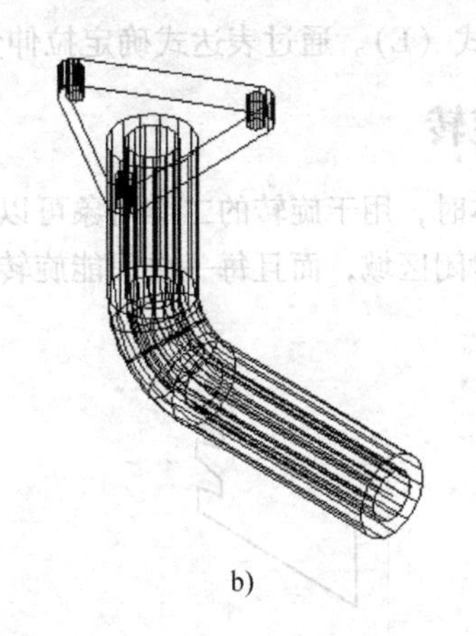
b)

图 12-23　拉伸
a）已有对象　b）拉伸结果

（3）命令行　在命令行中输入 EXTRUDE 命令，按〈Enter〉键确定。

2. 命令操作与选项说明

执行 EXTRUDE 命令，系统提示：

选择要拉伸的对象或［模式（MO）］：

（1）模式（MO）　通过拉伸创建实体还是曲面。执行该选项，系统提示：

闭合轮廓创建模式［实体（SO）/曲面（SU）］<实体>：

“实体（SO）”选项用于创建实体，“曲面（SU）”选项用于创建曲面。选择“实体（SO）”选项后，系统继续提示：

选择要拉伸的对象或［模式（MO）］：

（2）选择要拉伸的对象　选择对象进行拉伸，如果是创建拉伸实体，此时选择二维封闭对象。选择了要拉伸的对象后，系统提示：

选择要拉伸的对象或［模式（MO）］：↙（也可以继续选择对象）

指定拉伸的高度或［方向（D）/路径（P）/倾斜角（T）/表达式（E）］：

1）指定拉伸的高度。确定拉伸高度，使对象按该高度拉伸，为默认项。用户响应后，即输入高度值后按〈Enter〉键，即可创建出对应的拉伸实体。

2）方向（D）。在默认情况下，对象可以沿 Z 轴拉伸，拉伸高度可以为正值，也可以为负值，正负表示了拉伸的方向。执行该选项，系统提示：

指定方向的起点：

指定方向的端点：

3）路径（P）。按路径拉伸。执行该选项，系统提示：

选择拉伸路径或倾斜角（T）：

用于选择拉伸路径，为默认项，用户直接选择路径即可。用于拉伸的路径可以是直线、圆、椭圆、圆弧、椭圆弧、二维多段线等，拉伸路径可以是开放的，也可以是闭合的。

4）倾斜角（T）。确定拉伸倾斜角度。执行该选项，系统提示：

指定拉伸的倾斜角度或［表达式（E）］：

通过指定角度拉伸对象。拉伸的角度可以是正值，也可以是负值，其绝对值不大于 90°。若倾斜角为正，将产生内锥度，创建的侧面向里靠；若倾斜角为负，将产生外锥度，创建的侧面向外靠。

5）表达式（E）。通过表达式确定拉伸角度。

12.2.8 旋转

创建实体时，用于旋转的二维对象可以是封闭的多段线、多边形、圆、椭圆、封闭的样条曲线、圆环及封闭区域，而且每一次只能旋转一个对象。旋转效果如图12-24所示。

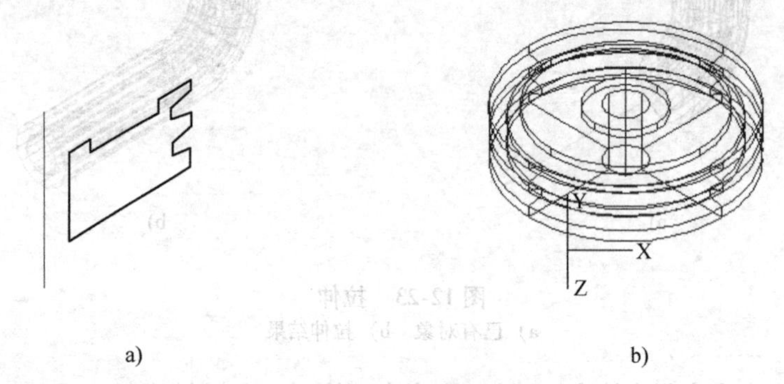

图12-24 旋转
a）已有对象 b）旋转结果

1. 调用方法

（1）菜单栏 选择菜单栏中的“绘图”→“建模”→“旋转”命令。

（2）面板 在“功能区”选项板中选择“常用”选项卡，在“建模”组中单击“旋转”按钮。

（3）命令行 在命令行中输入REVOLVE命令，按〈Enter〉键确定。

2. 命令操作与选项说明

执行REVOLVE命令，系统提示：

选择要旋转的对象或[模式（MO）]：

（1）模式（MO） 确定通过旋转创建实体还是曲面。执行该选项，系统提示：

闭合轮廓创建模式[实体（SO）/曲面（SU）]<实体>：

“实体（SO）”选项用于创建实体，“曲面（SU）”选项用于创建曲面。选择“实体（SO）”选项后，系统继续提示：

选择要旋转的对象或[模式（MO）]：

（2）选择要旋转的对象 选择对象进行旋转，如果是创建旋转实体，此时选择二维封闭对象，选择了要旋转的对象后，系统提示：

选择要旋转的对象或［模式（MO）］：↙（也可以继续选择对象）

指定轴起点或根据以下选项之一定义轴［对象（O）/X/Y/Z）］<对象>：

1）指定轴起点。通过指定旋转轴的两端位置来确定旋转轴，为默认项。用户响应后，即指定旋转轴的起点后按〈Enter〉键，系统提示：

指定轴端点：（指定旋转轴的另一端位置）

指定旋转角度或［起点角度（ST）/反转（R）/表达式（EX）］<360>：

① 指定旋转角度。确定旋转角度，为默认项。用户响应后，即输入角度值后按〈Enter〉键，系统将选择对象按指定的角度创建出对应的旋转实体（默认角度是360°）。

② 起点角度（ST）。确定旋转的起始角度。执行该选项，系统提示：

指定起点角度：（输入旋转的起始角度后按〈Enter〉键）

指定旋转角度或［起点角度（ST）/表达式（EX）］<360>：（输入旋转角度后按〈Enter〉键）

③ 反转（R）。改变旋转方向，直接执行该选项即可。

④ 表达式（EX）。通过表达式或公式确定旋转角度。

2）对象（O）。绕指定的对象旋转。执行该选项，系统提示：

选择对象：

3）X/Y/Z。分别绕 X 轴、Y 轴或 Z 轴旋转成实体。执行某一选项，系统提示：

指定旋转角度或［起点角度（ST）/表达式（EX）］<360>：（输入旋转角度后按〈Enter〉键）

12.2.9　剖切

在绘图过程中，为了实现实体内部的结构特征，可假想一个与指定对象相交的平面或曲面，剖切该实体从而创建新的对象，而剖切平面可根据设计需要通过指定点、选择曲面或平面对象来定义。

调用方法：

（1）菜单栏　调用“修改”→“三维操作”→“剖切”命令。

（2）命令行　在命令行中输入 SLICE 命令，按〈Enter〉键确定。

调用该命令后，就可以通过剖切现有实体并创建新实体。作为剖切平面的对象可以是曲面、圆、椭圆、圆弧或椭圆弧等。在剖切实体时，可以保留剖切实体的一半或者全部。剖切实体不保留创建它们的原始形式的记录，只保留原实体的图层和颜色特性。

剖切实体的默认方法是指通过两个点确定垂直于当前 UCS 的剪切面，然后选择要保留的部分。也可以通过指定三个点，通过曲面、其他对象、当前视图、Z 轴或者 XY 平面定义剪切面。

12.2.10　干涉

干涉运算就是把原实体保留下来，并用两个实体的交集生成一个新实体。

调用方法：

（1）菜单栏　选择菜单栏中的“修改”→“三维操作”→“干涉检查”命令。

（2）面板　在“功能区”选项板中选择“常用”选项卡，在“实体编辑”组中单击“干涉”按钮。

（3）命令行　在命令行中输入 INTREFERE 命令，按〈Enter〉键确定。

例 12-7　使用 INTREFERE 命令对图 12-25 进行干涉运算。

操作步骤：

执行 INTREFER 命令，系统提示：

命令：_intrefer

选择第一组对象或［嵌套选择（N）/设置（S）］：（单击选择左边的图形）

选择第一组对象或［嵌套选择（N）/设置（S）］：↙

选择第二组对象或［嵌套选择（N）/检查第一组（K）］<检查>：（选择右边图形）

选择第二组对象或［嵌套选择（N）/检查第一组（K）］<检查>：↙

执行以上命令后，弹出“干涉检查”对话框，如图 12-26 所示。

取消“干涉检查”对话框中的“关闭时删除已建的干涉对象”选项，然后单击“关闭”按钮。结果如图 12-27 所示。

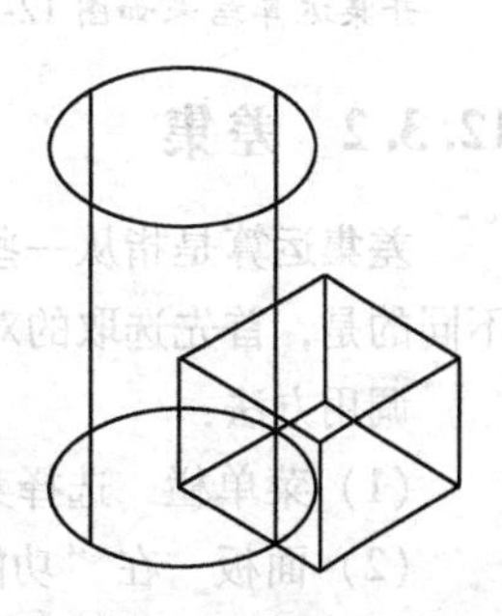

图 12-25　干涉运算原图

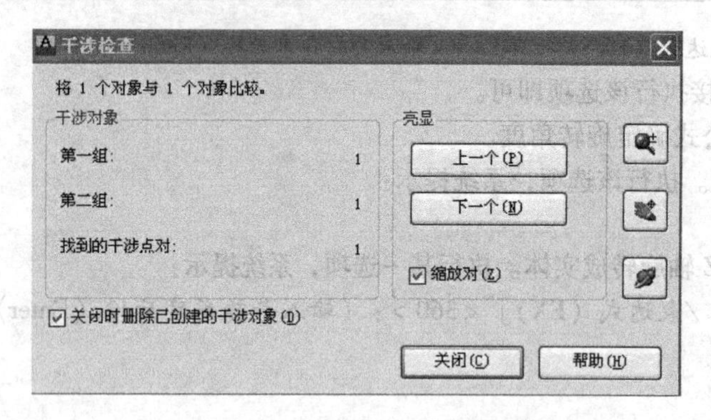

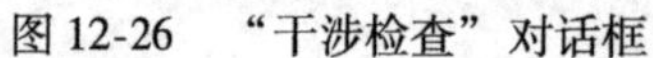

图 12-26 “干涉检查”对话框

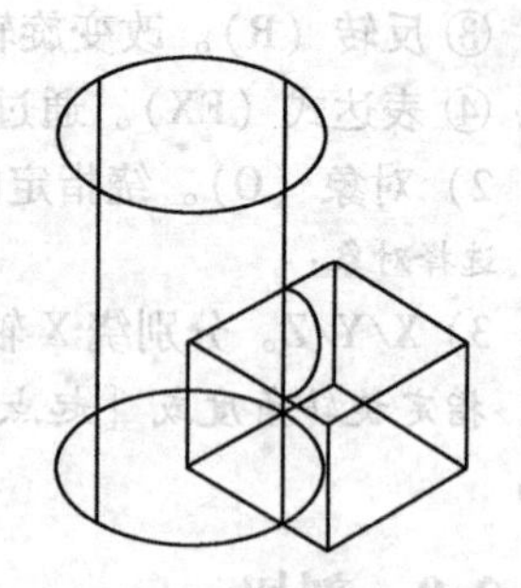

图 12-27 干涉运算结果

12.3 编辑三维实体

在绘图时，用户可以对图形进行三维图形编辑。三维图形编辑就是对图形对象进行并集、差集、交集、旋转、矩阵及对齐等修改操作的过程。AutoCAD 2013 提供了强大的三维图形编辑功能，可以帮助用户合理构造和组织图形，从而为创建出更加复杂的实体模型提供条件。

12.3.1 并集

并集运算是指将多个实体组合成一个实体，使其成为无重合的实体。

调用方法：

(1) 菜单栏 选择菜单栏中的“修改”→“实体编辑”→“并集”命令。

(2) 面板 在“功能区”选项板中选择“常用”选项卡，在“实体编辑”组中单击“并集”按钮。

(3) 命令行 在命令行中输入 UNION 命令，按〈Enter〉键确定。

例 12-8 使用 UNION 命令对图 12-28 三维实体进行并集运算。

操作步骤：

调用“修改”→“实体编辑”→“并集”菜单命令，对球体和圆柱体进行并集运算。

执行 UNION 命令，系统提示：

命令：_ union↙（调用“并集”命令）

选择对象：找到 1 个↙（选择对象）

选择对象：找到 1 个，总计 2 个↙（选择对象）

并集运算结果如图 12-29 所示。

12.3.2 差集

差集运算是指从一些实体中减去另一些实体，从而得到一个新实体的运算过程。与并集操作不同的是，首先选取的对象为被剪切对象，之后选取的对象则为剪切对象。

调用方法：

(1) 菜单栏 选择菜单栏中的“修改”→“实体编辑”→“差集”命令。

(2) 面板 在“功能区”选项板中选择“常用”选项卡，在“实体编辑”组中单击“差集”按钮。

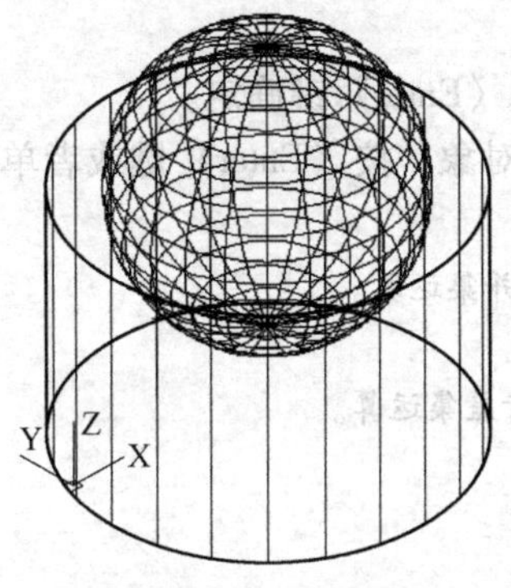

图 12-28　并集运算原图

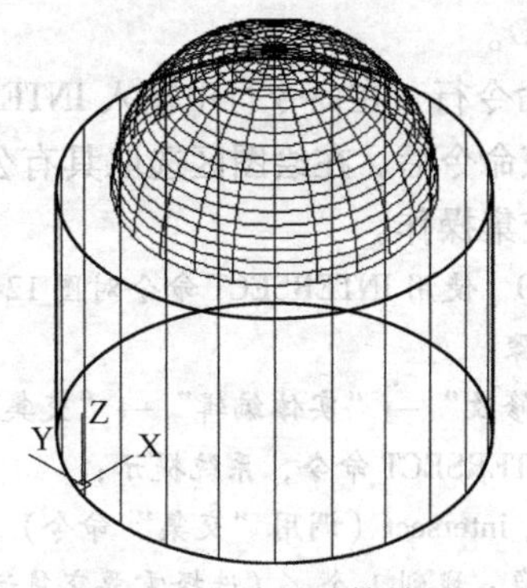

图 12-29　并集运算结果

（3）命令行　在命令行中输入 SUBTRACT 命令，按〈Enter〉键确定。

调用该命令后，在绘图区域选取被剪切的对象，按〈Enter〉键或单击鼠标右键结束；选取要剪切的对象，按〈Enter〉键或单击鼠标右键即可调用差集操作。在调用差集运算时，如果第二个对象包含在第一个对象之内，则差集操作的结果是第一个对象减去第二个对象；如果第二个对象只有一部分包含在第一个对象之内，则差集操作的结果是第一个对象减去与第二个对象的公共部分。

例 12-9　使用 SUBTRACT 命令对图 12-30 三维实体进行并集运算。

操作步骤：

调用“修改”→“实体编辑”→“差集”菜单命令，进行差集运算。

执行 SUBTRACT 命令，系统提示：

命令：_subtract（调用“差集”命令）

选择要从中减去的实体、曲面和面域...↙

选择对象：找到 1 个↙（选取要剪切的对象）

选择要减去的实体、曲面和面域...↙

选择对象：找到 1 个↙（选取剪切的对象）

选择对象：↙（进行差集运算）

差集运算结果如图 12-31 所示。

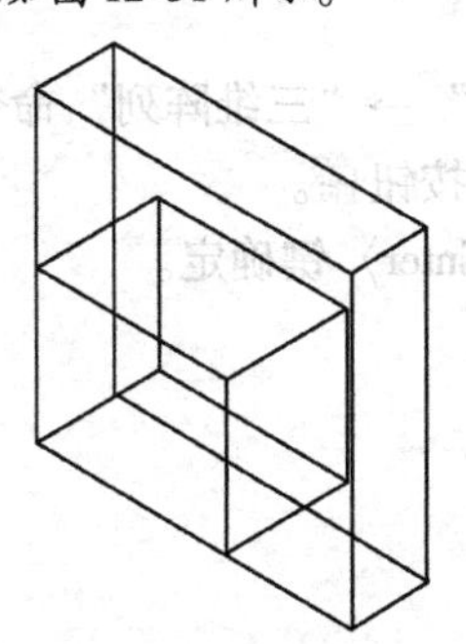
图 12-30　差集运算原图

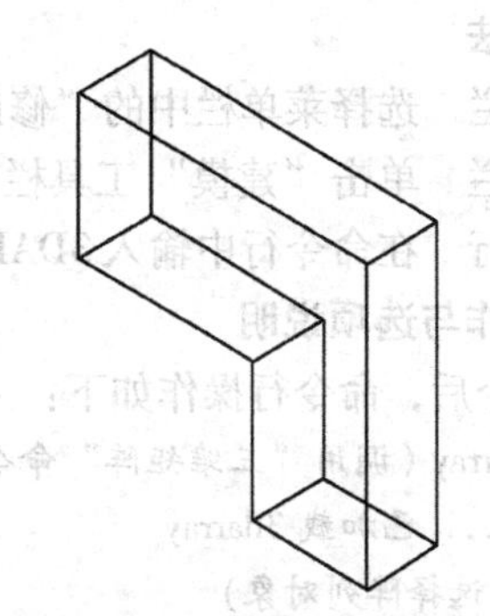
图 12-31　差集运算结果

12.3.3　交集

交集运算是通过各实体的公共部分绘制新实体。

调用方法：

（1）菜单栏　选择菜单栏中的“修改”→“实体编辑”→“交集”命令。

（2）面板　在“功能区”选项板中选择“常用”选项卡，在“实体编辑”组中单击“交集”按钮。

(3) 命令行　在命令行中输入INTERSECT命令，按〈Enter〉键确定。

调用该命令后，在绘图区选取具有公共部分的两个对象，按〈Enter〉键或者单击鼠标右键即可调用交集操作。

例12-10　使用INTERSECT命令对图12-32三维实体进行并集运算。

操作步骤：

调用“修改”→“实体编辑”→“交集”菜单命令，进行差集运算。

执行INTERSECT命令，系统提示：

命令：_ intersect（调用“交集”命令）

选择对象：找到1个↙（选择需要交集运算的区域）

选择对象：找到1个，总计2个↙（选择需要交集运算的区域）

选择对象：↙（进行交集运算）

交集运算结果如图12-33所示。

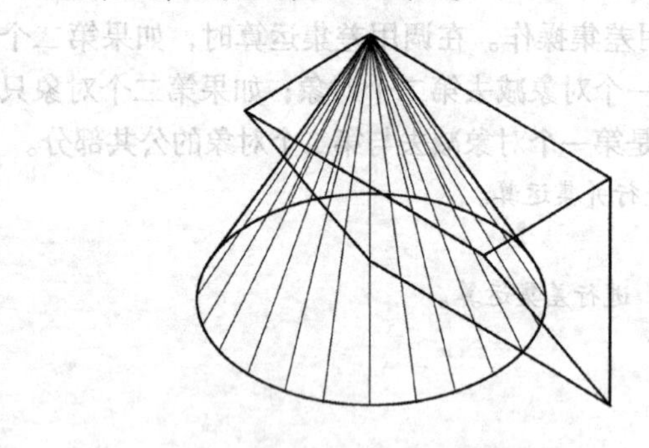

图12-32　交集运算原图

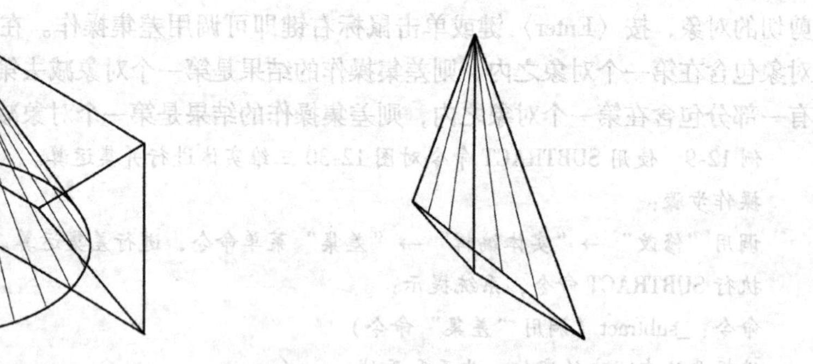

图12-33　交集运算结果

12.3.4　三维阵列

使用“三维阵列”命令可以在三维空间中按矩形阵列或环形阵列的方式，创建指定对象的多个副本。

1. 调用方法

(1) 菜单栏　选择菜单栏中的“修改”→“三维操作”→“三维阵列”命令。

(2) 工具栏　单击“建模”工具栏中的“三维阵列”按钮。

(3) 命令行　在命令行中输入3DARRAY命令，按〈Enter〉键确定。

2. 命令操作与选项说明

调用该命令后，命令行操作如下：

命令：_ 3darray（调用“三维矩阵”命令）

正在初始化... 已加载3darray

选择对象：(选择阵列对象)

选择对象：(继续选择对象或按〈Enter〉键结束选择)

输入矩阵类型［矩形（R）/环形（P）］<矩形>：(输入矩阵类型)

(1) 矩形阵列　在调用三维矩形阵列时，需要指定行数、列数、层数、行间距和层间距，其中一个矩形阵列可设置多行、多列和多层。在指定间距值时，可以分别输入间距值或在绘图区域选取两个点，AutoCAD将自动测量两点之间的距离值，并以此作为间距值。如果间距值为正，将沿X轴、Y轴、Z轴的正方向生成阵列；间距值为负，将沿X轴、Y轴、Z轴的负方向生成阵列。

例12-11　使用3DARRAY命令绘制如图12-34所示圆柱体。

操作步骤：

调用“修改”→“三维操作”→“三维阵列”命令。

命令：_3darray（调用“三维阵列”命令）

选择对象：找到 1 个↙（选择需要阵列的圆柱体）

选择对象：输入阵列类型［矩形（R）/环形（P）］<R>：p↙（激活“矩形（R）”选项）

输入行数（- - -）<1>：2↙（输入行数）

输入列数（| | |）<1>：2↙（输入列数）

输入层数（...）<1>：↙（输入层数）

指定行间距（- - -）：70↙（指定间距）

指定列间距（| | |）：70↙（指定行距）

矩阵阵列结果如图 12-35 所示。

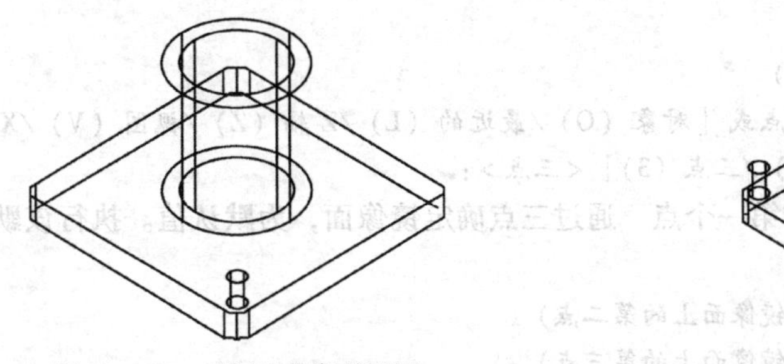

图 12-34　三维矩形阵列原图

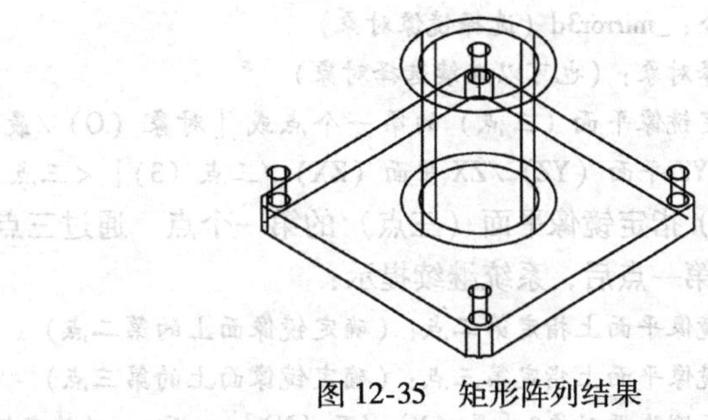

图 12-35　矩形阵列结果

（2）环形阵列　在调用三维环形阵列时，需要指定阵列的数目、阵列填充的角度、旋转轴的起点和终点及对象在阵列后是否绕着阵列中心旋转。

例 12-12　使用 3DARRAY 命令绘制图 12-36 所示圆柱体。

操作步骤：

调用“修改”→“三维操作”→“三维阵列”命令。

命令：_3darray（调用“三维阵列”命令）

选择对象：找到 1 个↙（选择需要阵列的圆柱体）

选择对象：输入阵列类型［矩形（R）/环形（P）］<R>：p↙（激活“环形（P）”选项）

输入阵列中项目的数目：9↙（输入项目数）

指定填充角度（+ = 逆时针，- = 顺时针）<360>：360↙（选择需要填充的角度，默认 360°）

是否旋转阵列中的对象？［是（Y）/否（N）］<Y>：Y↙（激活“是（Y）”选项）

指定阵列的中心点或［基点（B）］：↙（在 Z 轴上选择一点）

指定旋转轴上的第二点：（在 Z 轴上选择另一点）

环形阵列结果如图 12-37 所示

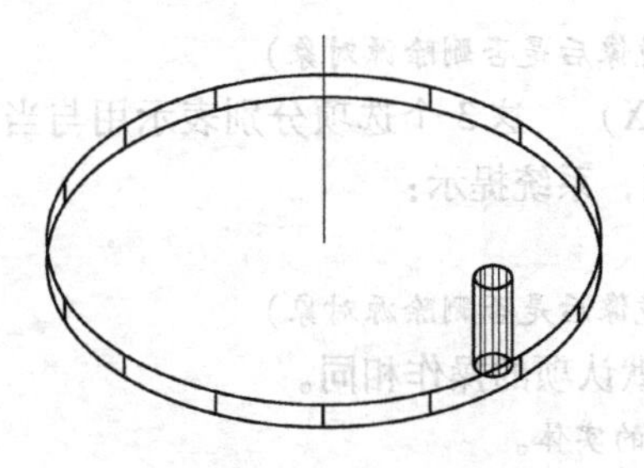

图 12-36　环形阵列原图

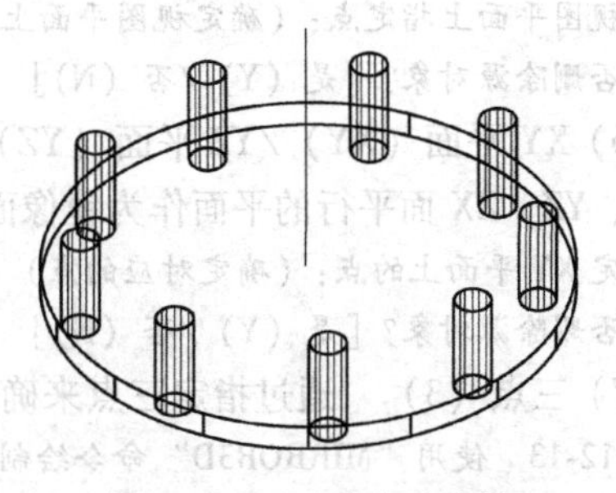

图 12-37　环形阵列结果

12.3.5 三维镜像

调用三维镜像命令可以将三维对象通过镜像平面获取与之完全相同的对象，其中镜像平面可以是与 UCS 坐标系平面平行的平面或由三点确定的平面。

1. 调用方法

(1) 菜单栏　选择菜单栏中的“修改”→“三维操作”→“三维镜像”命令。

(2) 面板　单击“常用”选项卡中的“修改”面板→“三维镜像”按钮。

(3) 命令行　在命令行中输入 MIRROR3D 命令，按〈Enter〉键确定。

2. 命令操作与选项说明

调用该命令后，命令行操作如下：

命令：_mirror3d（选择镜像对象）

选择对象：（也可以继续选择对象）

指定镜像平面（三点）的第一个点或［对象（O）/最近的（L）/Z 轴（Z）/视图（V）/XY 平面（XY）/YZ 平面（YZ）/ZX 平面（ZX）/三点（3）］<三点>：

(1) 指定镜像平面（三点）的第一个点　通过三点确定镜像面，为默认值。执行该默认项，即确定第一点后，系统继续提示：

在镜像平面上指定第二点：（确定镜像面上的第二点）

在镜像平面上指定第三点：（确定镜像面上的第三点）

是否删除源对象？［是（Y）/否（N）］<否>：（确定镜像后是否删除源对象）

(2) 对象（O）　用指点对象所在的平面作为镜像面。执行该选项，系统提示：

选择圆、圆弧或二维多段线线段：

在此提示下选择圆、圆弧或二维多段线线段后，系统继续提示：

是否删除源对象？［是（Y）/否（N）］<否>：（确定镜像后是否删除源对象）

(3) 最近的（L）　用最近一次定义的镜像面作为当前镜像面。执行该选项，系统提示：

是否删除源对象？［是（Y）/否（N）］<否>：（确定镜像后是否删除源对象）

(4) Z 轴（Z）　通过指定平面上一点和该平面法线上的一点来定义镜像面。执行该选项，系统提示：

在镜像平面上指定点：（确定镜像面上的任一点）

在镜像平面的 Z 轴（法向）上指定点：（确定镜像面法线上的任一点）

是否删除源对象？［是（Y）/否（N）］<否>：（确定镜像后是否删除源对象）

(5) 视图（V）　用与当前视图平面（计算机屏幕）平行的面作为镜像面。执行该选项，系统提示：

在视图平面上指定点：（确定视图平面上的任一点）

是否删除源对象？［是（Y）/否（N）］<否>：（确定镜像后是否删除源对象）

(6) XY 平面（XY）/YZ 平面（YZ）/ZX 平面（ZX）　这 3 个选项分别表示用与当前 UCS 的 XY、YZ、ZX 面平行的平面作为镜像面。执行该选项，系统提示：

指定 XY 平面上的点：（确定对应的点）

是否删除源对象？［是（Y）/否（N）］<否>：（确定镜像后是否删除源对象）

(7) 三点（3）　通过指定三点来确定镜像面，与默认项的操作相同。

例 12-13　使用“MIRROR3D”命令绘制如图 12-38 所示的实体。

操作步骤：

调用“修改”→“三维操作”→“三维镜像”命令。

命令：_ mirror3d（调用“三维镜像”命令）

选择对象：找到 1 个↙（选择镜像对象）

选择对象：↙（按〈Enter〉键确认）

指定镜像平面（三点）的第一个点或［对象（O）/最近的（L）/Z 轴（Z）/视图（V）/XY 平面（XY）/YZ 平面（YZ）/ZX 平面（ZX）/三点（3）］<三点>：_mid↙（指定一点）

在镜像平面上指定第二点：↙（指定第二点）

在镜像平面上指定第三点：↙（指定第三点）

是否删除源对象？［是（Y）/否（N）］<否>：↙（按〈Enter〉键确认）

三维镜像结果如图 12-39 所示。

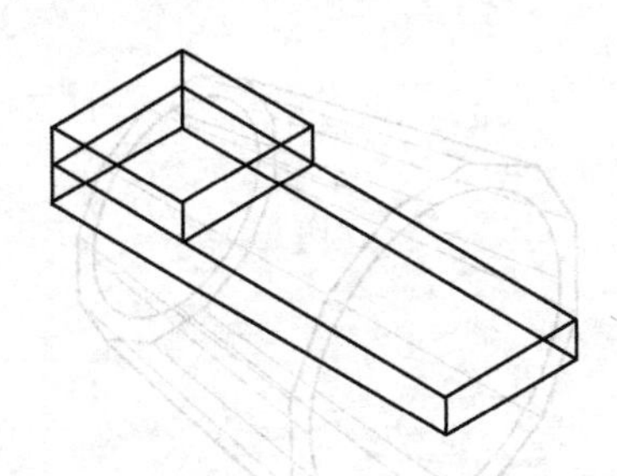

图 12-38　三维镜像原图

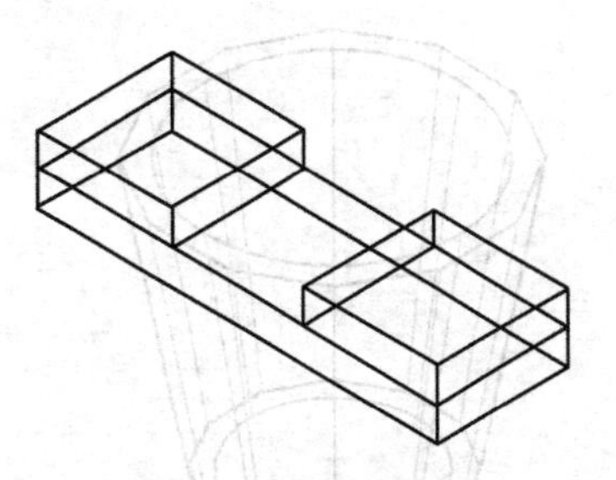

图 12-39　三维镜像结果

12.3.6　三维旋转

使用“三维旋转”命令能够绕指定基点旋转基点图形中的对象。

1. 调用方法

（1）菜单栏　选择菜单栏中的“修改”→“三维操作”→“三维旋转”命令。

（2）面板　单击“常用”选项卡中的“修改”面板→“三维旋转”按钮。

（3）命令行　在命令行中输入 3DROTATE 命令，按〈Enter〉键确定。

2. 命令操作与选项说明

执行 3DROTATE 命令，系统提示：

命令：_3drotate

选择对象：（选择旋转对象）

选择对象：↙（也可以继续选择对象）

指定基点：

在给出此提示的同时，系统显示出随光标一起移动的三维旋转图标。

在“指定基点：”提示下指定旋转基点，系统将图标固定于旋转基点位置（图标中心点与基点重合），同时提示：

拾取旋转轴：

在此提示下，将光标放在光标的某一个椭圆上，该椭圆会用黄颜色显示，同时显示出与该椭圆所在平面垂直并通过图标中心点的一条斜线。

此斜线就是一条旋转轴，用此方法确定旋转轴后，单击鼠标左键，系统提示：

指定角的起点或键入角度：（指定一点作为角的起点，或者直接输入角度值）

指定角的端点：（指定一点作为角的终止点）

例 12-14　使用“三维旋转”命令旋转图 12-40 所示实体

操作步骤：

调用“修改”→“三维操作”→“三维旋转”命令。

命令：_3drotate（调用“三维旋转”命令）

UCS 当前的正角方向：ANGDIR = 逆时针 ANGBASE = 0

选择对象：找到1个↙（选择旋转对象）

选择对象：↙

指定基点：↙（指定旋转基点）

拾取旋转轴：↙（指定旋转轴）

指定角的起点或键入角度：90↙（输入角度）

三维旋转结果如图12-41所示。

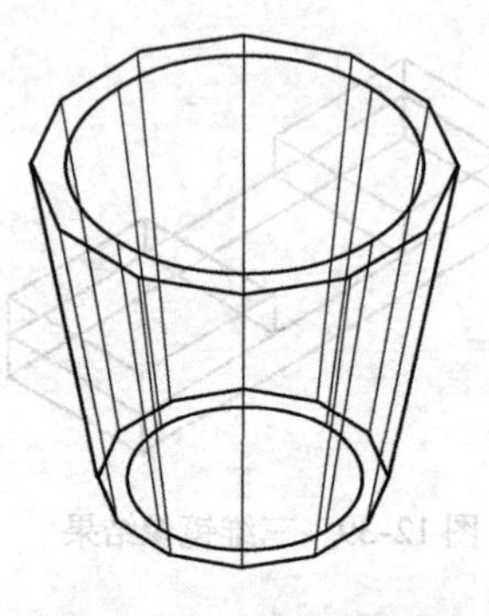

图12-40　三维旋转原图

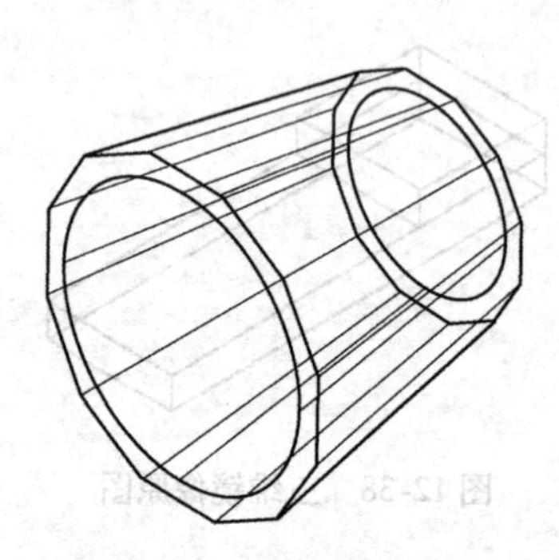

图12-41　三维旋转结果

12.3.7　对齐

在三维建模环境中，使用“对齐”和“三维对齐”工具可对齐三维对象，从而获得准确的定位效果。这两种对齐工具都可以实现对齐两模型的目的，但选取顺序却不同。

1. 对齐对象

调用“对齐”命令可以指定一对、两对或三对原点和定义点，从而使对象通过位移、旋转、倾斜或缩放对齐选定对象。

（1）调用方法

1）菜单栏。调用“修改”→“三维操作”→“对齐”命令。

2）命令行。在命令行输入 ALIGN 并按〈Enter〉键确认。

调用该命令后，即可进入“对齐”模式。

（2）三种指定点对齐对象的方法

1）一对点对齐对象。该对齐方式是指定一对源点和目标点进行实体对齐。当只选择一对源点和目标点时，所选取的实体对象将在二维或三维空间中从源点沿直线路径移动到目标点。

2）两对点对齐对象。该对齐方式是指定两对源点和目标点进行实体对齐。当选择两对源点和目标点时，可以在二维或三维空间移动、旋转和缩放选定对象，以便与其他对象对齐。

3）三对点对齐对象。该对齐方式是指定三对源点和目标点进行实体对齐。当选择三对源点和目标点时，可直接在绘图区连续捕捉三对对应点即可获得对齐对象操作。

2. 三维对齐

在 AutoCAD 2013 中，三维对齐操作是指最多指定三个点用以定义源平面，以及最多指定三个点用以定义目标平面，从而获得三维对齐效果。

（1）调用方法

（1）菜单栏　选择“修改”→“三维操作”→“三维对齐”菜单栏命令。

（2）面板　单击“常用”选项卡→“修改”面板→“三维对齐”按钮。

（3）命令行　在命令栏中输入 3DALIGN 并回车。

调用该命令后，即可进入“三维对齐”模式。调用三维对齐操作与对齐操作的不同之处在于：调用三维对齐操作时，可首先为源对象指定 1 个、2 个或 3 个点用以确定圆平面，然后为目标对象指定 1 个、2 个或 3 个点用以确定目标平面，从而使模型与模型之间的对齐。

例 12-15　使用“三维对齐”命令移动图 12-42 所示的实体

操作步骤：

调用“修改”→“三维操作”→“三维对齐”命令。

命令：_3dalign（调用“三维对齐”命令）

选择对象：↙（选择需要对齐的对象）

选择对象：↙（按〈Enter〉键确认）

指定源平面和方向...

指定基点或［复制（C）］：↙（指定基点）

指定第二个点或［继续（C）］<C>：↙（指定第二个点）

指定第三个点或［继续（C）］<C>：↙（指定第三个点）

指定目标平面和方向...

指定第一个目标点：↙（指定第一个目标点）

指定第二个目标点或［退出（X）］<X>：↙（指定第二个目标点）

指定第三个目标点或［退出（X）］<X>：↙（指定第三个目标点）

三维对齐结果如图 12-43 所示。

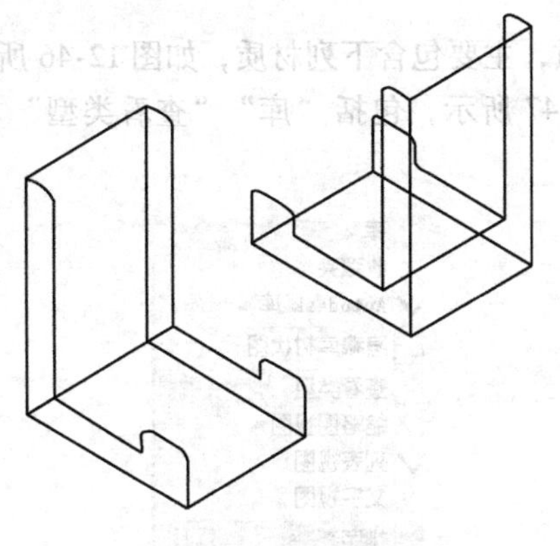

图 12-42　三维对齐原图

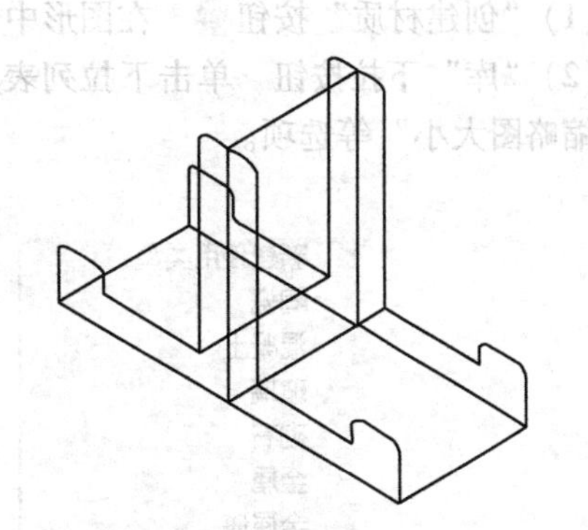

图 12-43　三维对齐结果

12.4　渲染三维实体

渲染是一种通用渲染器，它可以生成真实准确的模拟光照效果，包括光线的跟踪、反射、折射以及全局的照明。

12.4.1　设置材质

材质能够详细地描述对象如何反射或投射灯光，可使场景更加具有真实感。

1. 调用方法

1）选择“视图”→“渲染”→“材质浏览器”命令，如图 12-44 所示。

2）执行后弹出“材质浏览器”面板，如图12-45所示。

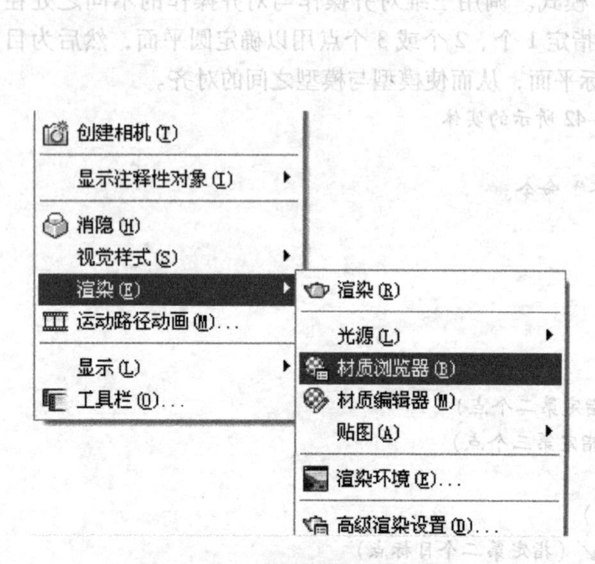

图12-44　“材质浏览器”命令

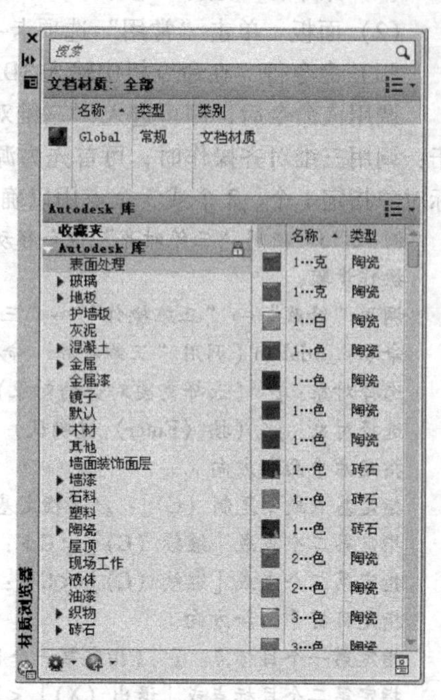

图12-45　“材质浏览器”菜单

2. 选项说明

（1）“创建材质”按钮　在图形中创建新材质，主要包含下列材质，如图12-46所示。

（2）“库”下拉按钮　单击下拉列表后如图12-47所示，包括“库”“查看类型”“排序”和“缩略图大小”等选项。

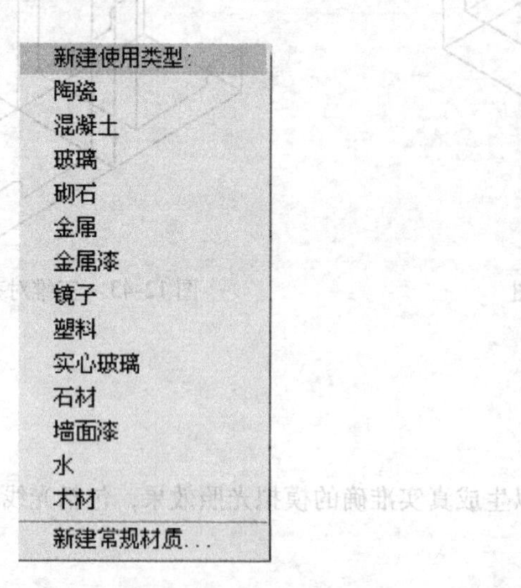

图12-46　“创建材质”面板

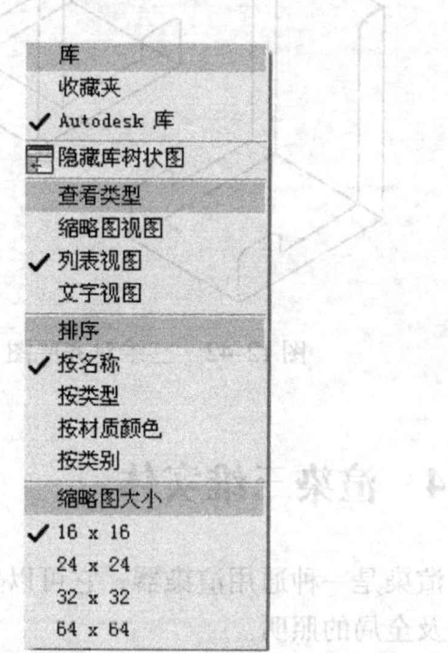

图12-47　“库”面板

（3）“创建、打开并编辑用户定义的库”按钮　下拉列表如图12-48所示。

（4）“Autodesk库”　包含了Autodesk提供的所有材质，如图12-49所示。

打开现有库
创建新库
删除库
创建类别
删除类别
重命名

图 12-48 “创建、打开并编辑用户定义的库”菜单

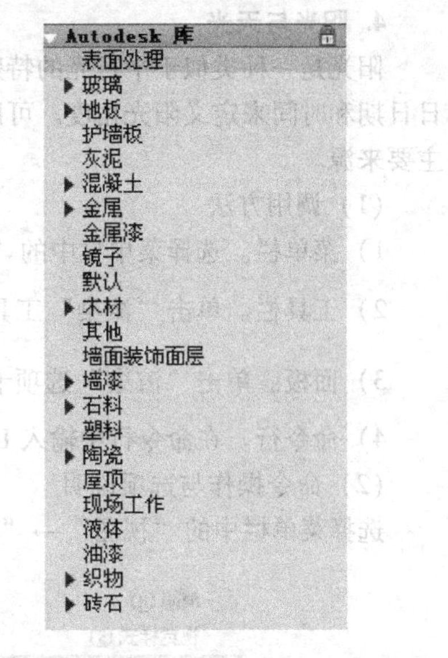

图 12-49 “Autodesk 库”菜单

12.4.2 设置光源

AutoCAD 2013 提供了 3 种光源单位：标准（常规）、国际（国际标准）和美制。标准（常规）光源流程相当于 AutoCAD 2013 之前的版本中 AutoCAD 的光源流程。AutoCAD 2013 的默认光源流程是基于国际（国际标准）光源单位的光度控制流程，此选择将产生真实准确的光源。

1. 默认光源

场景中没有光源时，将使用默认光源对场景进行着色或渲染。来回移动模型时，默认光源来自视点后面的两个平行光源。模型中所有的面均被照亮，以使其可见。可以控制亮度和对比度，但不需要自己创建或放置光源。

插入自定义光源或启用阳光时，将会为用户提供禁用默认光源的选项。另外，用户可以仅将默认光源应用到视口，同时将自定义光源应用到渲染。

2. 标准光源

添加光源可为场景提供真实外观。光源可增强场景的清晰度和三维性。可以创建点光源、聚光灯和平行光以达到效果。可以移动或旋转光源（使用夹点工具），将其打开或关闭以及更改其特性（如颜色和衰减）。更改的效果将实时显示在视口中。

使用不同的光线轮廓（图形中显示光源位置的符号）表示每个聚光灯和点光源。在图形中，不会用轮廓表示平行光和阳光，因为它们没有离散的位置，并且也不会影响到整个场景。绘图时，可以打开或关闭光线轮廓的显示。默认情况下，不打印光线轮廓。

3. 光度控制光源

要更精确地控制光源，可以使用光度控制光源照亮模型。光度控制光源使用光源（光能量）值，光度值使用户能够按光源在显示中显示的样子更精确地对其进行定义。可以创建具有各种分布和颜色特征，或输入光源制造商提供的特定光域网文件。

光度控制光源可以使用制造商的 IES 标准文件格式。通过使用制造商的光源数据，用户可以在模型中显示商业上可用的光源。然后可以尝试不同的设备，并且通过改变光强度和颜色温度，用户可以设计生成所需结果的光源系统。

4. 阳光与天光

阳光是一种类似于平行光的特殊光源。用户可为模型指定地理位置，并指定该地理位置的当日日期和时间来定义阳光角度。可以更改阳光的强度及其光源的颜色。阳光与天光是自然照明的主要来源。

（1）调用方法

1）菜单栏。选择菜单栏中的“视图”→“渲染”→“光源”命令。

2）工具栏。单击“渲染”工具栏中的按钮。

3）面板。单击“渲染”选项卡中“光源”面板中的“创建光源”按钮。

4）命令行。在命令行中输入 LIGHT 命令，按〈Enter〉键确定。

（2）命令操作与选项说明

选择菜单栏中的“视图”→“渲染”→“光源”命令，下拉菜单如图 12-50 所示。

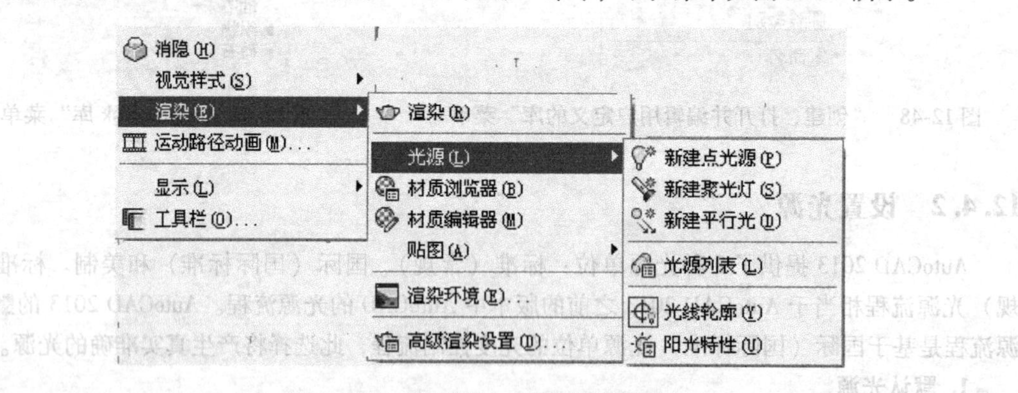

图 12-50　“渲染”→“光源”菜单

“光源”下拉菜单栏包括“新建点光源”“新建聚光灯”“新建平行光”“光源列表”“光源轮廓”和“阳光特性”等菜单项。

主要菜单项的含义如下：

1）新建点光源。点光源从其所在位置向四周发射光线。点光源不以一个对象为目标。使用点光源可以达到基本的照明效果。

2）新建聚光灯。聚光灯（如闪光灯、剧场中的跟踪聚光灯或前灯）分布投射一个聚焦光束。聚光灯发射定向锥形光，可以控制光源的方向和圆锥体的尺寸。像点光源一样，聚光灯也可以手动设置为强度随距离衰减。但是，聚光灯的强度始终还是根据相对于聚光灯的目标矢量的角度衰减，此衰减由聚光灯的聚光角角度和照射角角度控制。聚光灯可用于亮显模型中的特定特征和区域。

3）新建平行光。平行光仅向一个方向发射统一的平行光光线。可以在视口中的任意一个位置指定“FROM 点”和“TO 点”，以定义光线的方向。

12.4.3　渲染操作

调用方法：

（1）菜单栏　选择菜单栏中的“工具”→“工具栏”→“AutoCAD”→“渲染”命令，使该工具栏显示在绘图窗口中，如图 12-51 所示。

（2）面板　在“渲染”选项卡中的“渲染”面板中单击“渲染”按钮。

（3）命令行 在命令行中输入 RENDER 命令，按〈Enter〉键确定。

图 12-51 “渲染”工具栏

例 12-16 对图 12-52 进行渲染操作，使其达到图 12-53 所示效果。

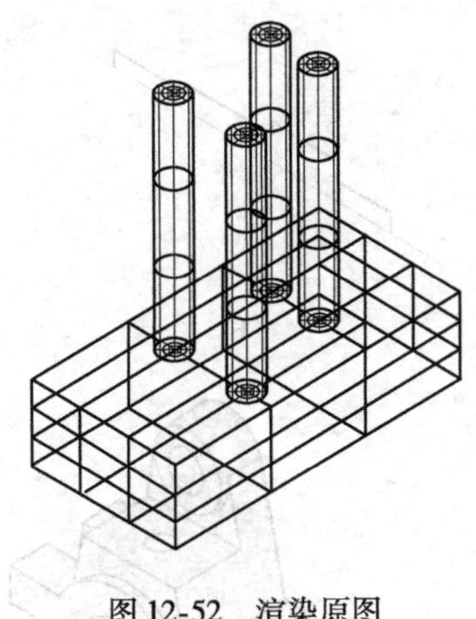

图 12-52 渲染原图

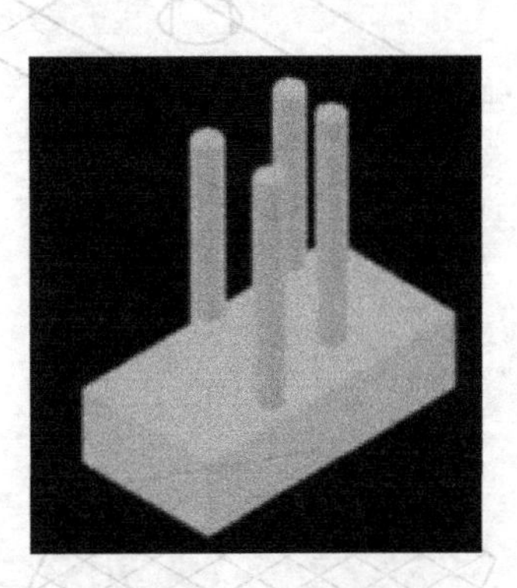

图 12-53 “渲染结果

小 结

AutoCAD 2013 提供了强大的三维图形编辑功能，可能帮助用户合理地构造和组织图形。

本章介绍了三维建模视点的设置、三维动态观察器的使用及三维模型的显示。建立三维视图，离不开观察视点的调整，通过不同的视点可以建立观察立体模型的不同侧面和效果。使用三维动态观察器工具，用户可以从不同的角度、高度和距离查看图形中的对象，能够以交互方式控制对象的显示。用户可以控制三维模型的视觉样式，使其按二维线框、三维线框、三维隐藏、概念及真实等视觉显示。

本章介绍了绘制三维图形的操作。三维实体是具有质量、体积、重心、惯性矩和回转半径等体积特征的三维对象。利用 AutoCAD 2013，用户可以方便创建长方体、球体、圆柱体、圆锥体、楔体、圆环体等基本的三维实体，并进行拉伸、旋转、剖切、干涉等操作。

本章介绍了编辑三维图形的操作及三维图形的渲染。三维图形的编辑就是对图形进行并集、差集、交集、阵列、镜像、旋转等修改操作过程。在屏幕绘制好物体模型之后，模型会以线框的形式显示，然后对物体模型进行渲染就会生成具有真实感的图片。

思考题与习题

12-1 创建长方体、球体、圆柱体、圆锥体、楔体、圆环体的命令是什么？

12-2 用什么命令可以使长方形生成长方体？

12-3 三维阵列包括哪几种？各自操作步骤是什么？

12-4 渲染时的光源有哪几种？

12-5 打开 AutoCAD 2013 提供的图形文件 3DHouse. dwg（位于 AutoCAD 2013 安装目录中的 Sample 文件夹），试进行以下操作。

（1）用不同的视觉样式观察图形。

（2）执行 VPOINT 命令，设置不同的视点并观察图形；利用坐标球和三轴架设置视点，观察图形。

（3）通过菜单“视图”→“三维视图”中的各菜单项设置特殊视点，观察结果。

12-6 用创建长方体、圆柱体的命令创建如图 12-54a 所示的实体。

12-7 通过旋转的方法把图 12-54b 旋转 360°。

12-8 通过拉伸的方法对图 12-54c 进行拉伸，拉伸角度为 5°。

12-9 通过剖切命令对图 12-54d 进行剖切。

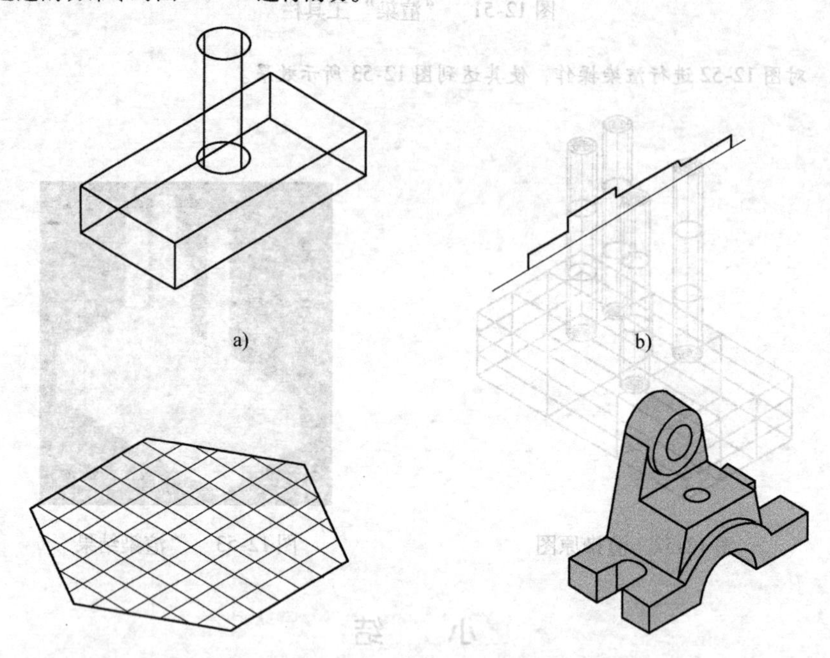

图 12-54 思考题与习题图

第 13 章　图形输出和打印

在逐步完成所有的设计和制图的工作之后，就需要将图形文件通过绘图仪器或打印机输出为图样。本章主要介绍 AutoCAD 出图中涉及的一些问题，其中包括模型空间与图形空间的切换、模型空间和图形空间输出图形、图纸管理等。

13.1　模型空间与图纸空间

在 AutoCAD 2013 中绘制和编辑图形时，可以采用不同的工作空间，即模型空间和图纸空间（布局空间），在不同的工作空间中可以完成不同的操作，绘制好的图形可以使用打印机或绘图仪输出，可以在模型空间输出，也可以在图纸空间输出。

13.1.1　模型空间与图纸空间的含义

模型空间主要用于建模，是 AutoCAD 默认的显示方式。当打开一副新图时，系统将自动进入模型空间，如图 13-1 所示。一般情况下，二维和三维图形的绘制与编辑工作都是在模型空间下进行的，它为用户提供了一个广阔的绘图区域。

模型空间对应的窗口称为模型窗口。在模型窗口中，十字光标在整个绘图区域都处于激活状态，并且可以创建多个不重叠的平铺视口，以展示图形的不同窗口。

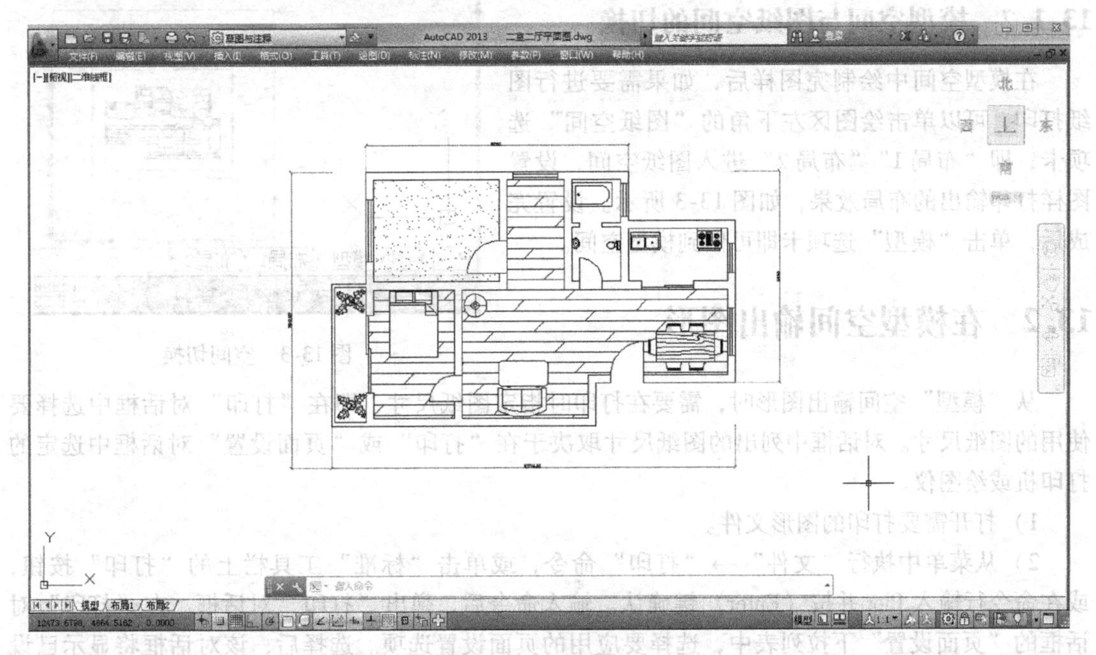

图 13-1　模型空间

图纸空间又称布局空间，主要用于出图。模型建立后，需要将模型打印到纸面上形成图样。使用图纸空间可以方便地设置打印设备、纸张、比例尺、图样布局，并预览实际出图效果，如

图 13-2所示。图纸空间对应的窗口称为图纸窗口，可以在同一个 AutoCAD 文档中创建多个不同的布局图。单击工作区左下角的各个布局按钮，可以从模型窗口切换到图纸窗口。当需要将多个视图放在同一张图样上输出时，使用布局就可以很方便地控制图形的位置、输出比例等参数。

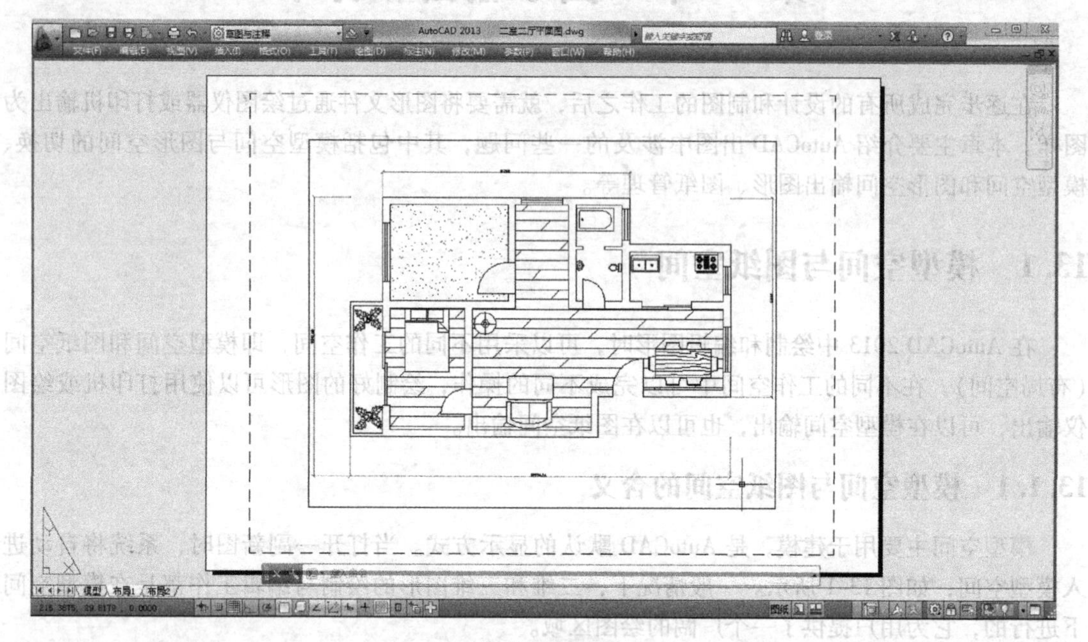

图 13-2 图纸空间

13.1.2 模型空间与图纸空间的切换

在模型空间中绘制完图样后，如果需要进行图纸打印，可以单击绘图区左下角的“图纸空间”选项卡，即“布局1”“布局2”进入图纸空间，设置图样打印输出的布局效果，如图 13-3 所示。设置完成后，单击“模型”选项卡即可回到模型空间。

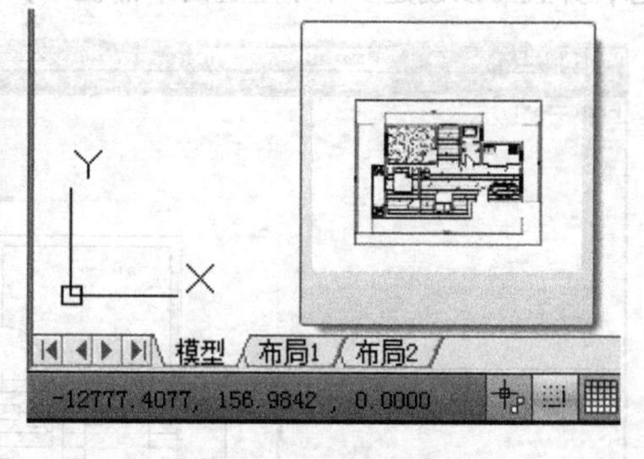

图 13-3 空间切换

13.2 在模型空间输出图形

从“模型”空间输出图形时，需要在打印时指定图纸尺寸，即在“打印”对话框中选择要使用的图纸尺寸。对话框中列出的图纸尺寸取决于在“打印”或“页面设置”对话框中选定的打印机或绘图仪。

1）打开需要打印的图形文件。

2）从菜单中执行“文件”→“打印”命令，或单击“标准”工具栏上的“打印”按钮，或在命令行输入 Plot 并按〈Enter〉键确认。输入命令后，弹出“打印”对话框。在“打印”对话框的“页面设置”下拉列表中，选择要应用的页面设置选项。选择后，该对话框将显示已设置好的“页面设置”各项内容。如果没有进行设置，可在“打印”对话框中直接进行打印设置。

3）打印预览。选择页面设置或进行打印设置后，单击“打印”对话框左下角的“预览”按钮，对图形进行打印预览，如图 13-4 所示。

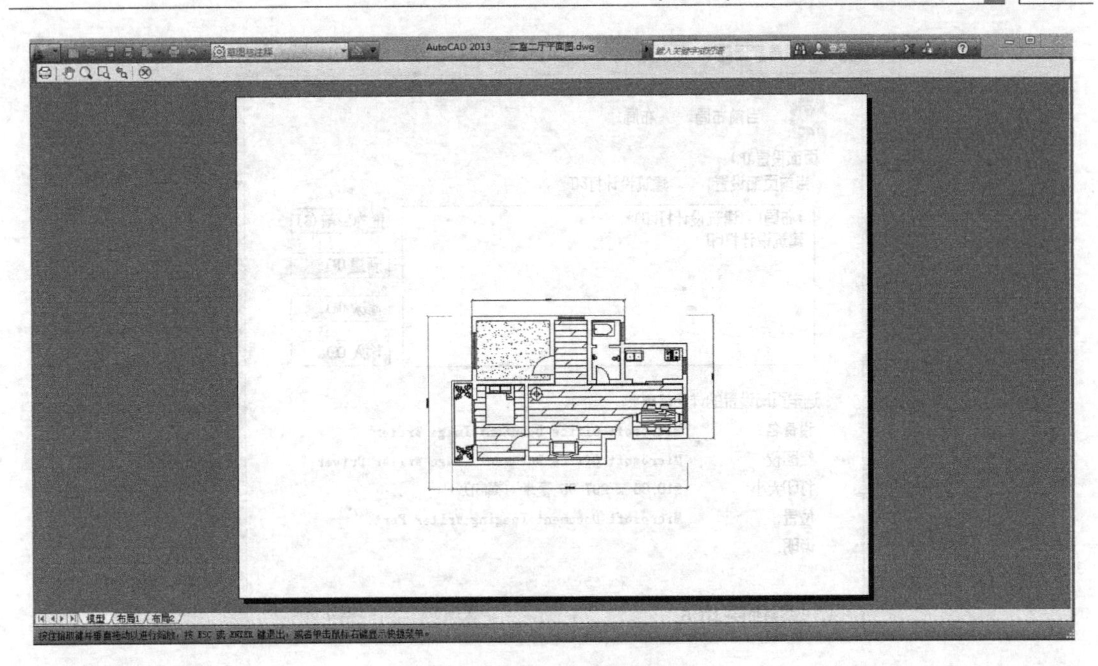

图13-4　图形打印预览窗口

当要退出时，在该预览界面上单击鼠标右键，在弹出的菜单中选择“退出”项，返回“打印”对话框，也可按键盘上的〈Esc〉键退出。

4）打印出图。单击“打印”对话框中的“确定”按钮，开始打印出图。当打印的下一张图样和上一张图样的打印设置完全相同时，打印时只需要直接单击“打印”按钮，在弹出的“打印”对话框中，选择“页面设置名”为“上一次打印”选项，不必再进行其他的设置，就可以打印出图。

13.3　在图纸空间输出图形

从“图纸”空间输出图形时，需要根据打印的需要进行相关参数的设置，事先在“页面设置”对话框中指定图纸尺寸。

1）打开需要打印的图形文件，将视图界面切换到“布局1”选项，单击鼠标右键，在弹出的快键菜单中选择“页面设置管理器”项。

2）在“页面设置管理器”对话框中，单击“新建（N）”按钮，弹出“新页面设置”对话框。

3）在“新页面设置”对话框中的“新页面设置名”文本框中输入“建筑设计打印”。

4）单击“确定”按钮，进入“页面设置”对话框，根据打印的需要进行相关参数的设置。

5）设置完成后，单击“确定”按钮，返回到“页面设置管理器”对话框。选中“零件图”选项，单击“置为当前（S）”按钮，将其置为当前布局，如图13-5所示。

6）单击“关闭（C）”按钮，完成“建筑设计打印”布局的创建，如图13-6所示。

7）选取“修改”工具栏上的“移动”工具，将图形移动到图纸合适的位置上，如图13-7所示。

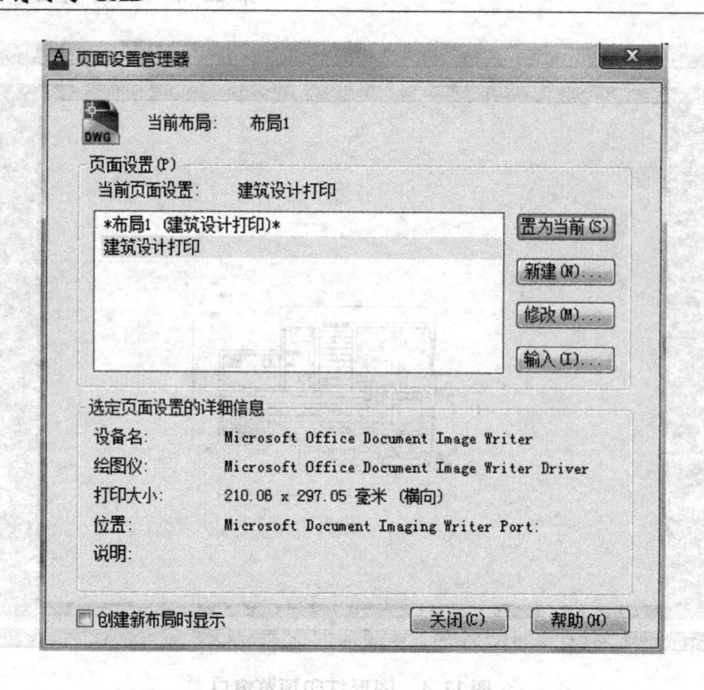

图 13-5　将“建筑设计打印”布局设为当前

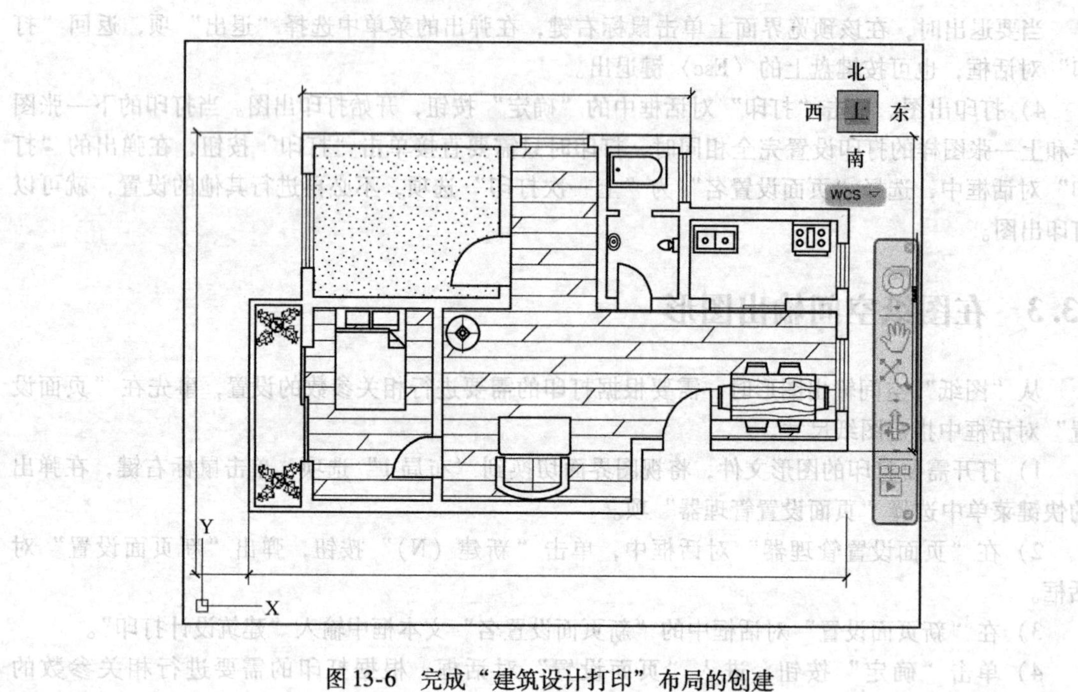

图 13-6　完成“建筑设计打印”布局的创建

8）单击“标准”工具栏上的“打印”按钮，弹出“打印”对话框，不需要重新设置，单击左下方的“预览”按钮，打印预览效果如图 13-8 所示。

9）如果满意，在预览窗口中单击鼠标右键，选择“打印”，完成一张零件图的打印。

在布局空间里，还可以先绘制完图样，然后将图框与标题栏都以“块”的形式插入到布局中，组成一份完整的技术图纸。

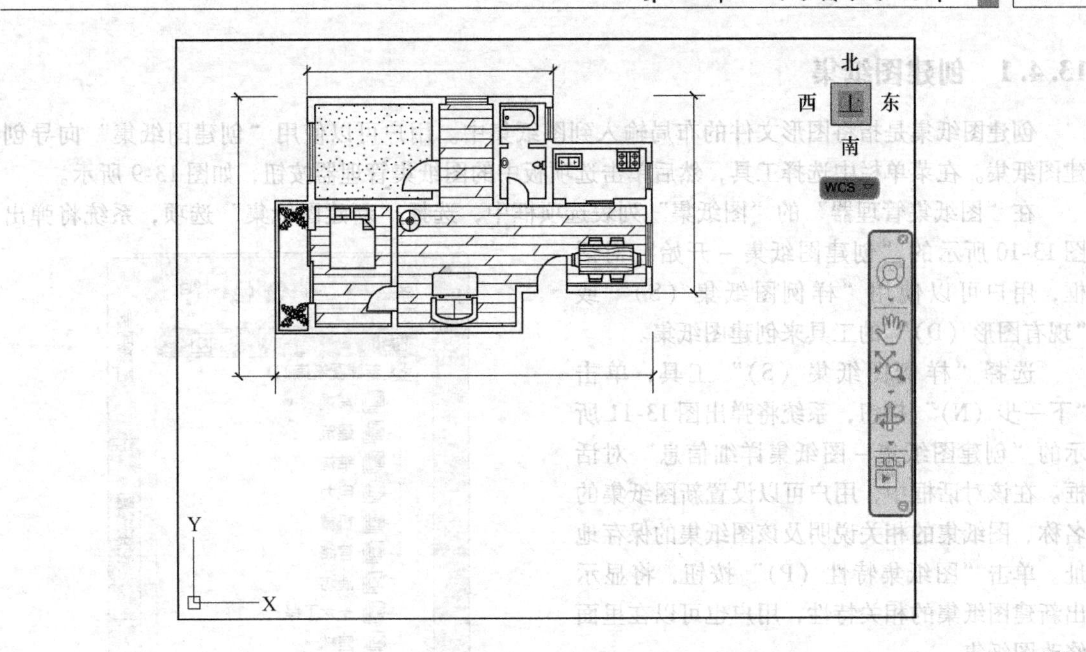

图 13-7　移动后的“建筑设计打印”布局

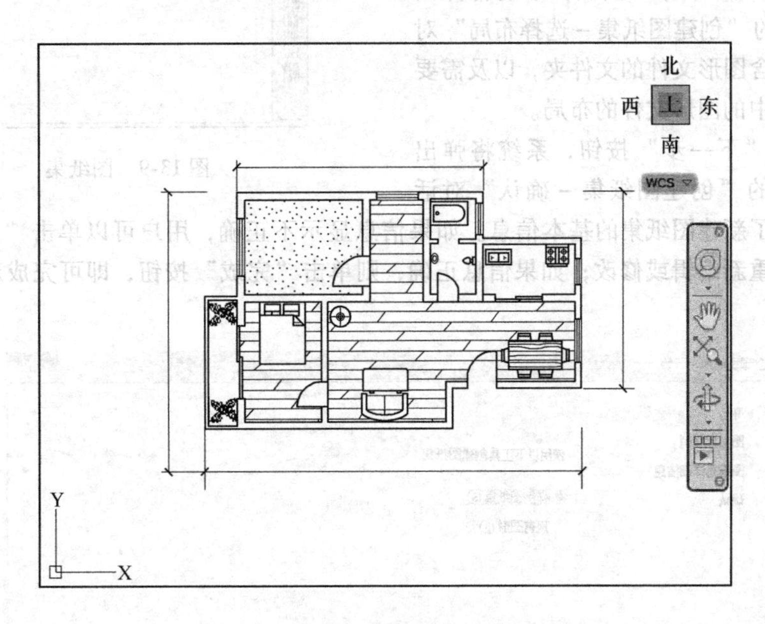

图 13-8　预览打印效果

13.4　图纸管理

为了方便管理图形文件，AutoCAD 提供了图纸管理功能，其中图纸集会生成一个独立于图形文件之外的数据文件，记录关于图纸的一系列信息，并且可以管理控制集内图纸的页面设置、打印等。

13.4.1 创建图纸集

创建图纸集是指将图形文件的布局输入到图纸集中。用户可以使用“创建图纸集”向导创建图纸集。在菜单栏中选择工具，然后单击选项板中的图纸集管理器按钮，如图13-9所示。

在“图纸集管理器”的“图纸集”列表选项框中，选择“新建图纸集”选项，系统将弹出图13-10所示的“创建图纸集－开始”对话框，用户可以使用“样例图纸集（S）”或“现有图形（D）”的工具来创建图纸集。

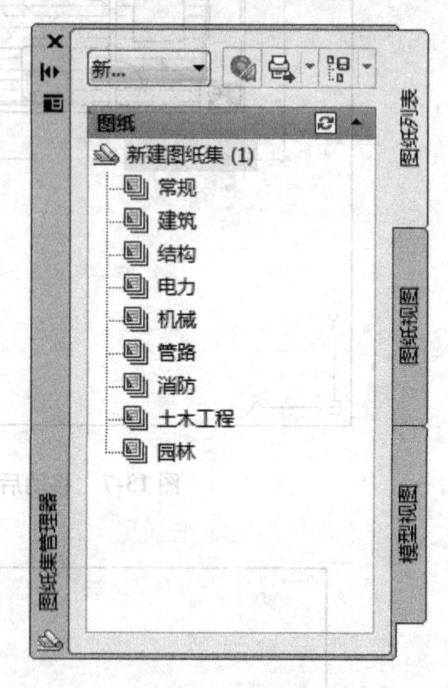

图13-9 图纸集

选择“样例图纸集（S）”工具，单击“下一步（N）”按钮，系统将弹出图13-11所示的“创建图纸集－图纸集详细信息”对话框。在该对话框中，用户可以设置新图纸集的名称、图纸集的相关说明及该图纸集的保存地址。单击“图纸集特性（P）”按钮，将显示出新建图纸集的相关特性，用户也可以在里面修改图纸集。

单击“下一步（N）”按钮，系统将弹出图13-12所示的“创建图纸集－选择布局”对话框，选择包含图形文件的文件夹，以及需要添加到图纸集中的图形文件的布局。

继续单击“下一步”按钮，系统将弹出图13-13所示的“创建图纸集－确认”对话框，里面显示了新建图纸集的基本信息。如果信息显示不正确，用户可以单击“上一步（B）”按钮返回上层重新编辑或修改；如果信息正确，则单击“完成”按钮，即可完成新建图纸集的操作。

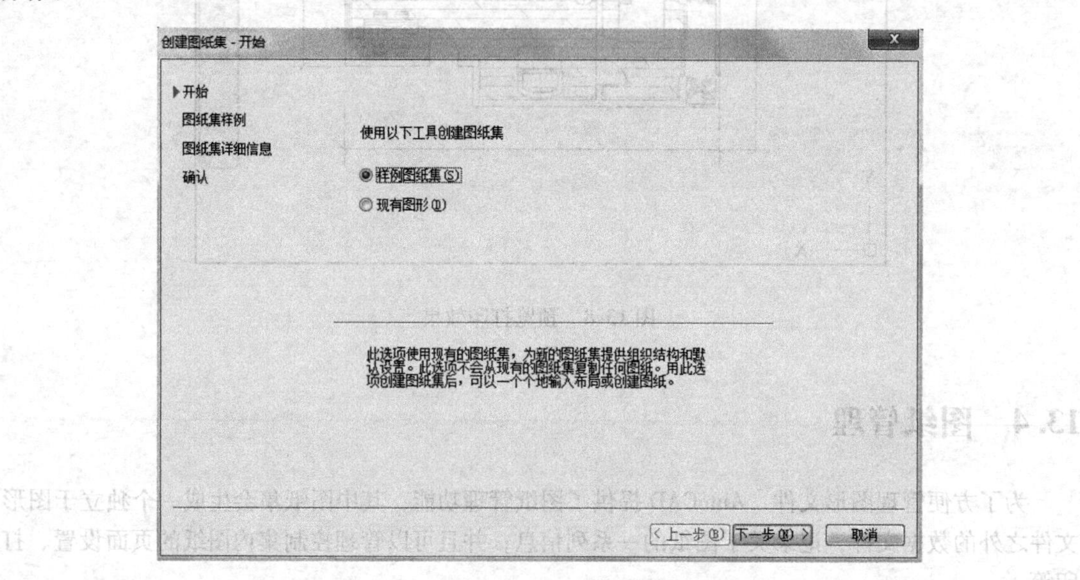

图13-10 “创建图纸集－开始”对话框

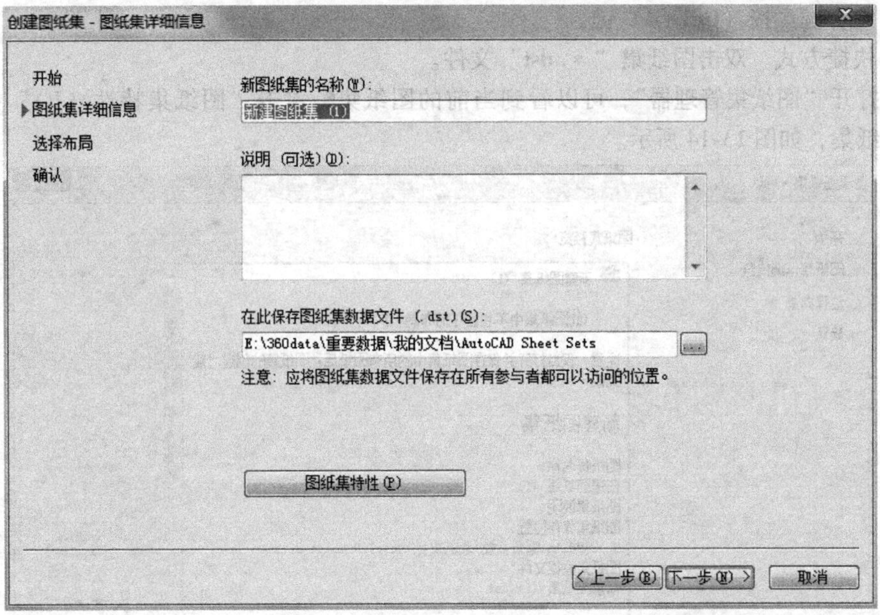

创建图纸集 - 图纸集详细信息

开始
▶图纸集详细信息
选择布局
确认

新图纸集的名称(W):
新建图纸集（1）

说明（可选）(D):

在此保存图纸集数据文件（.dst）(S):
E:\360data\重要数据\我的文档\AutoCAD Sheet Sets

注意：应将图纸集数据文件保存在所有参与者都可以访问的位置。

图纸集特性(P)

<上一步(B)　下一步(N)>　取消

图13-11　“创建图纸集 - 图纸集详细信息”对话框

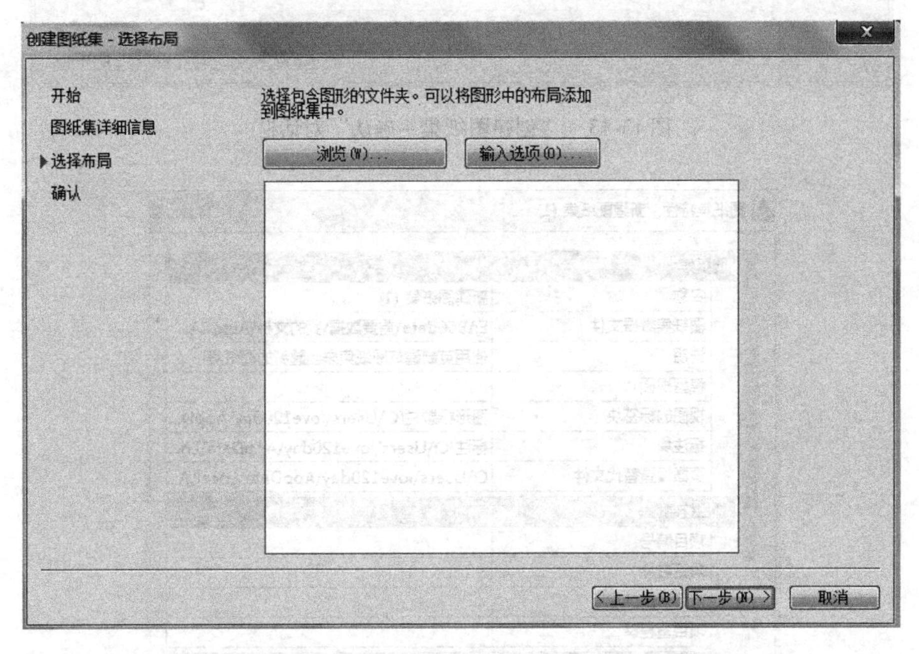

图13-12　“创建图纸集 - 选择布局”对话框

13.4.2　查看和修改图纸集

在“图纸集管理器”中可以看到当前所有的图纸集，和每个图纸集下的布局。打开“图纸集管理器”对话框的方法如下：

（1）菜单栏　调用“工具”→“选项板”→“图纸集管理器”命令。

（2）命令行　在命令行输入SHEETSET并按〈Enter〉键确认。

（3）组合键　按〈Ctrl+4〉键。

（4）快捷方式　双击图纸集“*.dst”文件。

用户打开“图纸集管理器”，可以看到当前的图纸集，单击“图纸集特性（P）”按钮，可以修改图纸集，如图 13-14 所示。

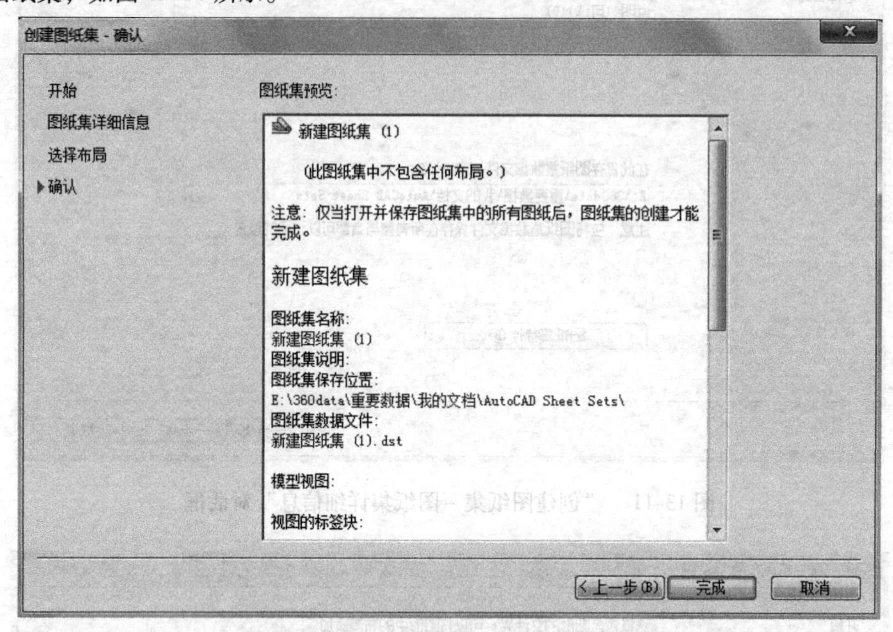

图 13-13　“创建图纸集－确认”对话框

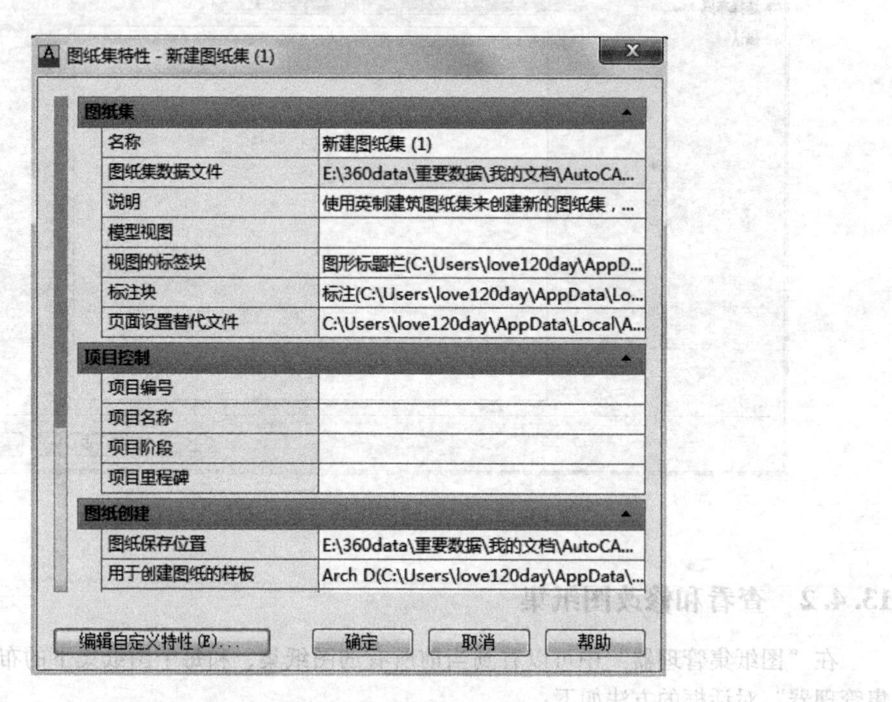

图 13-14　“图纸集特性－新建图纸集（1）”对话框

小　结

本章主要介绍了 AutoCAD 2013 中有关图纸打印和输出的内容，主要包括在模型空间和图纸空间输出图形，以及图纸管理。通过本章的学习，用户可以熟练掌握 AutoCAD 2013 的打印和输出等相关概念以及相应的操作方法。

思考题与习题

13-1　模型空间和图纸空间视口的区别包括（　　）。

A. 模型空间的视口充满了整个绘图区域

B. 图纸空间视口之间可以相互重叠，模型空间视口之间不可以

C. 模型空间视口被称为“浮动视口”，图纸空间视口被称为“平铺视口”

D. 在模型空间的一个视口中作出修改后，其他视口也会立即更新

13-2　在“视口”对话框“新建视口”选项卡上，“修改视图”列表框可以列出的视图包括（　　）。

A. “当前”和模型空间中创建的命名视图

B. “当前”和布局中创建的命名视图

C. “当前”和模型空间以及布局中创建的命名视图

D. 以上选项都不正确

13-3　以下不能缩放视口中视图的选项为（　　）。

A. 可以使用视口工具栏来缩放视图

B. 可以使用视口对象的特性选项板来缩放视图

C. ZOOM 命令

D. 视口最大化命令

13-4　以下关于打印样式表说法错误的是（　　）。

A. 打印样式表包括命名打印样式表和颜色相关打印样式表两种

B. 打印时只能使用一种打印样式表

C. 打印样式表只影响模型空间中的对象

D. 使用 CONVERTPSTYLES 命令可以修改图形中使用的打印样式表类型

13-5　两种不同颜色的对象，能否在打印时将这两个对象的颜色对调（　　）。

A. 不能

B. 只能使用颜色相关打印样式表

C. 只能使用命名打印样式表

D. 颜色相关和命名两种打印样式表都可以

13-6　以下不是系统提供的打印样式表为（　　）。

A. 颜色相关打印样式表

B. 对象相关打印样式表

C. 图层相关打印样式表

D. 特性相关打印样式表

13-7　以下关于颜色相关打印样式表，说法错误的是（　　）。

A. 对于红色的对象，使用颜色相关打印样式表，只能打印成红色

B. 颜色相关打印样式表存储在 Plot Styles 文件夹中

C. 颜色相关打印样式表扩展名为 . ctb

D. 已设置图形使用颜色相关打印样式表时，可以为布局指定颜色相关打印样式表

13-8　以下关于打印样式表说法正确的是（　　）。

A. 打印样式表的种类只包括两种

B. 使用颜色相关打印样式表，则颜色为红色的对象只能打印成红色

C. 如果一个对象使用命名打印样式表，则只能使用对象本身的颜色进行打印

D. 颜色相关打印样式表文件的扩展名为 . stb

13-9　在“打印样式表编辑器”中修改“线条端点样式”，系统提供的样式中包括（　　）。

A. 菱形　　B. 方形　　C. 圆形　　D. 三角形

13-10　“创建并控制布局视口”（MVIEW）命令，说法正确的是（　　）。

A. 使用 MVIEW 命令可以创建非矩形边界的视口

B. MVIEW 命令只能在“模型”选项卡中使用

C. 在“模型”选项卡中可以创建任意多个视口

D. 可以选择一个闭合对象转换为视口

第3篇　专业工程图绘制

第14章　绘制建筑工程图

本章主要介绍利用 AutoCAD 2013 绘制建筑工程图的一般原则、一般流程，以及建筑平面图、建筑立面图、建筑剖面图和构造详图的绘制方法。

14.1　概述

14.1.1　绘图的一般原则

为了使用 AutoCAD 2013 软件精准高效地绘制建筑工程图，一般应遵循以下几个原则：

1. 确定绘制图样的数量

根据房屋的外形、层数、平面布置和构造内容的复杂程度，以及施工的具体要求，确定图样的数量，做到表达内容既不重复也不遗漏。图样的数量在满足施工要求的条件下以少为好。

2. 选择适当的比例

AutoCAD 的一大优点是用户可以采用 1∶1 的比例绘图，最后在布局中控制输出比例。根据不同的图形类别，采用不同的比例，一般情况下，建筑工程图的比例为 1∶50 和 1∶100。

3. 合理的图面布置

图面布置要主次分明，排列均匀紧凑，表达清楚，尽可能保持各图之间的投影关系。同类型的、内容关系密切的图样，集中在一张或图号连续的几张图纸上，以便对照查阅。

4. 建筑施工图的顺序

建筑施工图的绘图顺序一般为平面图、立面图、剖面图、详图。

14.1.2　绘图的一般流程

使用 AutoCAD 2013 绘制建筑工程图，一般可遵循以下步骤：

1）创建新文件。

2）绘图单位和精度的设置。

3）图形界限的设置。

4）图层与线型的设置。

5）定义文字样式。

6）定义标注样式。

7）绘制工程图。

8）绘制图框和标题栏。

9）将绘制好的工程图与图幅匹配。

10）标注尺寸。

11）书写技术要求。

12）填写标题栏。

13）保存、退出。

14.2 绘制建筑施工图

建筑施工图主要用于表示拟建建筑物的内外形状和大小，以及各部分结构、构造、装饰和设备等内容，因此在绘制建筑工程图之前应掌握建筑设计的基本概念和建筑绘图的基本原则。另外，在建筑绘图前，工程图样板文件的创建也很重要，根据图样来进行建筑工程图的制图是提高作图效率的有效手段。

14.2.1 创建样板图形文件

AutoCAD 默认的启动设置值：图界（0.0，0.0），（12.0，9.0），图层是白色（黑色）具有实线线型的 0 图层等。自制样板图实际上就是把经常使用的相同惯例和设置通过创建或自定义样板文件保存起来，使得每次启动它时，都可直接获得这些特定的设置，以便提高绘图效率和节省时间。虽然 AutoCAD 2013 中自带了一系列标准的样板图，如 acad. dwt、acadiso. dwt 等，但它们都是基于美国和德国的绘图标准，并不符合我国的国情。

在建筑图形的绘制中，样板图文件通常的设置包括绘图单位和精度的设置、图形界限的设置、图层与线型的设置、文字和标注的样式设置、图框及标题栏的设置。

1. 绘图环境的设置

用户在开始绘图时首先要规划图形的绘图环境，其内容包括设置图形的绘制单位、图形界限、图形的图层和线型。

（1）绘图单位和精度的设置

1）单击“格式”菜单中“单位”，或命令行键入 Ddunits 命令，弹出图 14-1 所示的“图形单位”对话框。

2）在“图形单位”对话框中设置长度单位与角度单位。从“长度类型（T）”下拉列表框中可以选择“分数”“工程”等 5 个长度单位类型选项；从“角度类型（Y）”下拉列表框中可选择“百分度”“弧度”等 5 个角度单位类型选项。我国建筑工程图习惯使用十进制，故在“图形单位”对话框的“长度类型（T）”设置为“小数”，“角度类型（Y）”设置为“十进制度数”。

3）分别在“精度（P）”“精度（N）”列表框中调整长度与角度的精度。从“精度（P）”下拉列表框中可以选择合适的长度单位精度，即小数的位数，最大精度到小数点后 8 位，建筑工程图绘制一般使用毫米为单位，精度设置为 0.0000。

4）单击“方向（D）”按钮，弹出“方向控制”对话框，可用来确定角度的零度方向与正方向。一般取正东方向为零度，逆时针方向为正，如图 14-2 所示。

（2）图形界限的设置

AutoCAD 可以使用户按 1∶1 的比例绘图，不像手工绘图那样要根据图纸大小，按不同比例绘图，一般工程图纸规格有 A0（1189mm × 841mm）、A1（841mm × 594mm）、A2（594mm × 420mm）、A3（420mm × 297mm）、A4（297mm × 210mm）几种。为避免绘制的图形因超出边界而打印不出来，我们可以通过图形界限设置命令来设置工作区域和图形边界。

1）单击“格式”菜单中“图形界限”或调用 Limits 命令，输入左上角与右下角界限值。

命令：limits↙

重新设置模型空间界限：

指定左下角点或 [开 (ON)/关 (OFF)] <0, 0>：↙（输入左上角界限）

指定右上角点 <420, 297>：59400, 42000↙（输入右下角界限）

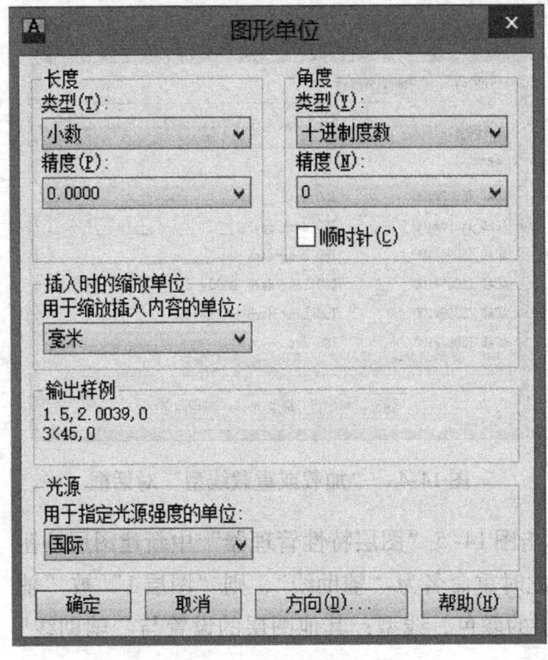

图 14-1　“图形单位”对话框

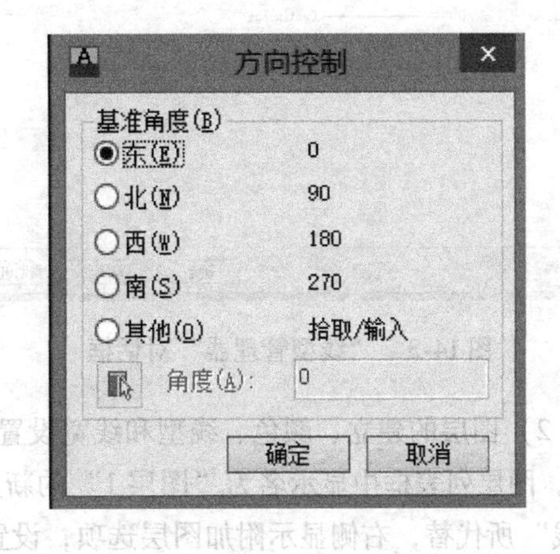

图 14-2　“方向控制”对话框

2）打开界限检查状态。

命令：limits↙

重新设置模型空间界限：

指定左下角点或 [开 (ON)/关 (OFF)] <0, 0>：on↙

3）用 ZOOM ALL 命令使绘图区图形重新生成，并使绘图界限充满显示区。

命令：zoom↙

指定窗口角点，输入比例因子 (nX 或 nXP)，或 [全部 (A)/中心点 (C)/动态 (D)/范围 (E)/上一个 (P)/比例 (S)/窗口 (W)] <实时>：a↙

正在重生成模型

(3) 图层设置　在建筑绘图中，为了便于对图形进行控制，图层名、颜色、线型、线宽可按表 14-1 的要求设置。

表 14-1　图层名、颜色、线型、线宽设置

图层名	颜色	线型	线宽/mm
图框	白/黑	实线	0.35
辅助线	红色	点画线	0.25
文字	白/黑	实线	0.25
尺寸	白/黑	实线	0.25

1）线形的加载。利用图层不仅可以设置颜色，还可以设置线型，新文件中只有默认线型为可用的唯一线型，若要使用其他线型，必须先加载要使用的线型。具体操作步骤如下：单击

“格式”菜单中的“线型”命令，打开“线型管理器”对话框，如图 14-3 所示；单击“加载(L)”按钮，弹出“加载或重载线型”对话框，如图 14-4 所示，在线型列表框中选择所需的线型，单击“确定”按钮。

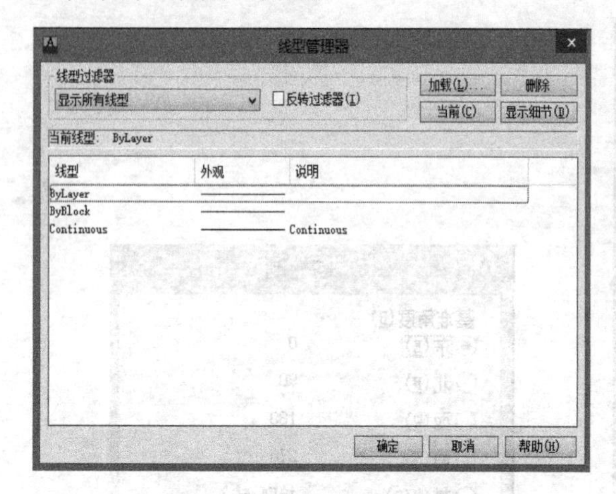

图 14-3 “线型管理器”对话框

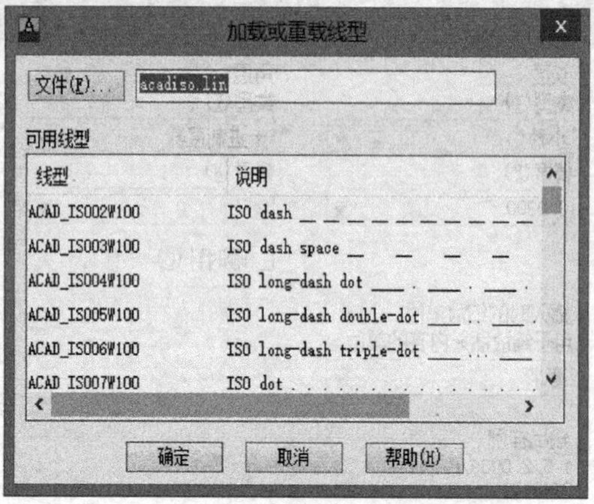

图 14-4 “加载或重载线型”对话框

2）图层的建立、颜色、线型和线宽设置。单击图 14-5“图层特性管理器”中新建图层按钮 ，图层列表框中显示名为“图层 1”的新层，此时重命名为“辅助线”，则“图层 1”被“辅助线”所代替，右侧显示附加图层选项，设置图层的颜色、线型；其他图层的设置与“辅助线”层相同，其结果如图 14-5 所示。

（4）设置文字和标注样式

1）设置文字标注样式。在建筑工程绘图中，一般使用仿宋字体，但有时也附加有参数表，可先设置 3 种字体：仿宋、宋体和黑体。选择“格式”中的“文字样式”命令可得到图 14-6 所示的对话框，在对话框中设置字型、字高以及宽度比例因子等参数。

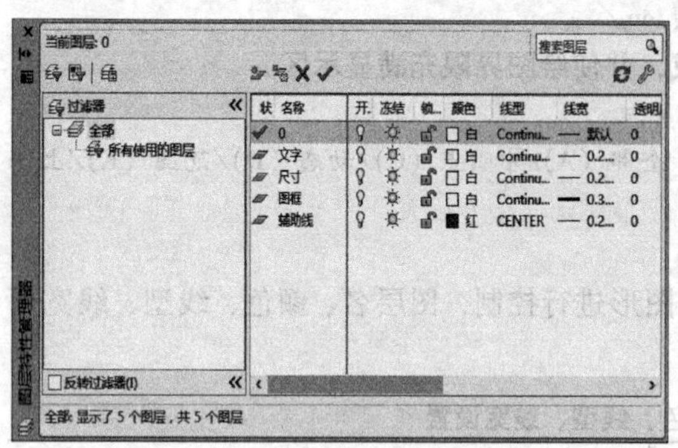

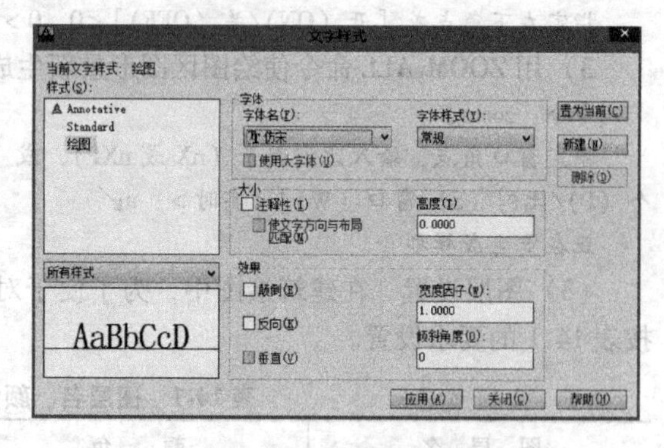

图 14-5 “图层特性管理器”窗口

图 14-6 “文字样式”对话框

2）设置尺寸标注样式。尺寸标注样式的设置是正式标注前一项十分重要的工作，其内容包括线条和箭头、文字、调整、主单位、换算单位、公差等 6 项内容。其设置值应与图形的整体比例相协调。现行建筑设计规范对尺寸、文字的标注作了相应的规定，但大多给定了一些参数的范围，用 AutoCAD 进行该项设置时，必须给出具体的数据，图 14-7 ~ 图 14-12 给出了尺寸变量的设置建议值，其中，整体比例系数视出图比例而定，如按 1∶100 出图，则整体比例系数为 100，以此类推。

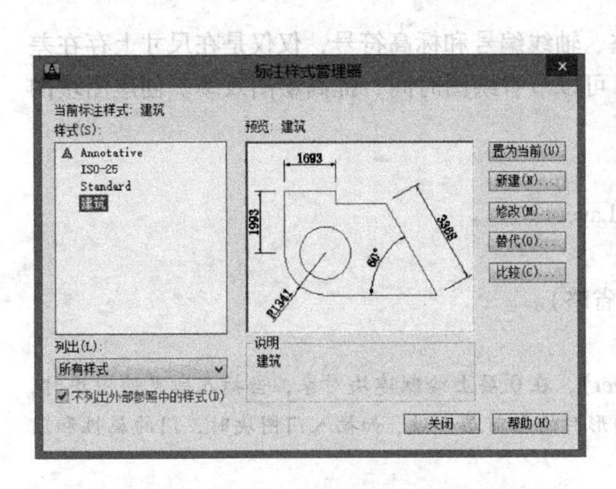

图 14-7　尺寸样式设置

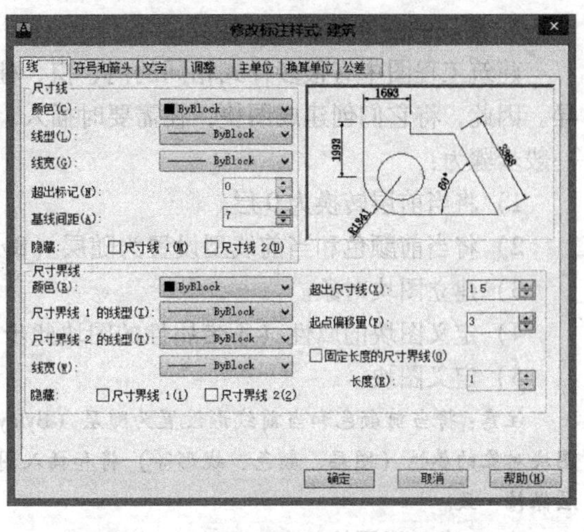

图 14-8　尺寸线和尺寸界线变量设置

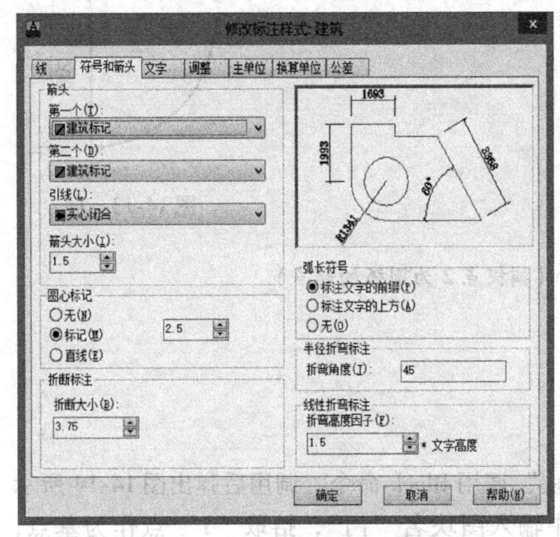

图 14-9　符号和箭头变量设置

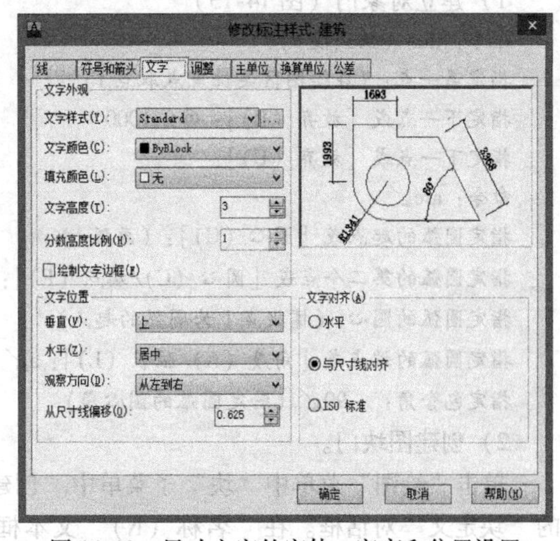

图 14-10　尺寸文字的字体、字高和位置设置

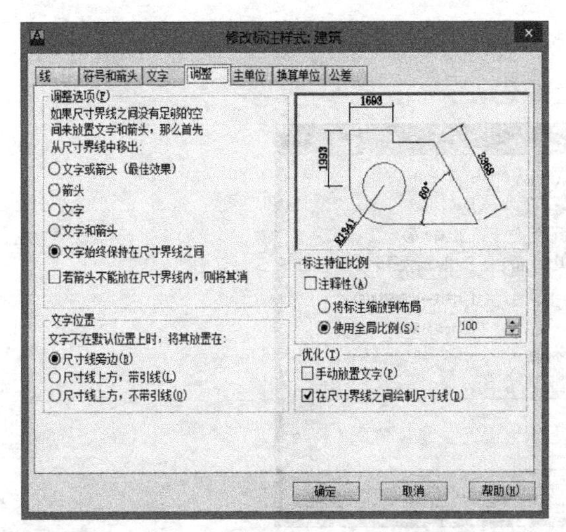

图 14-11　尺寸标注的特征和文字位置等参数设置

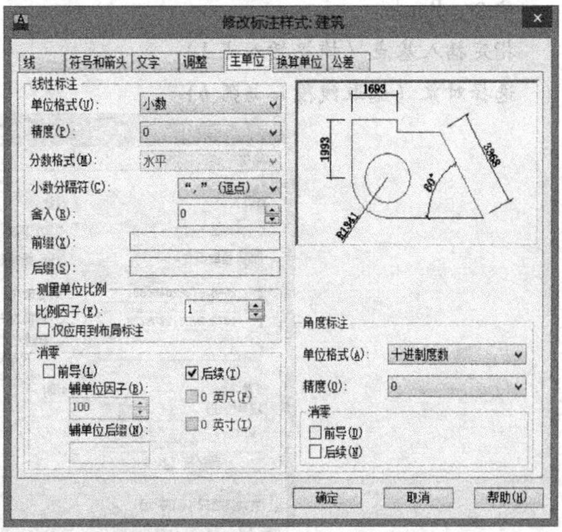

图 14-12　尺寸标注的单位及精度设置

2. 图块的创建及属性的定义

建筑工程图中有很多样式相同的门、窗、柱、轴线编号和标高符号，仅仅是在尺寸上存在差异。因此，将它们创建成图块，在需要时插入，可以节省绘图时间，提高绘图效率。创建图块的一般步骤为：

1）将当前层转换为0层。

2）将当前颜色和当前线型设置为随层（ByLayer）。

3）建立图块对象。

4）定义图块的属性（不带属性的图块此步省略）。

5）定义图块。

注意：将当前颜色和当前线形设置为随层（Bylayer），在0层上绘制建块对象，当插入所见的图块时，图块对象的属性（图层、颜色、线形等）将和插入图形时的当前层一致，如插入门图块时，门的属性和门层保持一致。

（1）建立门图块

1）建立对象门（图14-13）

命令：line（画线段 a）

指定第一点：（在绘图区某位里点取点1）

指定下一点或［放弃（U）］：@0,1000

指定下一点或［放弃（U）］：

命令：arc↙

指定圆弧的起点或［圆心（C）］：（画弧 b）

指定圆弧的第二个点或［圆心（C）/端点（E）］：c（捕捉点2为圆弧的起点）

指定圆弧的圆心：（捕捉点1为圆弧的起点）

指定圆弧的端点或［角度（A）/弦长（L）］：a↙

指定包含角：-90↙（给定圆弧的圆心角）

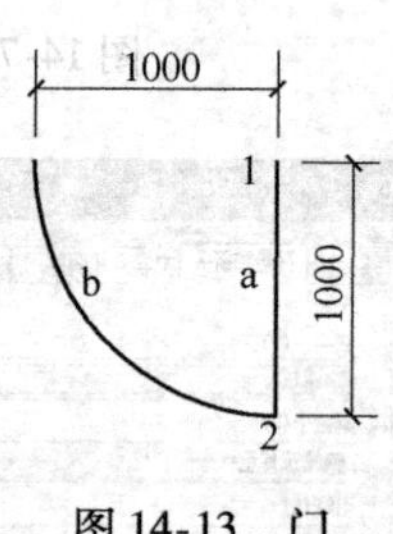

图14-13 门

2）创建图块门。

单击“绘图”菜单中“块”子菜单中“创建块”调用Block命令，调用后弹出图14-14所示的“块定义”对话框。在“名称（N）”文本框中输入图块名“门”，拾取“1”点作为基点，选择直线和弧作为建块对象，单击“确定”按钮后“门”图块被定义。

命令：Bmake

指定插入基点（捕捉插入点1）

选择对象（选取线段 a 与弧 b）

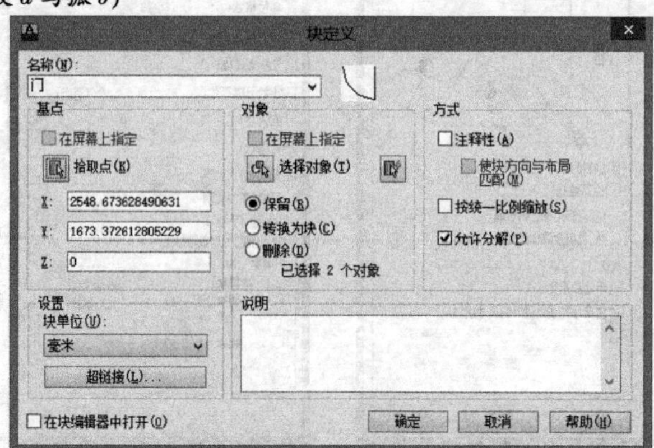

图14-14 “块定义”对话框

注意：门块的宽度设置为1000mm作为基础，在图块插入时只需要改变X、Y方向的缩放比例和旋转角度，就可以得到不同宽度和不同角度的门。如门的开启方向不同，只要在给定X、Y方向的缩放比例时，根据其对称性在缩放比例值前加负号即可。因此，“门”图块只需要建立一个即可，这一点请读者在操作时体会。

（2）建立窗图块（如图14-15）

1）在0层上建立对象窗。

① 绘制线段 a。

命令：line↙

指定第一点：（在绘图区某位置点取点1）

指定下一点或［放弃（U）］：@1000，0↙

指定下一点或［放弃（U）］：↙

图14-15 窗

② 阵列复制其他三条线段。

命令：arrayrect↙

选择对象：

指定对角点：找到1个（在绘图区选择线段 a）

类型 = 矩形 关联 = 是

选择夹点以编辑阵列或［关联（AS）/基点（B）/计数（COU）/间距（S）/列数（COL）/行数（R）/层数（L）/退出（X）］<退出>：r↙

输入行数数或［表达式（E）］<3>：4↙

指定行数之间的距离或［总计（T）/表达式（E）］<1>：80↙

指定行数之间的标高增量或［表达式（E）］<0>：↙（直接按<Enter>键确认）

选择夹点以编辑阵列或［关联（AS）/基点（B）/计数（COU）/间距（S）/列数（COL）/行数（R）/层数（L）/退出（X）］<退出>：col↙

输入列数数或［表达式（E）］<4>：1↙

指定列数之间的距离或［总计（T）/表达式（E）］<1500>↙（默认即可，因为仅为一列）

选择夹点以编辑阵列或［关联（AS）/基点（B）/计数（COU）/间距（S）/列数（COL）/行数（R）/层数（L）/退出（X）］<退出>：↙（直接按<Enter>键确认）

2）创建窗图块。单击“绘图”菜单中“块”子菜单中“创建块”调用Block命令，弹出如图14-14所示的“块定义”对话框。在“名称”栏中输入块名“窗块”，拾取“1”点作为基点，选择建块对象，按“确定”后“窗块”被定义。

注意：窗块的长度以1000mm作为基准，宽度为240mm（为墙的厚度），在图块插入时只要改变X方向的缩放比例和旋转角度，就可以得到不同长度和角度的窗。

（3）建立柱图块（如图14-16）

1）在0层上建立对象柱

① 绘制240mm×240mm的矩形。

命令：rectang↙

指定第一个角点或［倒角（C）/标高（E）/圆角（F）/厚度（T）/宽度（W）］：（点取矩形的对角点1）

指定另一个角点或［尺寸（D）］：@240，240↙（得到对角点4）

② 绘制柱的辅助对角线。

命令：line↙

指定第一点：（捕捉图14-16中的点1）

指定下一点或［放弃（U）］：（捕捉图14-16中插入点4）

指定下一点或［放弃（U）］：↙

命令：line↙

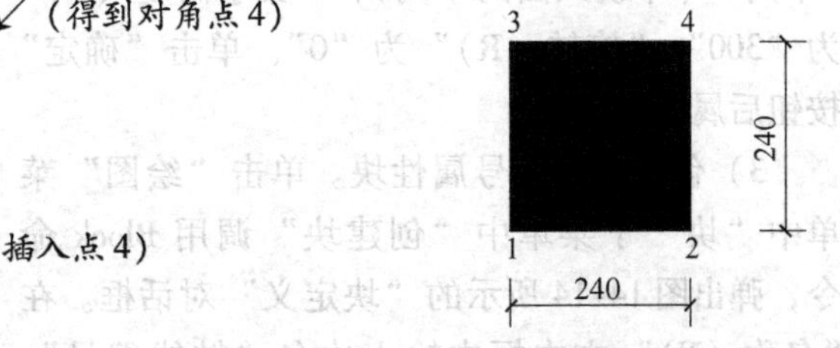

图14-16 柱

指定第一点：(捕捉图14-16中的点2)

指定下一点或［放弃（U）］：(捕捉图14-16中的插入点3)

指定下一点或［放弃（U）］：↙

③ 绘制填充柱。

命令：solid 指定第一点：(捕捉图14-16中的点1)

指定第二点：(捕捉图14-16中的点2)

指定第三点：(捕捉图14-16中的点3)

指定第四点或<退出>：(捕捉图14-16中的点4)

2）创建柱图块。单击“绘图”菜单中“块”子菜单中“创建块”调用Block命令，弹出图14-14所示的“块定义”对话框。在“名称”栏中输入块名“柱块”，拾取线段14与线段23的交点作为基点，选择填充柱作为建块对象，按“确定”后柱块被定义。

（4）创建轴线编号属性块（如图14-17）

1）在0层上建立对象垂直轴号（下）

命令：circle

指定圆的圆心或［二点（3P）/两点（2P）/相切、相切、半径（T）］：↙

指定圆的半径或［直径（D）］：400↙（输入圆的半径）

命令：Line 指定第一点：(捕捉圆顶部象限点2)

指定下一点或［放弃（U）］：@0,1200↙（得到点1）

指定下一点或［放弃（U）］：↙

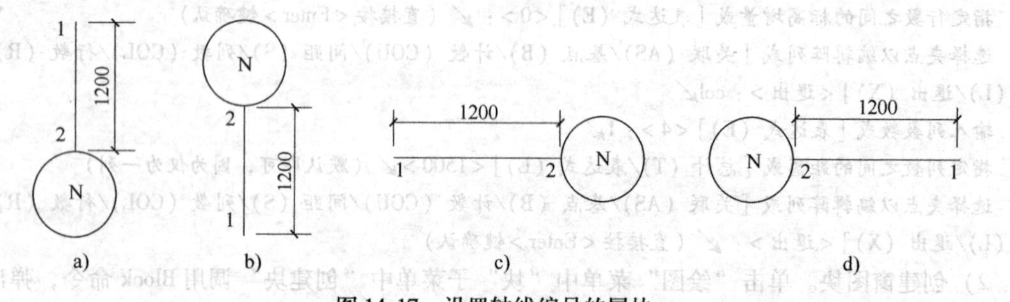

图14-17 设置轴线编号的属块

a）轴线编号（下） b）轴线编号（上） c）轴线编号（右） d）轴线编号（左）

2）定义属性。单击“绘图”菜单中“块”子菜单中“定义属性”调用Attdef命令，弹出图14-18所示的“属性定义”对话框，拾取“圆心”作为插入点，“属性”选项组中“标记（T）”为“N”，“提示（M）”为“请输入轴线编号:”，“文字设置”选项组中“对正（T）”为“中间”（即放入圆的中间），“文字高度（E）”为“300”，“旋转（R）”为“0”。单击“确定”按钮后属性被定义。

3）创建轴线编号属性块。单击“绘图”菜单中“块”子菜单中“创建块”调用Block命令，弹出图14-14所示的“块定义”对话框。在“名称（N）”文本框中输入块名“轴线编号”，

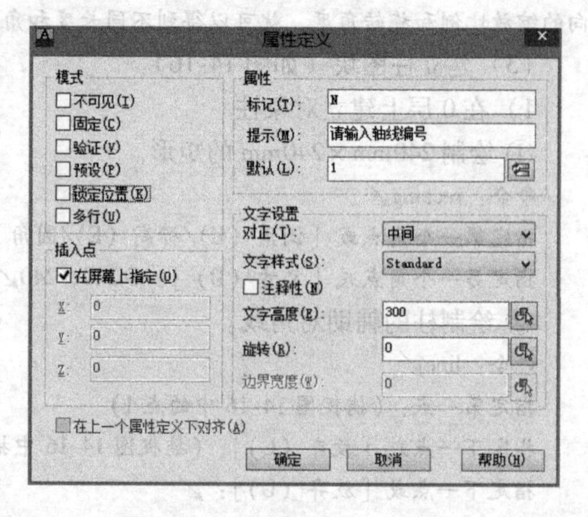

图14-18 “属性定义”对话框

拾取线段的端点“1”作为基点，选取包括属性 N 在内的 3 个对象作为建块对象，单击“确定”按钮后轴线编号属性块被定义。

(5) 创建标高符号属性块

1) 绘制标高符号（图 14-19）。

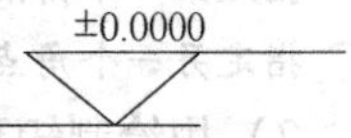

±0.0000

图 14-19　标高符号

① 用直线命令绘制标高符号底部的位置线。

命令：line↙

指定第一点：

指定下一点或［放弃（U）］：@1200，0↙

指定下一点或［放弃（U）］：↙

② 用多段线命令绘制标高符号中的三角形。

命令：pline↙

指定起点：

From 基点：<偏移>：@ -300，0（当前线宽为 0）

指定下一个点或［圆弧（A）/半宽（H）/长度（L）/放弃（U）/宽度（W）］：@424<45↙

指定下一点或［圆弧（A）/闭合（C）/半宽（H）/长度（L）/放弃（U）/宽度（W）］：@ -600，0↙

指定下一点或［圆弧（A）/闭合（C）/半宽（H）/长度（L）/放弃（U）/宽度（W）］：c↙

③ 用直线命令绘制标高符号右边的直线。

命令：line↙

指定第一点：

指定下一点或［放弃（U）］：@500，0↙

指定下一点或［放弃（U）］：↙

2) 定义标高符号属性。在图 14-20 所示的“属性定义”对话框中，“属性”选项组中的“标记（T）”文本框中输入“BG”，“提示（M）”文本框中输入“请输入标高值：”，“默认（L）”文本框中输入“%%p0.000”。其插入点选取屏幕上绘制的标高符号底部直线的左端点。“文字高度（E）”文本框中输入 300。

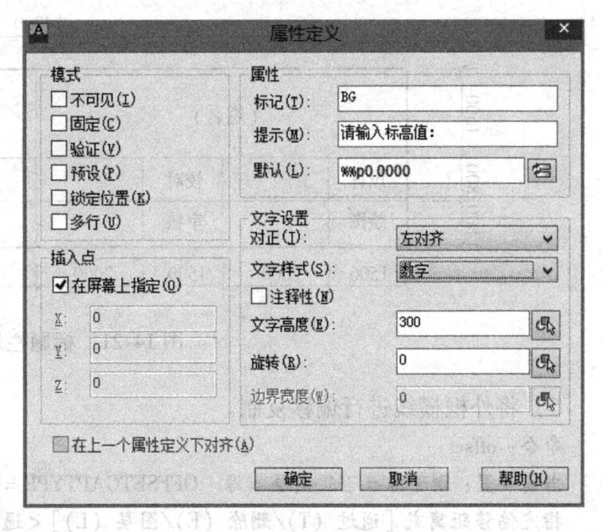

图 14-20　“属性定义”对话框

3) 创建标高符号属性块。单击标准工具栏中“创建块”按钮，调用“Block”命令，弹出图 14-14 所示的“块定义”对话框。在“名称（N）”文本框中输入块名“标高符号”，拾取线段的端点标高位置线的左端点作为基点，选取包括属性 BG 和标高符号为建块对象，单击“确定”按钮后标高符号的块被定义。

3. 图框与标题栏的绘制

为了合理使用图纸和便于装订、存档，《建筑制图标准》GB/T 50104—2010 对图纸幅面大小定出了 5 种不同的基本幅面。利用 AutoCAD 绘制建筑工程图时，应执行国家关于图幅的规定，以便制作出符合国家制图标准的工程图纸。

(1) 绘制图框和标题栏　如图 14-21 所示，本例根据图的尺寸选用 A3 图幅大小的图纸进行绘图。图形编辑区按1:1绘图选用相应的图形界限。

1）用绘制矩形命令画外框。

命令：rectang↙

指定第一个角点或［倒角（C）/标高（E）/圆角（F）/厚度（T）/宽度（W）］：0，0↙

指定另一个角点或［尺寸（D）］：42000,29700↙

2）用绘制矩形命令画内框。

命令：rectang↙

指定第一个角点或［倒角（C）/标高（E）/圆角（F）/厚度（T）/宽度（W）］：w↙

指定矩形的线宽<0>：50↙（设置线宽为50mm）

指定第一个角点或［倒角（C）/标高（E）/角（F）/厚度（T）/宽度（W）］：2500,1000↙

指定另一个角点或［尺寸（D）］：41000,28700↙

3）绘制标题栏外框（图14-21）。

命令：rectang↙

当前矩形模式：宽度=50

指定第一个角点或［倒角（C）/标高（E）/圆角（F）/厚度（T）/宽度（W）］：（捕捉矩形右下角点）

指定另一个角点或［尺寸（D）］：@-14000，3200↙

4）将外框矩形实体进行分解。

命令：explode↙

选择对象：指定对角点：找到1个（选取标题栏外框）

选择对象：↙

分解此多段线时丢失宽度信息，偏移复制后再重新设置线宽。

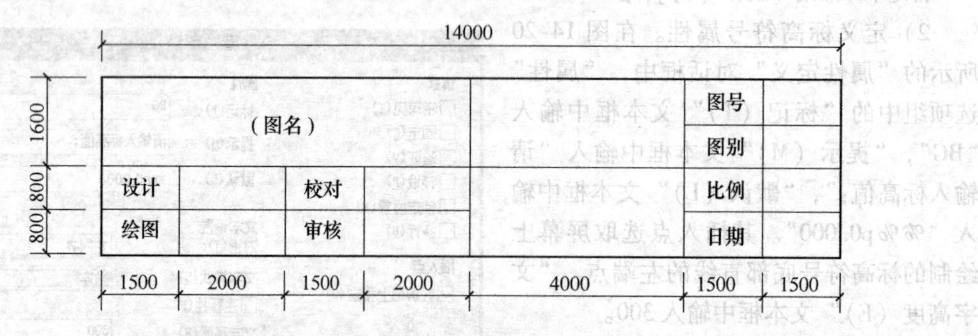

图14-21 标题栏尺寸

5）将外框横线进行偏移复制。

命令：offset

当前设置：删除源=否 图层=源 OFFSETGAPTYPE=0

指定偏移距离或［通过（T）/删除（E）/图层（L）］<通过>：800↙

选择要偏移的对象，或［退出（E）/放弃（U）］<退出>：（选取矩形上部横线）

指定要偏移的那一侧上的点，或［退出（E）/多个（M）/放弃（U）］<退出>：（点取矩形上部横线下侧任一点）

选择要偏移的对象，或［退出（E）/放弃（U）］<退出>：（选取上一步偏移好的线段）

指定要偏移的那一侧上的点，或［退出（E）/多个（M）/放弃（U）］<退出>：（点取上一步偏移好线段下侧任一点）

选择要偏移的对象，或［退出（E）/放弃（U）］<退出>：（选取上一步偏移好的线段）

指定要偏移的那一侧上的点，或［退出（E）/多个（M）/放弃（U）］<退出>：（点取上一步偏移好线

段下侧任一点)

选择要偏移的对象，或［退出（E)/放弃（U)］<退出>：(选取上一步刚偏移好的线段)

指定要偏移的那一侧上的点，或［退出（E)/多个（M)/放弃（U)］<退出>：(点取上一步偏移好的线段下侧任一点)

选择要偏移的对象，或［退出（E)/放弃（U)］<退出>：↙

6）将外框竖线进行偏移复制。

命令：offset

当前设置：删除源=否 图层=源 OFFSETGAPTYPE=0

指定偏移距离或［通过（T)/删除（E)/图层（L)］<通过>：1500↙

选择要偏移的对象，或［退出（E)/放弃（U)］<退出>：(选取矩形左侧竖线)

指定要偏移的那一侧上的点，或［退出（E)/多个（M)/放弃（U)］<退出>：(点取矩形左侧竖线右侧任一点)

选择要偏移的对象，或［退出（E)/放弃（U)］<退出>：↙

命令：offset

当前设置：删除源=否 图层=源 OFFSETGAPTYPE=0

指定偏移距离或［通过（T)/删除（E)/图层（L)］<1500.0000>：2000↙

选择要偏移的对象，或［退出（E)/放弃（U)］<退出>：(选取上一步偏移好的线段)

指定要偏移的那一侧上的点，或［退出（E)/多个（M)/放弃（U)］<退出>：(点取上一步偏移好线段右侧任一点)

选择要偏移的对象，或［退出（E)/放弃（U)］<退出>：↙

命令：offset

当前设置：删除源=否 图层=源 OFFSETGAPTYPE=0

指定偏移距离或［通过（T)/删除（E)/图层（L)］<2000.0000>：1500↙

选择要偏移的对象，或［退出（E)/放弃（U)］<退出>：(选取上一步偏移好的线段)

指定要偏移的那一侧上的点，或［退出（E)/多个（M)/放弃（U)］<退出>：(点取上一步偏移好的线段右侧的任一点)

选择要偏移的对象，或［退出（E)/放弃（U)］<退出>：↙

命令： offset

当前设置：删除源=否 图层=源 OFFSETGAPTYPE=0

指定偏移距离或［通过（T)/删除（E)/图层（L)］<1500.0000>：2000↙

选择要偏移的对象，或［退出（E)/放弃（U)］<退出>：(选取上一步偏移好的线段)

指定要偏移的那一侧上的点，或［退出（E)/多个（M)/放弃（U)］<退出>：(点取上一步偏移好的线段右侧的任一点)

选择要偏移的对象，或［退出（E)/放弃（U)］<退出>：↙

命令：offset

当前设置：删除源=否 图层=源 OFFSETGAPTYPE=0

指定偏移距离或［通过（T)/删除（E)/图层（L)］<2000.0000>：4000↙

选择要偏移的对象，或［退出（E)/放弃（U)］<退出>：(选取上一步偏移好的线段)

指定要偏移的那一侧上的点，或［退出（E)/多个（M)/放弃（U)］<退出>：(点取上一步偏移好的线段右侧的任一点)

选择要偏移的对象，或［退出（E)/放弃（U)］<退出>：↙

命令：offset

当前设置：删除源=否 图层=源 OFFSETGAPTYPE=0

指定偏移距离或［通过（T)/删除（E)/图层（L)］<4000.0000>：1500↙

选择要偏移的对象，或［退出（E）/放弃（U）］<退出>：（选取上一步偏移好的线段）

指定要偏移的那一侧上的点，或［退出（E）/多个（M）/放弃（U）］<退出>：（点取上一步偏移好的线段右侧的任一点）

选择要偏移的对象，或［退出（E）/放弃（U）］<退出>：↙

其结果如图14-22所示。

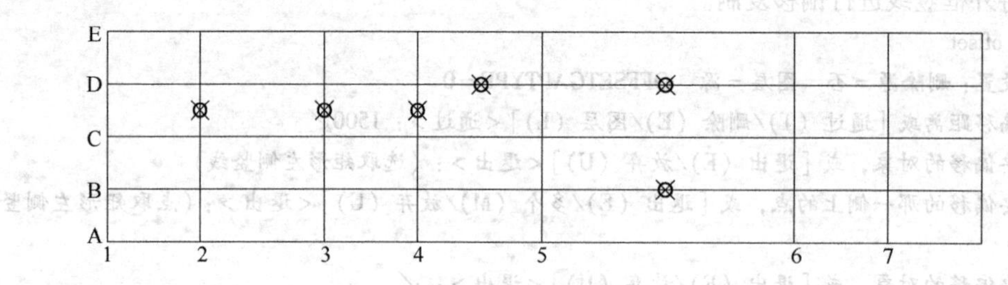

图14-22 标题栏

7）用修剪命令将不要的线删除。

命令：trim↙

当前设置：投影=U，边=无

选择剪切边……

选择对象：找到1个（选取线段5）

选择对象：指定对角点：找到1个，总计2个（选取线段6）

选择对象：找到1个，总计3个（选取线段C）

选择对象：（单击鼠标右键）

选择要修剪的对象，或按住<Shift>键选择要延伸的对象，或［投影（P）/边（E）/放弃（U）］：（选取线段D的标志处）

选择要修剪的对象，或按住<Shift>键选择要延伸的对象，或［投影（P）/边（E）/放弃（U）］：（选取线段2的标志处）

选择要修剪的对象，或按住<Shift>键选择要延伸的对象，或［投影（P）/边（E）/放弃（U）］：（选取线段3的标志处）

选择要修剪的对象，或按住<Shift>键选择要延伸的对象，或［投影（P）/边（E）/放弃（U）］：（选取线段4的标志处）

选择要修剪的对象，或按住<Shift>键选择要延伸的对象，或［投影（P）/边（E）/放弃（U）］：（选取线段D的标志处）

选择要修剪的对象，或按住<Shift>键选择要延伸的对象，或［投影（P）/边（E）/放弃（U）］：↙

其结果如图14-23所示。

（2）标注标题栏文字

命令：dtext↙

当前文字样式：仿宋 当前文字高度：300

指定文字的起点或［对正（J）/样式（S）］：（点取放置文字的起始点）

指定高度<500>：400↙（输入字高）

指定文字的旋转角度<0>：↙（输入倾斜角度）

（在绘图区出现的文字编辑框中输入文本内容）

标题栏文字标注后的图形如图14-24所示。

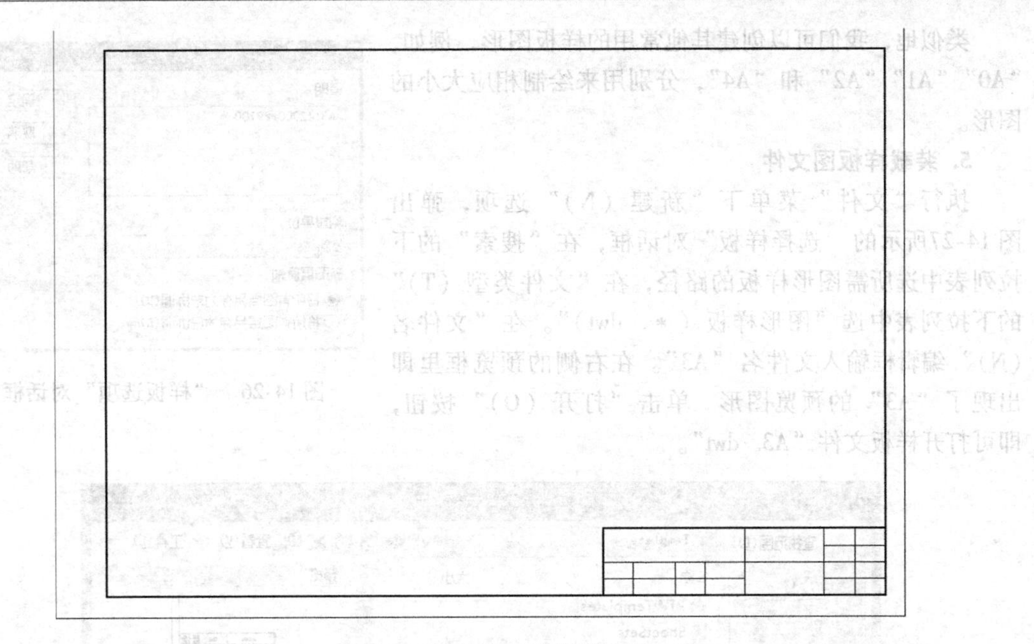

图 14-23　图框与标题栏

4. 图框与标题栏的绘制

执行“文件”菜单下“另存为（A）”命令，弹出“图形另存为”对话框，如图 14-25所示。在“文件类型（T）”的下拉列表中选“AutoCAD 图形样板（*.dwt）”，在“文件名（N）”文本框输入文件名“A3”。单击“保存（S）”按钮，即可保存为样板文件，系统弹出“样板选项”对话框，在“说明”文本框中输入图 14-26 所示的描述文字，单击“确定”按钮，这样当前图就保存为一个样板图形。

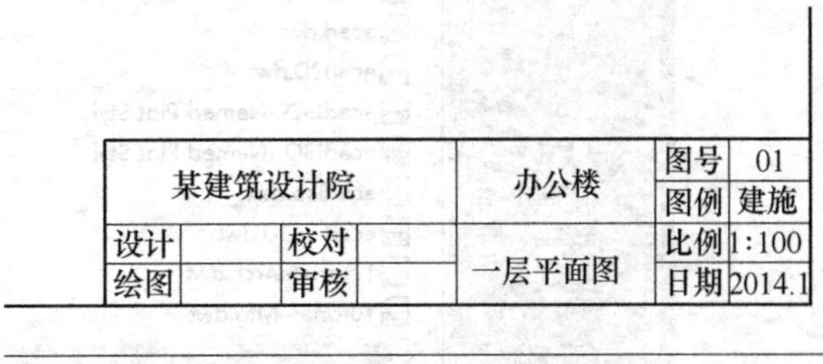

某建筑设计院				办公楼	图号	01
					图例	建施
设计		校对		一层平面图	比例	1:100
绘图		审核			日期	2014.1

图 14-24　标题栏文字标注

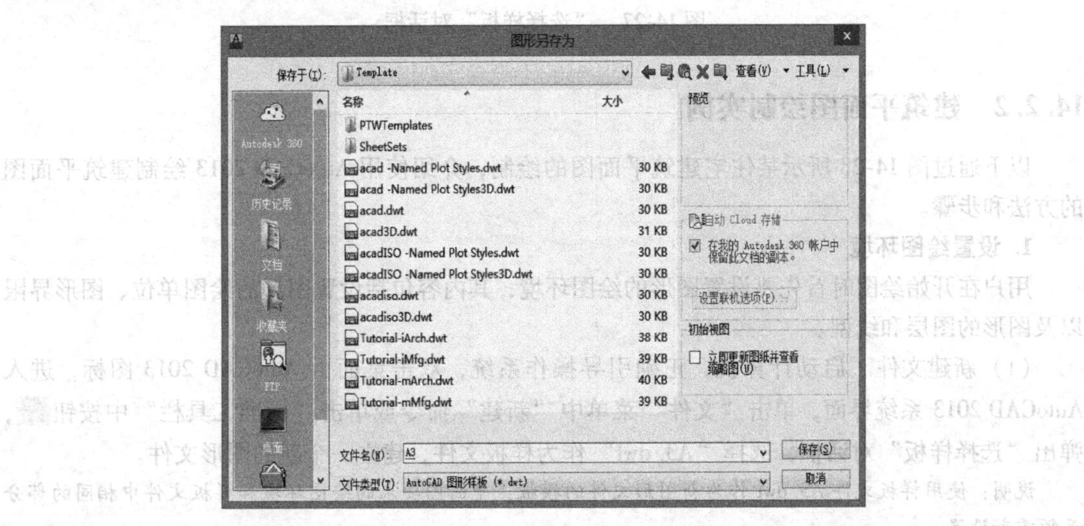

图 14-25　“图形另存为”对话框

类似地，我们可以创建其他常用的样板图形，例如，“A0”“A1”“A2”和“A4”，分别用来绘制相应大小的图形。

5. 装载样板图文件

执行“文件”菜单下“新建（N）”选项，弹出图14-27所示的“选择样板”对话框，在“搜索”的下拉列表中选所需图形样板的路径，在“文件类型（T）”的下拉列表中选“图形样板（＊. dwt）”。在“文件名（N）”编辑框输入文件名“A3”。在右侧的预览框里即出现了“A3”的预览图形。单击“打开（O）”按钮，即可打开样板文件“A3. dwt”。

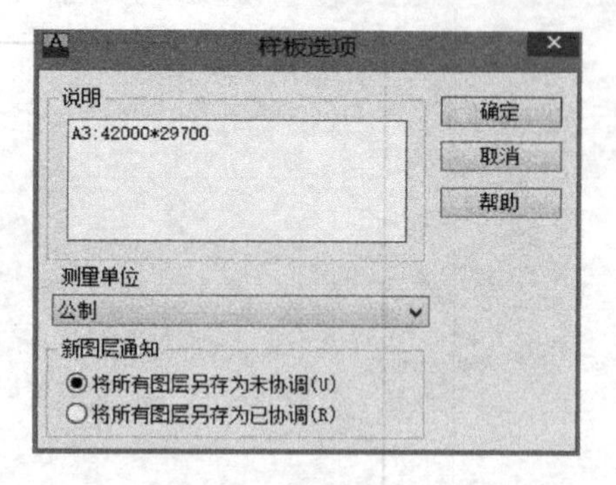

图 14-26 “样板选项”对话框

图 14-27 “选择样板”对话框

14.2.2 建筑平面图绘制实例

以下通过图14-28所示某住宅建筑平面图的绘制，介绍使用AutoCAD 2013绘制建筑平面图的方法和步骤。

1. 设置绘图环境

用户在开始绘图时首先要设置图形的绘图环境，其内容包括设置图形的绘图单位、图形界限以及图形的图层和线型。

（1）新建文件 启动计算机，正确引导操作系统，双击桌面上AutoCAD 2013图标，进入AutoCAD 2013系统界面，单击“文件”菜单中“新建”命令或单击“标准工具栏”中按钮，弹出“选择样板”对话框，选择“A3. dwt”作为样板文件，建立一个新的图形文件。

说明：使用样板文件A3. dwt作为新图形文件的模板，平面图要求的绘图环境和样板文件中相同的部分无须重新设置。

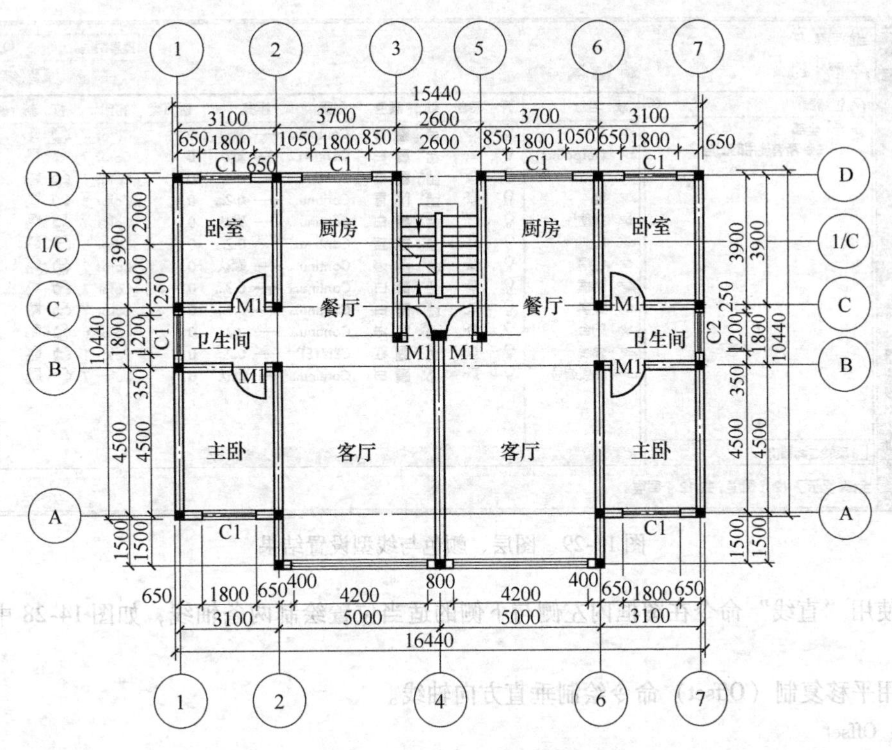

图 14-28　某住宅的建筑平面图

（2）图层的建立、颜色与线型的设置　为便于对图形进行控制，本例中图层、颜色、线型按表 14-2 的要求设置。其结果如图 14-29 所示。

表 14-2　图层、颜色、线型设置

层　名	颜　色	线　型	线　宽	备　注
轴线	红（red）	点画线	0.25	轴线层
辅助线	白/黑（white/black）	实线	0.25	辅助线层
阳台	品红（magenta）	实线	0.25	阳台层
图框	白/黑（white/black）	实线	0.25	图框层
墙线	白/黑（white/black）	实线	0.35	墙层
屋顶	白/黑（white/black）	实线	0.25	屋顶层
门	蓝（blue）	实线	0.25	门层
窗	青（cyan）	实线	0.25	窗层
尺寸	白/黑（white/black）	实线	0.25	尺寸层
文字	白/黑（white/black）	实线	0.25	文字层

2. 绘制轴线

1）将“轴线”层置为当前层。

2）用 Ltscale 命令设定合适的线型比例，如 100，使点画线显示合适状态。

3）用平移复制（Offset）命令绘制水平和垂直方向轴线。

说明：打开正交模式画出最左边的竖直轴线和最下边的水平轴线，再用 Offset 命令按轴线间的距离在竖直和水平方向复制出相应的轴线，最后用 Trim 命令把轴线修剪到所需长度，修剪时可画一水平或垂直辅助线做修剪边界线。

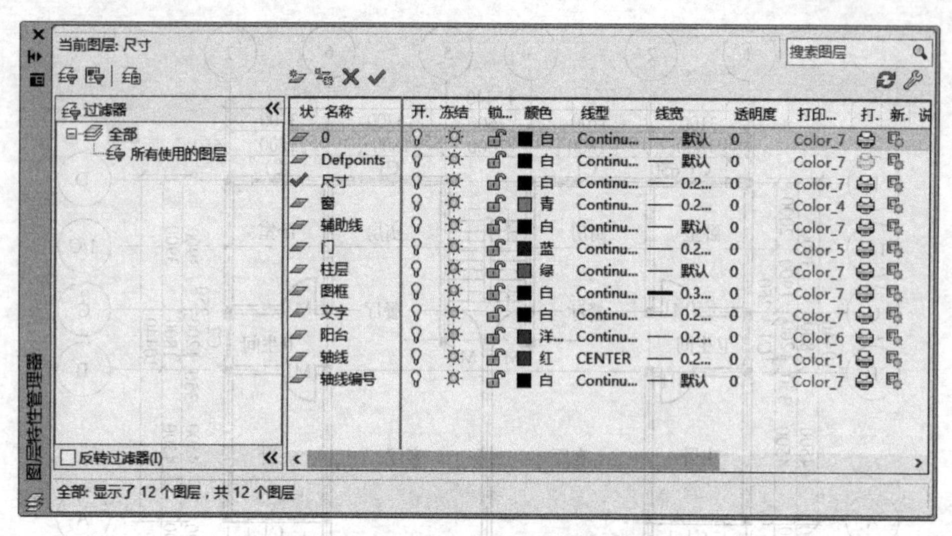

图 14-29　图层、颜色与线型设置结果

4）使用“直线”命令在图框内左侧与下侧的适当位置绘制两条轴线，如图 14-28 中的轴线④、①。

5）用平移复制（Offset）命令绘制垂直方向轴线。

命令：Offset

当前设置：删除源 = 否　图层 = 源　OFFSETGAPTYPE = 0

指定偏移距离或［通过（T）/删除（E）/图层（L）］<3000>：3100↙（输入平移复制距离 3600）

选择要偏移的对象，或［退出（E）/放弃（U）］<退出>：（选择轴线①）

指定要偏移的那一侧上的点，或［退出(E)/多个（M)/放弃(U)］<退出>：（点取上侧，得到轴线②）

选择要偏移的对象，或［退出（E）/放弃（U）］<退出>：↙

……

连续使用“Offset”命令可以偏移复制出其他辅助轴线。其结果如图 14-30 所示。

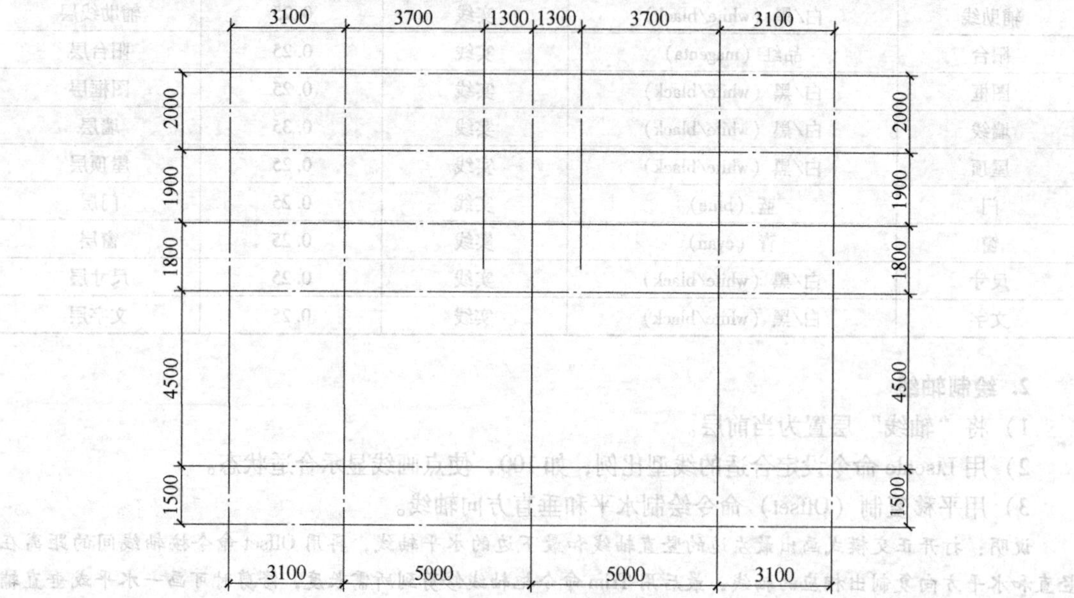

图 14-30　绘制的轴线

3. 绘制轴线编号

利用样板文件创建的"轴线编号"属性块，使用插入块命令（Insert）在相应的位置绘制轴线编号。

注意：绘制完轴线后，及时插入轴线编号（图块），为后续绘图固定提供方便。

命令：insert↙

指定插入点或［基点（B）/比例（S）/X/Y/Z/旋转（R）/预览比例（PS）/PX/PY/PZ/预览旋转（PR）］：

输入属性值

轴入轴线编号：<1>：1↙

……

命令：insert

指定插入点或［基点（B）/比例（S）/X/Y/Z/旋转（R）/预览比例（PS）/PX/PY/PZ/预览旋转（PR）］：

输入属性值

输入轴线编号：<1>：A↙

……

用同样的方法插入其他方向的轴线编号，其结果如图14-31所示。

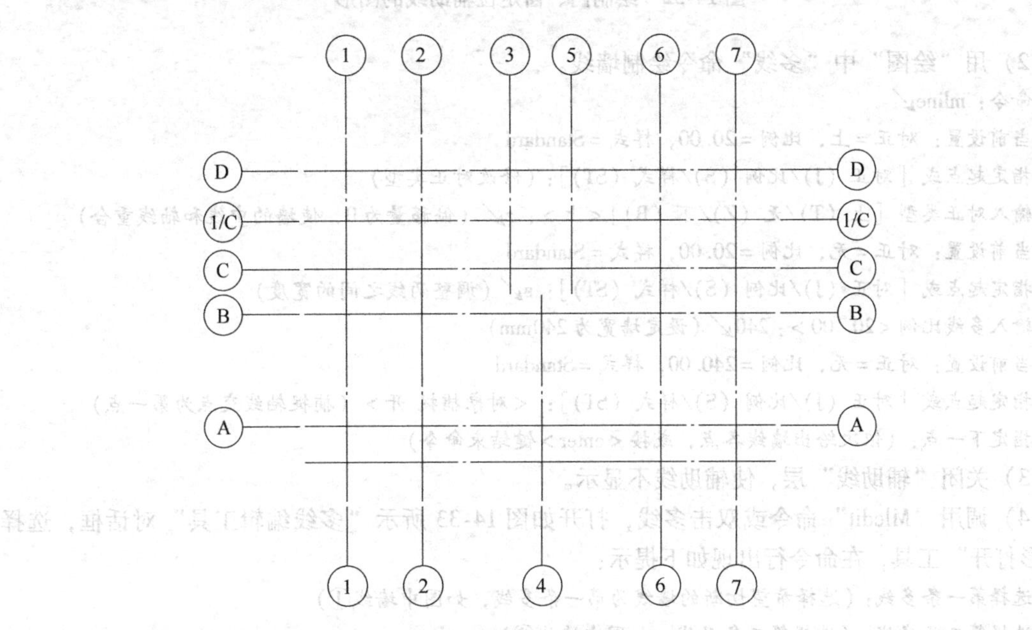

图14-31 插入轴线编号后的图形

4. 给制门、窗定位辅助线

1）将"辅助线"层置为当前层。

2）画出所有门、窗处的定位辅助线，如图14-32所示。

技巧：先绘制出所有门窗边线，在画墙线时可把墙线画至门、窗边线与轴线的相交处，免去打断墙线的麻烦。

5. 绘制墙线

1）将当前层转化为墙层。

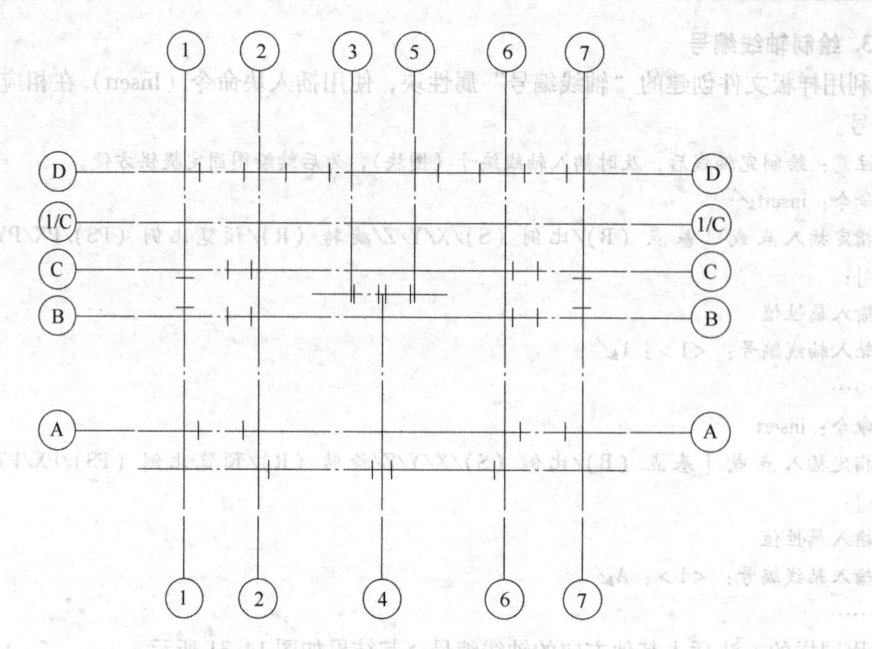

图 14-32 绘制门、窗定位辅助线的图形

2）用“绘图”中“多线”命令绘制墙线。

命令：mline↙

当前设置：对正 = 上，比例 = 20.00，样式 = Standard

指定起点或［对正（J）/比例（S）/样式（ST）］：（修改对正类型）

输入对正类型［上（T）/无（Z）/下（B）］<上>：z↙（偏移量为0，使墙的中线和轴线重合）

当前设置：对正 = 无，比例 = 20.00，样式 = Standard

指定起点或［对正（J）/比例（S）/样式（ST）］：s↙（调整两线之间的宽度）

输入多线比例 <20.00>：240↙（设定墙宽为240mm）

当前设置：对正 = 无，比例 = 240.00，样式 = Standard

指定起点或［对正（J）/比例（S）/样式（ST）］：<对象捕捉 开>（捕捉轴线交点为第一点）

指定下一点：（依次给出墙线各点，或按 <enter> 键结束命令）

3）关闭“辅助线”层，使辅助线不显示。

4）调用“Mledit”命令或双击多线，打开如图 14-33 所示“多线编辑工具”对话框，选择“T形打开”工具，在命令行出现如下提示：

选择第一条多线：（选择希望切断的墙线为第一条多线，如图中墙线①）

选择第二条多线：（选择第二条多线，如图中墙线②）

选择第一条多线或［放弃（U）］：（回车结束命令，或继续编辑另一交接处）

说明：使用T形打开或T形合并编辑命令，选择第一条多线和选择第二条多线时，只要拾取多线中的一条线即可。注意拾取点的位置。

将辅助线关闭后，上述命令执行后的结果如图 14-34 所示。

6. 插入门、窗

（1）插入门

1）将当前层转换为门层。

2）插入门 M1、M2、M3。

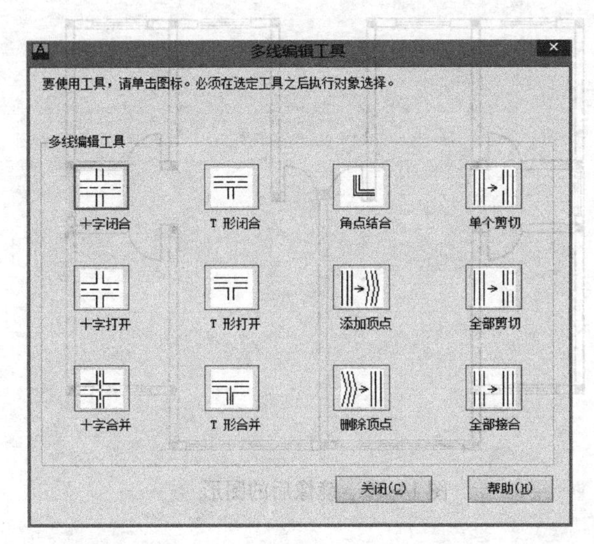

图 14-33　“多线编辑工具”对话框

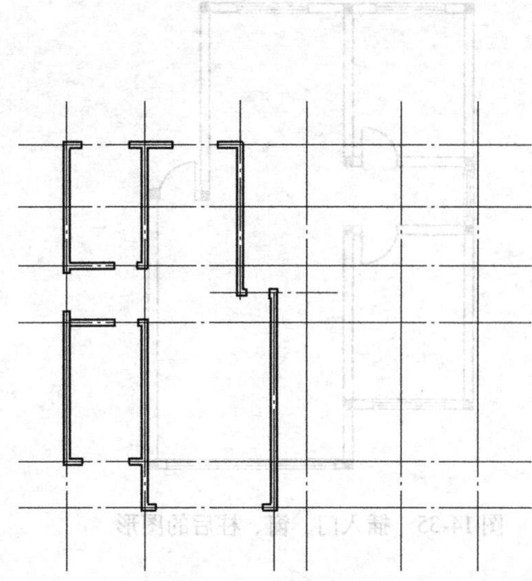

图 14-34　编辑后的墙线

在“插入”对话框中的“名称”下拉列表中选择块名“门”块，插入点在屏幕上指定，插入门 M1（900mm）时缩放比例 X 方向为 0.9，Y 方向为 0.9。

命令：insert↙

指定插入点或［基点（B)/比例（S)/X/Y/Z/旋转（R)］：(指定门垛的交点)

（2）插入窗

1）将当前层转换为窗层。

2）插入窗块 C1（宽 1800mm）、C2（宽 1200mm）、C3（宽 4200mm）。

在“插入”对话框中的“名称”下拉列表中选择块名“窗”块，插入点在屏幕上指定，插入窗块 C1 时，缩放比例 X 方向为 1.8，Y 方向为 1。

命令：insert

指定插入点或［基点（B)/比例（S)/X/Y/Z/旋转（R)］：

（3）插入柱块

1）将当前层转换为柱层。

2）插入柱块。

命令：insert

指定插入点或［基点（B)/比例（S)/X/Y/Z/旋转（R)］：(指定各柱中心点)

插入门、窗、柱后的图形如图 14-35 所示。

说明：其他窗户的插入按上述方法进行。注意正确输入 X、Y 方向的缩放比例、旋转角度。

7. 镜像复制右侧的对称部分图形

使用镜像命令，选择绘制完成的墙、门、窗和柱，以④号轴线为对称线，镜像完成后的图形如图 14-36 所示。

8. 创建楼梯

创建图 14-37 所示的楼梯平面图，具体操作步骤如下：

1）创建一个“楼梯”层并转换为当前层。

2）绘制端线。

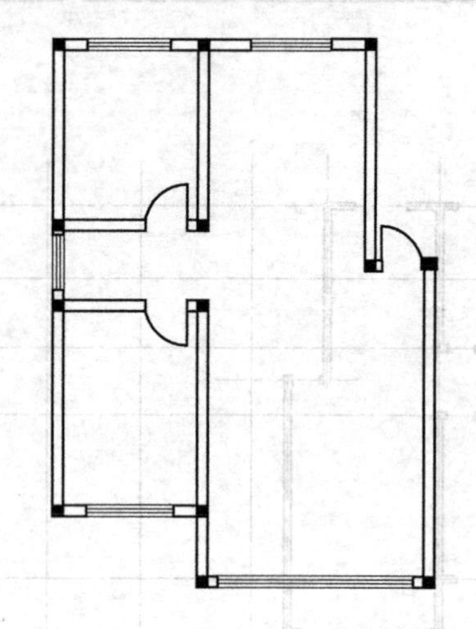

图 14-35 插入门、窗、柱后的图形

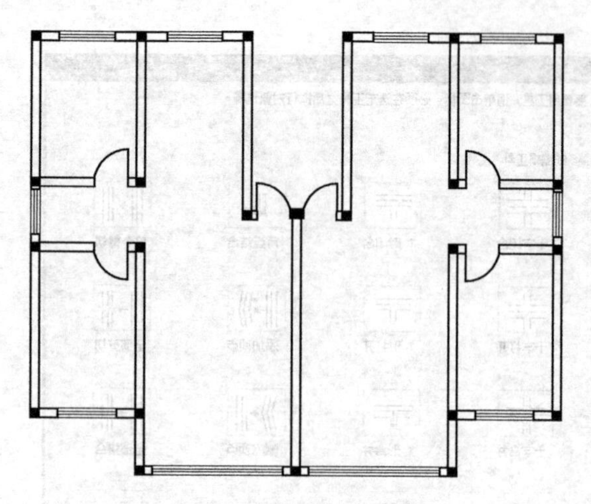

图 14-36 镜像后的图形

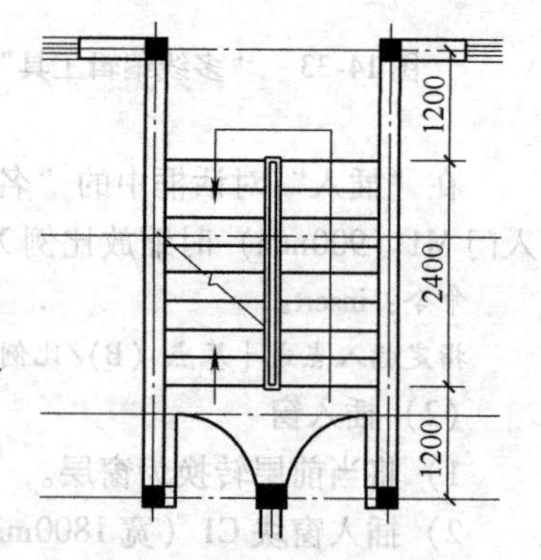

图 14-37 楼梯平面图

命令：line↙

指定第一点：(选择距左门左侧竖直墙线和轴线的交点 E)

指定下一点或 [放弃 (U)]：(选择另外一侧墙线和轴线的交点 F)

指定下一点或 [放弃 (U)]：↙

命令：offset↙

当前设置：删除源 = 否 图层 = 源 OFFSETGAPTYPE = 0

指定偏移距离或 [通过 (T)/删除(E)/图层(L)] <通过>：1200↙

选择要偏移的对象，或 [退出 (E)/放弃 (U)] <退出>：(选择线段 EF)

指定要偏移的那一侧上的点，或 [退出 (E)/多个 (M)/放弃 (U)] <退出>：(在线段 EF 上侧拾取一点)

选择要偏移的对象，或 [退出 (E)/放弃 (U)] <退出>：↙ (得到线段 AB)

3）用“修改工具栏”中“阵列”命令绘制楼梯踏步线。已知踏步宽 300mm，执行“阵列”命令后，选择线段 AB 后，设置行为“9”，“列”为“1”，行间距设为“300”。

命令：_arrayrect

选择对象：找到 1 个 (选择线段 AB)

选择对象：

类型 = 矩形 关联 = 是

选择夹点以编辑阵列或 [关联 (AS)/基点 (B)/计数 (COU)/间距 (S)/列数 (COL)/行数 (R)/层数 (L)/退出 (X)] <退出>：r↙ (切换至行命令)

输入行数数或 [表达式 (E)] <3>：9↙

指定行数之间的距离或 [总计 (T)/表达式 (E)] <1>：300↙

指定行数之间的标高增量或 [表达式 (E)] <0>：↙

选择夹点以编辑阵列或 [关联 (AS)/基点 (B)/计数 (COU)/间距 (S)/列数 (COL)/行数 (R)/层数 (L)/退出 (X)] <退出>：col↙

输入列数数或 [表达式 (E)] <4>：1↙

指定 列数 之间的距离或 [总计 (T)/表达式 (E)] <3540>：↙

选择夹点以编辑阵列或 [关联 (AS)/基点 (B)/计数 (COU)/间距 (S)/列数 (COL)/行数 (R)/层数 (L)/退出 (X)] <退出>：↙

4）绘制上下楼梯扶手。

① 绘制一个60mm×2400mm的矩形。

命令：rectang↙

指定第一个角点或［倒角（C）/标高（E）/圆角（F）/厚度（T）/宽度（W）］：

指定另一个角点或［面积（A）/尺寸（D）/旋转（R）］：@60,2400

② 将矩形移动到所在的位置。

命令：move↙

选择对象：找到1个（选择上面所画矩形）

选择对象：↙

指定基点或［位移（D）］<位移>：（选择矩形短边中点M）

指定第二个点或<使用第一个点作为位移>：（选择线段AB中点）

③ 将矩形向外偏移60mm。

命令：offset↙

当前设置：删除源=否　图层=源　OFFSETGAPTYPE=0

指定偏移距离或［通过（T）/删除（E）/图层（L）］<3360>：60

选择要偏移的对象，或［退出（E）/放弃（U）］<退出>：（选择矩形）

指定要偏移的那一侧上的点，或［退出（E）/多个（M）/放弃（U）］<退出>：（在矩形外拾取一点）

选择要偏移的对象，或［退出（E）/放弃（U）］<退出>：↙

④ 用分解命令将楼梯踏步这9条水平线段分解后再用修剪命令除去穿过扶手的横线。

技巧：用“栏选（F）”方式选择要修剪的多个对象比单个选取速度快。

5）用“绘图工具栏”中“多段线”命令绘制上下箭头和折断线。

命令：pline↙

指定起点：<对象捕捉　开>

当前线宽为0

指定下一个点或［圆弧（A）/半宽（H）/长度（L）/放弃（U）/宽度（W）］：（指定楼梯踏步中线上一点）

指定下一点或［圆弧（A）/闭合（C）/半宽（H）/长度（L）/放弃（U）/宽度（W）］：w↙

指定起点宽度<0>：50↙（指定箭头的起点宽度50mm）

指定端点宽度<50>：0↙（指定箭头的端点宽度0）

指定下一点或［圆弧（A）/闭合（C）/半宽（H）/长度（L）/放弃（U）/宽度（W）］：@0，-300↙

指定下一点或［圆弧（A）/闭合（C）/半宽（H）/长度（L）/放弃（U）/宽度（W）］：↙

……

6）用修剪命令剪去折断线右边的踏步线。

楼体绘制后的图形如图14-37所示。

9. 尺寸标注

（1）尺寸标注样式的设置　在样板文件（A3. dwt）中，已按建筑图绘制的要求设置了尺寸标注样式。

（2）尺寸标注

1）将“尺寸”层设置为当前层。

2）用线性标注和连续标注命令标注第一道尺寸线。

命令：dimlinear↙

指定第一条尺寸界线原点或<选择对象>：

指定第二条尺寸界线原点：

指定尺寸线位置或［多行文字（M）/文字（T）/角度（A）/水平（H）/垂直（V）/旋转（R）］：

标注文字＝650

命令：dimcontinue↙

指定第二条尺寸界线原点或［放弃（U）/选择（S）］<选择>：

标注文字＝1800

指定第二条尺寸界线原点或［放弃（U）/选择（S）］<选择>：

……

3）标注水平方向下部的第二道尺寸线。

命令：dimlinear↙

指定第一条尺寸界线原点或<选择对象>：

指定第二条尺寸界线原点：

指定尺寸线位置或［多行文字（M）/文字（T）/角度（A）/水平（H）/垂直（V）/旋转（R）

标注文字＝3100

命令：dimcontinue↙

指定第二条尺寸界线原点或［放弃（U）/选择（S）］<选择>：

标注文字＝5000

指定第二条尺寸界线原点或［放弃（U）/选择（S）］<选择>：

标注文字＝5000

指定第二条尺寸界线原点或［放弃（U）/选择（S）］<选择>：

……

4）标注水平方向下部的第三条尺寸线。

命令：dimlinear↙

指定第一条尺寸界线原点或<选择对象>：

指定第二条尺寸界线原点：

指定尺寸线位置或［多行文字（M）/文字（T）/角度（A）/水平（H）/垂直（V）/旋转（R）］：

标注文字＝16440

说明：其他方向尺寸标注方法同上，具体操作步骤略。

尺寸标注后的图形如图14-38所示。

10. 文字标注

（1）设置文字标注样式　在图14-39“文字样式”对话框中，选择样式名，设置字型、字高及宽度比例因子等效果参数。

（2）标注文字

1）将当前层转化为“文字”层。

2）标注门、窗文字说明。

命令：dtext↙

当前文字样式：仿宋体　当前文字高度：300

指定文字的起点或［对正（J）/样式（S）］：（点取放置文字的起始点）

指定高度<300>：300↙（输入字高300）

指定文字的旋转角度<0>：↙

说明：该命令可使用“绘图”菜单中“文字”→“单行文字”命令或直接输入“dtext”。在命令文字提示信息结束，绘图区出现文字编辑框时，输入标注文字的内容，如门的名称“M1”，使用此命令可以对门、窗文字说明。

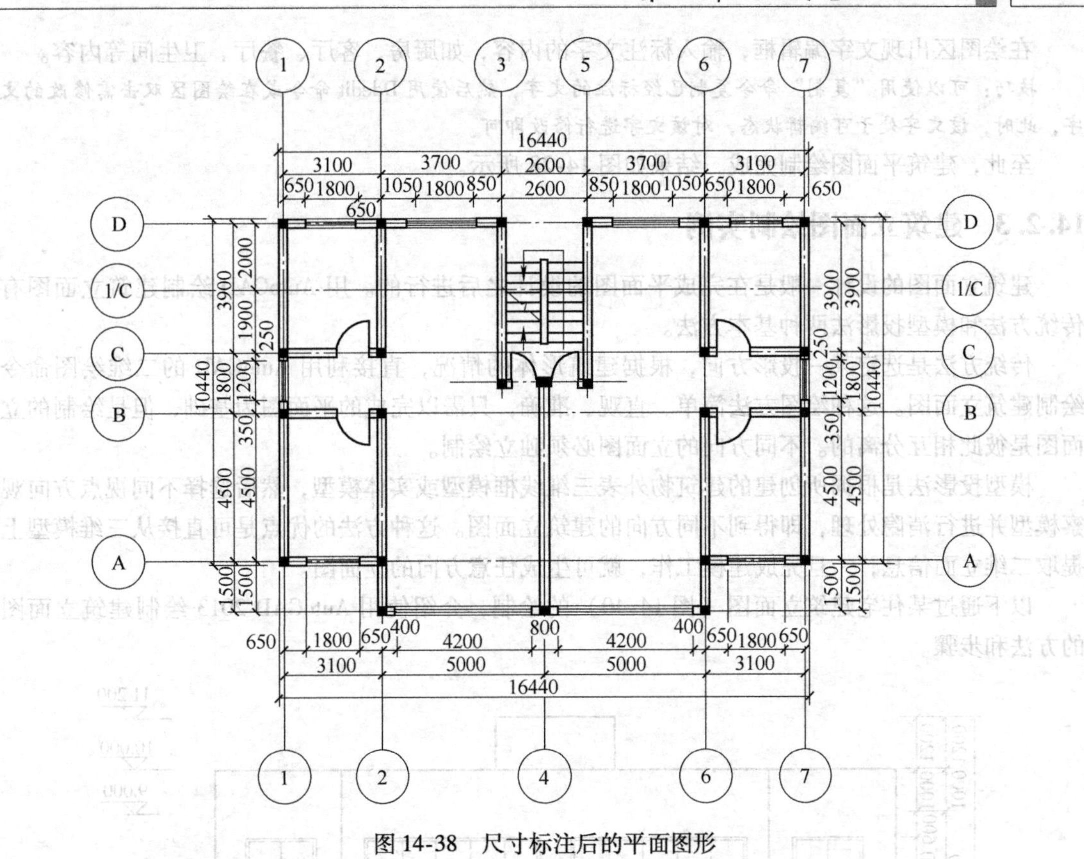

图 14-38 尺寸标注后的平面图形

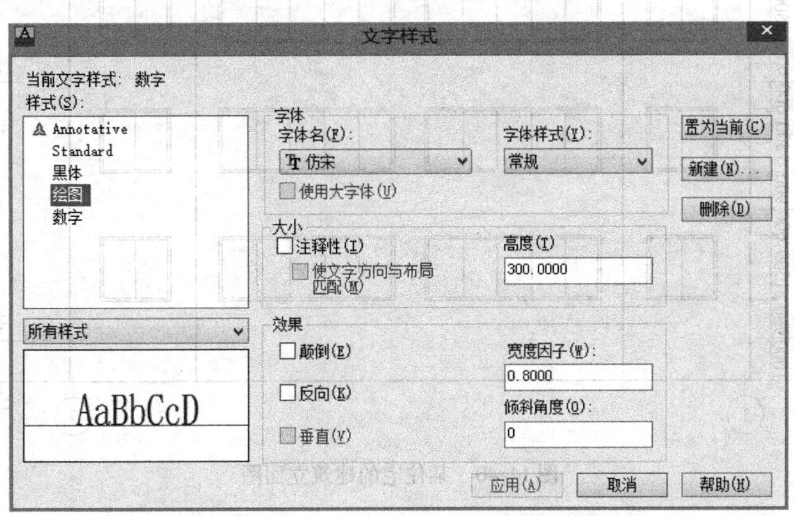

图 14-39 “文字样式”对话框

3）标注房间说明文字。

命令：dtext↙

当前文字样式，仿宋体　当前文字高度：400

指定文字的起点或［对正（J）/样式（S）］：（点取放置文字的起始点）

指定高度<400>：500↙（输入字高）

指定文字的旋转角度<0>：↙（输入倾斜角度）

在绘图区出现文字编辑框，输入标注文字的内容，如厨房、客厅、餐厅、卫生间等内容。

技巧：可以使用“复制”命令复制已经标注的文字，然后使用 Ddedit 命令或在绘图区双击需修改的文字，此时，该文字处于可编辑状态，对该文字进行修改即可。

至此，建筑平面图绘制完成，结果如图 14-28 所示。

14.2.3 建筑立面图绘制实例

建筑立面图的设计一般是在完成平面图的设计之后进行的。用 AutoCAD 绘制建筑立面图有传统方法和模型投影法两种基本方法。

传统方法是选定某一投影方向，根据建筑形体的情况，直接利用 AutoCAD 的二维绘图命令绘制建筑立面图。这种绘图方法简单、直观、准确，只需以完成的平面图为基础，但是绘制的立面图是彼此相互分离的。不同方向的立面图必须独立绘制。

模型投影法是根据所创建的建筑物外表三维线框模型或实体模型，然后选择不同视点方向观察模型并进行消隐处理，即得到不同方向的建筑立面图。这种方法的优点是可直接从三维模型上提取二维立面信息，一旦完成建模工作，就可生成任意方向的立面图。

以下通过某住宅建筑立面图（图 14-40）的绘制，介绍使用 AutoCAD 2013 绘制建筑立面图的方法和步骤。

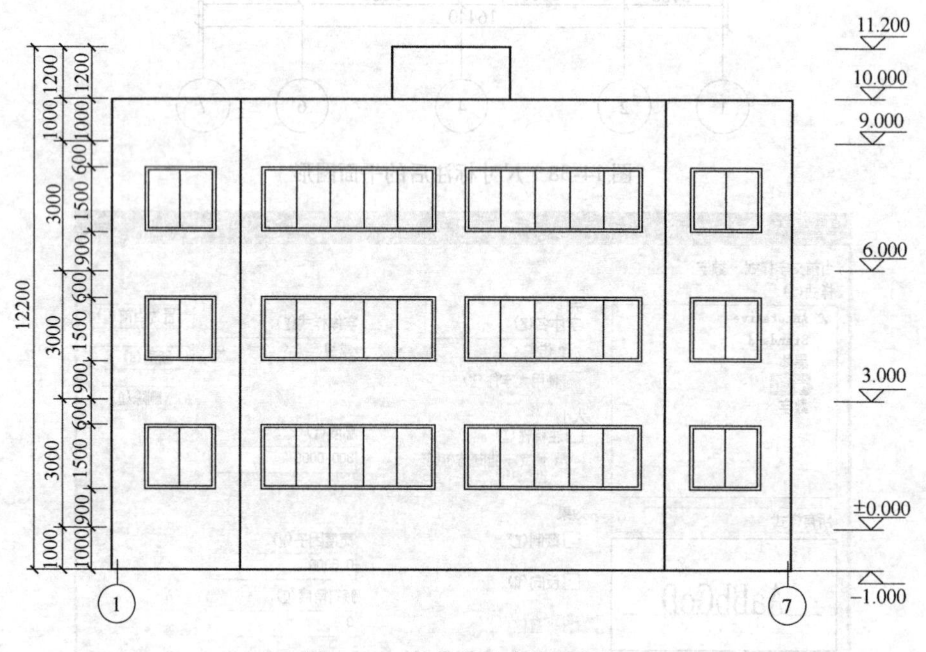

图 14-40 某住宅的建筑立面图

（1）设置绘图环境

1）新建图形文件。选择“A3. dwt”作为样板文件，建立一个新的图形文件，并命名为“住宅的建筑立面图 . dwg”后保存。

2）图层的创建、图层颜色、线型和线宽的设置。

本例中主要设置的图层有“辅助线”“窗”“门”“阳台”“檐口”“台阶”等。用户可以依次预设，也可以在绘图过程中根据需要进行创建。创建后的图层和颜色、线型和线宽设置后的结果如图 14-41 所示。

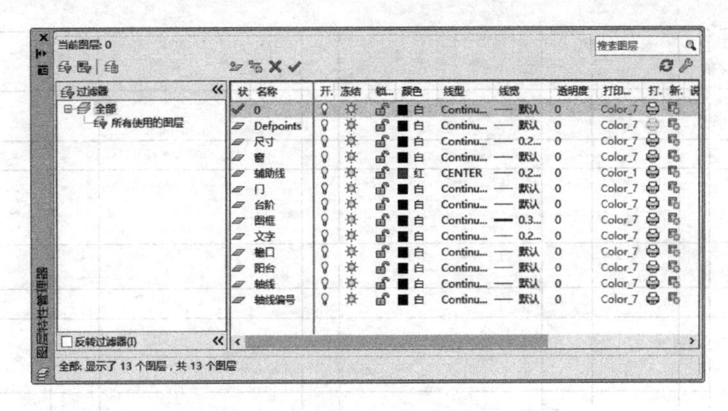

图14-41　建立图层、设置颜色与线型

（2）绘制定位轴线和辅助线　绘制建筑立面图必须以建筑平面图为基础，建筑立面图中很多图形元素（如门、窗、阳台等）的排列都有规律，因此绘制定位辅助线有利于以后绘图的定位。

1）将轴线层设为当前层。

2）使用直线命令绘制①号定位轴线。

命令：line↙

指定第一点：

指定下一点或［放弃（U）/］：@0，12200↙

指定下一点或［放弃（U）］：↙

3）选择“修改”菜单下“偏移”命令，按建筑平面图14-38中①~⑦轴线的间距偏移复制7条轴线。

4）设置“辅助线”层为当前层。

5）绘制层高定位水平线。

命令：line↙

指定第一点：

指定下一点或［放弃（U）］：@16200，0↙

指定下一点或［放弃（U）］：↙

6）选择“修改”菜单下“偏移”命令，按照各层层高1000mm、3000mm、3000mm、3000mm、1000mm、1200mm，生成楼层、阳台和屋顶定位辅助线。

命令：offset↙

指定偏移距离或［通过（T）］<500>：1000↙

选择要偏移的对象或<退出>：

指定点以确定偏移所在一侧：

选择要偏移的对象或<退出>：

……

7）使用“修改”菜单下“偏移”命令，按照各层门窗水平和垂直方向上的位置生成门窗定位线。上述操作执行后的结果如图14-42所示。

（3）绘制外墙轮廓线和地坪线　绘制外墙轮廓线和地坪线可以加强建筑立面图的效果，可以使用“直线”命令绘制，并同时设置直线的线宽。也可以使用“多段线”命令绘制。

1）将“轮廓线和地坪线”图层设置为当前层。

2）使用“直线”命令，将轴线①和地坪线的交点作为起点，沿外墙和屋顶辅助线，一直到

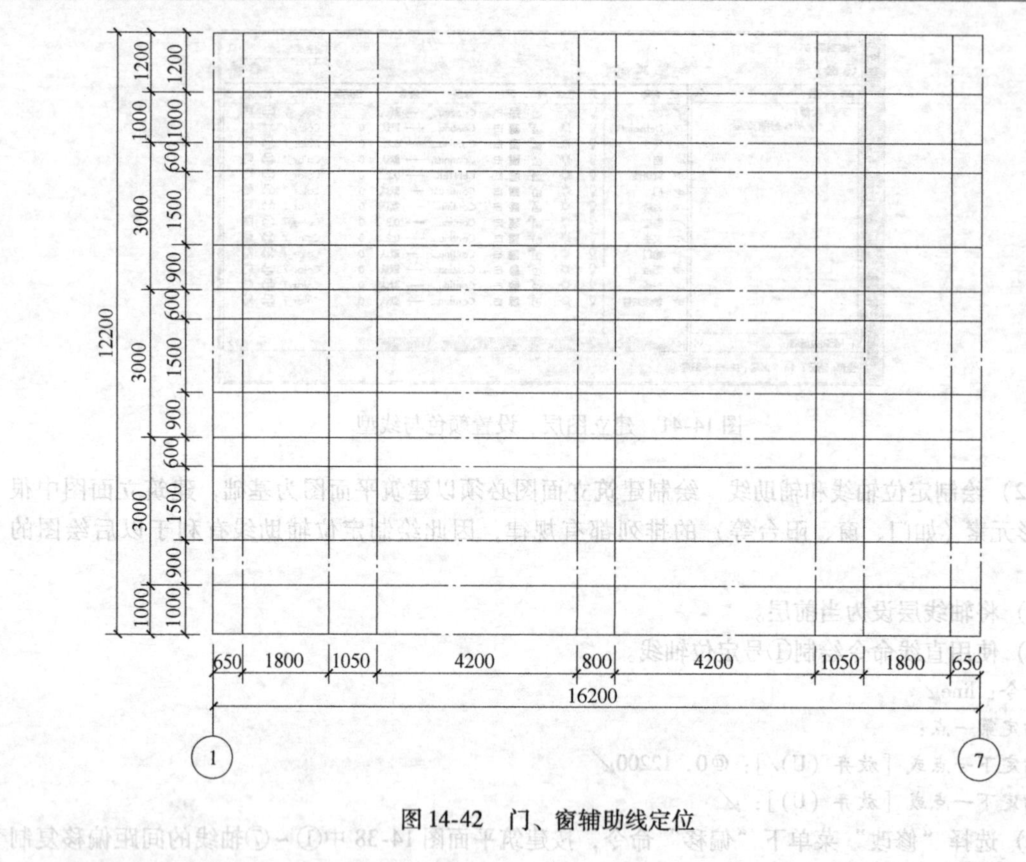

图 14-42 门、窗辅助线定位

轴线⑦和地坪线的交点绘制外墙轮廓线。

3）选择“修改”菜单中“偏移”命令，将所绘制外墙轮廓线进行偏移复制，偏移距离为120mm。

命令：offset↙

当前设置：删除源 = 否　图层 = 源 OFFSETGAPTYPE = 0

指定镇移距离或［通过（T）/删除（E）/图层（L）］<通过>：e↙

要在偏移后删除源对象吗？［是（Y）/否（N）］<否>：y↙（选择删除源对象）

指定偏移距离或［通过（T）/删除（E）/图层（L）］<通过>：120↙（指定偏移距离）

选择要偏移的对象，或［退出（E）/f放弃（U）］<退出>：（选择左外墙轮廓线）

指定要偏移的那一侧上的点，或［退出（E）/多个（M）/放弃（U）］<退出>：↙

选择要偏移的对象，或［退出（E）/f放弃（U）］<退出>：（选择右外墙轮廓线）

指定要偏移的那一侧上的点，或［退出（E）/多个（M）/放弃（U）］<退出>：↙

选择要偏移的对象，或［退出（E）/放弃（U）］<退出>：↙

4）檐口和内部立面上的墙线绘制可以使用“直线”命令直接捕捉辅助线和门窗、阳台的交点进行绘制。

5）选择“绘图”菜单中“多段线”命令绘制地坪线，线宽设置为30mm。绘制后的图形如图14-43所示。

（4）绘制立面窗　窗户是立面图上的主要组成部分。在绘制立面窗之前，应了解窗户的数量和类别，并对窗户进行分类，然后绘制每一种类型的窗户，并创建图块，最后将其插入到图中。根据建筑平面图14-28所示，在图14-44所示的立面图中，应存在两种类型的窗户，分别为C1、C3。下面分别给出C1、C3的绘制步骤。

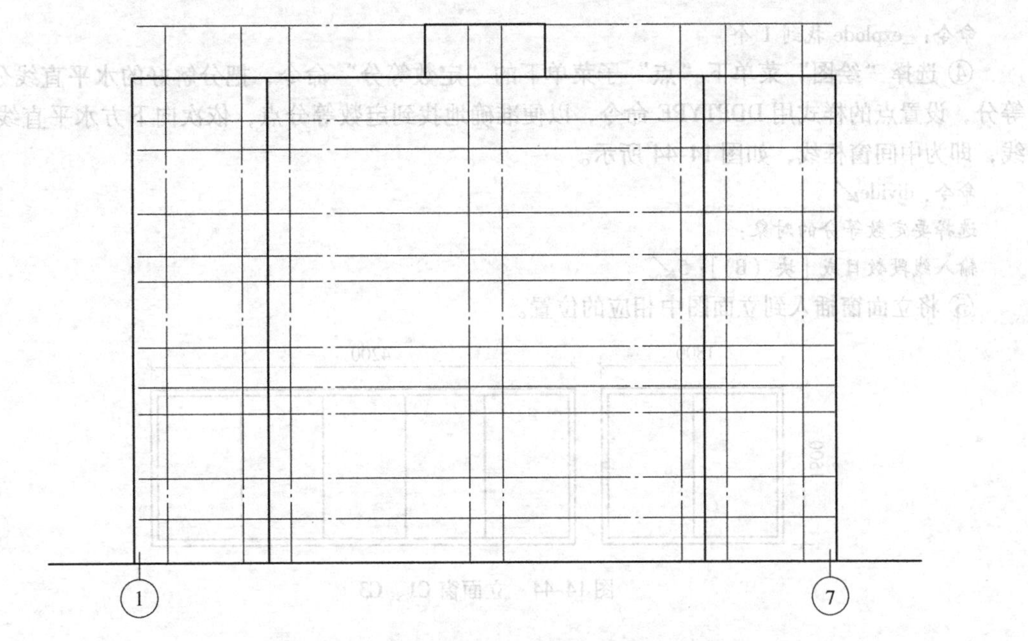

图 14-43　外墙轮廓线和地平线绘制后的图形

1）C1 的绘制。

① 将图层转换为门窗图层，使用“绘图”菜单下“矩形”命令绘制窗的外框。

命令：rectang↙

指定第一个角点或［倒角（C）/标高（E）/圆角（F）/厚度（T）/宽度（W）］：

指定另一个角点或［尺寸（D）］：@1800,1500↙

② 选择“修改”菜单下“偏移”命令，绘制窗的内框。

命令：offset↙

指定偏移距离或［通过（T）］<1800>：60↙

选择要偏移的对象或<退出>：（选择绘制好的矩形）

指定点以确定偏移所在一侧：（指定矩形内侧任意点）

选择要偏移的对象或<退出>：↙

③ 选择“绘图”中的“直线”命令，绘制中间窗框线。

④ 将立面窗插入到立面图中相应的位置。

2）C3 的绘制。

① 将图层转换为门窗图层，使用“绘图”菜单下“矩形”命令绘制窗的外框。

命令：rectang↙

指定第一个角点或［倒角（C）/标高（E）/圆角（F）/厚度（T）/宽度（W）］：

指定另一个角点或［尺寸（D）］：@4200,1500↙

② 选择“修改”菜单下“偏移”命令，绘制窗的内框。

命令：offset↙

指定偏移距离或［通过（T）］<1800>：60↙

选择要偏移的对象或<退出>：（选择绘制好的矩形）

指定点以确定偏移所在一侧：（指定矩形内侧任意点）

选择要偏移的对象或<退出>：↙

③ 选择“修改”菜单下的“分解”命令，把刚刚偏移好的内部矩形分解。

命令：_explode 找到 1 个

④ 选择“绘图”菜单下“点”子菜单下的“定数等分”命令，把分解好的水平直线分为5等分，设置点的样式用 DDPTYPE 命令，以便准确地找到定数等分点，依次向下方水平直线作垂线，即为中间窗框线，如图 14-44 所示。

命令：divide↙

选择要定数等分的对象：

输入线段数目或［块（B）］：5↙

⑤ 将立面窗插入到立面图中相应的位置。

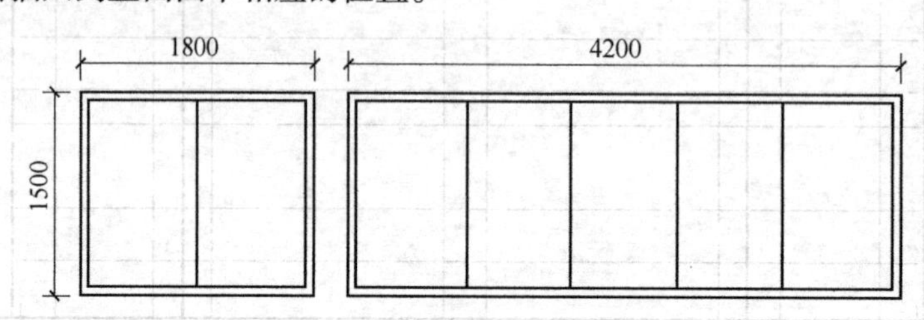

图 14-44 立面窗 C1、C3

（5）插入窗 将上面绘制好的窗创建为图块，使用 INSERT 命令将图块插入到指定的位置。插入窗后的图形如图 14-45 所示。

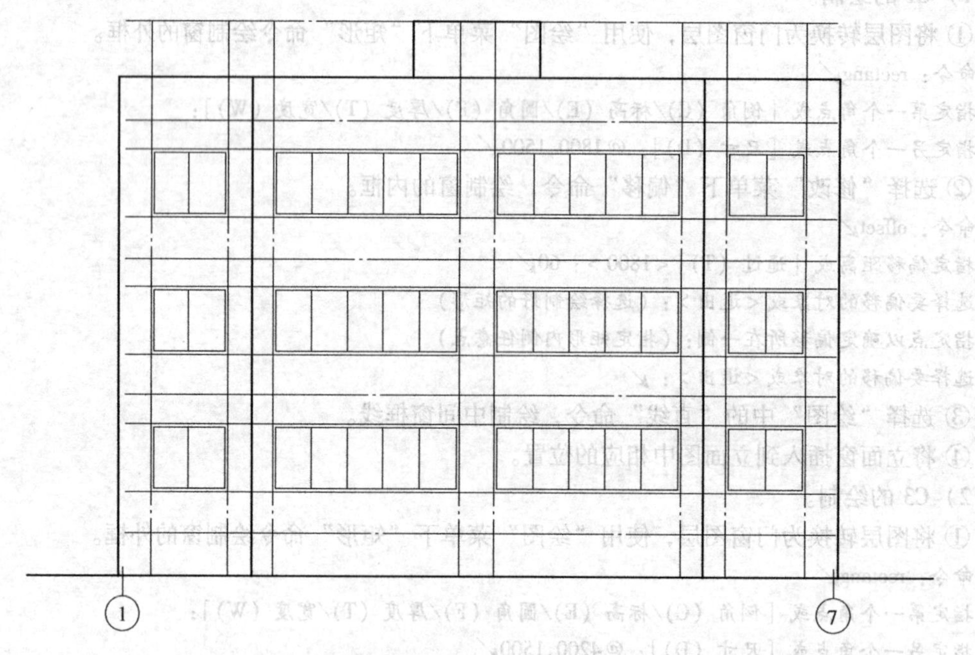

图 14-45 窗插入后的立面图

（6）绘制标高和尺寸标注 立面图的尺寸标注主要包括标高标注和主要构件尺寸标注。另外各地区、各单位在立面图的尺寸标注上都不尽相同，如国家规范中规定立面图上只要标明外窗的标高即可，但在实际工程中往往还需标明室内外地面、门洞的上下口、女儿墙压顶面、进口的平台、阳台和雨篷、地面的标高、门窗尺寸及总尺寸等。

1）创建标高符号属性块（图 14-46）。

标高符号属性块已经在样板图形文件中创建，在标高标注时可以直接引用。

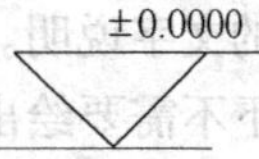

2）标注标高符号。根据楼板定位辅助线的定位，将标高插入到相应的位置，其操作过程如下。

±0.0000

图 14-46　标高符号

命令 insert↙

指定插入点或 [比例 (S)/X/Y/Z/旋转 (R)/预览比例 (PS)/PX/PY/PZ/预览旋转 (PR)]:

输入属性值

请输入标高值 < ±0.0000 >: -1.000↙

命令: mirror↙

选择对象: 指定对角点: 找到 1 个 (选中刚刚插入的 -1.000 标高的块)

选择对象:

指定镜像线的第一点: 指定镜像线的第二点: (以水平地面为对称轴镜像)

要删除源对象吗? [是 (Y)/否 (N)] <N>: Y (得到图 14-47 所示的 -1.000 标高符号)

命令: insert↙

指定插入点或 [比例 (S)/X/Y/Z/旋转 (R)/预览比例 (PS)/PX/PY/PZ/预览旋转 (PR)]:

输入属性值

请输入标高值 < ±0.0000 >: ±0.0000↙

命令: insert↙

指定插入点或 [比例 (S)/X/Y/Z/旋转 (R)/预览比例 (PS)/PX/PY/PZ/预览旋转 (PR)]:

输入属性值

请输入标高值: < ±0.0000 >: 3.000↙

……

使用同样的方法插入其他标高符号，结果如图 14-47 所示。主要构件尺寸标注与建筑平面图相同，具体标注方法和步骤在此省略。

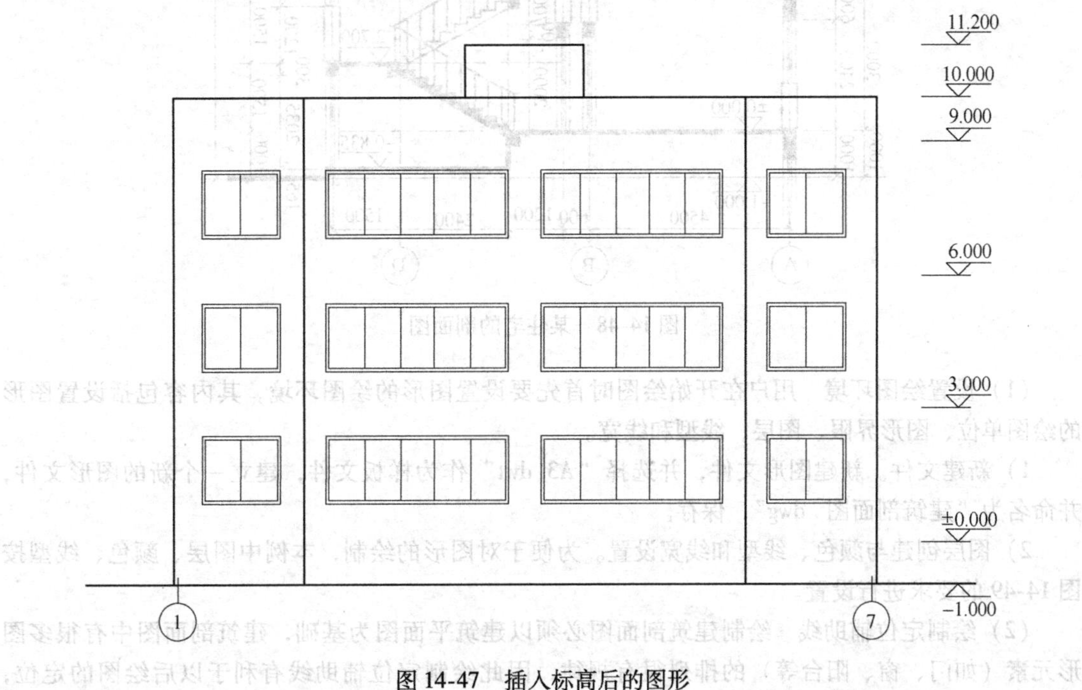

图 14-47　插入标高后的图形

（7）文字标注　立面图的文字标注除图名、比例外，还有立面材质做法、详图索引以及其他必要的文字说明。此外，立面图中还要绘出定位轴线及轴线编号，以便与平面图对照识读。一般情况下不需要绘出所有的定位轴线，只需绘出两端的定位轴线。完成文字标注后，立面图的绘制基本完成，如图 14-40 所示。

14.2.4　建筑剖面图绘制实例

建筑剖面图的设计一般是在完成平面图和剖面图的设计之后进行的，一般情况下，用 AutoCAD 绘制建筑剖面图时，是以建筑平面图和立面图为其生成基础，利用 AutoCAD 系统提供的二维绘图命令进行绘制。这种绘图方法简便、直观，效率较高，而且适宜从底层开始向上逐层设计，相同的部分逐层向上阵列或复制，最后进行编辑和修改即可。

以下通过一栋住宅的建筑剖面图（图 14-48）的绘制，介绍使用 AutoCAD 2013 绘制建筑剖面图的方法和步骤。

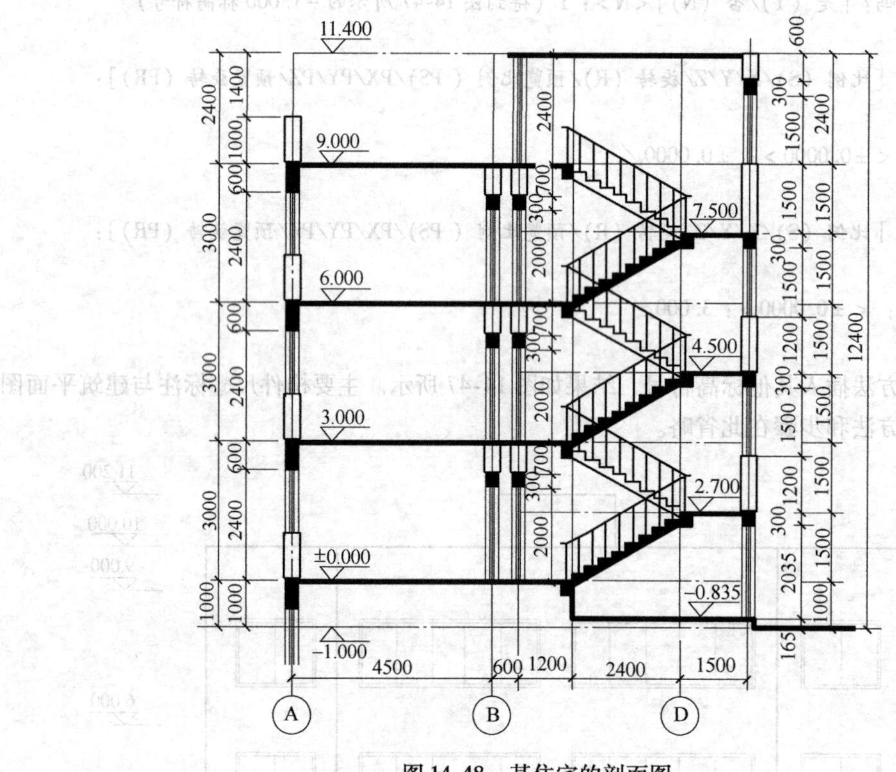

图 14-48　某住宅的剖面图

（1）设置绘图环境　用户在开始绘图时首先要设置图形的绘图环境，其内容包括设置图形的绘图单位、图形界限、图层、线型和线宽。

1）新建文件。新建图形文件，并选择“A3. dwt”作为样板文件，建立一个新的图形文件，并命名为“建筑剖面图 . dwg”，保存。

2）图层创建与颜色、线型和线宽设置。为便于对图形的绘制，本例中图层、颜色、线型按图 14-49 的要求进行设置。

（2）绘制定位辅助线　绘制建筑剖面图必须以建筑平面图为基础，建筑剖面图中有很多图形元素（如门、窗、阳台等）的排列很有规律，因此绘制定位辅助线有利于以后绘图的定位，

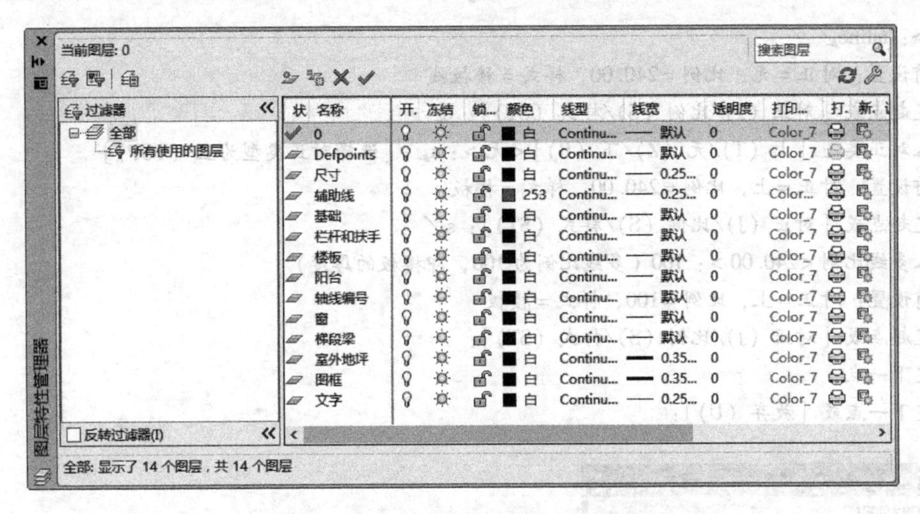

图 14-49 “图层特性管理器”窗口

如图 14-50所示。

1）在“对象特性”工具栏的“图层控制”下拉列表框中选择“辅助线”选项，把该层设为当前层。

2）按照各层标高绘制层高定位水平线。

命令：line↙

指定第一点

指定下一点或［放弃（U)］：@，10800↙

指定下一点或［放弃（U]：

3）选择“修改”菜单下“偏移”命令，按照各层层高 3000、3000、3000、2400，生成楼层定位线，

命令：offset↙

指定偏移距离或［通过（T)］<3280>：3000↙

选择要偏移的对象或<退出>：

指定点以确定偏移所在一侧：

选择要偏移的对象或<退出>：

……

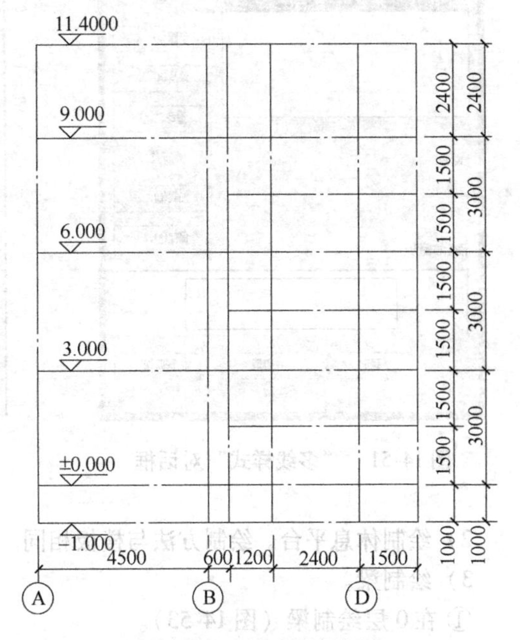

图 14-50 辅助线定位图

4）使用“修改”菜单下“偏移”命令生成休息平台、内墙定位线和门窗定位线。

（3）绘制室外地坪线 室外地坪线可以使用“直线”命令、“多线”命令或“多线段”命令进行绘制。使用“直线”命令绘制需要同时设定线宽。具体操作同立面图。

（4）绘制楼板、梁和休息平台

1）绘制楼板。

① 将“楼板”层设为当前层。

② 设置楼板的多线样式。单击“格式”菜单中“多线样式”，在弹出的对话框中再单击“修改（M)”按钮，弹出“新建多线样式”对话框，其中“封口”为直线，将“填充颜色（F)”设为黑色，表示绘出两直线间用黑色填充，如图 14-51、图 14-52 所示。

③ 用“绘图”菜单中“多线”命令绘制楼板。

命令：mline↙

当前设置：对正 = 无，比例 = 240.00，样式 = 楼板线

指定起点或［对正（J）/比例（S）/样式（ST）］：j↙

输入对正类型［上（T）/无（Z）/下（B）］<无>：t↙［选择对正类型为上（TOP）］

当前设置：对正 = 上，比例 = 240.00，样式 = 楼板

指定起点或［对正（J）/比例（S）/样式（ST）］：s↙

输入多线比例 <240.00>：100（多线比例为 100，即楼板的厚度）

当前设置：对正 = 上，比例 = 100，样式 = 楼板

指定起点或［对正（J）/比例（S）/样式（ST）］：

指定下一点：

指定下一点或［放弃（U）］：

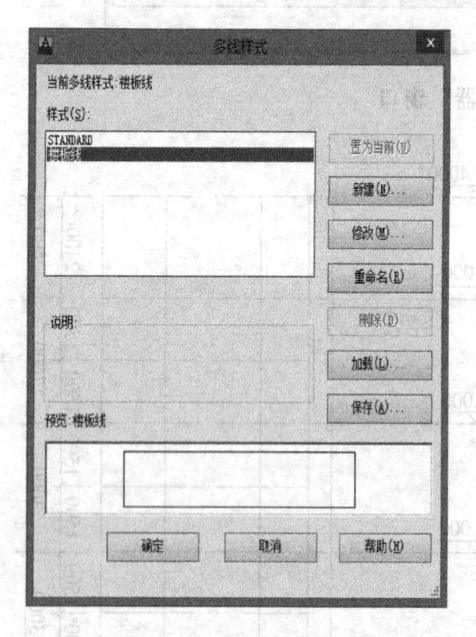

图 14-51 “多线样式”对话框

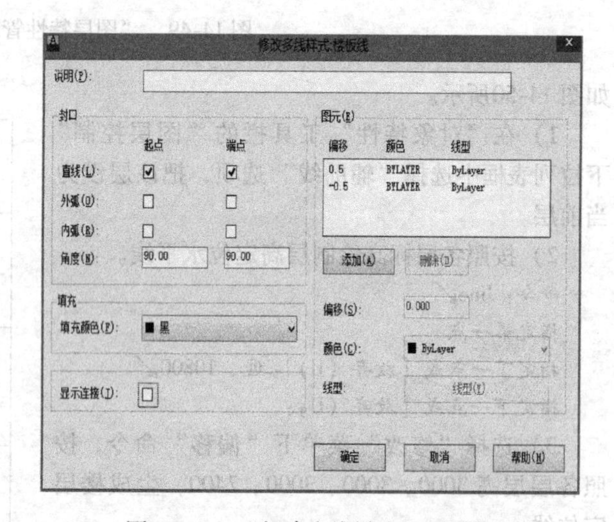

图 14-52 “新建多线样式”对话框

2）绘制休息平台。绘制方法与楼板相同。

3）绘制梁。

① 在 0 层绘制梁（图 14-53）。

命令：rectang↙

指定第一个角点或［倒角（C）/标高（E）/圆角（F）/厚度（T）/宽度（W）］：

指定另一个角点或［尺寸（D）］：@240,300↙（梁的尺寸为 240mm×300mm）

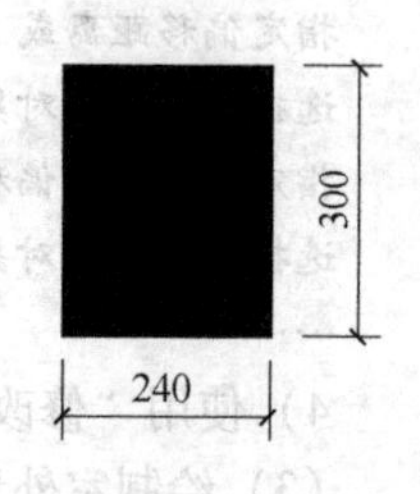

图 14-53 梁图块

② 用 Solid 命令对矩形进行填充。

③ 用块定义命令建立一个梁图块。

④ 将当前层转换化为梁层。

⑤ 使用“块插入（INSERT）”命令将梁图块插入到相应的位置。

⑥ 使用复制命令将绘制好的楼板和梁向上层复制作为其他层的楼板和梁。

上述命令执行后的图形如图 14-54 所示。

(5) 绘制墙线

1）设置多线样式并命名为“外墙”。其中“封口”为直线，无填充颜色。

2）将“墙线”设为当前层。

3）使用“绘图”菜单中“多线”命令绘制墙线。比例为墙厚240mm，对正模式设为“无”。

命令：mline↙

当前设置：对正 = 无，比例 = 240.00，样式 = STANDARD

指定起点或［对正（J)/比例（S｝/样式（ST)］:

指定下一点:

指定下一点或［放弃（U)］:

墙体绘制完成后的图形如图14-55所示。

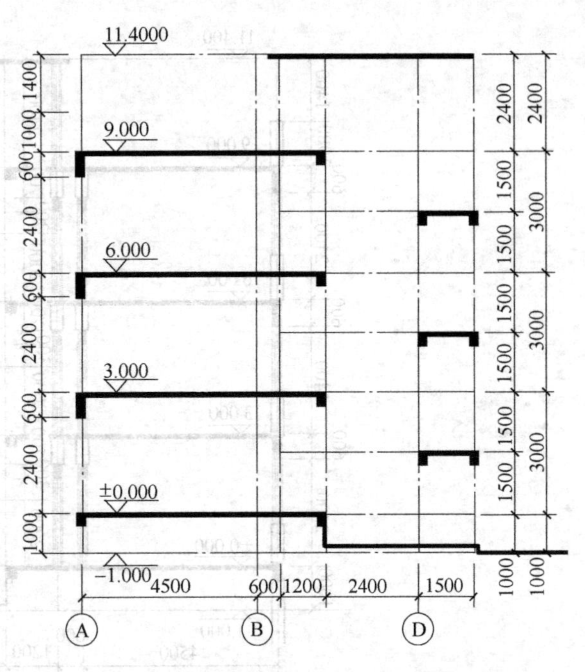

图14-54　楼板、梁和休息平台绘制后的图形

（6）绘制门窗　本例中剖切到的窗C1，其高1500mm、厚240mm。剖切到的进户门和卧室门M1（宽900mm、高2000mm)，及门M2（宽1800mm、高2000mm)。建立窗图块并插入窗，具体操作步骤参见建筑平面图中窗图块的绘制。插入窗和门后的图形如图14-56所示。

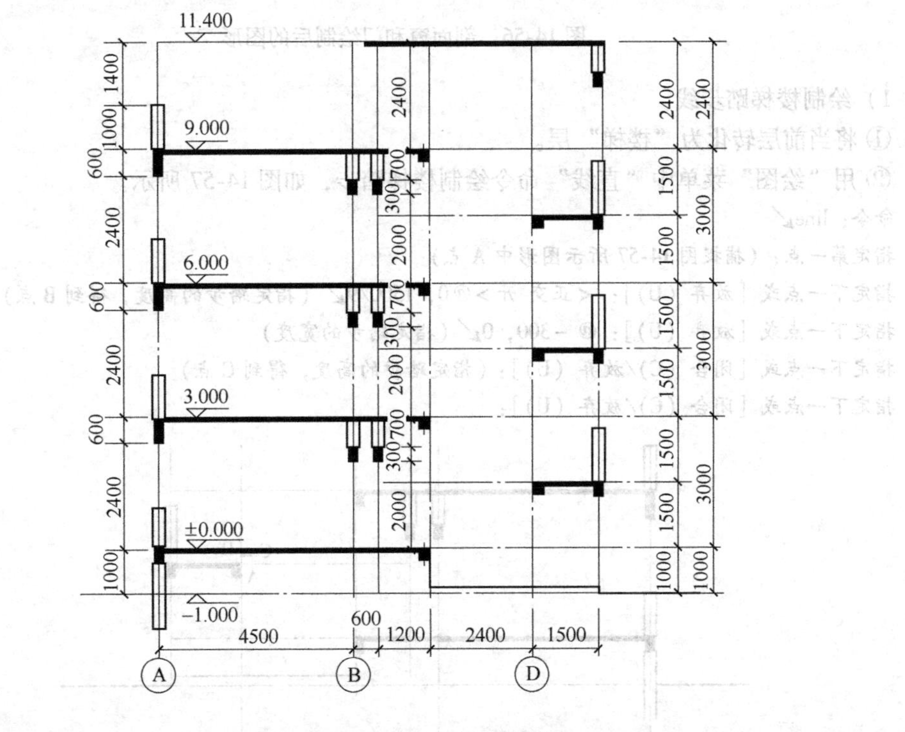

图14-55　墙体绘制后的图形

（7）绘制楼梯　在建筑剖面图中，楼梯剖面是一个关键图形对象，也是绘制中较为复杂的一部分，一般分为踏步线、栏杆、扶手几部分绘制。本例建筑剖面图的一～三层剖面的楼梯部分相同，下面以一层剖面图的楼梯为例介绍其绘图方法。

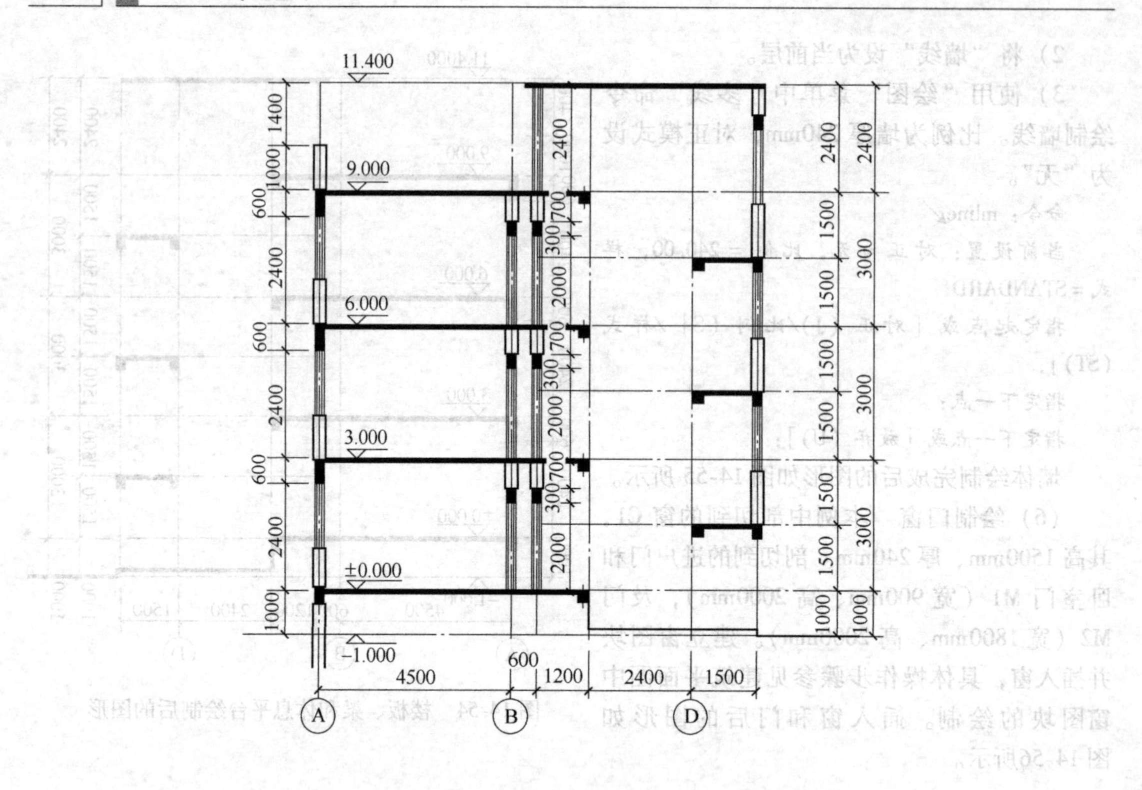

图 14-56　剖面窗和门绘制后的图形

1）绘制楼梯踏步线。

① 将当前层转化为“楼梯”层。

② 用“绘图”菜单中“直线”命令绘制楼梯踏步，如图 14-57 所示。

命令：line↙

指定第一点：(捕捉图 14-57 所示图形中 A 点)

指定下一点或［放弃 (U)]：<正交 开>@0，1500/9↙（指定踏步的高度，得到 B 点）

指定下一点或［放弃 (U)]：@ -300，0↙（指定踏步的宽度）

指定下一点或［闭合 (C)/放弃 (U)]：(指定踏步的高度，得到 C 点)

指定下一点或［闭合 (C)/放弃 (U)]：

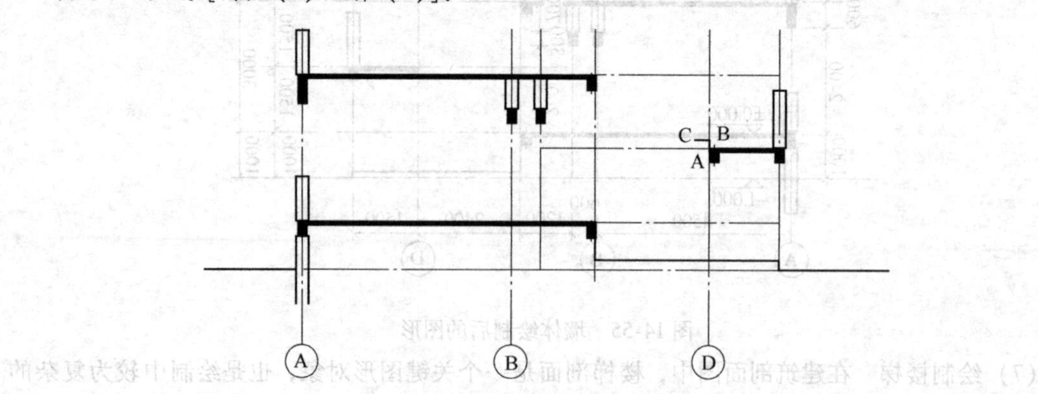

图 14-57　绘制楼梯踏步

③ 用“修改”菜单中的“复制”命令复制线段AB和线段BC，用带基点复制绘制出其他楼梯踏步线，具体操步骤如下：

命令：_copy 找到2个（选取图14-57所示图形中线段AB和线段BC）

当前设置：复制模式=多个

指定基点或［位移（D）/模式（O）］<位移>：（捕捉图14-57所示图形中A点）

指定第二个点或［阵列（A）］<使用第一个点作为位移>：（捕捉图14-57所示图形中C点）

指定第二个点或［阵列（A）/退出（E）/放弃（U）］<退出>：

（依次捕捉上一阶踏步端点粘贴）

④ 用“修改”中的“镜像”命令对称复制上部楼梯踏步线，结果如图14-58所示。

命令：mirror↙

选择对象：指定对角点：找到1个（选择楼梯的下部）

指定镜像线的第一点：（捕捉楼梯最上面线段的角点）

指定镜像线的第二点：<正交 开>

是否删除源对象？［是（Y）/否（N）］<N>：

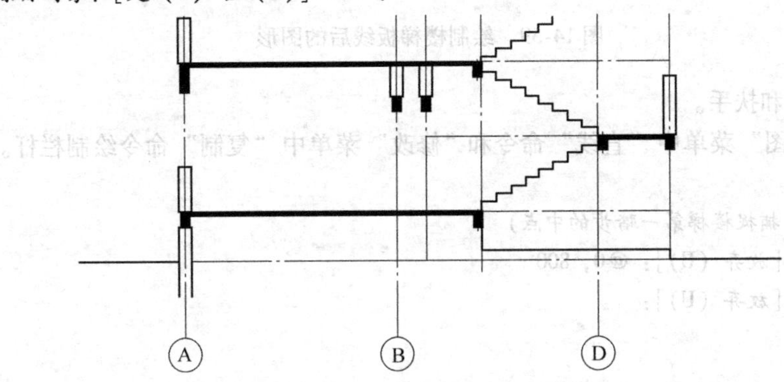

图14-58 绘制楼梯踏步后的图形

2）绘制下梯段的梯段板线。

① 使用“绘图”菜单中“直线”命令绘制一条辅助线。

命令：line↙

指定第一点：（捕捉踏步起始点）

指定下一点或［放弃（U）］：<正交 开>（捕捉踏步终点）

指定下一点或［放弃（U）］：

② 选择“修改”菜单中的“偏移”命令，绘制梯段板线。

命令：offset↙

当前设置：删除源=否 图层=源 OFFSETGAPTYE=0

指定偏移距离或［通过（T）/删除（E）/图层（L）］<通过>：100↙

选择要偏移的对象，或［退出（E）/放弃（U）］<退出>：

指定要偏移的那一侧上的点，或［退出（E）/多个（M）/放弃（U）］<退出>：

选择要偏移的对象，或［退出（E）/放弃（U）］<退出>：

③ 选择“绘图”菜单中的“填充”命令，对剖切到梯段板进行填充。

命令：bhatch↙

选择内部点或［选择对象（S）/删除边界（B）］：正在选择所有对象……

正在选择所有可见对象……

正在分析所选数据……

正在分析内部……

选择内部点：

上述命令执行后的结果如图14-59所示。

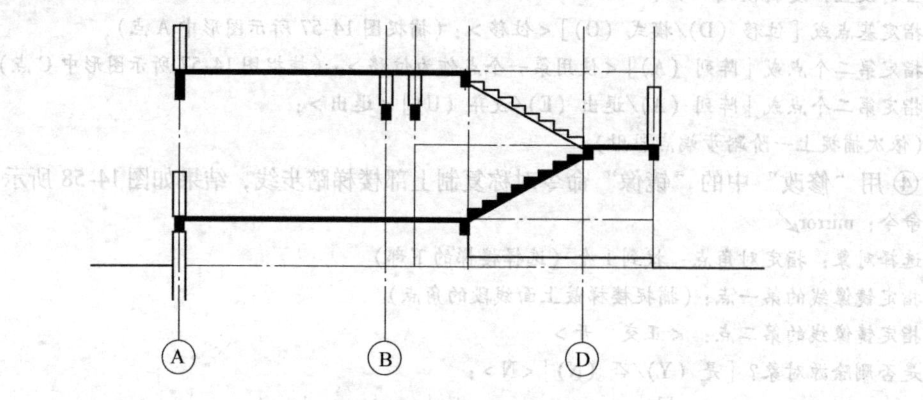

图14-59 绘制楼梯板线后的图形

3）绘制栏杆和扶手。

① 使用“绘图”菜单中“直线”命令和“修改”菜单中“复制”命令绘制栏杆。

命令：line↙

指定第一点：（捕捉楼梯第一踏步的中点）

指定下一点或［放弃（U）］：@0，800

指定下一点或［放弃（U）］：

命令：copy↙

选择对象：

选择对象：（选择上面刚绘制好的800高线段）

指定基点或［位移（D）］<位移>：（捕捉800高线段底端端点）

指定第二个点或<使用第一个点作为位移>：（捕捉上一阶踏步中点）

指定第二个点或<使用第一个点作为位移>：（捕捉上一阶踏步中点）

指定第二个点或［退出（E）/放弃（U）］<退出>：

……

② 使用“绘图”菜单中“直线”命令绘制栏杆扶手。

命令：line↙（绘制扶手端头）

指定第一点：（指定一层栏杆的上端点）

指定下一点或［放弃（U）］：@ -100，0↙

指定下一点或［闭合（C）/放弃（U）］：↙

命令：line↙

指定第一点：

指定下一点或［放弃（U）］：@100，0↙

指定下一点或［闭合（C）/放弃（U）］：↙

命令：line↙（连接各端点）

指定第一点：

指定下一点或［放弃（U）］：

指定下一点或［闭合（C）/放弃（U）］：

绘制后的图形如图 14-60 所示。

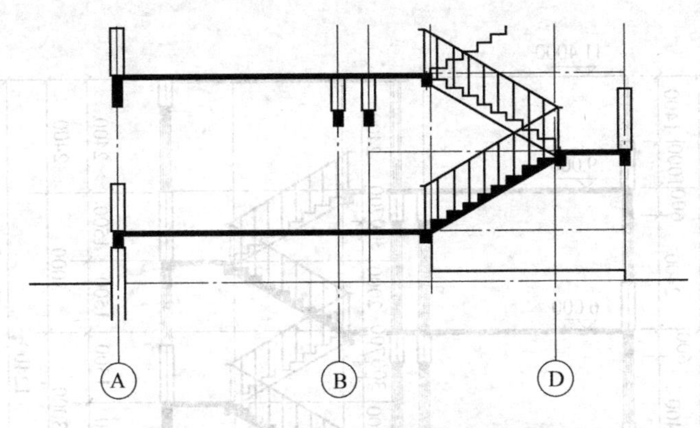

图 14-60　绘制栏杆和扶手后的图形

（8）绘制二层和三层剖面楼梯　一层剖面楼梯绘制完成后，使用“复制”命令生成二层和三层剖面楼梯，如图 14-61 所示。

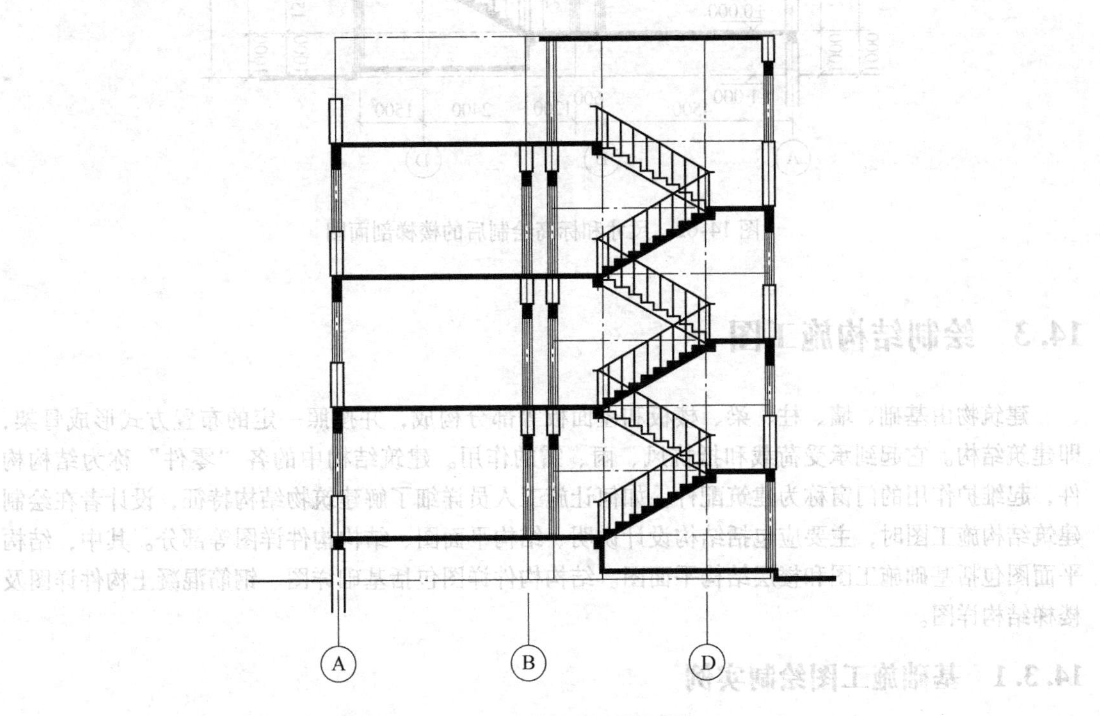

图 14-61　楼梯绘制后的图形

（9）尺寸和标高标注　在剖面图中，尺寸标注包括竖直方向剖切部位的尺寸和标高。外墙的竖直尺寸包括门窗洞及洞间墙的高度尺寸、层高尺寸（即各层到上层楼面的高度差）、室内外的地面高度差、建筑物的总高。除此之外，剖面图还需标注一些结构的标高，包括各部分的地面、楼面、楼梯休息平台面、梁、雨篷等。AutoCAD 2013 没有自带的标高工具，需要自己绘制或者调用前面设置的块文件。尺寸标注的设置和标高符号的绘制，参见前文建筑平面图和立面图的绘制，尺寸标注和标注方法同建筑立面图，具体操作步骤略。完成尺寸标注后的剖面图如图 14-62所示。

（10）文字标注　完成文字标注后，剖面图的绘制基本完成，如图 14-48 所示。

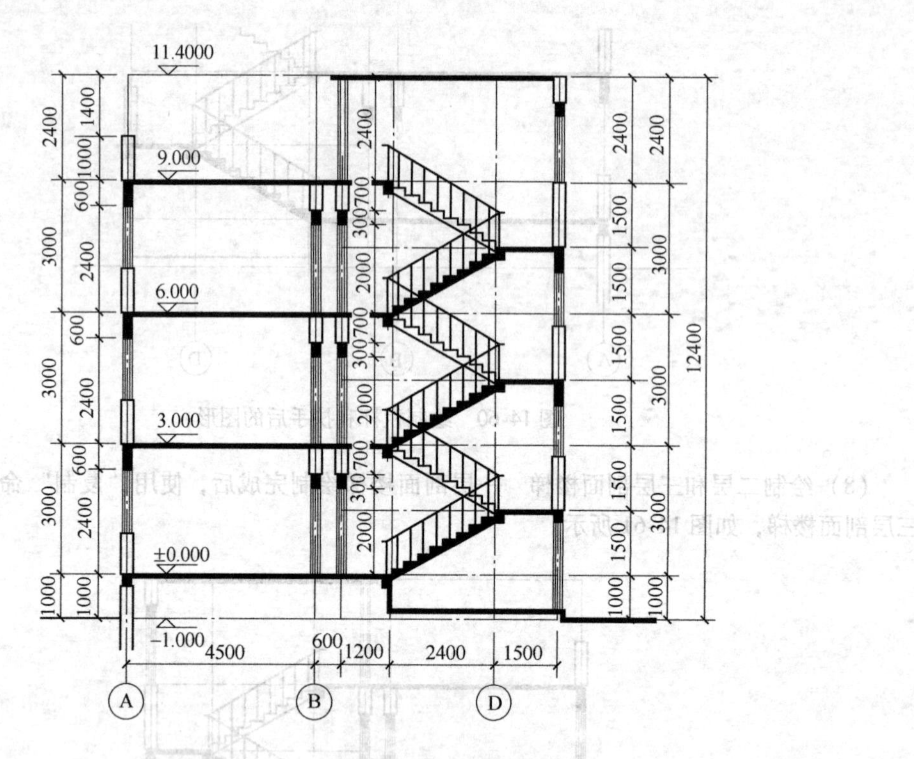

图 14-62　尺寸和标高绘制后的楼梯剖面图

14.3　绘制结构施工图

建筑物由基础、墙、柱、梁、楼板和屋面板等部分构成，并按照一定的布置方式形成骨架，即建筑结构。它起到承受荷载和抵抗风、雨、雪的作用。建筑结构中的各“零件”称为结构构件，起维护作用的门窗称为建筑配件。如何让施工人员详细了解建筑物结构特征，设计者在绘制建筑结构施工图时，主要应包括结构设计说明、结构平面图、结构构件详图等部分。其中，结构平面图包括基础施工图和楼层结构平面图。结构构件详图包括基础详图、钢筋混凝土构件详图及楼梯结构详图。

14.3.1　基础施工图绘制实例

基础平面图的比例一般与建筑平面图的比例相同。基础平面图上只需绘出垫层边线和基础墙的投影线，基础的细部投影将具体反映在基础详图中，纵横向定位轴线及编号应和建筑施工图中的底层平面图一致。

在基础平面图中，如基础为条形基础或独立基础，被剖切平面剖切的基础墙或柱用粗实线表示，可见的梁用中粗实线表示，基础底部投影用细实线表示；如基础为筏形基础，则用细实线表示基础的平面形状，用粗实线表示基础中钢筋的配置情况。

以下通过一墙下条形基础平面图（图 14-63）的绘制，进一步介绍使用 AutoCAD 2013 绘制基础施工图的方法和步骤。

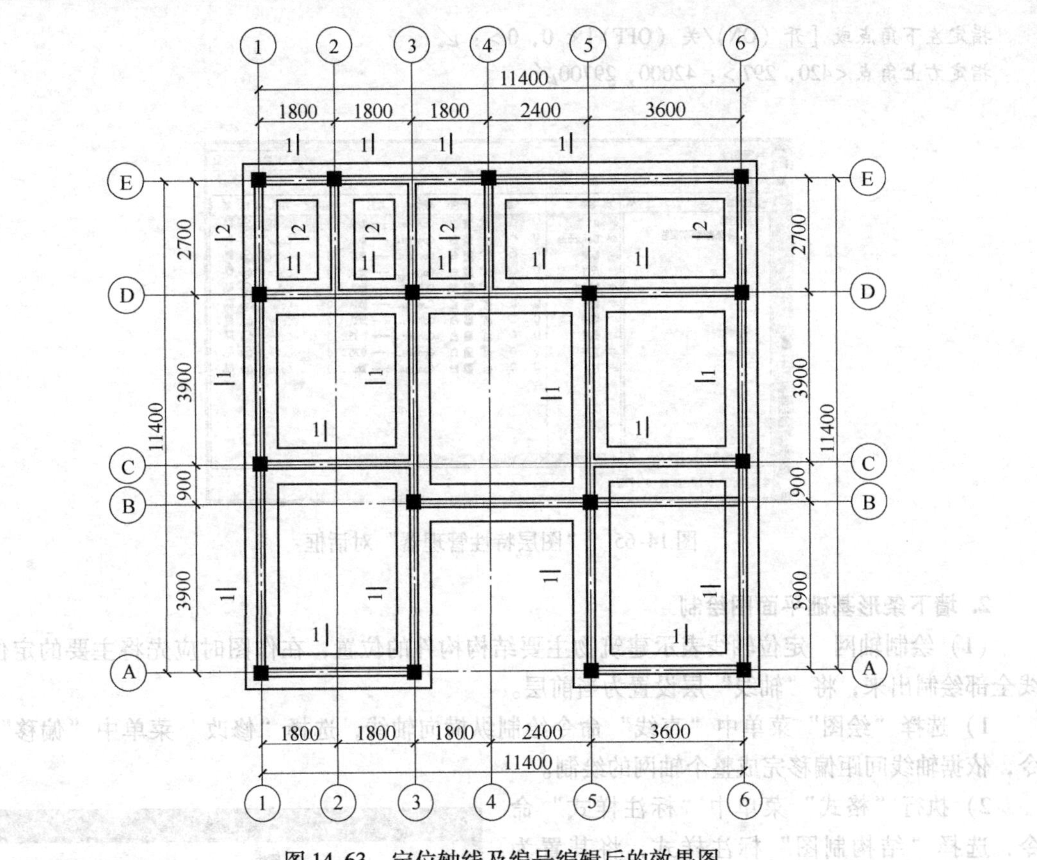

图 14-63 定位轴线及编号编辑后的效果图

1. 绘图环境设置

在绘图之前，首先进行绘图环境的设置，包括新建绘图文件、线型设置、图层设置、单位设置及图形界限设置等。

(1) 线型设置　基础墙和柱被剖切到的轮廓线，应画成粗实线；未被剖到的基础轮廓线用细实线表示；基础内留有孔、洞的位置用虚线表示，再加上绘制轴线所使用的点画线，绘制基础平面图共需要用到 4 种线型。选择“格式”菜单中“线型”命令，在“线型管理器”对话框添加所需的 4 种线型，如图 14-64 所示。单击“加载 (L)”按钮，从“加载或重载线型”对话框中选择 DASHDOTX2 和 DASHED2 两种线型。

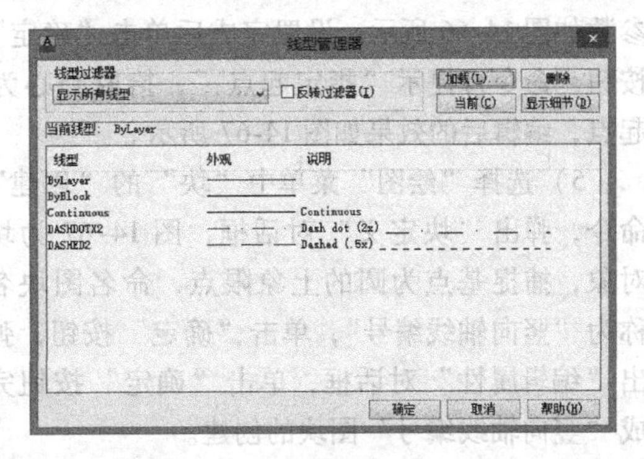

图 14-64 “线型管理器”对话框

(2) 图层设置　选择“格式”菜单中“图层”命令，在“图层特性管理器”窗口创建图 14-65所示图层。

(3) 单位、界限设置　选择“格式”菜单中“单位”命令。在“图形单位”对话框，从“精度”下拉列表中选择“0”选项，设置完成后单击“确定”按钮。选择“格式”菜单中“图形界限”命令对图形界限进行设置。

命令：limits↙

重新设置模型空间界限：

指定左下角点或［开（ON）/关（OFF）］< 0，0 >：↙

指定右上角点 <420，297 >：42000，29700↙

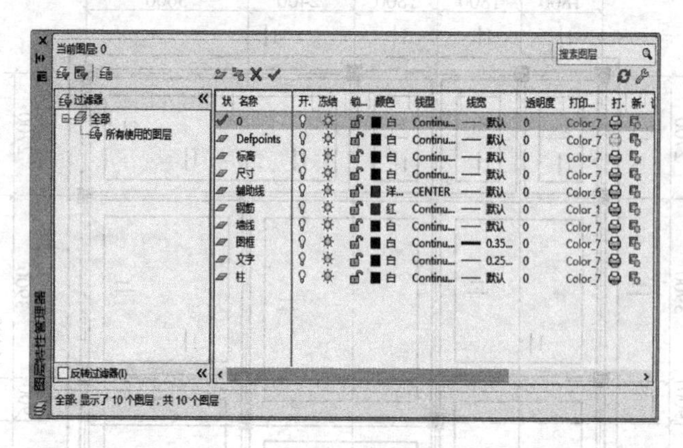

图 14-65 “图层特性管理器”对话框

2. 墙下条形基础平面图绘制

（1）绘制轴网 定位轴线表示建筑物主要结构构件的位置，在作图时应先将主要的定位轴线全部绘制出来，将“轴线”层设置为当前层。

1）选择“绘图”菜单中“直线”命令绘制纵横向轴线，选择“修改”菜单中“偏移”命令，依据轴线间距偏移完成整个轴网的绘制。

2）执行“格式”菜单中“标注样式”命令，选择“结构制图”标注样式，将其置为当前。

3）执行“标注”菜单中“线性”命令，为轴网标注尺寸。

4）按照前述章节的相关知识创建“轴线编号”图块，执行“圆”命令，在绘图区绘制半径为400mm的圆，选择“绘图”菜单中“块”的“属性定义”命令创建轴线编号属性，设置参数如图14-66所示。设置完成后单击“确定”按钮，命令行提示“指定起点:”，拾取圆心为起点，编辑后的效果如图14-67所示。

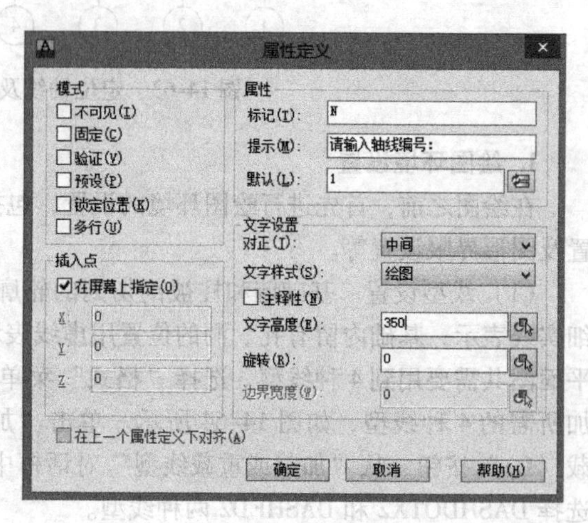

图 14-66 图块“属性定义”对话框

5）选择“绘图”菜单中“块”的“创建”命令，弹出“块定义”对话框，图14-67为块对象，捕捉基点为圆的上象限点，命名图块名称为“竖向轴线编号”，单击“确定”按钮，弹出“编辑属性”对话框，单击“确定”按钮完成“竖向轴线编号”图块的创建。

图 14-67 设置属性后的效果图

6）执行“插入”菜单中“块”命令，在弹出的“插入”对话框中选择“轴线编号”外部块。用鼠标捕捉第一条垂直轴线的下端，在命令行的提示下输入“1”，完成轴线编号。重复上述命令添加所有轴线编号，经编辑后的效果如图14-68所示。

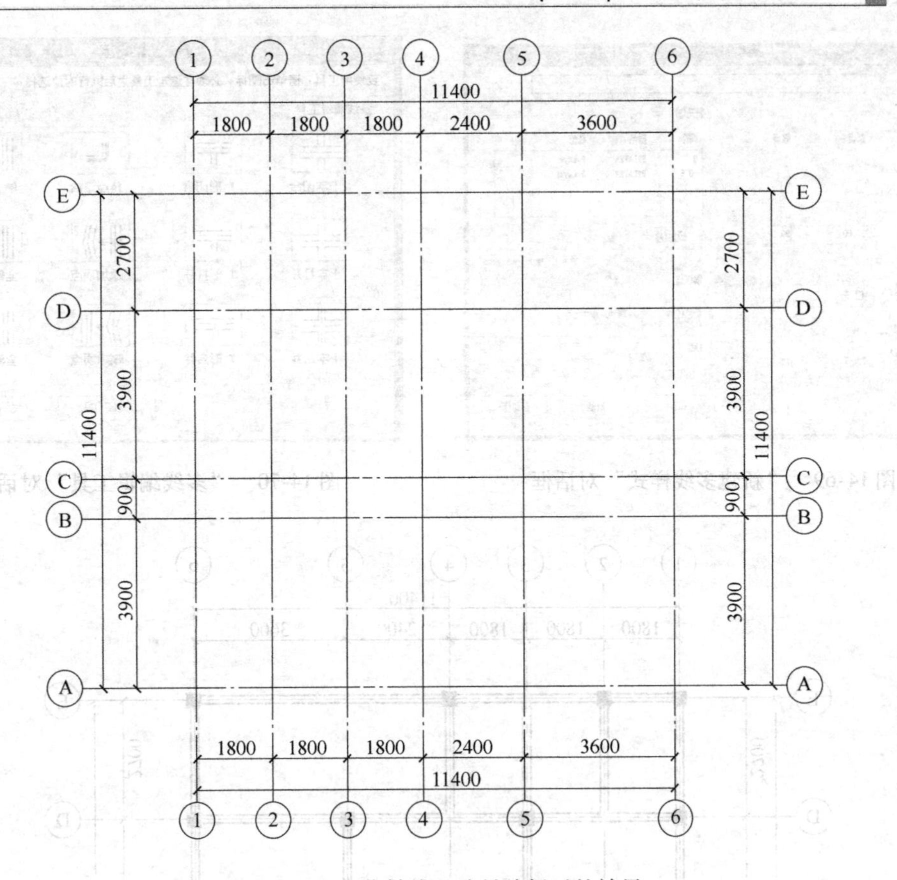

图14-68　定位轴线及编号编辑后的效果

（2）绘制墙线

1）设置“墙”层为当前层，墙体厚度为240mm。

2）执行“格式”菜单中“多线样式”命令，弹出“新建多线样式”对话框，设置如图14-69所示。

3）执行“绘图”菜单中“多线”命令，绘制墙线，命令行提示如下：

命令：mline↙

当前设置：对正＝无，比例＝20.00，样式＝墙线

指定起点或［对正（（J）/比例（S）/样式（ST）］：j↙

输入对正类型［（上（T）/无（Z）/下（B）］<无>：z↙

指定起点或［对正（J｝/比例（S）/样式（ST）］：s↙

输入多线比例<20.00>：240↙

当前设置：对正＝无，比例＝240.00，样式＝墙线

指定起点或［对正（J）/比例（S）/样式（ST）］：

重复执行“多线”命令完成墙线绘制。

4）执行“修改”菜单中“对象”的“多线”命令，弹出“多线编辑工具”对话框，如图14-70所示。

根据对话框的图例选择需修改的方式“十字合并”“T形打开”等，对多线进行编辑处理，重复执行上述命令，编辑后的效果如图14-71所示。

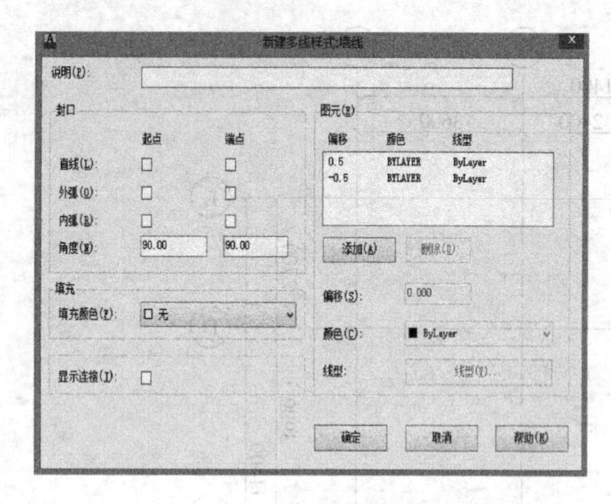

图 14-69 “新建多线样式”对话框

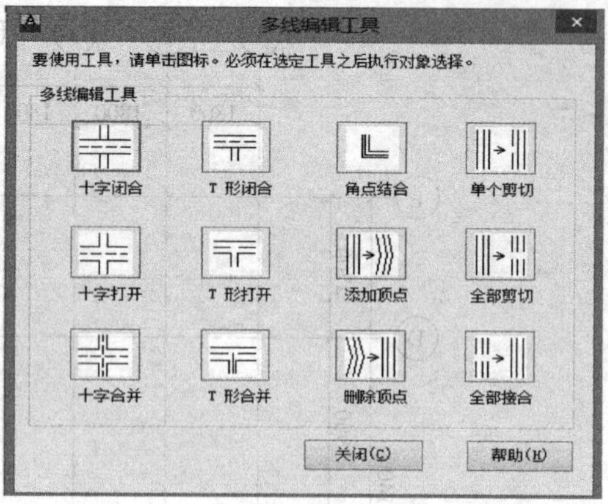

图 14-70 “多线编辑工具”对话框

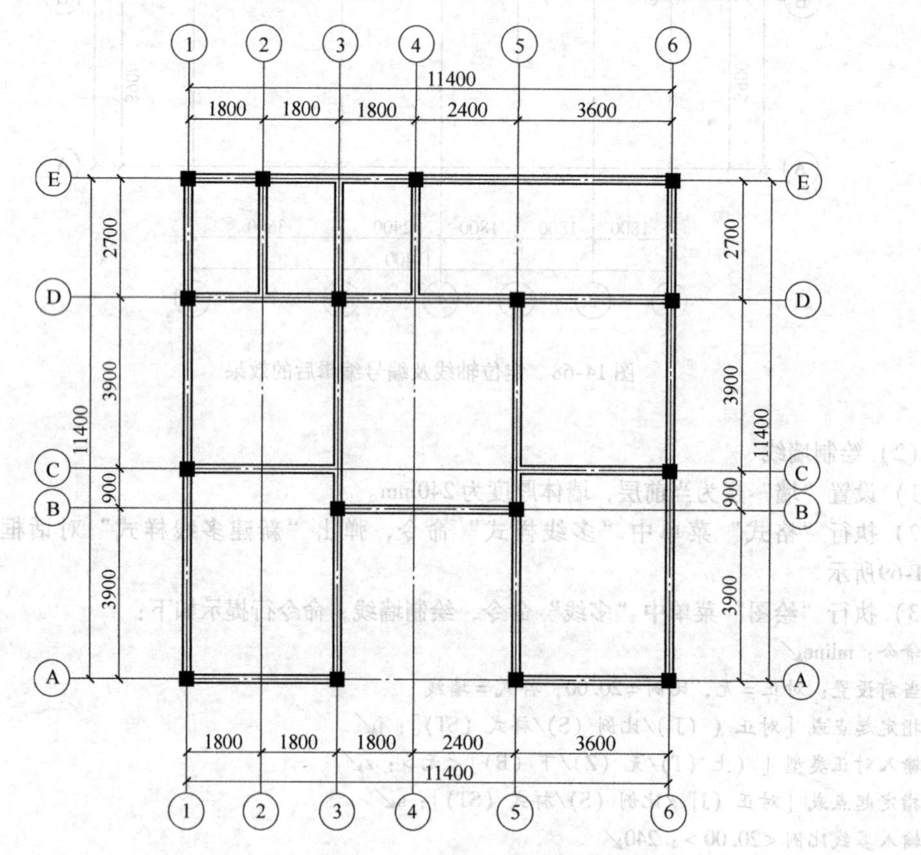

图 14-71 多线编辑后并插入构造柱的效果图

（3）建立构造柱图块 构造柱的设置应满足抗震设计要求，该例构造柱尺寸为240mm × 240mm，为提高绘图速度，可创建一个“构造柱”图块，可参考绘图环境设置中“建立柱图块”的步骤进行设置。执行“插入”菜单中“块”命令，捕捉各个轴线交点，完成构造柱的绘制，编辑后效果如图14-71所示。

（4）绘制基础轮廓线 基础轮廓线通常用实线表示，如果用单实线绘制就必须修剪，这里继续使用“多线”命令绘制基础轮廓线：

1）执行“绘图”→“多线”命令，绘制基础轮廓线。

命令：mline↙

当前设置：对正=无，比例=20，样式=Standard

指定起点或［对正（J）/比例（S）/样式（ST）］：j↙（设置对正方式）

输入对正类型［上（T）/无（Z）/下（B）］<无>：z↙（选择z即对中）

当前设置：对正=无，比例=20，样式=Standard

指定起点或［对正（J）/比例（S）/样式（ST）］：s↙（设置比例）

输入多线比例<20>：800/（输入800，即基础轮廓宽800mm）

当前设置：对正=无，比例=800，样式=Standard

指定起点或［对正（J）/比例（S）/样式（ST）］：（用鼠标捕捉A轴与1轴交点）

指定下一点：（用鼠标捕捉E轴与1轴交点）

指定下一点或［放弃（u）］：（用鼠标捕捉E轴与7轴交点）

指定下一点或［闭合（c）/放弃（u）］：（用鼠标捕捉A轴与7轴交点）

指定下一点或［闭合（c）/放弃（u）］：（用鼠标捕捉A轴与5轴交点）

指定下一点或［闭合（c）/放弃（u）］：（用鼠标捕捉B轴与5轴交点）

指定下一点或［闭合（c）/放弃（u）］：（用鼠标捕捉B轴与3轴交点）

指定下一点或［闭合（c）/放弃（u）］：（用鼠标捕捉A轴与3轴交点）

指定下一点或［闭合（c）/放弃（u）］：（用鼠标捕捉A轴与1轴交点）

指定下一点或［闭合（c）/放弃（u）］：

命令：mline↙

当前设置：对正=无，比例=800，样式=Standard

指定起点或［对正（J）/比例（S）/样式（ST）］：（用鼠标捕捉B轴与3轴交点）

指定下一点：（用鼠标捕捉E轴与3轴交点）

指定下一点或［放弃（u）］：

命令：mline↙

当前设置：对正=无，比例=800，样式=Standard

指定起点或［对正（J）/比例（S）/样式（ST）］：（用鼠标捕捉B轴与5轴交点）

指定下一点：（用鼠标捕捉D轴与5轴交点）

指定下一点或［放弃（U）］：

命令：mline↙

当前设置：对正=无，比例=800，样式=Standard

指定起点或［对正（J）/比例（S）/样式（ST）］：（用鼠标捕捉C轴与1轴交点）

指定下一点：（用鼠标捕捉C轴与3轴交点）

指定下一点或［放弃（u）］：

命令：mline↙

当前设置：对正=无，比例=800，样式=Standard

指定起点或［对正（J）/比例（S）/样式（ST）］：（用鼠标捕捉C轴与5轴交点）

指定下一点：（用鼠标捕捉C轴与7轴交点）

指定下一点或［放弃（u）］：

命令：mline↙

当前设置：对正=无，比例=800，样式=Standard

指定起点或［对正（J）/比例（S）/样式（ST）］：（用鼠标捕捉D轴与1轴交点）

指定下一点：（用鼠标捕捉D轴与7轴交点）

指定下一点或［放弃（U）］：

命令：mline↙

当前设置：对正＝无，比例＝800，样式＝Standard

指定起点或［对正（J）/比例（S）/样式（ST）］：(用鼠标捕捉D轴与2轴交点)

指定下一点：(用鼠标捕捉E轴与2轴交点)

指定下一点或［放弃（U）］：

命令：mline↙

当前设置：对正＝无，比例＝800，样式＝Standard

指定起点或［对正（J）/比例（S）/样式（ST）］：(用鼠标捕捉D轴与4轴交点)

指定下一点：(用鼠标捕捉E轴与4轴交点)

指定下一点或［放弃（U）］：

2）执行“修改”菜单中“对象”的“多线”命令，对基础轮廓线和墙线进行编辑，方法同前，最终效果如图14-63所示。

3. 条形基础断面图绘制（图14-72）

首先设置图形的绘图环境，设置绘图单位，将单位的精度设置为0；然后设置图形界限和线型；再设置图层，包括“轮廓线”“轴线”“钢筋”“尺寸标注”和“文字”图层，如图14-73所示。

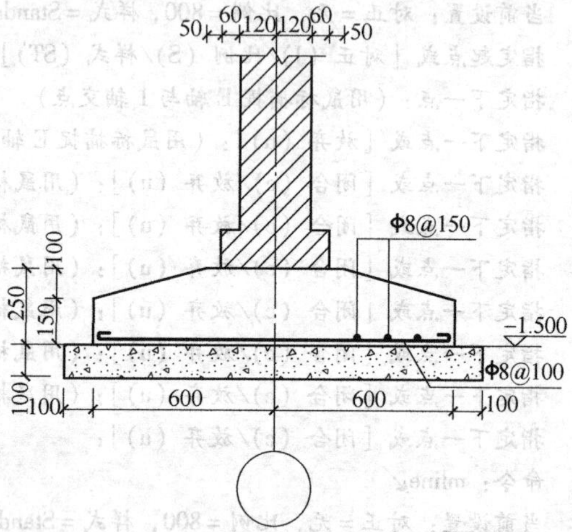

1）执行“矩形”命令绘制基础垫层轮廓线，如图14-74所示。

图14-72　钢筋混凝土条形基础断面图

命令：rectang↙

指定第一个角点或［倒角（C）/标高（E）/圆角（F）/厚度（T）/宽度（W）］：(绘图区任意一点)

指定另一个角点或［面积（A）/尺寸（D）/旋转（R）］：@1400，100↙

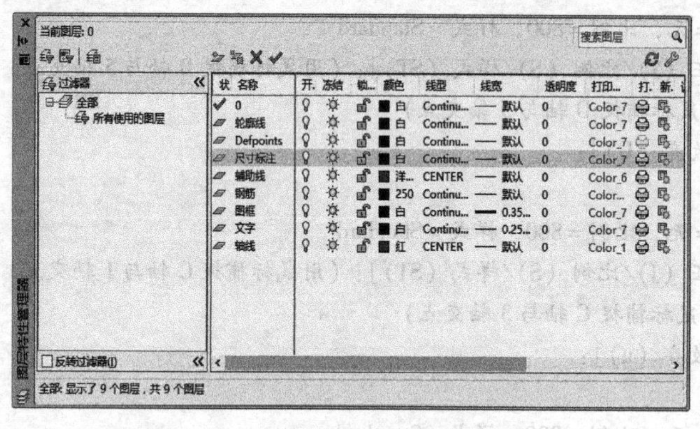

图14-73　“图层特性管理器”窗口

2）执行“直线”命令绘制基础轮廓线，执行“镜像”命令完成右侧部分轮廓线。

命令：line↙

指定第一点：(捕捉基础垫层的左上角点)

指定下一点或［放弃（C）］：@100，0↙

指定下一点或［放弃（U）］：@0，150↙

指定下一点或［闭合（C）/放弃（U）］：@370，100↙

指定下一点或［闭合（C）/放弃（U）］：@230，0↙

指定下一点或［闭合（C)/放弃（U)]：↙

3）选择“格式”菜单中“多线样式”命令设定基础墙参数，执行“多线”命令绘制两段基础墙，如图14-75所示。

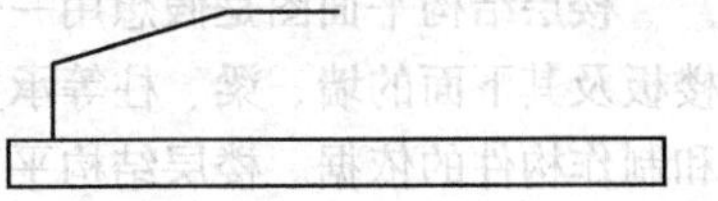

命令：mline↙

当前设置：对正=无，比例=20.00，样式=基础墙

指定起点或［对正（J)/比例（S)/样式（ST)]：s↙

输入多线比例<20.00>：360↙

当前设置：对正=无，比例=360.00，样式=基础墙

指定起点或［对正（J)/比例（S)/样式（ST)]：j↙

输入对正类型［上（T)/无（Z)/下（B)]<上>：z↙

当前设置：对正=无，比例=360.00，样式=基础墙

指定起点或［对正（J)/比例（S)/样式（ST)]：(捕捉矩形垫层轮廓线中点)

指定下一点：@0，120↙

指定下一点或［放弃（U)]：↙

图14-74　绘制轮廓线

4）将“钢筋”层设置为当前图层，执行“多段线”命令绘制受力钢筋，执行“绘图”菜单中“圆环”命令绘制分布钢筋，绘制方法如下，效果如图14-75所示。

命令：donut↙

指定圆环的内径<0.5>：0↙

指定圆环的外径<1.0>：8↙

指定圆环的中心点或<退出>：↙

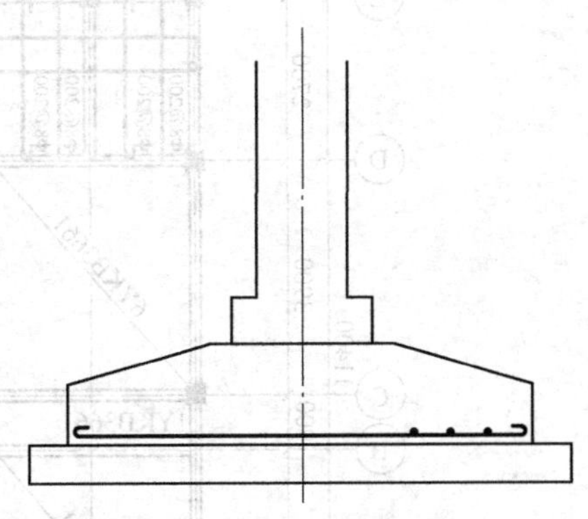

图14-75　绘制基础墙线和钢筋

5）选择“绘图”菜单中“填充图案”命令绘制基础垫层填充，在“图案填充”选项卡中选择AR-CONC图案，设定比例和角度参数，如图14-76所示。重复上述操作绘制基础墙填充，最终填充效果如图14-77所示。

6）基础的尺寸标注和文字标注将在后续章节中详细讲解。

图14-76　“填充图案”选项卡

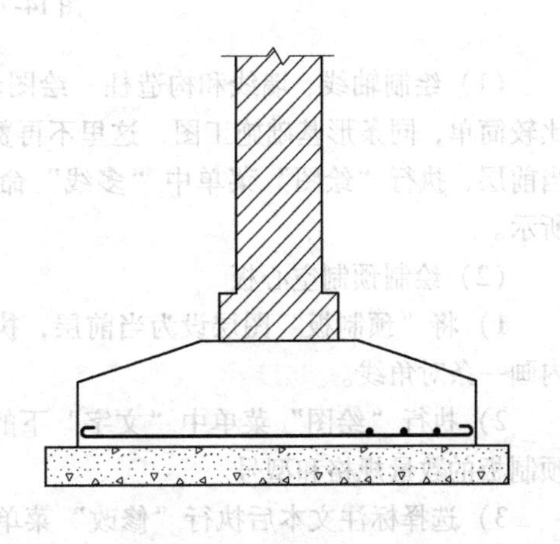

图14-77　基础填充效果图

14.3.2 楼层结构平面图绘制实例

楼层结构平面图是假想用一个紧贴楼面的水平面剖切楼层后得到的水平剖面图，它主要表示楼板及其下面的墙、梁、柱等承重构件的平面布置以及它们之间的相互关系，是施工时安装构件和制作构件的依据。楼层结构平面图的内容包括平面布置图、局部剖面、截面图、构件统计表及文字说明。

本节以图14-78为例进一步介绍使用AutoCAD 2013绘制楼层结构平面图的方法和步骤。

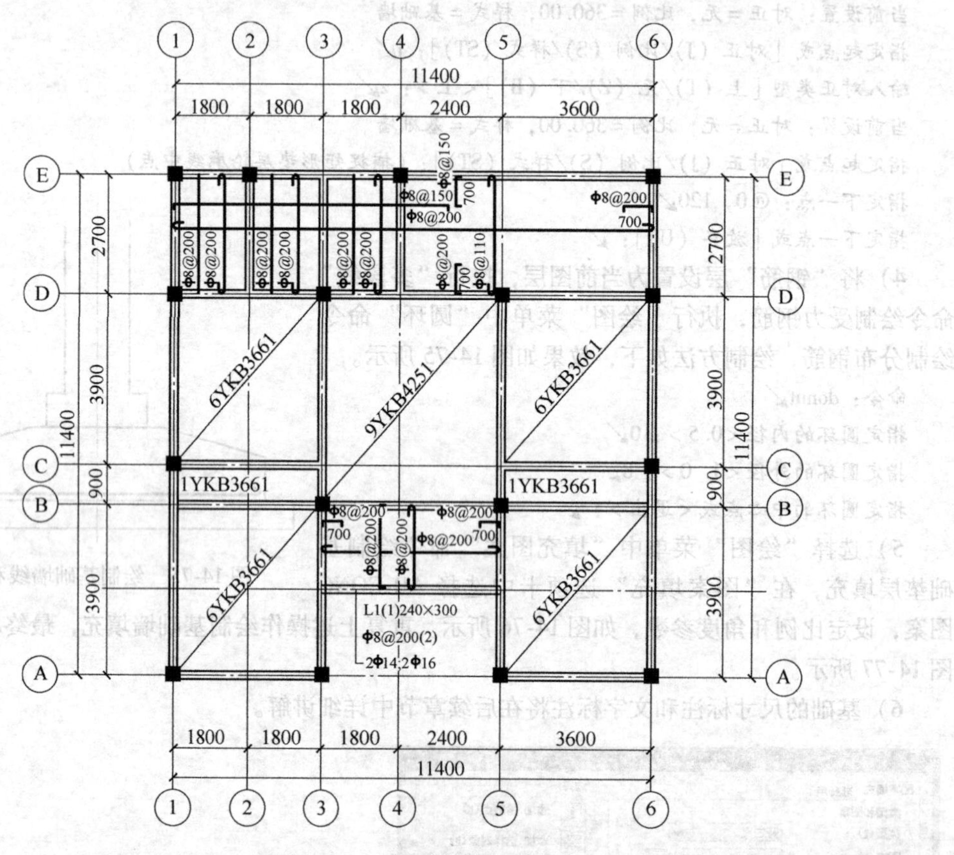

图14-78 楼层结构平面图

（1）绘制轴线、墙线和构造柱 绘图环境设置、轴线绘制、墙体绘制、构造柱绘制方法都比较简单，同条形基础施工图，这里不再赘述。使用“多线”命令绘制梁线，把“梁层”设为当前层，执行“绘图”菜单中“多线”命令，绘制梁后插入构造柱块，编辑后效果如图14-79所示。

（2）绘制预制空心板

1）将“预制板”图层设为当前层，执行“绘图”菜单中“直线”命令，在每一区格单元内画一条对角线。

2）执行“绘图”菜单中“文字”下的“多行文字”命令标注预制板，沿对角线方向注明预制板的数量规格和型号。

3）选择标注文本后执行“修改”菜单中“旋转”命令，旋转角度指定对角线两端点即可，使标注文字沿对角线方向，经编辑后效果如图14-80所示。

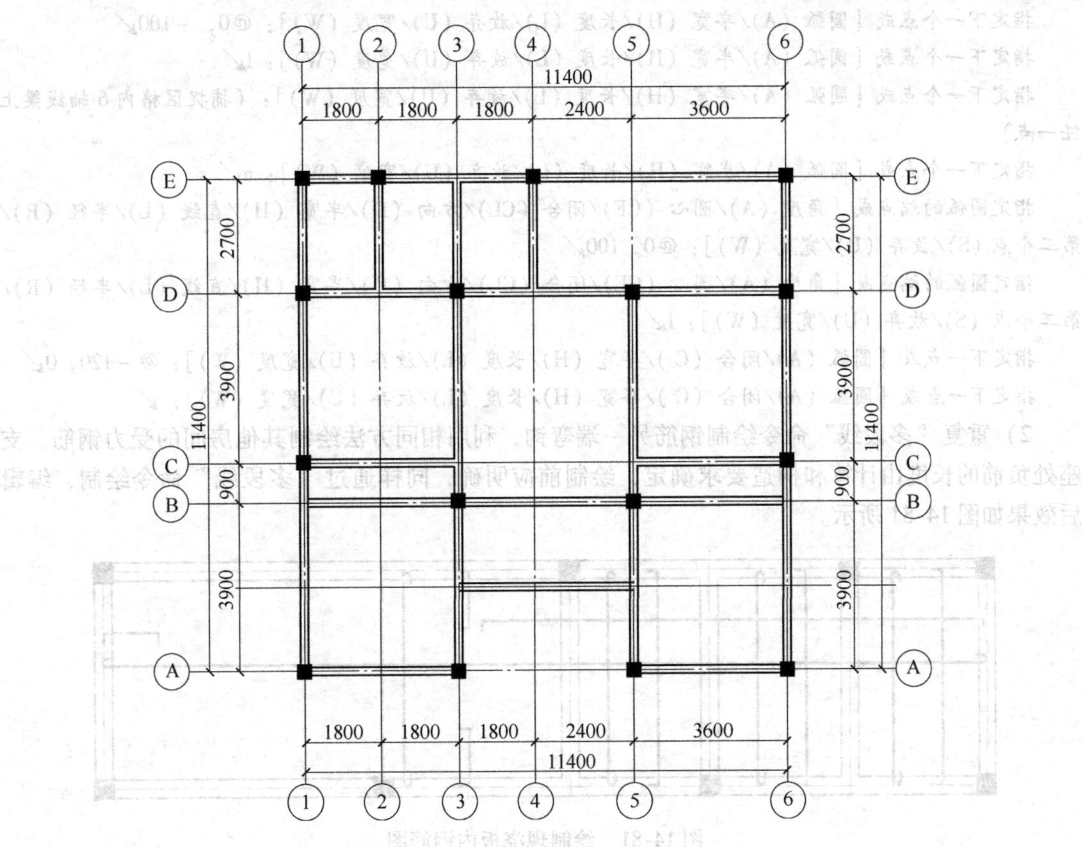

图 14-79　绘制梁和构造柱后的效果图

4）重复以上步骤完成预制板的标注。

图 14-80　沿对角线方向标注的预制板效果图

（3）绘制现浇钢筋混凝土楼板　现浇板结构平面图应清楚表达出板的厚度以及受力筋大小、间距及长度，主要完成钢筋绘制、钢筋标注、板厚参数注写等。现浇板结构平面图中钢筋的常见形式有无弯钩钢筋、带直钩钢筋、带斜钩钢筋和带半圆弯钩钢筋，均可使用“绘图”菜单中“多段线”命令绘制。

1）执行“绘图”菜单中“多段线”命令，以 1、6 轴线和 D、E 轴线间的区格为例，绘制板底受力钢筋，命令行提示如下：

命令：pline↙

指定起点：↙（捕捉区格内 1 轴线梁上任一点）

指定下一个点或［圆弧（A）/半宽（H）/长度（L）/放弃弃（U）/宽度（W）］：w↙

指定起点宽度 <0. 0000｝>：8↙

指定端点宽度 <0. 0000｝>：8↙

指定下一个点或［圆弧（A）/半宽（H）/长度（L）/放弃（U）/宽度（W）］：@ -120，0↙

指定下一个点或［圆弧（A）/半宽（H）/长度（L）/放弃（U）/宽度（W）］：a↙

指定下一个点或［圆弧（A）/半宽（H）/长度（L）/放弃（U）/宽度（W）］：@0，-100↙

指定下一个点或［圆弧（A）/半宽（H）/长度（L）/放弃（U）/宽度（W）］：l↙

指定下一个点或［圆弧（A）/半宽（H）/长度（L）/放弃（U）/宽度（W）］：（捕捉区格内6轴线梁上任一点）

指定下一个点或［圆弧（A）/半宽（H）/长度（L）/放弃（U）/宽度（W）］：a↙

指定圆弧的端点或［角度（A）/圆心（CE）/闭合（CL）/方向（D）/半宽（H）/直线（L）/半径（R）/第二个点（S）/放弃（U）/宽度（W）］：@0，100↙

指定圆弧的端点或［角度（A）/圆心（CE）/闭合（CL）/方向（D）/半宽（H）/直线（L）/半径（R）/第二个点（S）/放弃（U）/宽度（W）］：l↙

指定下一点或［圆弧（A）/闭合（C）/半宽（H）/长度（L）/放弃（U）/宽度（W）］：@-120，0↙

指定下一点或［圆弧（A）/闭合（C）/半宽（H）/长度（L）/放弃（U）/宽度（W）］：↙

2）重复“多段线”命令绘制钢筋另一端弯钩，利用相同方法绘制其他房间的受力钢筋。支座处负筋的长度由计算和构造要求确定，绘制前应明确，同样通过“多段线”命令绘制，编辑后效果如图14-81所示。

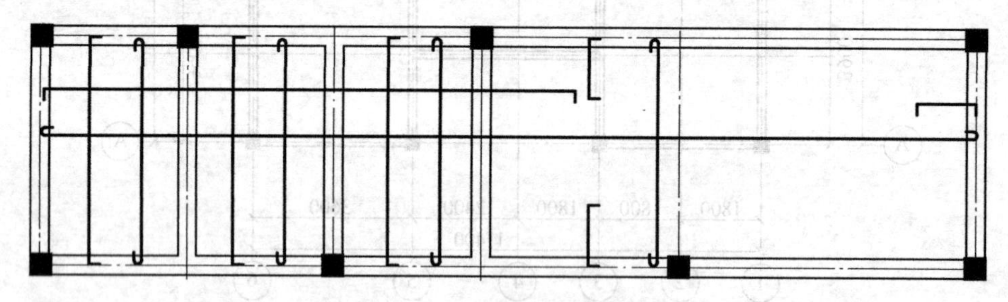

图14-81 绘制现浇板内钢筋图

3）执行“绘图”菜单中“文字”下的“多行文字”命令，为板内受力钢筋和支座负筋进行文字标注。

4）执行“标注”菜单中“线形”命令，完成各项尺寸标注，并添加其他文字说明，编辑后效果如图14-78所示。

14.3.3 建筑详图绘制实例

结构平面图表示建筑物各承重构件的布置情况，而各构件的形状、大小、构造和连接情况则需要用构件详图来表达。对于自行设计的非定型预制构件或现浇构件，则必须绘制构件详图。

1. 钢筋混凝土构件详图绘制

钢筋混凝土构件详图的内容包括：构件名称或代号、比例；构件的定位轴及其编号；构件的形状、尺寸和预埋件代号及布置；构件内部钢筋的布置；构件的外形尺寸、钢筋规格、构造尺寸及构件顶面标高；施工说明。

钢筋混凝土梁详图包括钢筋立面图、断面图、钢筋详图和钢筋表等。本节介绍用AutoCAD 2013绘制钢筋混凝土梁详图的步骤。

（1）设置绘图环境 绘图环境的设置参照14.2.1节创建样板文件，设置图层如图14-82所示。

（2）绘制梁立面图

1）绘制轴线。将当前图层设置为轴线层，执行“绘图”菜单中“直线”命令，绘制一条轴线；然后执行“修改”菜单中“偏移”命令，将之前绘制好的轴线偏移5700mm，复制出另一条

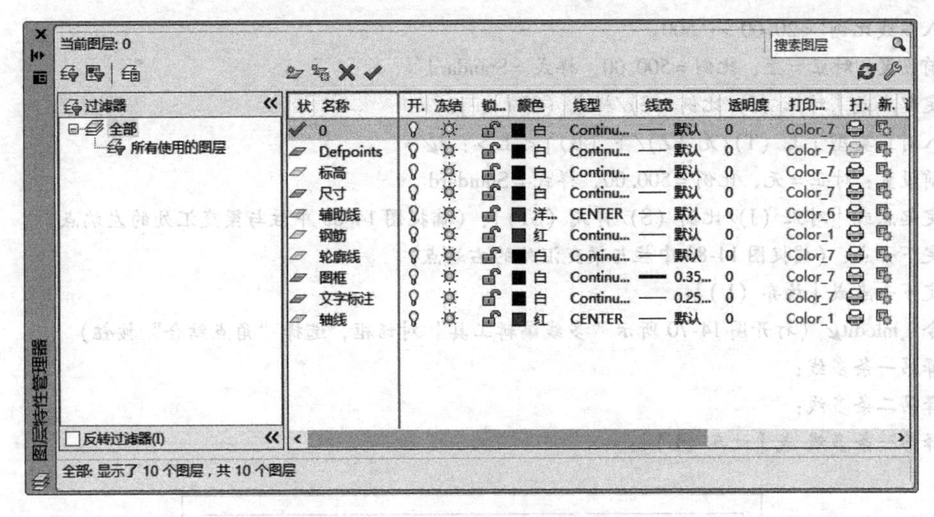

图 14-82　“图层特性管理器”窗口

轴线，并插入轴线编号，如图 14-83 所示。

2）绘制梁、柱轮廓线。将当前图层设置为轮廓线层，执行“绘图”菜单中“多线”命令，编辑后绘制出梁、柱轮廓线如图 14-83 所示。具体操作如下：

命令：mline↙

当前设置：对正 = 上，比例 = 20.00，样式 = Standard

指定起点或［对正（J）/比例（S）/样式（ST）］：s↙

输入多线比例 <20.00>：400↙

当前设置：对正 = 上，比例 = 400.00，样式 = Standard

指定起点或［对正（J）/比例（S）/样式（ST）］：j↙

输入对正类型［上（T）/无（Z）/下（B）］<上>：z↙

当前设置：对正 = 无，比例 = 400.00，样式 = Standard

指定起点或［对正（J）/比例（S）/样式（ST）］：（捕捉 A 轴线下端点）

指定下一点：

指定下一点或［放弃（U）］：

命令：mline↙

当前设置：对正 = 上，比例 = 20.00，样式 = Standard

指定起点或［对正（J）/比例（S）/样式（ST）］：s↙

输入多线比例 <20.00>：400↙

当前设置：对正 = 上，比例 = 400.00，样式 = Standard

指定起点或［对正（J）/比例（S）/样式（ST）］：j↙

输入对正类型［上（T）/无（Z）/下（B）］<上>：z↙

当前设置：对正 = 无，比例 = 400.00，样式 = Standard

指定起点或［对正（J）/比例（S）/样式（ST）］：（捕捉 B 轴线下端点）

指定下一点：

指定下一点或［放弃（U）］：

命令：mline↙

当前设置：对正 = 上，比例 = 20.00，样式 = Standard

指定起点或［对正（J）/比例（S）/样式（ST）］：s↙

输入多线比例 <20.00>：500↙

当前设置：对正 = 上，比例 = 500.00，样式 = Standard

指定起点或［对正（J）/比例（S）/样式（ST）］：j↙

输入对正类型［上（T）/无（Z）/下（B）］<上>：z↙

当前设置：对正 = 无，比例 = 500.00，样式 = Standard

指定起点或［对正（J）/比例（S）/样式（ST）］：（捕捉图14-83中柱与梁交汇处的左端点）

指定下一点：（捕捉图14-83中柱与梁交汇处的右端点）

指定下一点或［放弃（U）］：

命令：mledit↙（打开图14-70所示“多线编辑工具”对话框，选择“角点结合”按钮）

选择第一条多线：

选择第二条多线：

选择第一条多线 或［放弃（U）］：

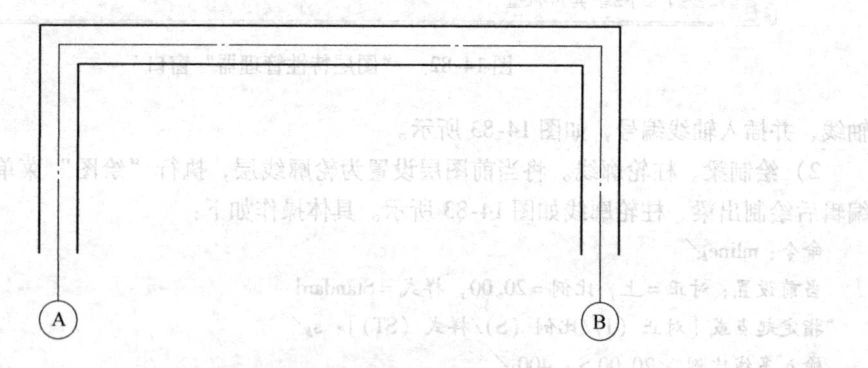

图14-83 绘制梁、柱轮廓线的效果图

3）绘制梁配筋。将当前层设置为钢筋层，执行“绘图”菜单中“多段线”命令，绘制梁的顶部和底部纵向钢筋，线宽为50mm，具体操作步骤如下：

命令：pline↙

指定起点：（梁下A轴左侧取一点）

当前线宽为 0.0000

指定下一个点或［圆弧（A）/半宽（H）/长度（L）/放弃（U）/宽度（W）］：w↙

指定起点宽度 <0.0000>：<正交 开> 50↙

指定端点宽度 <50.0000>：50↙

指定下一个点或［圆弧（A）/半宽（H）/长度（L）/放弃（U）/宽度（W）］：@500，0↙

指定下一点或［圆弧（A）/闭合（C）/半宽（H）/长度（L）/放弃（U）/宽度（W）］：a↙

指定圆弧的端点或［角度（A）/圆心（CE）/闭合（CL）/方向（D）/半宽（H）/直线（L）/半径（R）/第二个点（S）/放弃（U）/宽度（W）］：a↙

指定包含角：-90↙

指定圆弧的端点或［圆心（CE）/半径（R）］：@100，100↙

指定圆弧的端点或［角度（A）/圆心（CE）/闭合（CL）/方向（D）/半宽（H）/直线（L）/半径（R）/第二个点（S）/放弃（U）/宽度（W）］：l↙

指定下一点或［圆弧（A）/闭合（C）/半宽（H）/长度（L）/放弃（U）/宽度（W）］：@5800，0↙

指定下一点或［圆弧（A）/闭合（C）/半宽（H）/长度（L）/放弃（U）/宽度（W）］：a↙

指定圆弧的端点或［角度（A）/圆心（CE）/闭合（CL）/方向（D）/半宽（H）/直线（L）/半径（R）/第二个点（S）/放弃（U）/宽度（W）］：a↙

指定包含角：-90↙

指定圆弧的端点或［圆心（CE）/半径（R）］：@100，-100↙

指定圆弧的端点或［角度（A）/圆心（CE）/闭合（CL）/方向（D）/半宽（H）/直线（L）/半径（R）/第二个点（S）/放弃（U）/宽度（W）］：l↙

指定下一点或［圆弧（A）/闭合（C）/半宽（H）/长度（L）/放弃（U）/宽度（W）］：@0，-500↙

指定下一点或［圆弧（A）/闭合（C）/半宽（H）/长度（L）/放弃（U）/宽度（W）］：

重复“多段线”命令绘制梁底端钢筋，绘制效果如图14-84所示。

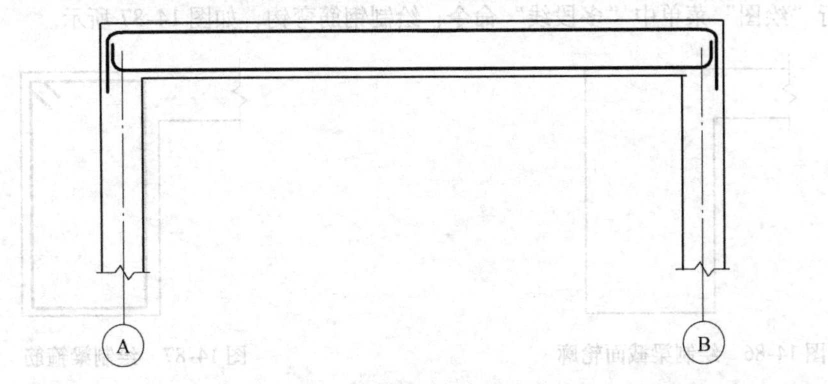

图14-84　绘制梁配筋的效果图

4）进行文字和尺寸标注。将当前层设置为文字层，执行“绘图”菜单中“单行文字”命令，进行文字标注，如梁的名称、剖切符号、梁顶标高、钢筋编号、箍筋直径及间距等。然后将当前层设置为尺寸标注层，执行“标注”菜单中“线性”命令，进行尺寸标注。绘制效果如图14-85所示。

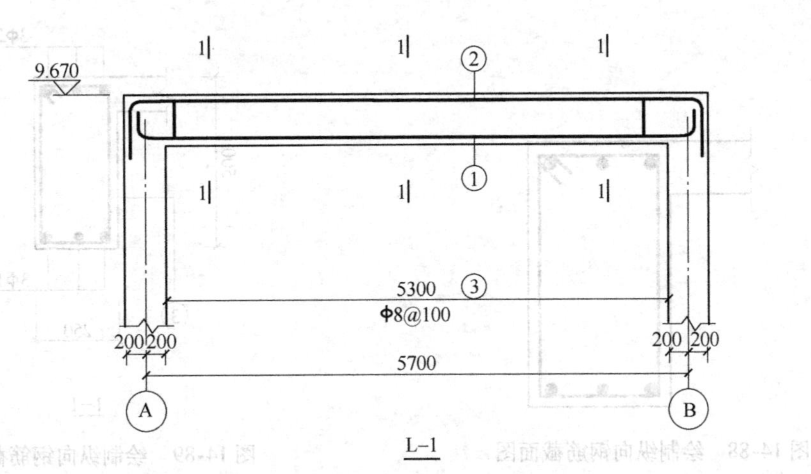

图14-85　文字和尺寸标注后的梁立面图

（3）绘制梁断面图

1）绘制梁截面轮廓。将当前层设置为轮廓线层，执行“绘图”菜单中“多段线”命令，绘制梁1—1剖面图，梁尺寸为250mm×500mm，板的厚度为100mm。绘制效果如图14-86所示。

2）绘制箍筋。

① 将当前层设置为钢筋层，执行“绘图”菜单中“矩形”命令绘制箍筋，该梁保护层厚度为25mm，完成图14-87所示断面图。

命令：rectang↙

指定第一个角点或［倒角（C）/标高（E）/圆角（F）/厚度（T）/宽度（W）］：From 基点：<偏移>：@25，25↙（单击“对象捕捉”工具栏上的“捕捉自”，在“From 基点：”提示下捕捉梁截面轮廓线左下角点，偏移距离为保护层厚度）

指定另一个角点或［面积（A）/尺寸（D）/旋转（R）］：From 基点：<偏移>：@ -25，-25↙（单击“对象捕捉”工具栏上的“捕捉自”，在“From 基点：”提示下捕捉梁截面轮廓线右上角点，偏移距离为保护层厚度）

② 执行“绘图”菜单中“多段线”命令，绘制钢筋弯钩，如图 14-87 所示。

图 14-86　绘制梁截面轮廓　　　　图 14-87　绘制梁箍筋

③ 执行“绘图”菜单中“圆环”命令，绘制受力筋和架立筋，圆环内径为 0，圆环外径为钢筋直径，效果如图 14-88 所示。

3）文字及尺寸标注。执行“绘图”菜单中“文字”下的“单行文字”命令进行文字标注，文字标注的主要内容是断面图编号、钢筋编号、纵筋根数及直径。然后执行“标注”菜单中“线性”命令进行梁的尺寸标注。绘制效果如图 14-89 所示。

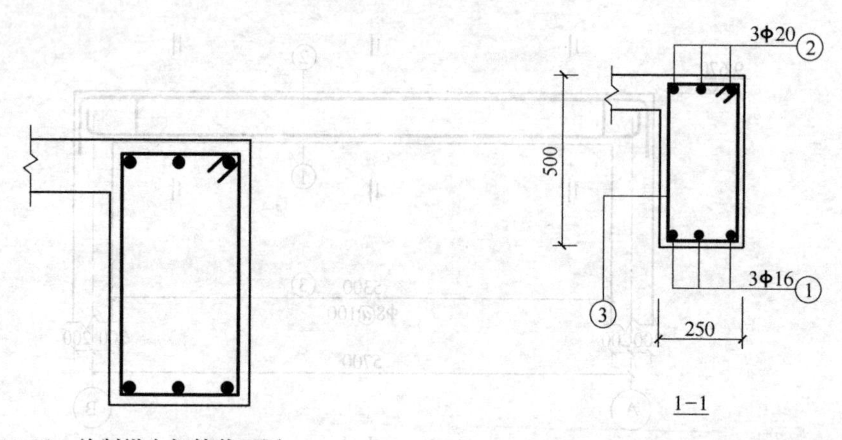

图 14-88　绘制纵向钢筋截面图　　　　图 14-89　绘制纵向钢筋截面图

（4）绘制钢筋混凝土梁的钢筋表

1）选择“格式”菜单中“表格样式”命令，弹出“表格样式”对话框，单击“新建（N）”按钮，弹出“创建新的表格样式”对话框，如图 14-90所示，在“新样式名（N）”文本框中输入“梁配筋表”。

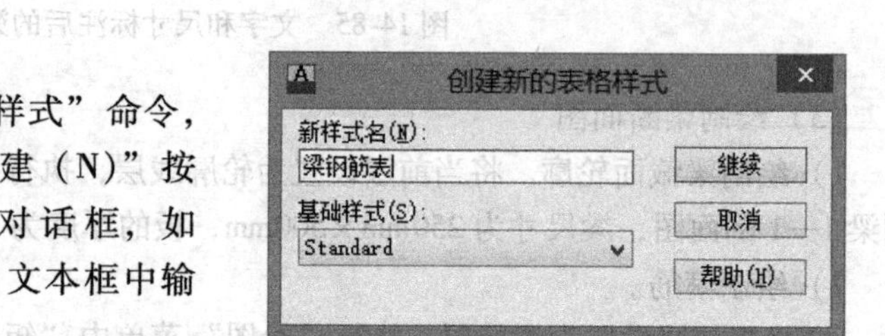

图 14-90　“创建新的表格样式”对话框

2）单击“继续”按钮，弹出“新建表格样

式”对话框，在“常规”“文字”和“边框”选项组进行相关参数设置，效果如图 14-91 所示。

3）执行“绘图”菜单中“表格”命令，弹出图 14-92 所示的“插入表格”对话框，对其进行参数设置。

4）对表格参数设置后，单击“确定”按钮，弹出图 14-93 所示的文字格式编辑器，用户可以在其中修改待输入的文字的样式，然后在表格中输入文字。

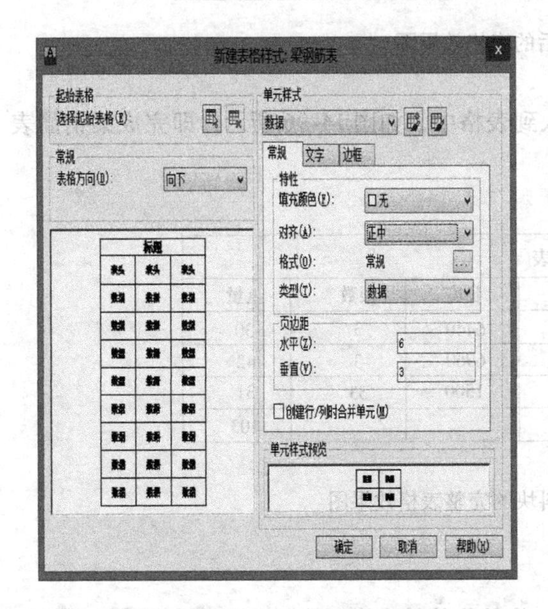

图 14-91　“新建表格样式：梁钢筋表”对话框

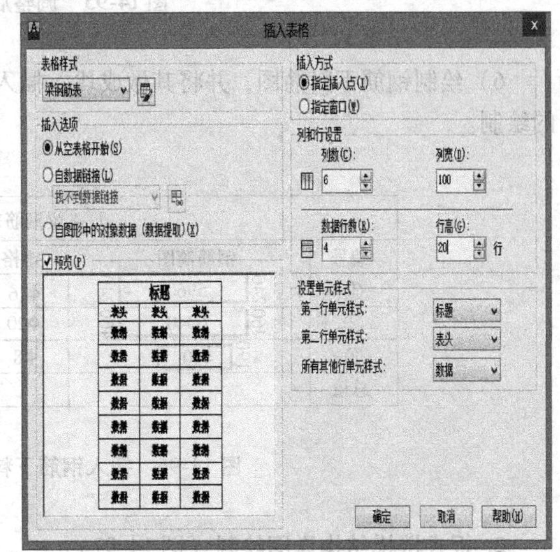

图 14-92　“插入表格”对话框

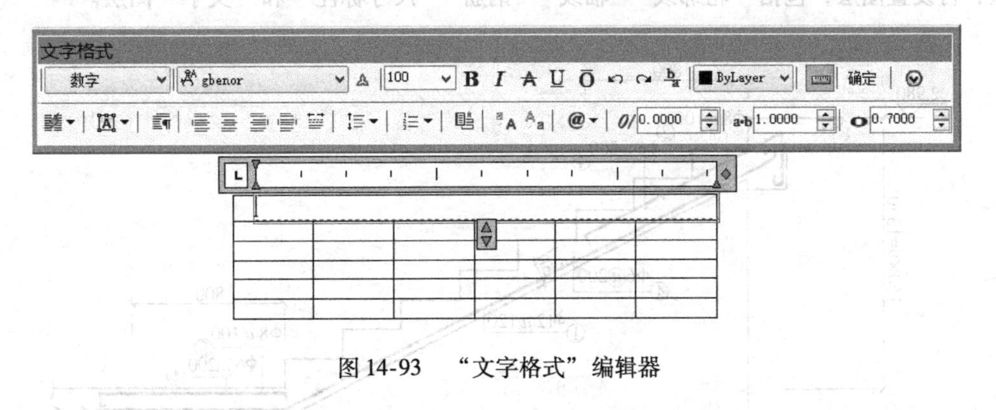

图 14-93　“文字格式”编辑器

5）使用“夹点编辑”命令调整表格的大小，以适应文字的长度，如图 14-94 所示。调整后的表格效果如图 14-95 所示。

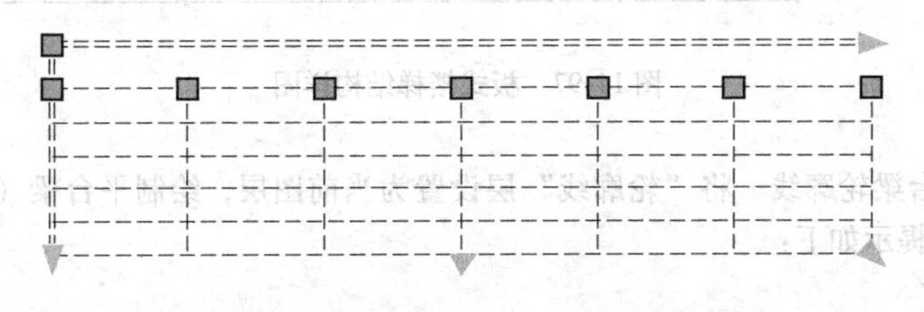

图 14-94　使用“夹点编辑”命令调整表格大小

L-1 梁钢筋表					
编号	钢筋简图	规格	长度/	根数	重量/t
①		Φ16	6440	3	30
②		Φ20	6960	3	42
③		Φ8	1500	53	31
总量					103

图 14-95　调整后的表格效果图

6）绘制钢筋下料简图，并将其做成块，插入到表格中，如图 14-96 所示，即完成梁钢筋表的绘制。

L-1 梁钢筋表					
编号	钢筋简图	规格	长度	根数	重量
①	240 5960 240	Φ16	6440	3	30
②	460 6040 460	Φ20	6960	3	42
③	190 440	Φ8	1500	53	31
总量					103

图 14-96　插入钢筋下料块的完整表格效果图

2. 板式楼梯结构详图绘制（图 14-97）。

首先根据绘图要求设置绘图环境和绘图单位，将单位的精度设置为 0，然后设置图形界限和线型，再设置图层，包括“轮廓线”“轴线”“钢筋”“尺寸标注”和“文字”图层。

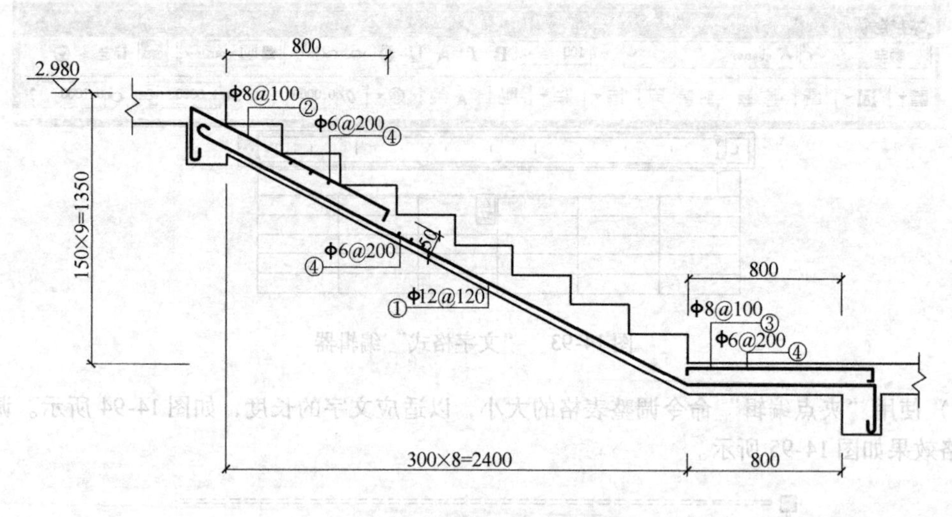

图 14-97　板式楼梯结构详图

（1）绘制平台梁轮廓线　将“轮廓线”层设置为当前图层，绘制平台梁（b = 200mm，h = 350mm），命令行提示如下：

命令：rectang↙

指定第一个角点或［倒角（C）/标高（E）/圆角（F）/厚度（T）宽度（W）］：

指定另一个角点或 [面积 (A)/尺寸 (D)/旋转 (R)]: @200, 350↙

(2) 绘制梯段轮廓线

1) 绘制梯段踏步 (b=300mm, h=150mm):

命令: line↙

指定第一点: From 基点: <偏移>: @0, -150 ↙ (捕捉平台梁右上角点, 向下偏移150mm)

指定下一点或 [放弃 (U)]: @300, 0↙

指定下一点或 [放弃 (U)]: @0, -150↙

指定下一点或 [闭合 (C)/放弃 (U)]: ↙

2) 使用复制命令完成全部踏步的绘制。

命令: copy↙

选择对象: 指定对角点: 找到 2 个

选择对象:

当前设置: 复制模式 = 多个

指定基点或 [位移 (D)/模式 (O)] <位移>: (捕捉 A 点)

指定第二个点或 [阵列 (A)] <使用第一个点作为位移>: (捕捉 C 点)

指定第二个点或 [阵列 (A)/退出 (E)/放弃 (U)] : (循环捕捉下一踏步 C 点对应的端点)

指定第二个点或 [阵列 (A)/退出 (E)/放弃 (U)] :

……

复制楼梯踏步时, 捕捉楼梯左端第一个踏步, 其端点 A 和 C 如图 14-98 所示, 复制、粘贴 8 次, 最终得到楼梯踏步, 如图 14-99 所示。

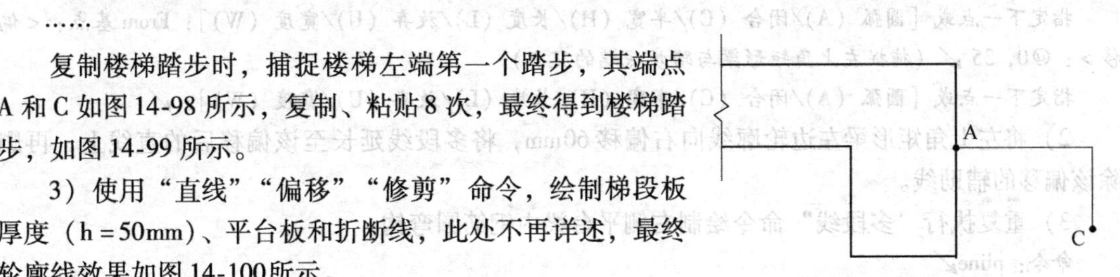

图 14-98 复制踏步时捕捉的 A 点和 C 点

3) 使用 "直线" "偏移" "修剪" 命令, 绘制梯段板厚度 (h=50mm)、平台板和折断线, 此处不再详述, 最终轮廓线效果如图 14-100所示。

(3) 绘制梯段板钢筋

1) 将图层切换为 "钢筋" 层, 执行 "多段线" 命令绘制板内受力筋。

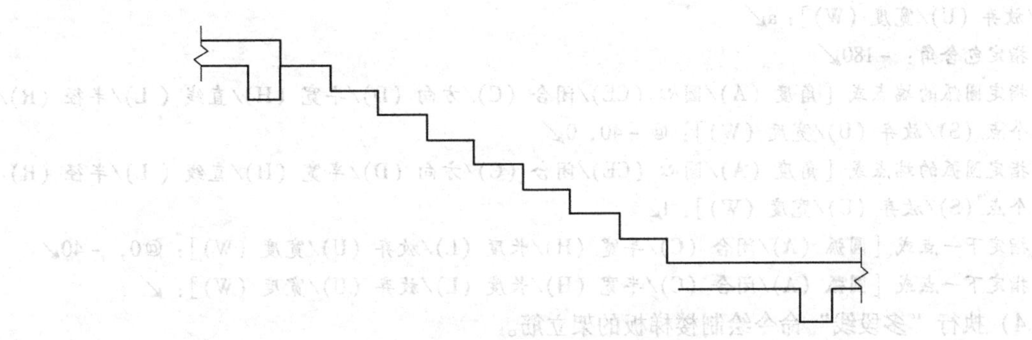

图 14-99 绘制完踏步的楼梯效果图

命令: pline↙

指定起点: From 基点: <偏移>: @ -25, 35↙ (捕捉右下角矩形梁右底角点)

当前线宽为 0.0

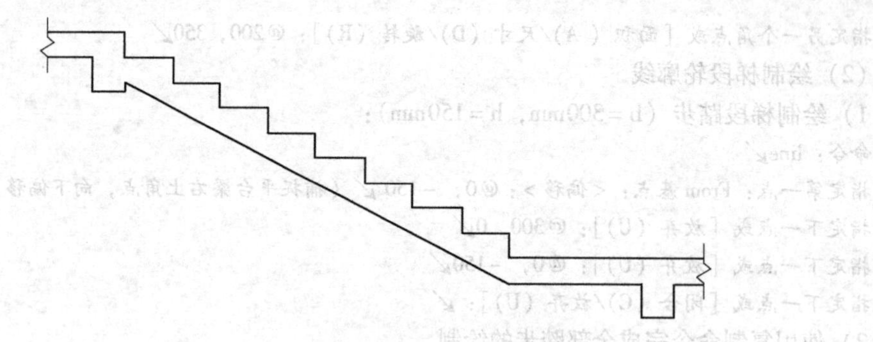

图14-100　板式楼梯轮廓线效果图

指定下一个点或［圆弧（A）/半宽（H）/长度（L）/放弃（U）/宽度（W）］：w↙

指定起点宽度<0.0>：8↙（钢筋直径值）

指定端点宽度<0.0>：8↙

指定下一点或［圆弧（A）/闭合（C）/半宽（H）/长度（L）/放弃（U）/宽度（W）］：<正交 开>@0，215↙

指定下一点或［圆弧（A）/闭合（C）/半宽（H）/长度（L）/放弃（U）/宽度（W）］：@ -975，0↙

指定下一点或［圆弧（A）/闭合（C）/半宽（H）/长度（L）/放弃（U）/宽度（W）］：From 基点：<偏移>：@0，35↙（捕捉左上角矩形梁与踏步底端的交点）

指定下一点或［圆弧（A）/闭合（C）/半宽（H）/长度（L）/放弃（U）/宽度（W）］：↙

2）将左上角矩形梁左边轮廓线向右偏移60mm，将多段线延长至该偏移后的直线上，再删除该偏移的辅助线。

3）重复执行“多段线”命令绘制右侧平台梁内钢筋圆弯钩。

命令：pline↙

指定起点：

当前线宽为8.0（钢筋直径值）

指定下一点或［圆弧（A）/闭合（C）/半宽（H）/长度（L）/放弃（U）/宽度（W）］：a↙

指定圆弧的端点或［角度（A）/圆心（CE）/方向（D）/半宽（H）/直线（L）/半径（R）/第二个点（S）/放弃（U）/宽度（W）］：a↙

指定包含角：-180↙

指定圆弧的端点或［角度（A）/圆心（CE）/闭合（C）/方向（D）/半宽（H）/直线（L）/半径（R）/第二个点（S）/放弃（U）/宽度（W）］：@ -40，0↙

指定圆弧的端点或［角度（A）/圆心（CE）/闭合（C）/方向（D）/半宽（H）/直线（L）/半径（R）/第二个点（S）/放弃（U）/宽度（W）］：l↙

指定下一点或［圆弧（A）/闭合（C）/半宽（H）/长度（L）/放弃（U）/宽度（W）］：@0，-40↙

指定下一点或［圆弧（A）/闭合（C）/半宽（H）/长度（L）/放弃（U）/宽度（W）］：↙

4）执行“多段线”命令绘制楼梯板的架立筋。

命令：pline↙

指定起点：From 基点：<偏移>：@25，35↙（捕捉左上角矩形梁左底角点）

当前线宽为8.0000

指定下一个点或［圆弧（A）/半宽（H）/长度（L）/放弃（U）/宽度（W）］：<正交 开>@0，245↙

指定下一点或［圆弧（A）/闭合（C）/半宽（H）/长度（L）/放弃（U）/宽度（W）］：<正交关>（根据配筋长度捕捉沿楼梯板下方平行线上一点）

指定下一点或［圆弧（A）/闭合（C）/半宽（H）/长度（L）/放弃（U）/宽度（W）］：40↙（捕捉与当前端点垂直方向上40mm距离上的点）

指定下一点或［圆弧（A）/闭合（C）/半宽（H）/长度（L）/放弃（U）/宽度（W）］：↙

5）利用相同方法绘制板内其他钢筋及其弯钩，然后执行“圆环”命令绘制板内剖到的钢筋（该类钢筋应等间距绘制，示意绘制即可）。

命令：donut↙

指定圆环的内径<0.5>：0↙

指定圆环的外径<1.0>：10↙

指定圆环的中心点或<退出>：↙

以上命令执行后的效果如图14-101所示。

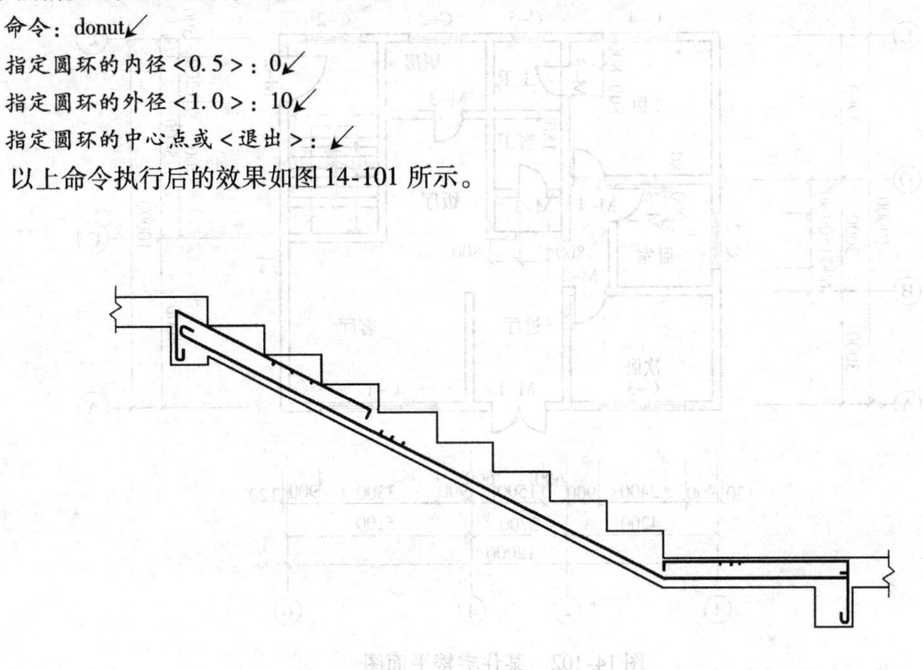

图14-101 楼梯段钢筋图

小 结

本章通过建筑施工平面图、立面图、剖面图、基础施工图、楼层结构平面图、建筑详图（钢筋混凝土梁详图、板式楼梯结构详图）等具体实例，系统地介绍了应用AutoCAD 2013绘制建筑工程图的基本思路、具体方法和步骤，以便使读者通过实例学会如何应用AutoCAD绘制建筑工程图。

AutoCAD是通过绘制软件绘制各种工程图形，但各类工程图形的绘制方法和技巧有很大差异。随着读者对AutoCAD 2013的不断深入学习，对绘图技巧逐步掌握，将对形态各异的工程图绘制萌生出不同的想象力和新的绘图技巧。希望本章的讲解，能让读者达到举一反三、事半功倍的效果。

思考题与习题

14-1 试述建筑平面图、立面图、剖面图和及建筑详图的绘图方法和步骤。

14-2 结合本章所学知识，对图14-102、图14-103和图14-104所示的建筑平面图进行绘制练习。

14-3 结合本章所学知识，对图14-105所示的建筑立面图进行绘制练习。

14-4 结合本章所学知识，对图14-106所示的建筑剖面图进行绘制练习。

14-5 绘制图14-107所示的梁配筋图。

14-6 绘制图14-108所示的楼梯配筋图。

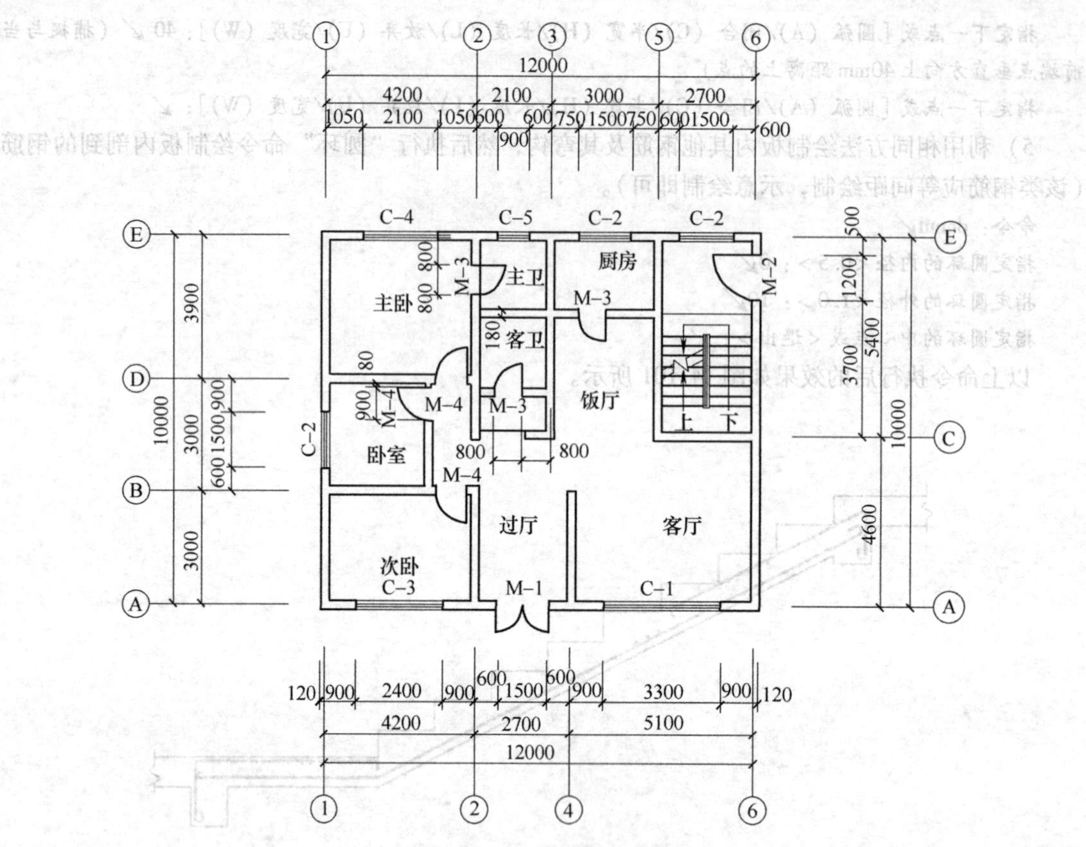

图 14-102 某住宅楼平面图

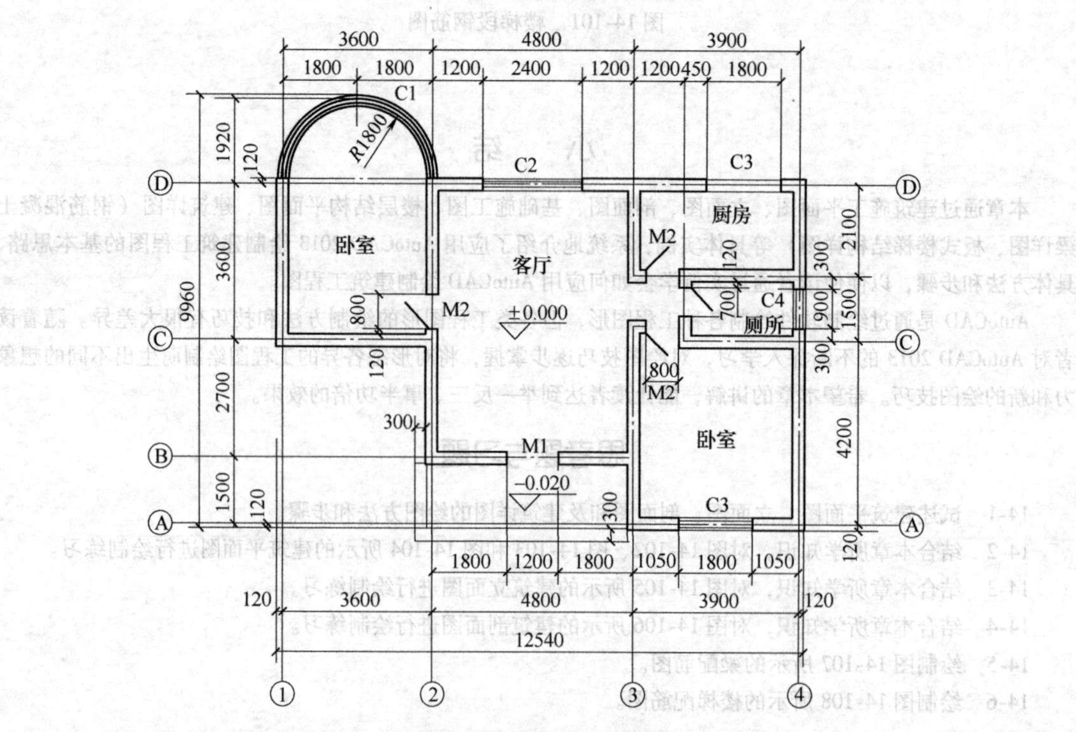

图 14-103 某住宅平面图

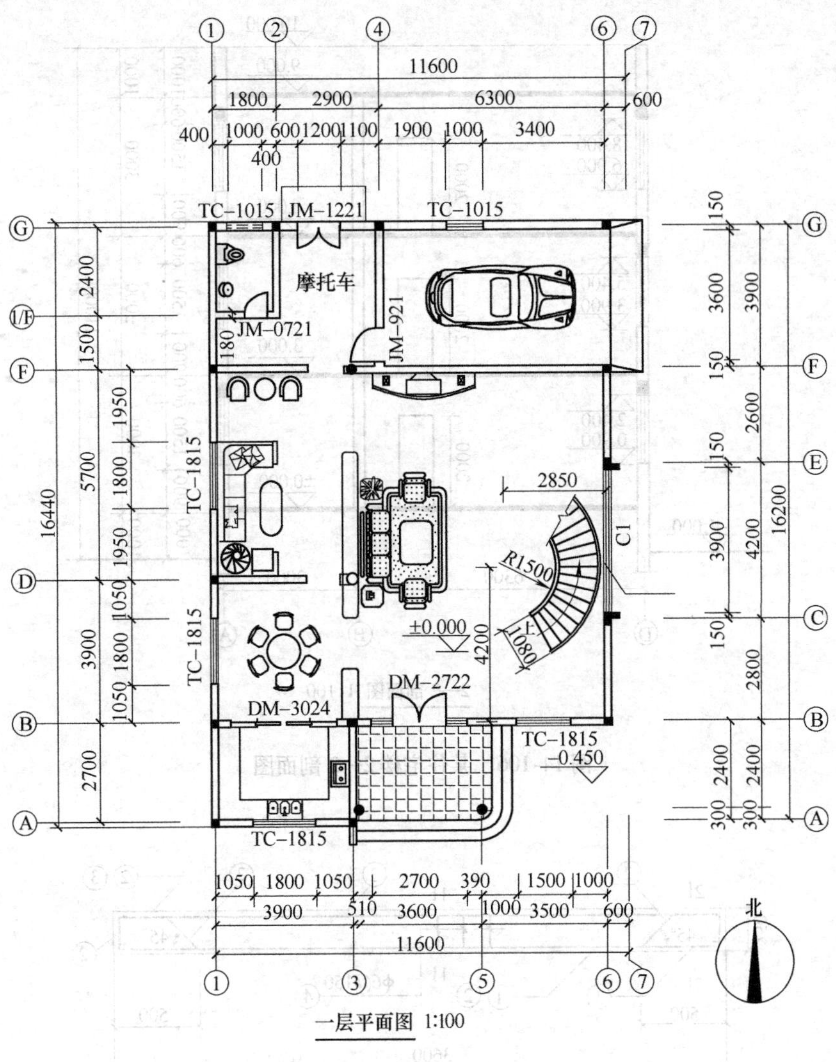

图14-104 某住宅平面图

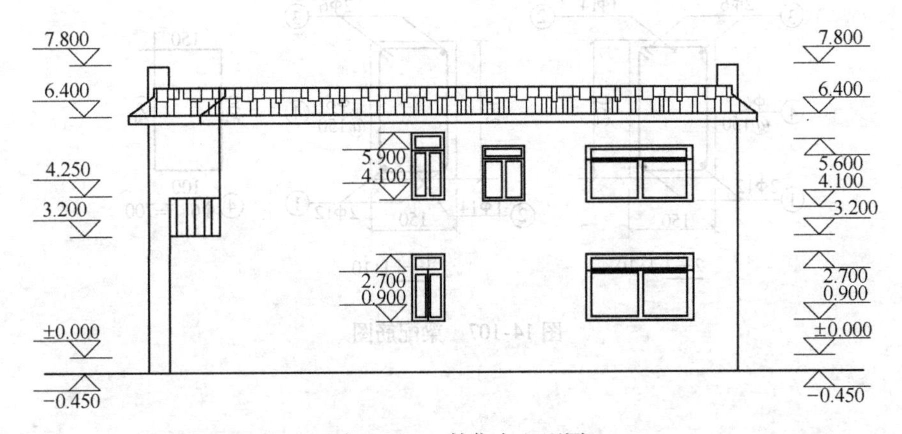

图14-105 某住宅立面图

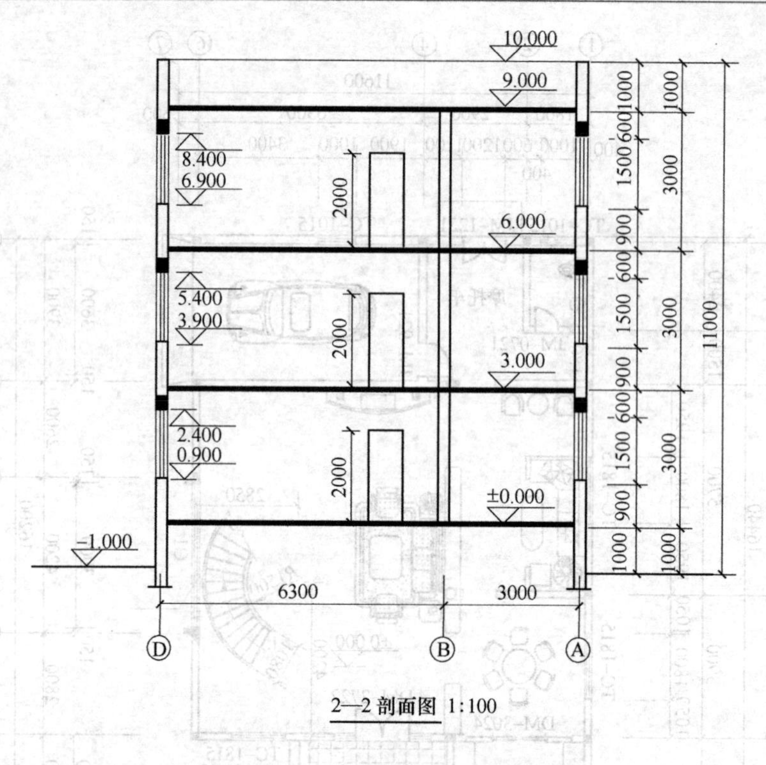

图 14-106　某住宅楼 2—2 剖面图

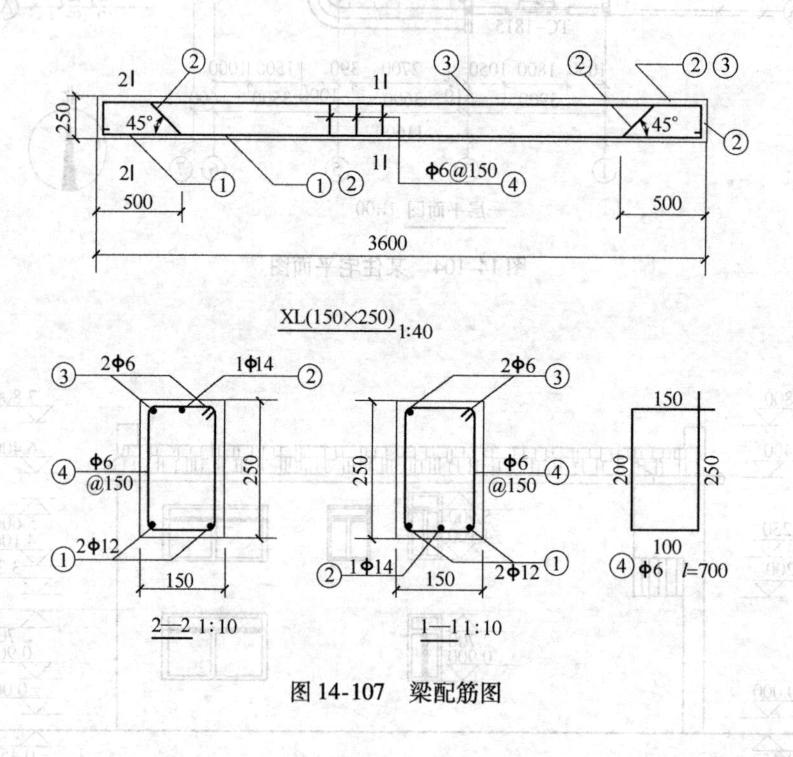

图 14-107　梁配筋图

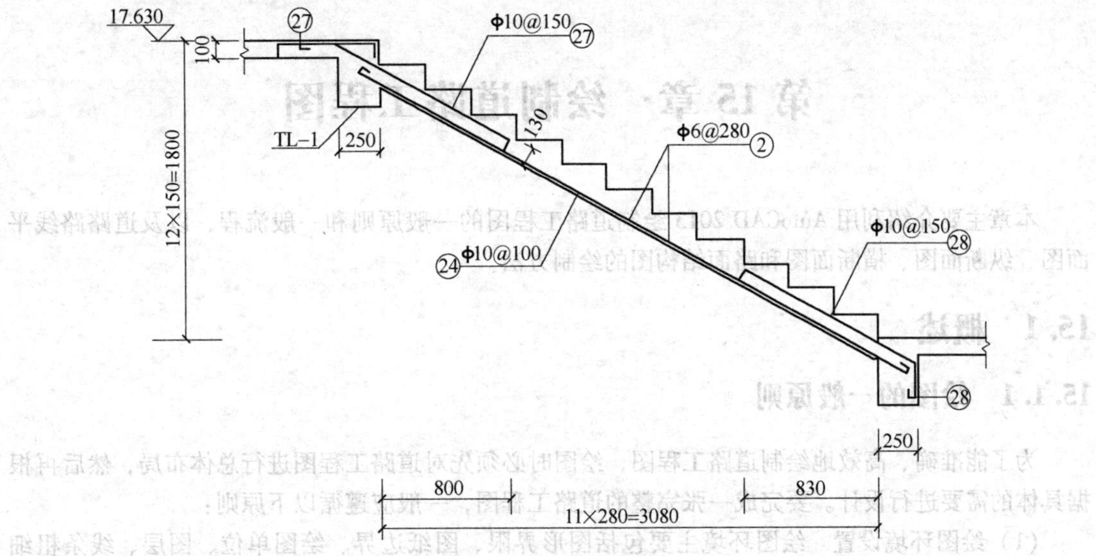

图 14-108　楼梯配筋图

第 15 章　绘制道路工程图

本章主要介绍利用 AutoCAD 2013 绘制道路工程图的一般原则和一般流程，以及道路路线平面图、纵断面图、横断面图和路面结构图的绘制方法。

15.1　概述

15.1.1　绘图的一般原则

为了能准确、高效地绘制道路工程图，绘图时必须先对道路工程图进行总体布局，然后再根据具体的需要进行设计。要完成一张完整的道路工程图，一般应遵循以下原则：

（1）绘图环境设置　绘图环境主要包括图形界限、图纸边界、绘图单位、图层、线条粗细等，常用的设置可以保存为样板图形，绘图时可以直接调用，比如常见的道路工程图都是成套的，可以在绘制之前先进行设定，然后保存为样板图，待绘制新图时直接调用，这样可使整套图纸格式统一，工程中常用此方法。

（2）比例尺选择　尽量采用 1∶1 的比例绘制，最后在布局中控制输出比例。根据不同的图形类别，采用不同的比例尺，一般情况下，地形图常用的比例尺为 1∶5000 和 1∶2000；路线平面图的比例尺为 1∶2000；纵断面图的比例尺水平方向为 1∶2000，竖直方向为 1∶200；横断面图的比例尺为 1∶200；特殊工点地形图可根据实际选择相应比例尺，如 1∶1000、1∶500 等。

（3）合理利用显示命令　绘图过程中时刻注意命令行提示信息，了解绘图状况，及时更正错误，避免误操作。另外绘图时可选择采用对象捕捉、正交、追踪、栅格等精确工具，保证绘图准确无误。

（4）尺寸标注、文字标注　尺寸标注和文字标注最好在图形按比例尺完成后确定。绘图前，定义好尺寸标注和文字标注等格式，这样在录入文字或标注时才可以保证图样上的文字格式前后一致，尺寸标注和文字标注一般都会单独设置图层，方便今后进行整体修改。

（5）图框和图形分层放置　先按照比例绘制图形，绘图时比例一般选取 1∶1，然后将标准图框进行相应放大，再把图框和图形整合到合适的尺寸。

15.1.2　绘图的一般流程

每个人使用 AutoCAD 的习惯不同，运用命令和工具的方法也不尽相同，因此绘制图形时具体操作顺序和方法有一定差异，在 AutoCAD 中要完成一张完整的工程图，一般要遵循以下步骤：

1）创建新文件。

2）设置单位、精度和图形界限。

3）创建图层，设置图层的名称、颜色、线型和线宽。

4）定义文字样式、尺寸样式。

5）绘制工程图。

6）绘制图幅、图框和标题栏。

7）将绘制好的工程图与图幅匹配。

8）标注尺寸。

9）书写技术要求、填写标题栏。

10）保存，退出。

15.1.3 绘制样板图

在绘制任何图形之前，都需要设置绘图环境，包括图层、文字样式、尺寸标注样式、线型和颜色、图框标题栏等内容，重复工作太多，工作效率不高。实际上AutoCAD启动后默认的有一个样板，图界（0.0，0.0）、（12.0，9.0），图层只有一个0层（白色、连续线形、随层），Standard文字样式，TXT.shx字体，ISO－25尺寸标注样式，没有图框、标题栏等信息。虽然AutoCAD 2013中自带了一系列标准的样板图，如acad.dwt、acadiso.dwt等，但由于它们都是基于美国和德国的绘图标准，并不符合我国的国情，并且在绘图中使用一个默认图层一般是远远不够的，因此可以事先定义属于自己的常用样板图，以后新建文件时可以直接调用自己已经定义好的样板图。

样板图形的绘制，通常包括标准图框的绘制、标题栏的填写、样板图的保存。

1. 标准图框的绘制

按照GB 50162—1992《道路工程制图标准》规定，道路工程图图框均以A3图纸为基础，按照比例适当的加长或加宽形成。在A3标准图框绘制中，样板图文件通常的设置包括建立新文件、设置图形尺寸界限、设置图板为A3图纸大小、绘制A3图纸边界线、绘制矩形图框。

1）启动AutoCAD 2013，建立新文件，命名为“A3标准图框”，保存到指定位置，如图15-1所示。

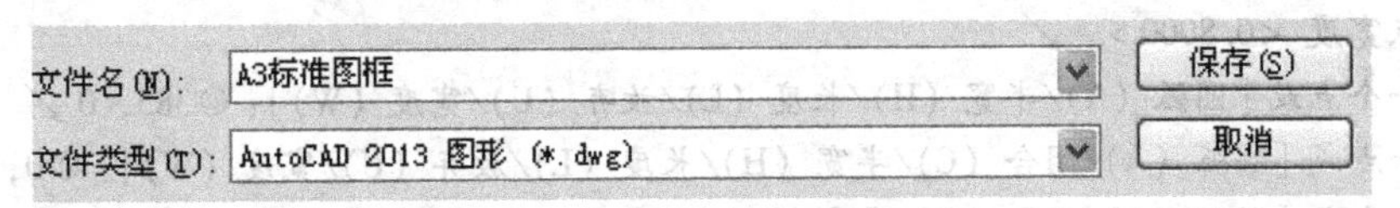

图15-1 保存为“A3标准图框”对话框

2）设置图形尺寸界限。AutoCAD 2013命令行具有引导功能，只需在命令行输入命令的一部分，即可提示出完整的命令，并且AutoCAD 2013会自动保存最近使用过的命令，如图15-2、图15-3所示。

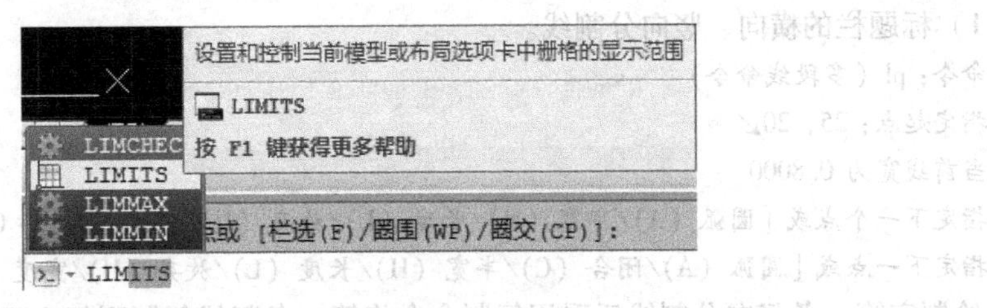

图15-2 AutoCAD 2013的命令引导

注意：AutoCAD 2013在功能和使用上更加贴近绘图实际，在原有基础上增加命令导向和最近使用的命令功能，绘图时可以方便查看已经使用过的命令。

命令：limits（设置绘图界限）

重新设置模型空间界限：

指定左下角点或［开（ON）/关（OFF）］<0.0000，0.0000>：0，0↙

指定右上角点 <420.0000，297.0000>：420，297↙

图15-3 命令自动保存功能

3）设置图版为A3图纸大小。

命令：z（缩放）

菜单命令：视图→二维导航→缩放，如图15-4所示。

指定窗口的角点，输入比例因子（nX或nXP），或者［全部（A）/中心（C）/动态（D）/范围（E）/上一个（P）/比例（S）/窗口（W）/对象（O）］<实时>：a↙

4）绘制A3图纸边界线，可用矩形REC命令。

命令：rec↙（绘制矩形）

指定第一个角点或［倒角（C）/标高（E）/圆角（F）/厚度（T）/宽度（W）］：0，0↙

指定另一个角点或［面积（A）/尺寸（D）/旋转（R）］：420，297↙

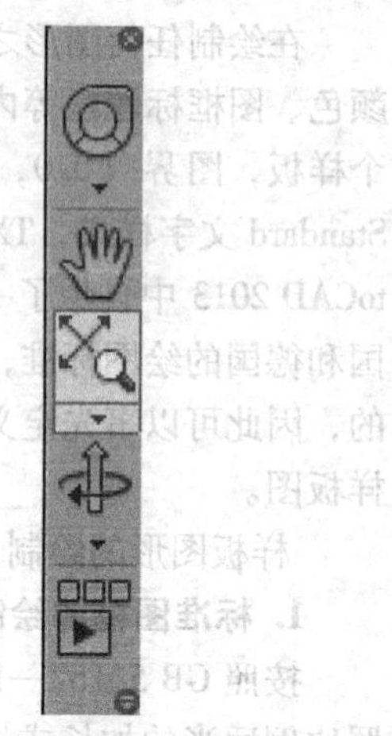

图15-4 “范围缩放“对话框

A3图纸已经绘制完成，进行图框绘制。根据规定，带装订线的图纸图幅样式，图框距左边界线的距离为25mm，距其他三边距离均为10mm，图框为粗实线。

5）用多段线命令PL绘制矩形图框。

命令：pl↙（多段线命令）

指定起点：25，10↙

当前线宽为0.8000↙

指定下一个点或［圆弧（A）/半宽（H）/长度（L）/放弃（U）/宽度（W）］：w↙

指定起点宽度 <0.8000>：0.8↙

指定端点宽度 <0.8000>：↙

指定下一个点或［圆弧（A）/半宽（H）/长度（L）/放弃（U）/宽度（W）］：@385，0↙

指定下一点或［圆弧（A）/闭合（C）/半宽（H）/长度（L）/放弃（U）/宽度（W）］：@0，277↙

指定下一点或［圆弧（A）/闭合（C）/半宽（H）/长度（L）/放弃（U）/宽度（W）］：@-385，0↙

指定下一点或［圆弧（A）/闭合（C）/半宽（H）/长度（L）/放弃（U）/宽度（W）］：c↙

2. 标题栏的填写

标题栏采用粗实线绘制，从左至右水平距离依次为105、65 、75、15、20、15、20、15、20、15、20mm，竖向尺寸为10mm。

1）标题栏的横向、竖向分割线。

命令：pl（多段线命令）

指定起点：25，20↙

当前线宽为0.8000

指定下一个点或［圆弧（A）/半宽（H）/长度（L）/放弃（U）/宽度（W）］：0↙

指定下一点或［圆弧（A）/闭合（C）/半宽（H）/长度（L）/放弃（U）/宽度（W）］：@0，-10

绘制完第一条竖向分割线后采用复制命令将第一条竖线复制到相应竖线位置。

命令：co↙（复制命令）

选择对象：找到1个

选择对象：

当前设置：复制模式=多个

指定基点或［位移（D）/模式（O）］<位移>：

指定第二个点或［阵列（A）］<使用第一个点作为位移>：105↙

指定第二个点或［阵列（A）/退出（E）/放弃（U）］<退出>：

命令：co

选择对象：找到 1 个

选择对象：

当前设置：复制模式 = 多个

指定基点或［位移（D）/模式（O）］<位移>：

指定第二个点或［阵列（A）］<使用第一个点作为位移>：65↙

……

2）标题栏内文字的填写。道路工程中，字体样式一般采用仿宋，文字高度选用 4 个单位。

命令：t（多行文字命令）

当前文字样式："Standard"　文字高度：　4　注释性：　否

指定第一角点：（在绘图区用鼠标左键选取合适的位置）

指定对角点或［高度（H）/对正（J）/行距（L）/旋转（R）/样式（S）/宽度（W）/栏（C）］：h↙

指定高度 <4>：4（选取合适的文字高度）

指定对角点或［高度（H）/对正（J）/行距（L）/旋转（R）/样式（S）/宽度（W）/栏（C）］：s↙

输入样式名或［?］<Standard>：

指定对角点或［高度（H）/对正（J）/行距（L）/旋转（R）/样式（S）/宽度（W）/栏（C）］：（鼠标左键选取文字的位置）

输入文字：设计

注意：鼠标左键单击绘图区任意位置停止书写，鼠标左键双击文字可以更改文字样式。

命令：t↙（多行文字命令）

前文字样式："Standard"　文字高度：　4　注释性：　否

指定第一角点：（在绘图区用鼠标左键选取合适的位置）

指定对角点或［高度（H）/对正（J）/行距（L）/旋转（R）/样式（S）/宽度（W）/栏（C）］：h↙

指定高度 <4>：4（选取合适的文字高度）

指定对角点或［高度（H）/对正（J）/行距（L）/旋转（R）/样式（S）/宽度（W）/栏（C）］：s↙

输入样式名或［?］<Standard>：

指定对角点或［高度（H）/对正（J）/行距（L）/旋转（R）/样式（S）/宽度（W）/栏（C）］：（鼠标左键选取写文字的位置）

输入文字：复核

……

这样就完成了 A3 标准图框的设计。将此 A3 标准图框保存，也可把标准图框存为样板图。实际工作中，为方便绘图，避免重复性工作，可将不同的样板图绘制好并保存起来，方便随时调用。

3. 样板图保存

打开绘制好的 A3 图幅的图框并检查无误后，单击“另存为”→“图形样板”，将出现如图 15-5 所示的对话框。

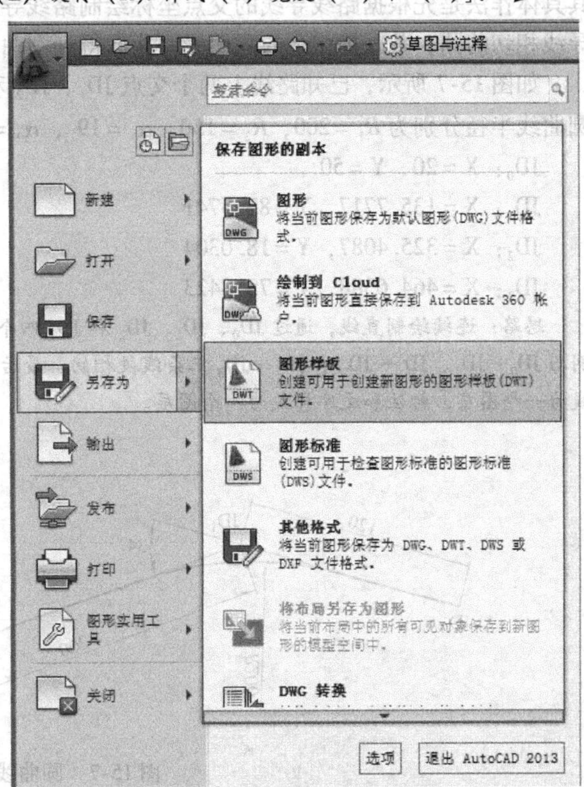

图 15-5　“图形另存为”对话框

AutoCAD 2013 中，所有样板图形都被保存在“Template”文件内，样板图形

文件的后缀名都是 . dwt。样本文件命名为“A3 图框”保存。若这个图形文件是初次建立的，会弹出“样板选项”对话框，如图 15-6 所示，“说明”中可对该样板图进行详细描述，以便调用。

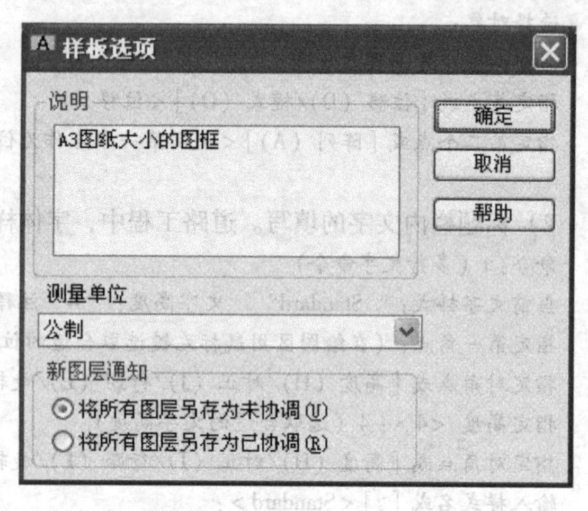

图 15-6 “样板选项”对话框

15.2 绘制道路平面图

路线平面图由地形图、线位图和平面线形等部分组成，其作用是表达路线的方位，平面线形，沿路线两侧一定范围的地形、地物和构筑物的平面位置。道路的平面线形由直线和曲线组成，其曲线的形式一般可分为圆曲线、缓和曲线、回头曲线、单曲线、复曲线等，统称为平曲线。平曲线中最常用的形式是圆曲线和缓和曲线，下面分别对它们的绘制方法进行介绍。

15.2.1 圆曲线绘制实例

圆曲线是平面线形中比较常见且较易绘制的线形，根据已知的曲线要素，有多种绘制方法，其中绘制效果最好、绘制效率最高、最便捷的是 TTR 绘制法，即“相切、相切、半径”绘制法。其具体作法是先根据路线导线的交点坐标绘制路线导线，然后根据各交点的圆曲线半径作与两条导线相切的圆，裁减掉多余的圆曲线，从而得到圆曲线和路线设计线。

如图 15-7 所示，已知路线上两个交点 JD_1、JD_2 和路线的起点、终点坐标如下，且两交点处圆曲线半径分别为 $R_1=200$，$R_2=150$，$\alpha_1=19^\circ$，$\alpha_2=37^\circ$。

JD_0：X = 20，Y = 50

JD_1：X = 135.7717，Y = 87.5741

JD_2：X = 325.4087，Y = 18.0304

JD_3：X = 464.6388，Y = 73.8423

思路：连续绘制直线，通过 JD_0、JD_1、JD_2 和 JD_3 四个点，然后用 TTR 法绘制直径为 200、150 的圆分别与 JD_0—JD_1、JD_1—JD_2 和 JD_2—JD_3 三条线段相切，最后裁减掉多余部分。此图可设置不同图层，一般路线为一个图层，标注和文字样式为一个图层。

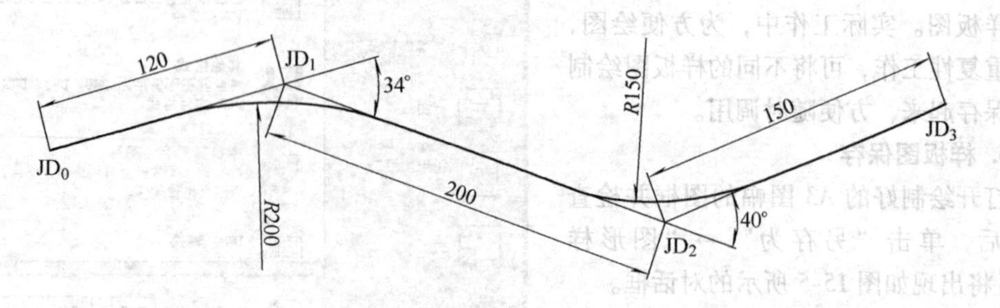

图 15-7 圆曲线绘制

操作步骤:

1）绘制 JD_0—JD_1、JD_1—JD_2 和 JD_2—JD_3 三条线段。

命令: l↙（直线命令）

指定第一个点: 20, 50↙（JD_0 点坐标）

指定下一点或 [放弃（U）]: 135.7717, 87.5741 ↙（JD_1 点坐标）

指定下一点或 [放弃（U）]: 325.4087, 18.0304↙（JD_2 点坐标）

指定下一点或 [闭合（C）/放弃（U）]: 464.6388, 73.8423↙（JD_3 点坐标）

指定下一点或 [闭合（C）/放弃（U）]: ↙

2）TTR 法绘制直径为 200、150 的圆分别与 JD_0—JD_1、JD_1—JD_2 和 JD_2—JD_3 三条线段相切，如图 15-8 所示，先绘制凸形圆。

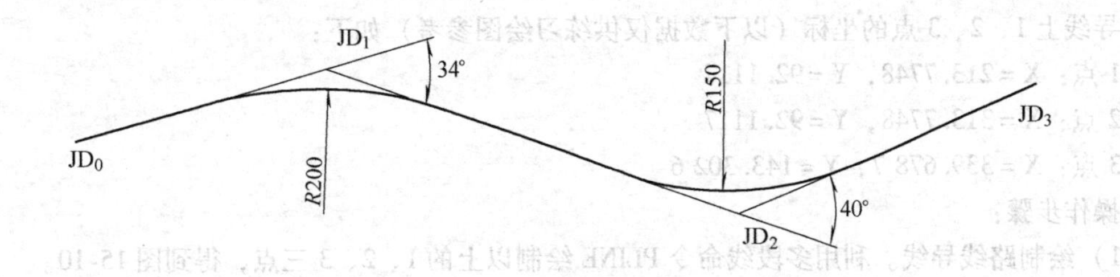

图 15-8 圆曲线导线的绘制

命令: c↙（圆命令）

指定圆的圆心或 [三点（3P）/两点（2P）/切点、切点、半径（T）]: t（此处也可输入 TTR，即切点、切点、半径命令）↙

指定对象与圆的第一个切点:（用鼠标左键选取 JD_0—JD_1 线段上任一点）

指定对象与圆的第二个切点:（用鼠标左键选取 JD_1—JD_2 线段上任一点）

指定圆的半径 <150.0000>: 200

同理，绘制凹形圆曲线。

命令: c↙（圆命令）

指定圆的圆心或 [三点（3P）/两点（2P）/切点、切点、半径（T）]: t↙（此处也可输入 TTR，切点、切点、半径命令）

指定对象与圆的第一个切点:（用鼠标左键选取 JD_1—JD_2 线段上任一点）

指定对象与圆的第二个切点:（用鼠标左键选取 JD_2—JD_3 线段上任一点）

指定圆的半径 <200.0000>: 150↙

3）利用剪切命令剪切掉多余部分，对切线长进行标注，如图 15-7 所示，也可将导线部分删除，只保留路线，如图 15-9 所示。

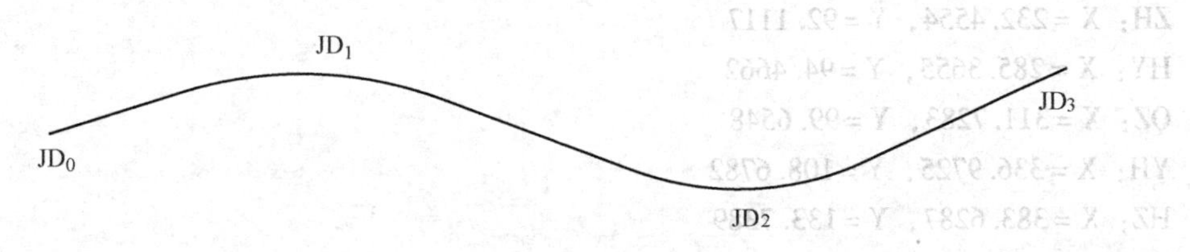

图 15-9 路线平面图

15.2.2 缓和曲线绘制实例

AutoCAD 中不能直接绘制缓和曲线，目前一般采用两种方法，一是用多段线命令 PL（PLINE）绘制通过直缓 ZH、缓圆 HY、曲中 QZ、圆缓 YH 和缓直 HZ 五点的折线，然后再用编辑多段线 PEDIT 命令选择“样条曲线（S）”选项将折线转换成曲线；二是可以直接采用真样条曲线 SPLINE 命令，绘制通过直缓 ZH、缓圆 HY、曲中 QZ、圆缓 YH 和缓直 HZ 五点且与路线导线相切的平曲线。一般情况下，AutoCAD 中的真样条曲线最接近公路平曲线的形状，但上述两种方法在常用比例尺的情况下，人的肉眼是分辨不出二者在图纸上的差别的，因而可用其代替缓和曲线。

已知缓和曲线长度 LS = 53，切线长 T = 81.31，外距 E = 8.0，偏角为左偏 $\alpha_{左} = 30°47'28''$，圆曲线半径 R = 198.51，中间圆曲线长 LY = 53.68，平曲线长 L = 159.68。试绘制该曲线。已知路线导线上 1、2、3 点的坐标（以下数据仅供练习绘图参考）如下：

1 点：X = 213.7748，Y = 92.1117

2 点：X = 313.7748，Y = 92.1117

3 点：X = 339.678 7，Y = 143.302 6

操作步骤：

1）绘制路线导线。利用多段线命令 PLINE 绘制以上的 1、2、3 三点，得到图 15-10。

命令：pl↙（多段线命令）

指定起点：213.7748，92.1117↙（输入 1 点坐标）

当前线宽为 0.0000

指定下一个点或［圆弧（A）/半宽（H）/长度（L）/放弃（U）/宽度（W）］：313.7748，92.1117↙（输入 2 点坐标）

指定下一点或［圆弧（A）/闭合（C）/半宽（H）/长度（L）/放弃（U）/宽度（W）］：339.6787，143.3026↙（输入 3 点坐标）

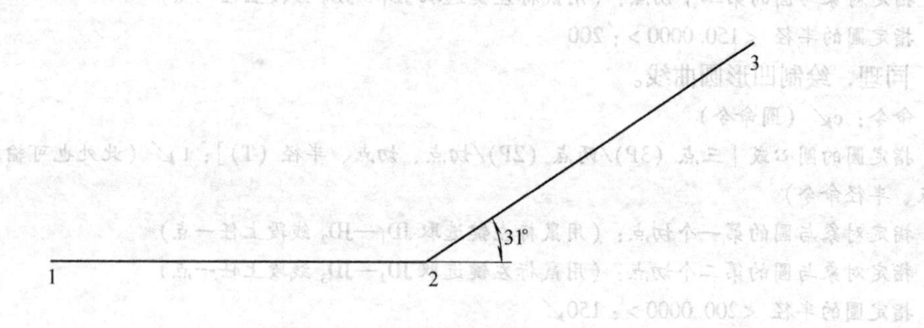

图 15-10　绘制路线导线

2）绘制缓和曲线主点坐标。通过计算，缓和曲线的五个主点的坐标分别为：

ZH：X = 232.4554，Y = 92.1117

HY：X = 285.3655，Y = 94.4662

QZ：X = 311.7283，Y = 99.6548

YH：X = 336.9725，Y = 108.6782

HZ：X = 383.6287，Y = 133.7389

3）绘制平曲线。用真样条曲线命令 SPLINE 绘制通过五个主点含缓和曲线的平曲线，结果如图 15-11 所示。

命令：spl↙（真样条曲线命令）

当前设置：方式 = 控制点　阶数 = 3

指定第一个点或 [方式 (M)/阶数 (D)/对象 (O)]：m↙

输入样条曲线创建方式 [拟合 (F)/控制点 (CV)] <CV>：cv↙

当前设置：方式 = 控制点　阶数 = 3

指定第一个点或 [方式 (M)/阶数 (D)/对象 (O)]：232.4554，92.1117↙（ZH 点坐标）

输入下一个点：285.3655，94.4662↙（HY 点坐标）

输入下一个点或 [放弃 (U)]：311.7283，99.6548↙（QZ 点坐标）

输入下一个点或 [闭合 (C)/放弃 (U)]：336.9725，108.6782↙（YH 点坐标）

输入下一个点或 [闭合 (C)/放弃 (U)]：383.6287，133.7389↙（HZ 点坐标）

输入下一个点或 [闭合 (C)/放弃 (U)]：↙

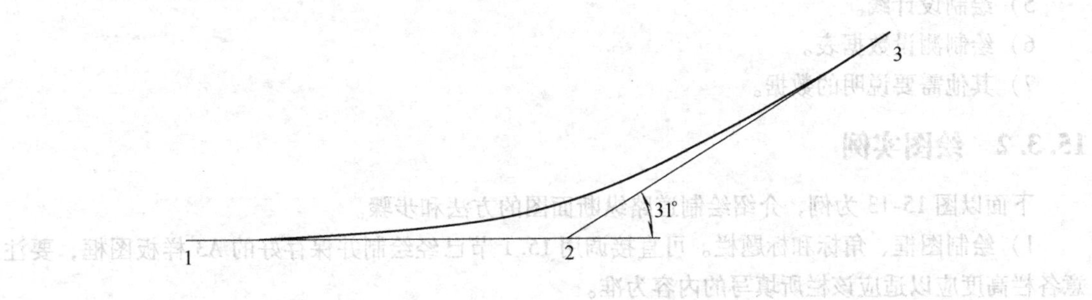

图 15-11　绘制通过五个主点的平曲线

4）文字和尺寸标注。对五个主点进行文字和尺寸标注，标注前需要进行文字和尺寸样式设置，步骤略。绘制结果如图 15-12 所示。

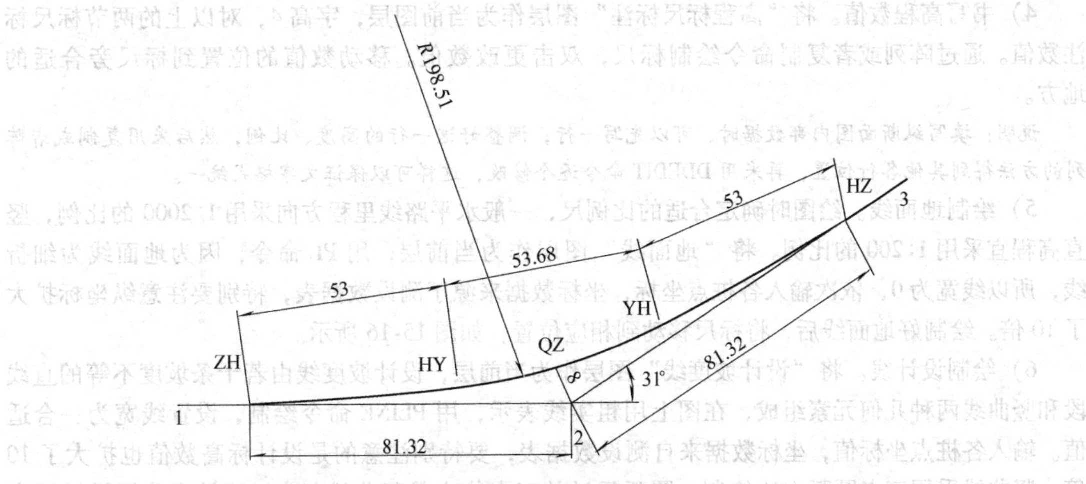

图 15-12　绘制缓和曲线

15.3　绘制道路纵断面图

道路纵断面图是沿道路中线作铅垂剖切后，展开在一个 V 面平行面上再向 V 面投影所得的投影图，它表示道路中线原地面的起伏状况以及路线设计线的纵坡情况，与路线平面图结合起来可确定道路的空间位置。纵断面图包括高程标尺、图样、测设数据表三部分内容。其中地面线是由道路中心线上各桩点的高程连成的一条不规则的曲线，设计线是由设计人员设计而成的，由直线和竖曲线构成。

15.3.1 绘制步骤

1）绘制图框、角标和标题栏或直接调用已经创建好的图形样板。

2）创建图层，一般根据需要创建。

3）绘制高程标尺。

4）绘制地面线。

5）绘制设计线。

6）绘制测设数据表。

7）其他需要说明的数据。

15.3.2 绘图实例

下面以图15-13为例，介绍绘制道路纵断面图的方法和步骤。

1）绘制图框、角标和标题栏。可直接调用15.1节已经绘制并保存好的A3样板图框，要注意各栏高度应以适应该栏所填写的内容为准。

2）创建图层。创建图15-14所示的图层，分别命名为标尺、测设数据表、地面线、高程标尺、设计坡度线等，并设置成习惯颜色，其中设计坡度线要加粗。

3）绘制高程标尺。将“标尺”图层作为当前图层。画一个10mm×3mm的矩形，复制一个矩形在它的上方，填充一左一右，如图15-15所示，可根据需要采用阵列或复制命令将标尺加长。

4）书写高程数值。将“高程标尺标注”图层作为当前图层，字高4，对以上的两节标尺标注数值。通过阵列或者复制命令绘制标尺，双击更改数值。移动数值的位置到标尺旁合适的地方。

说明：填写纵断面图内部数据时，可以先写一行，调整好这一行的高度、比例，然后采用复制或者阵列的方法得到其他各行位置，再采用DDEDIT命令逐个修改，这样可以保证文字格式统一。

5）绘制地面线。绘图时确定合适的比例尺，一般水平路线里程方向采用1:2000的比例，竖直高程宜采用1:200的比例。将“地面线”图层作为当前层，用PL命令，因为地面线为细折线，所以线宽为0，依次输入各桩点坐标，坐标数据来源于测设数据表，特别要注意纵坐标扩大了10倍。绘制好地面线后，将标尺移动到相应位置，如图15-16所示。

6）绘制设计线。将“设计坡度线”图层作为当前层，设计坡度线由若干条坡度不等的直线段和竖曲线两种几何元素组成，在图上用粗实线表示，用PLINE命令绘制，设置线宽为一合适值。输入各桩点坐标值，坐标数据来自测设数据表，要特别注意的是设计标高数值也扩大了10倍。竖曲线采用三点圆弧方法绘制，圆弧经过的三点依次是竖曲线起点、边坡点位置设计标高处、竖曲线终点，如图15-16所示。

7）绘制测设数据表。本例中因为测设数据表和纵断面图有非常强的位置对齐、对应关系，所以还是用最原始的在Auto CAD中画线、书写文字的方法。先绘制路线里程，标注桩号，用竖向直线对应写出该桩号对应的地面高程、设计高程、并计算出填挖高度，注意这些数据的对应关系。

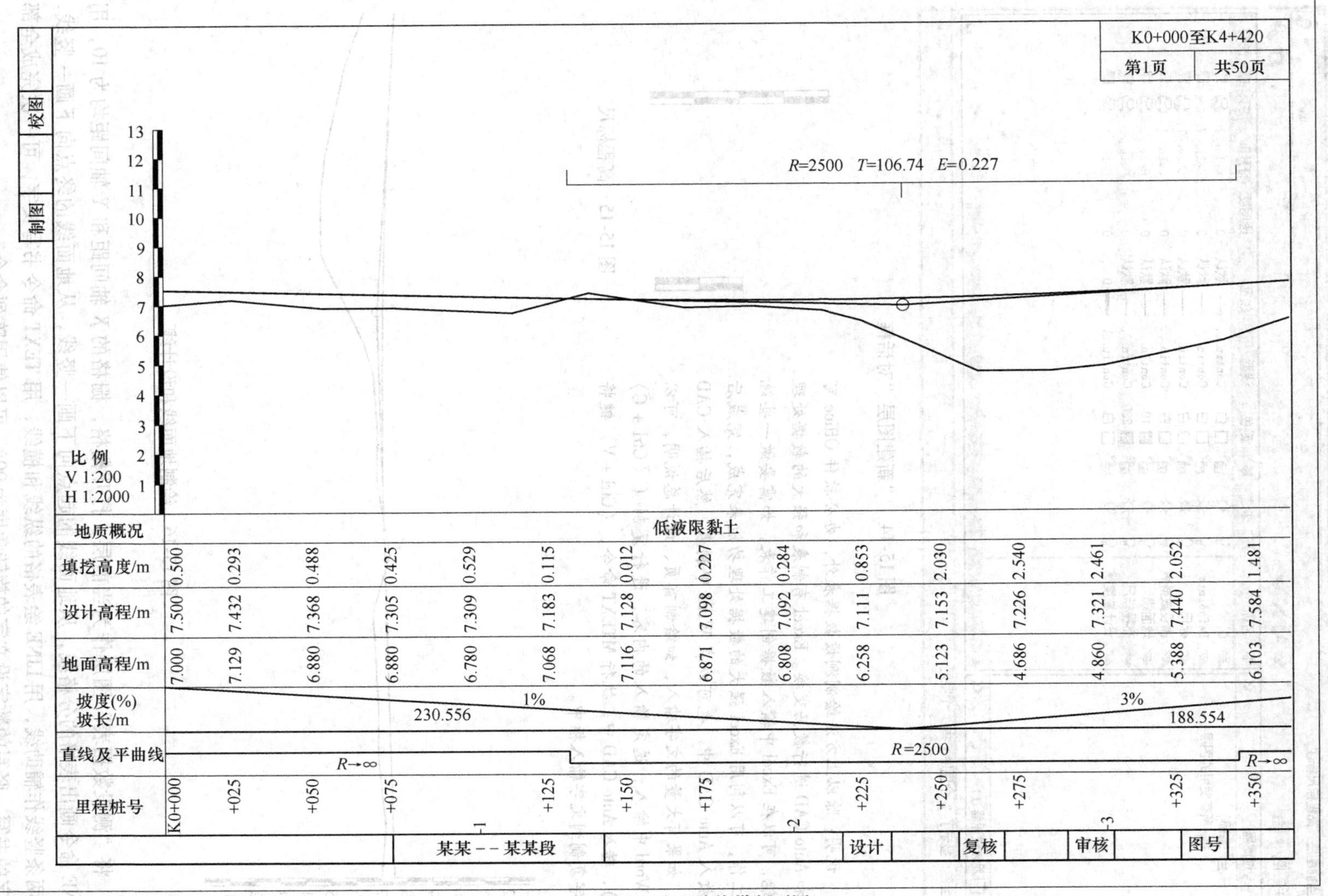

图15-13 路线纵断面图

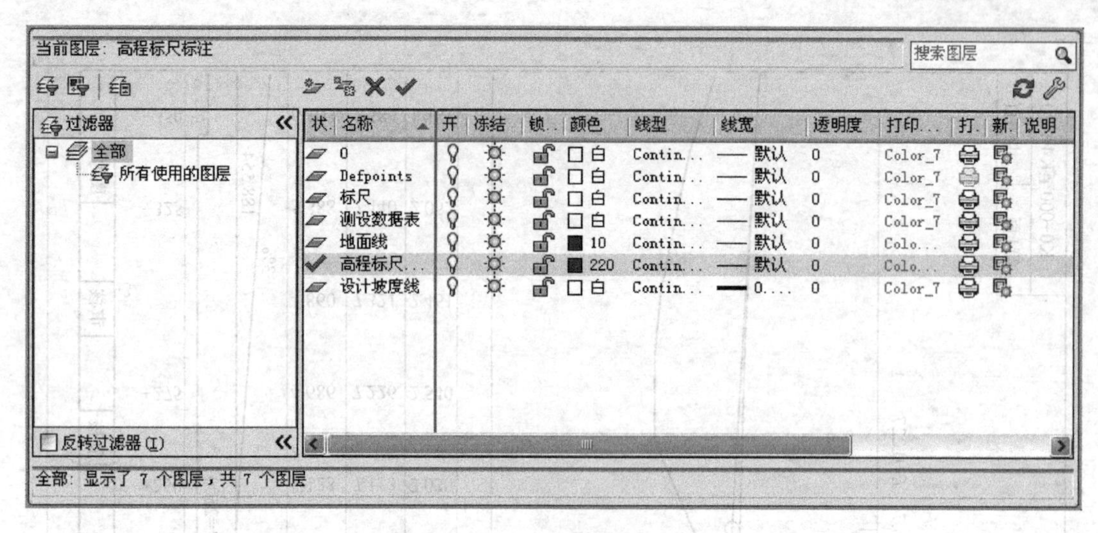

图 15-14 “新建图层“对话框

说明：除以上方法绘制测设数据表外，办公软件 Office 可以和 Auto CAD 进行数据交换。Excel 有制表和强大的数据处理功能，可以在 Excel 中输入数据创建工作表，如需要做一些统计工作，可以利用 Excel 强大的数据处理功能来完成，完成后再放入 Auto CAD 中。也可以在 Word 中制表，然后插入 CAD 中。如果有大量的文字输入，如绘制首页、设计总说明，可以在 Word 中输入，选定输入的内容，进行复制（〈Ctrl + C〉键），转入 Auto CAD 中，执行 MTEXT 命令，〈Ctrl + V〉键将文字复制到文字输入框中。

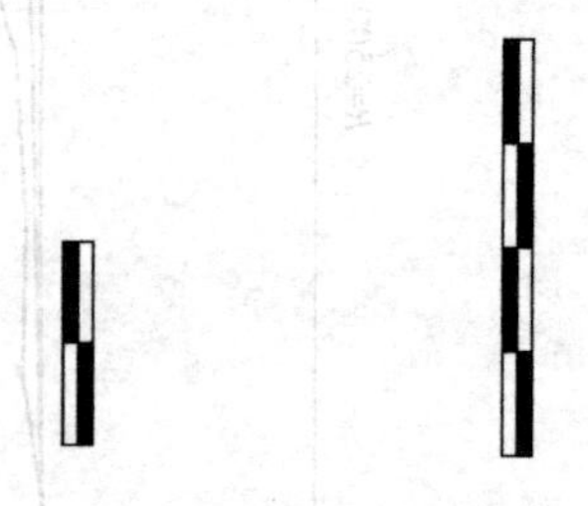

图 15-15 高程标尺

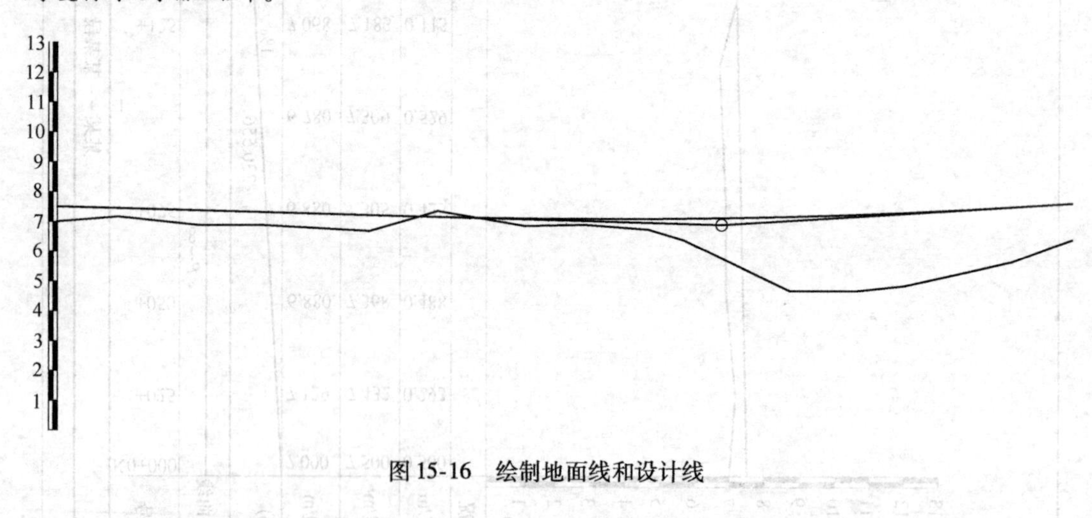

图 15-16 绘制地面线和设计线

将“测设数据表”图层作为当前层，打开栅格，栅格的 X 轴间距和 Y 轴间距均为 10，用 LINE 命令画出表格的分格线，从地面线的起点向下画一竖线，从地面线的终点向下画一竖线，这两条竖线作辅助线，用 LINE 绘表格的纵线和横线，用 TEXT 命令书写文字，可一次完成全部数字的书写，竖写的数字设文字的旋转角度为 90°，可以使用阵列命令。

8）完成其他需要说明的数据。

15.4　绘制道路横断面图

在道路工程图中，利用路线的平面图、纵断面图可以知道道路的线形、道路与地形地物的关系，以及道路的总体布置等内容，路线横断面图是由横断面设计线和地面线构成的，通过阅读横断面图，可以了解路面结构情况、道路土石方工程量、路基填挖关系等内容。

15.4.1　绘制步骤

（1）确定道路中桩位置　线形选择点画线，用直线命令绘制道路横断面中心轴线。

（2）绘制地面线和设计线　一般选用多段线命令（PLINE）绘制地面线和设计线。

（3）绘制其他设施　根据路基填挖高度、宽度、路拱横坡等值绘制路基横断面上部的行车道、路肩、边沟、分隔带以及护坡道等设施。

（4）进行标注　包括文字标注和尺寸标注。

15.4.2　绘图实例

1. 路基横断面设计图

道路横断面大多是左右对称的，因此绘制道路横断面图时可以先绘制一半或者一幅，再利用镜像命令得到另一半，两侧如有不同，再进行修改。图 15-17 所示横断面图为双向四车道横断面，左右基本对称，因此，先绘制一侧。

（1）确定道路中桩位置　本题可选取任意位置为中桩位置，绘制道路中心线。

（2）绘制设计线　由中心线位置开始向左或右开始绘制，本例选取向右绘制，为了使设计线为一条线，而不是由多条线段组成，因此要选取多段线 PLINE 命令绘制，而不是直线 LINE 命令。

命令：pl↙（多段线命令）
指定起点：
当前线宽为 0.8000
指定下一个点或［圆弧（A）/半宽（H）/长度（L）/放弃（U）/宽度（W）］：50↙
指定下一点或［圆弧（A）/闭合（C）/半宽（H）/长度（L）/放弃（U）/宽度（W）］：750↙
指定下一点或［圆弧（A）/闭合（C）/半宽（H）/长度（L）/放弃（U）/宽度（W）］：250↙
指定下一点或［圆弧（A）/闭合（C）/半宽（H）/长度（L）/放弃（U）/宽度（W）］：75↙
命令：_ rotate（旋转）
UCS 当前的正角方向：　ANGDIR = 逆时针　ANGBASE = 0
找到 1 个
指定基点：（中央带边缘）
指定旋转角度，或［复制（C）/参照（R）］<270>：-0.02↙（2% 路拱横坡）
……

用上述方法绘制护坡道、碎落台等，再利用偏移命令将绘制好的设计线偏移一定距离，然后进行填充，得到设计地面。

注意：此时的设计线已经是一条多段线，若不是，可以利用合并多段线命令 PEDIT 将设计线合成为一条多段线。

（3）进行标注　图形绘制好后，标注横断面图上各部分尺寸，标注之前要先修改标注样式。打开“标注样式管理器”对话框，如图 15-18 所示，选择标注样式，可以进行多次调整，最终要以标注清晰、与图形整体融合、舒适为准，如图 15-19 所示。

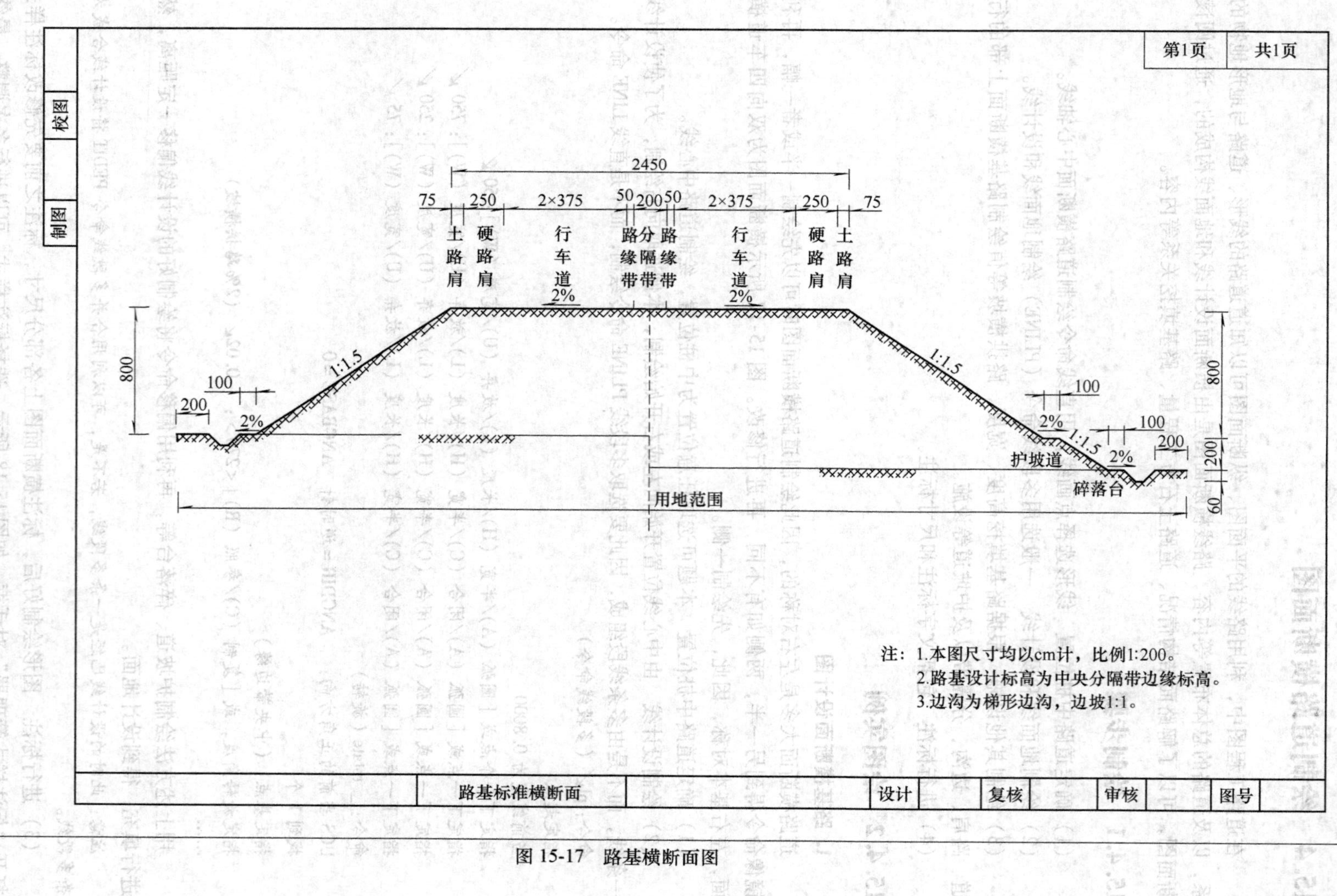

图 15-17　路基横断面图

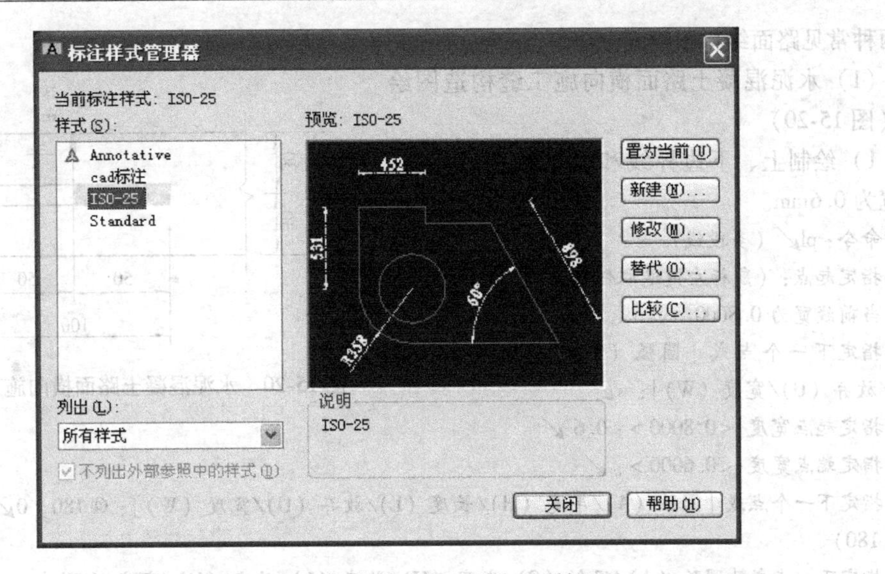

图 15-18　“标注样式管理器”对话框

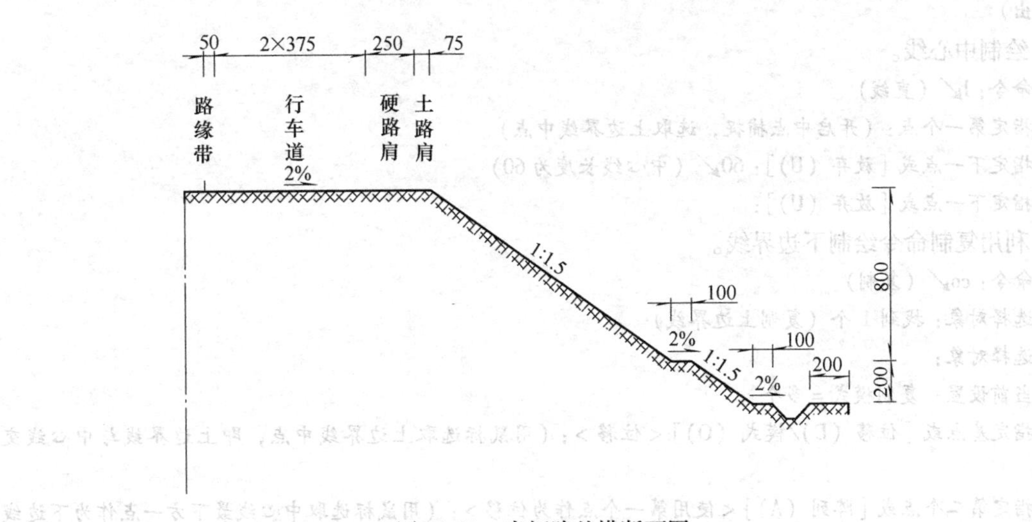

图 15-19　半幅路基横断面图

（4）完整路基横断面图　选用镜像命令，对上述绘制好的图形进行镜像，得到完整的路基横断面图。本例左右两侧不是完全对称，因此镜像以后对不同部分要进行修改。

命令：_mirror（镜像）

选择对象：指定对角点：找到 37 个（选取整个图形）

指定镜像线的第一点：指定镜像线的第二点：（镜像线可直接选用道路中桩线，即图上的点画线上两点）

要删除源对象吗？[是（Y）/否（N）]<N>：N↙（不删除源对象）

（5）添加边框　道路工程一般选用 A3 标准图框，因此可调用已经存为样板的 A3 标准图框，将图框放大为适合绘制的路基横断面图。另外，可对图上未说明的部分在图纸的右下角进行详细说明。

2. 路面结构图

道路设计所用的路面主要有两类，一类是水泥混凝土路面，另一类是沥青类路面。下面介绍这两种常见路面结构图绘制方法。

(1) 水泥混凝土路面横向施工缝构造图绘制（图 15-20）

1）绘制上、下边界线和填缝料上边界线，线宽为 0.6mm。

命令：pl↙（多段线）

指定起点：(鼠标左键选取任一点)

当前线宽为 0.8000

指定下一个点或［圆弧 (A)/半宽 (H)/长度 (L)/放弃 (U)/宽度 (W)］：w↙

指定起点宽度 <0.8000>：0.6↙

指定端点宽度 <0.6000>：↙

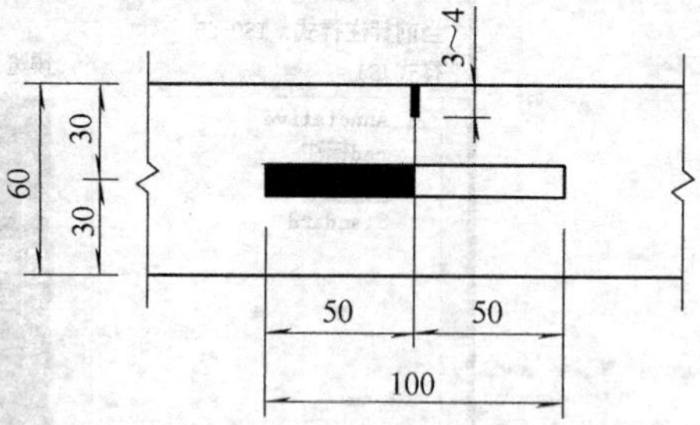

指定下一个点或［圆弧 (A)/半宽 (H)/长度 (L)/放弃 (U)/宽度 (W)］：@180，0↙（上边界线长度为 180）

指定下一点或［圆弧 (A)/闭合 (C)/半宽 (H)/长度 (L)/放弃 (U)/宽度 (W)］：↙（单击鼠标右键退出）

图 15-20 水泥混凝土路面横向施工缝构造图

绘制中心线。

命令：l↙（直线）

指定第一个点：(开启中点捕捉，选取上边界线中点)

指定下一点或［放弃 (U)］：60↙（中心线长度为 60）

指定下一点或［放弃 (U)］：

利用复制命令绘制下边界线。

命令：co↙（复制）

选择对象：找到 1 个（复制上边界线）

选择对象：

当前设置：复制模式 = 多个

指定基点或［位移 (D)/模式 (O)］<位移>：(用鼠标选取上边界线中点，即上边界线与中心线交点)

指定第二个点或［阵列 (A)］<使用第一个点作为位移>：(用鼠标选取中心线最下方一点作为下边线中点)

指定第二个点或［阵列 (A)/退出 (E)/放弃 (U)］<退出>：*取消*

绘制填缝料。

命令：pl（多段线）

指定起点：(用鼠标选取上边界线中点，即上边界线与中心线交点)

当前线宽为 10.0000

指定下一个点或［圆弧 (A)/半宽 (H)/长度 (L)/放弃 (U)/宽度 (W)］：w↙（更改线宽）

指定起点宽度 <10.0000>：3↙

指定端点宽度 <3.0000>：↙

指定下一个点或［圆弧 (A)/半宽 (H)/长度 (L)/放弃 (U)/宽度 (W)］：@0，-10↙（填缝料深度为 10）

指定下一点或［圆弧 (A)/闭合 (C)/半宽 (H)/长度 (L)/放弃 (U)/宽度 (W)］：

2）绘制折断线。

命令：l↙（直线）

指定第一个点：(鼠标任取一点)

指定下一点或［放弃（U)]：<正交 开> 80↙（<F8>键打开正交，并输入竖向直线长度80)

指定下一点或［放弃（U)]：

绘制垂直于这条竖向直线的水平线，作为辅助线。

命令：l↙

指定第一个点：(制定上面绘制直线的中点)

指定下一点或［放弃（U)]：(任意长度，保持水平即可)

指定下一点或［放弃（U)]：

注意：左键选取这条水平线，把鼠标左键放在该直线与垂直线的交点处，会自动显示图15-21，鼠标点取“拉伸”命令即可拉伸任意长度。

命令：

＊＊ 拉伸 ＊＊

指定拉伸点或［基点（B)/复制（C)/放弃（U)/退出（X)]：(任意长度即可，只作辅助线用)

利用直线命令绘制适当大小的锯齿线，利用两次镜像命令绘制好需要的锯齿线，再利用剪切命令剪掉多余的线条，即可得到折断线，最后将绘制好的折断线移动到需要位置。

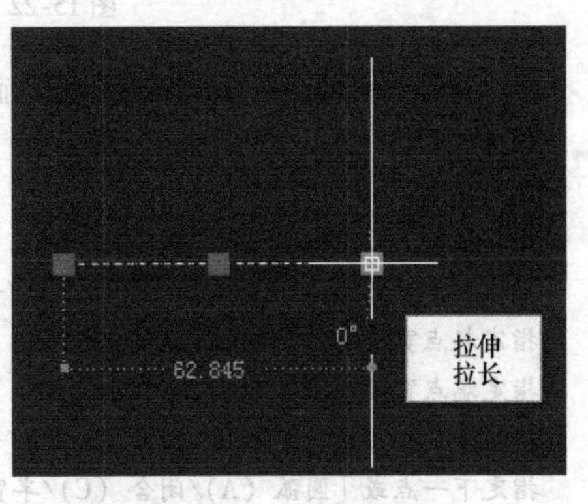

图15-21　对直线进行拉伸

3）绘制横向施工缝处钢筋及涂沥青部位。任意位置绘制矩形，再将矩形用直线分成两部分，填充其中一部分，最后把矩形移动到相应位置。

命令：rec↙（矩形)

指定第一个角点或［倒角（C)/标高（E)/圆角（F)/厚度（T)/宽度（W)]：

指定另一个角点或［面积（A)/尺寸（D)/旋转（R)]：D↙

指定矩形的长度 <100.0000>：100↙

指定矩形的宽度 <10.0000>：10↙

指定另一个角点或［面积（A)/尺寸（D)/旋转（R)]：(任一点即可)

命令：l↙

指定第一个点：(鼠标左键选取矩形上边线中点)

指定下一点或［放弃（U)]：(鼠标左键选取矩形下边线中点)

指定下一点或［放弃（U)]：

命令：h↙（填充)

拾取内部点或［选择对象（S)/设置（T)]：正在选择所有对象...（选取要填充对象内部任一点)

正在选择所有可见对象...

正在分析所选数据...

正在分析内部孤岛...

拾取内部点或［选择对象（S)/设置（T)]：＊取消＊

命令：m↙（移动)

选择对象：指定对角点：找到3个（选取绘制好的图形)

选择对象：

指定基点或［位移（D)]<位移>：(指定矩形中心点为基点，方便准确移动)

指定第二个点或 <使用第一个点作为位移>：(指定水泥混凝土路面中心点)

4）对图中尺寸进行标注。标注时以整体清晰、美观为准。

（2）沥青路面结构图绘制（图15-22）

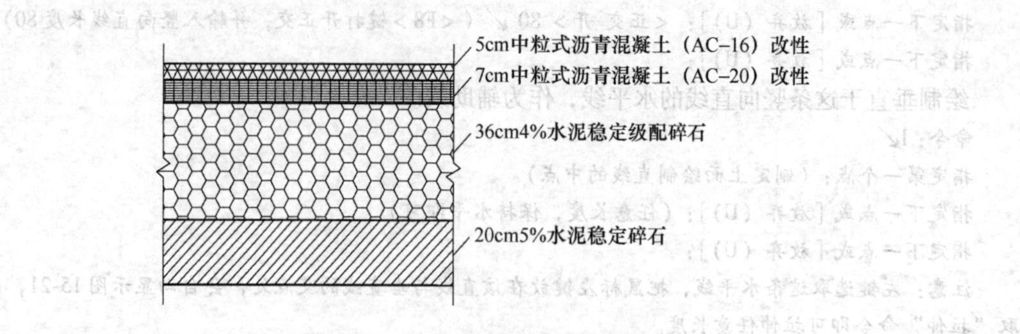

图15-22 沥青混凝土路面结构图

1）利用多段线命令和偏移命令分别画出路面结构层边界线。

命令：pl↙

指定起点：

当前线宽为3.0000

指定下一个点或［圆弧（A）/半宽（H）/长度（L）/放弃（U）/宽度（W）］：w↙

指定起点宽度<3.0000>：0.4↙

指定端点宽度<0.4000>：↙

指定下一个点或［圆弧（A）/半宽（H）/长度（L）/放弃（U）/宽度（W）］：100↙

指定下一点或［圆弧（A）/闭合（C）/半宽（H）/长度（L）/放弃（U）/宽度（W）］：

命令：offset↙（偏移）

当前设置：删除源=否 图层=源 OFFSETGAPTYPE=0

指定偏移距离或［通过（T）/删除（E）/图层（L）］<通过>：5↙

选择要偏移的对象，或［退出（E）/放弃（U）］<退出>：

指定要偏移的那一侧上的点，或［退出（E）/多个（M）/放弃（U）］<退出>：（选择下方任一点即可）

选择要偏移的对象，或［退出（E）/放弃（U）］<退出>：

命令：offset↙

当前设置：删除源=否 图层=源 OFFSETGAPTYPE=0

指定偏移距离或［通过（T）/删除（E）/图层（L）］<5.0000>：7↙

选择要偏移的对象，或［退出（E）/放弃（U）］<退出>：

指定要偏移的那一侧上的点，或［退出（E）/多个（M）/放弃（U）］<退出>：

选择要偏移的对象，或［退出（E）/放弃（U）］<退出>：

命令：offset↙

当前设置：删除源=否 图层=源 OFFSETGAPTYPE=0

指定偏移距离或［通过（T）/删除（E）/图层（L）］<7.0000>：36↙

选择要偏移的对象，或［退出（E）/放弃（U）］<退出>：

指定要偏移的那一侧上的点，或［退出（E）/多个（M）/放弃（U）］<退出>：

选择要偏移的对象，或［退出（E）/放弃（U）］<退出>：

命令：offset↙

当前设置：删除源=否 图层=源 OFFSETGAPTYPE=0

指定偏移距离或［通过（T）/删除（E）/图层（L）］<36.0000>：20↙

选择要偏移的对象，或［退出（E）/放弃（U）］<退出>：

指定要偏移的那一侧上的点，或［退出（E）/多个（M）/放弃（U）］<退出>：

2）用直线和修剪命令绘制一侧折断线，用复制命令绘制另一侧折断线。

3）用图案填充命令选择合适的图案进行填充。

4）文字标注及引线绘制。标注沥青结构层所有厚度及使用材料。可以先绘制引出线和相应文字标注，待调整好后，利用复制命令复制引出线和标注文字到相应位置，再单击文字进行修改，这样提高了绘图速度，使文字格式、引出线长度能够保持一致，不用进行再调整。

小　结

本章简单介绍了绘制道路工程图的一般原则和一般流程，根据具体的绘图实例，如绘制样板图、道路路线平面图、道路纵断面图、道路横断面图和路面结构图，详细介绍了 AutoCAD 绘制这些道路工程图的绘制步骤、方法及绘图中需要注意的问题。另外，AutoCAD 绘图调用绘图命令的方法有多种，如直接使用快捷功能、快捷键命令，也可利用菜单栏上的菜单命令，通常绘图中都是以上几种快捷命令的综合运用，这样才可以提高绘图速率，由于绘图习惯不同，使用的绘图方法也因人而异，总之勤加练习必不可少。

思考题与习题

15-1　绘制图 15-23 所示路面结构图。

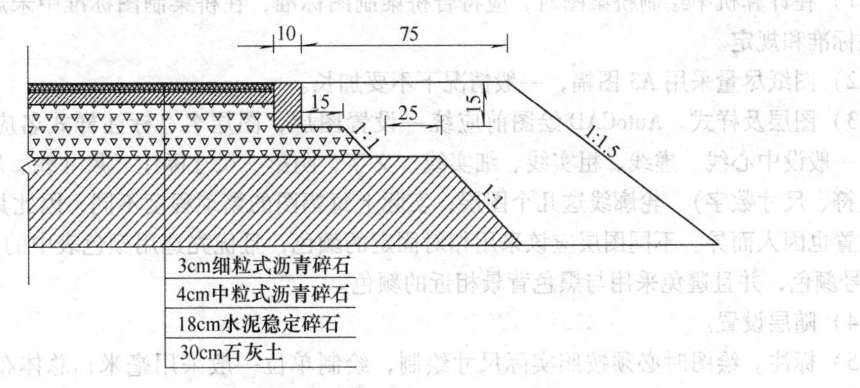

图 15-23　路面结构图

15-2　完成图 15-24 所示二级公路路堑断面图，并给它添加 A3 标准图框。

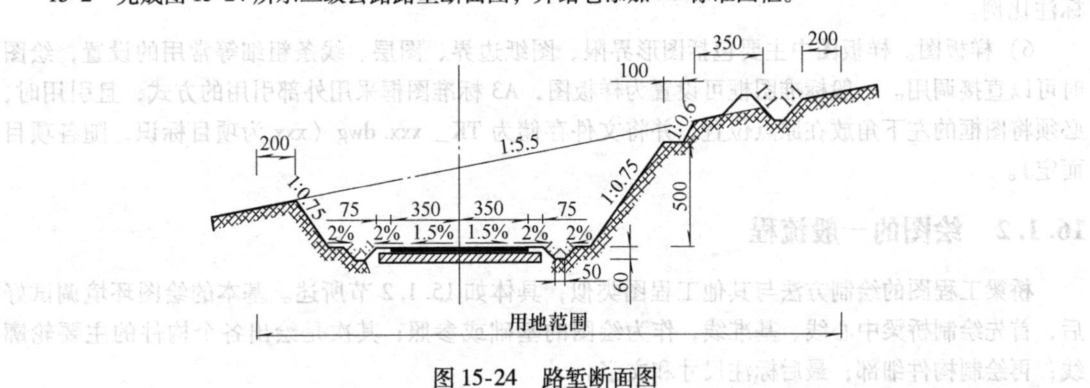

图 15-24　路堑断面图

第 16 章　绘制桥涵与隧道工程图

桥梁工程的设计图包括总体布置图、上下部结构的一般构造图、钢筋图及其他通用图，每种类型的桥梁结构的一般构造图及钢筋图相当多，而且每种图中的线条种类多，线形复杂，标注多，隧道工程及涵洞也有类似特点，那么如何将设计图的全部信息准确、简洁、快速地反映在图样上，指导施工，是桥梁工程计算机绘图的关键所在。本章主要介绍 AutoCAD 2013 绘制桥梁一般构造图、桥型总体布置图、钢筋构造图、隧道工程图及涵洞构造图的一般流程和绘制方法。

16.1 概述

16.1.1　绘图的一般原则

为了能准确、高效地绘制一张完整的桥梁工程图，一般应遵循以下基本原则：

1）在计算机中绘制桥梁图时，应符合桥梁制图标准，在桥梁制图标准中未规定时，应符合有关标准和规定。

2）图纸尽量采用 A3 图幅，一般情况下不要加长。

3）图层及样式。AutoCAD 绘图前应统一设置图层，图层名、标注样式名应该采用标准名称，一般设中心线、虚线、粗实线、细实线、文字、阴影、尺寸标注（尺寸线、尺寸界线、尺寸起止符、尺寸数字）、轮廓线这几个图层，实际上每幅图的繁琐程度不同，因此具体绘图时图层的设置也因人而异。不同图层应该采用相对固定的颜色，且优先选用颜色表中的标准颜色，即 1 ~7 号颜色，并且避免采用与黑色背景相近的颜色。

4）随层设置。

5）标注。绘图时必须按照实际尺寸绘制，绘制单位一般采用毫米，总体布置图可以采用米为单位；尺寸标注单位为毫米，除特殊需要精确的尺寸外均保留到整数；尺寸标注不得炸开；尺寸标注一般不得与图纸中其他线条交叉、重叠；对于不同比例的标注，应设置不同的标注比例。

6）样板图。样板图中主要包括图形界限、图纸边界、图层、线条粗细等常用的设置，绘图时可以直接调用。一般标准图框可设置为样板图，A3 标准图框采用外部引用的方式，且引用时，必须将图框的左下角放在原点位置，并将文件存储为 TK_ xxx. dwg（xxx 为项目标识，随各项目而定）。

16.1.2　绘图的一般流程

桥梁工程图的绘制方法与其他工程图类似，具体如 15. 1. 2 节所述。基本的绘图环境调试好后，首先绘制桥梁中心线、基准线，作为绘图的基础或参照；其次是绘出各个构件的主要轮廓线；再绘制构件细部；最后标注尺寸和文字。

16.2　绘制桥梁一般构造图

组成桥梁的各个构件，在桥梁总体布置图（桥梁总体布置图的绘制在 16. 3 节介绍）中是无法详细表述的，因此，只靠总体布置图是无法进行施工的，为满足施工和监理的需要，还必须根据总体布置图采用较大的比例绘制可以完整清晰地表达各个构件形状、大小的构件图，称为桥梁构造图。

在桥梁的一般构造图中，外轮廓线一般以粗实线（0.35mm）表示，钢筋构造图中的轮廓线一般以细实线表示（比尺寸线粗 0.25mm），钢筋一般以粗实线的单线条（0.35mm）或实心黑圆点表示，其他线条一般为细实线（0.18mm）。

例 16-1　绘制如图 16-1 所示管桩的断面。

操作步骤：

1）绘制两个矩形，大小分别为 500mm × 150mm 和 600mm × 20mm，用移动命令将两个矩形按照中点移动到一起。

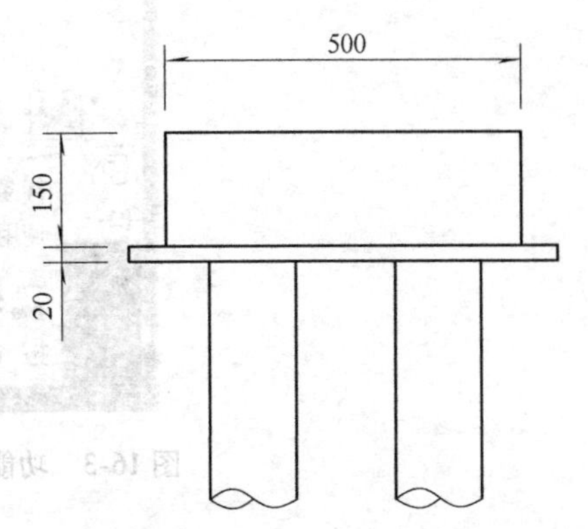

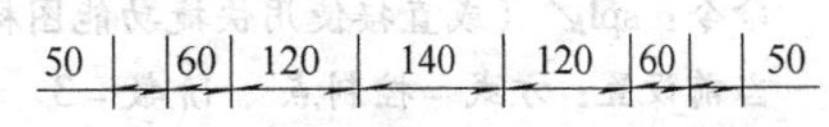

图 16-1　管桩断面图

命令：rec↙

指定第一个角点或［倒角（C）/标高（E）/圆角（F）/厚度（T）/宽度（W）］：

指定另一个角点或［面积（A）/尺寸（D）/旋转（R）］：d↙

指定矩形的长度 <500.0000>：

指定矩形的宽度 <150.0000>：

指定另一个角点或［面积（A）/尺寸（D）/旋转（R）］：

命令：rec↙

指定第一个角点或［倒角（C）/标高（E）/圆角（F）/厚度（T）/宽度（W）］：

指定另一个角点或［面积（A）/尺寸（D）/旋转（R）］：d↙

指定矩形的长度 <500.0000>：600

指定矩形的宽度 <150.0000>：20

指定另一个角点或［面积（A）/尺寸（D）/旋转（R）］：

命令：m↙

选择对象：指定对角点：找到 1 个（以上两个矩形中任选一个，本例选 600mm × 20mm 矩形）

选择对象：

指定基点或［位移（D）］<位移>：（选择 600mm × 20mm 矩形上边中点）

指定第二个点或 <使用第一个点作为位移>：（选择 500mm × 150mm 矩形下边中点，使两个矩形在一起）

2）绘制整个图形的中心线，并绘制一侧管桩的中心线作为辅助线，如图 16-2 所示。

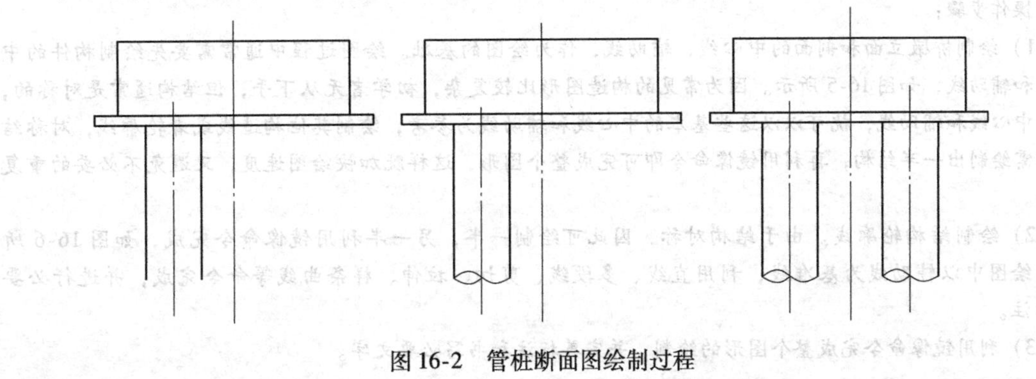

图 16-2　管桩断面图绘制过程

3）用样条曲线命令绘制管桩断面。可直接用SPL样条曲线命令，也可调用功能区快捷按钮，如图16-3所示。样条曲线都是拟合曲线，通常不用来精确绘图，因此在绘制过程中在较合适的位置进行转折、拉伸即可。

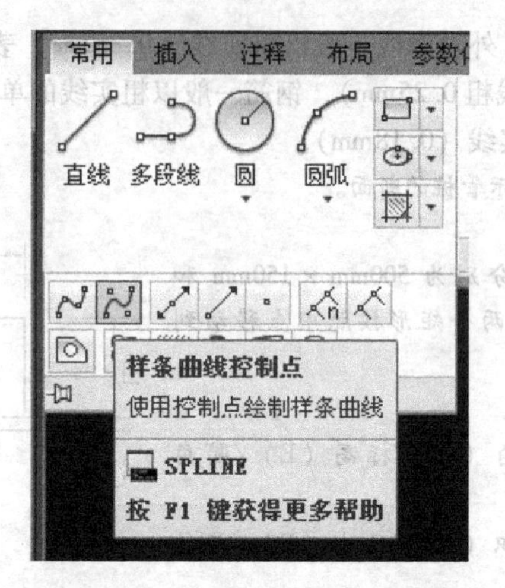

图16-3 功能区样条曲线命令快捷按钮

命令：spl↙（或直接使用快捷功能图标）

当前设置：方式=控制点 阶数=3

指定第一个点或［方式（M）/阶数（D）/对象（O）］：（选择管桩左侧边线端点作为样条曲线起点）

输入下一个点：（选择管桩左侧边线和管桩中心线之间任一点）

输入下一个点或［放弃（U）］：（选择管桩中心线端点之间任一点）

输入下一个点或［闭合（C）/放弃（U）］：（选择管桩左侧边线和管桩中心线之间任一点）

输入下一个点或［闭合（C）/放弃（U）］：（选择管桩右侧边线端点作为样条曲线终点）

输入下一个点或［闭合（C）/放弃（U）］：

4）利用镜像命令绘制另一个对称的管桩。

命令：_mirror 找到4个

指定镜像线的第一点：指定镜像线的第二点：

要删除源对象吗？［是（Y）/否（N）］<N>：n↙

5）标注。对管桩断面进行必要的尺寸标注。

例16-2 绘制图16-4所示桥墩一般构造图。

绘制方法同管桩，但需要注意Ⅰ—Ⅰ剖面和Ⅱ—Ⅱ剖面与立面图之间的投影关系，即“长对正、高平齐、宽相等”。

操作步骤：

1）绘制桥墩立面和剖面的中心线、辅助线，作为绘图的基础。绘图过程中通常需要先绘制构件的中心线和辅助线，如图16-5所示。因为常见的构造图形比较复杂，初学者无从下手，但结构通常是对称的，有了中心线和辅助线，就可以以这些基本的中心线和辅助线为参考，绘制其他构造线或者轮廓线，对称结构只需绘制出一半结构，再利用镜像命令即可完成整个图形，这样既加快绘图速度，又避免不必要的重复劳动。

2）绘制结构轮廓线。由于结构对称，因此可绘制一半，另一半利用镜像命令完成，如图16-6所示。绘图中以辅助线为基准线，利用直线、多段线、剪切、拉伸、样条曲线等命令完成，并进行必要的标注。

3）利用镜像命令完成整个图形的绘制，并完善标注和书写必要文字。

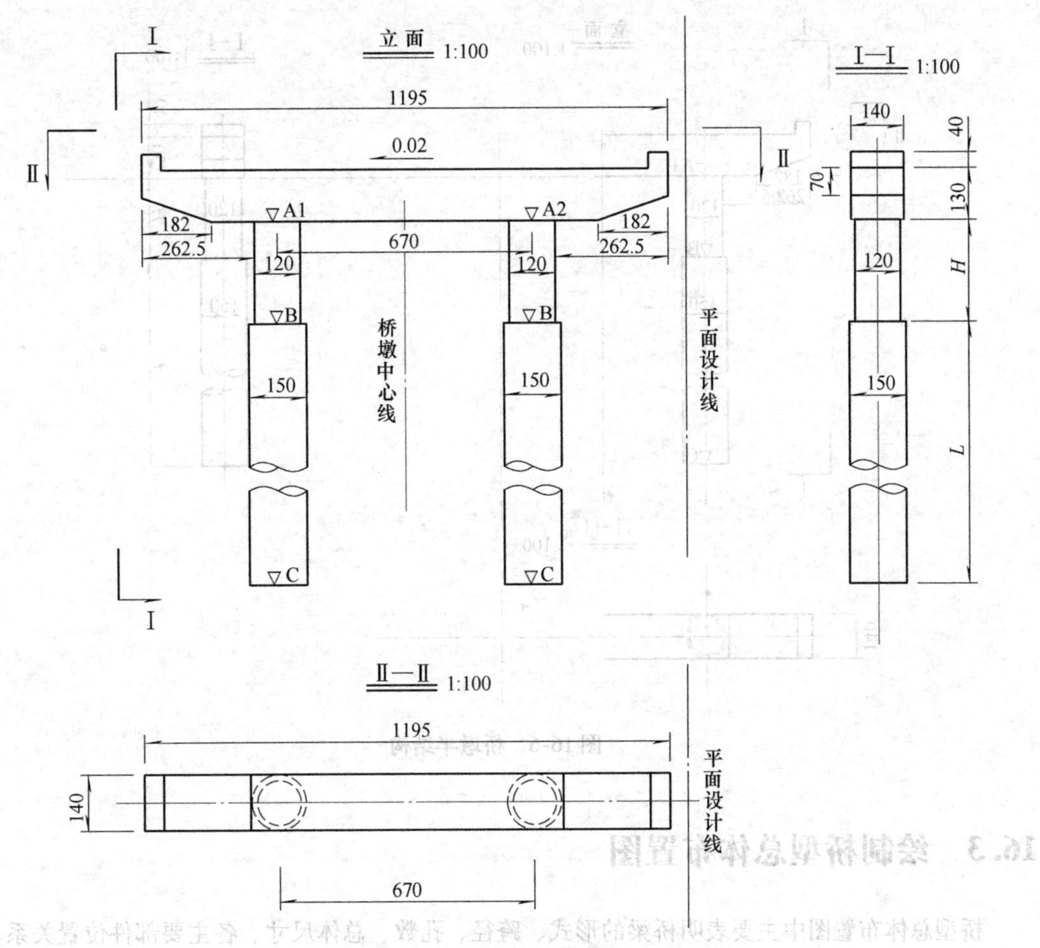

图 16-4　桥墩一般构造图

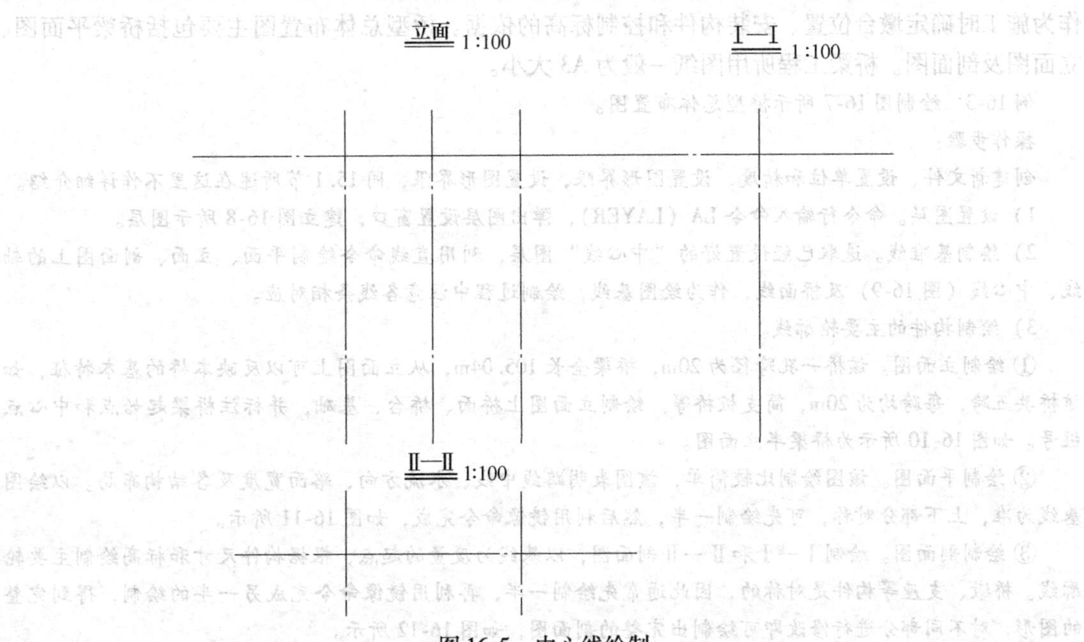

图 16-5　中心线绘制

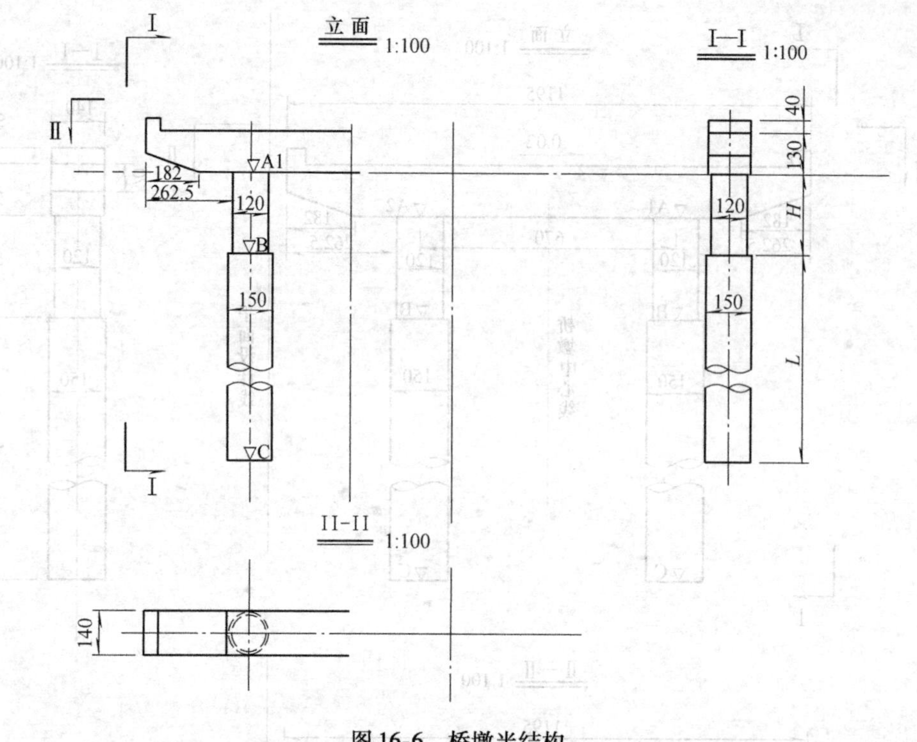

图 16-6 桥墩半结构

16.3 绘制桥型总体布置图

桥型总体布置图中主要表明桥梁的形式、跨径、孔数、总体尺寸、各主要部件位置关系、标高和总的技术说明等，还要表明桥位处地质情况和桥面设计标高、地面标高、纵坡及里程桩号，作为施工时确定墩台位置、安装构件和控制标高的依据。桥型总体布置图主要包括桥梁平面图、立面图及剖面图。桥梁工程所用图纸一般为 A3 大小。

例 16-3 绘制图 16-7 所示桥型总体布置图。

操作步骤：

创建新文件、设置单位和精度、设置图形界限，设置图形界限，同 15.1 节所述在这里不作详细介绍。

1）设置图层。命令行输入命令 LA（LAYER），弹出图层设置窗口，建立图 16-8 所示图层。

2）绘制基准线。选取已经设置好的“中心线”图层，利用直线命令绘制平面、立面、剖面图上的轴线、中心线（图 16-9）及桥面线，作为绘图基线，绘制过程中注意各线条相对应。

3）绘制构件的主要轮廓线。

① 绘制立面图。该桥一孔跨径为 20m，桥梁全长 105.04m，从立面图上可以反映本桥的基本特征，如该桥共五跨，每跨均为 20m，简支板桥等。绘制立面图上桥面、桥台、基础，并标注桥梁起始点和中心点桩号。如图 16-10 所示为桥梁半立面图。

② 绘制平面图。该图绘制比较简单，该图表明路线中线、水流方向、路面宽度及各结构布局。以绘图基线为准，上下部分对称，可先绘制一半，然后利用镜像命令完成，如图 16-11 所示。

③ 绘制剖面图。绘制Ⅰ—Ⅰ和Ⅱ—Ⅱ剖面图，以基线为度量的起点，根据构件尺寸和标高绘制主要轮廓线。桥墩、支座等构件是对称的，因此通常先绘制一半，再利用镜像命令完成另一半的绘制，得到完整的图形，对不同部分进行修改即可绘制出完整的剖面图，如图 16-12 所示。

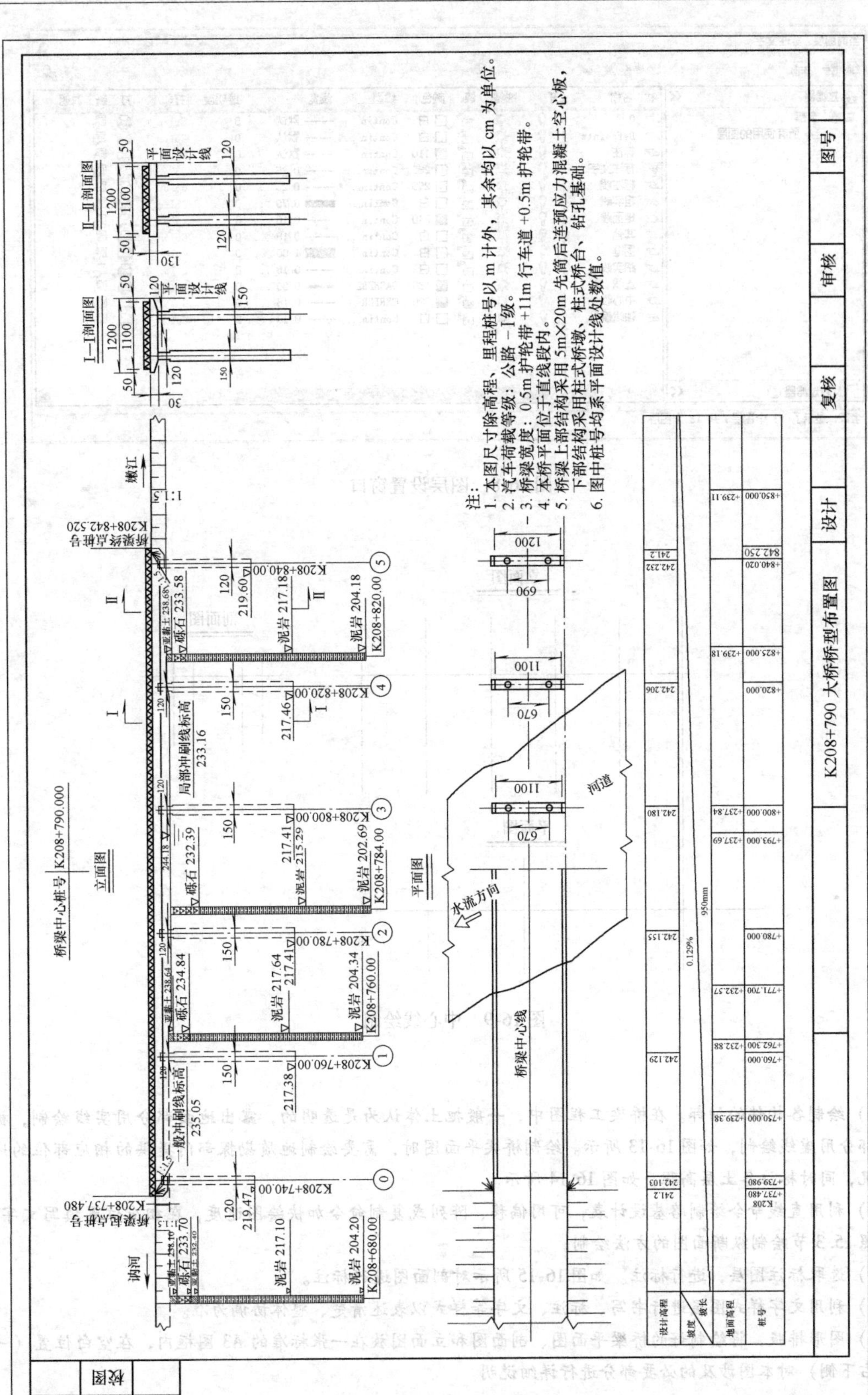

图16-7 桥型总体布置图

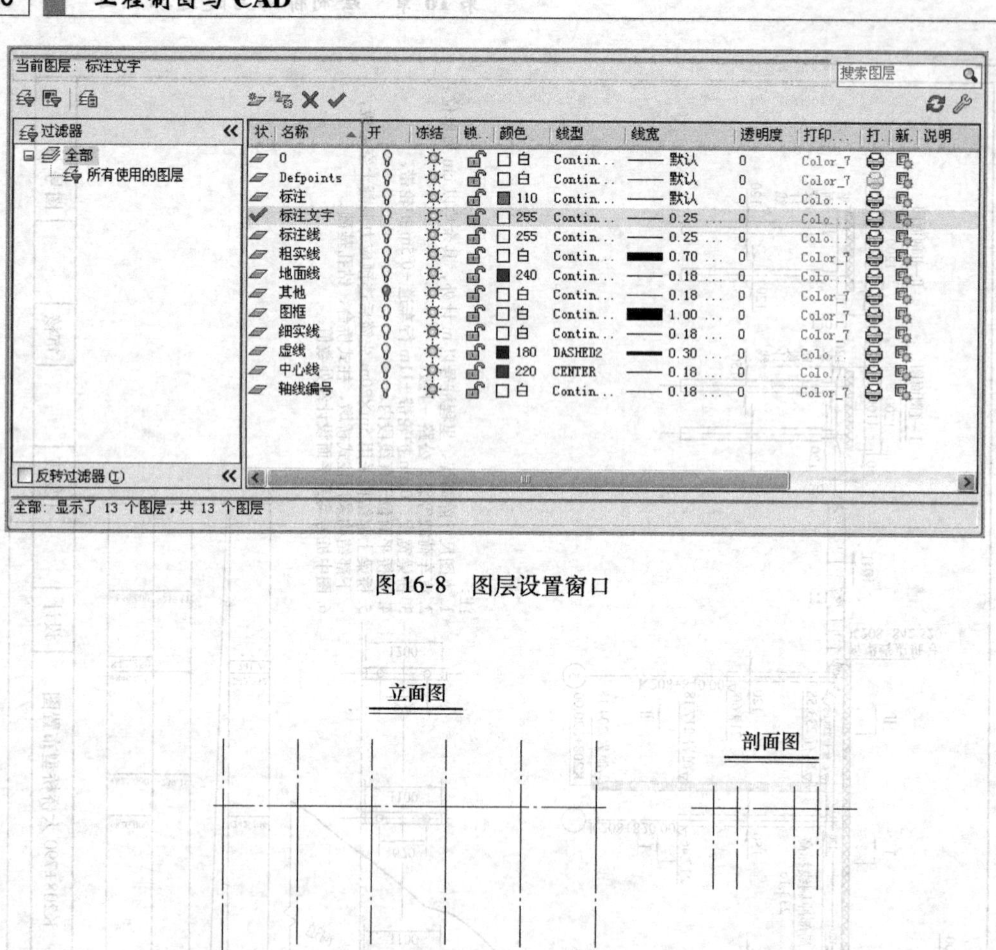

图 16-8　图层设置窗口

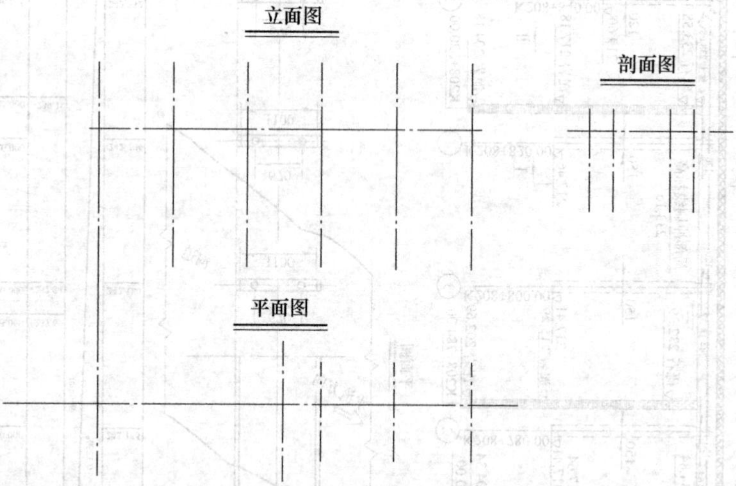

图 16-9　中心线绘制

4）绘制各构件的细部。在桥梁工程图中，一般把土体认为是透明的，露出地面部分用实线绘制，被遮挡部分用虚线绘制，如图 16-13 所示。绘制桥梁平面图时，需要绘制地质勘探部门提供的相应部位的地质情况，同时标注各土层高程，如图 16-14 所示。

5）利用直线命令绘制路基设计表，可用偏移、阵列或复制命令加快绘图速度，在相应位置填写文字，可参照 15.3 节绘制纵断面图的方法绘制。

6）选取标注图层，进行标注。如图 16-15 所示对剖面图进行标注。

7）利用文字样式图层进行书写。标注、文字等样式以表述清楚、整体协调为准。

8）图形排版，将绘制好的桥梁平面图、剖面图和立面图放在一张标准的 A3 图框内，在空白位置（一般是右下侧）对本图涉及的必要部分进行详细说明。

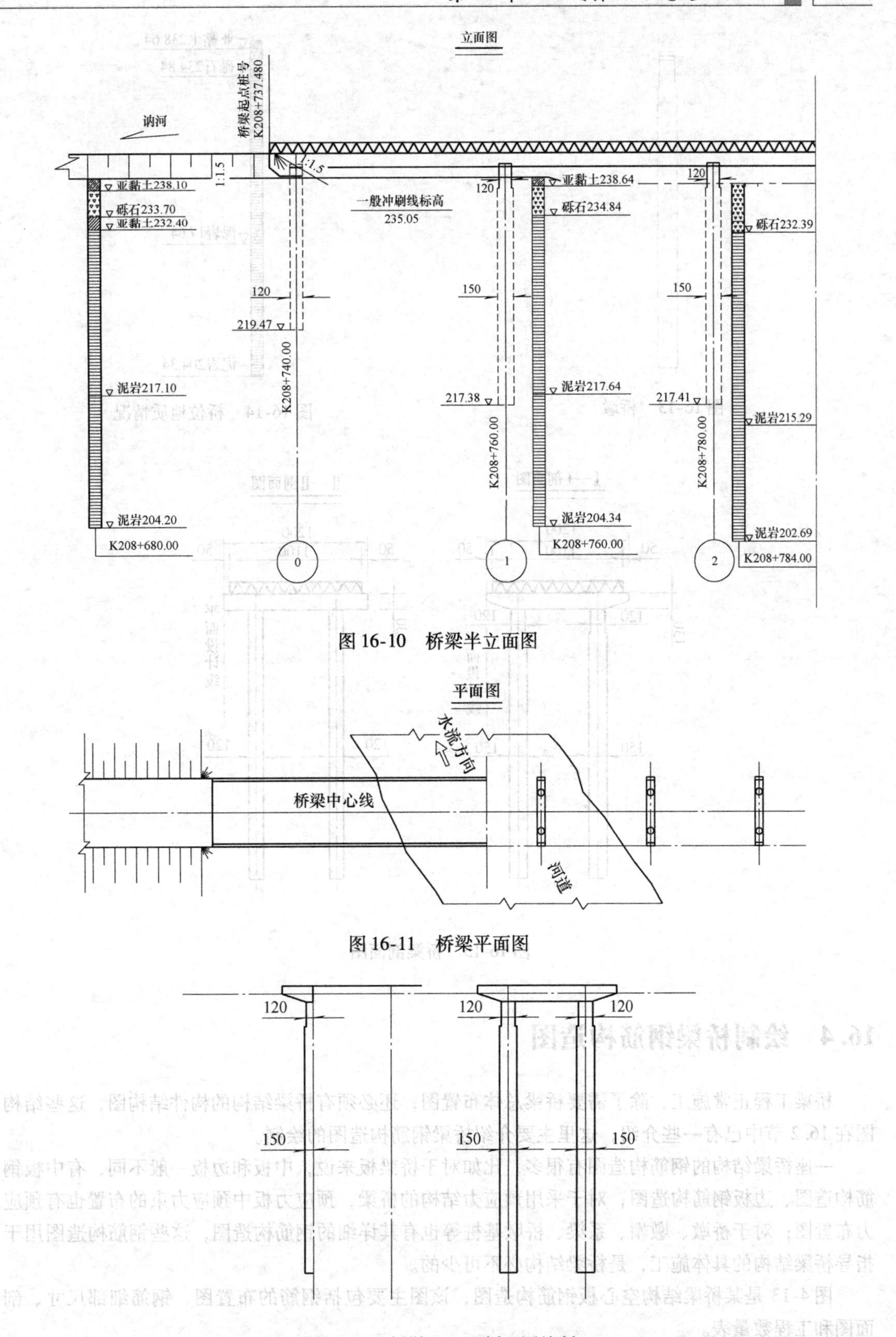

图 16-10　桥梁半立面图

图 16-11　桥梁平面图

图 16-12　桥墩Ⅰ—Ⅰ剖面图绘制

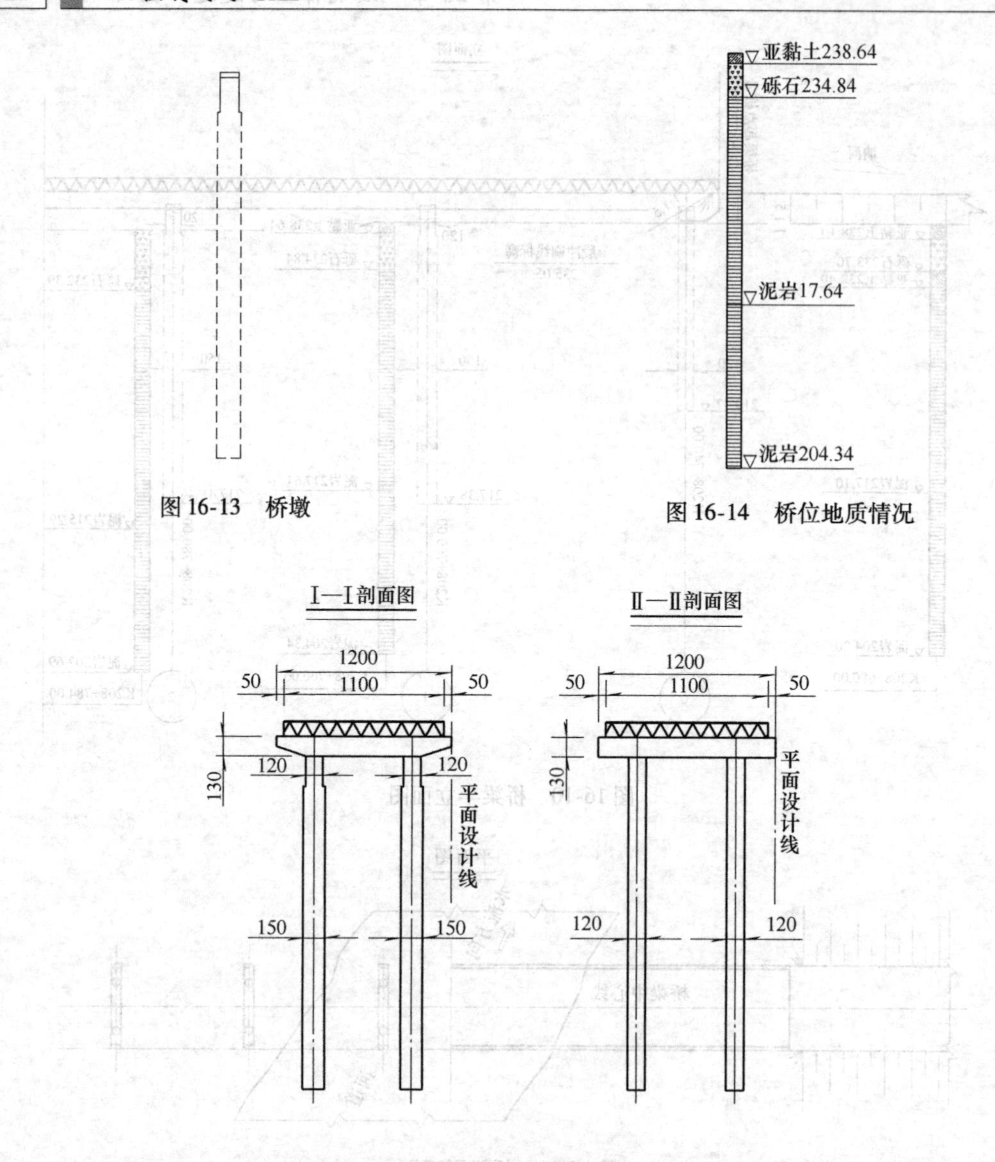

图 16-13 桥墩

图 16-14 桥位地质情况

图 16-15 桥梁剖面图

16.4 绘制桥梁钢筋构造图

桥梁工程正常施工，除了需要桥梁总体布置图，还必须有桥梁结构的构件结构图，这些结构图在 16.2 节中已有一些介绍，这里主要介绍桥梁钢筋构造图的绘制。

一座桥梁结构的钢筋构造图有很多，比如对于桥梁板来说，中板和边板一般不同，有中板钢筋构造图、边板钢筋构造图；对于采用预应力结构的桥梁，预应力板中预应力束的布置也有预应力布置图；对于桥墩、墩帽、系梁、桥墩基桩等也有其详细的钢筋构造图，这些钢筋构造图用于指导桥梁结构的具体施工，是桥梁结构必不可少的。

图 4-13 是某桥梁结构空心板钢筋构造图，该图主要包括钢筋的布置图、钢筋细部尺寸、剖面图和工程数量表。

绘图思路：

1）将需要配置钢筋的桥梁构造图绘制好，方法如 16.2 节所述。

2）绘制钢筋布置图和剖面图。在布置图和剖面图上可以明确钢筋间的位置关系，利用点 POINT、直线 LINE、复制 COPY、移动 MOVE、阵列 ARRAY、剪切 TRIM 等命令完成钢筋布置图和剖面图，注意各图之间的对应关系，钢筋号应一一对应，可以一边绘制，一边标注，方便后续绘制时参考。

3）绘制钢筋细部尺寸。在钢筋的细部尺寸图上将钢筋拆分开，能够直观展示各类钢筋的形状、尺寸、长度、弯折情况，并且与布置图和剖面图一一对应。在钢筋细部尺寸上需要标注纵向钢筋长度、标号等基本信息，并且绘制出中板中的箍筋、弯起钢筋、拉筋等钢筋的基本信息，注意各个钢筋尽量不要重叠，以方便施工识图。

4）绘制工程数量表。工程数量表对钢筋的直径、数量、长度等信息进行汇总，用于准确指导施工作业。

5）添加图框等信息。

其他钢筋构造图与此类似，绘图者应细心绘制、在绘制过程中多使用快捷命令，以提高绘图效率。

16.5　绘制隧道工程图

隧道工程图主要包括隧道总平面图、结构配筋图、主体结构断面图等，本节只介绍绘制横断面图的方法。隧道工程中，横断面一般不计仰拱和过渡圆，主要指除仰拱和过渡圆外，组成断面的圆心个数，原因在于不是所有的隧道断面结构都有仰拱和过渡圆，如公路隧道断面。隧道横断面图绘制主要采用的是“单心圆”“三心圆”“五心圆”绘制内轮廓线的方法，即在绘图前先分析圆心位置和半径大小，然后利用圆弧或圆绘制，最后利用剪切命令得到封闭的断面图的方法。

例 16-4　绘制图 16-16 所示地铁隧道横断面图。

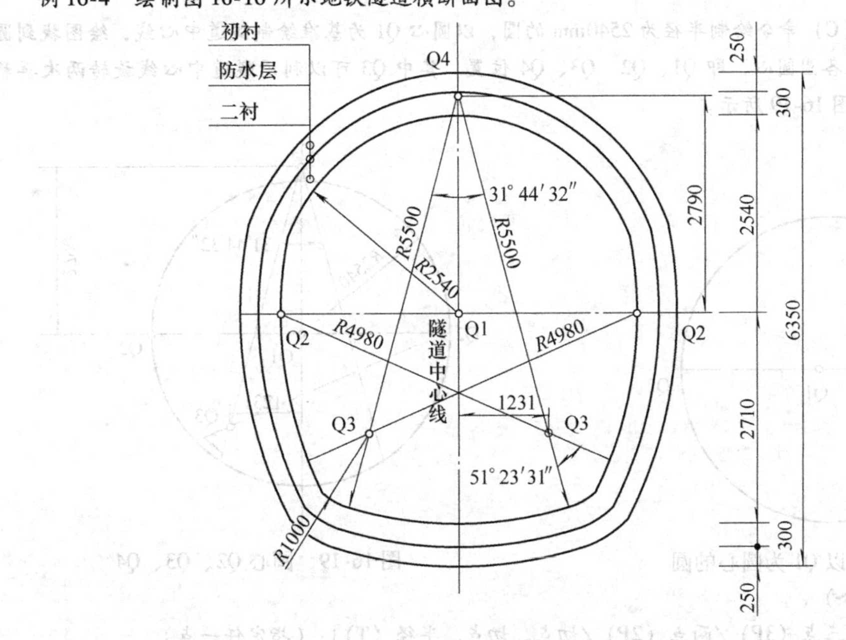

图 16-16　地铁隧道横断面图

思路：观察隧道横断面可知，该隧道断面由6个圆弧组成，这些圆弧分别以Q1、左右Q2、左右Q3和Q4为圆心，半径分别为2540mm、4980mm、1000mm、5500mm，以Q4为圆心的圆组成隧道仰拱，以Q3为圆心的圆组成隧道断面的过渡圆，因此只有Q1和左右两个Q2是“三心圆”中所指的圆心，即本隧道断面利用的方法为“三心圆”法，因此在绘制中应先利用断面线条之间的几何关系找到圆心位置、圆的半径等参数，然后画圆，再利用剪切命令，得到封闭的隧道横断面。

操作步骤：

1）设置图层、标注样式等基本信息。注意图中有半径、角度和线形三种类型的标注，并且三种类型标注样式的尺寸线不同，因此在标注前或者绘图前先设置标注样式，可以利用命令D（DIMSTYLE）或者快捷功能新建三种标注样式，如图16-17所示，再进行标注。设置标注样式时可以先进行标注，再调整字体、尺寸线长度等基本信息，使标注与整体相协调。

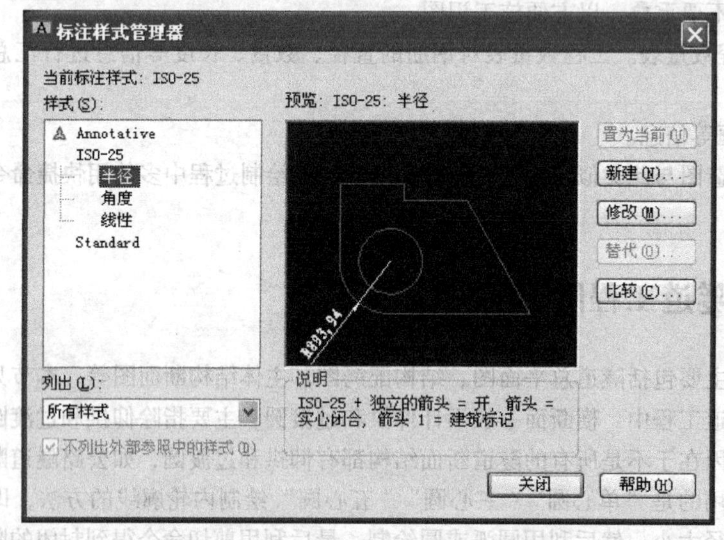

图16-17 “标注样式管理”对话框

2）利用CIRCLE（C）命令绘制半径为2540mm的圆，以圆心Q1为基准绘制隧道中心线，绘图找到圆心位置和半径，并标注各圆圆心，即Q1、Q2、Q3、Q4位置。其中Q3可以利用隧道中心线旋转两次再移动得到，如图16-18、图16-19所示。

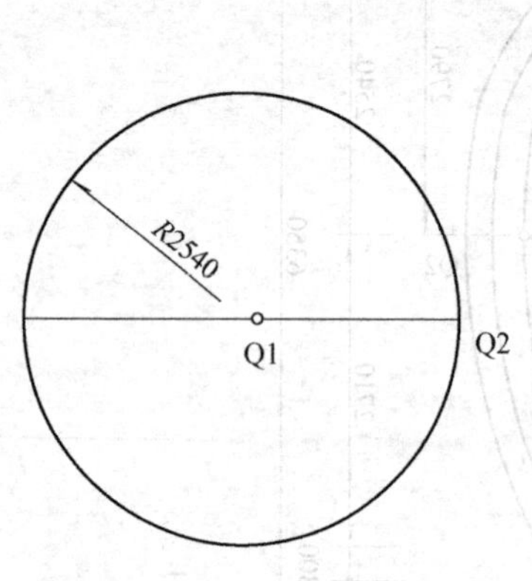

图16-18 以Q1为圆心的圆

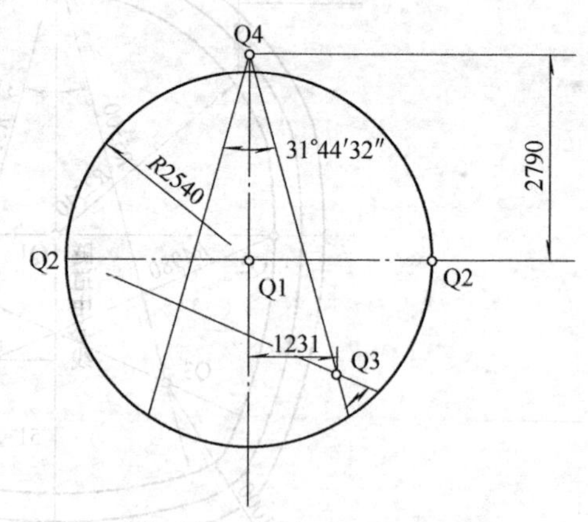

图16-19 圆心Q2、Q3、Q4

命令：c↙（圆命令）

指定圆的圆心或［三点（3P）/两点（2P）/切点、切点、半径（T）］：（指定任一点）

指定圆的半径或［直径（D）］<1000.0000>：2540↙

3）分别以Q2、Q3、Q4为圆心绘制圆，如图16-20所示。

命令：c↙

指定圆的圆心或［三点（3P）/两点（2P）/切点、切点、半径（T）］：（以Q3为原点）

指定圆的半径或［直径（D）］<2540.0000>：5500↙

命令：c↙

指定圆的圆心或［三点（3P）/两点（2P）/切点、切点、半径（T）］：（以左侧Q2为原点）

指定圆的半径或［直径（D）］<5500.0000>：4980↙

命令：c↙

指定圆的圆心或［三点（3P）/两点（2P）/切点、切点、半径（T）］：（以右侧Q2为原点）

指定圆的半径或［直径（D）］<4980.0000>：4980↙

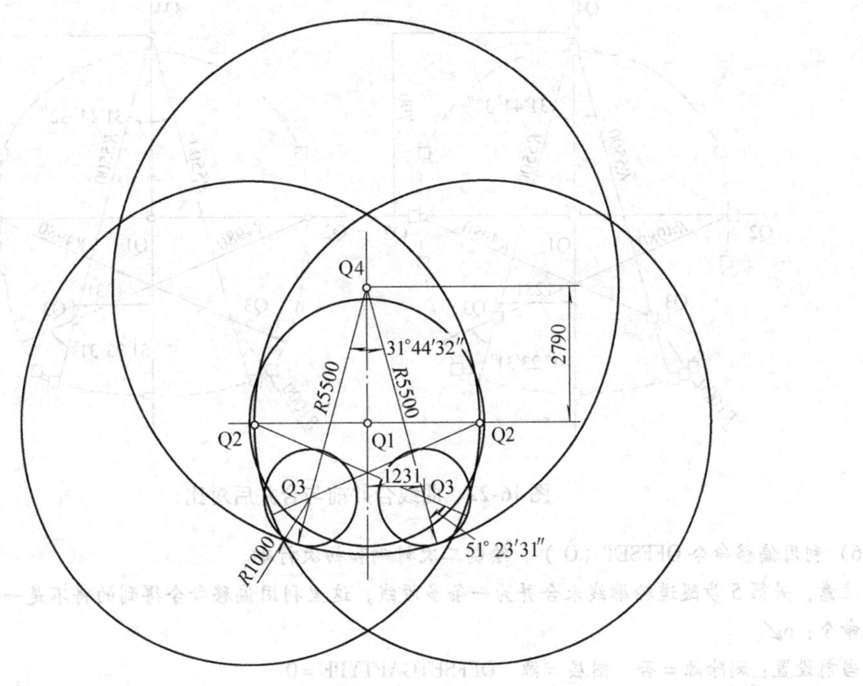

图16-20　以圆心Q2、Q3、Q4为圆心的圆

4）利用修剪命令TRIM，得到封闭的隧道横断面，如图16-21所示。

5）利用PEDIT（PE）命令将隧道轮廓线合并为一条多段线。

注意：隧道轮廓必须合并为一条多段线，原因在于此时的隧道轮廓线由6条圆弧组成，是互相分离的，如图16-22所示，合并后再对该轮廓线进行其他操作会更简单、方便、快捷。

命令：pe↙将多条曲线合并为一条多段线

选择多段线或［多条（M）］：（选择其中一个圆弧）

选定的对象不是多段线

是否将其转换为多段线？<Y>y↙

输入选项［闭合（C）/合并（J）/宽度（W）/编辑顶点（E）/拟合（F）/样条曲线（S）/非曲线化（D）/线型

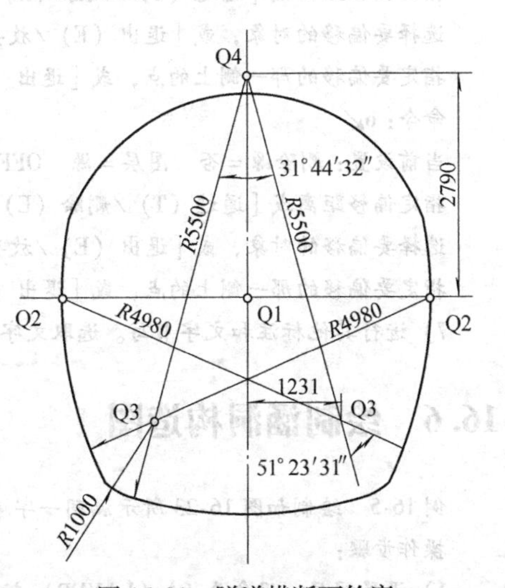

图16-21　隧道横断面轮廓

生成（L）/反转（R）/放弃（U）]：j↙

选择对象：找到 1 个（依次选取要合并的圆弧）

选择对象：找到 1 个，总计 2 个

选择对象：找到 1 个，总计 3 个

选择对象：找到 1 个，总计 4 个

选择对象：找到 1 个，总计 5 个

选择对象：找到 1 个，总计 6 个

选择对象：

多段线已增加 5 条线段

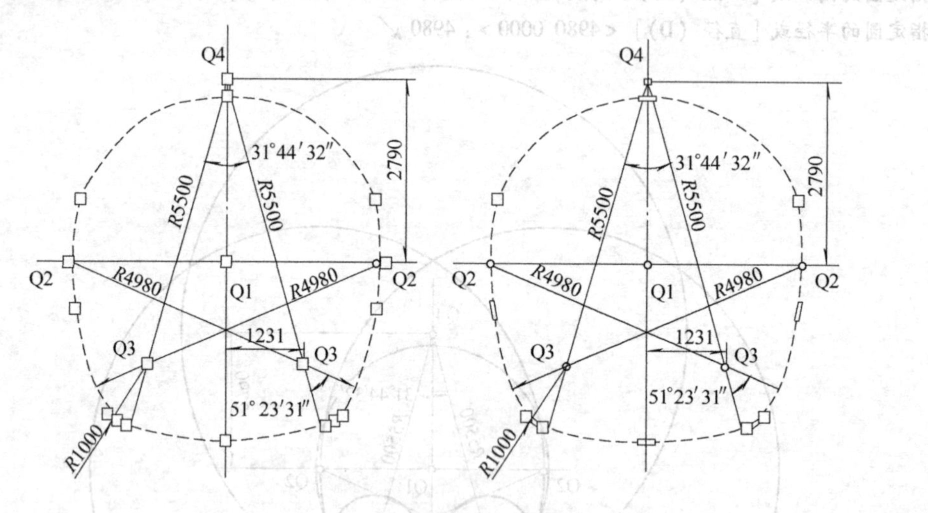

图 16-22　曲线合并前与合并后对比

6）利用偏移命令 OFFSET（O），绘制二次衬砌和初次衬砌。

注意：若第 5 步隧道轮廓线未合并为一条多段线，这里利用偏移命令得到的将不是一条闭合曲线。

命令：o↙

当前设置：删除源 = 否　图层 = 源　OFFSETGAPTYPE = 0

指定偏移距离或［通过（T）/删除（E）/图层（L）］<0.0000>：300↙（二次衬砌厚度为 300mm）

选择要偏移的对象，或［退出（E）/放弃（U）］<退出>：（选择隧道内侧轮廓线）

指定要偏移的那一侧上的点，或［退出（E）/多个（M）/放弃（U）］<退出>：（外侧点）

命令：o↙

当前设置：删除源 = 否　图层 = 源　OFFSETGAPTYPE = 0

指定偏移距离或［通过（T）/删除（E）/图层（L）］<300.0000>：250↙（初次衬砌厚度为 250mm）

选择要偏移的对象，或［退出（E）/放弃（U）］<退出>：

指定要偏移的那一侧上的点，或［退出（E）/多个（M）/放弃（U）］<退出>：（外侧点）

7）进行其他标注和文字书写。选取文字图层和标注图层进行文字书写和标注。

16.6　绘制涵洞构造图

例 16-5　绘制如图 16-23 所示涵洞一字墙洞口。

操作步骤：

1）设置图层。用命令 LA（LAYER）新建图层。由涵洞一字墙洞口图可知，该图可建立的图层有基础、墙身、虚线、缘石和中心线这几个图层，这里可根据具体的需要进行增减。如图 16-24 所示。

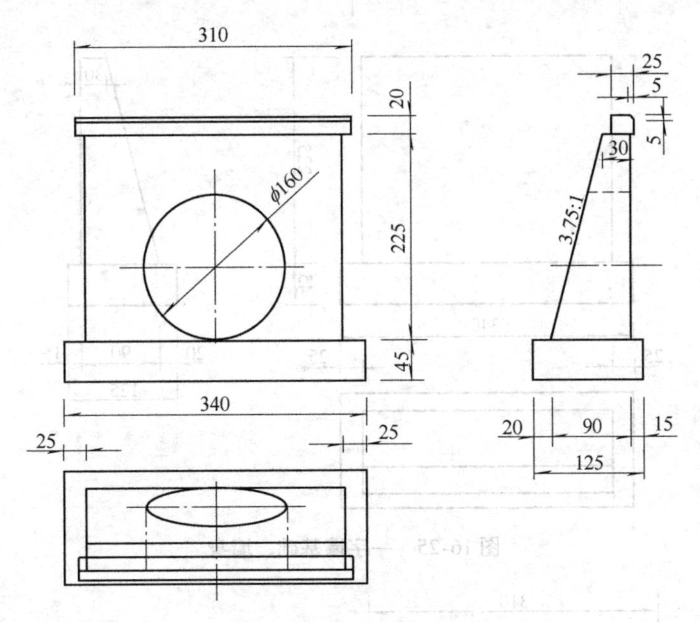

图 16-23　涵洞一字墙洞口

当前图层：0

搜索图层

过滤器

全部

所有使用的图层

状.	名称	开	冻结	锁.	颜色	线型	线宽	透明度	打印...	打.	新.	说明
✓	0				白	Continuous	默认	0	Color_7			
	Defpoints				白	Continuous	默认	0	Color_7			
	基础				红	Continuous	0.30 ...	0	Color_1			
	墙身				白	Continuous	0.30 ...	0	Color_7			
	虚线				白	DASHED	0.15 ...	0	Color_7			
	缘石				洋红	Continuous	0.30 ...	0	Color_6			
	中心线				白	CENTER2	默认	0	Color_7			

反转过滤器(I)

全部：显示了 7 个图层，共 7 个图层

图 16-24　图层设置窗口

2）绘制涵洞一字墙基础、墙身。如图 16-25 所示，这里主要使用矩形命令 REC、直线命令 L、构造线命令 XL，并且对必要部分进行标注，构造线主要用于三个图形之间的对正，标注主要用于图形的识别。

3）绘制墙身构造。如图 16-26 所示，根据“长对正、高平齐、宽相等”的原则绘制圆和椭圆，其中绘制圆和椭圆分别利用圆命令 C 和椭圆命令 ELL，通过圆心、半径、经过指定点等信息绘制。

4）绘制顶部缘石（略）。

例 16-6　绘制图 16-27 所示管涵平面图。

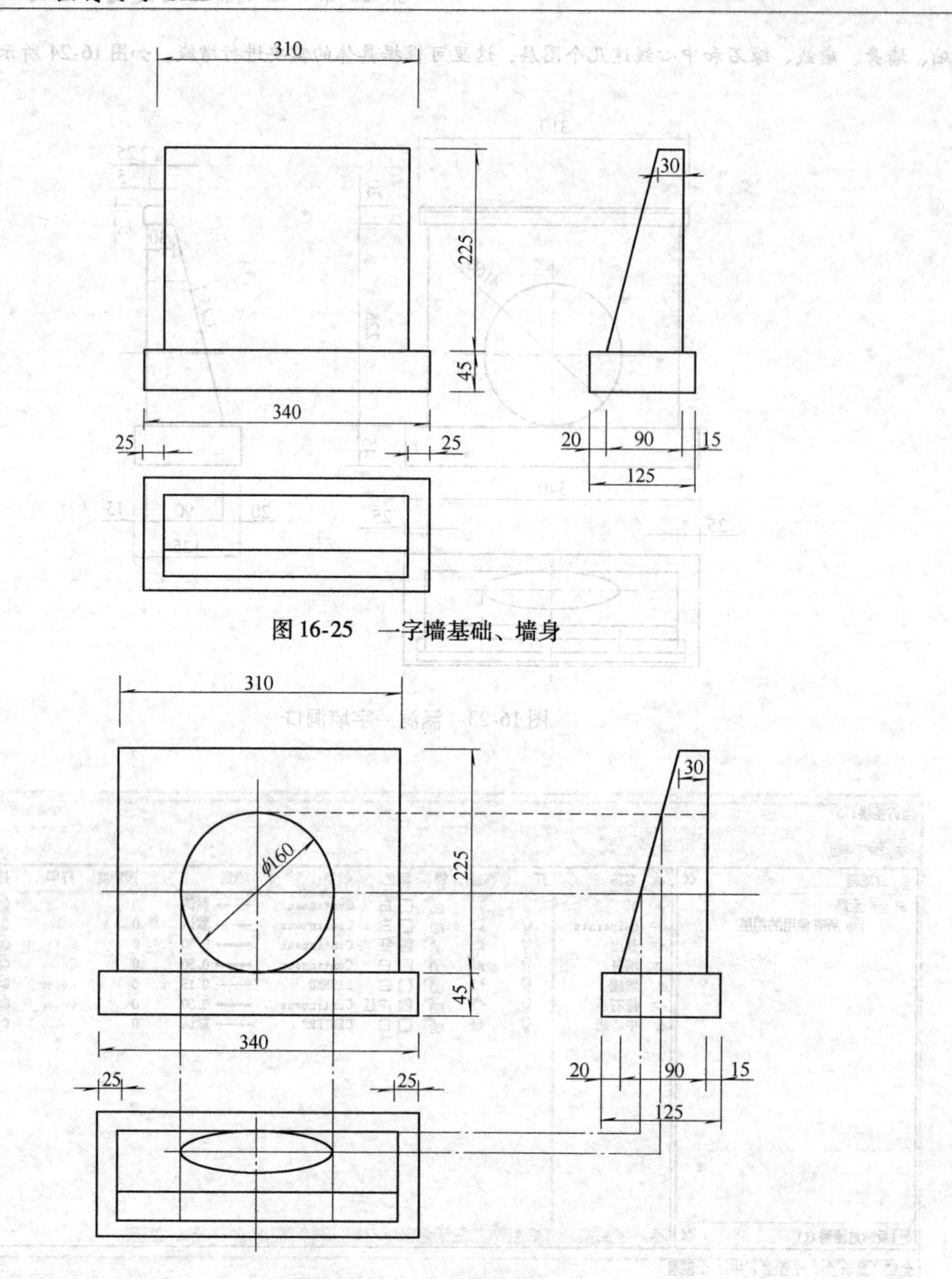

图 16-25 一字墙基础、墙身

图 16-26 一字墙构造图

分析：观察管涵平面图，可知该管涵是对称结构（左右部分对称，上下部分也对称），因此只需画出1/4管涵，经过两次镜像命令即可得到该管涵平面图；也可以画出一半结构，再利用一次镜像命令。

操作步骤：

1）绘制半结构平面图。如图16-28所示，绘制管涵中心线，作为绘图基线，利用直线命令L、矩形命令REC、复制命令CO、偏移命令O绘制结构轮廓线。

2）绘制其他线条，并对结构进行尺寸标注。左侧直线的绘制需要先选取点，再利用直线连接而成，如图16-29所示。

3）利用镜像命令完成整个管涵的平面图，如图16-27所示。

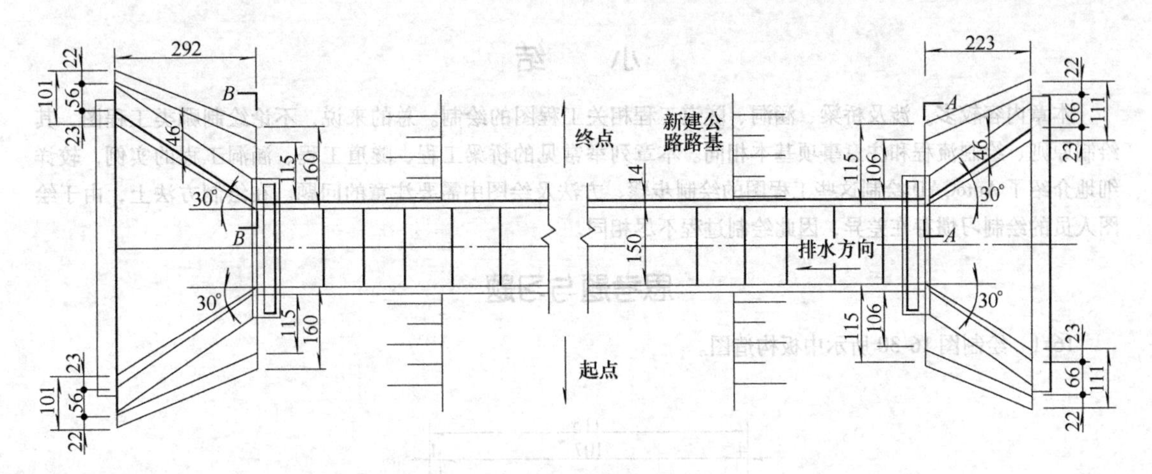

图16-27 管涵平面图

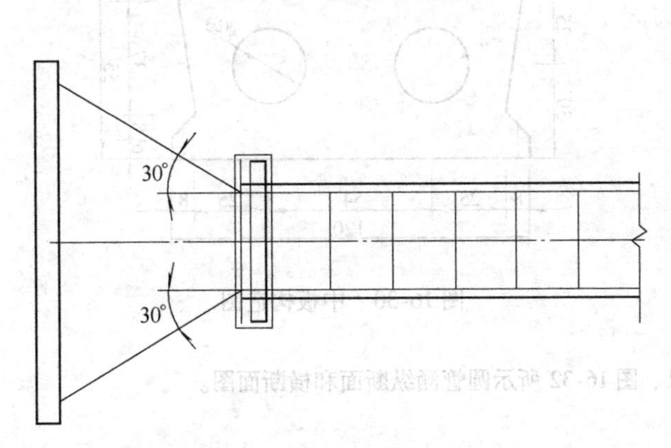

图16-28 半结构平面图1

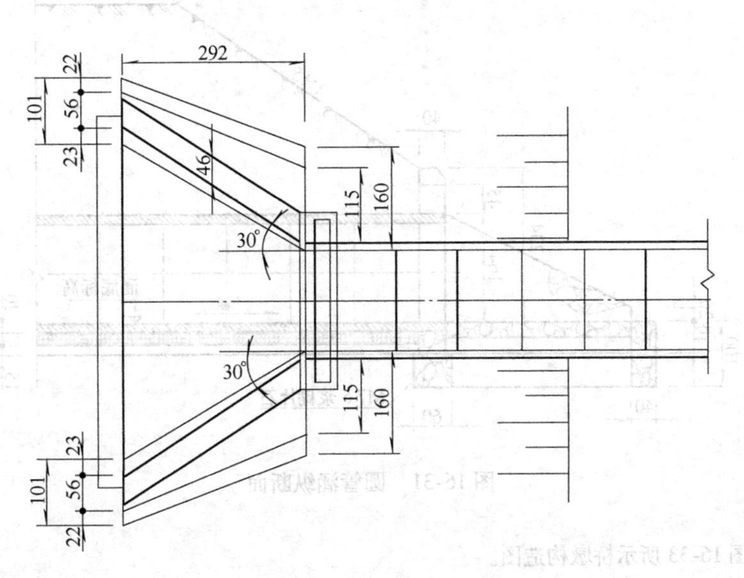

图16-29 半结构平面图2

小　结

本章内容较多，涉及桥梁、涵洞、隧道工程相关工程图的绘制。总的来说，不论绘制哪类工程图，其绘制原则、绘制流程和注意事项基本相同。本章列举常见的桥梁工程、隧道工程、涵洞工程的实例，较详细地介绍了 AutoCAD 绘制这些工程图的绘制步骤、方法及绘图中需要注意的问题。在绘制方法上，由于绘图人员的绘制习惯存在差异，因此绘制过程不尽相同。

思考题与习题

16-1　绘制图 16-30 所示中板构造图。

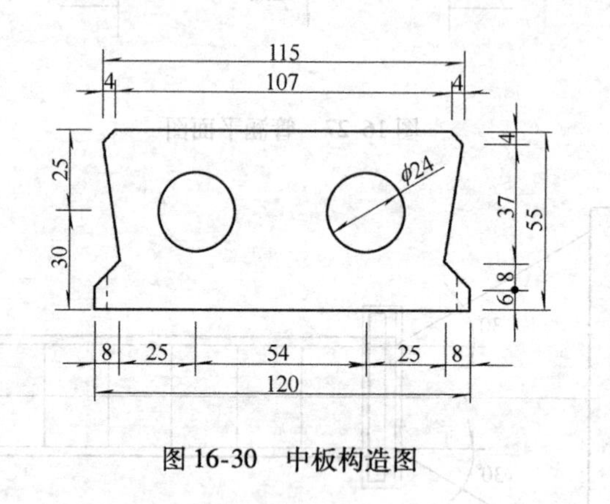

图 16-30　中板构造图

16-2　绘制图 16-31、图 16-32 所示圆管涵纵断面和横断面图。

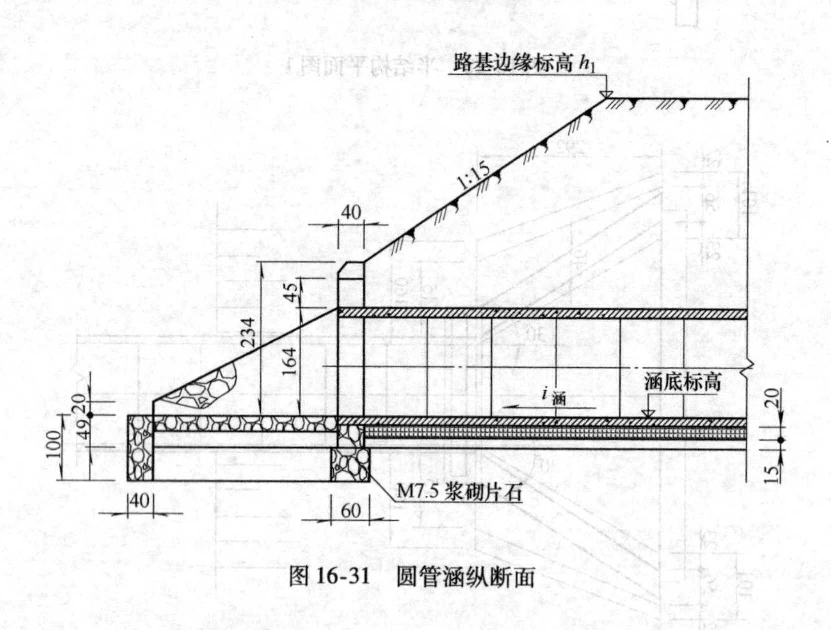

图 16-31　圆管涵纵断面

16-3　完成图 16-33 所示桥墩构造图。

（提示：绘制基础时，可以利用阵列命令 AR，加快绘图速度，在绘制过程中注意两图之间的对应关系。）

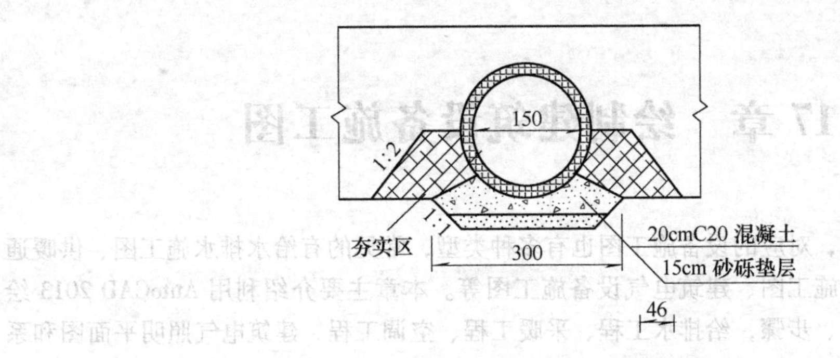

图 16-32　圆管涵横断面

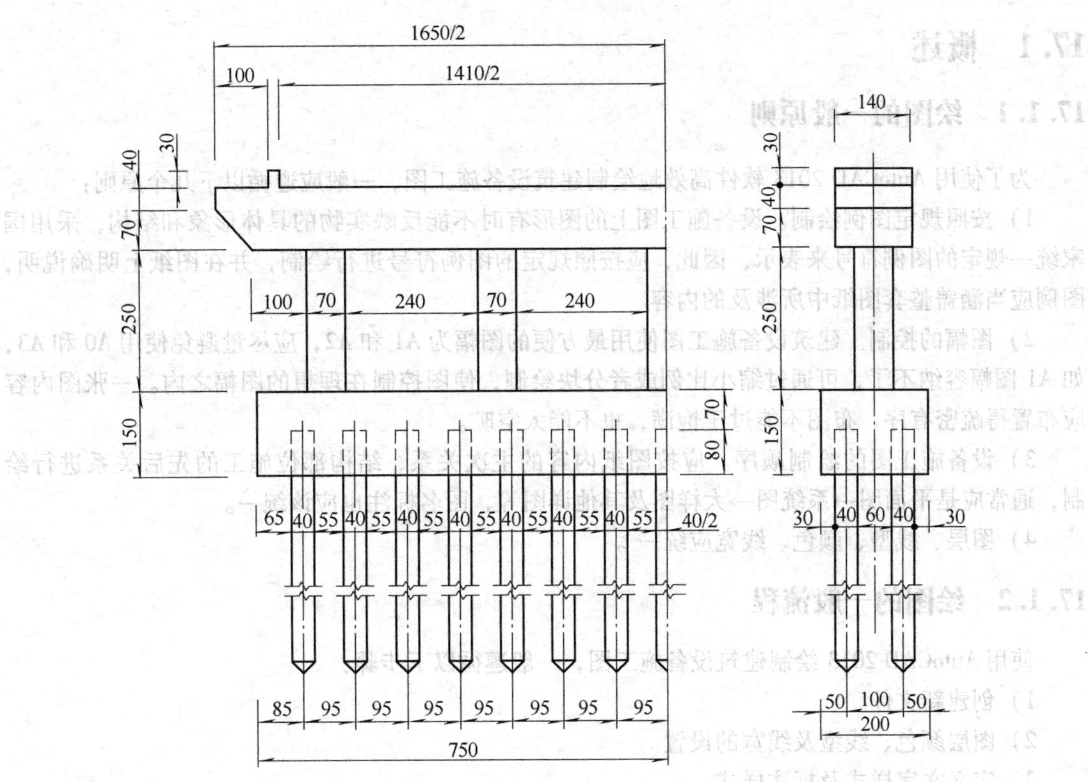

图 16-33　桥墩构造图

第 17 章　绘制建筑设备施工图

建筑设备的种类很多，对应的设备施工图也有多种类型，常见的有给水排水施工图、供暖通风设备施工图、燃气设备施工图、建筑电气设备施工图等。本章主要介绍利用 AutoCAD 2013 绘制建筑设备施工图的原则、步骤，给排水工程、采暖工程、空调工程、建筑电气照明平面图和系统图的绘制方法。

17.1　概述

17.1.1　绘图的一般原则

为了使用 AutoCAD 2013 软件高效地绘制建筑设备施工图，一般应遵循以下几个原则：

1）按照规定图例绘制。设备施工图上的图形有时不能反映实物的具体形象和结构，采用国家统一规定的图例符号来表示，因此，应按照规定的图例符号进行绘制，并在图纸上明确说明，图例应当涵盖整套图纸中所涉及的内容。

2）图幅的控制。建筑设备施工图使用最方便的图幅为 A1 和 A2，应尽量避免使用 A0 和 A3，如 A1 图幅容纳不了，可通过缩小比例或者分块绘制，使图控制在理想的图幅之内。一张图内容应布置得疏密有序，布图不能过于饱满，也不能太空旷。

3）设备施工图的绘制顺序。应按图纸内容的主次关系、结构部位施工的先后关系进行绘制，通常应是平面图→系统图→大样图及其他详图等，图名标注也应该统一。

4）图层、线型、颜色、线宽应统一 。

17.1.2　绘图的一般流程

使用 AutoCAD 2013 绘制建筑设备施工图，一般遵循以下步骤：

1）创建新文件。

2）图层颜色、线型及线宽的设置。

3）定义文字样式及标注样式。

4）绘制工程图，并进行文字标注。

5）绘制图框和标题栏。

6）书写技术要求，保存、退出。

17.2　给水排水工程施工图绘制实例

1. 绘制给水排水平面图

室内给水排水平面图是建筑给水排水施工图中最基本的图样，它主要反映卫生洁具、管道及其构件相对于房屋的平面位置。某五层办公楼的首层给水、排水平面图如图 17-1，图 17-2 所示，以下介绍采用 AutoCAD 2013 绘制的方法和步骤。

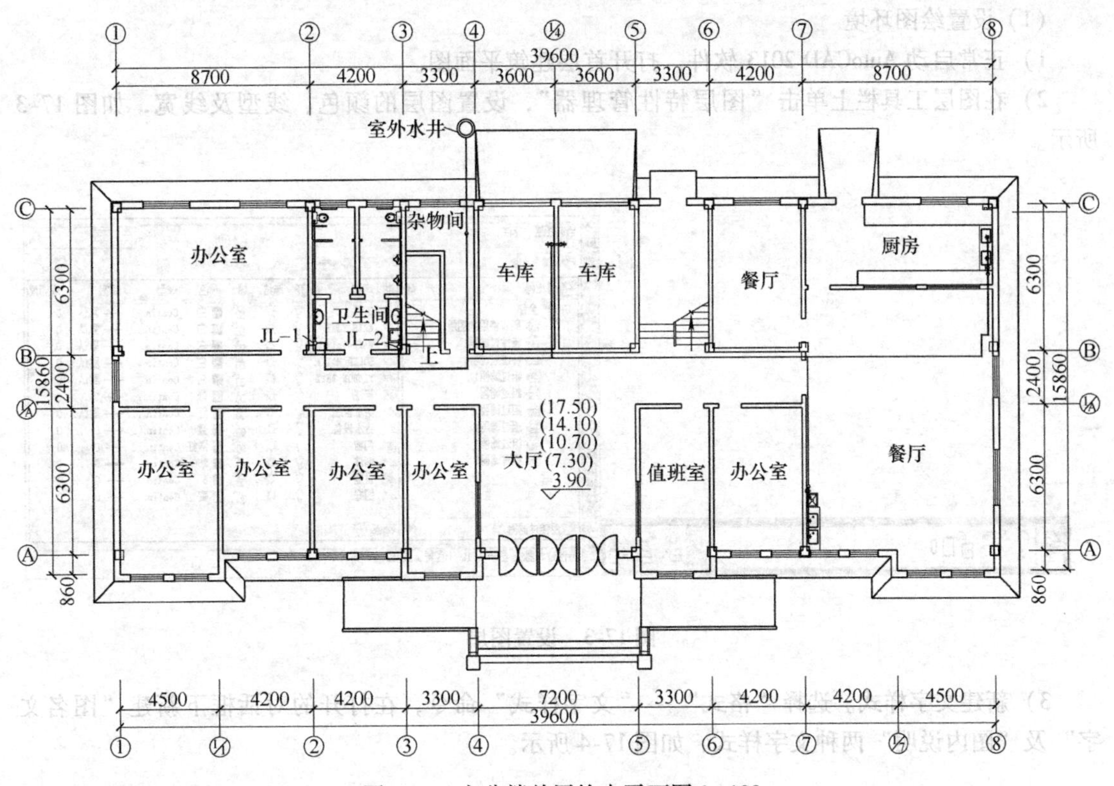

图 17-1　办公楼首层给水平面图 1∶100

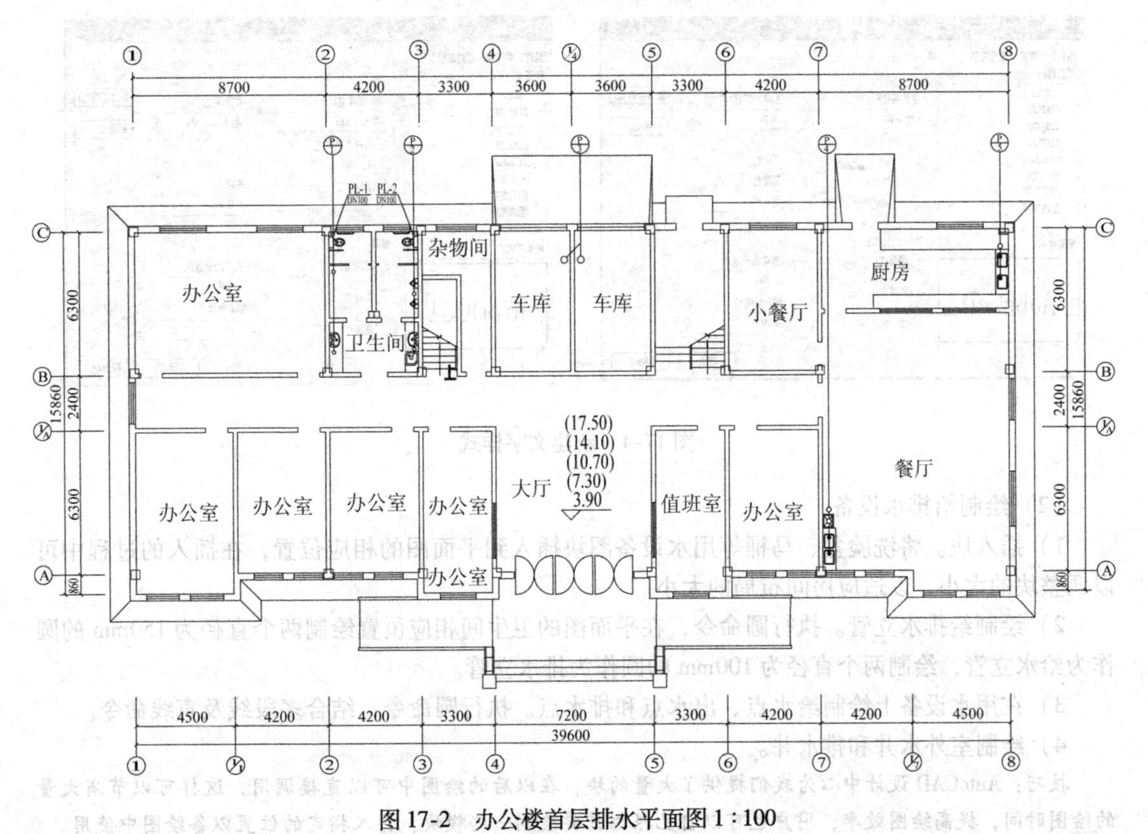

图 17-2　办公楼首层排水平面图 1∶100

（1）设置绘图环境

1）正常启动 AutoCAD 2013 软件，打开首层建筑平面图。

2）在图层工具栏上单击“图层特性管理器”，设置图层的颜色、线型及线宽，如图 17-3 所示。

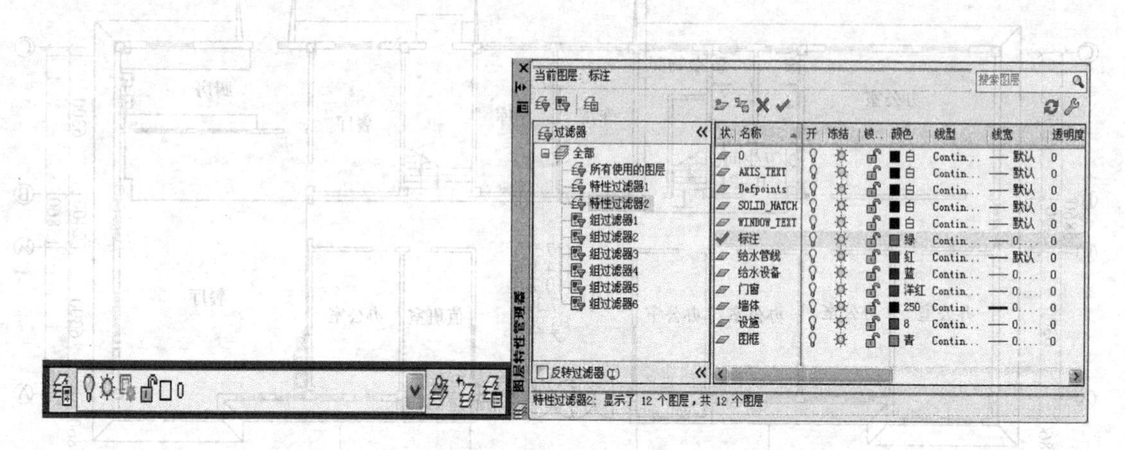

图 17-3　设置图层

3）新建文字样式。选择“格式”→“文字样式”命令，在打开的对话框下新建“图名文字”及“图内说明”两种文字样式，如图 17-4 所示。

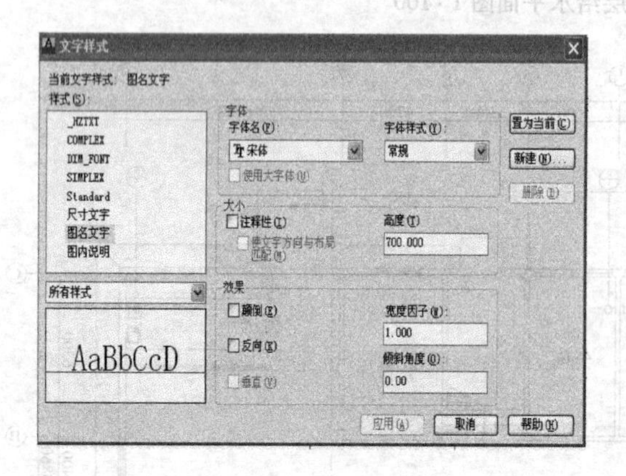

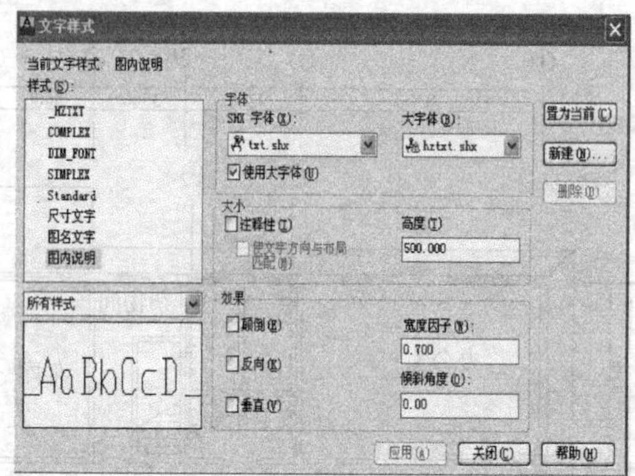

图 17-4　新建文字样式

（2）绘制给排水设备

1）插入块。将洗脸盆、马桶等用水设备图块插入到平面图的相应位置，在插入的过程中可以调整块的大小，以适应房间布局的大小。

2）绘制给排水立管。执行圆命令，在平面图的卫生间相应位置绘制两个直径为 150mm 的圆作为给水立管，绘制两个直径为 100mm 的圆作为排水立管。

3）在用水设备上绘制给水点、出水点和排水点。执行圆命令，结合多段线及直线命令。

4）绘制室外水井和排水井。

技巧：AutoCAD 设计中心为我们提供了大量的块，在以后的绘图中可以直接调用，这样可以节省大量的绘图时间，提高绘图效率；用户也可以自己根据需要绘制一些模块，存入指定的位置以备绘图中使用。

（3）绘制给排水管线

执行多段线命令（PL），根据命令提示将多段线的起点和端点的宽度设置为 30。

命令：pl↙

指定起点：（指定多段线的起点）

当前线宽为 0.0000

指定下一个点或［圆弧(A)/半宽(H)/长度(L)/放弃(U)/宽度(W)］：w↙

指定起点宽度 <0.000>：30↙

指定终点宽度 <0.000>：30↙

指定下一个点或［圆弧(A)/半宽(H)/长度(L)/放弃(U)/宽度(W)］：（指定多段线的下一点）

绘制从室外水井引出并连接至卫生间左侧竖向方向的各管道，以及至各用水设备给水点的管线；同时绘制从室外排水井引入的连接室内各排水设备的排水管线。

说明：确定线宽的方法有很多，管道的宽度也可以在设定图层性质的时候确定，这时管线用“Continus”线型绘制，给水管用 0.25mm 的线宽，排水管用 0.3mm 的线宽，用“点”表示用水点。

（4）文字标注　将“标注”图层设置为当前层，设置字体样式，对管径、管道编号、标高、图名等进行标注，严格按《建筑给水排水制图规范》标准要求绘制。如图 17-1 中给水立管共两根，编号为 JL－1，JL－2；图 17-2 中排水立管共两根，编号为 PL－1，PL－2。

（5）绘制图框　将图框层设置为当前层，本实例采用的是 A2 图框，执行相关命令绘制图框。根据工程建筑制图的比例进行适当缩放，然后执行“移动”命令，将绘制的给排水平面图移动到图框适当位置即可。

（6）保存　绘制完成后进行保存。其他楼层的给水排水平面图的绘制方法相同。

2. 绘制给水排水系统图

给水排水系统图是给水排水施工图中的主要图样，它分为给水系统图和排水系统图，分别表示给水管道系统和排水管道系统的空间走向、各管段的管径和标高、排水管道的坡度以及各种附件在管道上的位置，一般按正面斜轴测来绘制。

下面以图 17-5 和图 17-6 所示办公楼的给水排水平面图为例来介绍使用 AutoCAD 2013 绘制建筑给水排水平面图的方法和步骤。

（1）设置绘图环境

1）正常启动 AutoCAD 2013 软件，新建一个空白文件。

2）在图层工具栏上单击“图层特性管理器”，设置图层的颜色、线型及线宽。

3）新建文字样式。选择“格式”→“文字样式”命令，在打开的对话框中新建“图名文字”及“图内说明”两种文字样式。

（2）绘制给水排水主管线

1）绘制室外水井轮廓造型和排水管道标号。

2）设置对象捕捉追踪。单击状态栏中的“对象捕捉追踪”按钮∠，单击设置，在打开的“草图设置”对话框下单击“极轴追踪”选项卡，如图 17-7 所示。选择“启用极轴追踪（F10）(P)”，在“增量角（I）”下拉列表框中选择“45”，在“对象捕捉追踪设置”选项组中选择“用所有极轴角设置追踪（S）”单选按钮，在“极轴角测量”选项组中选择“绝对（A）”单选按钮，单击“确定”按钮，完成设置。

3）给水管线指定室外水井内圆的圆心为起点，排水管线指定管道标号上的一点为起点，执行多段线命令（起点和终点宽度设置为 60mm），将光标放在 225°的追踪线上分别绘制给水排水立管的管道连接线。

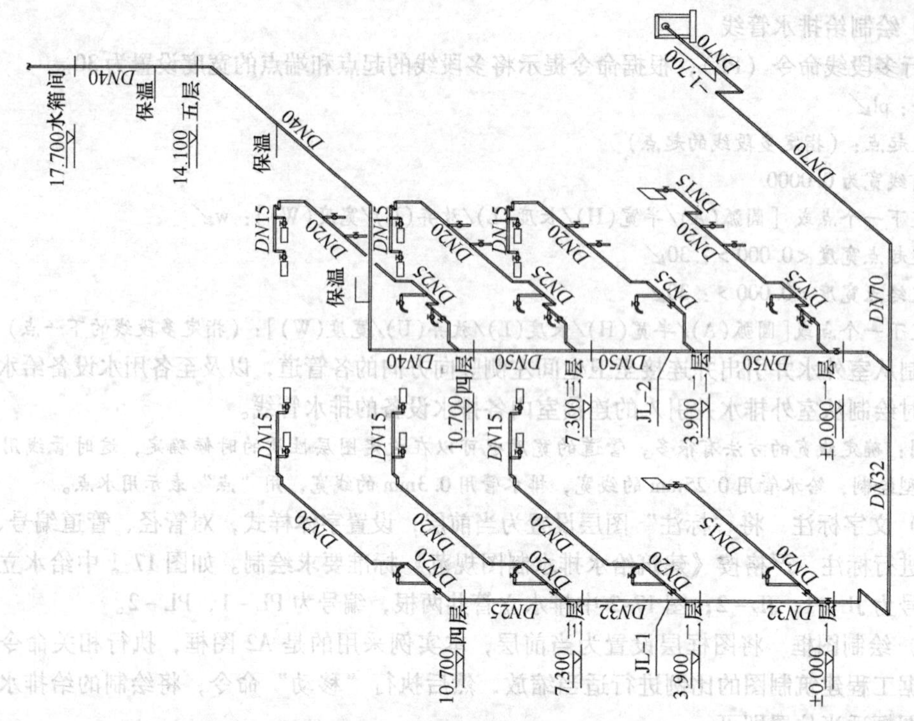

图 17-5　办公楼给水系统图 1:100

注意：绘制给水排水系统图的管道连接线时，一般由左及右、自下而上绘制，其管道线的水平和竖向尺寸由给排水平面图的平面尺寸和标高确定，再利用设置的“极轴追踪”功能绘制管道相应位置的弯曲部分。

（3）确定给水排水系统各层标高

1）执行直线命令，在给水排水立管的 ±0.000 标高处绘制一条适当长度的水平线表示楼面线；再结合复制和移动命令将绘制的楼面线复制到给水排水立管的相应位置，表示不同楼层的标高位置。

2）对各楼层的标高和各楼层的楼层号进行标注。

（4）绘制各层支管线

1）执行多段线命令（多段线起点和端点宽度设置为 60mm），根据给水排水平面图识读各支管线的连接空间关系和具体尺寸，绘制出一层和二层管道的支管线。

2）支管线相同的楼层，对其进行竖向和水平复制即可。

（5）布置给水排水设备及附件　首先绘制给水排水相应的设备图例，如马桶、水龙头、地漏、检查井、截止阀等，然后执行复制、移动、旋转等基本命令，将各给排水设备的图例插入到各支管线相应的管线处。

（6）给水排水系统图的标注　主要包括给水排水立管名称标注、给水排水管径标注及标注图名等。执行复制、移动、旋转等基本命令，在给水排水系统图的相应位置进行文字标注。

（7）添加平面图图框　执行插入命令，将相应的图框插入到绘图区，再执行缩放、移动命令将绘制的系统图移动到图框适当的位置。

（8）保存　定义文件名，将文件保存。

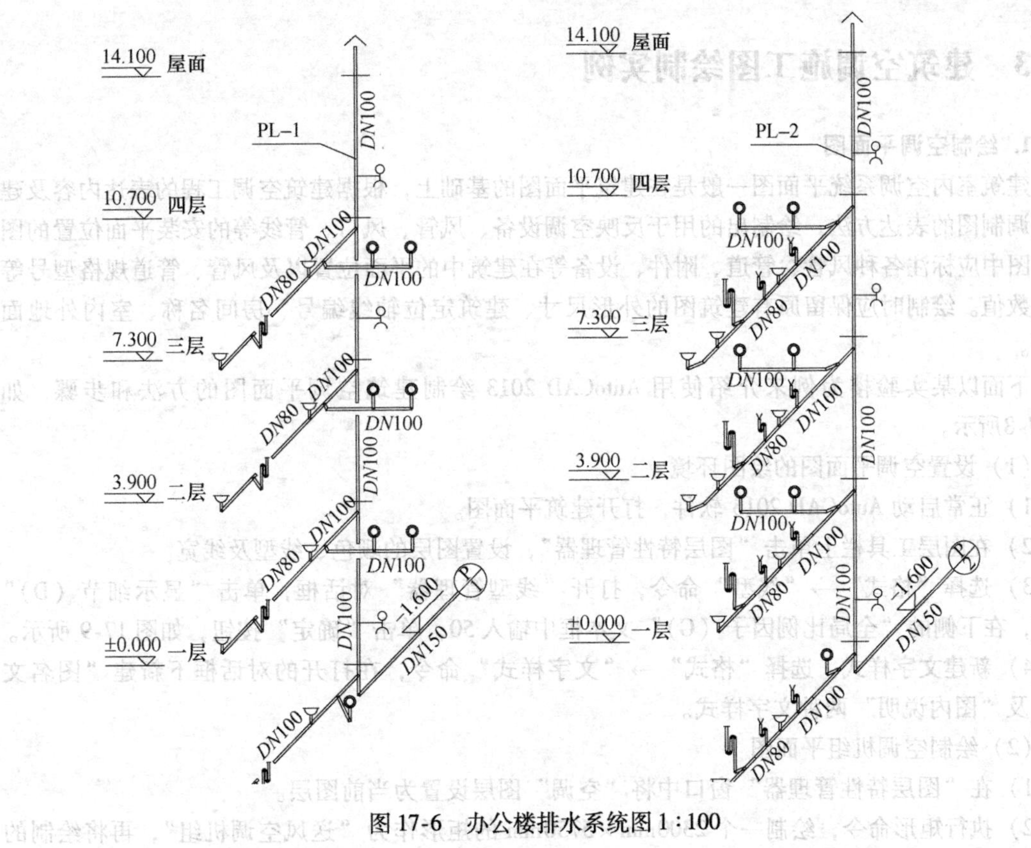

图 17-6　办公楼排水系统图 1∶100

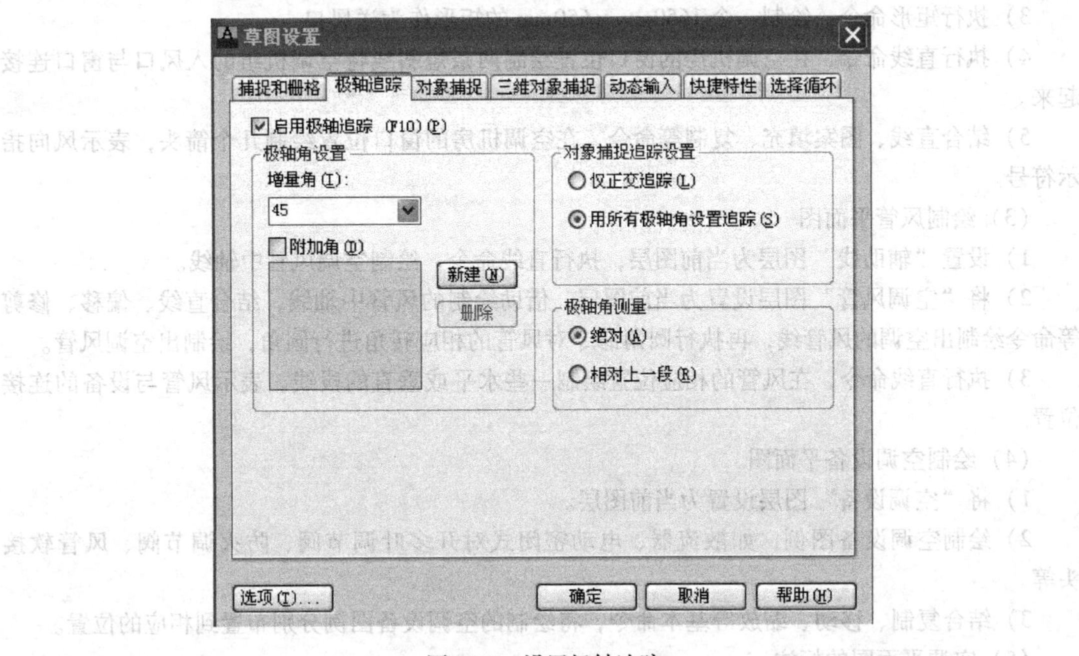

图 17-7　设置极轴追踪

17.3 建筑空调施工图绘制实例

1. 绘制空调平面图

建筑室内空调系统平面图一般是在建筑平面图的基础上，根据建筑空调工程的表达内容及建筑空调制图的表达方法，绘制出的用于反映空调设备、风管、风口、管线等的安装平面位置的图样，图中应标注各种风管、管道、附件、设备等在建筑中的平面位置以及风管、管道规格型号等相关数值。绘制时应保留原有建筑图的外形尺寸、建筑定位轴线编号、房间名称、室内外地面标高。

下面以某实验楼为例来介绍使用 AutoCAD 2013 绘制建筑空调平面图的方法和步骤，如图 17-8所示。

（1）设置空调平面图的绘图环境

1）正常启动 AutoCAD 2013 软件，打开建筑平面图。

2）在图层工具栏上单击“图层特性管理器”，设置图层的颜色、线型及线宽。

3）选择“格式”→“线型”命令，打开“线型管理器”对话框，单击“显示细节（D）”按钮，在下侧的“全局比例因子（G）”文本框中输入 50，单击“确定”按钮，如图 17-9 所示。

4）新建文字样式。选择“格式”→“文字样式”命令，在打开的对话框下新建“图名文字”及“图内说明”两种文字样式。

（2）绘制空调机组平面图

1）在“图层特性管理器”窗口中将“空调”图层设置为当前图层。

2）执行矩形命令，绘制一个 2300mm×5750mm 的矩形作为“送风空调机组”，再将绘制的矩形移动到平面图中空调机房内的相应位置处。

3）执行矩形命令，绘制一个 1650mm×650mm 的矩形作为送风口。

4）执行直线命令，在空调机房的窗口位置绘制两条短斜线将空调机组的入风口与窗口连接起来。

5）结合直线、图案填充、复制等命令，在空调机房的窗口位置绘制几个箭头，表示风向指示符号。

（3）绘制风管平面图

1）设置“辅助线”图层为当前图层，执行直线命令，绘制空调风管中轴线。

2）将“空调风管”图层设置为当前图层，借助绘制的风管中轴线，结合直线、偏移、修剪等命令绘制出空调的风管线，再执行圆角命令对风管的相应转角进行圆角，绘制出空调风管。

3）执行直线命令，在风管的相应位置绘制一些水平或垂直的段线，表示风管与设备的连接位置。

（4）绘制空调设备平面图

1）将“空调设备”图层设置为当前图层。

2）绘制空调设备图例，如散流器、电动密闭式对开多叶调节阀、防火调节阀、风管软接头等。

3）结合复制、移动、缩放等基本命令，将绘制的空调设备图例分别布置到相应的位置。

（5）空调平面图的标注

将“标注”图层设置为当前层，设置字体样式，对风管截面尺寸、相应的散流器的个数、图名及比例进行标注。

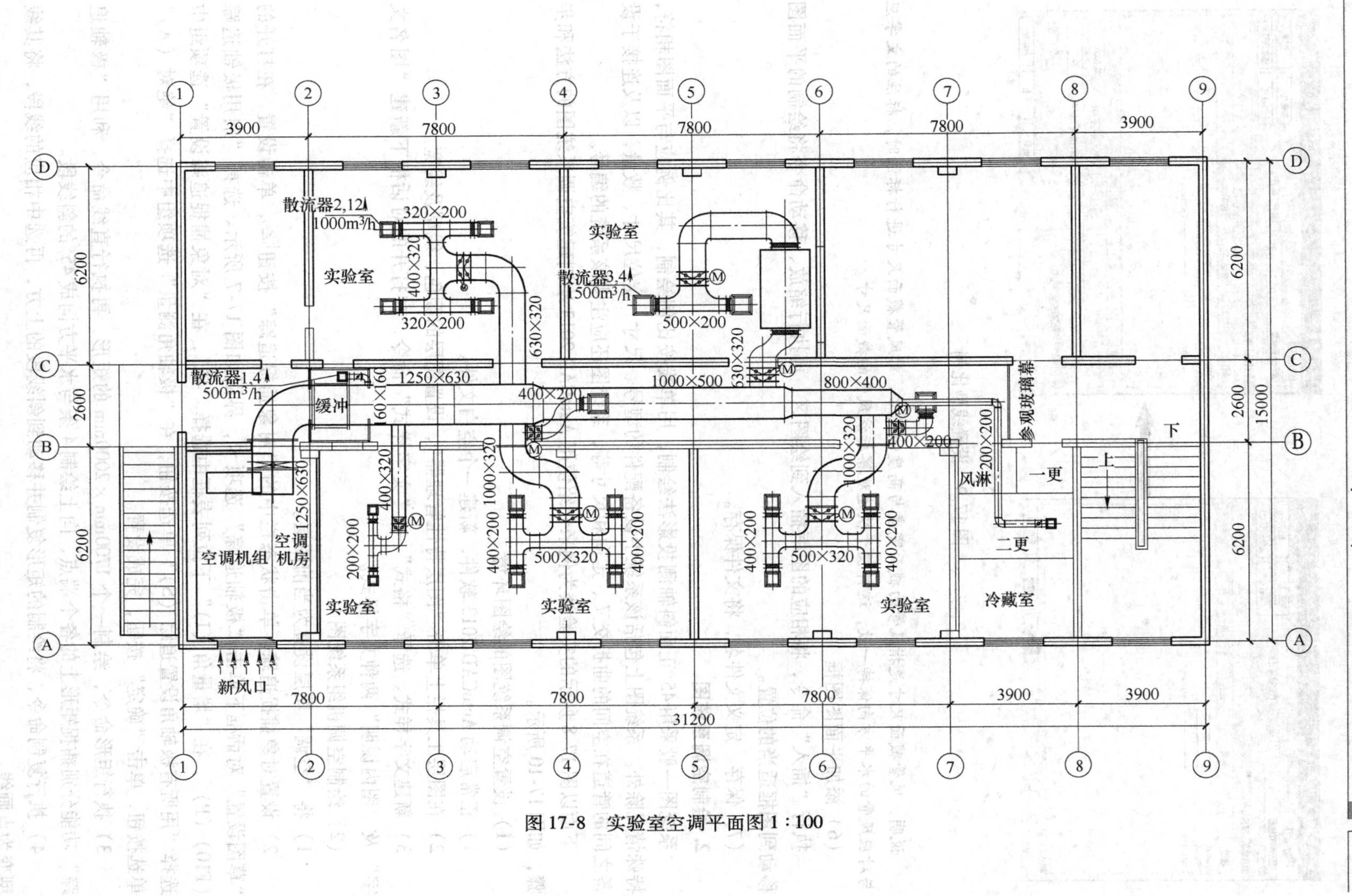

图 17-8　实验室空调平面图 1:100

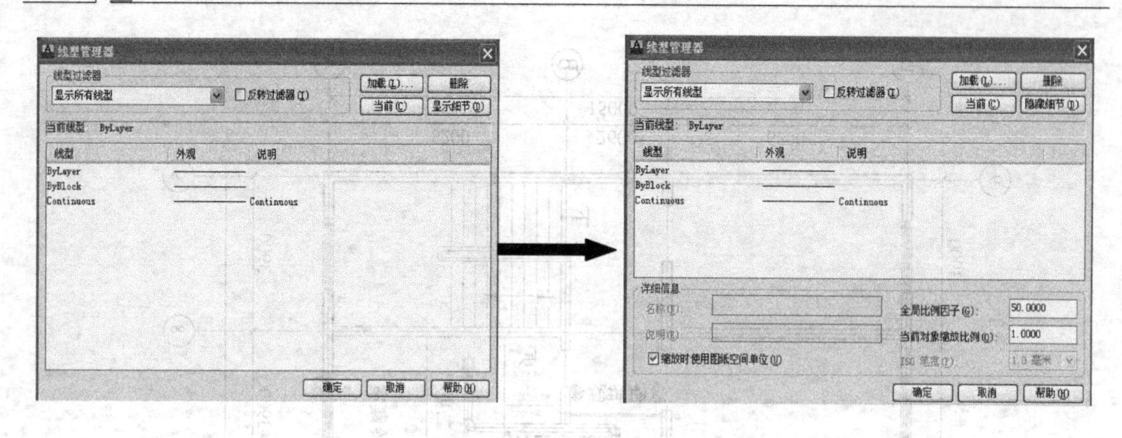

图17-9 设置线型比例

说明：风管截面尺寸是指风管的截面宽度与高度的尺寸，对风管截面尺寸进行标注时，标注的文字应与对应风管的水平方向保持一致，这样便于快速观察标注风管的截面尺寸。

（6）添加平面图图框

执行“插入”命令，将相应的图框插入到绘图区，再执行缩放、移动命令将绘制的平面图移动到图框适当的位置。

（7）保存 定义文件名，将文件保存。

2. 绘制空调系统图

系统图一般采用45°正面斜轴测投影法绘制，用单线按比例绘制，其比例应与平面图相符，特殊情况除外。系统图上包括该系统中设备配件的型号、尺寸、定位尺寸、数量，以及连接于设备之间的管道在空间的曲折交叉、走向和尺寸等，系统图还应注明该系统的编号。

下面以图17-8所示的实验楼为例来介绍使用AutoCAD 2013绘制建筑空调系统图的方法和步骤，如图17-10所示。

（1）设置空调系统图的绘图环境

1）正常启动AutoCAD 2013软件，新建一个空白文件。

2）在图层工具栏上单击“图层特性管理器”，设置图层的颜色、线型及线宽。

3）新建文字样式。选择“格式”→“文字样式”命令，在打开的对话框下新建“图名文字”及“图内说明”两种文字样式。

（2）绘制空调机组系统图

1）将“空调”图层设置为当前图层。

2）设置对象捕捉追踪。单击状态栏中的“对象捕捉追踪”按钮∠，单击设置，在打开的“草图设置”对话框下单击“极轴追踪”选项卡，界面如图17-7所示。选择“启用极轴追踪（F10）（P）”，在“增量角（I）”下拉列表框中选择“45”，在“对象捕捉追踪设置”选项组中选择“用所有极轴角设置追踪（S）”单选按钮，在“极轴角测量”选项组中选择“绝对（A）”单选按钮，单击“确定”按钮，完成设置。

3）执行矩形命令，绘制一个1700mm×2000mm的矩形，再执行直线命令，利用“极轴追踪”功能分别捕捉矩形上的各个端点，向上绘制4条与水平方向成45°的斜线段。

4）执行复制命令，将绘制的矩形复制并移动到斜线段的上方，再选中相应的线段，将其线型变为点画线。

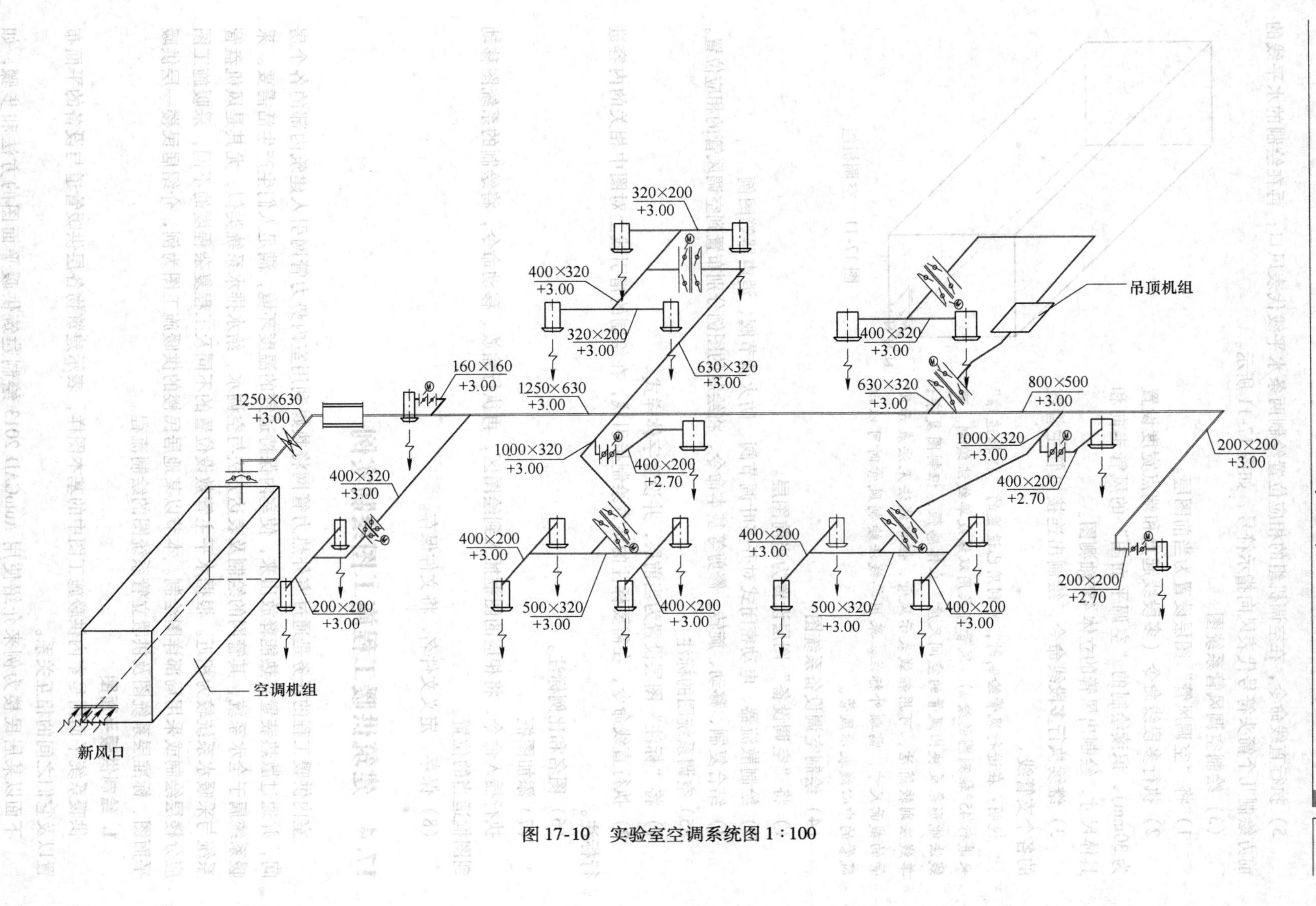

图 17-10　实验室空调系统图 1 : 100

5）执行直线命令，在空调机组的相应位置绘制两条水平线代表风口；再在绘制的水平线的前方绘制几个箭头符号代表风向指示符号，如图17-11所示。

（3）绘制空调风管系统图

1）将“空调风管”图层设置为当前图层。

2）执行多段线命令（多段线起点和端点宽度设置为30mm），识读绘制的“空调平面图”的风管走向和具体尺寸，绘制出风管的立体45°轴测图。

3）继续执行多段线命令，绘制出连接风管主管线的各个支管线。

说明：在进行风管绘制时，可利用已设置的“极轴追踪”来进行45°轴测图的绘制。风管可采用双线或单线法绘制。双线法能形象反映出风管的空间尺度，立体感强，但制图复杂；单线法则较简洁，可用粗线表示风管，但单线法无法表示风管的截面尺寸，需额外标注。采用单线法绘制风管时可以以风管的中心线表示风管。

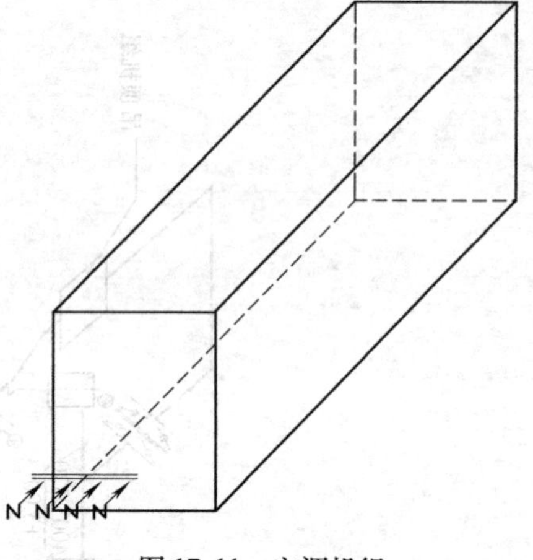

图17-11 空调机组

（4）绘制空调设备系统图

1）将“空调设备”图层设置为当前图层。

2）绘制散流器、电动密闭式对开多叶调节阀、防火调节阀、消声器等图例。

3）结合复制、移动、旋转、修剪等基本命令，将绘制的图例分别布置到空调风管的相应位置。

（5）空调系统图的标注

1）将“标注”图层设置为当前层，并设置字体样式。

2）执行直线命令，在需要标注的地方绘制指引线，在绘制的指引线上对图中相关的内容进行标注。

（6）图名和比例标注。

（7）添加图框

执行插入命令，将相应的图框插入到绘图区，再执行缩放、移动命令，将绘制的系统图移动到图框适当的位置。

（8）保存　定义文件名，将文件保存。

17.4 建筑供暖工程施工图绘制实例

室内供暖工程的任务是通过室外热力管网将热媒利用室内势力管网引入建筑内部的各个房间，并通过散热装置将热能释放出来，使室内保持适宜的温度环境，满足人们生产生活需要。采暖系统属于全水系统，其管网的绘制及表达方法与空调水、给水排水系统类似，尤其是风机盘管系统与采暖水系统较为相近。根据水平主管敷设位置的不同及工程复杂程度的不同，采暖施工图应分楼层绘制或采用局部详图绘制。本节以某地居民楼的供暖施工图为例，介绍居民楼一层供暖平面图、标准层系统图及供暖立管系统图的绘制流程。

1. 绘制供暖平面图

供暖系统平面图是室内供暖施工图中的基本图样，表示建筑物各层供暖管道与设备的平面布置以及它们之间的相互关系。

下面以某居民楼为例来介绍使用AutoCAD 2013绘制建筑供暖平面图的方法和步骤，如

图17-12所示。

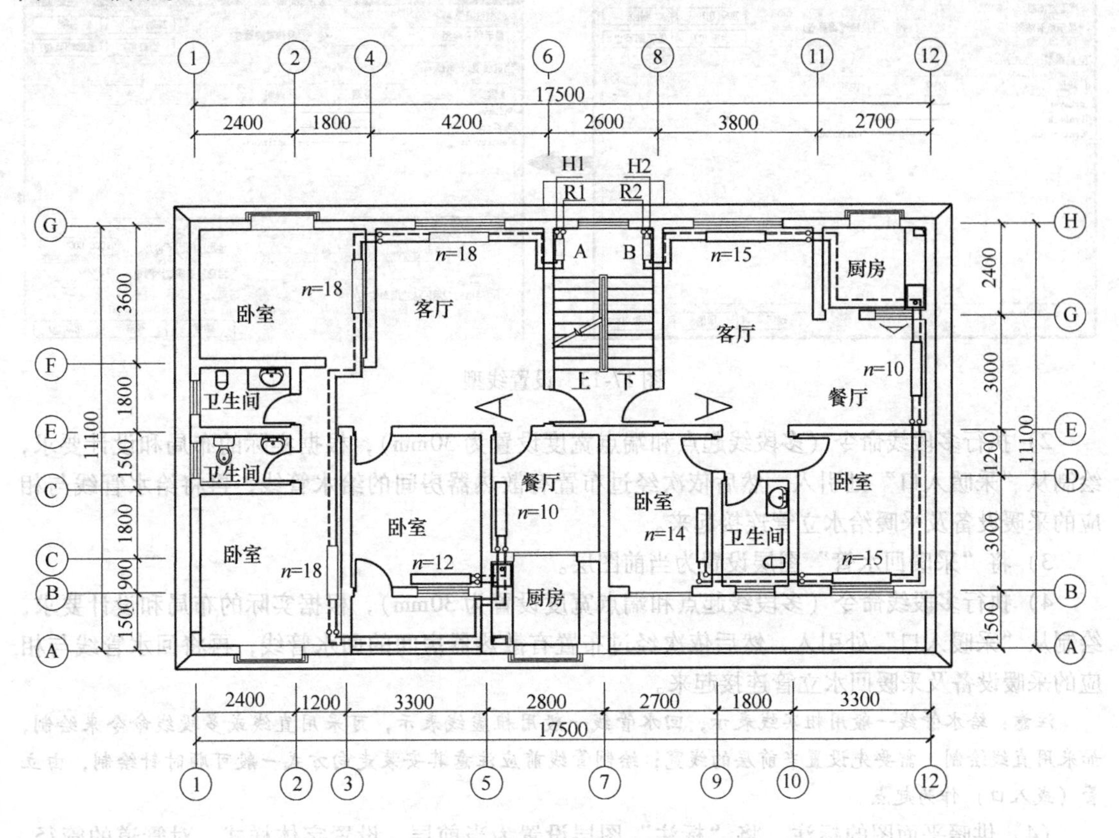

图17-12 居民楼标准层供暖平面图1:100

(1) 设置供暖平面图的绘图环境

1) 正常启动AutoCAD 2013软件，打开建筑平面图。

2) 在图层工具栏上单击图层特性管理器，设置图层的颜色、线型及线宽。

3) 选择“格式”→“线型”命令，打开“线型管理器”对话框，单击“显示细节（D）”按钮，在下侧的“全局比例因子（G）”文本框中输入1000，单击“确定”按钮，如图17-13所示。

4) 新建文字样式。选择“格式”→“文字样式”命令，在打开的对话框下新建“图名文字”及“图内说明”两种文字样式。

(2) 绘制供暖设备平面图

1) 将“供暖设备”图层设置为当前图层。

2) 执行圆命令，在平面图相应的位置绘制室内采暖的给水立管和回水立管。

3) 执行矩形和图案填充命令，在相应的位置绘制热力采暖装置。

4) 执行矩形和图案填充命令，绘制散热器图例，结合移动、复制、旋转等命令，将绘制的散热器图例布置在建筑平面图房间的相应位置。

5) 执行圆命令，在布置散热器房间的相应位置绘制室内采暖的给水和回水立管。

6) 结合直线、偏移、修剪等命令，在建筑平面图的上方相应位置绘制出采暖入口。

(3) 绘制供暖管线

1) 将“采暖给水管”图层设置为当前图层。

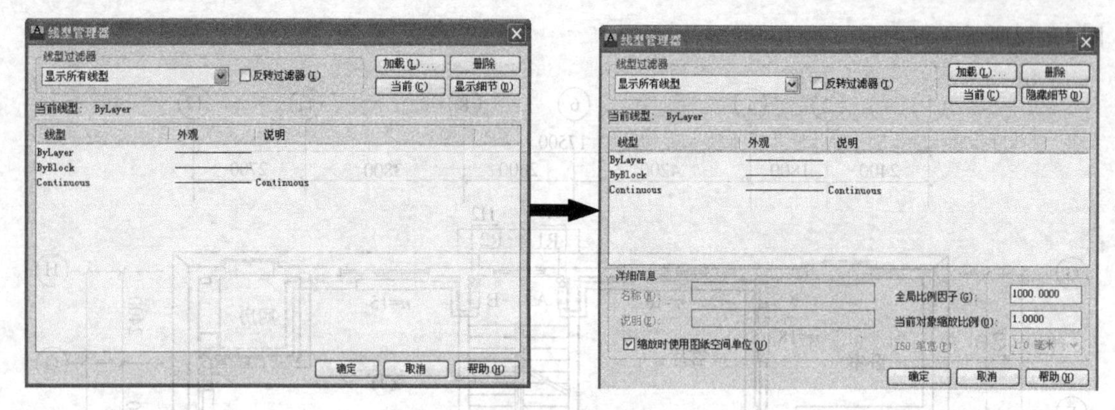

图 17-13 设置线型

2）执行多段线命令（多段线起点和端点宽度设置为30mm），根据实际的布局和设计要求，绘制从“采暖入口”处引入，然后依次经过布置有散热器房间的给水管线，再将给水管线与相应的采暖设备及采暖给水立管连接起来。

3）将“采暖回水管”图层设置为当前图层。

4）执行多段线命令（多段线起点和端点宽度设置为30mm），根据实际的布局和设计要求，绘制从“采暖入口”处引入，然后依次经过布置有散热器房间的回水管线，再将回水管线与相应的采暖设备及采暖回水立管连接起来。

注意：给水管线一般用粗实线表示，回水管线一般用粗虚线表示，可采用直线或多段线命令来绘制，如采用直线绘制，需要先设置当前层的线宽；绘制管线前应注意其安装走向方式一般可顺时针绘制，由立管（或入口）作为起点。

（4）供暖平面图的标注　将“标注”图层设置为当前层，设置字体样式，对管道的管径、散流器的规格、管道接入点及图名等进行标注。

注意：采暖给水及回水立管的名称标注，如图两根给水立管标注名称为R1和R2，回水立管为H1和H2；散热器的规格型号用“n”表示。

（5）添加图框　执行插入命令，将相应的图框插入到绘图区，再执行缩放、移动命令将绘制的平面图移动到图框适当的位置。

（6）文件保存　定义文件名，将文件保存。

2. 绘制供暖系统图

室内供暖系统图是表示供暖系统的空间布置情况，散热器与管道的空间连接形式，设备、管道附件等空间关系的立体图。绘制系统图的空间顺序时，以平面图的左端立管为起点由地下到地面至屋顶，顺时针由左往右按立管编号依次顺序排列。绘制供水管是把热水提供给散热器，而回水管是把散热器降温后的水送回锅炉。在绘制时，由左及右，应从第一根立管入口开始绘制。

下面以某居民楼为例来介绍使用AutoCAD 2013绘制建筑供暖系统图的方法和步骤，如图17-14所示。

（1）设置供暖系统图的绘图环境

1）正常启动AutoCAD 2013软件，新建一个空白文件。

2）在图层工具栏上单击“图层特性管理器”，设置图层的颜色、线型及线宽。

3）新建文字样式。选择“格式”→“文字样式”命令，在打开的对话框下新建“图名文字”及“图内说明”两种文字样式。

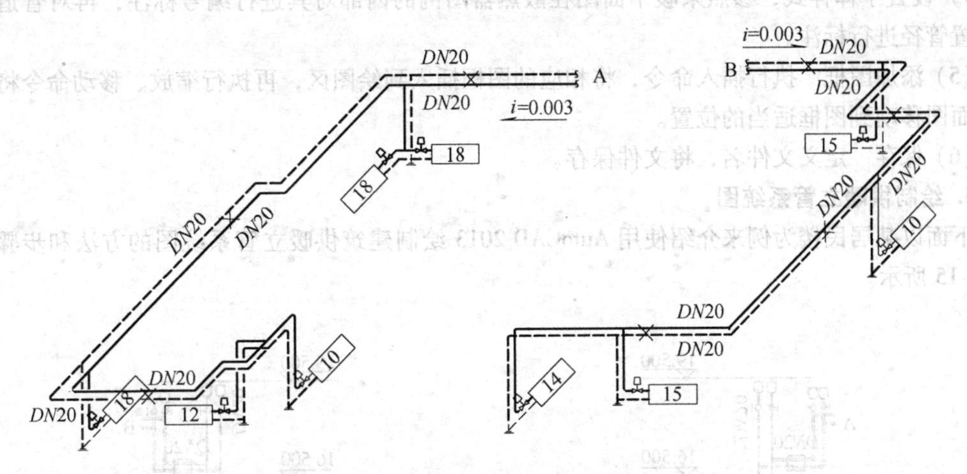

图 17-14　居民楼标准层采暖系统图 1∶100

4）选择“格式”→“线型”命令，打开“线型管理器”对话框，单击“显示细节（D）”按钮，在下侧的“全局比例因子（G）”文本框中输入 1000，单击“确定”按钮，如图 17-13 所示。

（2）绘制给水及回水管线

1）将“供暖给水管”图层设置为当前图层。

2）设置对象捕捉追踪。单击状态栏中的“极轴追踪”按钮，单击设置，在打开的“草图设置”对话框下单击“极轴追踪”选项卡，如图 17-7 所示。选择“启用极轴追踪（F10）(P)”；在“增量角（I）”下拉列表框中选择“45”，在“对象捕捉追踪设置”选项组中选择“用所有极轴角设置追踪（S）”单选按钮，在“极轴角测量”选项组中选择“绝对（A）”单选按钮，单击“确定”按钮，完成设置。

3）执行多段线命令（多段线起点和端点宽度设置为 30mm），根据平面图中给水管线的布局和设计要求，绘制给水管线的 45°轴测图。

4）将“采暖回水管”图层设置为当前图层。

5）执行多段线命令（多段线起点和端点宽度设置为 30mm），根据平面图中回水管线的布局和设计要求，绘制回水管线的 45°轴测图。

注意：绘制管线时注意系统图中管线的长度与平面图中的管线长度的对应关系然后进行管线绘制；注意在管线相交的位置让其分开，不能连接在一起；管线转角的位置可以执行圆角命令，使其圆角有一定的角度。

（3）绘制供暖设备系统图

1）将“供暖设备”图层设置为当前图层。

2）绘制散热器图例，通过移动、复制、旋转等命令，将绘制的散热器图例布置到各管线的相应位置。

3）绘制固定支架、泄水堵、温度调节阀等图例，通过移动、复制、旋转等命令，将绘制的图例布置到采暖管线的相应位置。

（4）供暖系统图的标注

1）将“标注”图层设置为当前层。

2）执行多段线命令，绘制“管道坡度坡向”符号，结合移动、复制、旋转等命令将绘制的管道坡度、坡向标注移动到管道入口处的相应位置。

3）设置字体样式，参照采暖平面图在散热器图例的内部对其进行编号标注，再对管道的各个位置管径进行标注。

（5）添加图框　执行插入命令，将相应的图框插入到绘图区，再执行缩放、移动命令将绘制的平面图移动到图框适当的位置。

（6）保存　定义文件名，将文件保存。

3. 绘制供暖立管系统图

下面以某居民楼为例来介绍使用AutoCAD 2013绘制建筑供暖立管系统图的方法和步骤，如图17-15所示。

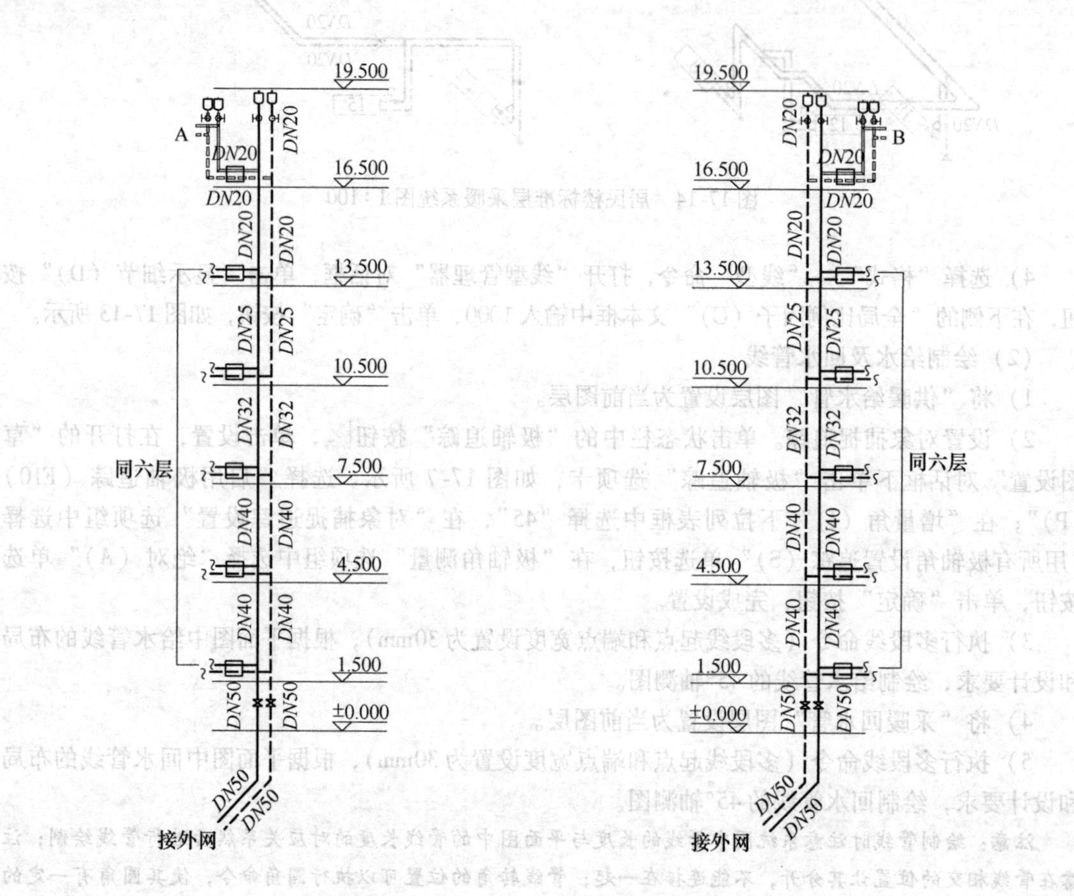

图17-15　居民楼供暖立管系统图 1∶100

（1）设置采暖立管系统图的绘图环境

1）正常启动AutoCAD 2013软件，新建一个空白文件。

2）在图层工具栏上单击“图层特性管理器”，设置图层的颜色、线型及线宽。

3）新建文字样式。选择“格式”→“文字样式”命令，在打开的对话框下新建“图名文字”及“图内说明”两种文字样式。

4）选择“格式”→“线型”命令，打开“线型管理器”对话框，单击“显示细节（D）”按钮，在下侧的“全局比例因子（G）”文本框中输入1000，单击“确定”按钮，如图17-13所示。

（2）绘制采暖立管系统图

1）将“采暖给水管”图层设置为当前图层。

2）单击状态栏中的“极轴追踪”按钮，单击设置，在打开的“草图设置”对话框下单击“极轴追踪”选项卡，如图 17-7 所示。选择“启用极轴追踪（F10）（P）”；在“增量角（I）”下拉列表框中选择“45”，在“对象捕捉追踪设置”选项组中选择“用所有极轴角设置追踪（S）”单选按钮，在“极轴角测量”选项组中选择“绝对（A）”单选按钮，单击“确定”按钮，完成设置。

3）执行多段线命令（多段线起点和端点宽度设置为 70mm），根据命令提示绘制给水立管，命令操作如下：

命令：pl↙

指定起点：（在绘图区中指定一点作为多段线的起点）

当前线宽为 70.000

指定下一个点或［圆弧（A）/半宽（H）/长度（L）/放弃（U）/宽度（W）］：<正交 开>21000↙

指定下一个点或［圆弧（A）/半宽（H）/长度（L）/放弃（U）/宽度（W）］：<正交 关> <极轴开> 1800↙

指定下一个点或［圆弧（A）/半宽（H）/长度（L）/放弃（U）/宽度（W）］：↙

4）执行直线命令，在多段线的上侧端点绘制一条水平直线段作为楼层分隔线，再执行偏移命令，将水平直线段依次偏移至相应位置。

5）在各层楼层分隔线上进行标高标注。

6）执行多段线命令，在采暖给水立管上的相应位置绘制出各层的给水支管线。

7）将“采暖回水管”图层设置为当前图层，使用相同方法绘制出采暖回水管及各层的回水支管线。

（3）绘制采暖设备立管系统图

1）将“采暖设备”图层设置为当前图层。

2）执行矩形命令绘制采暖热力装置，再执行复制命令将其复制到每层各支管线的相应位置。

3）绘制截止阀 1 截止阀 2 自动排气阀等图例，结合移动、复制、旋转等命令，将绘制的图例布置到采暖管道上的相应位置。

（4）采暖系统图的标注　将“标注”图层设置为当前层，设置字体样式，对管道的管径、管道接入点及图名等进行标注。

（5）添加图框　执行插入命令，将相应的图框插入到绘图区，再执行缩放、移动命令将绘制的平面图移动到图框适当的位置。

（6）保存　定义文件名，将文件保存。

说明：R2 采暖立管系统图的绘制与 R1 相同，在此不再进行讲解，读者可自行绘制。

17.5 建筑电气施工图绘制实例

建筑电气系统按照电能的供给、分配、输送和消费，可以分成四类：供配电系统、电气照明系统、建筑动力系统和建筑智能化系统。建筑电气以建筑电气平面图和建筑电气系统图为主。本节以某居民楼为例，主要介绍建筑电气照明平面图和系统图的绘制方法。

1. 绘制建筑电气照明平面图

室内照明平面图主要表达电源进户线、照明配电箱、照明器具的安装位置、导线的规格、型号、根数、走向及其敷设方式，灯具的型号、规格以及安装方式、安装高度等的图样，它是照明施工的主要依据。

下面以某居民楼为例来介绍使用 AutoCAD 2013 绘制建筑室内照明平面图的方法和步骤，如图 17-16 所示。

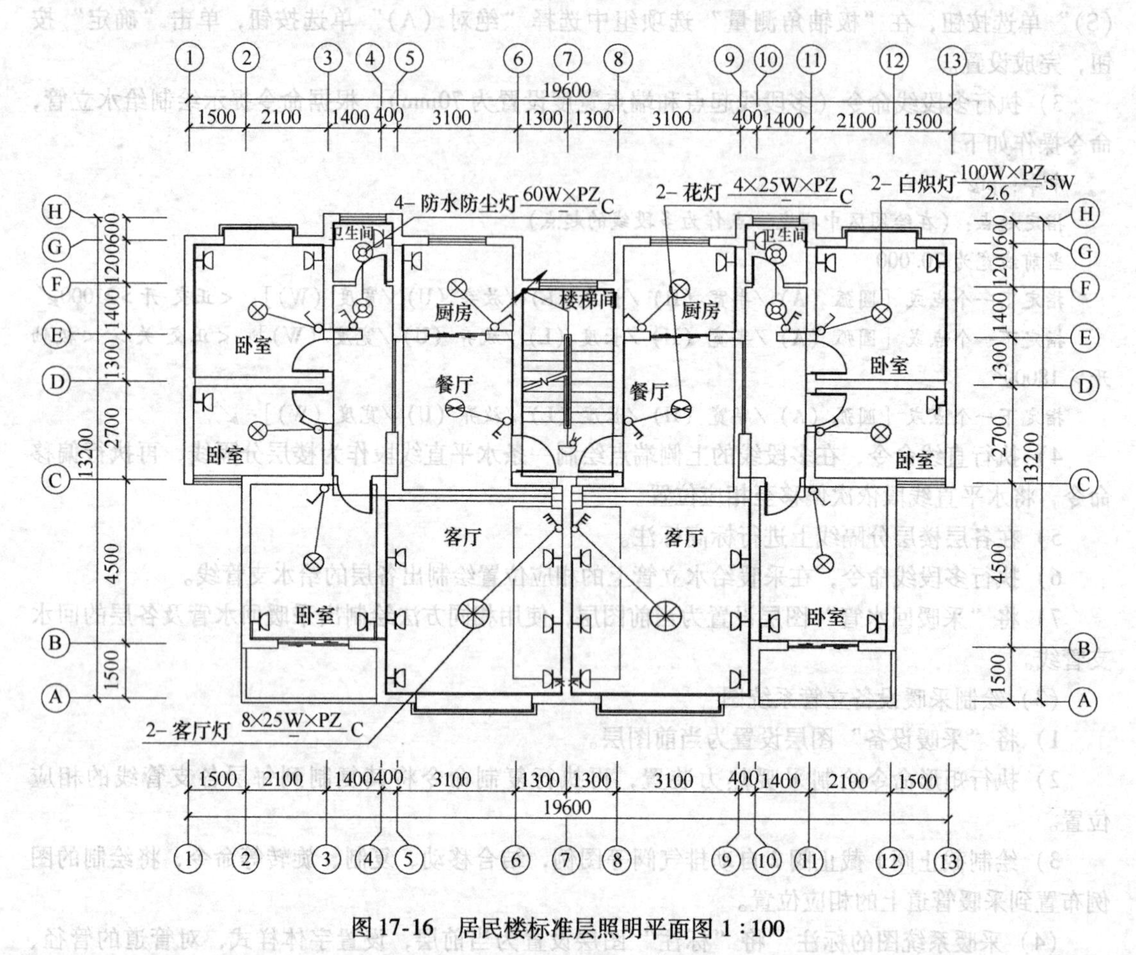

图 17-16 居民楼标准层照明平面图 1 : 100

(1) 设置照明平面图的绘图环境

1) 正常启动 AutoCAD 2013 软件，打开建筑平面图。

2) 在图层工具栏上单击“图层特性管理器”，设置图层的颜色、线型及线宽。

3) 新建文字样式。选择“格式”→“文字样式”命令，在打开的对话框下新建“图名文字”及“图内说明”两种文字样式。

(2) 布置电气设备

1) 将“电气设备”图层设置为当前图层。

2) 绘制电气设备图例，结合移动、复制、旋转、镜像等命令，参照相关规范，将电气设备图例布置在建筑平面图的相应位置处。

技巧：在进行电气图例布置时，对于相同户型房间的图例布置，可以使用镜像命令进行复制操作，以提高绘图效率；布置灯具图例时可首先绘制辅助线，然后将灯具布置到各个房间的中间位置，布置结束后将辅助线删除即可。

（3）绘制连接线路

1）将“连接线路”图层设置为当前图层。

2）执行多段线命令（多段线起点和端点宽度设置为 30mm），绘制灯具及开关的连接线路。

3）执行多段线命令（多段线起点和端点宽度设置为 50mm），绘制插座连接线路。

（4）照明平面图的标注　将“标注”图层设置为当前层，设置字体样式，在需要对灯具标注的位置绘制引出线，在引出线上方对灯具进行文字标注说明。

（5）添加图框　执行插入命令，将相应的图框插入到绘图区，再执行缩放、移动命令将绘制的平面图移动到图框适当的位置。

（6）保存　定义文件名，将文件保存。

2. 绘制照明系统图

照明系统图是表示建筑物内照明及其他日用电器的供电与配电的图纸。在系统图中集中反映了配电装置、配电线路选用导线的型号、规格、敷设方式及穿管管径，开关及熔断器的型号、规格等。系统图用来表示总体供电系统的组成和连接方式，通常用粗实线表示。系统图通常不表明电气设备的具体安装位置，所以它不是投影图，没有比例关系，主要表明整个工程的供电全貌和连接关系。

下面以某居民楼为例来介绍使用 AutoCAD 2013 绘制建筑室内照明系统图的方法和步骤，如图 17-17 所示。

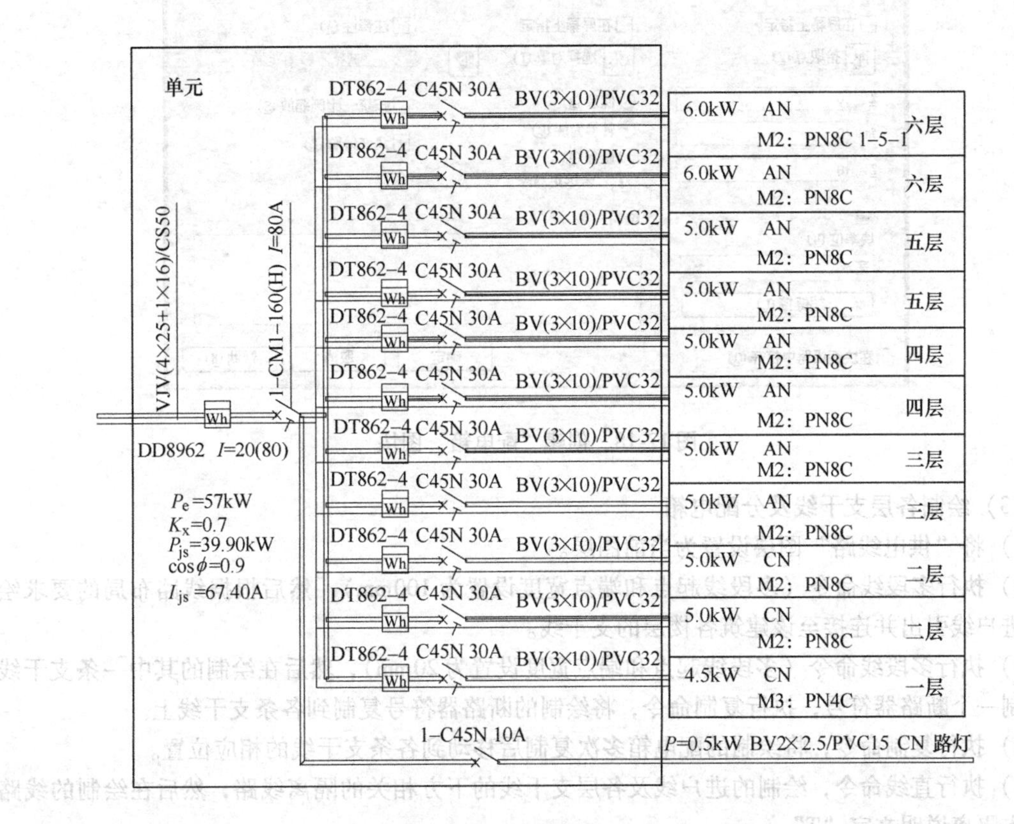

图 17-17　居民楼供电系统图 1∶100

（1）设置系统图的绘图环境

1）正常启动 AutoCAD 2013 软件，新建一个空白文件。

2）在图层工具栏上单击图层特性管理器，设置图层的颜色、线型及线宽。

3）新建文字样式：选择“格式”→“文字样式”菜单命令，在打开的对话框下新建“图名文字”及“图内说明”两种文字样式。

（2）绘制总进户线及总配电箱

1）将“供电线路”图层设置为当前图层。

2）执行多段线命令（多段线起点和端点宽度设置为100mm），绘制一条适当长度的水平多段线作为居民楼的进户线。

3）执行多段线命令（多段线起点和端点宽度设置为20mm），在绘制出的进户线的上方相应位置绘制一个断路器符号，再将穿过断路器的一段进户线修剪掉。

4）将“电气电源”图层设置为当前图层，绘制总配电箱并将其创建为图块对象，如图17-18所示，执行移动命令将总配电箱移动到进户线上的相应位置，并将穿过配电箱的一段进户线修剪掉。

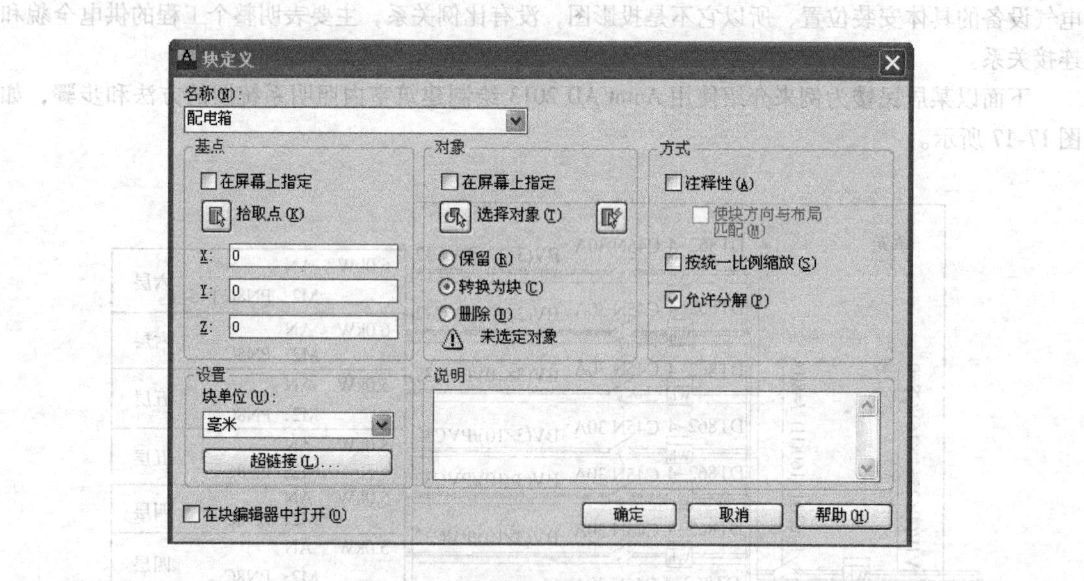

图17-18　创建“配电箱”图块

（3）绘制各层支干线及分配电箱

1）将“供电线路”图层设置为当前图层。

2）执行多段线命令（多段线起点和端点宽度设置为100mm），然后根据线路布局的要求绘制从进户线引出并连接至该建筑各楼层的支干线。

3）执行多段线命令（多段线起点和端点宽度设置为20mm），然后在绘制的其中一条支干线上绘制一个断路器符号，执行复制命令，将绘制的断路器符号复制到各条支干线上。

4）执行复制命令，将绘制的配电箱多次复制后移动到各条支干线的相应位置。

5）执行直线命令，绘制的进户线及各层支干线的下方相关的隔离线路，然后在绘制的线路上加入隔离说明文字“T”。

技巧：在绘制各层支干线及断路器符号时，可以先绘制最底层的一条支干线及断路器符号，再使用复制命令，依次垂直向上进行复制，在复制时应注意复制的间距相等。

（4）供电系统图的标注

1）将“标注”图层设置为当前层，设置字体样式，在各层支干线的上方输入相关的电气文字说明。

2）将“线框”图层设置为当前层，结合矩形、直线、偏移等命令在图中相应的位置绘制线框。

3）将“标注”图层设置为当前层，在绘制的右侧线框内输入各层楼层号及电气说明文字，并对总进户线进行必要的标注。

（5）添加图框　执行插入命令，将相应的图框插入到绘图区，再执行缩放、移动命令将绘制的平面图移动到图框适当的位置。

（6）保存　定义文件名，将文件保存。

小　结

建筑设备施工图是工程技术人员之间交流的工具，是建设单位、设计单位和施工单位沟通的桥梁。本章以国家标准为依据，主要介绍应用 AutoCAD 2013 绘制给水排水施工图、供暖通风施工图、建筑电气施工图的步骤和方法，并给出了具体的实例介绍，目的是使读者通过实例学会如何应用 AutoCAD 绘制建筑设备施工图。通过本章的学习，读者可以掌握应用 AutoCAD 2013 绘制建筑设备施工图的技巧和思路，从而提高绘图能力。

思考题与习题

17-1　图 17-19 和图 17-20 分别为某住宅一层和二层供暖平面图，根据平面图绘制其供暖系统图。

17-2　试述电气照明平面图和系统图的绘图方法和步骤。

17-3　试述空调平面图和系统图的绘图方法和步骤。

17-4　结合本章的工程实例，对图 17-1、图 17-2、图 17-5、图 17-6 进行绘制练习。

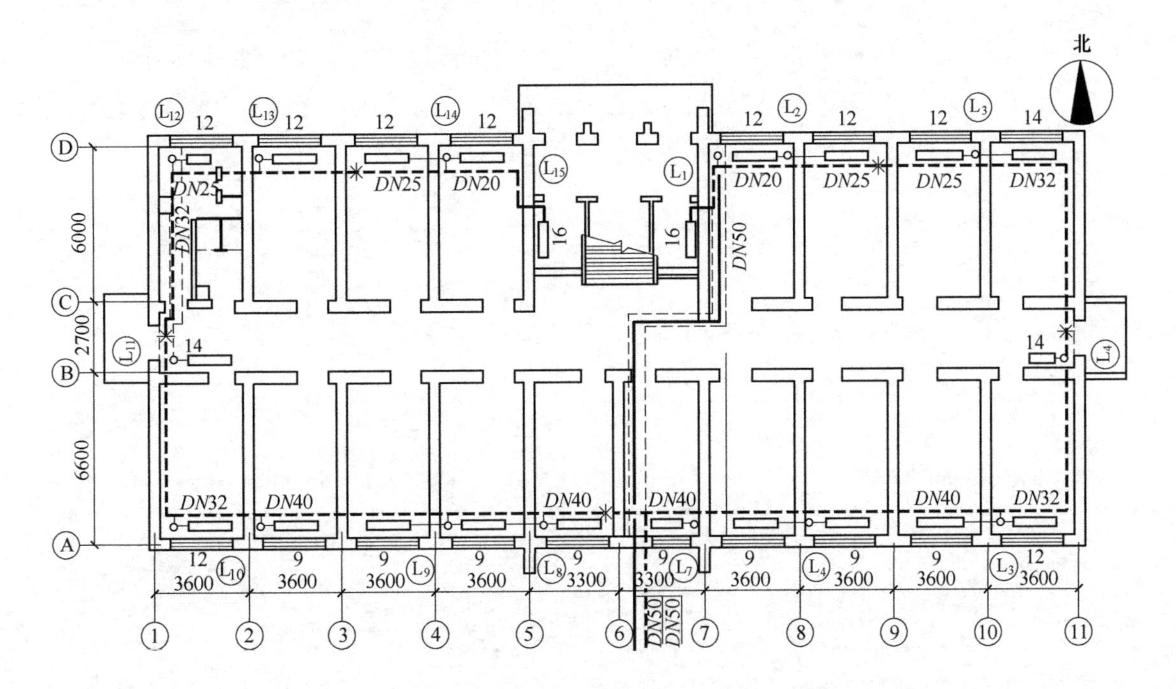

图 17-19　供暖一层平面图

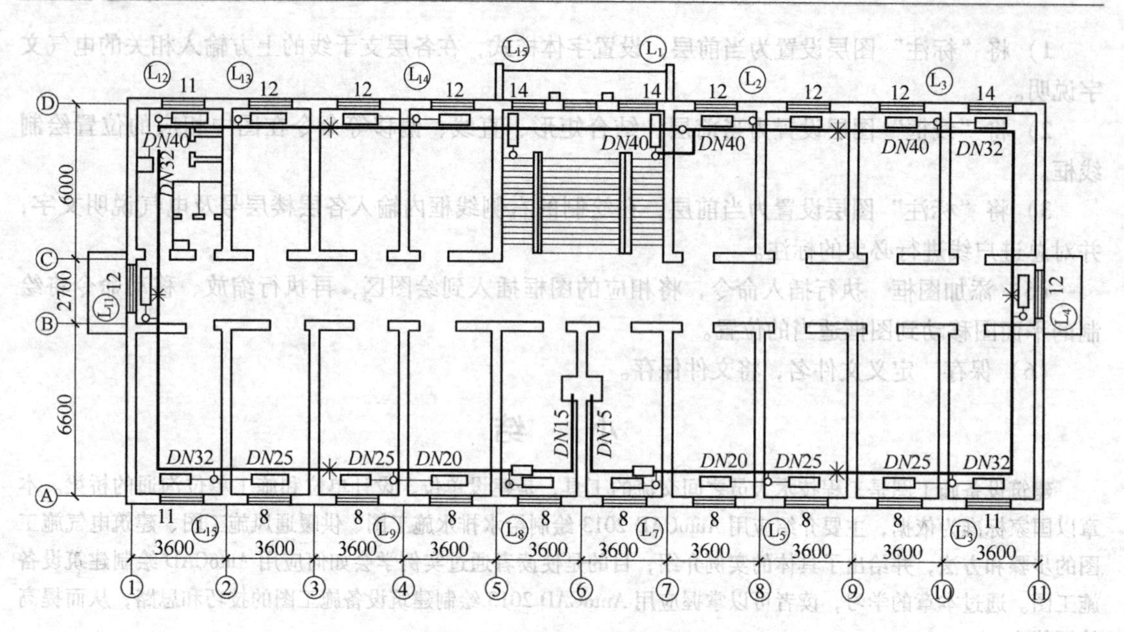

图 17-20　供暖二层平面图

第 18 章　绘制水利工程图

表达水利工程建筑物设计意图、施工过程的图样称为水利工程图，简称水工图。水利工程图的绘制主要包括一些典型水工建筑物的绘制，如渠道图的绘制、大坝图的绘制、水闸图的绘制、溢洪道图的绘制、水工隧道图的绘制、渡槽图的绘制等，在充分掌握水工建筑物的基础上学会识读典型的水利枢纽工程的图纸。

18.1　概述

1. 绘图的一般原则

1）选择适当的比例和图幅。应力求在表达清楚的前提下选用较小的比例，枢纽平面设置图的比例一般取决于地形图的比例，按比例选定适当的图幅。

2）合理的布置视图。按选取的比例估计各视图所占范围，进行合理布置，画出各视图的作图基准线。视图应尽量按投影关系配置，有联系的视图应尽量布置在同一张图纸内。

3）注意绘图顺序。绘制各视图底稿时，应先绘制大的轮廓，后绘制细部；先绘制主要部分，后绘制次要部分。

2. 绘图的一般流程

使用 AutoCAD 2013 绘制水利工程图，一般遵循以下步骤：

1）创建图层，设置图层的颜色、线型和线宽。

2）定义文字样式及标注样式。

3）绘制工程图。

4）标注尺寸和文字说明。

5）绘制图框和标题栏。

6）保存和退出。

18.2　水工建筑物绘制实例

1. 滚水坝的绘制

滚水坝由坝体和消力池组成，在绘制的时候一般先完成简单的消力池部分和海漫部分，最后完成坝体部分。下面以图 18-1 为例介绍使用 AutoCAD 2013 绘制滚水坝的方法和步骤。

（1）主轴线的绘制

1）在图层工具栏上单击“图层特性管理器”，建立“轴线层”，如图 18-2 所示，设置图层的颜色、线型及线宽，并设置为当前层。

2）执行直线命令，绘制第一个坝体最高处的轴线，再执行偏移命令，得到第二个轴线，此轴线为坝体和消力池的分界线。

（2）消力池、海漫及排水孔的绘制

1）在图层工具栏上单击“图层特性管理器”，建立新图层“粗实线”，设置图层的颜色、线型及线宽，并设置为当前层。

坝面曲线坐标 (m)

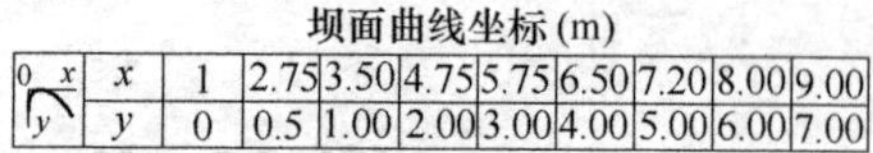

x	1	2.75	3.50	4.75	5.75	6.50	7.20	8.00	9.00
y	0	0.5	1.00	2.00	3.00	4.00	5.00	6.00	7.00

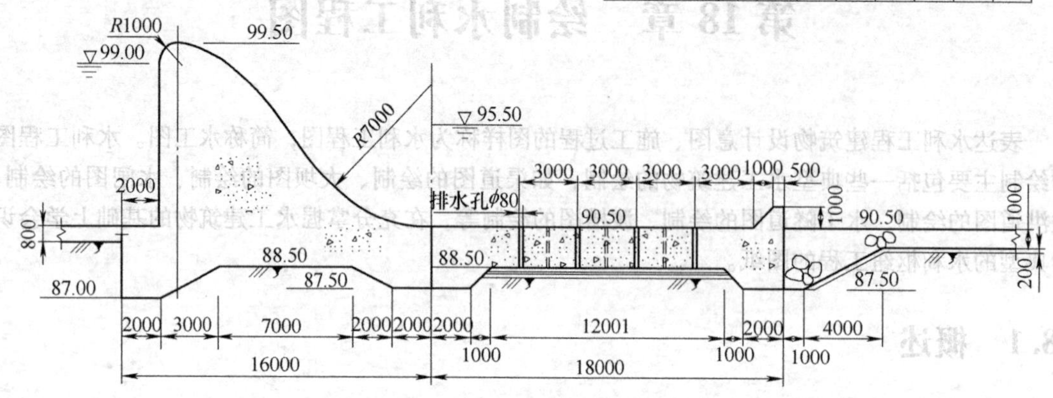

图 18-1 滚水坝

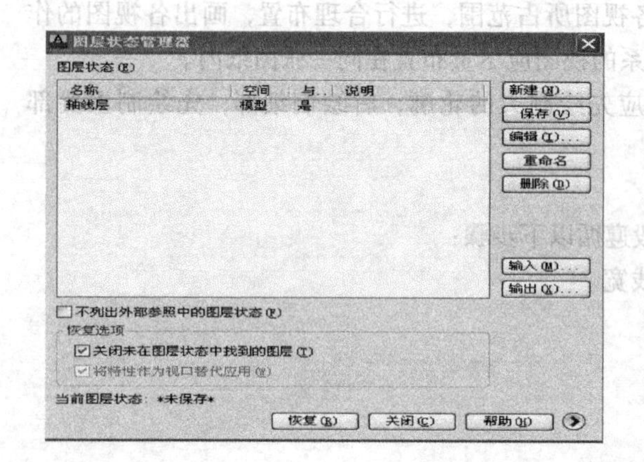

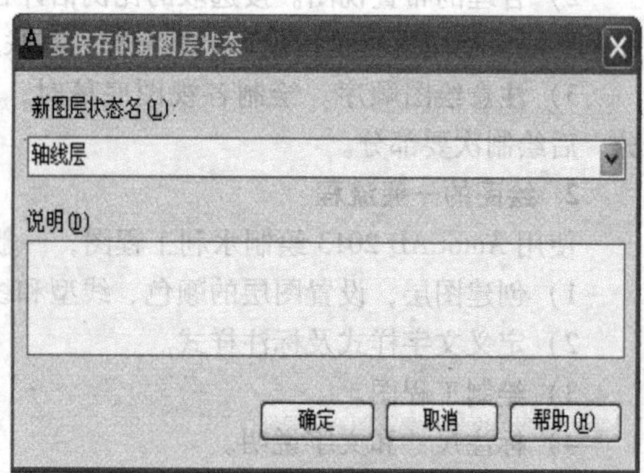

图 18-2 建立新图层

2）执行直线命令，绘制消力池部分，如图 18-3 所示。

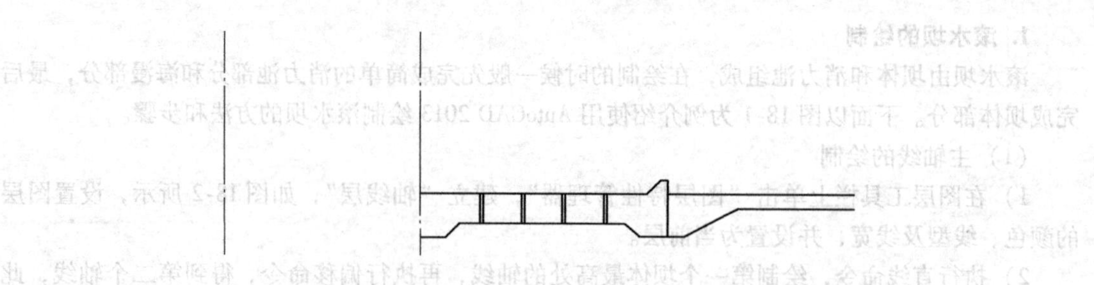

图 18-3 消力池的轮廓

3）单击“图层特性管理器”，建立新图层“虚线层”，设置图层的颜色、线型及线宽，并设置为当前层。

4）执行直线命令，完成排水孔的绘制，如图 18-4 所示。

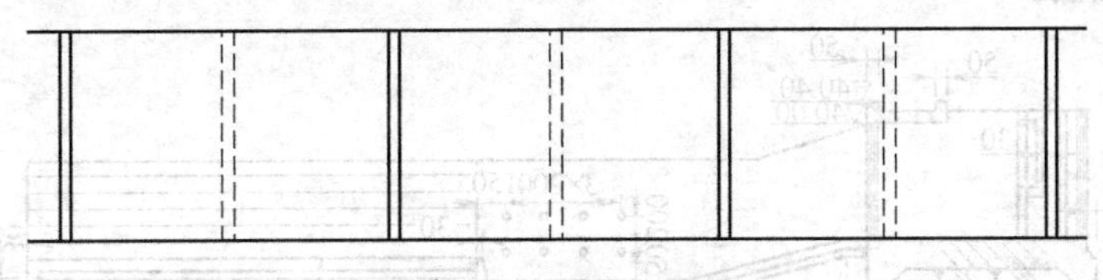

图 18-4 排水孔的绘制

（3）滚水坝的绘制

1）切换当前层为“粗实线层”，用画线命令及样条曲线命令绘制坝体曲线。

2）单击“图层特性管理器”，建立新图层“细实线”，设置图层的颜色、线型及线宽，并设置为当前层。

3）执行直线命令，绘制反滤层和折断线。

（4）断面材料的绘制

1）单击“图层特性管理器”，建立新图层为“材料层”，设置图层的颜色、线型及线宽，并设置为当前层。

2）输入填充命令，选择混凝土材料进行填充，如图 18-5 所示。

3）干砌块石的材料需要用样条曲线自行绘制，自然土壤的材料绘制也是输入画线名称自行绘制。

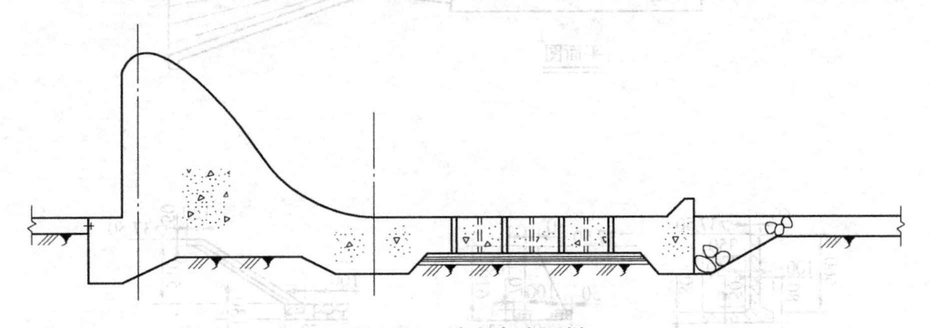

图 18-5 填充完成图样

（5）坝面曲线坐标的绘制 执行“直线”命令，绘制曲线坐标表格。

（6）标注、文字、图框的绘制

1）单击“图层特性管理器”，建立新图层，设置图层的颜色、线型及线宽。

2）选择“格式→文字样式”命令，在打开的对话框下新建文字样式。

3）切换当前层为“文字层”，在坝面曲线坐标表格里输入大坝坐标。

4）切换当前层为“标注层”，对所作图形进行标注。

5）执行插入命令，将已作好的图框插入现在的图形。

2. 水闸的绘制

下面以图 18-6 为例介绍使用 AutoCAD 2013 绘制水闸的方法和步骤。

（1）水闸纵剖面的绘制

1）单击图层特性管理器，建立新图层，设置图层的颜色、线型及线宽。

2）绘制水闸剖面轮廓。

3）绘制轮廓素线。

（2）水闸半平面的绘制　由于水闸的平面图是对称结构，所以在绘制的时候先绘制一半，再用镜像的方法绘制。

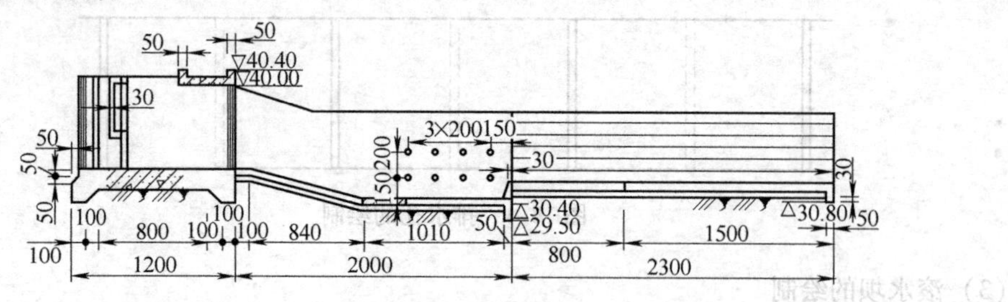

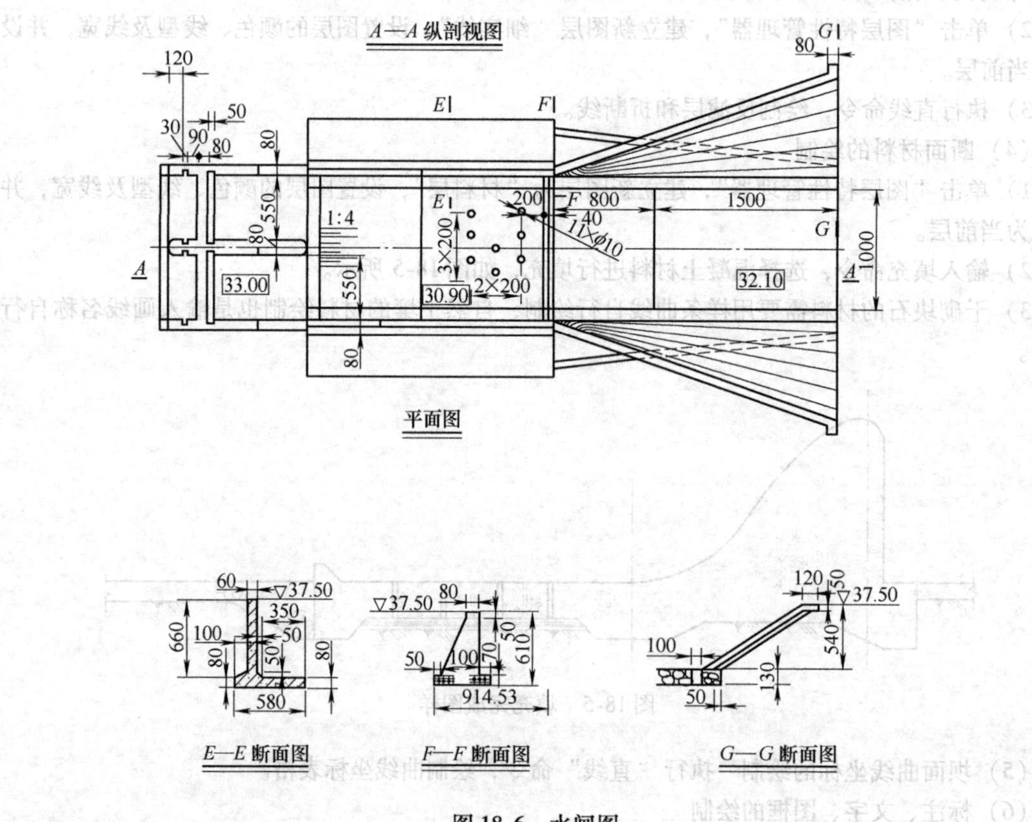

图 18-6　水闸图

1）主轴线的绘制。

2）水闸半个轮廓线的绘制，如图 18-7 所示。

3）执行镜像命令，选择对象为已绘制的半个轮廓，以轴线为镜像线镜像，如图 18-8 所示。

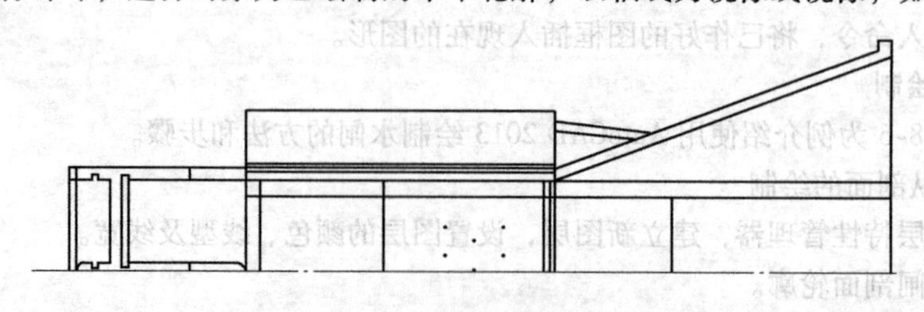

图 18-7　水闸半个轮廓的绘制

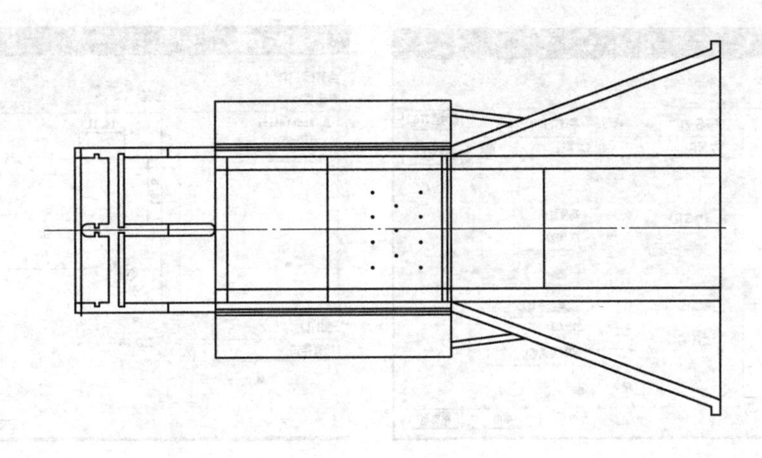

图 18-8 镜像结果

4）素线的绘制。为保证所绘制的素线均匀分布，建议采用绘制点的方式平分直线。首先单击“绘图”菜单，选择“点”→“定数等分”，如图 18-9 所示；再单击“格式”菜单，选择“点样式”，在对象捕捉的帮助下完成素线的绘制，如图 18-10 所示。

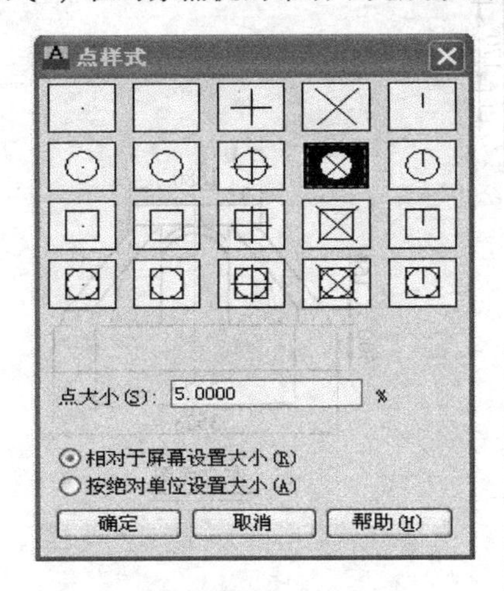

图 18-9 “点样式”对话框

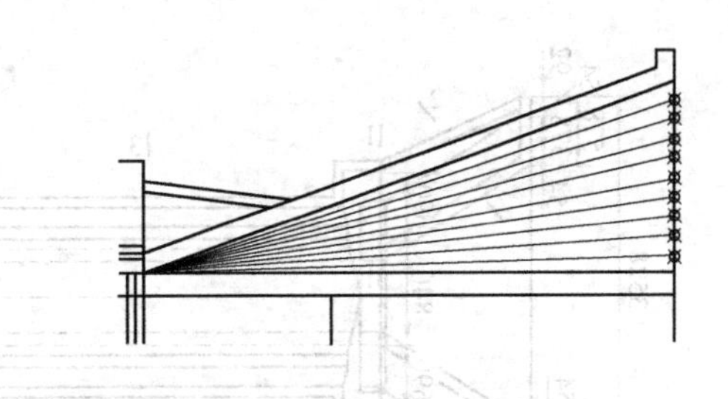

图 18-10 扭面素线的绘制

说明：素线绘制完成后，删除所绘制的点，其余素线用同样的方法绘制。

5）执行直线命令，绘制示坡线。

（3）断面的绘制　在粗实线层，执行直线命令，绘制断面图形。

（4）材料的绘制　输入填充命令，选择需要填充的范围，设置填充图形为混凝土和 45°斜线，分两次填充。

（5）标注、文字的绘制

1）单击“格式→文字样式”和“格式→标注样式”，设置图形的“文字样式”和“标注样式”，如图 18-11 所示。

2）创建标高。

3）对所作图形进行标注，完成后插入图框。

3. 涵洞的绘制

下面以图 18-12 为例来介绍使用 AutoCAD 2013 绘制涵洞的方法和步骤。

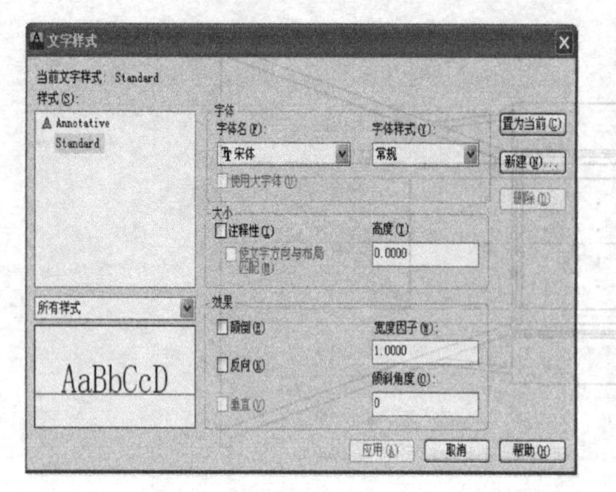

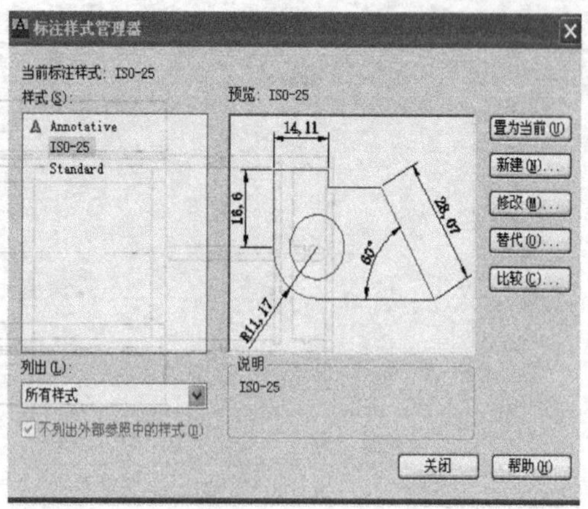

图 18-11 “文字样式”和“标注样式”设置对话框

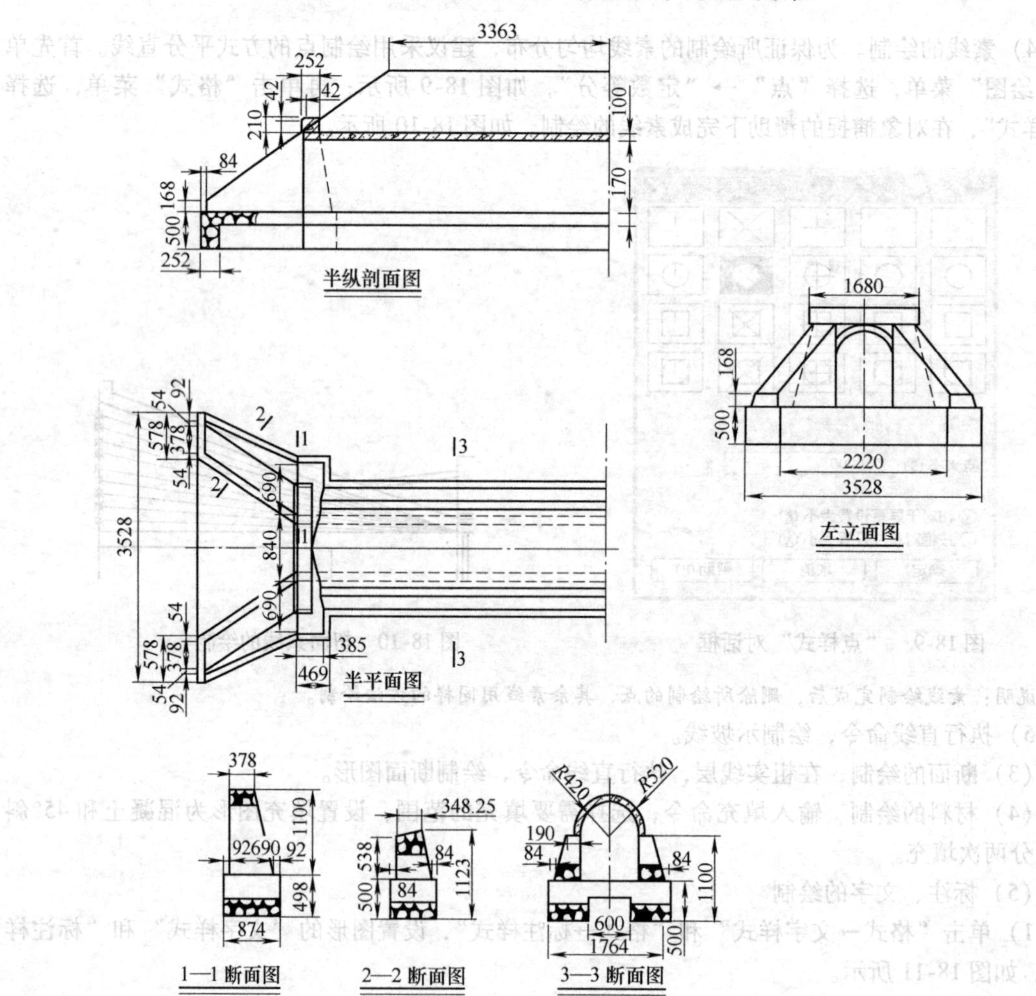

图 18-12 涵洞图

(1) 立面半剖视图的绘制

1) 单击“图层特性管理器”，建立新图层，设置图层的颜色、线型及线宽。

2）分别设置图层为当前图层，打开状态栏的极轴，执行直线命令，分别绘制主轴线、涵洞洞身、挡土墙和剖面材料，如图18-13所示。

注意：对CAD中没有的填充材料，需要采用徒手的方式绘制，然后完成填充。

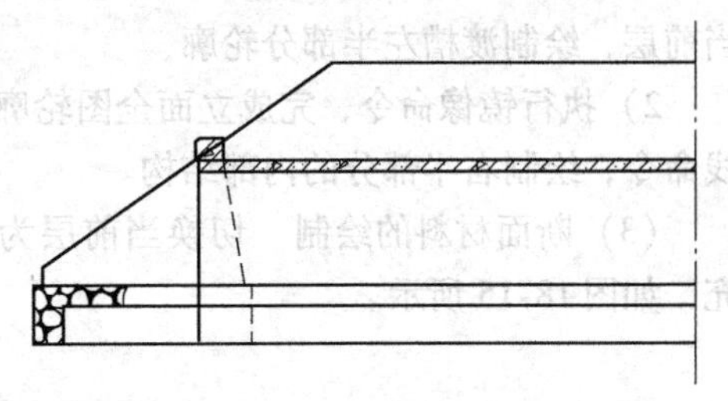

图18-13 立面半剖视图

(2) 半剖平面图的绘制

1）在轴线层执行直线命令，完成主轴线的绘制。

2）执行直线命令，绘制涵洞洞身的一半，然后采用镜像命令，完成涵洞的整体绘制。

(3) 左立面图的绘制

1）在轴线层执行直线命令，完成主轴线的绘制。

2）执行直线命令，绘制涵洞的入口立面和不可见的涵洞洞身。

(4) 断面图的绘制

1）在已经绘制的半剖平面图上，选择合适的位置，执行多段线命令绘制剖面符号。

2）在图纸的空白区域，执行直线命令绘制所要剖的形体。

3）切换当前层为“材料层”，执行填充命令，选择合适的材料完成填充。

(5) 标注、文字、图框的绘制

1）单击图层特性管理器，建立“标注层”，设置图层的颜色、线型及线宽。

2）设置“文字样式”和“标注样式”。

3）对所作图形进行标注，完成后插入图框。

4. 渡槽的绘制

下面以图18-14为例来介绍使用AutoCAD 2013绘制渡槽的方法和步骤。

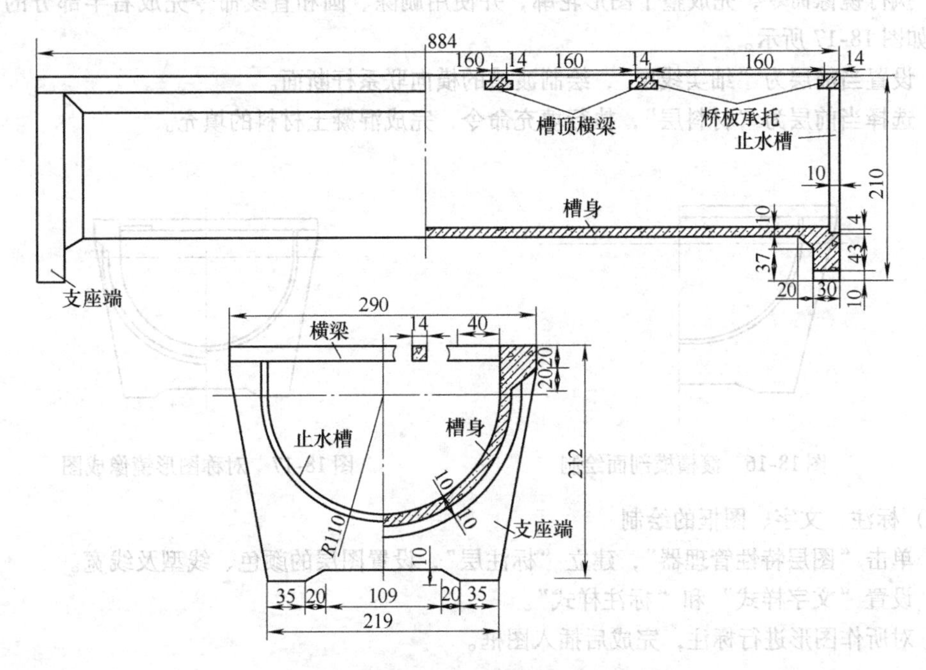

图18-14 渡槽图

(1) 轴线的建立　单击“图层特性管理器”，建立“轴线层”，设置图层的颜色、线型及线宽；根据所绘制图形大小，执行直线命令，绘制所绘图形的轴线。

(2) 立面图形轮廓的绘制

1) 单击“图层特性管理器”，建立“粗实线层”，设置图层的颜色、线型及线宽，并设置为当前层，绘制渡槽左半部分轮廓

2) 执行镜像命令，完成立面全图轮廓的绘制，根据剖视图的绘制方法，使用删除命令和直线命令，绘制右半部分的内部结构。

(3) 断面材料的绘制　切换当前层为“材料层”，执行填充命令，选择合适的材料完成填充，如图 18-15 所示。

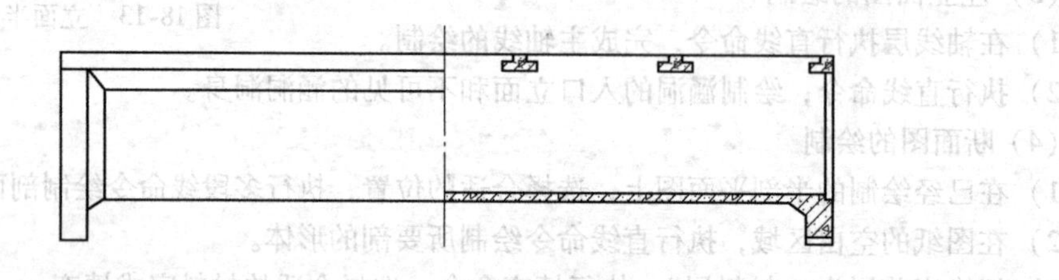

图 18-15　渡槽立面图

(4) 横断面图形的绘制

1) 选择当前层为“轴线层”，执行直线命令，完成主轴线的绘制。

2) 执行圆、直线命令绘制左半部分轮廓，并使用修改命令完成图形的修改，如图 18-16 所示。

3) 执行镜像命令，完成整个图形轮廓，并使用删除、圆和直线命令完成右半部分的剖视图轮廓，如图 18-17 所示。

4) 设置当前层为“细实线层”，绘制渡槽的横向联系杆断面。

5) 选择当前层为“材料层”，执行填充命令，完成混凝土材料的填充。

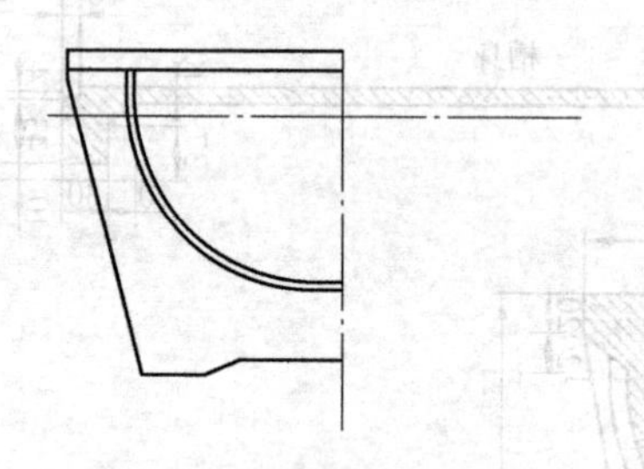

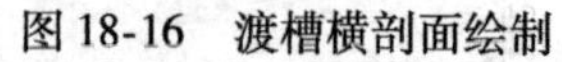

图 18-16　渡槽横剖面绘制

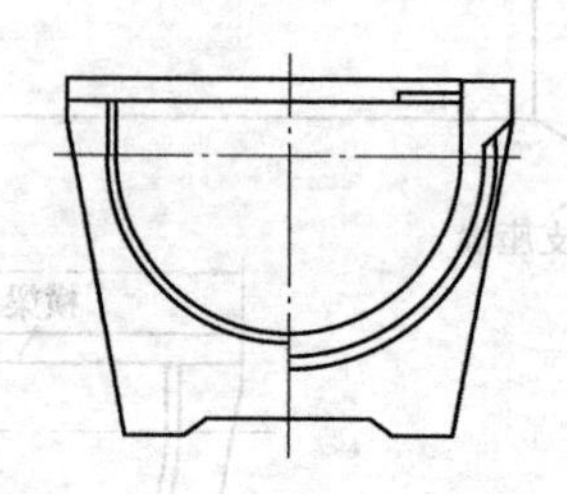

图 18-17　对称图形镜像成图

(5) 标注、文字、图框的绘制

1) 单击“图层特性管理器”，建立“标注层”，设置图层的颜色、线型及线宽。

2) 设置“文字样式”和“标注样式”。

3) 对所作图形进行标注，完成后插入图框。

小　结

水利工程是由不同形式的基本水工建筑物组成的，典型水工建筑物图的学习是识读工程图纸的基础。本章以国家标准为依据，主要介绍了典型水工建筑物的绘制原则、基本流程及应用 AutoCAD 2013 绘制典型

水工建筑物（滚水坝、水闸、涵洞、渡槽）的步骤和方法。通过本章的学习，读者可以掌握应用 AutoCAD 2013 绘制水工建筑物的技巧和思路，为水利工程图的绘制和识读奠定基础。

思考题与习题

18-1 结合本章所学的知识，绘制图 18-18 所示实体重力坝。

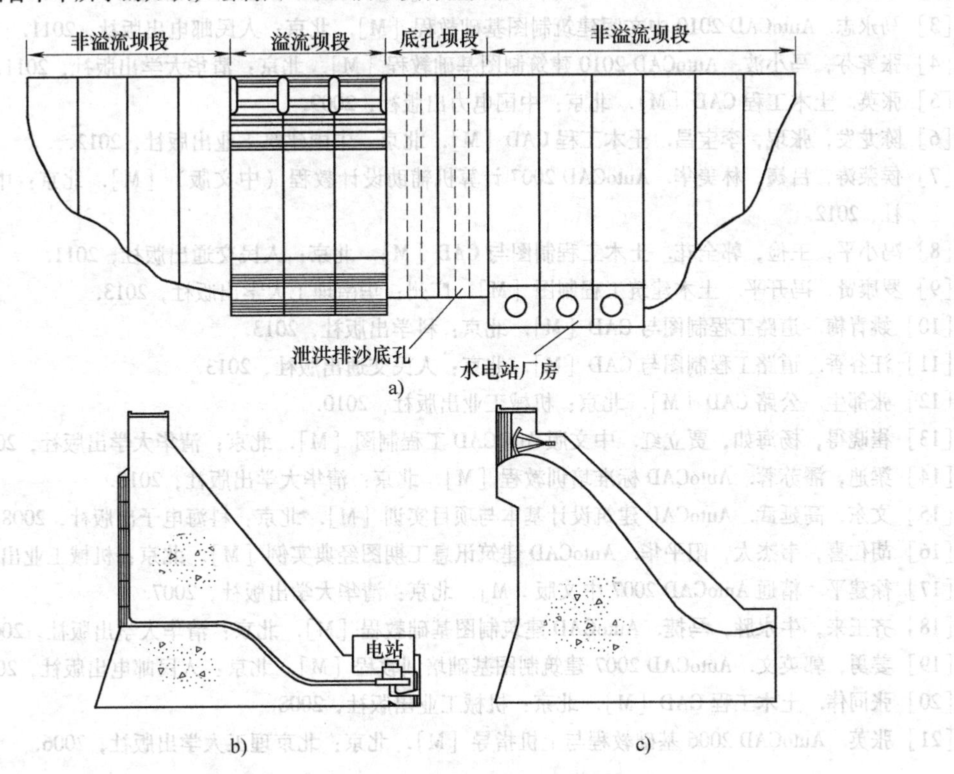

图 18-18 实体重力坝

a）坝段平面图 b）非溢流段剖面图 c）溢流段剖面图

18-2 结合本章所学的知识，绘制图 18-19 所示渡槽纵断面图。

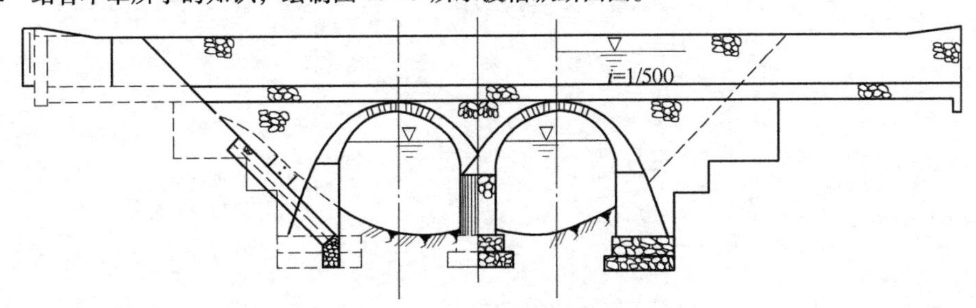

图 18-19 渡槽纵断面图

18-3 结合本章的典型水工建筑物图进行绘制练习。

参考文献

[1] 杨春峰，王晓初. 工程制图与 CAD［M］. 沈阳：辽宁科学技术出版社，2009.

[2] 李刚键，穆泉伶. AutoCAD 2010 建筑制图教程［M］. 北京：人民邮电出版社，2011.

[3] 马永志. AutoCAD 2010 中文版建筑制图基础教程［M］. 北京：人民邮电出版社，2011.

[4] 张霁芬，马小波. AutoCAD 2010 建筑制图基础教程［M］. 北京：清华大学出版社，2011.

[5] 张英. 土木工程 CAD［M］. 北京：中国电力出版社，2009.

[6] 陈龙发，张琨，李宝昌. 土木工程 CAD［M］. 北京：中国建筑工业出版社，2012.

[7] 侯荣涛，吕巍，林美华. AutoCAD 2007 计算机辅助设计教程（中文版）［M］. 北京：中国电力出版社，2012.

[8] 冯小平，王俭，郭全花. 土木工程制图与 CAD［M］. 北京：人民交通出版社，2011.

[9] 罗康贤，冯开平. 土木建筑工程制图［M］. 广州：华南理工大学出版社，2013.

[10] 姚青梅. 道路工程制图与 CAD［M］. 北京：科学出版社，2013.

[11] 汪谷香. 道路工程制图与 CAD［M］. 北京：人民交通出版社，2013.

[12] 张郃生. 公路 CAD［M］. 北京：机械工业出版社，2010.

[13] 崔晓得，杨海如，贾立红. 中文版 AutoCAD 工程制图［M］. 北京：清华大学出版社，2010.

[14] 梁迪，潘苏蓉. AutoCAD 标准培训教程［M］. 北京：清华大学出版社，2010.

[15] 文东，高延武. AutoCAD 建筑设计基本与项目实训［M］. 北京：科海电子出版社，2008.

[16] 胡仁喜，韦杰太，阳平华. AutoCAD 建筑讯息工期图经典实例［M］. 北京：机械工业出版社，2005.

[17] 徐建平. 精通 AutoCAD 2007 中文版［M］. 北京：清华大学出版社，2007.

[18] 齐玉来，牛永胜，马捷. AutoCAD 建筑制图基础教程［M］. 北京：清华大学出版社，2007.

[19] 姜勇，郭英文. AutoCAD 2007 建筑制图基础培训教程［M］. 北京：人民邮电出版社，2008.

[20] 张同伟. 土木工程 CAD［M］. 北京：机械工业出版社，2008.

[21] 张英. AutoCAD 2006 基础教程与上机指导［M］. 北京：北京理工大学出版社，2006.